并 行 计 算 系 列 丛 书

# 并行计算机体系结构

## （第2版）

陈国良　　吴俊敏　　主编

陈国良　　吴俊敏　　章隆兵

蔡　晔　季一木　章　锋　编著

陈云霁

高等教育出版社·北京

内容提要

本书以当代可扩放的并行计算机系统结构为主题,从硬件和软件融合的角度,着重讨论了集中式共享存储系统、分布式共享存储系统、消息传递并行处理系统、异构并行处理系统及大数据一体机的组成原理、结构特性、关键技术、性能分析、设计方法及相应的系统实例等。

全书共八章,可分为三个单元:第一单元为并行计算机体系结构的基础部分,包括绪论(第一章)、性能评测(第二章)和互连网络(第三章);第二单元为当代主流并行计算机系统,包括集中式共享存储并行处理系统(第四章)、分布式共享存储系统(第五章)和消息传递并行处理系统(第六章);第三单元是关于并行计算机体系结构的、较深入的内容,包括异构并行处理系统(第七章)和并行计算机新型应用——大数据一体机(第八章)。

全书取材先进,内容精练,体系完整,力图反映本学科的最新成就和发展趋势,可作为高等学校计算机及相关专业的本科高年级学生和研究生的教学用书;也可供从事计算机体系结构研究的科技人员阅读参考。

## 图书在版编目(CIP)数据

并行计算机体系结构/陈国良,吴俊敏主编.--2版.--北京:高等教育出版社,2021.5
　(并行计算系列丛书)
　ISBN 978-7-04-053382-8

Ⅰ.①并… Ⅱ.①陈… ②吴… Ⅲ.①并行计算机-计算机体系结构 Ⅳ.①P338.6

中国版本图书馆 CIP 数据核字(2020)第 018711 号

Bingxing Jisuanji Tixi Jiegou

| | | | | | | | |
|---|---|---|---|---|---|---|---|
| 策划编辑 | 张海波 | 责任编辑 | 张海波 | 封面设计 | 张　志 | 版式设计 | 王艳红 |
| 插图绘制 | 于　博 | 责任校对 | 吕红颖 | 责任印制 | 存　怡 | | |

| | | | |
|---|---|---|---|
| 出版发行 | 高等教育出版社 | 网　　址 | http://www.hep.edu.cn |
| 社　　址 | 北京市西城区德外大街 4 号 | | http://www.hep.com.cn |
| 邮政编码 | 100120 | 网上订购 | http://www.hepmall.com.cn |
| 印　　刷 | 三河市潮河印业有限公司 | | http://www.hepmall.com |
| | | | http://www.hepmall.cn |
| 开　　本 | 787mm×1092mm　1/16 | | |
| 印　　张 | 33.25 | | |
| 字　　数 | 660 千字 | 版　　次 | 2002 年 9 月第 1 版 |
| 插　　页 | 1 | | 2021 年 5 月第 2 版 |
| 购书热线 | 010-58581118 | 印　　次 | 2021 年 5 月第 1 次印刷 |
| 咨询电话 | 400-810-0598 | 定　　价 | 64.00 元 |

# 作 者 介 绍

陈国良,中国科学技术大学教授,博士生导师,中国科学院院士,首届高等学校国家教学名师。1938 年 6 月生于安徽省颍上县,1961 年毕业于西安交通大学计算数学与计算仪器专业。1981—1983 年在美国普渡大学做访问学者,1984 年至今曾多次应邀赴东京大学、京都大学、普渡大学、澳大利亚国立大学、格里菲斯大学、堪萨斯大学、艾奥瓦大学、香港城市大学、香港理工大学、澳门大学等讲学交流。现任国家高性能计算中心(合肥)主任,国际高性能计算(亚洲)常务理事,中国计算机学会理事和高性能计算专业委员会主任等。曾任教育部高等学校计算机科学与技术教学指导委员会副主任,教育部高等学校计算机基础课程教学指导委员会主任,全国高等教育电子、电工和信息类专业自考指导委员会副主任,安徽省计算机学会理事长,全国自然科学名词审定委员会委员,中国科学技术大学计算机系主任等。

陈国良教授长期从事计算机科学技术的研究与教学工作。主要研究领域为并行算法和高性能计算及其应用等。先后承担 10 多项国家 863 计划、国家攀登计划、国家自然科学基金、国家 973 计划等科研项目。取得了多项被国内外广泛引用、达国际先进水平的科研成果,发表论文 200 多篇,出版著作 9 部,译著 5 部,参与主编计算机类辞典、词汇 5 部。曾获国家科技进步二等奖、国家级教学成果二等奖、教育部科技进步一等奖、中国科学院科技进步二等奖、全国优秀教材一等奖、水利部大禹一等奖、安徽省科技进步二等奖等 20 余项,并获 2001 年度"国家 863 计划 15 周年先进个人重要贡献奖"和 2009 年度安徽省重大科技成就奖。

长期以来,陈国良教授围绕着并行算法的教学与研究,逐渐形成了一套完整的**"算法理论—算法设计—算法实现"**的并行算法学科体系,提出了**"并行机结构—并行算法—并行编程—并行应用"**一体化的并行计算研究方法,打造了我国并行算法类的教学基地。他先后指导培养研究生 100 多名,为我国培养了一批在国内外从事算法研究和教学的高级人才。曾荣获 1998 年度安徽省教育系统劳动模范、安徽省优秀教师称号、2001 年度宝钢教育基金优秀教师特等奖、2003 年度第一届高等学校教学名师奖。所带领的"并行计算相关课程教学团队"于 2009 年被评为国家级教学团队。

陈国良教授是我国非数值并行算法研究的学科带头人。他率先创建的我国第一个国家高性能计算中心是我国并行算法研究、环境科学与工程计算软件的重要基地,在学术界和教育界有一定的影响和地位。

# 序　言

　　高性能计算机是对国家经济和科技实力的综合体现,也是促进经济、科技发展,社会进步和国防安全的重要工具,已成为世界各国竞相争夺的战略制高点。一些发达国家纷纷制定战略计划,提出很高目标,投入大量资金,加速研究开发步伐。多年来,随着大规模集成电路技术的不断进步,以多CPU为基础的高性能并行计算机得到了迅速的发展,其高端系统正向百万亿次、千万亿次迈进。近十年来,我国对高性能并行计算的研究开发也给予了高度重视,取得了长足进步和可贵经验,研制出了具有相当水平的并行机系统,但与发达国家相比,差距仍然甚大,在高性能并行计算的应用开发与相关的人才培养教育方面尤显不足。如何使高性能并行机系统深入充分地在国民经济、科研和社会应用的发展中发挥作用,实为当务之急,应引起人们的普遍关心。

　　由中国科技大学陈国良教授主编的这套丛书,正适应了我国高性能并行计算研究、开发、应用、教育之需。本丛书由《并行算法的设计与分析》《并行计算机体系结构》和《并行算法实践》三大部分组成,而以《并行计算——结构·算法·编程》为全丛书之提要。该丛书以并行计算为主题,对并行计算的硬件平台(当代主流并行计算机系统)、并行计算的理论基础(并行算法的设计与分析)和并行计算的软件支撑(并行程序设计)全面系统地展开了讨论,内容丰富,取材先进,具有相当的深度和广度,涵盖了并行计算机体系结构和并行算法的理论、设计和实践的各个方面,是国内外不多见的优秀著作。

　　陈国良教授是国家高性能计算中心(合肥)主任,长期从事并行算法和并行计算机体系结构的研究,本套丛书是作者几十年从事教学与科研工作的结晶,是目前国内该领域内容涵盖最为全面的系列著作。它的出版必将对进一步推动我国并行计算学科的发展与应用推广产生深远的影响。

张效祥

2002 年 8 月

# 前　言

**并行计算系列丛书**
并行计算系列丛书包括《并行计算——结构·算法·编程(第 3 版)》《并行算法的设计与分析(第 3 版)》《并行计算机体系结构》和《并行算法实践》。该丛书是并行算法类教学体系中的核心内容,而《并行计算机体系结构》是整个教学体系中关于系统架构的基础层次,面向计算机专业的研究生和高年级本科生或从事计算科学的研究人员。

**修订说明**

《并行计算机体系结构》自初版以来受到了全国计算机类专业和并行计算相关专业广大读者的欢迎。根据近 10 年来的具体教学实践和计算机科学技术的发展,考虑整个系列丛书的内容统一与协调,对该书进行了修订。主要修订部分为:1)改写了上版的第一章、第二章、第三章,其中第一章绪论部分更新了部分图表数据及内容,删除 1.6 节中关于曙光机器的介绍;第二章更新了部分数据,重写了 2.4 节关于基准测试程序的内容;第三章主要修改了 3.1.1 节的图 3.1 系统互连和网络拓扑,修改 3.4 节标题为"典型互连技术",其中 3.4.4 节增加了万兆以太网的介绍,增加了 3.4.5 节关于 InfiniBand 网络的介绍;2)重新组织并修订了上版关于共享存储系统的介绍,形成第四章和第五章,第四章介绍集中式共享存储并行处理系统,主要内容来自上版第四章,增加了多核处理器相关内容,具体合并了上版 4.4 和 4.5 节,删除了上版 4.6 节,实例分析部分增加了对国产龙芯 3 号多核处理器的介绍;第五章介绍分布式共享存储系统,主要内容来自上版第七章,增加了关于 CC-NUMA 架构的详细介绍; 3)合并了上版第五章和第六章形成了本版第六章,介绍了基于消息传递的并行处理机系统的知识,更新了部分内容;4)增加了第七章关于异构并行处理系统的介绍,重点阐述了基于 GPU、FPGA 和神经网络芯片的异构并行架构;5)增加了第八章介绍并行计算机新型应用——大数据一体机,重点介绍了大数据应用场景下的并行计算机结构及系统特性;6)删除了上版第八章关于并行计算机通信与延迟的介绍。

修订后的建议讲授章节及其建议学时分配如下:

| 章 | 建议讲授节次 | 建议学时 |
| --- | --- | --- |
| 第一章 | 1.1,1.2,1.3,1.4 | 4 |
| 第二章 | 2.1,2.2,2.3,2.4 | 6 |
| 第三章 | 3.1,3.2,3.3,3.4,3.5 | 9 |

续表

| 章 | 建议讲授节次 | 建议学时 |
|---|---|---|
| 第四章 | 4.1,4.2,4.3,4.4,4.5,4.6 | 9 |
| 第五章 | 5.1,5.2,5.3,5.4 | 9 |
| 第六章 | 6.1,6.2,6.3,6.4,6.5 | 9 |
| 第七章 | 7.1,7.2 | 4 |
| 第八章 | 8.1,8.2,8.3 | 4 |

**诚挚感谢**

本次修订工作由陈国良教授担任组长,吴俊敏副教授担任副组长,邀请了中国科学技术大学计算机科学与技术学院、深圳大学计算机与软件学院、南京邮电大学计算机学院和中国科学院计算技术研究所等相关单位老师参与修订工作,其中,吴俊敏副教授和隋秀峰副研究员负责修订第一章、第二章、第六章,季一木教授、樊卫北博士、尧海昌博士、张玉杰博士负责修订第三章、第八章,章隆兵副研究员负责修订第四章,蔡晔教授负责修订第五章,陈云霁教授、章锋博士、赵占祥、黄虎才、姚定界负责修订第七章。我们感谢书中参考文献所列出的所有学者,感谢他们在本领域出色的工作,感谢他们的辛勤劳动和密切配合。同时,由于作者们写作水平有限,书中难免有不足之处,恳请读者不吝批评指正。

作者<br>2018 年 11 月

# 初 版 前 言

**写作背景** 随着半导体工艺和通信网络技术的进步,多 CPU 的并行计算机系统和网络机群系统得到了飞速的发展,这为当今科学技术的发展提供了定量化和精确化的计算手段。但为了高效地使用并行计算机解决给定的问题,除了要学习求解问题的并行算法及其并行编程实现外,还要学习并行计算机体系结构的基本原理、组织方式、关键技术和设计方法等,因为任何并行算法均要通过并行程序最终运行在具体的并行计算机上。

作者在过去几年曾陆续撰写了几本有关并行算法及并行计算方面的书籍,它们都是针对如何学习设计和分析并行算法的。而并行算法的主要特点是与具体的并行计算机体系结构有关的,所以,要想设计一个高效的并行算法必须对具体的并行机体系结构特点有充分的了解,尽管在那些书中照例都讲了一些并行机体系结构的内容,但限于篇幅,它们都是从并行算法设计的角度以高度抽象的方式来介绍一些最基本的和结论性的知识,显然,为了深入研究并行算法,它们是远远不够的。因此,出于为并行算法的研究提供雄厚的硬件基础的动机,促使作者编写了此书。尽管这是写作此书的初衷,但此书的写作仍严格遵循着其学科自身的完备性、系统性和内容的相对独立性,所以它仍是一本完整的并行计算机体系结构的教材。

**章节内容** 本书主要围绕着当代可扩放的并行计算机体系结构,从硬件和软件的角度,对对称多处理系统、大规模并行处理系统、机群系统和分布共享存储系统等的组成原理、结构特性、关键技术、性能分析、设计方法及相应的系统实例等进行了讨论。书中取材先进、内容简练、体系完整,基本上涵盖了并行计算机体系结构的主要研究内容和主要研究方面。

全书内容可分为三个单元,共八章:第一单元为并行计算机体系结构的基础部分,包括绪论(第一章)、性能评测(第二章)和互连网络(第三章);第二单元为当代主流并行计算机系统,包括对称多处理机系统(第四章)、大规模并行处理机系统(第五章)和机群系统(第六章);第三单元为并行计算机体系结构的较深入的内容,包括分布式共享存储系统(第七章)和并行机中的通信与延迟(第八章)。

**使用方法** 并行计算机体系结构是并行算法和并行程序设计两门课程的硬件基础,是计算机科学与技术一级学科的硕士研究生的学位选修课,是计算机系统结构专业的硕士研究生学位必修课。学生应在学习过计算机体系结构、操作系统和编译原理等之后学习本课程。作为必须讲授和最低 60 学时的教学要求,建议各章节讲授的学时分配为:第一章讲 8 学时,第二章讲 6 学时,第三章讲 4 学时,第四章讲 10 学时,第五章讲 4 学时,第六章讲 6 学时,第七章讲 10 学时,第八章讲 10 学时。书中带 * 号的部分是建议阅读的,它们或是预备性的知识(希望不熟悉此内容的读者课前预习),或是深入研究性内容(鼓励面向研究的读者深入阅读)。每章之后均附有适量的习题;同时开列了本章正文中所引用的主要参考文献。全书最后还提供了专业术语中英对照及索引,以方便读者查阅。

**相关书目** 作者深知,一部著作应该内容深广和学科先进。而作为教材,要在充分考虑适应国情和便于教学使用以及发扬国人著书谨严、简练之特色的同时,更应该广泛吸取当今国内外相关教材中的先进精彩部分,以丰满自身的内容。所以作者在撰写此书时,及时地参阅了下列的著作:*Parallel Computer Architecture*:*A Hardware/Software Approach*(David E. Culler,Jaswinder Pal Singh and Anoop Gupta,Morgan Kaufmann Publishers,1998);*Scalable Parallel Computing*:*Technology*,*Architecture*,*Programming*(Kai Hwang and Zhiwei Xu,WCB McGraw-Hill,1998;中译本:《可扩展并行计算:技术、结构与编程》,黄铠、徐志伟著,陆鑫达等译,机械工业出版社,2000.5);《共享存储系统结构》(胡伟武,高等教育出版社,2001.7)和《高等计算机体系结构——并行性,可扩展性,可编程性》(Kai Hwang 著,王鼎兴、郑纬民、沈美明、温冬婵译,清华大学出版社和广西科学技术出版社,1995.8)等。如果读者在阅读本教材时,也能配合阅读它们,将是非常有益处的。

**诚恳致谢** 本书撰写时,曾直接或间接地引用了许多专家、学者的文献,不少材料也得益于上述所列的几本著作,作者向他们深表谢意;但也有很多作者的优秀论文未能被引用,作者深表歉意。书稿在付梓前承蒙王鼎兴先生进行了审阅,提出了很多中肯的修改意见,作者尤为感谢。

中国科学技术大学的历届学生们在听取本课程讲授中,曾提出过很多可贵意见,不断充实和完善了书稿的内容。特别是单久龙、何家华、陈勇、陈志辉、张青山、李辰等同学完成了本书的计算机绘图和计算机编辑工作,对于他们辛勤的劳动,作者一并表示感谢。

感谢中国科学技术大学教务处、计算机系、国家高性能计算中心(合肥)为本教材的写作所提供的支持和良好的工作条件。

陈国良教授拟定了全书章节内容,成稿后经过他反复修改而定稿。其中第一、二章由陈国良教授执笔,第三、四、六章由章隆兵博士完成初稿,第五、七、八章由章锋博士完成初稿,洪锦伟博士整理了全书的图稿,吴俊敏老师修订了第四、七、八章的内容和编制了索引。

　　本书的内容曾在中国科学技术大学计算机系讲授过多次,而定稿前的 β 版曾公布在中国科学技术大学国家高性能计算中心网站上由吴俊敏老师试用了一学期,并广泛地征求了意见。尽管这样,由于作者们学识有限,写作时间仓促,书中错误和片面之处在所难免,恳请读者不吝批评指正。

作者

中国科学技术大学

计算机科学技术系

国家高性能计算中心(合肥)

2002 年 6 月

# 目　　录

# 第一章　绪论

　　本章首先简单介绍什么是并行计算机,为什么需要并行计算机以及如何学习并行计算机相关内容,然后详细讨论:并行计算机的发展背景,包括应用需求、技术进展和结构趋势;典型并行计算机系统,包括阵列机、向量处理机、多处理机、多计算机和共享分布存储的多处理机;当代并行计算机体系结构,包括并行计算机的结构模型、并行计算机的访存模型和并行计算机存储层次结构及其一致性问题;并行计算机的应用基础,包括并行计算模型、并行程序设计模型以及并行计算机的同步和通信。最后,简要讨论并行机体系结构当今研究的几个主要问题及其若干新技术。

　　本章的内容大体上涉及并行计算机体系结构的基本内容和研究的主要方面,其中性能评测和互连网络另辟两章(第二章和第三章)分别单独讨论,对于那些不是从事并行计算机研究的读者,通读本章也是有益的。

# 1.1　引言

学习并行计算机相关内容,首先要知道什么是并行计算机,为什么需要并行计算机以及如何学习并行计算机。本节就从这些简单内容讲起。

## 1.1.1　什么是并行计算机

**1. 并行计算机定义**

简单来讲,并行计算机(parallel computer)就是由多个处理单元(以下也称为中央处理器,central processing unit,CPU,或简称处理器、处理机)组成的计算机系统,这些处理单元相互通信和协作,能快速、高效地求解大型复杂问题。

**2. 并行机所涉及的问题**

上述简单的定义中隐含了很多问题,例如,处理单元有多少,这就涉及系统是小规模的(十个或几十个)、中规模的(上百个)还是大规模的(成千上万个)问题;处理单元的功能有多强,这就涉及系统的组织策略是"蚁军法"(army of ants)还是"象群法"(herd of elephants)问题;处理单元之间怎样连接,这就涉及系统是采用怎样的拓扑结构实现互连的问题;处理单元的数据是如何传递的,这就涉及通信是采用共享变量方式还是消息传递方式的问题。至于各处理单元相互协作共同求解大型复杂问题,则涉及的问题更多,例如如何保证多处理单元操作的顺序性,这就涉及同步互斥问题;如何确保共享数据的完整性问题,这就涉及不同存储层次中的数据一致性问题。此外,还有求解具体问题的并行程序的编写、调试、运行和性能分析等方面的问题。可见,并行计算机的定义虽很简单,但其内涵却相当丰富,具体实现亦相当复杂,而高效使用它也并非易事,所以必须认真、仔细学习和研究它。

**3. 并行机的由来**

并行计算机是相对串行计算机而言的,所谓串行计算机(sequential computer)就是只有单个处理单元、顺序执行计算程序的计算机,所以也称为顺序计算机。顺序计算机最早是从位串行操作到字并行操作、从定点运算到浮点运算改进而来的;然后它按照如图 1.1 所示的过程逐步演变出各种并行计算机系统:从顺序标量处理(scalar processing)计算机开始,首先用先行(look ahead)技术预取指令,实现重叠操作、功能并行;可使用多功能部件和流水线两种方法支持功能并行;而流水线技术对处理向量数据元素的重复操作表现出强大的威力,从而产生了向量流水线(vector pipeline)计算机(包括存储器到存储器和寄存器到寄存器两种结构);不同于时间上并行的流水线计算机,另一分支的并行机是空间上并行的单指令流多数据流

(single-instruction stream multiple-data stream,SIMD)并行机,它用同一控制器同步地控制所有处理器阵列执行相同操作来开发空间上的并行性;如果用不同的控制器异步地控制相应的处理单元执行各自的操作,则派生出另一类非常主要的多指令流多数据流(multiple-instruction stream multiple-data stream,MIMD)并行机;其中,如果各处理单元通过公用存储器中的共享变量实现相互通信,则称为多处理机(multiprocessor);如果处理单元之间使用消息传递的方式来实现相互通信,则称为多计算机(multi-computer),它是当今最流行的并行计算机,也是本书讨论的重点。

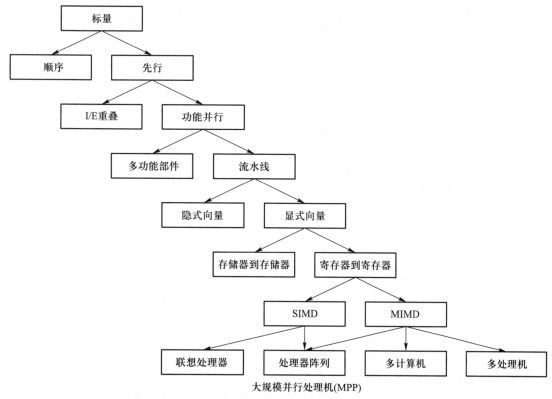

I/E:取指与执行　SIMD:单指令流多数据流　MIMD:多指令流多数据流

图 1.1　从标量到向量和并行计算机的演变

### 4. Flynn 分类法

1966 年 Flynn 按照指令流和数据流的多倍性概念将计算机系统结构进行了分类。其中,指令流指机器所执行的指令序列,数据流指指令流所调用的数据序列,而多倍性指机器的瓶颈部件上可能并行执行的最大指令或数据的数量。根据指令流和数据流的不同组合,计算机系统可分为如图 1.2(a)所示的单指令流单数据流(single-instruction stream single-data stream,SISD),如图 1.2(b)所示的单指令流多数据流(SIMD),如图 1.2(c)所示的多指令流单数据流(multiple-instruction stream single-data stream,MISD)和如图 1.2(d)

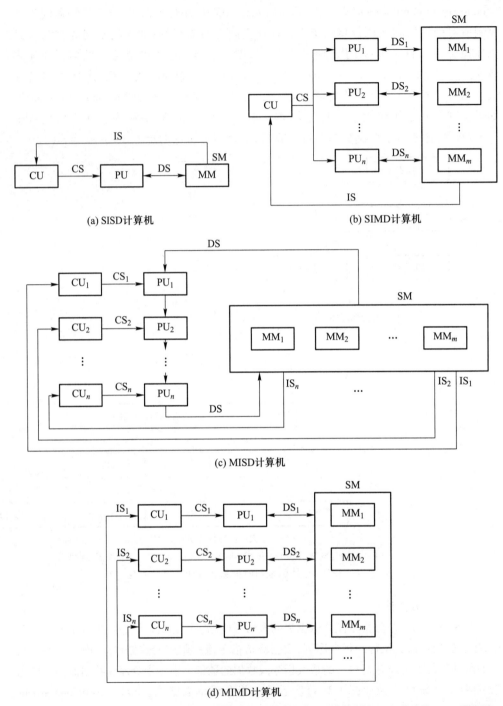

(a) SISD计算机

(b) SIMD计算机

(c) MISD计算机

(d) MIMD计算机

CU：控制部件　PU：处理部件　MM：主存模块　SM：共享主存　CS：控制流　IS：指令流　DS：数据流

图 1.2　计算机系统的 Flynn 分类法

所示的多指令流多数据流(MIMD)。其中,SISD 就是传统的单处理机(又称串行机或顺序机),MISD 是一种不太实际的计算机,但也有的学者把超标量机和脉动(systolic)阵列机归为此类,而 SIMD 和 MIMD 就是本书重点讨论的并行计算机。

**5. 当代并行机系统**

自 20 世纪 70 年代初到现在,并行计算机的发展已有约 50 年的历史。在此期间,出现了各种不同类型的并行机,包括历史上曾经风行一时的并行向量处理机(parallel vector processor,PVP)和 SIMD 计算机,但它们现在均已衰落下来,而 MIMD 类型的并行机却占据了主导地位。当代的主流并行机是可扩放并行计算机(scalable parallel computer),包括共享存储的对称多处理机(symmetric multiprocessor,SMP,也称对称式多处理机、对称多处理器),分布存储的大规模并行处理机(massively parallel processor,MPP),分布式共享存储(distributed shared memory,DSM)多处理机,工作站机群(cluster of workstations,COW)和跨地域的、用高速网络将异构性计算节点连接起来、满足用户分布式计算要求的所谓云计算环境(cloud computing environment,CCE)。本书将重点讨论前 4 种当代可扩放的主流并行计算机。

**6. 高性能计算机**

在结束本小节之前,我们顺便讲一下并行计算机与高性能计算机的关系。其实,高性能计算机并无明确、严格的定义。因为性能可定义为求解问题所花费的时间的倒数,即求解问题的速度,所以按此定义,只要是速度非常快的计算机,都可将它们视为高性能计算机。当然,能高速求解问题的计算机,可以是大型计算机(mainframe),如早期的 IBM370 系列;也可以是超级计算机(supercomputer),如 Cray-1 向量计算机、神威·太湖之光超级计算机以及各种并行计算机。为了实现高性能,仅靠改进电路工艺来提高单机器件速度是很有限的,而使用并行计算机的方法则更为普遍和有效,于是并行计算机也就逐渐变成高性能计算机的同义词了,这种说法虽不严格,但已被普遍认可。

## 1.1.2　为什么需要并行计算机

我们为什么需要并行计算机?其最朴素的道理就是串行计算机无法满足所求解问题的要求,这些要求或是计算时间上的要求,或是计算精度上的要求,或是对快速响应的实时要求,还可能是对某些不可替代的特殊计算任务的要求。

**1. 加快计算速度**

使用并行计算机最直接的目的就是提高求解问题的速度,缩短计算时间。当求解问题的规模(或计算负载)不变时,如将这些计算负载分散到多个不同的处理器上同时并发执行,显然就可以加快执行速度,赢得了可贵的时效性。

**2. 提高计算精度**

在很多大型科学和工程计算中,为了提高计算精度,往往要对计算网格进行加密,而稠密的计算格点一方面意味着问题规模的扩大,另一方面也意味着计算量的提高。这些大规模的复杂计算问题往往是任何单处理机无法胜任的,必须使用多处理机系统才可完成。例如,在进行油田整体"油藏模拟"时,假定一个油田有上万口井,为了提高模拟精度,每口井模拟时至少要取 $8×8×50$ 个点,这样总的变量个数可高达千万量级,现今一般单处理机均难以承担此计算任务,必须使用高速并行计算机系统来实现。

**3. 快速时效要求**

在不少大型科学和工程计算中,对快速实时响应或解的时效性有很强的要求,这些科学和应用问题,一旦求解时间过长就失去了求解问题的意义。例如,在数值气象预报方面,就迫切要求快速、大容量的高性能并行计算机支持其计算任务。要提高全球气象预报的准确性,据估计在经度、纬度和大气层方向至少要取 $200×100×20 = 400\,000$ 个网格点。例如,有的中期天气预报模式需要 600 多万个点,存储容量达几十吉字节($GB = 10^9\,B$),总运算量达 20 多太字节($TB = 10^{12}\,B$),并要求在不到 2 小时内完成 24 小时的天气预报,这种高时效性的气象预报要求是一般计算机无法满足的,必须使用高性能的并行计算机才行。

**4. 无法替代的模拟计算**

众所周知,理论科学、实验科学和计算科学是当今推动科学发展和社会进步的三大科学研究手段,它们相辅相成地发展着。但在许多情况下,或者理论模型过于复杂甚至尚未建立,或者实验费用过于昂贵甚至不允许进行,此时计算模拟就成为求解问题的唯一或主要手段。例如,全面禁止核试验条约签订后,为了保持核威慑力量,核武器的研究转为以实验室研究和数值模拟为主。通过数值模拟可以评估核武器的性能、安全性、可靠性等。为此要求数值模拟达到高分辨率、高逼真度、三维、全物理和全系统模拟,这对计算机的性能要求就非常高。显然这样的高性能计算机必须是大规模的并行计算机,例如美国三大核武器研制实验室就分别向 IBM 和 SGI 等公司预定和购买了峰值速度排名全球前十的高性能并行计算机。

## 1.1.3 如何学习并行计算机

本节不打算从专业技术的角度讨论如何学习并行计算机,而是从方法论的角度讨论如何学习并行计算机。因为从专业技术的角度来学习并行计算机主要涉及诸如处理器/存储器的组织与管理、系统的互连与协同、进程的同步与通信、用户的编程以及系统性能的提高等,这些专业性很强的内容均会被分散到本书的不同章节中进行讨论和分析。所以本节只是从研究方法上阐述学习并行计算机应该采用硬件和软件相结合的方法,应用、结构和技术相结合的方法以及结构、算法和编程相结合的方法。单从硬件的角度去学习并行机是片面的、不深入的和困难的;只研究并行机的体系结构,不结合应用问题,不考虑工艺技术现状,就只能是"闭门造车";脱离了算法的要求和具体编程实现来设计并行机,其性能是低下的和不实用的。

**1. 硬件和软件相结合**

由于性能和成本是设计并行计算机的两个主要因素,所以在设计并行计算机时,通常要采用软硬件折中的办法。一般而言,为了提高机器性能,机器中某些本来用软件方法实现的部分功能(包括运算功能、通信功能、存储管理功能等)可以用硬件直接实现,特别是在器件成本不断下降的今天,这种做法日趋增多和普遍。但是用硬件直接实现过于复杂的软件功能,有时也会导致"得不偿失"。所以要想实现高的性价比,我们必须熟悉硬件化的软件功能的性质和特点,同时也需熟悉硬件的工艺过程,了解硬件化的可能性、复杂程度和代价与成本。从本书后面的讨论中,读者就会发现,在讨论并行机体系结构时,不少内容会涉及系统软件、通信软件和应用接口软件等。如果期望单从硬件的角度就能学好并行计算机体系结构,那是很难的甚至是不可能的。在此我们必须澄清,那种认为"并行计算机体系结构只是讨论计算机的硬件"的观点是错误的,相反,要想学好并行机体系结构,则要求软件背景知识足够好,应用领域知识面足够宽,计算机科学理论基础足够强。

**2. 应用、结构和技术相结合**

从历史沿革看,并行计算机的发展主要受应用的驱动,如科学和工程计算中具有重大挑战性的问题,国防军事应用中具有特殊要求的问题,以及国计民生中的日常需求问题等,这些都对各类并行机的发展起到了促进作用。一些特殊应用领域的要求,如数字信号与图像处理等,也引发了研制脉动阵列和数字信号处理专用并行计算机,它们在历史上也曾占有光辉的一页。但是随着精简指令集计算机(reduced instruction set computer,RISC)技术的迅速发展,通用 CPU 芯片的性能大幅度提高,这些专用的并行机随着工艺技术的发展,其重要性也就变得不那么高了。近年来随着人工智能领域的发展,图形处理器(graphics processing unit,GPU)和神经网络处理器也得到了一定的发展。所以,如果我们将应用问题、体系结构和工艺技术结合在一起来学习并行机,就更容易理解并行计算机体系结构发展、变化的演变历史了。

**3. 结构、算法和编程相结合**

当我们学习并行计算机体系结构时,应该与并行算法、并行程序设计相结合,因为某种体系结构对某一类算法实现特别有效,不同的并行机体系结构支持不同的并行程序设计。例如,树结构的并行机对实现数据库之类的操作(求最大/最小值、插入、删除等)很有效;网孔连接的并行机对矩阵运算较方便;蝶式连接的并行机对快速傅里叶变换之类的变换很适用。同样,共享存储的并行结构能有效支持共享变量的编程模式;分布存储的并行结构能有效支持消息传递的编程模式;而 SIMD 处理器阵列结构能有效支持数据并行的编程模式。当然,上述只是一般说法,事实上,共享变量的编程模式可以在任意并行平台(PVP、SMP、DSM、COW 等)上实现,只是效率不同而已,这与所使用的底层通信软件有关。在此,读者可再次体会到,学习并行计算机必须兼备软件与硬件的知识。

## 1.2　并行计算机发展背景

自 20 世纪 90 年代起,并行计算机已成为计算机技术中的关键部分,并在后续 20 多年中对计算机的发展产生了更大的冲击。并行计算机虽然有着漫长的历史,但其突飞猛进的发展却得益于高度集成的微处理器芯片和快速、大容量存储器芯片的发展。从 20 世纪 60 年代中期开始,小型计算机(minicomputer)和大型计算机便迅速发展起来;从 20 世纪 70 年代初期起,超级计算机得以蓬勃发展;但到了 20 世纪 80 年代中期,微处理器的性能(速度)每年改进 50%,而大型计算机和超级计算机的性能每年只改进 25%。高度集成的、单片 CMOS 微处理器的性能稳定地压倒了那些较大的和较昂贵的其他处理器芯片,这样一来,使用小型的、便宜的、低功耗的和批量生产的处理器作为基本模块来构筑计算机系统就变得非常自然了。进入 21 世纪后,多核处理器占据了计算的各个方面,而并行计算也"掌管"着主流计算的很多领域。在微处理器出现之前,为了获得高性能,人们主要是借助特殊的电路工艺和机器组织方式,而现今人们普遍意识到使用多个处理器构成并行机和编写并行程序才是更为有效的途径。

以上是并行机发展的基本硬件背景。下面我们将深入讨论是什么力量和趋势促进了并行计算机的发展,包括应用和技术进展以及并行计算机体系结构的发展。

### 1.2.1　应用需求

从计算机的市场来看,一般的计算机用户都使用低端计算机(PC 机和工作站等),而那些富有挑战性的应用问题都需要利用高端计算机(超级计算机和并行计算机)来解决。这些具有挑战性的应用问题大都来自复杂科学计算、大型工程应用以及大存储容量和高 RAS(reliability,availability and serviceability,可靠性、可用性和可维性)的商务处理,而且市场统计表明,科学和工程计算方面的应用只占并行机市场的一小部分,大部分却在众多的商业事务处理上。

**1. 科学和工程计算**

主流的科学计算问题主要来自物理、化学、材料科学、生物学、天文学和地球科学等领域;典型的工程应用问题主要来自能源勘探、油藏模拟、药物分析、燃烧效率分析、汽车碰撞模拟、飞行器气流分析等领域。这些当代科学与工程问题对计算机的应用需求,典型地反映在美国 HPCC 计划和美国 ASCI 计划中。

（1）美国 HPCC 计划。美国为了保持在高性能计算机和通信领域中的世界领先地位,美国科学、工程和技术联邦协调理事会于 1993 年向国会提交了题为"重大挑战项目:高性能计算和通信"（High Performance Computing and Communication）的报告,简称为 HPCC 计划,即美国总统科学战略项目,这些重大挑战性课题的应用领域兹汇总于表 1.1 中。

表 1.1　美国 HPCC 计划公布的重大挑战性应用课题一览表

| 应用领域 | 计算任务和预期结果 |
| --- | --- |
| 磁记录技术 | 研究静磁和交互感应以降低高密度磁盘的噪声 |
| 新药设计 | 通过抑制人的免疫故障病毒蛋白酶的作用来研制治疗癌症和艾滋病的药物 |
| 高速民航 | 借助计算流体动力学来研制超音速喷气发动机 |
| 催化作用 | 仿生催化剂计算机建模,分析合成过程中酶的作用 |
| 燃料燃烧 | 通过化学动力学计算,揭示流体力学的作用,设计新型发动机 |
| 海洋建模 | 对海洋活动与大气流的热交换进行整体海洋模拟 |
| 臭氧耗损 | 研究控制臭氧消耗过程的化学和动力学机制 |
| 数字解析 | 借助计算机研究实时临床成像、计算层析术、磁共振成像 |
| 大气污染 | 对大气质量模型进行模拟研究,控制污染的传播,提示其物理与化学机理 |
| 蛋白质结构设计 | 使用计算机模拟,对蛋白质组成的三维结构进行研究 |
| 图像理解 | 实时绘制图像或动画 |
| 密码破译 | 破译由长位数组成的密码,求该数的两个乘积因子 |

HPCC 计划提出的某些重大挑战性课题的计算需求如图 1.3 所示。它列出了支持科学模拟、先进计算机辅助设计、大型数据库与信息检索操作的实时处理等所需要的处理速度和存储器容量的量级。

HPCC 计划中的重大挑战课题对计算机提出了 3T 要求,即 1 TFLOPS 的计算能力、1 TB 的主存容量和 1 TBps 的 I/O 带宽。在 HPCC 计划提出的当时,性能最好的计算机与 3T 要求也相差甚远:速度慢 100~1 000 倍,存储容量太小,I/O 带宽过窄,这都刺激了高性能并行计算机的研制。时隔 3 年之后,世界上第一台峰值速度超过 1 TFLOPS 的高性能并行计算机才由 Intel 公司于 1996 年 12 月研制成功。

HPCC 计划在 1993 年提出的重大挑战性课题共有 32 个,在 1996 年计算机运行速度达到 1 TFLOPS 后已经完成。随后在 2002 年发布的 HPCC 计划蓝皮书中明确指出,NITRD（Networking and Information Technology Research and Development）是 HPCC

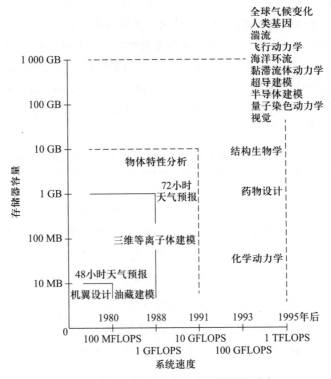

图 1.3　HPCC 方面重大挑战性课题的需求

计划的继任者。NITRD 在 2006 年提出了新的重大挑战性问题定义，并给出了 16 个示例性的重大挑战性问题，包括 Knowledge Environments for Science and Engineering、Clean Energy Production through Improved Combustion、High Confidence Infrastructure Control Systems、Improved Patient Safety and Health Quality 等。

（2）美国 ASCI 计划。全面禁止核试验条约签订后，核武器的研究代之以实验室数值模拟，因此数值模拟成为唯一可能进行的全系统（虚拟）试验。这样，1996 年 6 月由美国能源部联合美国三大核武器实验室（Lawrence Livermore 国家实验室、Los Alamos 国家实验室和 Sandia 国家实验室）共同提出了"加速战略计算创新"（Accelerated Strategic Computing Initiative, ASCI）项目计划，提出通过数值模拟，评估核武器的性能、安全性、可靠性等，要求数值模拟达到高分辨率、高逼真度、三维、全物理、全系统的能力和规模。该计划被认为是与当年曼哈顿计划等同的一个巨大的挑战，不仅需要科学界的参与，也需要与计算机工业界合作，提供保障 ASCI 应用所需的计算机平台。为此，几大核武器实验室分别向美国三大公司（Intel、IBM 和 SGI/CRAY）采购了峰值速度排名全球前十的并行计算机。

ASCI 计划的初始目标在 2005 年已经完成。IBM 为 ASCI 计划搭建了运算速度接近 100 TFLOPS 的 ASC Purple,同时 IBM 搭建了计算速度超过 300 TFLOPS 的 Blue Gene/L,用于完成更专业的计算任务。ASCI 计划目前已经结束,其后继者是 ASC (Advanced Simulation and Computing)计划,ASC 计划目前实现的最快机器为红杉 Se-quuoia,在 2017 年 11 月的 TOP500 排名中位居第六,另外在建的机器有 Sierra,于 2017 年动工,预期性能达 125 PFLOPS。

**2. 商务应用**

有统计数据表明,科学和工程计算方面的应用只占并行机销售市场的一小部分,大部分应用来自商业事务处理。它们在计算能力方面可能不像科学和工程计算要求那么强,但它们却需要大的存储和磁盘容量以及高的 I/O 传输速率,同时对可靠性、可用性和可维性(即 RAS)要求也很高。典型的商务应用有数据库管理和查询、在线事务处理、数据仓库、数据开采和决策支持系统等。评价这些应用时,可将计算机系统的速度、容量直接换算成每分钟事务处理的数量,单位为 tpm(transactions per minute)。事务处理性能委员会(Transaction Processing Performance Council,TPC)所观察的数据表明,商务应用中使用并行机是很流行的,几乎所有数据库硬件或软件的供货商都提供多处理机系统,其性能优于单处理机产品;这些并行系统不仅包含大规模并行系统,而且也有中规模(几十个处理器)甚至小规模(2~4 个处理器)的并行系统。

**3. 国计民生的需求**

这方面的要求与国计民生休戚相关,包括医疗保健、教育、能源管理、环境保护、文化娱乐和国防安全等。这些方面的应用大都涉及高性能并行机的使用。将传统的科学和工程计算任务转为娱乐业应用的一个很有趣的例子就是,1995 年世界上第一部全计算机动画片《玩具总动员》(Toy Story)就是在由上百台 Sun 工作站组成的并行计算机上制作完成的。如今,几乎所有的动画、游戏都离不开并行计算机。

**4. 网络计算应用**

高性能并行计算最近的一种应用趋势是以网络为中心的某些应用,这些应用均运行在通过网络连接的多台计算机上,其中网络可以是局域网或广域网。这些应用主要要求有效的通信、协同和互动操作、良好的安全性等。有代表性的应用实例包括 WWW 服务、多媒体处理、视频点播、电子商务、数字图书馆、远程学习和医疗诊断等。网络计算的一个典型例子是对 RSA129 的破解。RSA129 是 RSA 实验室于 1991 年提出的 RSA 因数分解挑战列表中的一个数。对于 RSA 因数分解挑战,目前破解的最长的一个数是 RSA768,它于 2009 年 12 月被破解,研究人员使用了上百台机器,花了两年多的时间来破解。

# 1.2.2　技术进展

如前所述,并行机的进展主要得益于高集成度的微处理器芯片和大容量的存储器芯片;而并行机真正与普通产品工艺技术相结合才使其产生了根本的变化。本小节将简述硬件技术和软件技术方面的进展对并行机发展产生的影响。

**1. 硬件进展**

硬件方面的进展包括(微)处理器芯片、存储器芯片、磁盘和磁带以及通信网络等方面的进展。

(1) 处理器。以 Intel 80x86 微处理器系列为例,参照图 1.4,在过去的 25 年(1978—2003 年)间,片上的晶体管数增加约 1 800 倍,时钟频率增加约 300 倍,而峰值速度提高达 10 000 倍;相应地平均年增长率依次为 36%、22% 和 49%。上述这种性能改进的现象,其实早就被 Intel 公司的共同创始人 Moore 于 1979 年观察到。现在已成为被普遍认可的摩尔定律(Moore's law)了,它有 3 种表述方法:① 芯片上晶体管的数目大约每 18~24 个月翻一番(假定芯片的价格保持不变);② 微处理器的速度大约每 18~24 个月翻一番(假定处理器的价格保持不变);③ 芯片的价格大约每18~24个月下跌 48%(假定处理器速度或片上存储容量相同)。

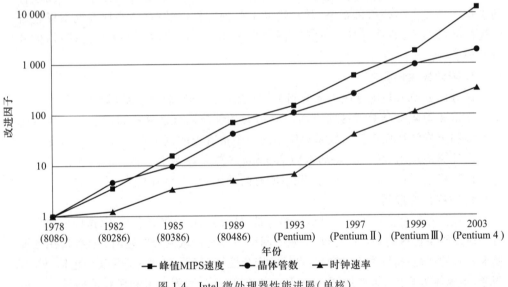

图 1.4  Intel 微处理器性能进展(单核)

目前单片上最多可集成数十亿个晶体管,从而可以在单片上放置多个处理器核,即单片并行结构(parallel architecture into single chip)或多核处理器,几乎所有的处理器都已经是多核处理器了;同时在单片上制造包括内存和支持 I/O 的计算机系统,即片上计算机系统(computer system on chip)。

(2) 存储系统。如图 1.5 所示,1985—2015 年,单位成本可购买的动态随机存储器(dynamic random access memory,DRAM)容量增长了 44 000 倍,而 DRAM 访问时间只提高了 10 倍;而静态随机存储器(static random access memory,SRAM)的性能提升

滞后于 CPU 性能的发展,但仍保持增长态势,即提升了 115 倍;CPU 周期时间提高了
500 倍,DRAM 和 CPU 之间的性能差距在不断拉大。

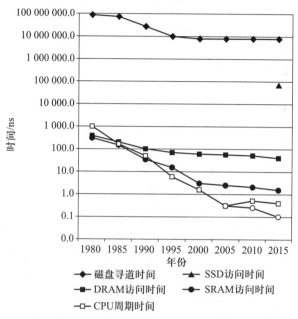

图 1.5 磁盘、DRAM 和 CPU 速度之间逐渐增大的差距

磁盘技术发展有着与 DRAM 相同的趋势,甚至变化更大。1985 年以来,单位成
本可购买的磁盘存储容量增长了 3 000 000 倍,但访问时间提高得很慢,只有 25 倍左
右。使用固态硬盘(solid state disk,SSD)可以有效改善磁盘的性能。固态硬盘由半
导体存储器组成,没有移动部件,因而其随机访问时间比普通磁盘快,而能耗更低。

(3)通信网络。如图 1.6 所示,1990—2015 年,网络延迟和带宽均呈指数增长,
其中带宽的改进比延迟的改进要快,但通信性能的改进远远慢于处理器速度的改
进。25 年间,带宽相对于处理器速度慢了 2 个数量级,而延迟相对于处理器速度慢
了 5 个数量级。

**2. 软件进展**

比起串行软件来,并行软件的发展是非常缓慢的,其原因之一是因为并行软件
更复杂,二是它依赖于并行机结构,三是缺乏公共标准和令用户满意的软件工具环
境。随着当代并行计算机朝着基于多核处理器的 DSM、MPP 和机群方向发展,并行
软件的危机加剧了。然而,多年来人们通过实践也逐步对并行软件有了较深刻的认
识,也取得了一些进展:① 现在人们已经比较清楚地知道了并行软件的要求和关键
问题是什么,而且也开始出现了一些有效的解决方案;② 对开发可移植和可扩展的、
与体系结构无关的软件已经达成了共识,甚至牺牲某些性能也应维持与结构无关的

基本原理;③ 应该开发那些公共使用的、开放式的、标准的工具,如用于多线程的 OpenMP、数据并行的 HPF 以及消息传递的 PVM 与 MPI 等;④ 对于绝大多数应用来说,一个普遍的方法是使用串行 FORTRAN 或 C,再加上某些用于进程通信、管理和相互作用的库函数或编译指导(compiler directive);⑤ 系统和应用软件商都正在开发各自产品的并行软件版本,如所有主要的数据库销售商(IBM、Oracle、Sybase、Informix 等)都提供并行数据库。

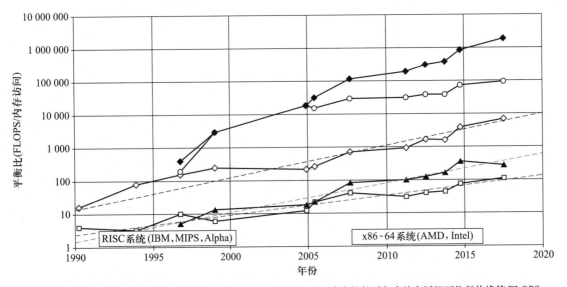

图 1.6　浮点运算次数和通信性能进展

### 1.2.3　结构趋势

开发并行度和提高性能是研究并行计算机体系结构的根本出发点。本节先讨论如何开发(微)处理器级并行度;接着讨论为了提高性能,并行机体系结构的发展变化;最后比较一下复杂指令集计算机(complex instruction set computer,CISC)与精简指令集计算机(RISC)结构。

**1. 处理器级并行度的开发**

图 1.7 不但反映了过去 25 年处理器芯片上晶体管数的增长趋势基本服从摩尔定律,同时也反映了第四代计算机(即 VLSI)所使用的处理器芯片其并行度增加的情况。

（1）位级并行（1970—1986 年）。大约 1986 年之前,处理器芯片上位并行一直占主导地位,在此期间,4 位微处理器芯片逐步被 8 位和 16 位微处理器芯片所代替。20 世纪 80 年代中期出现 32 位微处理器,但此后发展趋势变慢,10 年之后才出现部分 64 位微处理器的芯片。进一步增加字长主要为了改进浮点表示和增大地址空间,但地址长度每年增加不到一位,将来使用 128 位似乎就够了。

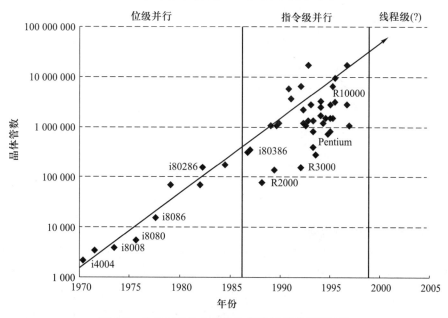

图 1.7　处理器芯片上的晶体管数及其并行度级别

（2）指令级并行（20 世纪 80 年代中期—20 世纪 90 年代中期）。并发地执行多条机器指令称为指令级并行。全字长操作意味着指令执行的基本步(指令译码、整数运算、地址计算)可在单周期内完成。RISC 方法实现了几乎平均每个周期可执行一条指令。RISC 微处理器性能的进展开拓了指令级并行度。流水线指令很适合现代生产工艺理念,编译技术的进展使得指令流水线更为有效。超标量(superscalar)方法是在每个时钟周期内启动多条指令,并能由多条流水线在单周期内产生多个运算结果,它主要用来开拓指令级并行。为了满足指令数和数据带宽不断提高的需求,越来越多的高速缓存(cache)被置于处理器芯片上。将微处理器和高速缓存放在同一芯片上,它们之间的通路可以非常宽,以满足对指令数和数据带宽的需求。但是每个周期内发送更多的指令,高速缓存的缺失会更加严重,为此提出了很多避免因高速缓存缺失导致流水线延迟以及指令动态调度的方法。

（3）线程级并行（2000 年以后）。单控制线程内的指令级并行度是有限的,研究表明,如图 1.8 所示,每个周期发射 2~4 条指令能得到较好的加速,再多则效果不明显,即使具有无限的机器资源和完美的分支预测以及理想的重命名(renaming),在

90%的周期内所发射的指令不会多于 4 条。因此为了获得可观的并行度,必须同时执行多控制线程。所谓线程(thread)就是控制流线(thread of control)的简称,是指被执行的一个指令序列;而多线程(multithread)就是一个处理器有多个控制线程,能同时执行多条指令序列。多线程控制为大型多处理机隐藏较长的时延提供了一种有效的机制。

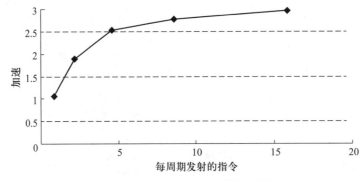

图 1.8    理想标量执行时多射指令的加速

### 2. 并行结构的发展变化

(1) 并行机的萌芽阶段(1964—1975 年)。晶体管代替了电子管,缩小了计算机的体积;相对便宜的存储技术的出现,扩大了计算机的存储容量,从此计算机体系结构渐渐"定居"下来,而且逐渐形成"家族"。20 世纪 60 年代初期,著名的 CDC 6600 提供了非对称的共享存储结构,其中央处理器连接了多个外部处理器,同时也采用了双 CPU。20 世纪 60 年代后期,通过在处理器中使用流水线和重复功能单元,获得了比简单增加时钟频率更有效的性能提升。尽管 1967 年阿姆达尔定律(Amdahl's law)对通过增加处理器实现加速提出质疑,但在 1972 年,由伊利诺伊大学和 Burroughs 公司承担联合研制 64 台处理器的 ILLIAC-Ⅳ SIMD 计算机的任务。该计划雄心勃勃,包括研究基本硬件技术、结构、I/O 设备、操作系统、程序设计语言和应用,并终于在 1975 年研制完成了世界上著名的含 16 台处理器的 ILLIAC-Ⅳ 系统。

(2) 向量机的发展和鼎盛阶段(1976—1990 年)。1976 年,Cray 公司推出了第一台向量计算机 Cray-1,它采用向量指令、向量寄存器并将 CPU 与快速主存紧密耦合起来,其性能比当时的标量系统高出一个数量级。在随后的 10 年中,人们不断推出新的向量计算机,包括 CDC 的 Cyber 205、Fujitsu 的 VP1000/VP2000、NEC 的 SX1/SX2 以及国防科技大学计算机研究所的银河-1 号等。向量计算机以其高性能几乎成为超级计算机的代名词,它的发展呈两大趋势,即提高单处理器的速度和研制多处理器系统(如 Cray X-MP)。到了 20 世纪 80 年代后期,Cray-2/Cray-3 相继被推出,随着标准 UNIX 操作系统和向量编译器的出现,越来越多的软件商可以将他们的应用程序移植到 Cray 系统中,使得 Cray 系列向量机在很多应用领域中都获得了成功。但到了 20 世纪 90 年代初,向量机终因受物理器件速度的限制,Cray-3 一直"难产",直至 Cray 公司被 SGI 公司兼并,从此向量计算机就不再是主流并行机了。

(3) MPP 出现和蓬勃发展阶段(1990—1995 年)。20 世纪 90 年代开始,MPP 系统逐渐显示出代替和超越向量计算多处理机系统的趋势,早期的 MPP 有 TC 2000(1989 年)、Touchstone Delta(1992 年)、Intel/Paragon(1992 年)、KSR-1(1993 年)、Cray T3D(1993 年)、IBM SP2(1994 年)和我国高性能计算机研究中心的曙光 1000(1995 年)等,它们都是分布存储的 MIMD 计算机。MPP 的高端机器有 1996 年 Intel 公司的 ASCI Red 和 1997 年 SGI Cray 公司的 T3E900,它们都是万亿次高性能并行计算机。20 世纪 90 年代中期,在中、低档市场上,SMP 以其更优的性价比代替了 MPP,而机群系统概念的提出也是从这一点出发的。图 1.9 给出了 20 世纪 90 年代中期世界前 500 台最快计算机系统中 PVP、SMP 和 MPP 的数量分布情况。

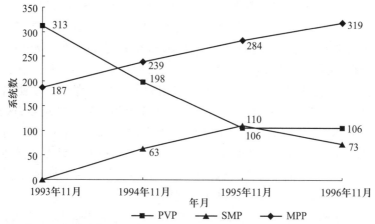

图 1.9　20 世纪 90 年代中期世界前 500 台最快计算机系统中 PVP、SMP 和 MPP 数量分布

(4) 各种体系结构(PVP、MPP、SMP、DSM、COW)并存阶段(1995 年后)。从 1995 年以后,MPP 系统在世界前 500 台最快计算机中占有量继续稳固上升;而其性能也得到了进一步完善,如 ASCI Red 的理论峰值速度已达到 1 TFLOPS;与此同时向量计算机厂商推出的 SX-4 和 VPP700 其理论峰值速度都达到了 1 TFLOPS;从 1994 年开始,SMP 由于其体系结构的发展相对成熟和卓越的性价比,得到了工业界用户的普遍欢迎,如 SGI Power Challenge 和我国的曙光一号。1998 年以后,出现了 SMP 系统和 MPP 系统相结合的趋势,将 SMP 系统作为单个构件彼此连接起来形成新的机群系统,如 Origin 2000,有人也将它视为 DSM 系统,当然斯坦福大学的 DASH 才是世界上第一个真正意义下的 DSM 系统。随着工作站性能的迅速提高和价格日益下降以及高速网络产品的陆续问世,一种新型的并行机体系结构便应运而生。这种系统将一群工作站或高档微机用某种结构的互连网络互连起来,充分利用各工作站的资源,统一调度、协调处理以实现高效并行计算,它就是目前最普及的工作站机群

（COW）。

### 3. 从 CISC 到 RISC

20 世纪 80 年代,从 CISC 到 RISC 标志着半导体工业的根本变化。传统的 CISC 结构使用统一的(unified)高速缓存同时保存指令和数据,使用少量的寄存器组,通常用微程序控制执行复杂的指令;而 RISC 结构却将指令和数据高速缓存分开,使用大量的寄存器组,而且必须使用片上的硬件控制器。

（1）CISC 的历程。早期的计算机指令功能简单、条数少,随着时间的推移计算机指令系统的复杂程度却大大增加,指令条数超过 300 条,使用了复杂的寻址访存操作方式,这就导致硬件成本大大降低而软件成本却急剧增加。典型的 CISC 芯片有 x86 系列、Motorola M6800、DEC VAX 系列等。20 世纪 60 年代和 70 年代流行的微程序控制也刺激了指令系统复杂性的增加,1960 年以后,几乎所有的计算机厂商都大力投资 CISC 结构,这种形势一直持续到 20 世纪 80 年代 RISC 的兴起。

（2）RISC 的挑战。CISC 经过 30 年的发展,计算机用户开始认真综合评价性能得失,计算机科学家通过程序追踪统计发现,CISC 中只有 25% 的指令经常使用,这就意味着 75% 硬件支持的指令却很少用到。于是人们自然要问:我们为什么要把宝贵的芯片浪费在不常使用的指令上?我们应该用软件去实现那些不常使用的指令的功能,从而腾出芯片面积,并可能在单片 VLSI 芯片上构筑整个处理器,这就是 RISC 兴起的原因。RISC 指令条数一般不到 100,且指令定长(通常为 32 位),寻址方式也只有 3~5 种,所有指令均基于寄存器操作(只有 load/store 指令涉及访问高速缓存和存储器),故使用了大量的寄存器组(超过 100),处理器使用片上高速缓存,大大缩短了存取时间,绝大多数 RISC 指令均可在单周期内执行。

（3）CISC 与 RISC 结构特性比较。CISC 与 RISC 之争长达 20 年之久:RISC 使用较高的时钟频率、较短的指令周期,有较小的高速缓存缺失开销、较多的编译优化机会;但是从 CISC 到 RISC 却导致二进制代码不兼容,将 CISC 转换成等效的 RISC,虽增加了约 40% 的代码长度,但比起时钟方面的收益还是合算的。现在两者之争已停止下来,双方均从对方吸取了很多优点,因而它们的界限也比较模糊了。表 1.2 综合比较了 CISC 与 RISC 的关键结构特性。

表 1.2　CISC 与 RISC 结构特性比较一览表

| 特性 | 经典的 CISC 结构 | 纯 RISC 结构 |
| --- | --- | --- |
| 指令格式 | 变长(16~32 或 64 位) | 定长(32 位) |
| 时钟频率/MHz | 100~266 | 180~500 |
| 寄存器组 | 8~24 通用寄存器(GPR) | 32~192 通用寄存器(整数和浮点数分开) |
| 指令条数和类型 | 约 300 条,4×12 种指令类型 | 约 100 条,除 load/store 指令外绝大多数是寄存器操作型 |

续表

| 特性 | 经典的 CISC 结构 | 纯 RISC 结构 |
|---|---|---|
| 寻址方式 | 约 12 种,包括间接/变址 | 限在 3~5 种,只有 load/store 访问存储器 |
| 高速缓存 | 绝大多数采用统一的高速缓存 | 绝大多数将数据和指令高速缓存分开 |
| CPU 和平均指令周期 | 1~20 个周期,平均 4 个周期 | 单操作 1 个周期,平均约 1.5 个周期 |
| 控制器 | 绝大多数为微码,有些用硬件控制 | 绝大多数为硬件控制,无控制存储器 |
| 代表的商用处理器 | Intel x86,VAX 8600,IBM 390,MC 68040,Intel Pentium,AMD 486,Cyrix 686 | Sun UltraSPARC ,MIPS R10000,Power P604,HP PA-8000,DEC 21164 |

# 1.3 典型并行计算机系统简介

并行计算机系统的发展有着悠久的历史,其系统结构各有不同,不同的并行机系统反映了不同的技术状况、工艺水平和应用需要以及“各领风骚”数十年的不同历史时期。本节将简单介绍不同历史时期各种典型的并行机系统。

## 1.3.1 SIMD 阵列处理机

按照 Flynn 的分类法,阵列处理机属于 SIMD 并行机,从其名称可粗略理解为将多台处理器(即处理单元,processing element,PE)摆成阵列拓扑结构,利用资源重复的方法开拓并行性。此类机器的程序是单控制线程,按照顺序或并行步执行。因单一的指令运行在大型、规则的数据结构(如数组和矩阵等)上,故阵列处理机也常被称为数据并行结构(data parallel architecture)。这种机器结构最初源于如下的观察:很多重要的大型科学与工程计算会涉及对数组或矩阵中各个元素进行重复计算,而且这些元素常常以行或列的形式相邻。所以计算时这些并行的数据元素就要分布在不同处理单元的存储单元中,而标量数据可保留在控制处理器的存储单元中。下面将依次讨论它的基本结构、主要特点以及典型的阵列机 ILLIAC-Ⅳ。

(1)阵列机的基本结构。阵列处理机通常由一个控制单元(control unit,CU)、$n$ 个处理单元(PE)、$m$ 个存储模块 M 和一个互连网络(interconnecting network,IN)组成。控制单元将单一指令(单指令流)播送至各个处理单元,而所有活动的处理单元将从相应的存储模块中取出各自所需的数据元素(多数据流)以同步的方式执行该条指令。在阵列机中,互连网络也常被称为对准(alignment)或置换(permutation)网络,它用来提供各处理单元之间或处理单元与存储模块之间的通信连接。根据存储模块的分布方式,阵列机可分为两种基本组态:分布存储阵列机和共享存储阵列机,它们分别对应如图 1.10(a)所示的处理器–处理器组态(也称为闺房式)和如图 1.10(b)所示的处理器–存储器组态(也称为舞厅式)。在分布存储阵列机中,只要数据分配得当,各 PE 将从各自的局部存储模块 $M_i$ 中获得所需要的数据;CU 中除了存放系统程序和用户程序外,也可以存放各个 PE 所需共享的数据。不管哪种结构,对于标量型指令,CU 中的运算部件可直接执行;对于向量型指令,则将此指令播送给各个 PE 同步执行。在共享存储阵列机结构中,PE 没有局部存储模块,存储模块以集中形式为所有 PE 共享,当两个需要交换数据的 PE 之间无共享存储单元时,就需要经过多次传输方可实现交换。

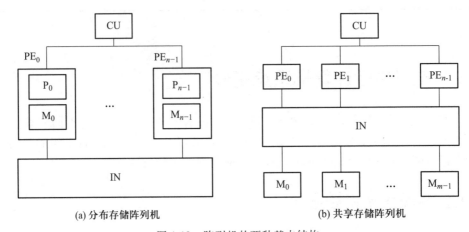

(a) 分布存储阵列机　　　　　　(b) 共享存储阵列机

图 1.10　阵列机的两种基本结构

(2)阵列机的主要特点。阵列机属于 SIMD 结构,其主要特点有:① 使用资源重复的办法来开拓计算问题空间上的并行性,这与使用流水线的办法来开拓计算问题时间上的并行性不同;② 不管是分布存储阵列机还是共享存储阵列机,所有处理单元必须同时执行相同的操作,即计算是同步的,所以基于阵列机的并行计算有时也称为同步计算;③ 如上所述,它是以某一类算法为背景发展起来的计算机,使用简单、规整的互连网络来实现处理单元间的通信,从而限定了它所适用的求解问题算法的类型,所以对阵列机的研究必须与并行算法密切结合以提高问题求解的效率;④ 阵列机尤其适合求解诸如有限差分、矩阵运算、信号处理、图像处理、线性规划等计算问题,就此而言,它是一种专用的计算机。

(3)ILLIAC-Ⅳ SIMD 阵列机。它是由 Burroughs 公司和伊利诺伊大学于 1965 年开始研制并于 1975 年连接到 ARPANET 实现分布式使用。ILLIAC-Ⅳ是 SIMD 阵列处

理机的典型代表,其结构框图如图 1.11 所示,共有 64 个处理单元(PE),统一由控制单
元(CU)控制。B6500 作为前端机实施系统管理。
每个 PE 有自己的局部处理单元存储器(PEM),容
量为 16 KB,字长为 64 b,同时每个 PE 拥有 4 个
64 b 寄存器,分别用作累加器、操作数寄存器、数据
路由寄存器和通用寄存器。此外,还有一个 16 b 变
址寄存器和一个 8 b 方式寄存器,用于存放 PE 的
屏蔽信息。图 1.12 示出了 ILLIAC-Ⅳ带环绕的二维
网孔互连网络,这是一种 4 近邻的互连网络,从一
个 PE 发送数据到另一个 PE,在最坏情况下,需要
$\sqrt{n}-1$ 步($n$ 为 PE 数)。这种互连拓扑形式很适合
求解偏微分方程和矩阵运算之类的问题。当 64 个
PE 并行工作时,系统峰值速度可达 $2 \times 10^8$ FLOPS,
它主要应用于气象预报和核工程研究等领域。

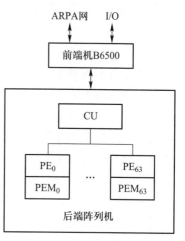

图 1.11　ILLIAC-Ⅳ阵列机框图

　其他的 SIMD 并行机还有 Goodyear MPP、AMT DAP610、CM2 和 MassPar MP-1
等。SIMD 思想被现代微处理器广泛采用,如 x86 的 MMX 类指令、GPU 架构等均汲
取了 SIMD 的思想。

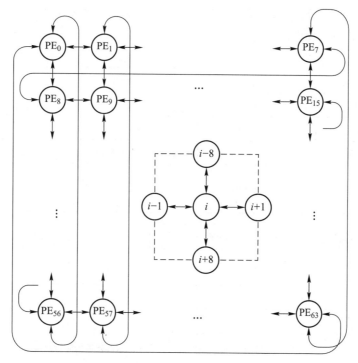

图 1.12　ILLIAC-Ⅳ二维网孔互连网络

## 1.3.2　向量处理机

本节首先讨论向量流水线超级计算机,然后讨论并行向量处理机。

**1. 向量流水线超级计算机**

在 20 世纪 90 年代中期,阵列处理机的发展几乎完全被向量处理机所阻碍。在向量机中,标量处理器被集成为一组功能单元,它们以流水线方式执行存储器中的向量数据。能够直接对存储器中任何地方的向量实施操作就避免了必须将应用数据结构映射到不变的互连结构上,从而大大简化了数据对准的问题。第一台向量机是 CDC-Star-100,它在指令系统中提供了向量操作:从存储器中取出源向量,运算后其结果向量写回内存。如果诸向量是连续的,则可全力发挥机器速度,其执行时间主要花费在简单的矩阵转置上。一个梦幻般的变化出现在 1976 年生产的 Cray-1,其向量处理框图如图 1.13 所示,它将 CDC 6600/CDC 7600 中的 load/store 结构概念应用到向量上:存储器中任何以固定条状分布的向量,均可用向量 load/store 指令回传至连续的向量寄存器中;所有的算术运算均执行于向量寄存器上;将非常快的标量处理器紧密地与向量操作集成在一起,同时使用大型半导体存储器代替磁芯存储器,就此向量机接管了超级计算王国。在接下来的 20 年中,Cray 公司一直致力于通过增加向量存储带宽、处理器数目、向量流水线数和向量寄存器长度等来保持其在超级计算机市场的鳌头地位。

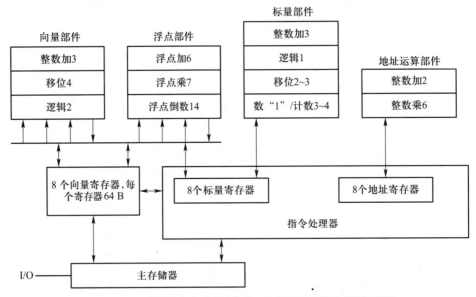

说明:12个功能流水部件后面的数字,表示流水线延迟的时钟周期数

图 1.13　Cray-1 向量处理框图

其他典型的向量流水线超级计算机系统还有 CDC 的 Cyber 205、Fujitsu 的 VP2000、NEC 的 SXI 以及我国的银河-1 号等。

**2. 并行向量处理机**

由 Cray 公司于 1991 年研制的 C90 是典型的并行向量处理机(PVP),如图 1.14 所示,其中系统包含了 16 个处理器;机器周期为 4.2 ns;共享主存容量高达 2 GB;SSD 存储器的容量最多达 16 GB,可选作第二级主存;两条向量流水线和两个功能部件可以并行操作,每个时钟周期产生 4 个向量计算结果,这就意味着每台处理器有 4 路并行,因此 16 个处理器每个周期最多可产生 64 个向量计算结果;使用 UNICOS 操作系统(由 UNIX V 和 BSD 4.3 演变而来);系统提供 FORTOAN 77、C、CF775.0 和 Cray C3.0 版本的向量化语言编译器;系统峰值速度为 16 GFLOPS,I/O 带宽为 13.6 Gps。为了求解大型问题,还可以把多台 C90 连成机群结构,如果计算性能划分合适且机群间负载平衡,则配置 4 台 C90 的机群系统,其峰值速度可达到 64 GFLOPS。

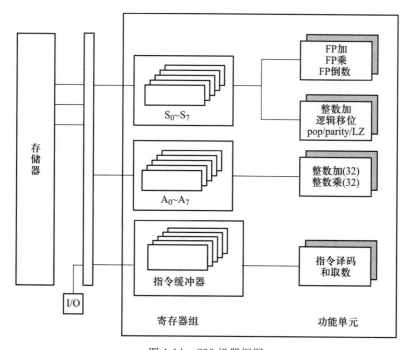

图 1.14　C90 机器框图

# 1.3.3　共享存储多处理机

按照 Flynn 分类法,共享存储的多处理机系统属于 MIMD 系统,相较 SIMD 来说,MIMD 更灵活通用,前者适合开发细粒度的数据并行(操作级的并行),后者更适于开发粗粒度的功能并行(任务并行)。由于 MIMD 机所固有的异步性,所以并发进程间的同步总是需要的。

**1. 紧耦合多处理机系统**

顾名思义,这种系统之间的联系是比较紧密的,由于采用共享主存通信以及处理器与主存之间互连网络带宽有限,所以当处理器数增多时访问主存的冲突概率会加大,互连网络会成为系统性能瓶颈。为此常采用多存储模块交叉访问方式,使用高速缓存来减少访问冲突和对主存的访问次数,但必须注意,使用高速缓存时必须注意高速缓存与主存之间以及高速缓存相互之间的数据一致性(consistency)问题。

图 1.15 示出了一个由 $m$ 个存储模块、$p$ 个处理器和 $d$ 个 I/O 通道组成的典型的紧耦合多处理机系统,其中,处理器与主存之间使用 PMIN 网络互连,处理器之间使用 PPIN 网络互连,而处理器与 I/O 通道使用 PIONI 网络互连。

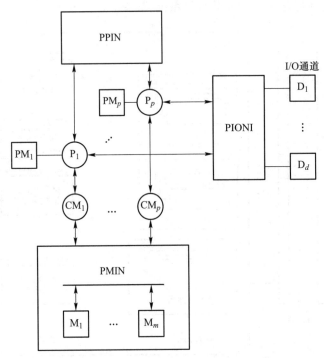

PM:局存  CM:高速缓存  P:处理器  D:外围设备

图 1.15  典型的紧耦合多处理机系统

**2. 同构对称多处理机系统**

在这种系统中,所使用的处理器是同类型的,而各处理器在系统中的地位是平等和对称的。图 1.16 示出了 Sequent 公司生产的 Balance 同构对称多处理机系统,处理器数为 2~32 个,存储模块数为 1~6 个。其中,处理器由 80386 微处理器、浮点运

算器 Weitek 1167 和 64 KB 的高速缓存组成;存储器由 8 MB(可扩充到 40 MB)存储
模块和一个存储控制器组成,它们均与系统总线相连;系统总线还通过总线适配器
与以太网、SCSI 相连,或通过盘控与磁盘相连;此外,它还可借助总线适配器和多总
线实现远程连接。

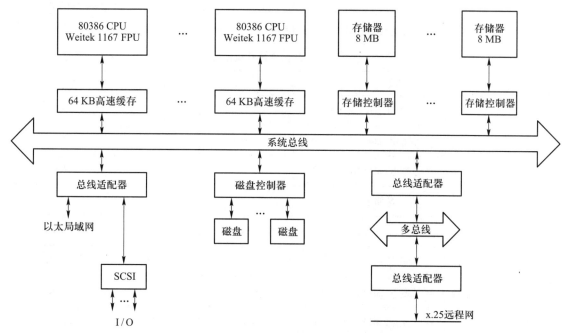

图 1.16  Sequent 的 Balance 同构对称多处理机系统

## 1.3.4  分布存储多计算机

分布存储的多计算机属于消息传递型并行计算机,其中,每个处理器都是一个
独立性较强的节点,由处理器、局存、I/O 设备和消息传递通信接口组成。由于每个
计算节点的局存容量较大,所以运算时所需的绝大部分指令和数据均可取自局存。
当不同计算节点上的进程需要通信时,就可通过接口进行消息交换。由于节点之间
耦合程度较低,所以此系统也常将称为松散耦合的多机系统。在有的松散耦合的多
机系统中,其计算节点本身就是一台完整的计算机,这样就演变成为现代的工作站
机群系统(见第六章)。

**1. 多计算机系统的演变**

按照本章参考文献[7],分布存储的多计算机系统可分为三代:1983—1987 年
为第一代,代表机器有 iPSC/1、Ameteks/14、nCUBE/10 等;1988—1992 年为第二
代,代表的机器有 Intel iPSC/2、Paragon、Intel Delta 、nCUBE2 等;1993—1997 年为

第三代,代表机器是麻省理工学院的 J-machine 等。第一代多计算机系统主要是从 CIT 的 Cosmic Cube 演变而来;第二代多计算机系统主要是改用高性能的处理器,用硬件支持选路技术,如使用虫蚀选路(wormhole routing,也称虫孔路由);第三代是新一代多计算机系统,它将处理器、选路通道和 RAM 都集成在一块芯片上,使用三维网格形拓扑连接和低延迟的通信技术。表 1.3 汇总了三代多计算机所使用的重要参数,其中通信时延是传送 100 B 消息时的延迟时间。

表 1.3　三代多计算机比较一览表

| | 参数 | 第一代 | 第二代 | 第三代 |
|---|---|---|---|---|
| 典型节点 | 执行速度/MIPS | 1 | 10 | 100 |
| | 执行速度/MFLOPS(标量) | 0.1 | 2 | 40 |
| | 执行速度/MFLOPS(向量) | 10 | 40 | 200 |
| | 存储器/GB | 0.5 | 4 | 32 |
| 典型系统 | 节点数 | 64 | 256 | 1 024 |
| | 执行速度/MIPS | 64 | 2 560 | 100 K |
| | 执行速度/MFLOPS(标量) | 6.4 | 512 | 40 K |
| | 执行速度/MFLOPS(向量) | 640 | 10 K | 200 K |
| | 存储器/B | 32 | 1 K | 32 K |
| 通信时延 | 邻近时延/μs | 2 000 | 5 | 0.5 |
| | 远程时延/μs | 6 000 | 5 | 0.5 |

### 2. Intel Paragon 系统简介

20 世纪 80 年代,因为所有的 I/O 功能均由主机完成,所以用同构节点组成的超立方体多计算机限制了 I/O 带宽,这些并行机不能解决大吞吐量、高效率的大型问题求解。Intel Paragon 就是为解决此问题而设计的。如图 1.17 所示,Paragon 是无主存的多计算机系统,由三部组成:中间部分称为计算节点部分,是用 i860XP 微处理器组成的数值计算网格,这种网格的系统结构扩大规模时,不会像超立方结构那样一定要以 2 的幂的倍数增加;网格的左右两边各有一个 16×1 阵列的 I/O 部分,负责管理所有 I/O 操作,I/O 阵列中使用的处理器是 i386,系统的 I/O 阵列中有 6 个服务节点用作系统诊断和中断管理,磁带节点用于后备存储。为了使本地节点和网格形网络之间能传递消息,使用了如图 1.18 所示的路由器结构,它有 10 个 I/O 端口,其中 5

个是输入端口,5 个是输出端口,4 对 I/O 通道把东、西、南、北相邻的节点连成网格状。

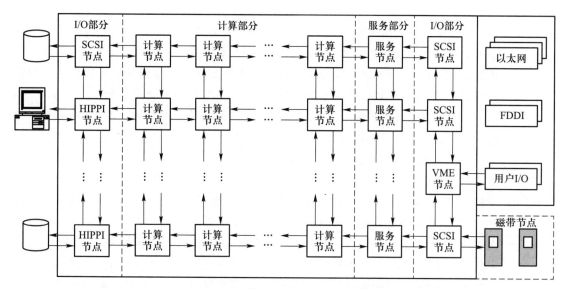

图 1.17 Intel Paragon 系统框图

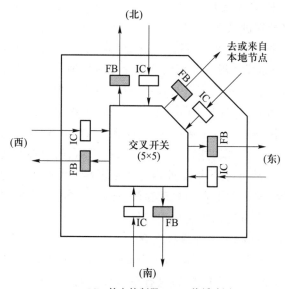

IC:输入控制器 FB:片缓冲区

图 1.18 Paragon 路由器结构

### 1.3.5　共享分布存储多处理机

由于受互连网络带宽的限制,共享存储多处理机的扩展性较差,但由于是单共享地址空间所以较易于编程;而分布存储多计算机由于是松散性耦合的,所以易于扩展,但多地址空间却使其编程较困难。共享分布存储多处理机是将物理上分布的存储系统,通过硬件和软件的办法,向用户提供一个单一的全局地址空间。这样,共享分布存储多处理机系统既具有分布存储多机系统易于扩展的特性,又具有共享存储多处理机系统易于编程的优点。

**1. 共享虚拟存储模型**

为了使松散耦合节点中所有处理器能共享一个统一的地址空间,必须使用共享虚拟存储器(shared virtual memory,SVM)。共享虚拟存储器使用了"虚拟存储器"的概念,这一概念是由英国曼彻斯特大学于 1961 年提出的。单机系统中的虚拟存储器由快速、小容量主存和慢速、大容量辅存组成,在系统软件和辅助硬件的管理下,它们就类似于一个单一的、可直接访问的大容量主存储器。从程序员的角度看,存储空间扩大了,被访问的地址是一个逻辑地址,即虚地址,而运行时地址必须转换成主存中的物理地址。在此过程中,要使用转换表和页面调度系统,如果虚地址对应的存储页面不在主存中,则需要将其调入主存;如果主存已满 ,还涉及页面替换问题。

在分布存储多处理机系统中,物理存储器是分布在各个节点上的,这些分布的存储器就构成了一个全局共享的所谓虚拟存储器。共享虚拟存储器首先由 Kai Li 于 1986 年提出,其思想是要在没有共享物理存储器的处理器网络上实现一致的共享存储器。如图 1.19(a)所示,在共享分布存储器中,每个虚拟地址空间的大小等于单个节点所能提供的空间大小,系统中所有节点共享这个虚拟地址空间。Kai Li 于 1988 年在 Apollo 工作站网络上实现了第一个 SVM 系统 IVY。SVM 地址空间以页面形式组织,系统中所有节点均可以访问这些页面。每个节点的存储映射管理器把其本地存储器视为有关处理器的一个大页面结构高速缓存。大的虚拟地址空间允许程序代码和数据所占的空间比单节点的物理存储空间大得多,这种 SVM 方法使得在信息传递环境下进行共享变量的编程变得很容易。

**2. 斯坦福大学的 DASH 多计算机简介**

DASH(directory architecture for shared memory)是斯坦福大学研制的实验型系统。研制者认为,构造一个可扩展的,具有单地址空间、一致性高速缓存和分布式存储器的高性能计算机是可能的。基于目录的一致性使 DASH 很容易使用共享存储结构,而又保持消息传递机制所具有的可扩展性。图 1.20 示出了 DASH 的原型系统,它有 64 个 MIPS R3000/R3010 微处理器,分成 16 个节点群,每个节点群有 4 个处理单元,节点群之间用一对虫蚀选路网格连接。网格网络可支持本地和全局存储器频宽扩展,这对开发局部性有好处;一致性高速缓存的单地址空间更易于编译器和程序设计者的使用。DASH 原型机规模比较小,SGI 公司的 Origin 2000 是它的商业化产品。

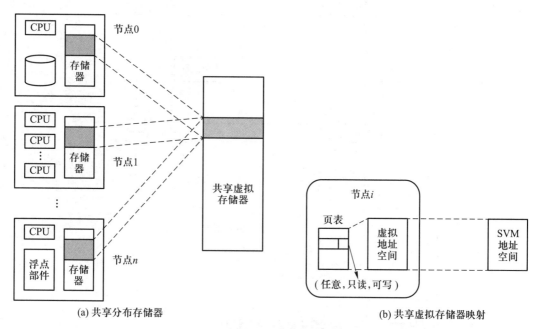

(a) 共享分布存储器        (b) 共享虚拟存储器映射

图 1.19　共享分布存储器概念模型

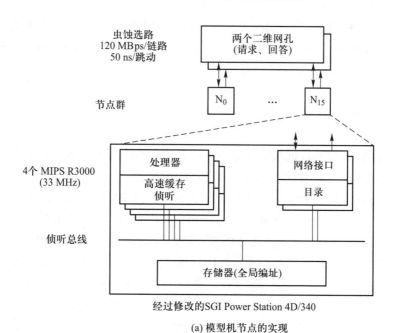

(a) 模型机节点的实现

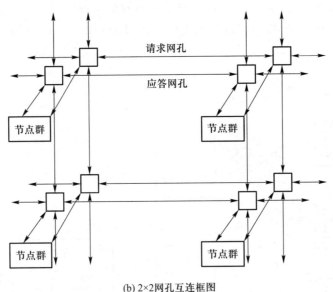

(b) 2×2网孔互连框图

图 1.20　DASH 原型系统

# 1.4　当代并行计算机体系结构

　　本节首先研究从当今不同的并行计算机系统中抽象出具有普通意义的并行计算机体系结构模型,包括并行计算机结构模型和并行计算机的访存模型;然后简要介绍并行计算机的存储层次结构及其一致性问题。

## 1.4.1　并行计算机结构模型

　　已如上述,大型并行机系统结构一般可分为单指令流多数据流(SIMD)机、并行向量处理机(PVP)、对称多处理机(SMP)、大规模并行处理机(MPP)、工作站机群(COW)和分布式共享存储(DSM)多处理机 6 种。SIMD 计算机多为专用,其余的 5 种均属于多指令流多数据流(MIMD)计算机。5 种 MIMD 并行机的结构模型示于图 1.21 中,其中 B(bridge)表示存储总线和 I/O 总线间的接口,DIR(cache directory)表示高速缓存目录,IOB(I/O bus)表示 I/O 总线,LM(local memory)表示本地存储器,M(memory)表示主存,LD(local disk)表示本地磁盘,MB(memory bus)表示存储器总线,NIC(network interface circuit)表示网络接口电路,P/C(microprocessor and cache)表示微处理器和高速缓存,SM(shared memory)表示共享存储器。目前绝大多数近代并行机均由商用硬件构成,而 PVP 计算机的部件很多都是定制(custom-made)的。

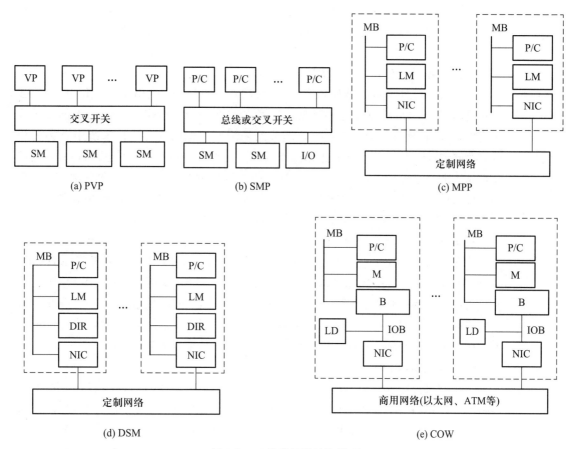

图 1.21 5 种并行机结构模型

### 1. 并行向量处理机(PVP)

典型的并行向量处理机的结构示于图 1.21(a)。Cray C90、Cray T90、NEC SX-4和我国的银河-1 号等属于 PVP。这样的系统中包含了少量专门定制的高性能向量处理器(vector processor,VP),每个 VP 都具有很强的处理能力。系统中使用了专门设计的高带宽交叉开关网络将 VP 连向共享存储模块,存储器可高速向处理器提供数据。这样的机器通常不使用高速缓存,而是使用大量的向量寄存器和指令缓冲器。

### 2. 对称多处理机(SMP)

对称多处理机的结构示于图 1.21(b)。IBM R50、SGI Power Challenge、DEC Alpha 服务器 8400 和我国曙光一号等都属于这种类型的机器。SMP 系统使用商用微处理器(具有片上或外置高速缓存),它们经由高速总线(或交叉开关)连向共享存储器。这种机器主要用于商务处理,例如数据库、在线事务处理系统和数据仓库等。

关于 SMP 重要的一点是系统是对称的,每个处理器可等同地访问共享存储器、I/O 设备和操作系统服务。因为对称,才能开拓较高的并行度;也正是因为共享存储,限制了系统中的处理器不能太多(一般少于 64 个),而且总线和交叉开关互连一旦完成也难于扩展。

### 3. 大规模并行处理机(MPP)

大规模并行处理机的结构示于图 1.21(c)。Intel Paragon、IBM SP2、Intel TFLOPS 和我国的曙光 1000 等都是这种类型的机器。MPP 一般是指超大型(very large scale)计算机系统,它具有如下特性:① 处理节点采用商用微处理器;② 系统中有物理分布的存储器;③ 采用高通信带宽和低延迟的互连网络(专门设计和定制的);④ 能扩放至成千上万个处理器;⑤ 它是一种异步的 MIMD 机器,程序由多个进程组成,每个都有自己的私有地址空间,进程间通过消息传递实现相互作用。MPP 的主要应用是科学计算、工程模拟和信号处理等以计算为主的领域。

### 4. 分布共享存储多处理机(DSM)

分布式共享存储多处理机的结构示于图 1.21(d)。斯坦福大学研制的 DASH、Cray T3D 和 SGI/Gray Origin 2000 等属于此类结构。高速缓存目录(DIR)用于支持分布高速缓存的一致性。DSM 和 SMP 的主要差别是,DSM 在物理上有分布在各节点中的局存,从而形成一个共享的存储器。对用户而言,系统硬件和软件提供了一个单地址的编程空间。DSM 相对于 MPP 的优越性是编程较容易。

### 5. 工作站机群(COW)

工作站机群结构示于图 1.21(e)。加利福尼亚大学伯克利分校研制的 NOW(Ber keley Now)、Alpha Farm、DEC TruCluster 等都是 COW 结构。在有些情况下,机群往往是低成本的、变形的 MPP。COW 与 MPP 的主要区别体现在:① COW 的每个节点都是一个完整的工作站(不包括监视器、键盘、鼠标等),这样的节点有时也称为"无头工作站",一个节点可以是一台个人计算机或 SMP;② COW 中各节点通过一种低成本的商用网络(如以太网、FDDI 和 ATM 开关等)互连(有的商用机群也使用定制的网络);③ COW 中各节点内总是有本地磁盘,而 MPP 节点内却没有;④ COW 中节点内的网络接口是松耦合到 I/O 总线上的,而 MPP 内的网络接口是连接到处理节点的存储总线上的,因而可谓是紧耦合式的;⑤ 一个完整的操作系统驻留在 COW 的每个节点中,而 MPP 中通常只含微核,COW 的操作系统是工作站 UNIX,加上一个附加的软件层以支持单系统映像、并行度、通信和负载平衡等。

现今,MPP 和 COW 之间的界线越来越模糊。例如,IBM SP2 虽被视为 MPP,但它却有一个机群结构。机群相对于 MPP 有性价比更高的优势,所以在发展可扩放并行计算机方面呼声很高。

表 1.4 汇总了上述 5 种结构的特性,其中有关访存模型的解释见第 1.4.2 节。

表 1.4　5 种结构特性一览表

| 属性 | PVP | SMP | MPP | DSM | COW |
|---|---|---|---|---|---|
| 结构类型 | MIMD | MIMD | MIMD | MIMD | MIMD |
| 处理器类型 | 专用定制 | 商用 | 商用 | 商用 | 商用 |
| 互连网络 | 定制交叉开关 | 总线、交叉开关 | 定制网络 | 定制网络 | 商用网络（以太 ATM） |
| 通信机制 | 共享变量 | 共享变量 | 消息传递 | 共享变量 | 消息传递 |
| 地址空间 | 单地址空间 | 单地址空间 | 多地址空间 | 单地址空间 | 多地址空间 |
| 系统存储器 | 集中共享 | 集中共享 | 分布非共享 | 分布共享 | 分布非共享 |
| 访存模型 | UMA | UMA | NORMA | NUMA | NORMA |
| 代表机器 | Cray C90, Cray T90, 银河-1 号 | IBM R50, SGI Power Challenge, 曙光一号 | Intel Paragon, IBM SP2, 曙光 1000/2000 | 斯坦福大学 DASH, Cray T3D | Berkeley NOW, Alpha Farm |

### 6. 并行计算机体系合一结构

20 世纪 90 年代以后上述各种并行机体系结构呈现渐趋一致的趋势。促使体系结构渐趋一致而最终合一的主要因素是：所有的体系结构都要求快速、高质量的互连网络，都希望尽量避免或降低延迟，都希望尽量隐藏通信代价，都必须支持不同的同步形式等。

由于硬件和软件的发展演变，共享存储与消息传递的界线越来越模糊，主要体现在以下几方面。① 在通信操作方面。首先，在绝大多数共享存储的机器上，传统的消息传递操作（发送/接收）均可由共享的缓冲存储器来支持：发送方将待写数据送入缓冲区，而接收方从共享存储器中读取这些数据，可以使用标记或锁等来控制缓冲区的访问。其次，在采用消息传递的机器中，用户进程可以构成全局地址空间，访问这样的全局地址，可以软件方式用显式消息处理来实现，逻辑读可用发送请求给包含目标和接收响应的进程来实现。绝大多数消息传递库都允许一个进程接收任何其他进程的消息，所以每个进程均可服务于其他进程数据请求。再者，共享虚拟地址空间可以建立在消息传递机器的页面级上。一组进程有其共享地址区域，但只有属于它的本地页面的进程才可访问。② 在机器组织方面。SMP、MPP 和 COW 等并行结构渐趋一致，DSM 是 SMP 和 MPP 的自然结合，MPP 和 COW 的界线逐渐不清，它们最终的结构趋向一致，形成当代并行机的公用结构（见图 1.22）。在这样的系统结构中，大量的节点可通过高速网络互连起来。节点通常遵循 Shell 结构（shell architecture），其中一个专门设计的定制电路（也称 Shell）将商用微处理器（P）和其余的节点，包括板级高速缓存（C）、局存（M）、网络接口电路（NIC）和磁盘（D）连接起来。在一个节点内可有不止一个处理器。这种 Shell 结构的优点是，当处理器芯片更新换代时系统的其他部分无须改变。图 1.22 中示了三种不同的共享结构,其中,将图 1.22(a)无共享结构中节点内的磁盘(D)移出来就形成了如图1.22(b)所示的共享磁盘结构,再把主存(M)移出来就变成了如图 1.22(c)所示的共享存储结构。③ 在互连网络方面。很多诸如快速以太网、ATM、光纤等先进网络出现后,可使用它们将节点(或系统)连成机群结构,构成一个可扩放的 SMP 机器。

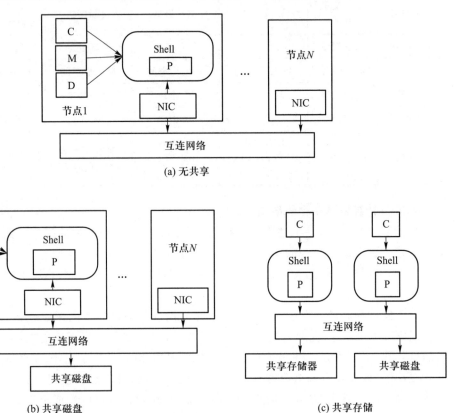

图 1.22 可扩放并行机公用结构

## 1.4.2 并行计算机访存模型

下面从系统访问存储器模式的角度讨论多处理机和多计算机系统的访存模型,这和上节所讨论的结构模型是实际并行计算机系统结构的两个方面。

**1. 均匀存储访问模型**

均匀存储访问(uniform memory access,UMA,也称均匀存储器访问)多处理机模型如图 1.23 所示,其特点是:① 物理存储器被所有处理器均匀共享,② 所有处理器访问任何存储字取相同的时间(这就是均匀存储访问名称的由来),③ 每台处理器可带私有高速缓存,④ 外围设备(又称"外部设备",简称"外设")也可以一定形式共享。这种系统由于高度共享资源而称为紧耦合系统(tightly coupled system)。当所有的处理器都能等同地访问所有 I/O 设备且能同样地运行执行程序(如操作系统内核和 I/O 服务程序等)时称为对称多处理机(SMP);如果只有一台或一组处理器(称为主处理器),它能执行操作系统并能操纵 I/O,而其余的处理器无 I/O 能力(称这样的处理器为从处理器),只能在主处理器的监控之下执行用户代码,这时将它们称为非对称多处理机。一般而言,UMA 结构适用于通用或分时应用。

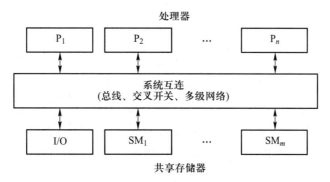

图 1.23 UMA 多处理机模型

## 2. 非均匀存储访问模型

非均匀存储访问(non-uniform memory access,NUMA,也称非均匀存储器访问)多处理机模型如图 1.24 所示。NUMA 的特点是:① 被共享的存储器在物理上是分

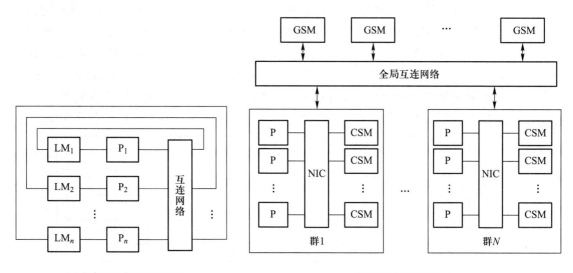

(a) 共享本地存储器NUMA      (b) 层次式机群NUMA

图 1.24 NUMA 多处理机模型

布在所有的处理器中的,所有本地存储器的集合组成了全局地址空间;② 处理器访问存储器的时间是不一样的;访问本地存储器(LM)或群内共享存储器(CSM)较快,而访问外地的存储器或全局共享存储器(GSM)较慢(这就是非均匀存储访问名称的由来);③ 每台处理器照例可带私有高速缓存,且外设也可以某种形式共享。

### 3. 全高速缓存访问模型

全高速缓存存储访问(cache only memory access,COMA)多处理机模型如图 1.25 所示,它是 NUMA 的一种特例。其特点是:① 各处理器节点中没有存储层次结构,全部高速缓存组成全局地址空间;② 利用分布的高速缓存目录(D)实现远程高速缓存的访问;③ COMA 中的高速缓存容量一般都大于二级高速缓存容量;④ 使用 COMA 时,数据开始时可任意分配,因为在运行时它最终会被迁移到要用到它的地方。这种结构的机器实例有瑞典计算机科学研究所的 DDM 和 Kendall Square Research 公司的 KSR-1 等。

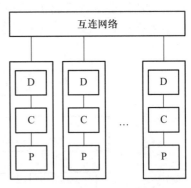

图 1.25    COMA 多处理机模型

### 4. 高速缓存一致性非均匀存储访问模型

高速缓存一致性非均匀存储访问(cache coherent non-uniform memory access,CC-NUMA,也称高速缓存一致非均匀存储器访问)多处理机模型如图 1.26 所示,它实际上是将一些 SMP 机器作为单节点彼此连接起来形成的一个较大的系统。其特点是:① 绝大多数商用 CC-NUMA 多处理机系统都使用基于目录的高速缓存一致性协议;② 它在保留 SMP 结构易于编程的优点的同时,也改善了常规 SMP 的可扩放性问题;③ CC-NUMA 实际上是一个分布共享存储的 DSM 多处理机系统;④ 它最显著的优点是程序员无须明确地在节点上分配数据,系统的硬件和软件开始时自动在各节点上分配数据,在运行期间,高速缓存一致性硬件会自动地将数据迁移至要用到它的地方。总之,CC-NUMA 所发明的一些技术在开拓数据局部性和增强系统可扩展

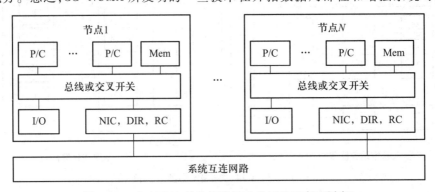

图 1.26    CC-NUMA 结构模型(RC 表示远程高速缓存)

性方面很有效。在很多商业应用中,大多数数据访问都可限制在本地节点内,网络上的主要通信不是传输数据,而是为高速缓存的无效性(invalidation)所用。

**5. 非远程存储访问模型**

非远程存储访问(noremote memory access,NORMA)是指,在一个分布存储的多处理机系统中,所有的存储器都是私有的,仅能由自己的处理器所访问。图 1.27 示出了基于消息传递的多计算机一般模型,系统由多个计算节点通过消息传递互连网络连接而成,每个节点都是一台由处理器、本地存储器和/或 I/O 外设组成的自治计算机。NORMA 的特点是:① 所有存储器是私有的;② 绝大多数 NUMA 都不支持远程存储器的访问;③ 在 DSM 中,NORMA 就消失了。

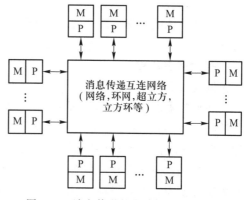

图 1.27 消息传递的多计算机一般模型

我们可以将上节所讲的并行机结构模型和本节讲的并行机访存模型的相互关系汇总在图 1.28 中。注意,物理上分布的存储器从编程的观点来看可以是共享的或

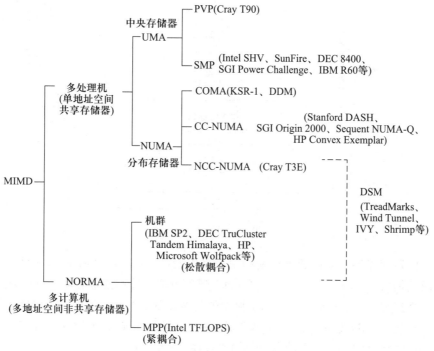

图 1.28 构筑并行机系统的不同存储结构

非共享的,共享存储结构(多处理机)可同时支持共享存储和消息传递编程模型,共享存储的编程模型适用于共享存储结构和分布式存储结构(多处理机)。

### 1.4.3  并行计算机存储层次及其一致性问题

下面从系统的存储器组织方式角度讨论近代计算机中层次存储技术及其一致性管理。

**1. 存储器层次结构**

在近代计算机中,存储设备按如图 1.29 所示的层次结构来组织。寄存器和高速缓存装在处理器芯片或处理器板上,寄存器的分配由编译器完成;高速缓存对程序员是透明的(它可按速度和应用要求设置一级或多级);主存储器是计算机系统的基本存储器,它由存储管理部件和操作系统共同管理;磁盘存储器被看作是最高层的联机存储器,它保存系统程序(操作系统和编译器)、某些用户程序及其数据集;磁带机是脱机存储器,用作后援存储器,它保存当前或过去的用户程序副本、处理结果和文件等。磁盘驱动器和磁带机是由操作系统采取有限的用户干预方式进行管理的。

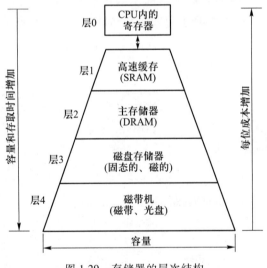

图 1.29  存储器的层次结构

存储器相邻层之间的数据传输的单位是不同的,如图 1.30 所示:CPU 和高速缓存之间数据按字(8 B)传输,高速缓存($M_1$)通常分成一些高速缓存块,有的书中也将其称为高速缓存行(cache line),每块典型值是 8 个字;高速缓存和主存储器($M_2$)之间数据按块(64 B)传输;主存储器和磁盘($M_3$)之间数据按页(4 KB)传输;磁盘和磁带机($M_4$)之间数据按段(段的大小由用户按需要而定)传输。

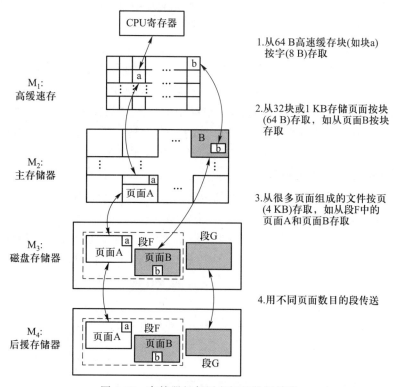

图 1.30 存储器相邻层之间的数据传输

## 2. 高速缓存一致性

高速缓存一致性(cache coherence)是指同一数据项应与后续存储器层次上的副本一致。如果高速缓存中的一个字被修改过,那么在其所有更高层上的该字的副本也必须立即或随后加以修改。层次结构照例必须这样维护。一致性维护一般有两种策略:① 写直达(write through,WT),即如果在 $M_i(i=1,2,\cdots)$ 中修改了一个字,则在 $M_{i+1}$ 中需要立即修改;② 写回(write back,WB),即对 $M_{i+1}$ 中的修改延迟到 $M_i$ 中正在修改的字被替换或从 $M_i$ 中消除后才进行。在多处理机系统中,由于多个处理器异步地相互操作,因此多个高速缓存中的同一高速缓存行的副本可能不同。造成高速缓存不一致性的原因有:① 由共享可写数据导致的不一致,② 由进程迁移导致的不一致,③ 由绕过高速缓存的 I/O 操作导致的不一致。

目前解决多处理机系统中各高速缓存不一致性的方法很多,主要分软件和硬件两大类。软件上主要借助编译程序进行分析,使共享信息只存放在主存中,不允许将它们放到高速缓存中。更为有效的方法是判断可写数据在哪一段时间内可安全地存放在高速缓存中,哪一段时间内不能放在高速缓存中,以尽量提高工作效率。此法虽然较简单,但实际上它避开了在高速缓存中实现可写数据的共享问题,因而系统性能会受到一定的影响。在近代多处理机系统中,使用总线侦听和目录表的硬件方法来解决高速缓存不一致问题就非常流行了。

(1)总线侦听方法。在基于总线连接的多处理机系统中,为系统中的每个处理器-高速缓存对设置一个侦听部件,由它侦听总线上的事务活动,特别是写操作:如果它侦听到主存中有一个单元被其他处理器修改,而此单元在自己高速缓存中也有一个副本,则该侦听部件就将自己高速缓存中的副本置为无效,或是对该高速缓存中的副本加以更新,以与主存中相应单元的内容保持一致。这种方法虽然实现简单,但只适合于总线结构的多处理机系统,对于具有非总线连接的多计算机系统,则就得使用下面介绍的目录表方法了。

(2)目录表方法。此方法的要点是,在主存中设置一个目录表,表中每一项记录共享数据的所有高速缓存行(数据块)的位置和状态,包括几个指标器(指示数据块的副本放在哪些处理器的高速缓存中)和指示位(指示是否已有高速缓存向此数据块写入过新的内容)。借助此目录表,当一个处理器写入其自身的高速缓存时,只需有选择地通知存有该数据块的处理器中的高速缓存即可,使它们的内容或被废弃或被更新。

有关高速缓存的一致性问题,本书第四章和第五章会详细讨论。

## *1.5　并行计算机的应用基础

本节主要从并行计算机的应用角度出发,讨论如何使用并行机和怎样用好并行机的一些问题,前者包含并行计算模型和并行程序设计模型,后者包括与并行机性能密切相关的同步与通信以及并行化技术等问题。

### 1.5.1　并行计算模型

在并行机上求解问题,首先要写出求解问题的并行算法。并行算法是在并行计算模型基础上设计出来的,而并行计算模型是对不同的并行计算机体系结构模型抽象得到的。本节依次简要讨论同步 PRAM 模型(它是从共享存储的 SIMD 机器抽象而来)、异步 PRAM 模型(从共享存储的多处理机抽象而来)、BSP 和 LogP 模型(从分布存储的多计算机抽象而来)等。

**1. PRAM 模型**

(1)PRAM 模型描述。PRAM(parallel random access machine)模型,即并行随机存取机模型,也称为共享存储器的 SIMD 模型,是一种抽象的并行计算模型。在这种模型中,假定存在一个容量无限大的共享存储器;有有限个或无限个功能相同的处理器,且均具有简单的算术运算和逻辑判断功能;在任何时刻各处理器均可通过共享存储单元交换数据。根据处理器对共享存储单元同时读、同时写的限制,PRAM 模型又可分为:① 不允许同时读和同时写(exclusive-read and exclusive-write)的 PRAM 模型,简记为 PRAM-EREW;② 允许同时读但不允许同时写(concurrent-read and exclusive-write)的 PRAM 模型,简记为 PRAM-CREW;③ 允许同时读和同时写(concurrent-read and concurrent-write)的 PRAM 模型,简记为 PRAM-CRCW。显然,允许同时写是不现实的,于是又对 PRAM-CRCW 模型作了进一步的约定:① 只允许所有的处理器同时写相同的数,此时称为公共(common)的 PRAM-CRCW,简记为 CPRAM-CRCW;② 只允许最优先的处理器先写,此时称为优先(priority)的 PRAM-CRCW,简记为 PPRAM-CRCW;③ 允许任意处理器自由写,此时称为任意(arbitrary)的 PRAM-CRCW,简记为 APRAM-CRCW。上述模型中,PRAM-EREW 是最弱的计算模型,而 PRAM-CRCW 是最强的计算模型。

(2)PRAM 模型优点。著名的 PRAM 模型优点很多:特别适合于并行算法的表达、分析和比较;使用简单,很多诸如处理器间通信、存储管理和进程同步等并行机的低级细节均被隐含于模型中;易于设计算法,稍加修改便可运行在不同的并行机上;有可能在 PRAM 模型中加入同步和通信等因素。

(3)PRAM 模型缺点。PRAM 是一个同步模型,这就意味着所有的指令均按锁步方式操作,用户虽感觉不到同步的存在,但它的确是很费时的;共享单一存储器的假定,显然不适合于分布存储的异步 MIMD 机器;假定每个处理器均可在单位时间内访问任何存储单元而略去存取竞争和有限带宽等也是不现实的。

(4)PRAM 模型推广。随着人们对 PRAM 理解的深化,在使用它的过程中也对其做了若干推广,主要体现在以下几个方面:存储竞争模型,它将存储器分成一些模块,每个模块一次可处理一个访问,从而可在模块级处理存储器的竞争;延迟模型,它考虑了信息的产生和使用之间的通信延迟;局部 PRAM 模型,此模型考虑了通信带宽,它假定每个处理器均有无限的局存,而访问全局存储器是较昂贵的;分层存储模型,它将存储器视为分层的存储模块,每个模块由其大小和传送时间表征,多处理机由模块树表示,叶为处理器;异步 PRAM 模型,它是下面我们要专门讨论的模型。

尽管 PRAM 模型是很不实际的并行计算模型,但在目前算法界中它仍被广泛使用,且被普遍地接受,特别是算法理论研究者非常喜欢它。

**2. 异步 PRAM 模型**

(1)模型特点。分相(phase)PRAM 模型是一个异步的 PRAM 模型,简记为 APRAM,它由 $p$ 个处理器组成,其特点是每个处理器都有自己的局存、局部时钟和局部程序;处理器间的通信需经过共享全局存储器;无全局时钟,各处理器异步地独立执行各自的指令;处理器任何时间依赖关系需明确地在各处理器的程序中加入同步(路)障(synchronization barrier,也称障栅同步、栅障同步,barrier synchronization);一条指令可在非确定但有限的时间内完成。

（2）APRAM 模型中的指令类型。APRAM 模型中有四类指令,其中:① 全局读,是指将全局存储单元中的内容读入局存单元中;② 局部操作,是指对局存中的数执行操作,其结果存入局存中;③ 全局写,是指将局存单元中的内容写入全局存储单元中;④ 同步,同步是计算中的一个逻辑点,在该点各处理器均需等待其他处理器到达后才能继续执行其局部程序。

（3）APRAM 模型中的计算。在 APRAM 模型中,计算由一系列用同步障分开的全局相组成。在各全局相内,每个处理器异步地运行其局部程序;每个局部程序中的最后一条指令是一条同步障指令;各处理器均可异步地读取和写入全局存储器,但在同一相内不允许两个处理器访问同一单元。正是因为不同的处理器访问存储单元总是由一同步障所分开,所以指令完成时间上的差异并不影响整个计算。

（4）APRAM 模型中的时间计算。使用 APRAM 模型计算算法的时间复杂度时,假定局部操作取单位时间;全局读写时间为 $d$,它定量化了通信延迟,代表读写全局存储器的平均时间,$d$ 随机器中的处理器增加而增加;同步障的时间为 $B$,它是处理器数 $p$ 的非降函数 $B=B(p)$。在 APRAM 中假定上述参数服从如下关系:

$$2 \leqslant d \leqslant B \leqslant p \tag{1.1}$$

同时,$B(p) \in O(d\log p)$ 或 $B(p) \in O(d\log p/\log d)$。令 $t_{ph}$ 为全局相内各处理器指令执行时间中最长者,则整个程序运行时间 $T$ 为各相的时间之和加上 $B$ 乘以同步障次数,即

$$T = \sum t_{ph} + B \times 同步障次数 \tag{1.2}$$

总之,APRAM 模型比起 PRAM 来更接近于实际的并行机,且保留了 PRAM 编程的简洁性;由于使用了同步障,所以不管各处理器的延迟有多长,程序必定是正确的;因为 APRAM 模型中的成本参数是定量化的,所以算法的分析也是不难的。

### 3. BSP 模型

（1）BSP 模型的基本参数。BSP(bulk synchronous parallel)模型,字面的含义是"大"同步模型(相应地,APRAM 模型也称"轻量"同步模型),其早期最简单的版本称为 XPRAM 模型,它是计算机语言和体系结构之间的桥梁,并以下述三个参数描述的分布存储多计算机模型:① 处理器-存储器模块(下文也简称为处理器),② 施行处理器-存储器模块对之间点到点传递信息的选路器,③ 执行以时间间隔 $L$ 为周期的所谓路障同步器。所以 BSP 模型将并行机的特性抽象为三个定量参数处理器数 $P$、选路器吞吐量(亦称带宽因子)$g$、全局同步时间间隔 $L$。

（2）BSP 模型中的计算。在 BSP 模型中,计算由一系列用全局同步分开的、周期为 $L$ 的超级步(superstep)组成。在各超级步中,每个处理器均执行局部计算,并通过选路器接收和发送消息;然后作全局检查,以确定该超级步是否已由所有的处理器完成:

若是,则前进到下一个超级步,否则下一个 $L$ 周期被分配给未曾完成的超级步。

(3) BSP 模型的性质和特点。BSP 模型属分布存储的 MIMD 计算模型,其特点主要有以下几点。① 它将处理器和选路器分开,强调计算任务和通信任务的分开,而选路器仅施行点到点的消息传递,不提供组合、复制或广播等功能,这样做既掩盖了具体的互连网络拓扑,又简化了通信协议。② 采用路障方式的、硬件实现的全局同步,这是可控粗粒度级的,从而提供了执行紧耦合同步式并行算法的有效方式,而程序员并无过分的负担。③ 在分析 BSP 模型的性能时,假定局部操作可在一个时间步内完成,而在每一超级步中,一个处理器至多发送或接收 $h$ 条消息(称为 $h$-relation)。假定 $s$ 是传输建立时间,所以传送 $h$ 条消息的时间为 $gh+s$,如果 $gh \geqslant 2s$,则 $L$ 至少应大于或等于 $gh$。很清楚,从硬件上可将 $L$ 设置得尽量小(例如使用流水线或宽的通信带宽使 $g$ 尽量小),而通过软件可以设置 $L$ 的上限(因为 $L$ 愈大,并行粒度愈大)。在实际使用中,$g$ 可定义为每秒处理器所能完成的局部计算数目与每秒选路器所能传输的数据量之比。如果能较好地平衡计算和通信任务,则 BSP 模型在可编程性方面具有优势,可直接在 BSP 模型上执行算法(不是自动地编译它们),此优点将随着 $g$ 的增加而更加明显。④ 为 PRAM 模型所设计的算法,均可通过在每个 BSP 处理器上模拟一些 PRAM 处理器的方法来实现。理论分析证明,这种模拟在常数因子范围内是最佳的,只要并行宽松度(parallel slackness),即每个 BSP 处理器所能模拟的 PRAM 处理器的数目足够大。在并发情况下,多个处理器同时访问分布式存储器会引起一些问题,但使用散列方法可使程序均匀地访问分布式存储器。在 PRAM-EREW 情况下,如果所选用的散列函数足够有效,则 $L$ 至少是对数的,于是模拟可达最佳效果,这是因为我们欲在 $P$ 个物理处理器的 BSP 模型上,模拟 $v \geqslant P \log P$ 个虚拟处理器,可将 $v/P \geqslant \log P$ 个虚拟处理器分配给每个物理处理器。在一个超级步内,$v$ 次存取请求被均匀摊开,每个处理器大约 $v/P$ 次,因此机器执行本次超级步的最佳期时间为 $O(v/P)$,且概率是高的。同样,在 $v$ 个处理器的 PRAM-CRCW 模型中,能够在 $P$ 个处理器(如果 $v=P^{1+\varepsilon}, \varepsilon>0$)和 $L \geqslant \log P$ 的 BSP 模型上用 $O(v/P)$ 的时间实现最佳模拟。

(4) 对 BSP 模型的评注。① 在实施并行计算时,Valiant 试图在软件和硬件之间架起一座类似于冯·诺依曼机的桥梁,他论证了 BSP 模型可以起到这样的作用,正是因为如此,BSP 模型也常称作桥模型;② 一般而言,分布存储的 MIMD 模型编程能力均较差,但在 BSP 模型中如能较好地平衡计算和通信任务(例如 $g=1$),则它在可编程方面呈现出优势;③ 在 BSP 模型上,曾直接实现了一些重要的算法(如矩阵乘、并行前缀运算、FFT 和排序等),它们均避免了自动存储管理的额外开销;④ BSP 模型可有效地利用超立方网络和光交叉开关互连技术来实现,呈现出该模型与特定的工艺技术无关,只要选路器有一定的通信吞吐量即可;⑤ 在 BSP 模型中,超级步的长度必须能充分地适应任意的 $h$-relation,这一点是人们最不喜欢的;⑥ 在

BSP 模型中,在超级步开始时发送的消息,即使网络延迟时间比超级步的长度短,也只能在下一个超级步使用它;⑦ BSP 模型中的全局路障同步假定是用特殊硬件支持的,这在很多并行机中可能并没有相应的、现成的硬件机构;⑧ Valiant 所提出的编程模拟环境,算法模拟所得到的常数可能不是很小,如果再考虑进程间的切换(可能不仅要设置寄存器,而且还有部分高速缓存)则此常数可能很大。

**4. LogP 模型**

(1) LogP 模型提出的背景。① 根据技术发展的趋势,20 世纪 90 年代末以后并行机发展的主流之一是大规模并行机(MPP),它由上千个功能强大的处理器/存储器节点,通过带宽受限的和延迟可观的互连网络构成。所以建立并行计算模型时应充分考虑此情况,这样基于此模型的并行算法才能在现有和未来的并行机上有效运行。② 根据已有的编程经验,现有的共享存储、消息传递和数据并行等编程风范都很流行,但尚无一个公认的和占支配地位的编程方式,因此应寻求一种与上述任一特定编程风范无关的计算模型。③ 根据现有的理论模型,共享存储 PRAM 模型和互连网络的 SIMD 模型作为开发并行算法还不够合适,因为它们既未包含分布存储的情况,也未考虑通信同步等实际因素,进而也不能精确地反映运行在真实并行机上的算法的性能。所以在此背景下,一个以 MPP 为背景的新计算模型,即 LogP 模型便由 D. Culler 等人提出了。

(2) LogP 模型的参数。LogP 模型是一种分布存储的、点到点通信的多处理机模型,其中通信网络由一组参数来描述,但它并不涉及具体的网络结构,也不假定算法一定要用显式的消息传递操作来描述。很凑巧,LogP 恰好由以下几个定量参数拼写组合,其中,① $L$(latency) 表示在网络中消息从源到目的地所产生的延迟;② $o$(overhead) 表示处理器发送或接收一条消息所需的额外开销(包含操作系统核心开销和网络软件开销),在此期间内它不能进行其他的操作;③ $g$(gap) 表示处理器可连续进行消息发送或接收的最小时间间隔;④ $P$(processor) 表示处理器/存储器模块数。很显然,$g$ 的倒数对应于处理器的通信带宽;而 $L$ 和 $g$ 反映了通信网络的容量。$L$、$o$ 和 $g$ 都可以表示成处理器周期(假定一个周期完成一次局部操作,并定义为一个时间单位)的整倍数。

(3) 对 LogP 模型的论证。① LogP 模型充分揭示了分布存储并行机的性能瓶颈,用 $L$、$o$ 和 $g$ 三个参数刻画了通信网络的特性,但却屏蔽了网络拓扑、选路算法和通信协议等具体细节。从本质上讲,通信网络是一个启动率为 $g$、延迟为 $L$、端点处理器开销为 $o$ 的流水线部件;网络的容量假定是有限的,在任何时刻至多只能有 $L/g$ 条消息从一个处理器传到另一处理器,且任何消息均可在有限但非确定的时间内到达目的地;在网络容限范围内,点到点传输一条消息的时间为 $2o+L$。② 尽管拓扑结构对网络性能影响很大,但 LogP 模型在计算通信时间时却屏蔽了这一点,这是因为通过对具有上千个节点的网络(如超立方、蝶形网、网孔、胖树等)的平均距离分析,发现它们的差别仅为 2 倍,而这种差别对整个消息传输时间的影响是很小的。③ 对于一个具体的并行机,由通道带宽为 $w$,经过 $H$ 个跨步的网络传送一个 $M$ 位的消息所花的时间为 $T(M,H) = T_{send} + \lceil M/w \rceil + Hr + T_{rev}$,其中 $T_{send}$ 为发送开销,即第一位数据被送上网络之前处理器为网络接口准备数据的时间;$T_{rev}$ 为接收开销,即从最后一位数据到达直到接收处理器用此数据进行处理的时间;$\lceil M/w \rceil$ 为将消息的最后一位送到接网上所需的时间;$Hr$ 是最后一位数据通过网络到达目的节点的时间($r$ 为中继节点的时延)。对 LogP 而言,合理的参数选取是:$o = (T_{send} + T_{rev})/2$, $L = Hr + \lceil M/w \rceil$, $g = \lceil M/b \rceil$($b$ 为处理器对剖宽度)。此外,通过具有上千个处理器的典型并行机的测试和分析,发现在网络空载或轻载时 $T(M,H)$ 中起主导作用的是 $T_{send}$ 和 $T_{rev}$(这就意味着通信接口部件对系统性能影响更大),而它们对网络和结构却不敏感。但是网络重载时就会出现竞争资源的现象,从而等待时间将迅速增加,正是因为如此,LogP 模型对网络的容量加以了限制。④ 在 LogP 模型中,假定每个节点只有一个处理器,它既用于计算又负责接收和发送消息,所以为了发送或接收一个字处理器均要付出开销 $o$。对于长的消息,某些并行机提供了专门的硬件支持,但这充其量也只能使每个节点的性能提高一倍。所以在 LogP 模型中对长消息不做特别处理。⑤ 尽管在某些并行机中,使用了特殊的硬件支持数据的广播、前缀运算或全局同步等,但 LogP 模型中必须通过隐含地发送消息来执行这些操作,因为用硬件完成这些操作,其功能受到了限制(例如它们可能只对整数有效而对浮点数则不行)。此外,针对 LogP 模型设计算法时最常用的全局操作是路障,它是一种由硬件支持的原语操作。用硬件支持这一操作比对全局数据进行操作要简单,而且路障作为原语的优点是假定处理器以同步方式退出路障,这可简化算法的分析。⑥ 在 LogP 模型中使用了无竞争的通信模式,因为用这种模式重复传输时可以利用整个带宽,反之其他的通信模式往往依赖于选路算法、路由缓冲器数和互连拓扑结构,而 LogP 模型将网络的内部结构抽象为几个性能参数,它就无法比较互连网络的优劣了。LogP 模型能够反映各种通信模式的一种可能的推广方式是提供多种最小时间间隔 $g$,对于特定的通信模式可以采用适当的最小时间间隔 $g$ 进行算法分析。⑦ 在 LogP 模型中提倡使用多线程(multithread)技术来屏蔽网络延迟(但此技术受通信带宽和进程切换开销的限制)。

(4)对 LogP 模型的评注。① LogP 模型将现代和将来的并行机的特性进行了精确的综合,以少量的参数 $L$、$o$、$g$ 和 $P$ 刻画了并行机的主要瓶颈。这个模型的详尽程度足以反映并行算法设计时的主要问题,而其简捷性又足以支持详细的算法分析。对于那些非平易的算法,用这种比较复杂的模型(显然比 PRAM 复杂得多)来分析仍是可操作的,因为这些参数的重要程度在不同的环境下是不同的,往往可以略去其中的一个或几个参数而使模型更简单一些。② LogP 模型无须说明编程风格或通信协议,它可以等同地用于共享存储、消息传递和数据并行等各种风范。③ LogP 模型的可用性已由诸如播送、求和、FFT、LU 分解、排序、图的连通性等算法加以证实,并且它们都已在 CM5 机器上得以实现。④ 事实上,如果使 LogP 模型中的参数 $g=0$, $L=0$ 和 $o=0$,则 LogP 就等同于 PRAM;同时 LogP 模型也是 BSP 模型的改进和细化,例如在一个超级步中并非要所有的处理器都发送或接收 $h$ 条那么多的消息;在一个超级步中消息一旦到达处理器就可立即使用它,而不必像 BSP 那样一定要等到下一个超级步才能使用;LogP 模型全部采用消息同步而不像 BSP 那样要用专门的硬件来支持。总之,尽管 LogP 模型的可用性还有待用大量的算法实例进一步证实,但它毕竟开拓出一种研究模型的新途径,它不仅为算法设计者提供了设计适合于近代并行机的巨量并行算法的手段,而且对设计并行机体系结构也提供了指导性意见。

### 5. 对 BSP 和 LogP 的评注

(1) 从 BSP 到 LogP。BSP 把所有的计算和通信视为一个整体行为而不是一个单独的进程和通信的个体活动,它采用各进程延迟通信的办法,将诸消息组合成一个尽可能大的通信实体施行选路传输,这就是所谓的整体大同步。它简化了算法(程序)的设计和分析,当然就牺牲了运行时间,因为延迟通信意味着所有的进程均必须等待最慢者。一种改进的办法是采用子集同步,即将所有的进程按快慢程度分成若干个子集,于是整体的大同步就演变为子集内的同步。如果子集小到只包含成对的发送/接收者,则它就变成了异步的个体同步,这就是 LogP 模型了。也就是说,如果在 BSP 中考虑个体通信所造成的开销(Overhead)而去掉路障(Barrier)同步,则其变成 LogP,即

$$BSP+Overhead-Barrier=LogP$$

(2) BSP 成本模型。在 BSP 的一个超级计算步中,其计算模型如图 1.31 所示。按此可抽象出 BSP 的成本模型如下:

$$一个超级计算步成本 = \max_{Processes}\{w_i\} + \max\{h_i g\} + L \tag{1.3}$$

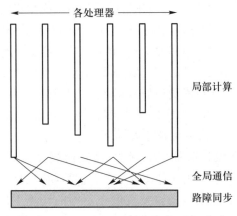

图 1.31　BSP 一个超级计算步中的计算模式

其中,$w_i$ 是进程 $i$(Process$_i$)的局部计算时间,$h_i$ 是 Process$_i$ 发送或接收的最大信包

数,$g$ 是带宽的倒数(时间步/信包),$L$ 是路障同步时间(注意,在 BSP 成本模型中并未考虑 I/O 的传送时间)。所以,在 BSP 计算中,如果用 $s$ 个超级计算步,则总的运行时间为

$$T_{\text{BSP}} = \sum_{i=0}^{s-1} w_i + g \sum_{i=0}^{s-1} h_i + sL \tag{1.4}$$

(3)BSP 的大同步机理。BSP 模型的创始人 Valiant 曾从理论上论证并行计算不必在单一消息(single-message)级上做优化,他认为整体大同步能大大简化并行计算(算法和编程)的设计、分析、验证、性能预测和具体实现,而基于成对消息传递的个体异步并行计算(例如 LogP 模型),在时间上的得益比起在计算性能上难以分析和预测来说,并不合算。目前,对 BSP 模型的质疑主要集中在两点,即延迟通信至某一特定点和频繁的路障同步,会不会造成性能下降和使成本过于昂贵。BSP 模型的支持者们对这两个问题进行了研究,回答是:延迟通信能提供更多的优化通信的机会,采用组合小的消息和全局通信调度能减少拥挤和竞争;路障同步对共享存储结构是不太费时的,而对分布存储结构,主要是目前底层软件绝大多数都不支持访问相应的硬件,所以比较昂贵,但不管怎样,路障同步所造成的成本开销可折合到全局通信中而予以部分抵消。

(4)BSP 和 LogP 的相互比较。① 现今最流行的并行计算模型是 BSP 和 LogP,已经证明两者本质上是等效的,且可以相互模拟:用 BSP 去模拟 LogP 所进行的计算时,通常会慢常数倍,而用 LogP 去模拟 BSP 所进行的计算时,通常会慢对数倍;② 直观上讲,BSP 为算法(和程序)提供了更多方便,而 LogP 却提供了较好的对机器资源的控制;③ BSP 所引起的精确度方面的损失,比起其所提供的更好的结构化编程风格这一优点来说还是可以容忍的。④ 总之,BSP 模型在简明性、性能的可预测性、可移植性和结构化可编程性等方面更受人欢迎和喜爱。

## 1.5.2 并行程序设计模型

对于用户而言,所设计的任何并行算法最终总要通过并行编程在具体并行机上执行实现。不同的并行机体系结构模型其编程风范也不同,而不同的并行编程风范是建立在不同的并行程序设计模型上的。本节简要讨论数据并行模型(其初衷是为 SIMD 并行机设计)、消息传递模型(其初衷是为多计算机设计)和共享变量模型(其初衷是为共享存储多处理机设计)。

### 1. 数据并行模型

数据并行(data parallel)模型既可以在 SIMD 计算机上实现,也可以在单程序多数据(single program multiple data,SPMD)计算机上实现,这取决于粒度大小。SIMD 程序着重开发指令级细粒度的并行性,SPMD 程序着重开发子程序级中粒度的并行

性。数据并行程序设计强调的是局部计算和数据选路操作,它比较适合于使用规则网络、模板和多维信号及图像数据集来求解细粒度的应用问题。数据并行操作的同步是在编译时而不是在运行时完成的。硬件同步则是通过控制器执行 SIMD 程序的锁步操作完成的。在同步的 SIMD 程序中,所有处理单元间的通信则直接由硬件控制,除所有处理单元间操作需锁步外,处理单元间的数据通信也是以锁步方式进行的。这些同步指令的执行和数据选路操作使得 SIMD 计算机在开发大型数组、大型网格或网状数据的空间并行性时相当有效。

值得注意的是,一个 SIMD 程序可以重新编译用于 MIMD 结构,其思想是开发一个源到源的预编译器来实现程序之间的转换。就此意义而言,数据并行程序设计模型既适用于同步的 SIMD 计算机,也适用于紧耦合的 MIMD 计算机。

总之,数据并行模型具有以下特点。① 单线程(single thread);从程序员的观点来说,一个数据并行程序由一个进程执行,具有单一控制线;就控制流而论,一个数据并行程序就像一个顺序程序一样。② 并行操作于聚合数据结构上:数据并行程序的一个单步(语句),可指定同时作用于不同数据组元素或其他聚合数据结构上的多个操作。③ 松散同步(loosely synchronous):在数据并行程序的每条语句之后,均有一个隐含的同步,这种语句级的同步是松散的(相对于 SIMD 机器每条指令之后的紧同步而言)。④ 全局名字空间(global namespace):数据并行程序中的所有变量均驻留在单地址空间内,所有语句可访问任何变量而只需满足通常的变量作用域规则。⑤ 隐式相互作用(implicit interaction):因为数据并行程序的每条语句之末存在着一个隐含的路障,所以不需要一个显式同步;通信可由变量指派而隐含地完成。⑥ 隐式数据分配(implicit data allocation):程序员不必明确地指定如何分配数据,只需将改进数据局部性和减少通信的数据分配方法告诉编译器即可。

下面举一个计算 π 值的数据并行程序的例子,以期读者体会数据并行的基本特点。

```
//* 计算 π 数据并行编程代码段 *//
main( ){
    double local [N],temp [N],pi,w;
    long i,j,t,N = 100000;
A:w = 1.0/N;
B:forall(i = 0;i<N ; i++){
    P:local[i] = (i+0.5) * w
    Q:temp[i] = 4.0/(1.0+local[i] * local[i]);
        }
C:pi = sum(temp);
D:printf ("pi is % f\n",pi * w );
}  /* main( ) */
```

上述程序中包含四个语句：A,B(B又包括两个子语句P和Q)、C和D,这四个语句可由单一进程一个接一个地执行,其中语句A和D就是普通的顺序语句;而语句C执行N个temp数组元素的归约求和,并将结果赋值给变量pi;语句P并行执行表达式求值并更新所有N个local数据组元素,但所有这N个元素均必须在语句P更新完后由语句Q执行运算;类似地,在语句C执行归约求和之前,所有temp元素均必须由语句Q进行赋值。

**2. 消息传递模型**

在消息传递(message passing)模型中,驻留在不同节点上的进程可以通过网络传递消息实现相互通信。消息可以是指令、数据、同步信号或中断信号等。在消息传递并行程序中,用户必须明确地为进程分配数据和负载,它比较适合于开发大粒度的并行性,这些程序是多线程的和异步的,要求显式同步(如路障等)以确保正确的执行顺序。然而这些进程均有其分开的地址空间。消息传递模型比数据并行模型灵活,广泛使用的两种标准库PVM和MPI使消息传递程序大大地增强了可移植性。消息传递不仅可执行在共享变量的多处理机上,而且可执行在分布存储的多计算机上。

总之,消息传递模型具有以下特点。① 多线程:消息传递程序由多个进程组成,每个进程都有其自己的控制线且可执行不同的代码;控制并行(如MPMD)和数据并行(如SPMD)均可支持。② 异步并行性(asynchronous parallelism):消息传递程序的诸线程彼此异步地执行,使用诸如路障和阻塞通信的方法来同步各个进程。③ 分开的地址空间(separate address space):并行程序的进程驻留在不同地址空间内。一个进程中的数据变量对其他进程是不可见的,因此一个进程不能读写另一进程中的变量,进程的相互作用通过执行特殊的消息传递操作来实现。④ 显式相互作用(explicit interaction):程序员必须解决包括数据映射、通信、同步和聚合等相互作用问题;负载分配通常通过属主-计算(owner-compute)规则来完成,即进程只在其所拥有的数据上执行计算。⑤ 显式分配(explicit allocation):负载和数据均由用户显式地分配给进程,为了减少设计和编码的复杂性,用户常使用单一代码方法编写SPMD应用程序。

下面用MPI以C语言表示方式来示例前面给出的计算π的消息传递程序,不期望读者完全理解它,但求读者能领会消息传递程序的基本特点。

```
// * 计算 π 消息传递编程代码段 * //
# define    N    100000
main ( ){
double    local = 0.0, pi, w, temp = 0.0;
         long i , taskid, numtask;
A :        w = 1.0/N;
         MPI_ Init( &argc, & argv) ;
         MPI _Comm _rank ( MPI_COMM_WORLD, &taskid) ;
```

```
              MPI _Comm _Size（MPI_COMM_WORLD,&numtask）;
       B：     for（i=taskid; i< N; i=i + numtask）{
              P：temp=（i+0.5）* w;
              Q：local=4.0/（1.0+temp * temp）+local;
              }
       C：     MPI_Reduce（&local,&pi,1,MPI_Double,MPI_MAX,0, MPI_COMM_WORLD）;
       D：     if（taskid==0）printf（"pi is % f\n",pi * w）;
              MPI_Finalize（）;
              }/* main（）*/
```

### 3. 共享变量模型

在共享变量（shared variable）模型中,驻留在各处理器上的进程可以通过读写公共存储器中的共享变量实现通信。它与数据并行模型的相似之处在于它有一个单一的全局名字空间;它与消息传递模型的相似之处在于它是多线程的和异步的。然而数据驻留在单共享地址空间中,因此不需要显式分配数据,而工作负载既可显式也可隐式分配。通信通过共享的读写变量隐式完成,而同步必须是显式的,以保持进程执行的正确顺序。

共享变量模型尚无一个可被广泛接受的标准。例如一个为 SGI Power Challenge 编写的程序不能直接运行在 Convex Exemplar 上,一个为 SMP 或 DSM 开发的共享变量程序不能运行在诸如 MPP 和机群的多计算机上。

关于共享变量模型尚需说明以下几点。① 一个广泛流传的错误概念是共享变量模型运行细粒度（fine grain）的并行性比消息传递模型好。注意共享变量模型是一种并行编程模型,它可以实现在 PVP、SMP、DSM、MPP 或甚至机群的任意并行平台上。支持细粒度并行性的平台应具有有效的通信/同步机制,一个共享变量的程序可能导致高的相互作用开销从而远比运行在机群、MPP 甚至 SMP 上的消息传递程序慢得多。② 一个普遍的说法是共享变量编程比消息传递编程容易,此说法虽不错,但尚无科学试验加以证实。为了开发一个新的、有效的、松散同步的、通信模式规则的并行程序,共享变量的方法未必比消息传递方法容易。当然对于非规则的并行程序,使用消息传递原语很难指明所需要的相互作用;共享变量模型允许全局指针操作,而消息传递模型是无此能力的;此外共享变量编程虽不必明显地划分和分配数据,但这也可能并不有利于性能。③ 就查错而论,共享变量程序可能比消息传递程序更困难。共享变量程序中的所有进程都驻留在单地址空间中,而且访问共享数据必须由同步结构（如锁和临界区）加以保护。同步错误易出现,而且一旦出现就难以查找;但在消息传递程序中,此类错误出现的概率大大减小,因为诸进程不共享单地址空间。

最后,为了对比,下面也给出用类 C 语言方式书写的计算 $\pi$ 的共享变量程序。读者可能暂不能完全理解,但至少可以理解其编程概貌。

```
// * 计算 π 共享变量编程代码段 * //
        # define   N   100000
    main ( ) {
                double   local, pi = 0.0 , w ;
                long   i ;
    A :      w = 1.0/N ;
    B :      # Pragma Parallel
                # Pragma Shared ( pi , w )
                # Pragma Local ( i , local )
                {
                # Pragma pfor iterate( i = 0 ; N ; 1 )
                for ( i = 0 ; i<N , i++ ) {
                P : local = ( i+0.5 ) * w ;
                Q : local = 4.0/( 1.0+local * local ) ;
                }
    C :      # Pragma Critical
                pi = pi +local ;
                }
    D :      printf ( " pi is % f\n" , pi * w ) ;
                } / * main ( ) * /
```

其中,Pragma 即编译制导。

三种显式并行程序设计模型(数据并行、消息传递、共享变量)的主要特性可综合于表 1.5 中。

表 1.5    三种显式并行程序设计模型主要特性一览表

| 特性 | 数据并行 | 消息传递 | 共享变量 |
|---|---|---|---|
| 控制流(线) | 单线程 | 多线程 | 多线程 |
| 进程间操作 | 松散同步 | 异步 | 异步 |
| 地址空间 | 单地址 | 多地址空间 | 单地址空间 |
| 相互作用 | 隐式 | 显式 | 显式 |
| 数据分配 | 隐式或半隐式 | 显式 | 隐式或半隐式 |

## 1.5.3   同步

同步机制通常是基于硬件提供的有关同步指令通过用户级软件例程建立起来的。在大规模计算机或进程之间竞争激烈的情况下,同步会成为系统性能的瓶颈,导致较大的延迟开销。

　　一般而言,同步操作可分为三类:原子操作,数据同步和控制同步,如图 1.32 所示。所有在共享存储的机器(PVP、SMP、DSM 等)上的同步通常使用锁原语实现;在分布存储的机器(MPP 和机群等)上的同步使用消息传递原语实现。

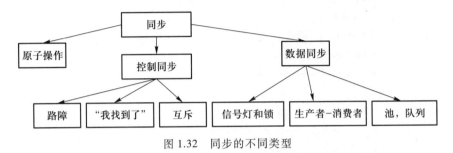

图 1.32　同步的不同类型

### 1. 高级同步结构

　　现今多处理器系统的并行程序设计环境提供了四种类型的同步原语:事件、路障、锁/信号灯和临界区。事件(event)操作用于实现生产者-消费者(producer-consumer)同步;路障(barrier)用于栅障同步;锁和临界区主要用于实现互斥形式的原子性。

　　(1) 信号灯和锁。信号灯(semaphore,也称信号量)S 是一个非负整数变量,对其能进行两个原子操作P(S)和 V(S):① P(S)操作用于延迟一个进程直至 S 大于 0,然后 S 减 1;② V(S)操作将 S 增 1。二元信号灯(binary semaphore)S 取值为真或假,也称为锁。相应地,对于锁 S,其 P(S)和 V(S)常写作 lock(S)和 unlock(S)。锁的普通用法就是通过互斥将临界区转换成原子操作。

　　(2) 锁的副作用。锁的主要优点是它已被大多数多处理器支持,并且已研究得相当深入。锁是一种非常灵活的机制,几乎能实现任何同步。然而互斥锁技术用于实现原子操作时具有某些严重的缺点,从而导致如下一些问题。① 非结构性:锁不是一种结构化的结构,使用时容易出错,如果 lock/unlock 语句漏掉或冗余,则编译器也无法查出错误。② 重叠说明(overspecification):锁不是用户所真正想要的,它只是实现原子性的一种方法。锁损害了程序的可移植性,且使代码难于理解。③ 状态相关:锁引入了信号灯 S 及使用条件原子操作 lock(S),一个进程能否穿过 lock(S)依赖于信号灯变量 S 的值,一般而言,像这样与状态有关的数据是难以理解的。④ 顺序执行:对于有些事务处理操作,即使可并行访问,但由于使用锁互斥,它们只能一次执行一个,同样这种顺序执行也不是用户想要的。⑤ 锁开销:顺序执行 lock(S)和 unlock(S)也存在着附加的开销,而且当 $n$ 个进程每个都执行 lock(S)操作时,它们中至多一个能成功,其余均必须重复访问 S 后再试。⑥ 优先级倒置(priority inversion,也称优先级反转):当一个保持了高优先级进程所需的锁的低优先级进程被抢先时,高优先级进程并不能前进,因为它被锁住了。⑦ 护送阻塞(convoying blocking):当一个保持锁的进程因缺页或超时被中断时,其他进程因等待锁不能前进。⑧ 死锁(deadlock):假定两进程 P 与 Q,欲进行 X 与 Y 操作:当进程 P 已为 X 保持了一把锁并想为 Y 申请一把锁;而进程 Q 已为 Y 保持了一把锁并想为 X 申请一把锁时,此时没有任何进程在其得到锁之前释放一把锁,结果谁也得不到所要求的锁。

(3) 临界区。操作系统中使用的临界区,其语法结构如下:

```
critical_region resource
{                               /*进入点*/
S_1;S_2;… ;S_n;                  /*临界区*/
}                               /*退出点*/
```

其中,resource 代表一组共享变量。所有共享相同资源的临界区必须互斥执行。并行程序设计所使用的临界区作了两点修改。一是 resource 部分不是真正有用的,所以被略去。真正使用在多处理机中的临界区,其语法结构及其等效锁代码表示如下:

```
critical_region                 等效锁代码
{                               lock(S)
S_1;S_2;… ;S_n;                  S_1;S_2;… ;S_n;
}                               unlock(S)
```

二是多处理机中的临界区变成锁结构方式,系统自动说明和初始化一个隐含的信号灯 S 并产生正确的 lock/unlock 语句。

临界区比锁有更多优点,它是结构化的、与状态无关的,因而易于使用。临界区只是一段被互斥执行的代码,并非必须使用锁。

(4) 路障。并行循环程序中另一个常用的同步操作是设置路障,它强迫所有的进程在路障处等待,当所有的进程均到达后,才拆除路障并释放全部进程,以形成同步。实现路障同步一般要使用两把旋转锁:一个用来记录到达路障的进程数,另一个用来封锁进程直至最后一个进程到达。路障实现时,要不停地探测指定的变量,直到满足条件为止。下面一段程序示例了路障的实现过程,其中,lock 和 unlock 提供基本的旋转锁,total 为进程总数。

```
lock(counterlock);              /*上锁确定原子性*/
if(count==0)release=0;          /*第一个进程设置 release */
count=count+1;                  /*进程计数*/
unclock(counterlock);           /*开锁*/
if(count==total);   {
count=0;                        /*重置计数器*/
release=1;                      /*释放进程*/
}
```

```
else{                                    /*还有其他进程未到*/
    spin(release=1);                     /*等待其他进程到达*/
}
```

对 counterlock 加锁保证增量操作的原子性,变量 count 记录已到达的进程数,变量 release 用来封锁进程直到最后一个进程到达路障为止,函数 spin(release=1)使进程等待直到所有进程到达路障为止。

同步原语操作本身要花费较长的时间,而同步操作最严重的问题是进程的顺序化(串行性),当出现竞争时,就会引起串行性问题。

**2. 低级同步原语**

很多处理机的硬件都能确保单独读写初等变量操作的原子性;绝大多数多处理机硬件都提供了某些原子性指令,它们可对初等变量执行单一的读-修改-写操作。本节讨论三种低级同步结构:Test&Set、Compare&Swap、Fetch&Add。

(1) 测试并设置(Test&Set)。Test&Set(S,temp)是一个原子操作指令,它将共享变量 S 读入局部变量 temp,然后将 S 置为 1,其主要用途是执行锁功能。示例如下:

```
while(S);                          /*这三行执行 lock(S)操作*/
Test&Set(S,temp);
while(temp) Test&Set(S,temp);
    ...                            /*临界区*/
S=False;                           /*unlock(S)*/
```

上例中,使用了 Test&Set 操作执行 lock(S),其中第一个 while 循环检查锁 S 是否已由其他进程释放。由于每次执行 Test&Set 都要写共享变量 S,所以可能导致频繁地存储器访问。

(2) 比较并交换(Compare&Swap)。Compare&Swap(S,old,new,flag)也是一条原子操作指令,它将共享变量 S 与局部变量 old 进行比较:若 S 与 old 一致,则 S=new,且 flag=True 以指明 S 被修改;若 S 与 old 不一致,则 old=S,且 flag=False,其主要用途也是执行锁功能,示例对照如下:

```
old=balance[x];                                /*读共享变量*/
do{
    new=old-100                                /*修改*/
    Compare & Swap(balance[x],old,new,flag);   /*写*/
}while(flag==False);
```

上述操作可以用锁实现如下:

```
lock(S);
balance[x]=balance[x]-100;                      /*读-修改-写*/
unlock(S);
```

上述锁功能使读、写这一整个过程是互斥的。使用 Compare&Swap 的优点是临界区的长度减至只一条指令。

（3）取并加（Fetch&Add）。Fetch&Add（S,V）也是一条原子指令,它返回共享变量 S 给局部变量 Result,然后将局部值 V 累加至 S,其语法结构如下:

```
Fetch&Add(S,V)
    {
    Result = S;
    S = S+V;
    Return   Result;
    }
```

该指令不仅简单而且快速,例如上节示例的代码段只用一条 Fetch&Add 指令即可实现:

```
Fetch&Add(balance[x],100);
```

## 1.5.4  通信

进程之间的协同工作必然会产生通信。通信可以通过共享变量和消息传递的办法来实现。通信协议的不同结构如图 1.33 所示,通信库（如 PVM 和 MPI）可以实现在套接字（socket）之上。在发送端,消息下传至套接字层、TCP/IP（或 UDP/IP）层直到驱动器和网络硬件层;在接收端,以相反次序重复上述过程。套接字可以直接在低级基本通信层（base communication layer,BCL）上实现而旁路掉 TCP/IP;PVM / MPI 也可执行在 BCL 之上而旁路掉 TCP/IP 层。BCL 的主要目的是尽可能多地展示原始硬件性能,而为了评价通信系统的性能,PVM、MPI 和套接字的性能比 BCL 之性能更为重要。

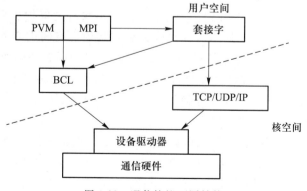

图 1.33   通信协议不同结构

通信对并行计算的性能影响很大,而影响通信性能的主要因素有通信硬件(包括节点存储器、I/O 结构、网络界面和通信网络本身等)、通信软件(包括通信协议结构和算法等)以及所提供的通信服务(包括消息传送、流控、失效处理和保护等)。

**1. 影响通信系统性能的因素**

(1) 通信硬件。典型的通信硬件结构如图 1.34 所示。在松散耦合的系统中,网络接口电路(NIC)搭接在 I/O 总线(例如 PCI)上。一条发送的消息,从发送节点的存储器发出,经过存储总线、I/O 总线、NIC,最后送至网上,其间可实现的通信带宽受限于该路径上最慢的部件,而实际上的通信瓶颈常是存储带宽而不是网络带宽,因为很多通信方案均涉及 DMA 访问,待发送的数据在发出去之前首先要复制到 DMA 缓冲器中,而这种存储复制的带宽远远小于存储总线的峰值带宽。

通信硬件中 NIC 是个很关键的电路,它应具有 DMA 功能;有自己的通信处理器(协处理器),主要用于初始化 DMA、打包/拆包、保护检查等;应有存放 NIC 代码和临时缓冲消息的存储器;也还应有缓冲信包的一些先进先出算法等。

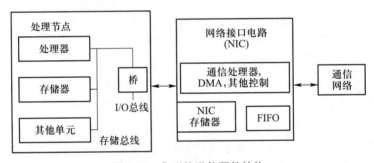

图 1.34　典型的通信硬件结构

(2) 通信软件。在现代的机群和 MPP 系统中,软件开销占通信时间的主导地位。如果没有良好的通信软件,即使有非常有效的网络和 NIC,其通信时间也难以明显缩短。软件开销主要来源于:① 穿越多层协议所需的软件开销,② 由涉及消息通信的存储、复制操作所引起的开销,③ 传输消息时多次跨越保护边界所造成的通信开销(一般至少穿越四次:在发送方和接收方分别从用户空间进入和离开核空间)。对付第一个问题可以使用简化的通信协议;对付第二个问题可以使用零复制协议(zero copy protocol,也称零拷贝协议),即消息直接从源节点的发送缓冲器复制到目的节点的接收缓冲器而不缓冲在存储区中;对付第三个问题可以使用用户级技术,即所有的通信均完全执行在用户空间。

(3) 通信服务。所提供的通信服务会大大影响通信系统的性能,所期望的服务包括:① 可靠传输,一旦消息发出就应确保正确无误地去向目的地且信包不会丢失;② 流控,消息不应死锁、拥挤和使缓存溢出;③ 失效处理,包括错误检测、重发、校正等;④ 有序传输,在任何情况下应保障接收消息顺序的正确性。

**2. 低级通信支持**

在改进通信性能方面,基本通信层(BCL)起着关键的作用。本节简要讨论三种有代表性的基本通信层,即双复制(用户空间协议)、单复制(快速消息)和零复制。

(1) 双复制(2-Copy)。最好以 IBM SP 的通信过程(图 1.35)说明之。SP 通信协议要求发送节点处理器首先将数据从发送缓冲器复制到管道缓冲器,然后再从管道缓冲器复制到虚拟开关界面中的输出队列。接收节点处理器以相反的次序执行相同的动作。参照图 1.36,消息层和管道层形成了基本通信库(层)。其中消息层由一些简单的、非阻塞的、点到点的通信库组成,MPI 和 PVM 等中所有高级消息传递功能均由这些原语实现;管道层维持成对发送/接收进程之间可靠的、具有流控的、有序的字节流。当源节点处理器执行一条消息层发送操作时,它就将数据从发送缓冲器复制到管道缓冲器;然后消息层再调用管道层代码将数据从管道缓冲器复制到输出队列;源适配器用 DMA 将数据再从输出队列移到适配器,最终将数据经网络传至目的适配器;目的适配器用 DMA 将进来的数据传至目的节点的输入队列;目的节点处理器执行一条管道层接收操作,它就将数据从输入队列复制到管道缓冲器;管道层调用消息层代码将数据从管理缓冲器复制到最终的接收缓冲器。

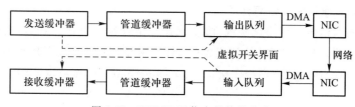

图 1.35　IBM SP 通信中的数据移动

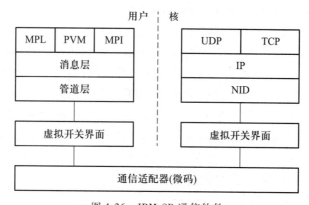

图 1.36　IBM SP 通信软件

(2) 单复制(1-Copy)。单复制又称快速消息(fast message,FM),主要支持机群和 MPP 上低延迟、高带宽通信,其目的是在消息层提供足够的功能使得较高级原语

（如 PVM、MPI、套接字等）所实现的通信性能接近于硬件极限。

　　FM 数据结构和功能非常类似于主动消息（active message），但它简单，只包含很少的几个通信原语，例如，FM-initialize( )，用于初始化；FM-send(dest,h,buf,size)，用于发送存储器中长消息；FM-snd-4(dest,h,i0,i1,i3)，用于发送寄存器中 4 字消息；FM-extract( )，用于抽取接收的消息和调用处理程序。

　　FM 是一个用户级通信层，一旦初始化，适配存储器和节点接收队列就都暴露在用户级，随后的 FM-send 和 FM-extract 均不必作跨边界保护。当发送节点处理器从缓冲中取出数据并组装成信包后，就直接将其存入适配器的发送队列中，然后信包在 DMA 控制下注入网络；当信包到达接收点时，仍由 DMA 控制将其放入适配器接收队列，稍后移入节点接收队列，最后调用处理程序将消息数据移进用户存空间。

　　（3）零复制。这种通信机制由普林斯顿大学的 SHRIMP 项目实现，又称虚拟存储映射通信，它能提供真正的零复制协议。当节点间进行发送/接收时，节点中的守护程序可以通过网络在发送节点和接收节点之间建立出入关系；然后发送节点的进程就能将其源缓冲器（用户空间）中的消息，直接发送给另一节点中的目的缓冲器，而不需要穿越核空间中的 DMS 缓冲器。

### 3. TCP/IP 通信协议组简介

　　网络上的通信由一组协议实现，协议就是一组控制数据格式和数据如何传输的规则。本节主要讨论 TCP/IP 协议组的性能；经常使用的 UDP、TCP 和 IP 协议的基本概念与特点；最后讨论应用程序接口（application program interface，API），即俗称的套接字。

　　（1）TCP/IP 协议组性质。目前两种广泛使用的通信协议是由国际标准化组织（International Organization for Standardization，ISO）制定的开放系统互连（open system interconnection，OSI）和由因特网体系结构委员会（Internet Architecture Board，IAB）制定的传输控制协议/互联网协议（transmission control protocol/internet protocol，TCP/IP），其对应关系示于图1.37。TCP/IP 协议组涉及三层：应用层（包括 FTP、TELNET、SMTP、SNMP、HTTP）、传输层（包括 TCP 和 UDP）和网络层（包括 IP）。TCP 层附加 TCP 头形成 TCP 段的传输层消息；IP 层附加 IP 头形成 IP 数据报的网络层消息；NAP 层附加以太网头形成以太网帧的 NAP 层消息。应用层协议必须告诉下层协议目的进程的地址，这通常以（IP 地址，端口）对偶形式给出，其中 IP 地址唯一地指定了目的主机，而端口号指明目的进程。

　　（2）用户数据报协议（user datagram protocol，UDP）。TCP/IP 协议组包括两个传输协议：TCP 和 UDP，两者均操作在 IP 协议之上。其中 UDP 是非常简单的传输层协议，消息以数据报的格式组装。UDP 是一种非连接协议，它就像邮局发信一样，发送者发出数据但并不建立连接，而是将大量数据分割并封装成单独的数据报（信件），然后分开发出去(这和下面将要讨论的 TCP 不一样,它先要建立连接,然后以连续的数据流而不是单独的数据报形式发送)。UDP 协议努力传送邮件,但并不保证无误传输。一个数据报可能遭到损害或丢失,但在接收端可借助校验和来查找错误,并甩掉受损的数据报。UDP 对不严格要求确保无误的传输是合适的,否则要使用 TCP 协议。

(3) 传输控制协议(transmission control protocol,TCP)。TCP 协议的功能比 UDP 强,它是面向连接的协议,就像打电话一样,通话的双方必须建立连接,然后才能传输消息。在 TCP 协议中,使用误差检测、应答和重发机制可确保消息的正确顺序和可靠的传输。TCP 中消息传输以段的格式进行,段头包括源端口、目的端口、顺序号、应答号、标志、窗口尺寸、应急指针与校验和等。TCP 传输连续消息流,一旦建立起连接,一个接一个的消息就不间断地传输。TCP 在发送端负责将消息流分成 TCP 段,在接收端再负责将段组合成消息。TCP 还负责处理乱序段、重复段以及流控,其中乱序段和重复段是由段头中的顺序号来处理的,窗口尺寸的值用于流控。在 TCP 中,采用超时重发的办法可保证可靠传输,但也易造成缓冲饱和与网络拥挤,为此 TCP 使用了滑动窗口(sliding window)流控机制来解决此问题。

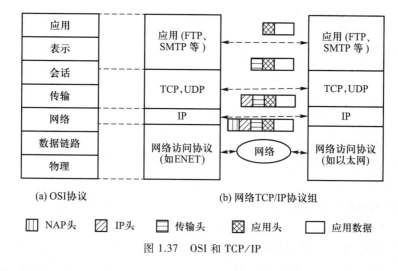

图 1.37　OSI 和 TCP/IP

(4) 互联网协议(internet protocol,IP)。IP 的主要功能就是在 Internet 内(可由多个局域网组成)将消息从一个主机选路至另一个主机。在 Internet 上,任何主机均有唯一的 IP 地址,而路由器不同于一般主机,它可有多个 IP 地址,其主要功能是在 Internet 内选路传送 IP 数据报。IP 类似于 UDP,它也是非连接的协议,所以传输中也可能出现乱序或丢失数据报,但此问题留给上一层协议来解决。

当一个主机中的 IP 软件模块收到发送请求时,它就查找本地表以确定目的主机是否在同一局域网中;如果不是,数据报就必须发给路由器,由其确定下一步的路由路径,并转发数据报给指定的路由器;然后由其将数据报发往最终的目的主机。除了选路以外,IP 层协议还提供数据报分段和重装配功能以及误差通告等。

(5) 套接字界面。套接字就是使用 TCP/IP 协议组的一组数据类型和功能,即 API。它最初由 Berkeley UNIX 实现,但现在已经成为几乎所有 UNIX 系统和 Microsoft Windows 平台的标准。一个套接字就是一个通信端口。当两个进程使用套接字通信时,它们各自首先生成一个套接字并指明使用哪种传输协议(UDP 或 TCP);然后通过读写它们相应的套接字实现通信,而套接字软件负责执行真正的通信。下面以简化的域名服务器为例,说明如何使用 UDP 套接字和 TCP 套接字来实现客户发送任意主机名给服务器,服务器查找主机的 IP 地址,然后将其返回给客户。

UDP 实现上述域名服务器程序框架如下:

```
// * 用 UDP 实现域名服务器代码段 * //
main( )/ * 服务器代码段 * /
{
mysocket = socket( AF_INET,SOCK_DGRAM,… );
bind( my socket,… );
recvfrom( mysocket, hostname );
host_IP = Name To IP( hostname );
send to( mysocket,host_IP,… )
}
main( int argc,char * argv[ ] )        / * 客户代码段 * /
{
mysocket = socket( AF_INET,SOCK_DGRAM,… );
send to( mysocket,argv[ 1 ] ,… )
recvfrom( mysocket,host_IP,… )
}
```

其中,服务器和客户均首先调用 socket 函数,目的就是生成变量为 mysocket 的套接字;常量 AF_INET 指明 IP 地址,用作套接字寻址格式,而 SOCK_DGRAM 指明使用 UDP;服务器使用 bind 函数调用将套接字连接至端口号;当套接字建立后,客户用 send to 函数将 hostname 发给服务器;服务器使用 recvfrom 函数接收消息,并用执行局部函数 Name To IP 将其翻译成相应的 IP 地址,并用 send to 将 IP 地址返回给客户;客户使用 recvfrom 接收此 IP 地址。

TCP 实现上述域名服务器程序框架如下:

```
// * 用 TCP 实现域名服务器代码段 * //
main( )/ * 服务器代码段 * /
{
mysocket = socket( AF_INET,SOCK_STREAM,… );
```

```
        bind(mysocket,…);
        listen(mysocket,…);
        fp = accept(mysocket,…);
        read(fp,hostname,…)
        host_IP = Name To IP(hostname);
        write(fp,host_IP,…)
        close(fp);
    }
    main(int argc,char * argr[ ] )              /* 客户代码段 */
    {
        mysocket = socket(AF_INET,SOCK_STREAM,…);
        connect(mysocket,…);
        write(mysocket,argv[1]…);
        read(mysocket,host_IP,…)
    }
```

其中,socket 生成和 bind(连接)过程类似于 UDP 实现程序,只是 SOCK_DGRAM 用
SOCK_STREAM 代替。与 UDP 不一样,TCP 是面向连接的,服务器要告诉它准备接
收连接,这通过执行 listen 函数实现;然后执行 accept 函数,服务器等待接收来自客
户的连接请求,此函数一直到客户执行 connect 函数才返回;建立双方的连接犹如普
通文件一样,使用了文件指针 fp。到此,就像访问一个文件一样,服务器和客户就可
利用读写连接而相互通信,当通信完毕,服务器执行 close(fp) 关闭连接。

## 1.5.5  并行化技术与程序调试

### 1. 并行编译器

一旦一个程序以某种高级语言书写完成后,在正式运行前,必须将此程序转换
成实际机器能够理解的机器语言(指令集)。此过程就是编译(compile),而编译器实
际上就是实现此转换的一种语言处理程序。编译过程可分为词法分析、语法分析、
中间代码产生、代码优化、代码生成等几个阶段。上述几个阶段或多或少都是顺序
执行的。而并行化编译面临的任务是:给定一个在单处理机上运行时间较长的串行
程序和一台具有多个处理器可同时工作的并行计算机,目的是将串行程序分解成若
干个能并行执行或至少能重叠执行的代码段,使其在并行机上能较快地运行。所以
并行编译器主要工作就是寻找代码的并行性,然后将其调度到并行机上高速、正确
地执行。

如图 1.38 所示,一个并行编译器大致可由三部分组成:流分析,程序优化和代码
生成。

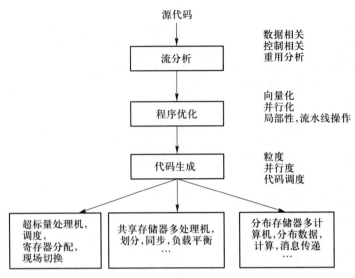

图 1.38　并行编译过程

其中,流分析是确定源代码中数据和控制的相关性;程序优化常常是将代码变换成与之等效但具有"更好"的形式,以利于尽量挖掘硬件潜力,最终达到全局优化的目的;代码生成通常涉及从一种描述转换成另一种中间形式的描述,不同类型的计算机其并行代码的生成也各不相同。

**2. 相关分析**

要并行执行几个程序段,必须使每段与其他各段无关。研究计算程序中所有语句间的依赖关系称为相关分析(dependent analysis)。一般有如下四种相关(假定语句 $S_j$ 继 $S_i$ 之后执行):① 流相关(flow-dependent):如果从 $S_i$ 到 $S_j$ 存在执行通路,而且如果 $S_i$ 至少有一个输出可供 $S_j$ 用作输入,则语句 $S_j$ 与语句 $S_i$ 流相关,记之为 $S_i \delta S_j$;② 反相关(antidependent):如果 $S_j$ 紧接 $S_i$,而且如果 $S_j$ 的输出与 $S_i$ 的输入重叠,则语句 $S_j$ 与语句 $S_i$ 反相关,记之为 $S_i \overline{\delta} S_j$。③ 输出相关(output-dependent):如果两语句能产生(写)同一输出变量,则两者是输出相关,记之为 $S_i \delta^o S_j$;④ 控制相关(control-dependent):如果语句 $S_j$ 的执行依赖于语句 $S_i$($S_i$ 必须在 $S_j$ 之前执行),则语句 $S_j$ 与语句 $S_i$ 控制相关,记之为 $S_i \delta^c S_j$。

图 1.39 示例了顺序代码段中的流相关、反相关和输出相关。

**3. 代码优化**

代码优化(code optimization)的目的是使代码执行速度达到最快,这就要求代码长度最短、存储器访问次数最少以及程序的并行性得到较好的开发。优化技术包括用流水线硬件完成向量化和同时用多台处理器实现并行化。向量化是把标量循环操作转换成等效的向量指令;并行化是把顺序代码转换成并行形式,使用多个处理

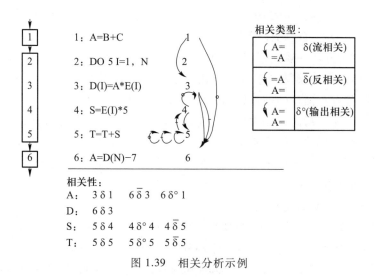

图 1.39 相关分析示例

器能同时并行执行。向量硬件用来加速向量操作,多处理机或多计算机用来执行并行代码。

(1)代码向量化(code vectorization)方法。向量是一维的,所以直观上讲,向量程序设计就是把标量程序中由一种可向量化循环完成的操作改成向量操作。常用的代码向量化的基本方法包括:① 直接向量化法,即把串行程序中的循环直接用数组运算语句来描述;② 含条件语句的循环向量化法,即将循环中的条件语句用 where 语句向量化;③ 语句重排向量化法,当按照循环中原有的语序执行会造成数据相关而妨碍向量化时,有时交换一下语句执行顺序即可向量化;④ 引入临时数组向量化法,通过引入中间数组,有时可消除妨碍向量化的数据相关,从而达到向量化之目的;⑤ 交换循环向量化法,向量化通常在内循环而不是在外循环进行,当内循环不能向量化而外循环可向量化时,则可交换内外循环即可实现向量化;⑥ 循环分离向量化法,有时一个循环中只有部分语句可向量化,此时可将整个循环拆分成两个,一个含可向量化语句,而另一个不含可向量化语句,然后将能向量化的循环向量化;⑦ 迭代区间分段向量化法,例如当循环迭代区间从正到负变化时,整个迭代区间可能要分成几段才能向量化。

向量化的方法还有很多,在此就不再进一步讨论了。

(2)代码并行化(code parallelization)方法。并行代码的优化是将一个程序展开成许多线程以供多个处理器并行执行,其目的是缩短总的执行时间。在此线程就是在一台处理机上执行的指令序列。能否将一个程序分成多个线程并行执行,依赖于程序的数据和控制相关性。理想的情况是任何两个线程之间无相关性,所以可以并行执行;当线程之间有强相关性时,若加上适当的同步操作,则含有任何相关性的两个线程也可并行执行,极端的情况是同步多得使两个线程事实上还是串行执行的。

循环一般占程序的大部分运行时间,而循环的并行化分析和改写又相对较容易,所以十多年来有关代码并行化的研究主要集中在循环的并行化方面。因为组织循环并行执行的开销一般比组织循环向量化执行的开销大得多,所以对嵌套循环作并行化时总是选择外层循环进行并行化。这就使存储器能对数组中的连续元素进行访问,并将带有长向量的循环放到最内层进行向量化,从而缩短了总的执行时间。

总之,向量化只对向后相关性产生影响,而并行化则对向前和向后相关性都会产生影响;同步代码的开销可能会超过并行化所带来的好处;大多数代码的并行化都集中在循环段;并行化循环应尽量在最外层进行;在考虑并行化粒度时,必须在计算和通信之间折中考虑等。

**4. 并行程序的调试与分析**

并行程序设计不仅编程难,调试和分析更难。调试的目的是为了获得一个正确的并行程序,性能分析是为了获得一个高效的并行程序。

(1) 并行程序调试(parallel program debugging)。它的技术和手段尚不成熟,难以借鉴串行程序的调试方法。向量化的引入并未给程序调试带来太大的困难,因为向量化的程序仍是单指令流的程序,仍具有运行确定的特点;并行化的引入给程序调试带来相当大的难度,因为并行化的程序语句执行的次序是不确定的。这种不确定性意味着特殊的机器指令执行序列是不可重现的,因而难以跟踪观察;同时不确定性使得并行程序对相同的输入多次运行时会产生不同的结果,因而无法相互比较验证。并行程序的这一特点,就无法通过运行测试来保证程序的正确性,给并行调试工具的开发带来了相当大的困难。特别是并行调试工具还会带来所谓探针效应(probe effect),即调试工具本身的引入,可能掩盖了被调试程序中的时序错误。例如,人们想通过输出某些运行轨迹来定位错误,而加入这些用来输出轨迹信息的测试指令,可能改变了原指令的执行次序,从而使错误被屏蔽而不再出现。

一般而言,分布式系统比共享系统中出现并行程序的不确定性更大,也更难测试。下面简要介绍三种常用的调试方法:断点调试、事件分析和重放。① 断点调试(breakpoint debugging):并行断点调试是串行断点调试方法在并行系统中的扩展。它是将多个串行断点组合在一起,每个并行任务使用一个串行断点进行调试,配合使用多窗口技术,使各个任务对应在各自的窗口中。断点调试方法的最大缺陷是探针效应,它导致无法处理时序性错误。② 事件分析(event analysis):事件分析方法就是记录程序运行中事件发生的有关信息,事后加以分析以帮助发现错误。该方法由两部分组成:一是程序运行时的事件信息记录部分,二是程序终止后的事件信息分析部分。所要记录的信息是事件分析所需要的。此类调试方法所记录的事件轨迹信息主要用于阅览和重放。③ 重放(replay):这种方法在分布式多机系统上实现较多,其原因是重放要求记录任务间所有同步通信的信息。而在分布式多机系统中,所有的同步通信都必须使用通信原语指定消息收发的双方,有关同步通信的信息就比较少,只要记录这些少量的信息,在重放时控制程序再现这些同步通信的次序就可重放程序的运行结果。但在共享存储的多处理机系统中,同步通信和计算是分不开的,赋值和变量引用可视为消息的发送和接收。这样每个共享存储单元的访问就可能是一次处理器间的同步通信。为了重放程序的执行,就必须记录所有共享存储单元的访问次序,因而信息量极大。所以目前程序重放在共享存储的多处理机系统中实现较少。

并行程序的调试是复杂和困难的,一般的方法和步骤为:① 如果一个并行程序是由串行程序改写的,则首先应确保原串行程序运行是正确的;② 如果并行机制支持单机执行并行程序,则首先应在较简单的运行环境下,尝试用单机执行并行程序,以确保并行程序的基本正确;③ 如果并行程序允许处理器数目变化,那么在单机运行正确的基础上可以逐步增加执行并行程序的处理器数以充分证实并行程序的正确性;④ 逐步增加并行程序中的并行成分以进一步对并行程序进行程序性能调试。当调试出错时:① 首先检查程序数据特性(共享或局部)定义是否正确;② 在分布存储的系统上数据是分布在局存中的,当出错时应检查数据的分布是否正确;③ 检查数据相关或控制相关所造成的程序执行流向的可能错误;④ 检查同步机制是否错用或漏用同步信号使得某些相关不能满足而引起结果的不确定性,经验证明同步通信错误是较多的和难查的;⑤ 当出现固定错误时应检查数据定义特性、依赖关系等;当出现不固定的错误时应检查同步通信等操作。

(2)并行程序性能分析。性能分析一般分为静态和动态两种:前者采用模拟或分析方法获取源程序中的有关性能数据报告给用户;后者采用测量的方法收集程序运行中的各种性能数据,即时或事后报告给用户。① 静态性能分析(static performance analysis):静态性能分析也称为性能预测,是在源程序一级进行的。它可以是由用户调用的工具,也可能是由编译器调用的工具,编译器调用一般是为了某种优化作出的决策。因为静态性能分析是用模拟分析的方法实现的,而不真正地运行程序,所以只能对占用时间较多的、重要的程序结构(例如循环和子程序调用等)进行分析。静态性能分析的最大好处是时间代价较小。② 动态性能分析(dynamic performance analysis):动态性能分析所获取的数据可由支持硬件提供,也可完全通过软件的办法得到。硬件性能监测器可以提供很多对性能分析有很大帮助的有关机器 CPU 性能的参数,诸如功能部件的忙与闲状态、各处理器间的通信模式、访问冲突率、高速缓存命中率、指令流出受阻率、同步通信频度、各类指令等。用软件的办法提供动态性能信息由操作系统和并行运行支持系统完成,通过这些信息用户可以了解并行程序的有关性能,诸如并行度、负载平衡、等待时间等,进而可以帮助用户改进任务划分、同步互斥的组织等。如何分析并行程序的性能虽无定规可循,但下述方法可供参考:① 统计程序各部分执行时间,将性能分析的重点放在占时间较多的部分上;② 分析计算量大的程序段是计算部分、通信部分还是 I/O 部分,从而找出并行程序的性能瓶颈;③ 对照理论计算的加速比和实际测量的加速比之差异,仔细分析所设计的并行程序的并行粒度是否合适、负载是否平衡、通信开销是否过大、存储访问冲突是否严重、高速缓存命中率是否不佳或高速缓存颠簸现象过于明显等;④ 从分析程序的效率和可扩放性出发,分析体系结构和算法的组合、问题尺寸和系统规模之间的比例关系等。

**5. 并行程序的可视化设计环境与工具**

多年来,串行程序设计因结构化、过程化、面向对象技术、CASE 技术、组件技术和可视化编程技术等作用,大大提高了串行软件的开发效率。面对并行程序开发困难的局面,长期以来,从事并行程序设计的人员也作了大量工作,试图将串行程序的这些有效技术引入并行程序设计,并且也已开发出了一些试验性的可视并行程序设计和环境,包括 HENCE、CODE、PSEE、Paralex、TRAPPER 和 GRADE 等。它们的思路基本相同,都是用节点表示计算,用弧表示节点间的交互,通过一个可视化的集成开发环境,采用统一的图形用户界面,将并行程序的设计、编辑、编译、连接、调试和性能分析等工具集成起来,力图实现并行程序开发各个阶段的可视化。当前可视化的并行软件设计工具的趋势是,在一个图形的集成环境里,支持并行软件开发的全过程。一个典型的这样的工具集至少应包括三个主要的工具:一个可视化的程序设计工具,一个可视化的模拟系统,一个可视化的程序正确性调试和行为分析工具。可视化的程序设计工具和行为分析工具应该并存于同一个环境中,允许有关程序行为的信息与其设计联系起来。而目前许多现有的工具集只包含这些工具的一个子集,可视化性能分析工具通常作为一个单独的工具。

# 1.6  小结

在结束本章之前,我们打算再介绍一下并行计算机体系结构当今研究的几个主要热点和并行计算机体系结构中的若干新技术,以扩大读者的视野。

## 1.6.1  当今并行机体系结构研究的几个主要问题

关于计算机体系结构的主要热点,本节着重介绍多节点系统、节点内并行性、并行机中的存储问题、网络云计算、并行计算模型、百亿亿次计算、高通量计算。

**1. 多节点系统**

多节点系统是将一些小规模的 SMP 作为单节点,通过互连网络扩展成一个大规模的多处理机系统。SMP 节点的所有局存构成共享主存,这样就可保持 SMP 易编程的优点,同时可以像 MPP 那样方便地加入更多的节点而改善系统的可扩放性。所要研究的主要问题有如下几个。① 基于消息传递的系统,通信所花的时间是最令人关注的问题。通信时间大体上由通信带宽、通信开销及阻塞造成的延迟这三部分组成。相关的工作有光互连技术、用户级通信、硬件支持通信的可靠性和消息接收次序、自适应路由、优化应用的通信结构等。② 共享存储系统的主要好处是易于编程、通用性强,且可实现与 SMP 应用的无缝衔接。需要研究的主要问题是存储一致性模型与实现效率间的关系。虽然弱(松)一致性模型允许多种优化,但它们对系统软件设计或应用程序设计都提出了新的要求。另外,如何避免、隐藏或容忍远程访问的开销也很关键。缓存、预取、预送、多线程等都是正在探索的方法。③ 在分布式共享存储系统中,可以包含 CC-NUMA 和 COMA。CC-NUMA 的主要问题在于,它将数据静态地分配在宿主节点上,通过远程访问高速缓存存取非本地的数据,分配不当就会造成大量的数据传输。当然这也给编译器提供了数据分布的机会。在 COMA 中没有物理地址的概念,数据可动态迁移,故经过一段时间"预热"后,数据将被"吸引"到处理节点附近。COMA 的主要问题是本地访问不命中时如何快速找到所需的数据(全系统查找需花费大量的时间)。目前已提出了一些解决方案,如 ProbOwner 目录、Approximate Copyset 等,但它们在大规模系统中的有效性仍需进一步研究。

**2. 节点内的并行性**

(1) 超长指令字(very long instruction word,VLIW)。它是典型的保守结构,芯片面积主要用于功能部件和高速缓存,完全依赖编译程序开发指令级并行性。研究较多的优化技术有分支预测、循环展开、软件流水、踪迹调度等。为了克服超长指令字结构换代时指令系统不兼容的问题,Intel/HP 提出了显式并行指令计算(EPIC)结构:一个 128 位的组中包含 3 条指令,由专门设置的域指示指令间的依赖关系,且可以连接多个组以表达更多的并行性。

(2) 多线程结构。其特点是由硬件提供快速的上下文切换机制,以引入更多的指令和线程级并行性,并容忍远程访问延迟和数据依赖带来的负面影响。多个上下文之间的切换机制有两种形式:一是触发事件时切换(有点像进程的切换),二是每个时钟周期都切换(每次取不同线程的指令,由于没有数据依赖关系,可在同一流水线中无阻塞地执行)。多线程同时工作对高速缓存干扰很大。

(3) 超标量结构。在以动态调度、猜测执行为主要特征的超标量结构中,可能的做法是由硬件动态地分析指令流,以同时执行不相关的多条指令。在彻底的动态超标量结构中,处于分析区间(window)内的指令以数据流的方式执行,从而可弥补编译器在静态分析和调度方面的不足,而且即使芯片换代后目标代码不重新编译也能获得较好的性能。为了真正实现高性能,需要发掘指令级并行性的新来源,如用精确的动态分支预测消除分支损耗、设置大量换名寄存器消除虚假的数据依赖、不等分支完成就开始执行目标指令(猜测执行)、同时执行分支的多个目标(多标量)等。

**3. 并行机中的存储问题**

指令级并行性开发带来的主要问题是,存储器的供数率跟不上,这被称为存储墙问题(memory wall problem)。存储墙问题是计算机科学中富有挑战性且迫切需要解决的一项难题,被我国科学家列为计算机体系结构的主要科学难题之一。由于时钟频率增长的速度大于访存时间缩短的速度,同时执行多条指令要求供数率进一步提高,多线程或芯片内的多处理器要求同时访问多组数据等因素,CPU 消耗数据的速率将远大于存储器的供数率。目前可提高供数率的解决方案是存储器采用层次结构,但片内高速缓存的供数率能否满足指令级并行的要求,片内高速缓存的命中率是否足够高,是否需为多个线程或处理器提供各自的高速缓存,如何通过程序或算法的改进增强访存局部性等,这些问题都有待新的回答。为了解决存储问题,学术界和工业界正在探索处理器-存储器的新结构。例如,第一种方案是利用存储访问局部性(memory access locality)进一步深化现有的存储器层次结构,可以包含也可以不包含超导存储、CMOS、光存储等多种技术,但要求程序具有更强的访问局部性。第二种方案是利用存储访问并发性(memory access concurrency),不再追求更深的存储器层次结构,而是追求在每一个存储层次上同时发生多个存储访问,通过这种方式实现延迟隐藏。本章参考文献[17]在 2015 年提出 $C^2$-bound 模型,首次量化了存储容量(capacity)与存储并发度对存储系统性能的综合作用。第三种方案则是研究将处理逻辑与存储元件相结合的结构,如存储器内嵌处理器(processor-in-memory,PIM)、智能 RAM 等。但这里除了实现工艺上的问题外,还需要研究编程模型和优化策略的问题。

### 4. 网络云计算

基于 Internet 的计算可称为云计算(cloud computing),因为 Internet 能提供高性能计算环境,所以在高性能计算环境下的计算也称为格点计算(grid computing,也称网格计算)。格点就是 Internet 中的计算资源,格点之间可用高速宽带光纤连接。开展格点计算的基础是高性能的 Internet 网络和存在大量的空闲计算资源。格点计算的主要特征是并行分布式计算、动态异构和虚拟共享。格点计算所需要解决的关键问题是:网络范围内可缩放的资源管理(如统一内存访问、一致的文件服务等),对硬件平台、操作系统、网络等方面异构性的管理和操作,任务的动态迁移负载平衡,容错性和安全等。

### 5. 并行计算模型

并行计算模型是并行算法与并行程序设计的基础。理想的模型应足够抽象以与具体硬件平台无关,又必须足够具体以便能真正反映并行系统的性能。在第 1.5.1 节,已经介绍过 PRAM、APRAM、BSP 和 LogP 等模型,但它们均不适用于基于 LAN 的 COW 结构,更不适用于基于 WAN 的格点结构。

### 6. 百亿亿次计算(E 级计算)

具有每秒百亿亿次($10^{18}$)计算操作能力的计算系统,称为 E 级计算系统。百亿亿次是千万亿次的 1 000 倍,之所以称为百亿亿次,是因为 $10^{18} = 10^2 \times 10^8 \times 10^8$;还可将它称为十亿十亿次(a billion billion),因为 $10^{18} = 10^9 \times 10^9$。百亿亿次计算,被认为具有重大意义,也被认为与人脑在神经元上的运算能力相当,所以也成为人类大脑计划(Human Brain Project)的目标。

性能可扩展性、资源利用率、对多样化应用的适应能力是研制 E 级超级计算机需要考虑的核心要素,从千万亿次到百亿亿次的转变,不是量的简单累加,而是需要解决很多因规模扩展而引起的新问题。百亿亿次计算系统将有数万个节点,每个节点有数百个计算核心,且可能附带加速器,存储层次会非常深,互连网络的协议和拓扑会非常复杂,有严峻的可靠性、资源管理、性能优化问题需要解决,现有的编程模型和运行时系统在应对这些新问题方面存在显著不足。2018 年,我国自主研发的新一代百亿亿次超级计算机——"天河三号"E 级原型机完成研制部署,该原型机系统采用了三种国产自主高性能计算和通信芯片,包括众核处理器(Matrix-2000+)、高速互连控制器、互连接口控制器。

**7. 高通量计算**

中国科学院计算技术研究所提出了"高通量计算"(high throughput computing,HTC)的思想方法和具体设计。这里的"高通量计算"不是以高通量作为唯一的目标,而是同时包括三个目标:高利用率、高吞吐量、低延迟。传统的 GPGPU、众核芯片,往往只实现了高吞吐量,而没有实现高利用率、低延迟。同时满足高利用率、高吞吐量、低延迟这三个目标的计算机,被称为"高通量计算机"。

资源利用率、任务吞吐量、单任务延迟这三个因素具有复杂的关系,有时是相互冲突的,有时又是可以相互兼顾的,所以为了实现这种多目标优化,需要精细的底层体系结构作为使能基础。为了实现"高通量计算"的目标,本章参考文献[18]提出了标签化冯·诺依曼体系结构(labeled von Neumann architecture,LvNA)和片上数据流体系结构。

总之,性能的提高依赖于体系结构上的革新,硬件技术发展对体系结构提出了新的要求。各个层次上并行性的开拓是新体系结构的主要特征。实际性能的提高依赖于体系结构与编译技术、操作系统、应用算法之间的配合协调。未来的系统需要解决的两大问题是极长的等待时间与极大的并行度,它们的解决也需要在应用和系统的各个层次上通过协作来实现。

## 1.6.2 并行计算机中的若干新技术

在未来的并行计算机中,半导体技术将继续获得发展。同时,基于一些新材料、新工艺的计算机,如光互连技术、超导体计算机、量子计算机以及分子计算机也将蓬勃兴起。

普遍认为,半导体工艺的发展中摩尔定律(即半导体芯片的集成度每 1.5 年翻一番)仍未终结,尽管所有的发展最终都有结束的时候,但可以通过技术延缓它结束的时间,如一些新材料的使用可使半导体的集成度进一步提升。

用半导体微处理器实现 E 级计算机的一种方法是传统的 COTS(commodity-off-the-shelf 或 consumer-on-the-shelf,商用部件法)技术,即用现成的商用硬件和软件构造并行计算机系统。例如,用 PC+ATM 网+Windows NT 构成并行计算机系统或用商用的处理器节点加上自行设计的互连网络以构成分布式共享存储结构系统。COTS 的优点是研制周期短、性价比高。其缺点是商用硬件限制了一些新的设计思想的实现。

此外,PIM 技术也是近年来研究得较多的用半导体微处理器实现 PFLOPS 计算机的一种方法,如图 1.40 所示。其主要思想是随着半导体集成度的提高,可以把处理器和存储器集成在同一芯片上,使处理器和存储器之间的通信带宽呈数量级的增加。在 PIM 芯片中,由于 CPU、寄存器和存储器交错地集成在同一芯片上,大大缓解了 CPU 的访存瓶颈。如果将一个具有 COMA 结构的 SMP 系统集成在一个 PIM 芯片上,可方便地预取较多的数据和用硬件实现线程之间的快速切换。用很多这样的芯片构成的分布式系统有可能实现 PFLOPS 级的计算机。当然,这样的系统也要解决诸如芯片引脚限制等问题。

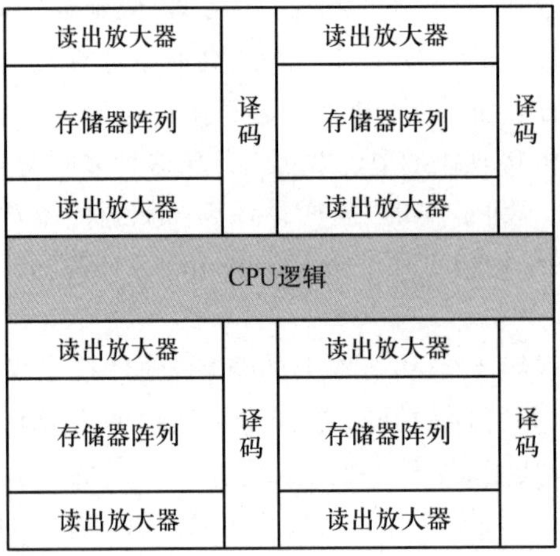

图 1.40　PIM 组织

### 1. 光技术

光计算技术是近年来的研究热点之一。目前全光计算机技术尚未成熟,然而,光互连和全息存储技术的研究却取得了很大进展。光互连包括光纤互连、光波导和自由空间光互连三种。其中光纤互连技术已趋于成熟。光纤互连方式有点对点连接、光总线、波分光交换等。其中波分光交换有自动寻址功能,非常适合用于 MPP 系统的互连网络。光纤互连有宽频带、无电磁干扰、可高密度并行连接、多信号源和多扇出、传输速度快、衰减小、无须接地等优点。全息存储将信息以光栅的形式存储于晶体中,光栅是两束激光(信号光束和参考光束)在光敏材料中相互干涉时形成的。用参考光束再次照射晶体,发生衍射,就可重现原来的信息。全息存储的带宽达 100 Gbps,存储密度达 1 TB/cm$^3$。

国内研究人员对三值光学计算机进行了探索。三值光学处理器中用三个光状态(偏振方向正交的两个有光态和无光态)表示信息,用旋光器(如高速液晶阵列、铌酸锂晶体阵列等)和偏振片构造三值逻辑运算器,再用多个三值逻辑运算器构成 MSD(modified signed-digit)表示的二进制并行加法器,这种加法器没有进位过程。光信号的互不干扰性和光学阵列器件包含的众多像素,使得三值光学处理器可以有很多用于计算的位数。逻辑运算器和并行加法器的数据位之间没有关联性,这使得三值光学处理器的众多位数可以被任意分解成小组,每个小组都可以单独使用。这两个特点结合起来,提供了在一个处理器的不同部位并行计算多个数据的并行计算技术。

**2. 超导计算机**

超导体技术又称为快速单通量量子(rapid single flux quantum, RSFQ)技术,被认为是实现 E 级计算机的最具吸引力的技术之一,具有速度快、功耗小、工艺简单等优点。其基本原理是超导态下超导量子干涉设备(superconducting quantum interference device, SQUID)在微小外加电流下可以存储或释放一份磁通量(a quantum of flux),用 SQUID 中磁通量的有无表示"1"和"0"。由于工作在超导态,速度快,超导体微处理器的工作频率可达 100 GHz。由于外加电流很小,功耗小,每个门的功率只有 0.1 μW。其缺点是负载驱动能力差,运行温度低(4 ~ 5 K)等。通常,超导体技术可以和其他技术一起构成高性能计算机。图 1.41 给出了一个利用超导体技术、半导体技术、光互连、光存储技术共同实现高性能计算机的结构。

**3. 量子计算机**

量子计算机可以解决很多传统计算机无法解决的问题,如量子物理系统的模拟和进行大数分解等。量子计算机由利用量子效应作为工作基础的量子器件组成。量子器件的工作原理和常规计算机所用的器件不同。常规器件的信息位不是处于 0 态就是处于 1 态,而量子器件的量子位(quantum-bit)除了 0 态和 1 态以外,还有叠加态。叠加态可以是 0 和 1 的叠加,它们出现的概率相等。例如常规计算机的 5 位寄存器只能存放一个 5 位数,而 5 位量子寄存器可以存放 $2^5$ 个数。而且,量子计算机可以对这些数同时进行运算。实现量子计算机所需解决的两大难题是为了维持量子逻辑的一致性量子系统如何与环境隔离以及如何解决设备缺陷所引起的逻辑错误。

**4. 分子计算机**

分子计算机的原理是利用 DNA 链保存信息,(在酶的作用下)通过 DNA 链之间的化学反应完成运算,产生表示结果的 DNA 分子。其优点是高度并行(所有 DNA 分

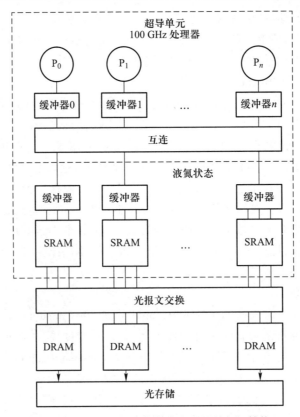

图 1.41    一种用超导体技术实现的并行机结构

子同时参加运算)、功耗小(消耗化学能,是半导体计算机的十亿分之一)、存储密度大(是磁存储器的一万亿倍)。DNA 计算机的高度并行性适用于解决半导体计算机难以解决的一些问题,如可满足性问题等。也可以利用 DNA 计算机存储密度大的特性为半导体计算机提供巨大的存储空间。分子计算机中需要解决的问题包括分子-生物操作慢,即使简单操作也需很长时间;DNA 分子容易水解;操作不可靠;DNA 分子之间难以通信等。

最后,在电子学和计算机科学中,习惯上用千进制表示量词单位。现将它们列于表 1.6 中,以便读者查阅。

表 1.6    计算机科学中常用千进制单位量词一览表

| 词头 | 缩写 | 英文含义 | 数值 | 中文名称 |
|---|---|---|---|---|
| milli | m | thousandth | $10^{-3}$ | 毫 |
| micro | μ | millionth | $10^{-6}$ | 微 |
| nano | n | billionth | $10^{-9}$ | 纳[诺] |

续表

| 词头 | 缩写 | 英文含义 | 数值 | 中文名称 |
|------|------|----------|------|----------|
| pico | p | trillionth | $10^{-12}$ | 皮［可］ |
| femto | f | quadrillionth | $10^{-15}$ | 飞［母托］ |
| atto | a | quintillionth | $10^{-18}$ | 阿［托］ |
| kilo | k | thousand | $10^{3}$ | 千 |
| mega | M | million | $10^{6}$ | 兆, 百万 |
| giga | G | billion | $10^{9}$ | 吉［咖］, 十亿 |
| tera | T | trillion | $10^{12}$ | 太［拉］, 万亿 |
| peta | P | quadrillion | $10^{15}$ | 拍［它］, 千万亿 |
| exa | E | quintillion | $10^{18}$ | 艾［可萨］, 百亿亿 |

# 习　　题

1.1　给定两个 $N$ 维向量 $A$ 和 $B$, 欲在 $p$ 个处理器的 PRAM-EREW 模型上求其内积。试问: 其加速比是多少?

1.2　在 PRAM 模型上, 假定算法 A、B 和 C 的执行时间分别为 $7n$, $n\log n/4$ 和 $n\log\log n$, 试问:

(1) 用大 $O$ 表示的时间复杂度是多少?

(2) 三个算法, 何者最快? 何者最慢?

(3) 当 $n \leqslant 1\ 024$ 时, 三个算法何者最快? 何者最慢?

(4) 如何解释上述 (2) 和 (3) 的不同结论?

1.3　欲在 8 个处理器的 BSP 模型上, 计算两个 $N$ 阶向量内积。

(1) 试画出各超级步的计算过程 (假定 $N=8$)。

(2) 并分析其时间复杂度。

1.4　根据表 1.7 所给出的数据:

(1) 分别计算 Berkeley NOW、Intel Paragon 和 Cray C90 的性价比;

(2) 你能由此得出什么结论吗?

表 1.7　三种机器求解某应用常微分方程时的运行一览表

| 机器系统 | 处理器数 | 计算时间/s | 通信时间/s | I/O 时间/s | 总时间/s | 价格/百万美元 |
|----------|----------|------------|------------|------------|----------|---------------|
| Cray C90 | 16 | 7 | 4 | 16 | 27 | 30 |
| Intel Paragon | 256 | 12 | 24 | 10 | 46 | 10 |

续表

| 机器系统 | 处理器数 | 计算时间/s | 通信时间/s | I/O 时间/s | 总时间/s | 价格/百万美元 |
|---|---|---|---|---|---|---|
| NOW+Ethernet | 256(RS/6000) | 4 | 23 340 | 4 030 | 27 340 | 4 |
| NOW+ATM+PIO+AM | 256(RS/6000) | 4 | 8 | 10 | 21 | 5 |

1.5 试比较下列 5 种并行结构的不同点。

(1) PVP,(2) SMP,(3) MPP,(4) COW,(5) DSM。

1.6 试举例说明:

(1) 如何在 SIMD 机器上实现 MIMD 并行应用?

(2) 如何在 SIMD 模型上实现 MPMD 并行应用?

1.7 给出如下串行程序代码段:

for(i=0; i<N; i++)        A[i]=b[i] * b[i+1];

for(i=0; i<N; i++)        C[i]=A[i]+A[i+1];

(1) 试用库例程方式,写出其等效的并行代码段。

(2) 试用 FORTRAM 90 中的数组操作,写出其等效的并行代码段。

(3) 试用 SGI PowerC Progmas,写出其等效的并行代码段。

1.8 在给定时间 $t$ 内,尽可能多地计算输入值的和也是一个求和问题,如果在 LogP 模型上求此问题时,要是 $t<L+2o$,则在一个单处理机上即可最快地完成;要是 $t>L+2o$,则根处理器应在 $t-1$ 时间内完成局和的接收工作,然后用一个单位的时间完成加运算而得最终的全和。而根的远程子节点应在 $(t-1)-(L+2o)$ 时刻开始发送数据,其兄弟子节点应依次在 $(t-1)-(L+2o+g)$,$(t-1)-(L+2o+2g)$……时刻开始发送数据。图 1.42 示出了 $t=28,P=8,L=5,o=2,g=4$ 的 LogP 模型上的通信(即发送/接收)调度树。试分析此通信调度树的工作原理和图中各节点的数值是如何计算的。

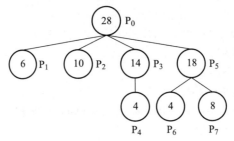

图 1.42    $t=28,P=8,L=5,o=2,g=4$ 的通信调度树

1.9 按照图 1.42 通信调度树,在 LogP 模型上的处理器进行连续接收和发送时必须保证时间间隔为 $g$,但可以用通信开销 $o$ 和计算局和的时间来填充,从而掩盖 $g$ 的开销。一般而言,对于某处理器,若它有 $k$ 个子节点,则它必须接收 $k$ 个消息,所以至少要 $k(g-o)$ 次局部加法来填充所有的 $g$,因此在它接收的 $k$ 个消息中,至少要做 $k(g-o-1)$ 次自身内部数的加法来填充,这样才能充分掩盖 $g$ 的开销。图 1.43 示出了按照图 1.42 所示的通信调度树的计算时间调度图。试分析此计算调

度图的工作原理和处理器 $P_0$ 与 $P_5$ 填充计算情况。

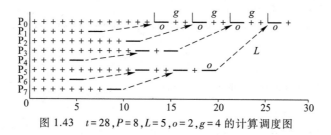

图 1.43　$t = 28, P = 8, L = 5, o = 2, g = 4$ 的计算调度图

1.10　参照图 1.44,试分析如下用 BSPLib 并行求 4 个整数 $1, 2, 3, 4$ 的前缀和的过程。

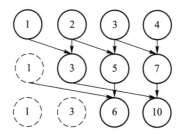

图 1.44　求整数 $1, 2, 3, 4$ 的前缀和过程

```
// * 用 BSPLib 求前缀和 * //
# include "bsp.h"
int bsp _allsums( int x){
    int i, left, right;

    bsp _push _reg (&right, sizeof( int ));
    bsp _push _reg( &letf, sizeof( int ));
    bsp _sync( );


right = x
for( i = 1; i<bsp-nprocs( ); i * = 2){
    if( bsp _pid( )+i<bsp _nprocs( ))
    bsp _put( bsp _pid( )+i; &right, &left, 0, sizeof( int ));
    bsp _sync( );
    if( bsp _pid( )> = i) right = left +right;
    }
    bsp _pop _reg( &right );
    bsp _pop _reg( &left );
    return right;
    }
```

```
void main( ){
    bsp _begin( bsp _nprocs( ) );
        printf( "%d sum is %d \ n",bsp _pid( ),bsp _allsums( 1+bsp_pid( ) ) );
    bsp _end( );
    }
```

1.11 考虑如下使用 lock 和 unlock 的并行代码：

```
parfor( i=0;i<n;i+ +){
        noncritical section
        lock(S);
            critical section
        unlock(S);
        }
```

假定非临界区操作取 $T_{ncs}$ 时间,临界区操作取 $T_{cs}$ 时间,加锁取 $T_{lock}$ 时间,而去锁时间可忽略,则相应的串行程序需 $n( T_{ncs}+T_{cs})$ 时间。试问:

(1) 总的并行执行时间是多少?

(2) 使用 $n$ 个处理器时加速多大?

(3) 你能够忽略开销吗?

1.12 试写出计算 π 的 OpenMP 代码段。

1.13 试写出计算 π 的 C 语言–MPI 代码段。

1.14 试写出计算 π 的 HPF 代码段。

1.15 试分析下列循环嵌套中各语句间的相关关系。

(1) **DO** I=1,N

      **DO** J=2,N

$S_1$:      A(I,J)=A(I,J-1)+B(I,J)

$S_2$:      C(I,J)=A(I,J)+D(I+1,J)

$S_3$:      D(I,J)=0.1

      **Enddo**

    **Enddo**

(2) **DO** I=1,N

$S_1$:      A(I)=B(I)

$S_2$:      C(I)=A(I)+B(I)

$S_3$:      D(I)=C(I+1)

    **Enddo**

(3) **DO** I=1,N

      **DO** J=2,N

$S_1$:      A(I,J)=B(I,J)+C(I,J)

$S_2$:      C(I,J)=D(I,J)/2

$S_3$:      E(I,J)=A(I,J-1)**2+E(I,J-1)

**Enddo**

　**Enddo**

# 参 考 文 献

［1］FLYNN M J.Very High-Speed Computing Systems.Proceedings of the IEEE,1996,54（12）:1901-1909.

［2］BRYANT R E,O'HALLARON D R.深入理解计算机系统.龚奕利,贺莲, 译.北京:机械工业出版社,2016.

［3］JOHNSON M.Superscalar Microprocessor Design.NJ:Prentice Hall,1991.

［4］SOHI G,BREACH S,VIJAYKUMAR T N.Multiscalar Processors// Proceedings of the 22nd Annual International Symposium on Computer Architecture,June 22-24,1995,Santa Margherita Ligure, Italy.［S.l.］:［s.n.］:c1995:414-425.

［5］AMDAHL G M.Validity of the Single Processor Approach to Achieving Large Scale Computing Capabilities// AFIPS Conference Proceedings, April 30, 1976. Washington:Thompson Books:483-485.

［6］BOUKNIGHT W J.The Illiac IV System.Proceedings of the IEEE,1972,60（4）:369-388.

［7］HWANG K.高等计算机系统结构.王鼎兴,等,译.北京:清华大学出版社,南宁:广西科技出版社, 1995.

［8］LI K.IVY:A Sharecl-Virtual Memory System for Parallel Computing:Proceedings International Conference Parallel Processing,August,1988.

［9］HWANG K,XU Z W.Scalble Parallel Computing:Technology,Architecture,Programming.［S.l.］:McGraw-Hill,1998.

［10］陈国良.并行计算:结构 算法 编程.北京:高等教育出版社,1999.

［11］国家智能计算机研究开发中心.曙光一号智能化共享存储多处理机系统［R］.［S.l.］:［s.n.］,1993.

［12］曙光信息产业有限公司.曙光天潮系列曙光 2000 超级并行计算机［R］.［S.l.］:［s.n.］,1998

［13］唐志敏.高性能计算机体系结构:香山科学会议第 94 次学术讨论会,1998.

［14］夏培肃, 胡伟武.高性能计算技术展望:香山科学会议第 94 次学术讨论会,1998.

［15］JI Y C,WU J G,DING W Q,et al.A Parallel Computational Model Based on NOW:PDCAT'2000,Hong Kong, May 22-24,2000.

［16］ "10000 个科学难题"信息科学编委会.10000 个科学难题：信息科学卷.北京：科学出版社，2011.

［17］ LIU Y H,SUN X H.C$^2$-bound：A Capacity and Concurrency driven Analytical Model for Manycore Design：Proceedings of International Conference for High Performance Computing，Networking，Storage and Analysis 2015（SC'15）.Texas，Austin，USA，Nov，2015.

［18］ GEORGES D C.Exascale Machines Require New Programming Paradigms and Runtimes.Supercomputing Frontiers & Innovations,2015（2）.

# 第二章　性能评测

　　本章首先简单介绍并行计算机的基本性能，为什么要研究机器的性能评测以及如何评测计算机的性能。然后，分别讨论机器级的性能评测，包括：CPU 和存储器的某些基本性能指标，并行和通信开销以及机器的成本、价格与性价比；算法级的性能评测，包括加速、效率和可扩放性等；程序级的性能评测，包括基本基准测试程序、并行基准测试程序、商用基准测试程序以及 SPEC 基准测试程序等。最后，从任务划分、通信分析、任务组合和处理器映射等算法和程序设计的四个步骤，简要地讨论如何提高并行系统的性能。

## 2.1 引言

了解和使用并行机,自然要知道并行机的性能,从普通意义上讲,也就是说要知道并行机的好与不好。所以本节首先就从这些简单内容讲起,包括什么是并行机的基本性能,为什么需要评测机器的性能以及如何评测并行机性能。

### 2.1.1 什么是并行机的基本性能

所谓机器的性能(performance)通常是指机器的速度,它是程序执行时间的倒数。而程序执行时间是指用户向计算机送入一个任务后,直到获得他需要的结果这一段等待时间,包括访问磁盘和访问存储器的时间、CPU 运算时间、I/O 动作时间以及操作系统的开销时间等。但在多任务系统中,CPU 在等待 I/O 操作的同时可以转去处理另一个任务,这样分析起来就比较麻烦。所以在讨论性能时,有时直接使用 CPU 时间,它表示 CPU 的工作时间,不包括 I/O 等待时间和运行其他任务的时间。很显然,用户所看到的执行时间是程序结束时所花费的全部时间,而不单是 CPU 时间。

**1. 单 CPU 性能**

假定机器的时钟周期为 $T_C$,程序中指令总条数为 $I_N$,执行每条指令所需的平均指令周期数(cycles per instruction)为 CPI,则一个程序在 CPU 上运行的时间 $T_{CPU}$ 为:

$$T_{CPU} = I_N \times CPI \times T_C \tag{2.1}$$

其中,

$$CPI = \frac{执行整个程序所需的时钟周期数}{程序中指令总数} = \frac{\sum_{i=1}^{n}(CPI_i \times I_i)}{I_N} \tag{2.2}$$

式(2.2)中 N 为程序中所有指令种类数。令 $I_i/I_N$ 表示第 $i$ 种指令在程序中所占的比例,则式(2.2)可改写为

$$CPI = \sum_{i=1}^{n}\left(CPI_i \times \frac{I_i}{I_N}\right) \tag{2.3}$$

**2. MIPS 和 MFLOPS**

如上所述,执行时间的倒数就是速度。速度通常可用 MIPS(million instructions per second)表示,即百万条指令每秒,它很适合用于评测标量机。对于一个给定的程序,MIPS 可表示为

$$MIPS = I_N/(T_E \times 10^6) = R_C/(CPI \times 10^6) = I_N/(I_N \times CPI \times T_C \times 10^6) \tag{2.4}$$

其中，$T_E$ 表示程序执行时间，$R_C$ 表示时钟速率，它是 $T_C$ 的倒数。有时还用相对 $\text{MIPS}_{\text{Ref}}$ 这一标准，此时需要事先选择一个参照的计算机性能，然后与其比较：

$$\text{MIPS}_{\text{Ref}} = (T_{\text{Ref}} / T_V) \times \text{MIPS}_{\text{Ref}} \tag{2.5}$$

其中，$T_{\text{Ref}}$ 表示在参照机上程序的执行时间，$T_V$ 表示相同程序在要评价机器上的执行时间，$\text{MIPS}_{\text{Ref}}$ 表示所约定的参照机的 MIPS。在 20 世纪 80 年代，常以 DEC 公司的 VAX-11/780 作为参照机，称为 1 MIPS 机器。

MFLOPS(mega floating-point operations per second)常用来评价高性能算机的性能，表示百万次浮点运算每秒：

$$\text{MFLOPS} = I_{\text{FN}} / (T_E \times 10^6) \tag{2.6}$$

其中，$I_{\text{FN}}$ 表示程序中的浮点运算次数。

通常 MFLOPS 与 MIPS 之间无统一标准的量值关系。一般认为在标量计算机中执行一次浮点运算平均需要 3 条指令，故有 1 MFLOPS 约为 3 MIPS 之说。

随着技术的发展，MFLOPS 已逐渐不再使用，目前使用较多的有十亿次浮点运算每秒(gigaflops，GFLOPS)、万亿次浮点运算每秒(teraflops，TFLOPS)和千亿次浮点运算每秒(petaflops，PFLOPS)。

**3. 并行机的基本性能指标**

并行计算机的基本性能参数可概括于表 2.1 中。

表 2.1　并行机基本性能参数一览表

| 名称 | 符号 | 含义 | 单位 |
|---|---|---|---|
| 机器规模 | $n$ | 处理器的数目 | 无量纲 |
| 时钟速率 | $f$ | 时钟周期长度的倒数 | Hz |
| 工作负载 | $W$ | 计算操作的数目 | FLOPS |
| 顺序执行时间 | $T_1$ | 程序在单处理机上的运行时间 | s |
| 并行执行时间 | $T_n$ | 程序在并行机上的运行时间 | s |
| 速度 | $R_n = W/T_n$ | 每秒浮点运算次数 | FLOPS |
| 加速 | $S_n = T_1/T_n$ | 衡量并行机有多快 | 无量纲 |
| 效率 | $E_n = S_n/n$ | 衡量处理器的利用率 | 无量纲 |
| 峰值速度 | $R_{\text{peak}} = nR'_{\text{peak}}$ | 所有处理器峰值速度之积，$R'_{\text{peak}}$ 为一个处理器的峰值速度 | FLOPS |
| 利用率 | $U = R_n/R_{\text{peak}}$ | 可达速度与峰值速度之比 | 无量纲 |
| 通信延迟 | $t_0$ | 传送 0 字节或单字的时间 | ms |
| 渐近带宽 | $r_\infty$ | 传送长消息通信速率 | MBps |

## 2.1.2　为什么要研究并行机的性能评测

当今,计算机的性能评价与测试是一个正在研究中的课题,它与计算机体系结构、计算机软件、计算机算法共同构成了新兴的计算科学(computing science)的四大支柱。并行计算机系统远比单处理机系统复杂得多,所以为了更好地使用并行机,充分发挥其优势,以适应不同应用问题的需求,评价与测试并行计算机的多种性能是非常必要的。

**1. 发挥并行机长处,提高并行机的使用效率**

通过对不同并行计算机的性能进行测试,可以评价其优缺点。根据它们的特点,对口相应的应用领域,充分发挥其优势,以提高并行计算机的使用效率。例如,通过测试 CPU 性能可以为计算密集(compute-intensive)型应用问题选用较合适的并行机;通过测试网络性能,可以为网络密集(network-intensive)型应用问题选用较适宜的并行机;通过对存储器和 I/O 通道性能的评测,可以为数据密集(data-intensive)型应用问题选用较满意的并行机等。

**2. 减少用户购机盲目性,降低投资风险**

对于某一特定用户而言,并非购买越贵的机器越好。应该根据要解决的计算问题的特点,通过使用基准测试程序(见本章 2.4 节)所得到的一些结果数据,协助决策购买何种并行计算机。并行计算机一般都很贵,一旦所购买的计算机在具体的应用中不能发挥应有的作用,那将是莫大的浪费。一般而言,用户大都不是并行计算机方面的专家,为减少购买并行机的投资风险,通过各种性能评测手段来最大限度地减少引进和购买并行计算机的盲目性是非常重要的。

**3. 改进系统结构设计,提高机器的性能**

并行计算机是个庞大而复杂的系统,即使具有丰富设计经验的人员,也很难保证所设计的计算机系统十全十美。任何成功的设计都不可能一次完成,总要通过测试和试用,不断修改、补充以臻完善。其中,按照性能测试所产生的测试结果进行全面比较,能够暴露出设计中的一些问题,这些问题对计算机设计者具有比较大的指导意义,针对这些问题改进现有的设计,可进一步提高计算机的性能,以适应各方面的应用需求。

**4. 促进软硬件结合,合理功能划分**

根据对计算机性能的实际测试和统计分析,可以明确计算机所应完成的软件与硬件功能,做出合理的功能划分以及适当的软硬件折中。对于那些使用频繁、功能较简单的操作,在硬件工艺许可的情况下,当以硬件实现之;而对于那些不常使用、功能又较复杂的操作,在软件复杂度允许的情况下,当以软件实现之。这些常识范围内的知识,必须建立在对计算机性能进行全面测试和客观分析的基础之上。特别是在技术工艺水平不断提高、器件成本不断下降的今天,计算机软件功能硬件化的趋势似乎越来越明显。

**5. 优化"结构−算法−应用"的最佳组合**

通过对计算机性能的评测,可以发现什么类型的体系结构比较适合于什么类型的问题求解算法;哪一类体系结构对哪一类应用问题比较有效;某类算法比较适合于求解某类应用问题。例如,网孔连接的并行机结构比较适合于矩阵运算之类的算法;树连接的并行机结构比较适用于与数据库有关的一类应用问题;数字滤波这一类的算法是数字信号处理应用中经常使用的算法。当通过性能评测得出上述结论后,就可针对某类应用问题,设计出可以高效运行在某种体系结构上的算法了。

**6. 提供客观、公正的评价并行机的标准**

不同的用户(包括机器的系统操作员),会从不同的角度来评价并行机的性能优劣。研究并行机的性能评测的根本目的之一,就是试图提供一个统一的、客观的、公正的和可相互比较的评价并行计算机的标准。为此就要从并行机的硬件体系、软件功能、解题能力、使用目的和测试手段等各个方面来评测并行计算机的性能。

## 2.1.3 如何评测并行机的性能

怎样评测一台计算机的性能,与测试者的出发点有关。例如,计算机用户说机器很快,往往是因为程序运行时间短;而计算机管理员说机器很快,往往是因为在一段时间内它能够完成更多的任务。用户所关心的是从提交任务开始到运行结束之间的时间,即执行时间;而管理员所关心的是在单位时间能完成的工作量,即吞吐量(throughput)。所以,如何客观、公正地评价计算机的性能不是一件容易的事,要涉及计算机系统的诸多因素,它不仅与机器硬件速度有关,而且还与机器体系结构、计算方法与算法、程序编译优化、编程工具与环境,甚至与测试方法手段等有关。

本节试图根据机器性能评测的层次,分别从机器级、算法级和程序级三个层次来研究它们。请注意这种分层也只是为了讨论的方便。

**1. 机器级的性能评测**

机器级的性能评测,包括 CPU 和存储器的某些基本性能指标,并行和通信开销分析,并行机的可用性与友好性以及机器成本、价格与性价比等。其中有些是由机器厂商在销售时直接提供给用户的,是广大用户对并行计算机的第一印象,是引进和购买并行计算机时最主要的选择依据。例如,机器的基本性能指标和机器的价格是诸多并行机之间最具有可比性的数据,也是非计算机专业用户选购并行机时决策的主要依据。

**2. 算法级的性能评测**

算法级的性能评测方法,最初大都是为了评价并行算法的性能提出的,后来这些评测方法也被推广到并行程序上。众所周知,在并行机上进行计算的主要目的是加速整个计算过程,所以研究并行算法的加速(比)性能是最根本的。它体现了对于一个给定的应用,并行算法相对于串行算法的执行速度快了多少倍。此外,随着计算负载的增加和机器规模的扩大,研究并行算法的性能是否能随着处理器数目的增加而按比例增加也是很重要的,这就是所谓的并行算法的可扩放性(scalability)问题。由于可扩放性是个很重要的概念,所以后来推而广之,就出现了诸如程序的可扩放性、体系结构的可扩放性、工艺技术的可扩放性以及应用的可扩放性等。

**3. 程序级的性能评测**

程序级的性能评测主要是使用一组基准测试程序(benchmark,也称基准程序)测试和评价计算机系统的各种性能。不同的基准测试程序,侧重点也有所不同,但任何一组测试程序均要提供一组控制测试条件、步骤、规则说明,包括测试平台环境、输入数据、输出结果和性能指标等。我们在第 2.4 节将要详细讨论综合测试程序(如 Whetstone、Dhrystone)、核心测试程序(如 LINPACK、LAPACK)、应用测试程序(如 SPEC)、并行测试程序(如 NPB、Splash)和事务类测试程序(如 TPC)等。

## 2.2 机器级性能评测

本节将有选择地讨论机器级的某些性能评测,主要包括 CPU 和存储器的某些基本性能指标,并行和通信开销分析,机器的可用性(availability)和友好性以及机器的成本、价格与性价比等。

### 2.2.1 CPU 和存储器的某些基本性能指标

参照表 2.1 中所列的并行计算机的一些基本性能参数,下面将着重讨论 CPU 和存储器的某些基本性能指标,主要包括工作负载、并行执行时间、存储器层次结构及其典型性能参数、存储器带宽估计等。

**1. CPU 性能**

(1) 工作负载。所谓工作负载(荷),就是计算操作的数目,通常可用执行时间、所执行的指令数目和所完成的浮点运算数三个物理量来度量它。其中,① 执行时间:可定义为在特定的计算机系统上的一个给定的应用所占用的总时间,即应用程序从开始到结束所掠过的时间(elapsed time),它不只是 CPU 时间,还包括了访问存储器、磁盘、I/O 通道的时间和 OS 开销等。影响执行时间主要因素有求解应用问题所使用的算法,输入数据集及其数据结构,求解问题的硬件平台和操作系统以及所使用的语言、编译/编辑器和二进制代码的库函数等。② 浮点运算数:对于大型科学与工程计算问题,使用所执行的浮点运算数目来表示工作负载是很自然的。对于程序中其他类型的运算,可按如下经验规则折算成浮点运算数(FLOPS):在运算表达式中的赋值操作、变址计算等均不单独考虑(即它们被折算成 0 FLOPS);单独赋值操作、加法、减法、乘法、比较、数据类型转换等运算各折算成 1 FLOPS;除法和开平方运算各折算成 4 FLOPS;正(余)弦、指数类运算各折算成 8 FLOPS;其他类运算,可按其复杂程度,参照上述经验数据进行折算。注意,在理论分析时,常常假定各条指令和每个浮点运算均取相同时间,这种均匀一致的速度假定在实际的计算系统中总是难以成立的。③ 指令数目:它与机器的指令系统有关。对于任何给定的应用,它所执行的指令条数就可视为工作负载,常以百万条指令为计算单位,与其相应的速度单位就是 MIPS(百万条指令每秒)。不过用 MIPS 来表示工作负载时要注意机器实际执行的指令数不一定就是汇编程序中的指令数;所需执行的指令数目可能依赖于输入数据;即使对于固定的输入使用相同的高级语言编程,执行在 RISC 机器上的指令数通常比 CISC 机器上的指令数要多 50%~150%;即使在相同的机器上,使用固定的输入,程序执行的指令数也会因不同的编译或优化方法而不同;最后,较多的指令数也不一定意味着程序执行时间就长。

(2)并行执行时间。在无重叠操作的假定下,并行程序的执行时间 $T_n$ 为:

$$T_n = T_{\text{comput}} + T_{\text{paro}} + T_{\text{comm}} \qquad (2.7)$$

其中,$T_{\text{comput}}$ 为计算时间,$T_{\text{paro}}$ 为并行开销时间,$T_{\text{comm}}$ 为相互通信时间。而 $T_{\text{paro}}$ 包括进程管理(如进程生成、结束和切换等)时间、组操作(如进程组的生成与消亡等)时间和进程查询(如询问进程的标志、等级、组标志和组大小等)时间;$T_{\text{comm}}$ 包括同步(如路障、锁、临界区、事件等)时间、通信(如点到点通信、整体通信、读写共享变量等)时间和聚合操作(如归约、前缀运算等)时间。了解这些额外开销对开发并行程序大有好处,例如,要是并行开销 $T_{\text{paro}}$ 较小,则程序员可使用动态并行程序;否则使用静态并行程序较好,因为进程只在开始时生成而结束时消灭。又如,如果机器支持路障同步,则可使用同步算法;如果路障操作太费时,则可使用异步算法。

下面让我们使用第 1.5 节中介绍的异步 PRAM 模型(即 APRAM)来估计一下并行执行时间 $T_n$。在 APRAM 模型中,计算由一系列用同步路障分开的所谓相组成。在每个相内,各个处理器均异步地执行局部计算,每个相中最后一条指令是同步路障指令。假定在第 $i$ 相内计算量(即工作负载)为 $W_i$,计算时间为 $T_1(i)$。令 DOP(degree of parallelism)表示能够同时执行的最大进程数,称为并行度。对于 $n$ 个处理器的并行系统,显然有 $1 \leqslant \text{DOP}_i \leqslant n$。而在第 $i$ 相中并行执行时间为 $T_n(i) = T_1(i)/n$,所以在 $n$ 个处理器的系统中,其总的并行执行时间为

$$T_n = \sum_{1 \leqslant i \leqslant k} \frac{T_1(i)}{\min(\text{DOP}_i, n)} + T_{\text{paro}} + T_{\text{comm}} \qquad (2.8)$$

令 $T_\infty$ 代表在使用无限多的处理器($n \to \infty$)且不考虑 $T_{\text{paro}}$ 和 $T_{\text{comm}}$ 时的应用程序

执行时间,于是有

$$T_\infty = \sum_{1 \le i \le k} \frac{T_1(i)}{\text{DOP}_i} \qquad (2.9)$$

定义为了达到 $T_n = T_\infty$ 的最小 $n$ 值为 $N_{\max}$,称其为最大并行度,也就是能够用来降低执行时间的最大处理器数,则有

$$N_{\max} = \max_{1 \le i \le k} (\text{DOP}_i) \qquad (2.10)$$

可能达到的最高性能之上界可定义为

$$S_\infty = \frac{W}{T_\infty} \qquad (2.11)$$

而 $n$ 个处理器的执行时间下界为

$$T_n \ge \max(T_1/n, T_\infty) \qquad (2.12)$$

Brent 已经证明,不考虑 $T_{\text{paro}}$ 和 $T_{\text{comm}}$ 时,$T_n$ 满足

$$\frac{T_1}{n} \le T_n \le \frac{T_1}{n} + T_\infty \qquad (2.13)$$

将式(2.12)代入式(2.13),则有

$$\max\left(\frac{T_1}{n}, T_\infty\right) \le T_n \le \frac{T_1}{n} + T_\infty \qquad (2.14)$$

**2. 存储器性能**

(1) 存储器的层次结构。在近代计算机中,为了加快处理器与存储器之间的数据移动,存储器通常按图 1.29 所示的层次结构进行组织。如图 2.1 所示,对于每一层均可用三个参数表征:① 容量 $C$,表示各层的物理存储器件能保存多少字节的数据;② 延迟 $L$,表示读取各层物理器件中一个字所需的时间;③ 带宽 $B$,表示在 1 s 内各层的物理器件中能传送多少个字节。各层存储器及其相应的典型的 $C$、$L$、$B$ 值示于图 2.1 中。

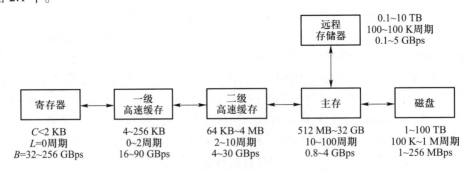

图 2.1　各层存储器的典型性能参数

(2) 存储器带宽的估算。假定字长为 64 b,即 8 B。对于 RISC 类型机器中的加法操作,它从寄存器中取两个 64 b 的字相加后再回送至寄存器。通常 RISC 加法指

令可在单拍内完成,如果使用 100 MHz 的时钟,那么存储带宽将是 $3 \times 8 \times 100 \times 10^6 =$ 2.4 GBps。可见,较快的时钟和处理器中较高的并行操作,可获得较宽的带宽。

## 2.2.2 并行和通信开销

这一节主要讨论由于并行而导致的时间开销 $T_{paro}$ 和多进程相互作用所引起的通信开销 $T_{comm}$。这两种时间开销均比普通的计算时间要长得多,而且随系统不同而变化很大。例如,一个 Power2 处理器每个时钟周期(15 ns)能执行 4 个浮点运算,但生成一个 UNIX 进程(1.4 ms)的时间长得足以执行 $3.7 \times 10^5$ 余个浮点运算! 通常,这么大的开销主要是由操作系统核和系统软件所造成的。有了这样的印象后,在使用并行和通信操作时就要慎重。

**1. 开销的量化**

既然这些额外开销如此之大,那么就应该将它们量化。但是,现实情况是计算机厂商们既很少提供数据,也很少提供开销的估计方法。Hockney 曾针对点到点通信给出了几个有关开销的参数:$r_\infty$、$m_{1/2}$、$t_0$ 和 $\pi_0$。下面我们介绍使用测量的方法来量化这些开销参数。开销的测量与所使用的数据结构、程序语言、通信硬件与协议以及计时方法(时钟时间或 CPU 时间)等有关。为了获得精确的测量值并非易事,因为绝大多数机器系统只提供粗的时间分辨率(微秒级,甚至毫秒级);并行机中的各处理器常以异步方式操作,与公共时钟节拍不符;测量结果离散性太大,所以比较普遍的方法是采用点到点乒乓测量法。

**2. 开销的测量**

对于点到点的通信,测量开销使用乒乓模式(ping-pong scheme)方法,简称乒乓法:节点 0 发送 $m$ 个字节给节点 1;节点 1 从节点 0 接收 $m$ 个字节后,立即将消息发回节点 0。总的时间除以 2,即可得到点到点通信时间,也就是执行单一发送或接收操作的时间。用乒乓方式测量延迟的代码段如下:

```
// * 乒乓法测量延迟的代码段    * //
for   i = 0 to Runs−1   do / * 发送者 * /
  if   ( my _node _id = 0)    then
      temp = second( )                / * second( )为时标函数 * /
      start _time = second( )
      send an m−byte message to node 1
      receive an m−byte message from node 1
      end_time = second( )
      timer_overhead = start_time − timer_overhead
      total_time = end_time − start_time + timer_overhead
      communication_time[ i ] = total_time/2
```

```
        else if (my_node_id = 1)    then    /*接收者*/
              receive an m-byte message from node 0
              send an m-byte message to node 0
           endif
        endif
     endfor
```

乒乓法可一般化为热土豆(hot potato)法,也称为救火队(fire-brigade)法:节点 0 发送 $m$ 个字节点 1,节点 1 在将其发送给接点 2,以此类推,最后节点 $n-1$ 再将其返回给节点 0,最后时间再除以 $n$ 即可。

**3. 开销的表达式**

通过测试方法所获得的开销数据,通常有三种方法来解释:列表法,绘图法和解析法。其中解析法是最通用的。

(1)点到点的通信。Hockney 对于点到点的通信,给出了如下所示的通信开销 $t(m)$ 的解析表达式,它是消息长度 $m$(字节)的线性函数:

$$t(m) = t_0 + m / r_\infty \tag{2.15}$$

其中,$t_0$ 是启动时间($\mu s$);$r_\infty$ 是渐近带宽(MBps),表示传送无限长的消息时的通信速率。Hockney 也同时引入了两个附加参数:半峰值长度 $m_{1/2}$(B),表示达到一半渐近带宽(即 $\frac{1}{2} r_\infty$)所需要的消息长度;特定性能 $\pi_0$(MBps),表示短消息带宽。4 个参数 $t_0$、$r_\infty$、$m_{1/2}$ 和 $\pi_0$ 中只有两个是独立的,其他两个可使用如下关系式推导出:

$$t_0 = m_{1/2} / r_\infty = 1/\pi_0 \tag{2.16}$$

(2)整体通信。几种典型的整体通信如下。① 播送(broadcasting):处理器 0 发送 $m$ 个字节给所有的 $n$ 个处理器;② 收集(gather):处理器 0 接收所有 $n$ 个处理器发来的消息,所以处理器 0 最终接收了 $mn$ 个字节;③ 散射(scatter):处理器 0 发送了 $m$ 个字节的不同消息给所有 $n$ 个处理器,因此处理器 0 最终发送了 $mn$ 个字节;④ 全交换(total exchange):每个处理器均彼此相互发送 $m$ 个字节的不同消息给对方,所以总通信量为 $mn^2$ 个字节;⑤ 循环移位(cycle shift):处理器 $i$ 发送 $m$ 个字节给处理器 $i+1$,处理器 $n-1$ 发送 $m$ 个字节给处理器 0,所以通信量为 $mn$ 个字节。本章参考文献[5]对式(2.15)做了推广,使得通信开销 $T(m, n)$ 是 $m$ 和 $n$ 的函数,但 $t_0$ 与 $r_\infty$ 只是 $n$ 的函数:

$$T(m, n) = t_0(n) + m / r_\infty(n) \tag{2.17}$$

同时,对 SP2 机器所测得的数据进行拟合,推导出如表 2.2 所示的整体通信和路障同步开销表达式。

表 2.2　SP2 机器的整体通信和路障同步开销表达式一览表

| 整体通信操作 | 表达式 |
| --- | --- |
| 播送 | $52\log n + (0.029\log n)m$ |
| 收集/散射 | $(17\log n+15)+(0.025n-0.02)m$ |
| 全交换 | $80\log n+(0.03n^{1.29})m$ |
| 循环移位 | $(6\log n+60)+(0.003\log n+0.04)m$ |
| 路障同步 | $94\log n + 10$ |

注意,当超过 256 个处理器时,路障开销为 768 μs,等效于执行 $768 \times 266 = 204\ 288$ 个浮点运算。可见只有在大的计算粒度情况下,才适合使用路障操作。

## 2.2.3　并行机的可用性与友好性

一个优良的并行机系统,除了应具有高的基本性能指标以及低的并行与通信开销外,还应具有可用性和友好性。其中,可用性是指系统正常运行时间的百分比,而友好性是指用户使用机器时的体验。

**1. 机器的可用性**

人们常将机器的可靠性(reliability)、可用性(availability)和可维性(serviceability)合在一起简称为机器的 RAS 性能,但有时候易将它们的概念混淆。事实上,可靠性是用平均无故障时间(mean time to failure,MTTF)来度量,指系统失效前平均正常运行的时间;服务性是用平均修复时间(mean time to repair,MTTR)来度量,指系统失效后修理恢复正常工作的时间;而可用性被定义为

$$\text{MTTF}/(\text{MTTF}+\text{MTTR}) \tag{2.18}$$

由此可见,增加可用性有两种方法:或增加 MTTF,或减少 MTTR。有很多技术可以改进系统的可用性,这些内容可以参见本书第 6.3.1 节有关内容,在此不再详细讨论。下面将着重讨论友好性问题。

**2. 并行机的友好性**

因为机器的友好性直接与用户有关,所以有关机器友好性的讨论是与并行机系统所提供的用户环境分不开的。目前用户使用并行机的环境主要有以下几种。
① 远程登录结合命令行:这是早期并行机典型的用户环境,用户通过登录到并行机上,再调用系统命令来完成自己的工作。其优点是简单、通用,只要并行机提供 TELNET 服务既可;而缺点是用户必须熟悉机器的有关命令,且没有图形用户界面(graphical user interface,GUI),所以不够直观。② GUI+X 协议:用户从客户端直接登录到并行机上,利用 X 协议将并行机上的 GUI 输送到本地计算机,从而达到远程

使用并行机的目的。其优点是用户远程使用并行机犹如在本地使用并行机一样,所以很方便;而缺点是由于用户图形界面是在并行机上实现的,所以占用了宝贵的并行计算资源。此外,本地机必须支持 X 协议,否则 GUI 无法传到本地计算机来。③客户 GUI+服务器:这种方式是由客户端提供用户环境的 GUI,并行机作为服务器解释和执行客户端发来的请求。其优点是 GUI 不占用并行计算资源;而缺点是当客户端的机器平台发生变化时,用户环境的 GUI 需要专门定制,所以通用性较差。④Web 服务器+浏览器:以 Web 浏览器作为用户环境界面,用户通过统一资源定位地址(uniform resource locater,URL)指定 Web 服务器,提出服务请求;Web 服务器分析用户请求,再向并行机发送命令,执行用户请求,并将结果传回给用户界面。其优点是由于 Web 的跨平台特性,用户可在任何机器平台上远程使用并行机,所以通用性非常好;而缺点是由于浏览器界面(如 Applet、Form、Cookie)的表达能力有限,所以难以将并行机的用户环境全面地、动态地提供给用户,速度也比较慢。

用户环境的友好性一般可分为用户环境系统的友好性和用户界面的友好性,下面将分别讨论它们。然后简要地介绍用户界面设计的理论模型。

(1) 用户环境系统的友好性。由于并行机的硬件和软件很复杂且差异性较大,让用户直接使用这些资源显然会大大加重用户的负担,所以需要提供一种便于使用这些资源的用户环境系统。我们将并行机用户环境定义为并行机系统内用户与并行计算机相关硬件/软件资源的有机结合以及它们呈现给用户的表现形式。其中,工具的有机结合对应着整个用户环境的系统设计,而表现形式则对应着整个用户环境的界面设计。用户环境应提供统一的用户界面、统一的系统视图(即各种工具的有机结合)和统一的用户本地使用工具集。设计用户环境系统时,① 要灵活、易于扩充和集成;② 要尽量使用户应用软件的开发与平台无关;③ 不要求用户了解底层系统的实现细节,要向用户提供各项服务的接口而且尽量使用统一的标准以减轻用户负担;④ 因为人们所熟悉的计算环境是以串行机为参照物的,所以要为用户提供单系统映像(single system image,SSI),包括单入口(访问)点、单控制点(在单一控制台上监控系统)、单一内存映像(单地址空间)、单一作业管理系统(允许用户以独占或共享方式运行并/串行作业)和单一文件结构(用户无论在哪台机器上登录,他所看到的文件结构应当和一台机器上一致)等。

(2) 用户界面的友好性。用户界面是用户与软件之间的连接者。用户界面的好用性是指,特定的用户在使用某一软件来实现某一特定目标时,他通过用户界面所获得服务的有效性、高效性和满意程度。一个良好的用户界面应具有以下特点。① 实用性(utility):用户界面应能提供用户所需的各种服务,帮助用户完成所有任务。② 高效性(efficiency):好的用户界面应能帮助用户方便地获得各种有用的信息,而无须进行多种复杂的操作。③ 易学习性(learnability):由于工作环境的不断变化和软件产品的不时更新,用户就得不断地学习。因此一个友好的用户界面应尽量减轻用户在学习使用过程中的负担。易于学习的用户界面应该简单,易于用户理解、记忆,尽量采用其所在领域中大家比较熟悉的风格。为了减轻用户的记忆负担,系统应允许用户在没有记忆大量信息的情况下也能进行操作,应给出提示信息,尽量从给定的选项中作出选择就能完成操作。④ 交互性:好的用户界面应提供充分的交互手段,包括用户怎样使用键盘、鼠标和软件工具进行交互。⑤ 美观性:一个好的用户界面应给用户带来视觉的享受和使用的愉悦感。

(3)用户界面设计的理论模型。从用户界面的特性可以看出,实用性、高效性和易学习性反映的是各个界面元素的作用及其相互之间的关系,占整个界面设计的60%;交互性决定了用户使用软件的感觉,占界面设计的30%;美观性是指软件产品的外观,它在开始时最受用户的注意,但在整个界面设计中只占10%。

Alan Cooper 曾提出了用户界面设计中的三模型原则,即实现模型(implementation model)、显示模型(manifest model)和概念模型(conceptual model)。概念模型也称心理模型(mental model),它反映了用户头脑中软件应做的事情;是人们对于问题的内容依靠先天的知觉和后天的经验,在思想中构建起来的模型;是人们在头脑中形成的、对问题内容以及解决问题方式的概念化描述。我们在设计用户界面时所关心的心理模型是指用户对如何使用软件系统完成具体任务的理解,是他们在自己的头脑中构想的计算机解决问题的模型。实现模型是程序员或工具的设计者对完成这些具体任务过程的描述,它和心理模型往往有很大差异,人们并不一定要了解完成这些任务的细节,他们往往在头脑中建立更加简单、容易的概念,这些概念足以让他们正确地执行所要进行的操作。显示模型是指程序将软件功能呈现给用户的方式,即软件的用户界面。它不需要完全真实地反映程序的真正实现方式,它应该能够独立地反映程序的功能。

三个模型之间的关系可由图 2.2 来说明。程序的显示模型是由软件开发者决定的。一个软件的显示模型越接近用户的心理模型,用户就越容易理解和使用它;而当一个软件的显示模型更接近于实现模型时,用户学习和使用起来就越困难;符合心理模型的用户界面设计能在用户界面中充分体现用户思考和解决问题的方式,使软件系统更加容易被用户理解和使用,从而有效地提高用户界面的易学习性和高效性。

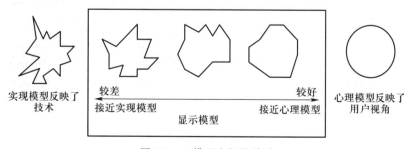

图 2.2  三模型之间的关系

### 2.2.4 机器的成本、价格与性价比

从技术的角度说计算机的价格并不能算是机器的性能指标,但对广大购置计算机的人员来说,却往往是首先要考虑的因素。而计算机的价格是怎么定的呢? 显然它与生产制造计算机的成本有关。所以了解计算机的最后标价是怎样从原料的成本逐步加码而来的很有必要。此外,性能显然与价格也有关系,人们总是希望花费最少的钱而能购置性能最高的机器,这就是计算机的所谓性价比问题。对于任何计算机设计与制造者而言,如何利用各种先进技术来实现高的性价比总是基本的目标。

**1. 机器的成本与价格**

价格和成本是两个不同但又相关的概念:成本并不代表用户购机的价格,它在变成实际价格之前要会经过一系列的变化;价格的上扬会使机器销售市场不景气,导致产量下降,从而使成本增大,而最终致使价格进一步上涨。一般而言,成本每变化 1 000 美元,价格将会变化 3 000~4 000 美元,且价格又是一个时间的函数。下面参照图 2.3 来说明从原料成本到最终标价的演变过程(以工作站为例)。① 原料成本:它是指一件产品中所有零部件的采购成本总和,是价格中最基本、明显的部分。② 直接成本:它是指与一件产品生产直接相关的成本,包括劳务成本、采购成本(运输、包装等)、剩余零头和产品质量成本(人员培训、生产过程管理)等,直接成本通常在原料成本上增加 20%~40%。③ 毛利:它主要包括公司的研发费、市场建立费、销售费、生产设备维护费、房租、贷款利息、付税前利润和税务费等,原料成本、直接成本和毛利相加就得到平均销售价格,而毛利一般占其 20%~55%。④ 折扣:它是产品在零售商店销售时,商店所获取的利润,它加上平均销售价格就是机器价目单的标价,而折扣通常占标价的 20%~50%,平均销售价格只能达到标价的50%~75%。

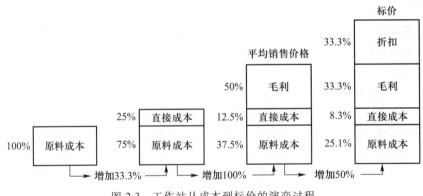

图 2.3 工作站从成本到标价的演变过程

在美国,大部分公司只将收入的 4%(微机产业)~12%(高端计算机产业)投入研发,它不会轻易随时间变化。并行机一般投入研发的资金会更大。由于并行机销售情况不如微机、工作站等,所以它的毛利就比较高,因此价格也就更高。并行计算机销售量不大而又需要很高的研发费用,这就使得并行机的价格/成本比总是比微机、工作站、小型机等要高。

**2. 机器的性价比**

高的性价比是计算机设计者和使用者一致的目标。性价比可定义为速度/价格,指用单位代价(通常以百万美元表示)所获取的性能(通常以万亿次浮点运算每秒 TFLOPS 表示)。例如,每百万元能获取的浮点运算速度(以 TFLOPS 计)是多少。高的性价比就意味着是成本有效的。而成本有效性可用利用率来指示。利用率可定义为可达到的速度与峰值速度之比。较高的利用率对应着每美元能获得的浮点运算速度(以 TFLOPS 计)更大。

(1)性价比。近代计算机的设计者非常注意提高机器的性价比。例如,由于工作站机群 COW 的设计采用了 COTS(商用部件法),使得其性价比要比 PVP 和 MPP 等高得多。一般一台超级计算机或大规模并行机都很昂贵(费用常为几百万元、几千万元),而一台高性能的工作站相对便宜(费用仅为几万元或十几万元)。一个 COW 系统从浮点运算能力来看,虽然每台的浮点运算速度为几十亿次浮点运算每秒到几百亿次浮点运算每秒,但一群工作站的总体运算性能可高达万亿次浮点运算每秒(TFLOPS)量级,能接近一些超级计算机的性能,但价格却低了很多。Berkeley NOW(Network of Workstations)研究小组曾将两台并行机(16 个处理器的 Cray C90 PVP 和 256 个节点的 Intel Paragon)与由 256 个 RS/6000 工作站组成的 4 种 NOW 系统的性价比进行了比较,针对大气层化学应用问题,程序由并行求解常微分方程(ordinary differential equation,ODE)、通信传输和 I/O 操作三大步组成,其结果列于表 2.3 中。如果只使用以太网和 PVM 经 TCP/IP 通信,那么此系统比 C90 慢 1 000 倍,而性价比也低 138 倍。但是如果代之以高带宽的 ATM 开关,再使用主动消息来加速通信,则改进后的机群系统要快于 C90,而性价比却高了 7 倍。

表 2.3  C90、Paragon 和 4 种 NOW 系统的性能比较一览表

| 待比较系统 | ODE/s | 通信传输/s | I/O 操作/s | 总时间/s | 成本/百万美元 | 性价比/(MFLOPS/百万美元) |
|---|---|---|---|---|---|---|
| Cray C90 | 7 | 4 | 16 | 27 | 30 | 44 |
| Intel Paragon | 12 | 24 | 10 | 46 | 10 | 78 |

续表

| 待比较系统 | ODE/s | 通信传输/s | I/O 操作/s | 总时间/s | 成本/百万美元 | 性价比/(MFLOPS/百万美元) |
|---|---|---|---|---|---|---|
| NOW | 4 | 23 340 | 4 030 | 27 347 | 4 | 0.32 |
| NOW+ATM | 4 | 192 | 2 015 | 2 211 | 5 | 3.3 |
| NOW+PIO+ATM | 4 | 192 | 10 | 205 | 5 | 35 |
| NOW+ATM+PIO+AM | 4 | 8 | 10 | 21 | 5 | 342 |

（2）利用率和成本有效性。已如上述,利用率可定义为实际可达速度与理论峰值速度之比。如果用成本来衡量,则利用率对应于 GFLOPS/美元。低的利用率总是指明程序或是编译器很差。经验数据是,执行在单处理器 MPP 上的顺序应用程序,其利用率为 5%~40%,典型的为 8%~25%;而执行在多个处理器 MPP 上的并行应用程序,其应用率为 1%~35%,典型的为 4%~20%。所以,一般认为,执行在单节点上的顺序应用程序的利用率总是高于并行应用程序,因为后者伴有通信、等待等额外开销。但也有例外,例如在超过 4 节点 Paragon 上的并行 APT（adaptive processing testbed）程序可达到最高的利用率,而在单节点上则不然。

尽管高的性价比意味着是成本有效的,但成本有效性的度量不应与性价比相混淆,性价比被定义为速度与实价之比。图 2.4 示出了 1995 年在不同的计算机运行 NAS 基准测试程序（见第 2.4 节）所获得的性价比。尽管"峰值速度/（GFLOPS/百万美元）"的性价比波动较大,但"持续速度/（GFLOPS /百万美元）"的性价比却集中在 1 GFLOPS /百万美元。

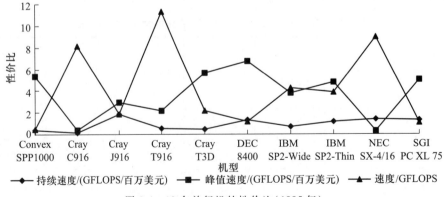

图 2.4   10 台并行机的性价比（1995 年）

## 2.3 算法级性能评测

本节从并行算法的角度讨论并行系统的有关性能,主要包括加速比性能定律和可扩放性评测标准。它们也可以评测并行程序的性能。

### 2.3.1 加速比性能定律

简单地讲,并行系统的加速(比)是指对于一个给定的应用,并行算法(或并行程序)的执行速度相对于串行算法(或串行程序)的执行速度加快了多少倍。本节将要讨论三种加速比性能定律:适用于固定计算负载的 Amdahl 定律;适用于可扩放问题的 Gustafson 定律和受限于存储器的 Sun-Ni 定律。为了以下讨论方便,兹定义如下参数:令 $P$ 是并行系统中处理器数;$W$ 是问题规模(下文中也常称为计算负载、工作负载,它定义为给定问题的总计算量),$W_s$ 是应用程序中的串行分量,$W$ 中可并行化部分为 $W_p$(显然 $W_s + W_p = W$);$f$ 是串行分量比例($f = W_s/W$, $W_s = W_1$),$1-f$ 为并行分量比例,显然 $f + (1-f) = 1$;$T_s = T_1$ 为串行执行时间,$T_p$ 为并行执行时间;$S$ 为加速(比),$E$ 为效率。

#### 1. Amdahl 定律

Amdahl(阿姆达尔)定律的基本出发点是:① 对于很多科学计算,实时性要求很高,即在此类应用中时间是个关键因素,而计算负载是固定不变的。为此在一定的计算负载下,为实现实时性要求可利用增加处理器数来提高计算速度;② 因为固定的计算负载是可分布在多个处理器上的,因此增加处理器就可提高执行速度,从而达到加速的目的。在此意义下,1967 年 Amdahl 推导出了如下固定负载的加速公式:

$$S = \frac{W_s + W_p}{W_s + W_p/P} \tag{2.19}$$

为了归一化,$W_s + W_p$ 可相应地表示为 $f + (1-f)$,所以有

$$S = \frac{f + (1-f)}{f + \dfrac{1-f}{P}} = \frac{P}{1 + f(P-1)} \tag{2.20}$$

当 $P \to \infty$ 时,式(2.20)极限为

$$S = 1/f \tag{2.21}$$

这就是著名的 Amdahl 定律,它意味着即使处理器数目无限增大,并行系统所能达到的加速上限为 $1/f$,此结论在历史上曾对并行系统的发展起到了悲观的作用。

Amdahl 定律的几何意义可清楚地表示在图 2.5 中。

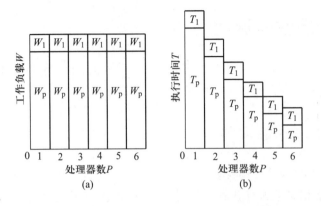

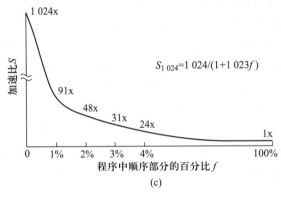

$$S_{1\,024}=1\,024/(1+1\,023f)$$

图 2.5　Amdahl 定律

实际上并行加速不仅受限于程序的串行分量,而且也受并行程序运行时额外开销的影响。令 $W_o$ 为额外开销,则式(2.19)应修改为

$$S = \frac{W_s+W_p}{W_s+\dfrac{W_p}{P}+W_o} = \frac{W}{fW+\dfrac{W(1-f)}{P}+W_o} = \frac{P}{1+f(P-1)+W_oP/W} \tag{2.22}$$

当 $P\to\infty$ 时,式(2.22)变为

$$S = \frac{1}{f+W_o/W} \tag{2.23}$$

可见,串行分量越大和并行额外开销越大,则加速越小。

**2. Gustafson 定律**

Gustafson(古斯塔夫森)定律的基本出发点是:① 对于很多大型计算,精度要求很高,即在此类应用中精度是个关键因素,而计算时间是固定不变的。此时为了提高精度,必须加大计算量,相应地亦必须增多处理器数才能维持时间不变;② 除非学术研究,在实际应用中没有必要固定工作负载,而计算程序运行在不同数目的处理器上,增多处理器必须相应地增大问题规模,这才有实际意义。按此意义,1988 年 Gustafson 给出如下放大问题规模的加速公式:

$$S' = \frac{W_s + PW_p}{W_s + PW_p/P} = \frac{W_s + PW_p}{W_s + W_p} \tag{2.24}$$

归一化后可得

$$S' = f + P(1-f) = P + f(1-P) = P - f(P-1) \tag{2.25}$$

当 $P$ 充分大时,$S'$ 与 $P$ 几乎呈线性关系,其斜率为 $1-f$。这就是著名 Gustafson 定律,它意味着随着处理器数目的增多,加速几乎与处理器数成比例地线性增加,串行比例 $f$ 不再是程序的瓶颈,这对并行系统的发展是个非常乐观的结论。Gustafson 定律的几何意义可清楚地表示在图 2.6 中。

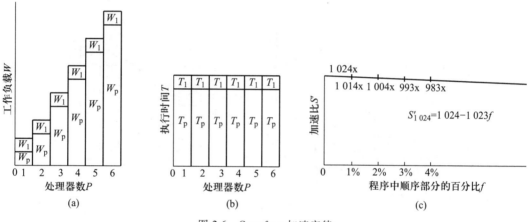

图 2.6 Gustafson 加速定律

同样,当考虑并行程序运行时的额外开销 $W_o$ 时,式(2.24)应修改为

$$S' = \frac{W_s + PW_p}{W_s + W_p + W_o} = \frac{f + P(1-f)}{1 + W_o/W} \tag{2.26}$$

注意,$W_o$ 是 $P$ 的函数,它可能随 $P$ 增大、减小或不变。一般化的 Gustafson 定律欲实现线性加速必须使 $W_o$ 随 $P$ 减小,但这常常是困难的。

**3. Sun – Ni 定律**

Sun Xianhe 和 Lionel Ni 于 1990 年将 Amdahl 定律和 Gustafson 定律一般化,提出了存储受限的加速定律,即 Sun-Ni 定律,也称孙倪定律。其基本思想是只要存储空间许可,应尽量增大问题规模以产生更好和更精确的解(此时可能使执行时间略有增加)。换句话说,假若有足够的存储容量,并且规模可扩放的问题满足 Gustafson 定律规定的时间要求,那么就有可能进一步增大问题规模来求得更好或更精确的解。

给定一个存储受限问题,假定在单节点上使用了全部存储容量 $M$ 并在相应于 $W$ 的时间内求解,此时工作负载 $W=fW+(1-f)W$。在 $P$ 个节点的并行系统上,能够求解较大规模的问题是因为存储容量可增加到 $PM$。令因子 $G(P)$ 反映存储容量增加到 $P$ 倍时工作负载的增加量,所以扩大后的工作负载 $W=fW+(1-f)G(P)W$。对照式(2.24),存储受限的加速公式相应为

$$S''=\frac{fW+(1-f)G(P)W}{fW+(1-f)G(P)W/P} \tag{2.27}$$

归一化后可得

$$S''=\frac{f+(1-f)G(P)}{f+(1-f)G(P)/P} \tag{2.28}$$

Sun-Ni 定律的几何意义可清楚地表示在图 2.7 中。

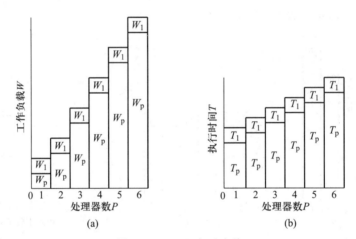

图 2.7    Sun-Ni 加速定律

同样,当考虑并行程序运行时的额外开销 $W_o$ 时,式(2.27)和式(2.28)可修改为

$$S''=\frac{fW+(1-f)WG(P)}{fW+(1-f)G(P)W/P+W_o}=\frac{f+(1-f)G(P)}{f+(1-f)G(P)/P+W_o/W} \tag{2.29}$$

由式(2.28)可知,当 $G(P)=1$ 时,它变为 $\dfrac{1}{f+(1-f)/P}$,这就是 Amdahl 定律[式(2.20)];当 $G(P)=P$ 时,它变为 $f+P(1-f)$,这就是 Gustafson 定律[式(2.25)];当 $G(P)>P$ 时,它相应于计算机负载比存储要求增加得快,此时 Sun-Ni 加速比 Amdahl 加速和 Gustafson 加速都要高。

### 4. 有关加速的讨论

在实际应用中,可供参考的加速经验公式是

$$P/\log P \leqslant S \leqslant P \tag{2.30}$$

可达线性加速的应用问题诸如矩阵相加、内积运算等,此类问题几乎没有通信开销;对于分治类的应用问题,它类似于二叉树,树的同级可并行执行,但向根逐级推进时,并行度将逐渐减少,此类问题可望达到 $P/\log P$ 加速;对于通信密集类的应用问题,其加速经验公式可参考

$$S = 1/C\ (P) \tag{2.31}$$

其中,$C(P)$ 是 $P$ 个处理器的某一通信函数,或为线性的或为对数的。

严格的线性加速是难以实现的,更何况超线性加速(superlinear speedup)。但在某些算法或程序中,可能会出现超线性加速现象。例如,在某些并行搜索算法中,允许不同的处理器在不同的分支方向上同时搜索,当某一处理器一旦迅速地找到了解,它就向其余的处理器发出终止搜索的信号,这就会提前取消那些在串行算法中所做的无谓的搜索分支,从而出现超线性加速现象。又如,在绝大多数并行机中,每个处理器均有少量的高速缓存,当某一问题执行在大量的处理器上,而其大多数据均放在高速缓存中时,总的计算时间趋于减少,如果由于这种高速缓存效应所造成的计算时间下降补偿了由于通信等所造成的额外开销时间,则有可能造成超线性加速现象。

最后值得指出的是,加速的含义对科学研究者和工程实用者可能有所不同:前者乐于使用绝对加速(absolute speedup)的定义,即对于给定的问题,最佳串行算法所用的时间除以同一问题其并行算法所用的时间;后者乐于使用相对加速(relative speedup)的定义,即对于给定的问题,同一算法在单处理器上运行的时间除以在多个处理器上运行的时间。显然相对加速的定义是较宽松和实际的。

## 2.3.2 可扩放性评测标准

评价并行计算性能的指标,除了上节所介绍的加速比以外,并行计算的可扩放性也是主要性能指标之一。可扩放性最简朴的含义是在确定的应用背景下,计算机系统、算法或程序等性能随处理器数的增加而按比例提高的能力。现今它已成为并行处理中一个重要的研究问题,被越来越广泛地用来描述并行算法(并行程序)能否有效利用可扩充的处理器数的能力。

**1. 并行计算的可扩放性**

由前面介绍的三种加速定律可知,增加处理器和求解问题的规模都可能提高加速比,而影响加速的因素有:① 求解问题中的串行分量,② 并行处理所引起的额外开销(通信、等待、竞争、冗余操作和同步等),③ 增加的处理器数超过了算法中的并发程度。增加问题的规模有利于提高加速的因素是:① 较大的问题规模可提供较高的并发度,② 额外开销的增加可能慢于有效计算的增加,③ 算法中的串行分量比例不是固定不变的(串行部分所占的比例随着问题规模的增大而缩小)。一般情况下,

增加处理器数是会增大额外开销和降低处理器利用率的,所以对于一个特定的并行系统、并行算法或并行程序,它们有效利用不断增加的处理器的能力是受限的,而度量这种能力就是可扩放性这一指标。

按照 Webster 字典给出的定义,Scalability is the ability to scale, i.e., the ability to adjust according to a proportion,可扩放性涉及调整什么和按什么比例调整两方面的问题。对于并行计算而言,要调整的是处理数 $P$ 和问题规模 $W$,两者可按不同比例进行调整,此比例关系(可能是线性的、多项式的或指数的等)就反映了可扩放的程度。

当研究可扩放性时,总是将并行算法和体系结构一并考虑,也就是说可扩放性应该是算法和结构的组合。所以当谈论算法的可扩放性时,实际上是指该算法针对某一特定机器结构的可扩放性;同样当谈论体系结构的可扩放性时,实际上是指运行于该体系结构的机器上的某一个(或某一类)并行算法的可扩放性。

研究可扩放性的主要目的是:① 确定解决某类问题用何种并行算法与何种并行机体系结构的组合,可以有效地利用大量的处理器;② 对于运行于某种体系结构的并行机上的某种算法被移植到大规模处理机上后运行的性能;③ 对固定的问题规模,确定在某类并行机上最优的处理器数与可获得的最大加速比;④ 用于指导改进并行算法和并行机体系结构,以使并行算法尽可能地充分利用可扩充的大量处理器。

尽管可扩放性如此重要,并且已被广泛研究,但目前仍无一个公认的、标准的和被普遍接受的严格定义和评判它的标准。下面从不同的角度,介绍三种典型的可扩放性度量标准,即等效率、等速度和平均延迟标准。

**2. 等效率度量标准**

可扩放性的概念是与加速和效率的概念紧密相关的,为此必须先从加速 $S$ 和效率 $E$ 讲起。令 $t_e^i$ 和 $t_o^i$ 分别是并行系统上第 $i$ 个处理器的有用计算时间和额外开销时间(包括通信、同步和空闲等待时间等);所有 $t_e^i$ 之和记之为

$$T_e = \sum_{i=0}^{P-1} t_e^i$$

显然 $T_e$ 也就是前文中的 $T_s$。所有 $t_o^i$ 之和记之为

$$T_o = \sum_{i=0}^{P-1} t_o^i$$

令 $T_P$ 是 $P$ 个处理器系统上并行算法的运行时间,对于任意 $i$,显然有 $T_P = t_e^i + t_o^i$,且

$$T_e + T_o = PT_p \tag{2.32}$$

问题的规模 $W$ 可定义为由最佳串行算法所完成的计算量,也称工作负载或工作量,即 $W = T_e$。所以并行算法的加速和效率可分别定义如下:

$$S = \frac{T_e}{T_P} = \frac{T_e}{\frac{T_e + T_o}{P}} = \frac{P}{1 + \frac{T_o}{T_e}} = \frac{P}{1 + \frac{T_o}{W}} \tag{2.33}$$

$$E = \frac{S}{P} = \frac{1}{1 + \dfrac{T_\text{o}}{T_\text{e}}} = \frac{1}{1 + \dfrac{T_\text{o}}{W}} \tag{2.34}$$

在通常情况下,如果问题规模 $W$ 保持不变(即 $T_\text{e}$ 保持不变),则随着处理器数 $P$ 的增加,开销 $T_\text{o}$ 也会随之增大,根据式(2.34),效率 $E$ 也会相应下降。为了维持效率 $E$ 不变,就要保持 $T_\text{o}/T_\text{e}$ 值不变,故需要在处理器数 $P$ 增大的同时相应地增加问题规模 $W$ 的值(即 $T_\text{e}$ 的值)才有可能抵消由于 $P$ 的增大而导致 $T_\text{o}$ 增大的影响,从而保持效率不变。也就是说,为了维持一定的效率(介于 0 与 1 之间),当处理数 $P$ 增大时,需要相应地增大问题规模 $W$ 的值。由此定义函数 $f_\text{E}(P)$ 为问题规模 $W$ 随处理器数 $P$ 变化的函数,称此函数为等效率函数(iso-efficiency function),它是由 Kumar 等人于1987 年提出的。

按照等效率函数的定义,对于某一并行算法(或并行程序),为了维持运行效率保持不变,随着处理器数目的增加,若只需增加较小的工作量(即问题规模),比如说 $W$ 随 $P$ 呈线性或亚线性增长,则表示该算法具有良好的可扩放性;若需增加非常大的问题规模,比如说 $W$ 随 $P$ 呈指数级增长,则表示该算法是不可扩放的。

图 2.8 给出了三种等效率函数曲线,曲线 1 表示算法具有很好的扩放性,曲线 2 表示算法是可扩放的,曲线 3 表示算法是不可扩放的。

下面使用等效率函数方法来分析超立方网络上的快速傅里叶变换(FFT)算法的可扩放性。

对于 $n$ 点 FFT 算法,假定一个计算单位的成本是 $t_\text{c}$,则 $T_\text{e} = W = t_\text{c} n \log n$。假定使用 $P = 2^d$ 个处理器进行计算,则每个处理器计算 $n/P$ 个值。因为在并行计算 FFT 时,最多只能使用 $n$ 个处理器(否则多余的处理器

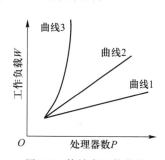

图 2.8  等效率函数曲线

无事可做),所以等效率函数的下界为 $\Omega(P\log P)$,它是算法固有并行度的函数,与并行结构无关。

利用式(2.34)计算等效率函数时,关键是如何计算 $T_\text{o}$。在计算 FFT 时,$T_\text{o}$ 主要来源于两个处理器之间的通信。从一个处理器发送一条消息至另一个处理器所涉及的开销包括:① 通信建立时间 $t_\text{s}$,它与消息长短和所走过的距离无关;② 跨步延迟 $t_\text{h}$,它等于相邻两计算节点之间一个单位消息的延迟时间(不包括 $t_\text{s}$);③ 每个字节占用时间 $t_\text{b}$,它等于通信带宽(单位 Bps)的倒数,所以一条长为 $m$ 的消息,从源到目的其间经由 $l$ 个跨步点时的通信开销为 $t_\text{s} + (t_\text{b}m + t_\text{h})l$。令 $l_j$ 是第 $j$ 次迭代计算时两通信处理器之间的海明距离,且假定它们等长;假定不同消息选路时互不重叠。因为每个处理器包含有 $n/P$ 个数据,所有总的通信销 $T_\text{o}$ 为

$$T_\text{o} = P \sum_{j=0}^{d-1} [t_\text{s} + (t_\text{h} + t_\text{b}n/P) l_j] \tag{2.35}$$

在超立方网络中,所有成对通信的处理器之间的距离恒为 1,所以式(2.35)变为

$$T_{\mathrm{o}} = P \sum_{j=0}^{\log P - 1} (t_{\mathrm{s}} + t_{\mathrm{h}} + t_{\mathrm{b}} n/P) = (t_{\mathrm{h}} + t_{\mathrm{s}}) P \log P + t_{\mathrm{b}} n \log P \qquad (2.36)$$

当 $P$ 增加时,为了维持 $E$ 在某一值,$n$ 亦必须增加使得 $T_{\mathrm{e}} = kT_{\mathrm{o}}$,即

$$t_{\mathrm{c}} n \log n = k \left[ (t_{\mathrm{h}} + t_{\mathrm{s}}) P \log P + t_{\mathrm{b}} n \log P \right] \qquad (2.37)$$

其中 $k = E/(1-E)$。由于 $n \log P \gg P \log P$,所以式(2.37)中第二项为主项,即可考虑 $t_{\mathrm{c}} n \log n = k t_{\mathrm{b}} n \log P$ 之情况,经过简单代数变换,则得

$$n = P^{k t_{\mathrm{b}}/t_{\mathrm{c}}} \qquad (2.38)$$

因为,$W = t_{\mathrm{c}} n \log n$,所以等效率函数 $f_{\mathrm{E}}(P)$ 为

$$W = f_{\mathrm{E}}(P) = k t_{\mathrm{b}} P^{k t_{\mathrm{b}}/t_{\mathrm{c}}} \log P \qquad (2.39)$$

式(2.39)中只要 $k t_{\mathrm{b}}/t_{\mathrm{c}} < 1$,则 $W$ 的增长率是小于 $O(P \log P)$ 的;一旦 $k t_{\mathrm{b}}/t_{\mathrm{c}} > 1$,则等效率函数随着 $k t_{\mathrm{b}}/t_{\mathrm{c}}$ 的增大急剧恶化;当 $t_{\mathrm{b}} = t_{\mathrm{c}}$ 时,若 $k < 1$(即 $E < 0.5$),则 $W = (P \log P)$;若 $k > 1$(即 $E > 0.5$),例如 $E = 0.9$,则 $k = 9$,于是 $W = (P^9 \log P)$。此时的等效率函数要差得多。这说明,如果 $t_{\mathrm{b}} = t_{\mathrm{c}}$,在大的超立方网络上很难得到比 0.5 高得多的效率。

**3. 等速度度量标准**

等效率度量标准最大的优点是,可用简单的、可定量计算的、少量的参数来计算等效率函数,并由其复杂性指明算法的可扩放程度。这对于具有网络互连结构的并行机来说是很合适的,因为已如上一节例子那样,$T_{\mathrm{o}}$ 是可一步一步计算出来的。正是因为这个 $T_{\mathrm{o}}$ 是计算等效率函数的唯一关键参数,所以如果它不能够方便地计算出来,那么等效率函数度量可扩放性的方法就受到了限制。我们知道开销 $T_{\mathrm{o}}$ 通常包括通信、同步、等待等非有效计算时间。不幸的是,在共享存储的并行计算机中,$T_{\mathrm{o}}$ 主要包括非局部访问的读写时间、进程调度时间、存储竞争时间以及高速缓存一致性操作时间等,而这些时间都是难以准确计算的。所以用解析计算的方法来度量可扩放性不应被视为唯一的方法。事实上,两位中国学者 Sun Xianhe 和 Zhang Xiaodong 于 1994 年分别提出了以试验测试为主要手段的两种评测可扩放性的标准,即等速度(iso-speed)和平均延迟(average latency)标准。

大家知道,速度是一个非常重要的机器参数,一般在机器性能指标中都明显地给出,并常以浮点运算每秒(FLOPS)来表明(按照约定的含义,浮点运算数目就是工作负载 $W$)。所以若用速度来度量可扩放性,从原理上讲是更方便的,而等速度方法的基本出发点就在于此。

在并行系统中,提高速度可以使用增加处理器数的方法,如果速度能以处理器数的增加而线性增加(此即意味着平均速度不变),则说明此系统具有很好的扩放性。为此先做如下定义。

令 $P$ 表示处理器个数,$W$ 表示要求解问题的工作量或称问题规模(在此可指浮点操作个数),$T$ 为并行执行时间(有时也记为 $T_{\mathrm{p}}$ 或 $T_{\mathrm{para}}$),则定义并行计算的速度

$V$ 为工作量 $W$ 除以并行时间 $T$:

$$V = W/T \tag{2.40}$$

而 $P$ 个处理器的并行系统的平均速度定义为并行速度 $V$ 除以处理器个数 $P$:

$$\bar{V} = \frac{V}{P} = \frac{W}{PT} \tag{2.41}$$

根据式(2.41),就可定义等速度可扩放度量标准如下:对于运行于并行机上的某个算法,当处理器数目增大时,若增大一定的工作量能维持整个并行系统的平均速度不变,则称该计算是可扩放的。注意,平均速度为常数,即速度与处理器数目呈线性比例增长,也就是说加速比是线性的。

按此定义,令 $W$ 是使用 $P$ 个处理器时算法的工作量,令 $W'$ 表示当处理数从 $P$ 增大到 $P'$ 时,为了保持整个系统的平均速度不变所需执行的工作量,则可得到处理器数从 $P$ 到 $P'$ 时平均速度可扩放度量标准公式:

$$\Psi(P, P') = \frac{W/P}{W'/P'} = \frac{P'W}{PW'} \tag{2.42}$$

用式(2.42)计算出的值介于 0 与 1 之间,值越大表示可扩放性越好。

当平均速度严格保持不变时,即

$$\frac{W}{TP} = \frac{W'}{T'P'}$$

由此可得

$$\frac{P'W}{PW'} = \frac{T}{T'} \tag{2.43}$$

所以,式(2.43)可变为

$$\Psi(P, P') = \frac{T}{T'} \tag{2.44}$$

当 $P = 1$ 时,记 $T = T_1$;当处理器个数为 $P'$ 时,记 $T' = T_p$;相应地记 $P = 1$ 时 $\Psi(1, P')$ 为 $\Psi(P')$,于是有

$$\Psi(P') = \frac{P'W}{W'} = \frac{T_1}{T_p} = \frac{W}{W'/P'} = \frac{\text{解决工作量为 } W \text{ 的问题所需串行时间}}{\text{解决工作量为 } W' \text{ 的问题所需并行时间}} \tag{2.45}$$

式(2.45)给出的可扩放性定义与传统的加速比定义有点类似,其主要差别在于:加速比的定义是保持问题规模不变,而可扩放性定义是保持平均速度不变。如图 2.9 所示,加速比是标志并行处理相对于串行处理所获得性能增加;而如图 2.10 所示,可扩放性是标志从小规模系统到大规模系统所引起的性能衰减。

一般有三种方法可得到等速度可扩放性标准。① 测量法:使用软件方法,即采用控制程序去调用应用程序,找寻所希望的固定的平均速度。② 计算法:首先找出平均速度和执行时间之间的关系,再使用式(2.44)计算。③ 预计法:采用推导一般可扩放性公式来研究可扩放性。

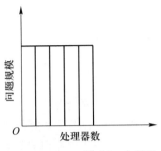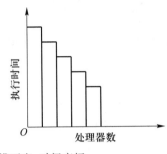

图 2.9 加速比:问题规模不变,时间变短

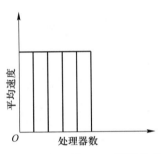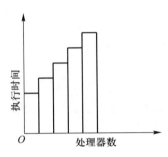

图 2.10 可扩放性:平均速度不变,时间变长

下面只简单介绍第二种方法,结合一组测试数据($\overline{V}$ 和 $T$),借助几何作图法及式 (2.44),最终画出一组等速度可扩放性曲线,具体步骤如下。

① 测量平均速度 $\overline{V}$ 和并行执行时间 $T$。给定某一应用程序,使其运行在 $m_0$ 个处理器的并行机上,固定 $m_0$,改变工作量 $W$ 到 $W'$,测量相应平均速度和运行时间;改变 $m_0$ 到 $m_1$,固定 $m_1$,改变工作量 $W$ 到 $W'$,测量相应平均速度和运行时间;重复之,可绘制出一组如图 2.11 所示的一组曲线。

② 选择参考平均速度 $\overline{V}_{1/2}$,求出不同处理器数的执行时间 $T_i$。令 $\overline{V}_\infty$ 是在单处理机

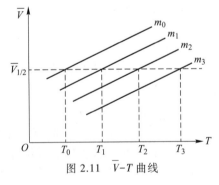

图 2.11 $\overline{V}$-$T$ 曲线

上,$W \to \infty$ 时的渐近平均速度;取其一半 $\frac{1}{2}\overline{V}_\infty$ 作为参考平均速度 $\overline{V}_{1/2}$。在图 2.11 上,过点 $\overline{V}_{1/2}$ 作平行于 $x$ 轴的直线;过该直线与诸曲线的交点,分别作平行于 $y$ 轴的直线,它们与 $x$ 轴的交点就是相应于各处理器的执行时间。

③ 根据式(2.44),计算 $\Psi(P, P')$ 之值,它就是所要求的等速度可扩放性标准。

对于某一应用程序,若取 $\overline{V}_{1/2} = \dfrac{1}{2}\overline{V}_\infty = \dfrac{1}{2}\times 1.7(\text{MFLOPS}) = 0.85(\text{MFLOPS})$,根据图 2.11,可作出如表 2.4 所示的处理器个数与相应执行时间表;当平均速度不变时,根据表 2.4,利用式(2.44),就可计算出如表 2.5 所示的诸 $\Psi(P,P')$ 之值;根据表 2.5,再补充一些数据项,就可作出如表 2.6 所示的上三角阵。

表 2.4　处理器数及其相应执行时间一览表

| 处理器数($\Psi$) | 1 | 2 | 4 | 8 | 16 | 32 | 64 | 128 |
|---|---|---|---|---|---|---|---|---|
| 执行时间($\Psi$) | 0.004 03 | 0.009 13 | 0.013 62 | 0.017 44 | 0.021 44 | 0.025 61 | 0.029 6 | 0.033 38 |

表 2.5　$\Psi(P,P')$ 一览表

| $\Psi(1,2)$ | $\Psi(2,4)$ | $\Psi(4,8)$ | $\Psi(8,16)$ | $\Psi(16,32)$ | $\Psi(32,64)$ | $\Psi(64,128)$ |
|---|---|---|---|---|---|---|
| 0.441 | 0.670 | 0.781 | 0.831 | 0.837 | 0.865 | 0.887 |

表 2.6　$\Psi(P,P')$ 上三角阵

| 处理器数 | 1 | 2 | 4 | 8 | 16 | 32 | 64 | 128 |
|---|---|---|---|---|---|---|---|---|
| 1 | 1.000 | 0.441 | 0.296 | 0.231 | 0.188 | 0.157 | 0.136 | 0.121 |
| 2 | | 1.000 | 0.670 | 0.524 | 0.426 | 0.357 | 0.308 | 0.274 |
| 4 | | | 1.000 | 0.781 | 0.635 | 0.532 | 0.460 | 0.408 |
| 8 | | | | 1.000 | 0.813 | 0.681 | 0.589 | 0.522 |
| 16 | | | | | 1.000 | 0.837 | 0.724 | 0.642 |
| 32 | | | | | | 1.000 | 0.865 | 0.767 |
| 64 | | | | | | | 1.000 | 0.887 |
| 128 | | | | | | | | 1.000 |

④ 根据表 2.6,对其每一行都可作出一条 $\Psi(P')$ 与 $P'$ 的变化曲线,显然增大起始的处理器数可改善系统的可扩放性。图 2.12 示出了 $\Psi(P')$ 与 $P'$ 变化曲线簇,曲线越平坦,可扩放性越好。

### 4. 平均延迟度量标准

等速度度量标准最大优点是,使用机器性能速度指标这一明确的物理量来度量可扩放性是比较直观的。它有一系列优点:① 速度是由工作负载 $W$ 和执行时间 $T$ 决定的,而 $W$ 反映了应用程序的性质,$T$ 反映了结构和程序效率的影响;② 速度是各种结构的机器相互可比较的量;③ 执行时间包含了计算和延迟这两个主要的时间量;④ 速度是比较容易测量的,因为 $W$ 可由所执行的浮点操作数决定。但它也有一些

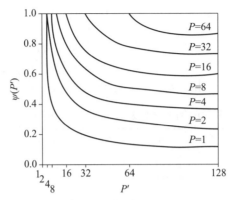

图 2.12　以 $P$ 为参数的 $\Psi(P')$ 与 $P'$ 变化曲线簇

不足:① 仅用浮点操作数作为 $W$ 是不全面的,某些非浮点运算可能造成性能的主要变化;② 延迟虽包含在执行时间中,但它未明确地定义为 $W$ 的函数。实际上,可扩放性测定可以施加于系统和应用的更低层面上,它们能更精确地抓住影响性能的结构因素和程序开销模式。下面将介绍使用测量平均延迟开销的办法来度量可扩放性。为此先做如下定义。

参照图 2.13,令 $T_i$ 为 $P_i$ 的执行时间,它还包括在运行时所招致的延迟 $L_i$,程序运行时还包括启动与停止时间。所以第 $i$ 个处理器 $P_i$ 的总延迟时间为"$L_i$+启动时间+停止时间"。定义系统平均延迟时间 $\overline{L}(W,P)$ 为

$$\overline{L}(W,P) = \sum_{i=1}^{P} (T_{\text{para}} - T_i + L_i)/P \qquad (2.46)$$

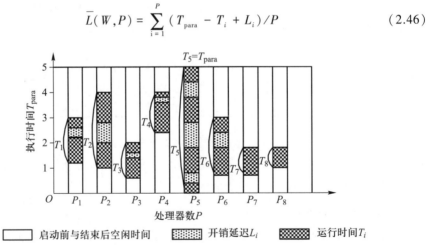

图 2.13　定义平均延迟示意图

因为,$PT_{\text{para}} = T_o + T_{\text{seq}}$($T_{\text{seq}}$ 为串行执行时间,前文中简记之为 $T_s$)和 $T_o = P\overline{L}(W,P)$
所以

$$\overline{L}(W,P) = T_{para} - T_{seq}/P \tag{2.47}$$

对于一个算法-机器组合，令 $\overline{L}(W,P)$ 表示在 $P$ 个处理器上求解工作量为 $W$ 问题的平均延迟；$\overline{L}(W',P')$ 表示在 $P'$ 个处理器上求解工作量为 $W'$ 问题的平均延迟。当处理器数由 $P$ 变到 $P'$，而推持并行执行效率不变，则定义平均延迟可扩放性度量标准为

$$\Phi(E,P,P') = \frac{\overline{L}(W,P)}{\overline{L}(W',P')} \tag{2.48}$$

用式(2.48)计算出的值介于 0 与 1 之间，值越大表示可扩放性越好。

下面，简单介绍一下使用平均延迟度量可扩放性的全过程。

① 给定系统处理器数的变化范围和期望的效率 $E$，按如下流程调整工作量，直到满足所要求的 $E$，最后计算出平均延迟。

② 绘制延迟曲线：对于一个给定的应用问题，指定所要求的效率，变化处理器个数从 $P_1$ 到 $P_i$ 按照图 2.14 流程调整 $W$，就可画出一条曲线；变化不同的 $E$，就可画出一簇曲线。

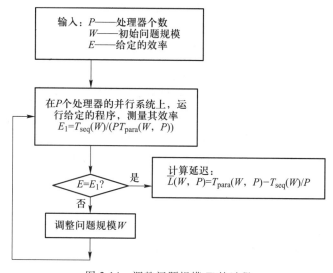

图 2.14　调整问题规模 $W$ 的过程

③ 根据上一步的结果，就可作出 $\overline{L}(W,P)$ 与处理器个数变化关系表；由此按照式(2.48)就可算出 $\Phi(E,P,P')$ 之值；再由这些 $\Phi(E,P,P')$ 就可构筑类似于表 2.6 的 $\Phi(E,P,P')$ 上三角阵。本章参考文献[12]给出了这样的一个上三角阵，它是 5 000 个元素的快排序算法，为了保持 $E = 0.25$，问题规模从在两个处理器上的 $W = 4\,866$ 调整至 32 个处理器上的 $W = 9\,753\,184$，完整的上三角阵如表 2.7 所示，其中

表项值越大,说明可扩放性越好。

表 2.7　$\Phi(0.25, P, P')$ 上三角阵

| 处理器数 | 2 | 4 | 8 | 16 | 24 | 32 |
|---|---|---|---|---|---|---|
| 2 | 1.000 | 0.941 9 | 0.695 7 | 0.220 4 | 0.032 9 | 0.009 0 |
| 4 | | 1.000 0 | 0.667 7 | 0.211 6 | 0.031 6 | 0.008 6 |
| 8 | | | 1.000 0 | 0.316 9 | 0.047 3 | 0.012 9 |
| 16 | | | | 1.000 0 | 0.149 3 | 0.040 8 |
| 24 | | | | | 1.000 0 | 0.273 2 |
| 32 | | | | | | 1.000 0 |

**5. 有关可扩放性标准的讨论**

以上分别介绍了三种典型的可扩放性度量标准:等效率、等速度和平均延迟。等效率度量标准是在保持效率 $E$ 不变的前提下,研究问题规模 $W$ 如何随处理器 $P$ 而变化;等速度度量标准是在保持平均速度不变的前提下,研究处理器 $P$ 增多时应该相应地增加多少工作量 $W$;平均延迟度量标准则是在效率 $E$ 不变的前提下,用平均延迟的比值来标志随着处理器数 $P$ 的增加需要增加的工作量 $W$。三种评判可扩放性的标准的基本出发点都是抓住影响算法可扩放性的基本参数 $T_o$,只是等效率标准是采用解析计算的方法得到 $T_o$;等速度标准是将 $T_o$ 隐含在所测量的执行时间中;而平均延迟标准则是保持效率为恒值时,通过调节 $W$ 与 $P$ 来测量并行和串行执行时间,最终通过平均延迟来反映 $T_o$,所以等速度与平均延迟标准都是辅之以测试手段而得到有关性能参数(如速度与时间等)来评判可扩放性的;而等效率标准是通过解析计算开销参数 $T_o$ 来评判可扩放性的。平均速度 $\overline{V}$ 和平均延迟 $\overline{L}$ 两个物理量的引入,目的近乎一样:若 $\Psi(P, P') = T/T'$ 近乎不变,意即 $T_o$ 随 $P$ 变化很小;若 $\Phi(E, P, P') = \overline{L}/\overline{L}'$ 近乎不变,亦意即 $T_o$ 随 $P$ 变化很小。事实上,三种度量可扩放性的标准是彼此等效的,这可简单推导如下。

由于运行在 $P$ 个处理器上的工作量为 $W$ 的程序串行时间为 $Wt_c$,并行执行时间为 $T$,其效率 $E = \dfrac{Wt_c}{P\,T}$,而程序的平均速度 $\overline{V} = \dfrac{W}{PT}$,所以 $E = \overline{V}t_c$,其中 $t_c$ 为常数。这表明等效率与等速度两种度量可扩放性的标准在物理意义上是一致的。

由于平均速度 $\overline{V} = \dfrac{W}{PT}$,$PT = T_o + T_{\text{seq}}$,而 $T_o = P\,\overline{L}(W, P)$ 且 $T_{\text{seq}} = Wt_c$,所以

$$\overline{V} = \frac{W}{PT} = \frac{W}{T_o + T_{\text{seq}}} = \frac{W}{P\,\overline{L}(W, P) + Wt_c} = \frac{W/P}{\overline{L}(W, P) + Wt_c/P}$$

由此可推导出

$$\overline{L}(W,P)=\frac{W}{P}\left(\frac{1}{\overline{V}}-t_{\mathrm{c}}\right)$$

当 $\overline{V}$ 保持不变 时, $\frac{1}{\overline{V}}-t_{\mathrm{c}}$ 为常数,所以

$$\frac{\overline{L}(W,P)}{\overline{L}(W',P')}=\frac{W/P}{W'/P'}=\frac{P'W}{PW'} \qquad (2.49)$$

根据式(2.42)和式(2.48),式(2.49)表明从等速度度量标准可以导出平均延迟度量标准,两者是完全一致的。

最后要说的是,既然等速度和平均延迟两个可扩放性评测标准都是立足于测量的办法,那么就要为此提供一套测试手段、工具、环境,以搜集、测量、分析有关数据并显示可扩放性性能。

## 2.4 程序级性能评测

基准测试程序用于测试和预测计算机系统的性能,揭示不同结构机器的长处和短处,为用户决定购买或使用哪种机器最适合他们的应用要求提供决策依据。基准测试程序试图提供一个客观、公正的评价机器性能的标准。但真正做到完全公正并非易事,涉及的因素很多,包括硬件、体系结构、编译优化、编程环境、测试条件、解题算法等。一组标准的测试程序要提供一组控制测试条件和步骤的规则说明,包括测试平台环境、输入数据、输出结果和性能指标等。

本节首先简单介绍一下基准测试程序的分类;然后选择其中一些常用的、有代表性的基准测试程序加以介绍:包括核心测试程序(如 LINPACK、LAPACK、ScaLA-PACK 等),综合测试程序(如 Whestone、Dhrystone 等),应用测试程序(SPEC 等),并行测试程序(如 NPB、Splash、PARSEC 等)和事务类测试程序(如 TPC-C、D、E,等)。

### 2.4.1 基准测试程序的分类

不同的基准测试程序,侧重目的也有所不同,有的着重测试 CPU 性能,有的着重测试文件服务器性能,有的着重测试 I/O 界面特性,有的着重测试网络通信性能等。目前常用的测试程序按测试的准确性由高至低可分为以下四类。① 真实程序:通过运行实际应用程序,例如 C 语言的各种编译程序、Tex 文本处理软件、CAD 设计工具 Spice 等,即使用户对计算机的性能测试不懂,他也可以清楚地知道计算机的性能。

② 核心程序:它是从实际程序中抽取少量但很关键的代码段,并以此来评估程序性能。例如 Livermore 24 loops(24 个循环段)和 LINPACK(解线性方程组)便是典型的代表。用户一般不会直接使用它们,因为这些代码段的执行直接影响了程序的总响应时间且它们的功能仅仅是为了用户测试机器性能。但根据它们所测试的结果可以解释在运行真实程序时机器性能的不同。③ 小测试程序:这些测试程序的代码长度一般在 100 行之内,用户可以根据自己的目的随时编写一些小段程序,并按已预知的输出结果(如皇后问题、排序问题、求素数等)来判断机器的性能。这种测试程序具有短小,易输入、分析和通用的特点,所以最适合做一些基本测试。④ 综合测试程序:它是首先对大量的应用程序中的操作进行统计,得到各种操作比例,再以此比例人为制造出测试程序。例如 Whetstone 和 Dhrystone 是最流行的综合测试程序。在操作类型和操作数类型两个方面,综合测试程序试图保持与大量程序中的比例一致。综合测试程序有点类似于核心测试程序,其不同点是,前者完全是人为编制的,而后者是从真实程序中抽取出来的。

上面是按测试程序的生成方式分类的。测试程序也可按应用分为科学计算、商业应用、网络服务、多媒体应用、信息处理等类。如果按照测试程序性质与功能,则它可按表 2.8 所示简单地分为宏观测试程序(macro-benchmark)和微观测试程序(micro-benchmark)两大类。前者将计算机系统作为一个整体来测试其性能,它相对于某一应用类来比较不同的计算机系统,所以对机器买主很有用,但它不能揭示计算机系统性能好坏的原因。后者是测试机器的某一特定方面的性质,如 CPU 速度、存储器速度、I/O 速度、OS 性能、网络特性等。

表 2.8 有代表性的宏观与微观测试程序一览表

| 类型 | 名称 | 意义用途 |
| --- | --- | --- |
| 宏观测试程序 | NPB | 并行计算 CFD |
| | Parboil | 面向吞吐量计算 |
| | SPEC | 混合基准测试程序 |
| | Splash | 并行计算 |
| | SparkBench | 大数据处理 |
| | TPC | 商业应用 |
| 微观测试程序 | LINPACK | 数值计算(线性代数) |
| | LMBECH | 系统调用和数据移动(UNIX) |
| | STREAM | 存储器带宽 |

目前渐趋普及的测试程序生成方法是,选择一组各个方面有代表性的测试程序组成一个通用测试程序集合,称为测试程序组件(benchmark suites),其优点是可避

免各独立测试程序存在的片面性,尽可能全面地测试机器系统的性能。目前最常见的测试组件有 SPEC CPU 2017,包含 SPECspeed 2017 和 SPECrate 2017,分别测试系统的响应时间和吞吐量,每种又分为定点数和浮点数的测试组件。测试程序组件所产生的测试结果比较全面,对计算机系统的设计和评价具有比较大的指导意义且比较准确。

## 2.4.2 基本基准测试程序

### 1. Whetstone 测试程序

Whetstone 是为比较不同的计算机浮点性能而设计的综合性基准测试程序,最早用 ALGOL 60 写成,后用 FORTRAN 改写。这是从英国国立物理实验室 1970 年时常用的数值计算程序中抽取出最频繁使用的、有代表性的程序段。这些程序段语句被转换为 Whetstone 虚拟计算机的指令,因而得名 Whetstone 基准程序。此基准程序既包括整数运算,又包括浮点运算,涉及数组下标索引、子程序调用、参数传递、条件转移和三角/超越函数等,使用系统所完成的 KWhetstone/s 数来度量。

### 2. Dhrystone 测试程序

Dhrystone 是主要为测试整数与逻辑运算性能而设计的综合型基准测试程序,用 Ada、C 和 Pascal 写成,是一种 CPU 密集(CPU-intensive)型测试程序,由很多整型语句与逻辑语句的小循环形成。它使用系统所完成的 KDhrystone/s 数来度量(注意 VAX-11/780 的性能为 1.7 KDhrystone/s,而 VAX-11/780 通常定义为 1 MIPS 性能标准)。

人们对 Whetstone 和 Dhrystone 这两个综合性基准程序的批评是,它们不能预测用户程序性能,这些基准程序的主要缺点是对编译程序比较敏感。目前已基本不再使用。

### 3. LINPACK 测试程序

自 20 世纪 70 年代中期以来,国际上曾开发过一批基于 FORTRAN 语言的求解线性代数方程组的子程序,于 1979 年正式发布了 LINPACK 包。因为线性代数方程组在各个领域中应用甚广,所以该软件包就自然地成为测试各种机器性能的基准测试程序。LINPACK 包括 LINPACK100、LINPACK1000 和 HPL。LINPACK100 和 LINPACK1000 测试的基准分别是用全精度 64 位字长的子程序求解 100 阶和 1 000 阶线性方程组的速度,测试的结果以 GFLOPS(十亿次浮点运算每秒)作单位给出。HPL 是针对现代并行计算机提出的测试方式。用户在不修改任意测试程序的基础上,可以调节问题规模大小 $N$(矩阵大小)、使用的 CPU 数目、使用各种优化方法等来执行该测试程序,以获取最佳的性能。在 TOP500 网站上每半年会发布一次用 LINPACK 测试程序测得的世界前 500 强高性能计算机的榜单。

表 2.9 给出了 2017 年 11 月世界上前 5 强计算机用 LINPACK 所测试的性能,其中 $R_{max}$ 是可达最高持续速度,$R_{peak}$ 为峰值速度,$N_{max}$ 为可求解的矩阵阶数。

表 2.9    2017 年 11 月世界前 5 强机器的 LINPACK 测试性能一览表

| 机器名称 | 核数 | $R_{max}$/PFLOPS | $N_{max}$(阶数) | $R_{peak}$/PFLOPS | Power/MW |
|---|---|---|---|---|---|
| Sunway TiahuLight | 10 649 600 | 93 | 12 288 000 | 125.4 | 15.3 |
| Tiahhe-2(Milkway-2) | 3 120 000 | 33.9 | 9 960 000 | 54.9 | 17.8 |
| Piz Daint | 361 760 | 19.6 | 3 569 664 | 25.3 | 2.3 |
| Gyoukou | 19 860 000 | 19.1 | 5 952 000 | 28.2 | 1.4 |
| Titan | 560 640 | 17.6 |  | 27.1 | 8.2 |

#### 4. LAPACK 测试程序

尽管 LINPACK 作为测试程序现在仍很有生命力,但作为实际求解线性代数问题的软件包已经落伍了。所以 1992 年推出了代替 LINPACK 及 EISPACK(特征值软件包)的 LAPACK,它使用了数值线性代数中最新、最精确的算法,同时采用了将大型矩阵分解成小块矩阵的方法,从而可有效地使用存储器。LAPACK 是建立在 BLAS1、BLAS2 和 BLS3 基础上的,其中 BLS2 执行矩阵-向量运算,BLS3 执行矩阵-矩阵运算。

#### 5. ScaLAPACK 测试程序

ScaLAPACK 是 LAPACK 的增强版,主要为可扩放的、分布存储的并行计算机而设计的。ScaLAPACK 支持稠密和带状矩阵上各类操作,诸如乘法、转置和分解等。在国际上,ScaLAPACK 例程可以加入多个并行算法,并且可根据数据分布、问题规模和机器大小选择这些算法,然而用户却不必关心这些细节。

#### 6. LMBENCH 测试程序

LMBENCH 是一种用于测试不同 UNIX 平台上 OS 开销以及处理器、高速缓存、主存、网络和磁盘之间数据传输能力的可移植的基准测试程序,它虽简单,但对识别性能瓶颈和系统设计却甚为有用。表 2.10 给出了 McVoy 等所报告的 3 个计算机系统用 LMBENCH 所测试的性能。

表 2.10    由 LMBENCH 测得的带宽、延迟和系统开销一览表

| 属性 | | Intel Alder | Sun Ultra | IBM 990 |
|---|---|---|---|---|
| 带宽/MBps | 存储器复制 | 52 | 85 | 242 |
| | 文件读 | 52 | 85 | 187 |
| | 管道(pipe) | 38 | 61 | 84 |
| | TCP | 20 | 51 | 10 |

续表

| 属性 | | Intel Alder | Sun Ultra | IBM 990 |
|---|---|---|---|---|
| 延迟/μs | 存储器读 | 0.28 | 0.27 | 0.26 |
| | 文件生成 | 23 809 | 18 181 | 13 333 |
| | 管道 | 101 | 62 | 91 |
| | TCP | 305 | 162 | 332 |
| 系统开销/μs | 空系统调用 | 7 | 5 | 16 |
| | 进程生成 | 4 500 | 3 700 | 1 200 |
| | 现场交换 | 36 | 14 | 13 |

**7. STREAM 测试程序**

STREAM 是业界广为流行的综合性内存带宽实际性能测量工具之一。此测试程序测试可持续的存储带宽(MBps)及其相应的计算速率。它迭代地执行 4 种向量操作,如 $a(i)=b(i)$,$a(i)=q{\times}b(i)$,$a(i)=b(i)+c(i)$,$a(i)=b(i)+q{\times}c(i)$,其中向量 $a$、$b$、$c$ 都是具有 200 万个元素的数组,每个元素是一个 8 字节的字。存储器的读和写操作都包含着计算带宽。

## 2.4.3 并行基准测试程序

目前已有一些可供使用的并行计算测试程序(组件),例如,斯坦福大学开发的用于数值计算的基准测试程序 Splash/Splash-2,它们已被广泛地用来评测分布式共享计算机;普林斯顿大学开发的 PARSEC 测试程序包,它面向多核处理器评测共享存储系统的性能;伊利诺伊大学开发的 PARBOIL 测试程序组件,用来评测面向吞吐量的计算系统的性能;弗吉尼亚大学开发的 Rodinia 测试程序,可用于测试包含加速器的异构系统的性能;IBM 的 SparkBench 用于评价云计算及大数据环境下的 Spark组件性能;HiBench 用于评测并行文件系统 Hadoop 文件系统的性能。以下将简单讨论 4 种并行测试程序:NPB、PARSEC、Parboil 和 SparkBench。

**1. NPB 测试程序**

NPB 是 1991 年美国 NAS(Numerical Aerodynamic Simulation)项目所发的并行测试程序,其目的是为了比较各种并行机性能,有时也简称为 NPB(NAS parallel benchmark)并行测试程序。最早的 NPB1 由 8 个程序组成,包括 5 个核心程序和 3 个模拟程序,测试范围从整数排序到复杂的数值计算。测试结果以单处理器的 Cray Y-MP/1 为单位(Class A)或 Cray C90/1 为单位(Class B)做比较。

NPB1 的 5 个核心程序包括:① EP(embarrassingly parallel),用于计算高斯伪随

机数,因为它几乎不要求处理器之间相互通信,所以很适合于并行计算,而所测得的结果往往可以作为一个特定并行系统浮点计算性能可能达到的上限;② MG(multi-grid),用 4 个 V 循环多重网格算法求解三维泊松方程的离散周期近似解;③ CG (conjugate gradient):用于求解大型稀疏对称正定矩阵的最小特征的近似值,它表征了非结构风格计算和非规整远程通信计算类问题;④ FT(fast Fourier transform):用于求解基于 FFT 谱分析法的三维偏微分方程,它也要求远程通信;⑤ IS (integer sort):用于基于桶排序的二维大整数排序,它要求大量的全交换通信。NPB1 的 3 个模拟程序为:① LU(lower upper triangular),用于基于对称超松弛法求解块稀疏方程组;② SP(scalar penta-diagonal),用于求解五对角线方程组;③ BT(block tri-diagonal),用于求解三对角线方程组。

NPB 测试程序后来被进一步扩展到包括非结构化的自适应网格程序、并行 I/O、多区域程序和计算格点程序。NPB 中的问题大小是预定义的,并被分为不同类别。NPB 的参考实现包括 MPI 和 OpenMP(NPB2 和 NPB3)。

**2. PARSEC 测试程序**

PARSEC (The Princeton application repository for shared-memory computers)是普林斯顿大学开发的一个多线程应用程序组成的测试程序集。该程序集面向当前普遍采用的多核处理器,并选取运行在片上多核系统中有代表意义的共享内存应用程序。近十年以来片上多核处理器已经成为通用处理器的主流。这一转变带来了巨大的效应:短期内,如果不改变底层代码,显著的性能提升是无法实现的。因此应用程序必须做出重大改变——并行化。目前,由于并行程序开发和调试很困难,软件开发者还没有完全转去开发并行应用程序,这使得计算机体系结构设计人员缺乏具体的未来应用实例,无法进一步设计新的、高效的处理器。PARSEC 的目的就是让未来的应用程序在当前成为现实,即 PARSEC 中的应用程序代表了未来的应用程序的主流,为计算机架构师和芯片设计者提供应用依据,方便其进一步开发、设计处理器。PARSEC 的当前版本包含 13 个应用程序,例如视频编码技术、金融分析和图像处理等。

PARSEC 与其他测试程序相比有如下特点:① 多线程,虽然串行程序很多,但是它们限制了多核处理器机器的发展,PARSEC 是为数不多的并发程序的测试集;② 新型负载,该测试集包含刚出现的新型负载程序,这些应用程序虽然未被广泛使用,但却是未来应用的主流方向,PARSEC 的目标就是提供在未来几年可能成为主流应用的测试程序;③ 多元化,PARSEC 并非像之前的一些测试程序那样仅仅试图开发单一领域的应用程序,在其测试程序集中涉及多个应用领域,并试图选取最具代表性的应用实例;④ 并非只针对高性能,计算密集的并行程序在高性能计算中非常普遍,但是高性能程序仅仅是应用程序中的一个小分支,在未来并行技术将会普及到各个应用领域,PARSEC 测试程序集的开发者并不将并行程序局限于高性能计算,而是涉及应用的各个领域,从桌面程序到服务器应用;⑤ 研究性,这个测试程序集主要是供研究使用,虽然也可以用来测试实际机器的性能,但是它只是给设计者以启示,而不是给予性能评价的具体分数。

**3. Parboil 测试程序**

Parboil 测试程序包括一组面向吞吐量计算的应用程序,用于分析面向吞吐量计算平台的处理器和编译器的性能。它的目的是为面向吞吐量计算准备一些已经"熟了"(cooked)的测试程序,或者说通过细粒度的并行任务实现可扩放的算法。由于体系结构、编程模型和工具等都在快速发展,这些测试程序不能是"完全熟的",静态的测试程序代码很快就不再有实用性了。

Parboil 测试程序从科学计算和商务计算领域中选择了有代表性的应用,包括图像处理、分子生物学仿真、流体力学和天体物理等。具体应用有 BFS(广度优先搜索)、CUTCP(分子动力学)、HISTO(饱和直方图)、LBM(流体动力学中的 Lattice-Boltzmann方法)、MM(稠密矩阵乘法)、MRI-GRIDDING(磁共振网格成像)、MRI-Q(磁共振成像)、SAD(图像局部匹配算法)、SPMV(稀疏矩阵处理)、STENCIL(3D 模板操作)、TPACF(两点角关联函数)等。

Parboil 测试程序可用于 GPU 等高吞吐量计算部件和 CPU-GPU 异构平台的性能评测。

**4. SparkBench 测试程序**

SparkBench 是 Spark 的基准性能测试项目,由来自 IBM Watson 研究中心的五位研究者(Li Min,Tan Jian, Wang Yandong,Zhang Li,Valentina Salapura)发起,并贡献至开源社区。SparkBench 的测试程序覆盖了 Spark 支持的四种最主流的应用类型,即机器学习、图计算、SQL 查询和流数据计算。每种类型的应用又选择了最常用的几个算法或者应用进行比对测试,测试结果从系统资源消耗、时间消耗、数据流特点等各方面进行全面考察,总体而言是比较全面的测试。它还包括一个数据生成器,允许用户生成任意大小的输入数据。

基于 SparkBench 可以对 Spark 系统优化进行定量比较,如缓存策略优化、内存管理优化和调度策略优化的定量比较,研究开发人员可以使用 SparkBench 来全面评估、比较优化前后 Spark 的性能差异。它为不同平台和硬件集群设置提供定量比较,可指导集群配置,有助于确定瓶颈资源,并最大限度地减少资源争用的影响。

SparkBench 测试套件中包括如下应用:① 机器学习,逻辑回归、支持向量机、矩阵分解;② 图计算,PageRank、SVD++、Triangle Count;③ SQL 查询,Hive、RDDRelation;④ 流处理,Twitter Tag、Page View;⑤ 其他,如 Kmeans、线性回归、决策树、最短路径、标签传播、连通图、强连通图等。

### 2.4.4    商用基准测试程序

最有名的商务应用基准测试程序是由非营利组织事务处理性能委员会(TPC)开发的,因而取名为 TPC 的测试程序。TPC 提供测试程序的公开标准说明,可由任何测试者实现,但其结果须由 TPC 授权审定后方可公布。TPC 发布了十几个基准测试程序,部分测试程序如 TPC-A 和 TPC-B 已废弃;目前常用的测试程序包括 TPC-C、TPC-DI、TPC-DS、TPC-E、TPC-H 和 TPC-VMS 等,其中 TPC-C 用于测试事务处理系统的性能与性价比,TPC-DI 用于数据集成的性能测试,TPC-DS 测试决策支持系统的性能,TPC-E 是新的在线事务处理测试程序,TPC-H 也用于决策支持系统,TPC-VMS用于虚拟化数据库系统的性能评测。

TPC-C 是流行的联机事务处理(OLTP)商用基准测试程序,能模拟一个大公司的整个销售环境,例如终端操作员执行数据库事务操作;公司管理 10 个仓库,各设一个终端,每个仓库供应 10 个销售区,一个终端管一个区,每个区可服务 3 000 个客户;任一个操作员,在任何时间可选择 5 种事务处理:生成一个订单、支付客户的数据库、核实订单状况、交付订单和检查目前库存程度;但要求 TPC 必须执行全部事务处理,其中支付必须达到 43%,而核实、交付订单和检查库存程度必须各达 4%。

为了公布 TPC-C 结果,测试者必须提交一份完全公开的报告,以表明可满足 TPC-C 规范的全部要求。报告要公开详细的系统组态信息以及性能和成本指标。系统总成本应包含所有软硬件以及 5 年维护所需的总价格。

性能结果 tpmC 和价格/性能结果"美元/tpmC"是使用最频繁的两个 TPC-C 结果:其中 tpmC 表示 TPC-C 事务处理器数每分钟(即吞吐量),用来测量每分钟可处理的新订单数,而系统同时也在按照 TPC 规范所确定的工作负载混合比例执行其他 4 类事务处理;"美元/tpmC"定义为系统总成本除以吞吐量。

TPC-C 允许被测系统放大和缩小,但终端数和数据库规模也必须按比例调整。因为一个仓库不能容纳公司全部库存,所以一部分事务处理也必须转到其他仓库处理。被测系统应具有 ACID 性质,即原子性(atomicity)、一致性(consistency)、隔离性(isolation)和持久性(durability)。

### 2.4.5    SPEC 测试程序

SPEC 是标准性能评估组织(Standard Performance Evaluation Cooperation)的首字母缩写,它是作为 NCGA(National Computer Graphics Association)的一个小组于 20 世纪 80 年代创立的,这个小组的创始者来源于 Hewlett-Packard、DEC、MIPS 和 Sun Microsystems,他们拥有一组基准测试程序以评测新机器的性能。第一组基准程

序称为 SPEC CPU 89,包含 10 个程序;SPEC CPU 2017 扩充至 43 个测试程序,分成 4 个包。SPEC 原主要是测试 CPU 性能的,后来 SPEC 又发布了一些新的基准测试程序(如 SPEChpc、SPECweb、SPECjbb、SPEC Cloud 等),主要强调开发能反映真实应用(如实际负载等)的基准测试程序,并已推广至客户-服务器计算、商业应用、I/O 子系统、云计算等。

SPEC 基准测试程序使用的单位是所测试机器执行性能与所参照机器执行性能之比。

**1. 新 SPEC 测试程序组**

目前 SPEC 正在使用的基准测试程序主要有:① SPEC CPU 2017,用来测试 CPU、存储器和编译器代码生成性能;② SPEC High Performance Computing,用来测试运行并行应用程序的高性能计算系统的性能,包括 SPEC ACCEL、SPEC MPI 2007、SPEC OMP 2012 等;③ SPEC Cloud IaaS 2016,用于测试 IaaS 公有或私有云平台架构的性能,包括两种典型的云计算负载:用于社交媒体的 NoSQL 数据库事务和基于 Map/Reduce 的 K-Means 聚类问题;④ SFS 2014(system-level file server),用来测试不同负载情况下文件服务器的响应时间和吞吐量;⑤ SPEC VIRT_SC 2013,用来评价数据中心服务器在虚拟化场景下的性能,测试所有系统组件的端对端的性能,包括硬件、虚拟化平台、虚拟化客户操作系统以及应用程序,该测试程序可支持硬件虚拟化、操作系统虚拟化和硬件划分策略;⑥ GWP(graphics and workstation performance),用来测试图像处理和工作站功能,包括 SPECviewperf 13、SPECwpc V2.1、SPECapc 等。

**2. SPEC CPU 2017**

SPEC CPU 基准测试程序是最著名并广为使用的 SPEC 基准测试程序,它主要针对计算密集型任务,从整体上测量 CPU、高速缓存/存储器系统以及编译器等性能,但不计操作系统和 I/O 操作的时间。SPEC CPU 2017 包括 43 个测试程序,分成 4 个包,SPECspeed 2017 Integer 和 SPECspeed 2017 Floating Point 主要用于测试处理器运行单个任务的时间,SPECrate 2017 Integer 和 SPECrate 2017 Floating Point 主要用于测试处理器运行批量任务的吞吐量。

SPEC 网站上会公布各种机器的评测性能。例如,表 2.11 示出了华为 XH321 V5(Intel Xeon Silver 4116)的 SPEC 2017 指标,它表示成与参照机器 Sun Fire V490(2100 MHz UltraSPARC-Ⅳ+)的性能之比(例如 5 就意味着被测机器比参照机器快 4 倍)。通过对各基准测试程序的比值取几何平均值再对所有的基准测试程序值求和就是每个指标之值,其中速度指标测试单副本基准测试程序的比值,而吞吐量指标测试多副本基准测试程序的比值。SPEC 同时报告性能的"基线"(base)值和"峰值",分别对应着"保守"值和"最优"值,其中峰值速度(表 2.11 中加粗数值)就是 SPEC 通常所引用的值。

表 2.11　华为工作站的 SPEC CPU 2017 性能一览表

| 指标 | 速度 | | 吞吐量 | |
| --- | --- | --- | --- | --- |
| | 峰值 | 基线 | 峰值 | 基线 |
| SPECint | **7.37** | 7.13 | **116** | 109 |
| SPECfp | **77.7** | 76.1 | **119** | 117 |

## 2.5　如何提高高性能

　　使用并行机的目的就是获取高性能。但现实高性能的并行算法或并行程序是一个不断调整和改进的过程。一般说来,它们的设计过程可以划分为 4 步,即任务划分(partitioning)、通信(communication)分析、任务组合(agglomeration)和处理器映射(mapping),简称为 PCAM 设计过程。这是一种设计方法学,是实际设计并行算法或程序的自然过程,其基本要点是:首先尽量开拓算法的并发性和满足算法的可扩放性;然后着重优化算法的通信成本和全局执行时间,同时对整个过程实施必要的反复回溯,以期最终实现一个满意的设计。并行计算的 PCAM 设计方法中的任务划分和通信分析阶段主要考虑如并发性和可扩放性等与机器无关的特性,寻求开发出具有这些特性的并行算法,基本上与底层体系结构和编程模型无关;而到任务组合和处理器映射阶段才开始将注意力转移到局部性和其他与性能有关的问题上。

　　如图 2.15 所示,PCAM 设计方法的四个阶段可以简述如下。① 任务划分:将整个计算分解为一些小的任务,其目的是尽量开拓并行执行的机会。② 通信分析:确定诸任务执行中所需交换的数据和协调诸任务的执行,由此可检测上述划分的合理性。③ 任务组合:按性能要求和实现代价来考察前两阶段的结果,必要时可将一些小的任务组合成更大的任务以提高性能或减少通信开销。④ 处理器映射:将每个任务分配到一个处理器上,其目的是最小化全局执行时间和通信成本以及最大化处理器的利用率。

　　虽然上述的设计过程是一步一步进行的,但实际上它们可以同时一并考虑;同样,虽然我们希望一个算法能用上述四步一次设计成功,但实际上设计过程的反复回溯总是难免的。

### 2.5.1　任务划分

　　所谓任务划分,就是使用域分解的方法将原计算问题分割成一些小的计算任务,以充分开拓算法的并发性和可扩放性。其方法是先集中实施数据的分解(域分

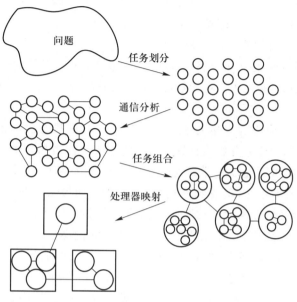

图 2.15 算法的 PCAM 设计过程

解),然后实施计算功能的分解(功能分解),两者互为补充。任务划分的要点是力图避免数据和计算的复制,应使数据集和计算集互不相交。

**1. 域分解**

域分解(domain decomposition)也称数据划分。所要划分的对象是数据,这些数据可以是算法(或程序)的输入数据、计算的输出数据或者算法所产生的中间结果。域分解的步骤是:首先分解与问题相关的数据,如果可能,应使这些小的数据片尽可能大致相等;其次将每个计算关联到它所操作的数据上。由此将产生一系列的任务,每个任务包括一些数据及其上的操作。当一个操作可能需要其他任务中的数据时,就会产生通信要求。

域分解的经验方法是,优先集中在最大数据划分或者那些经常被访问的数据结构上。在计算的不同阶段,可能要对不同的数据结构进行操作,或者需要对同一数据结构进行不同的分解。图 2.16 给出了一个三维网格的域分解方法,在各格点上计

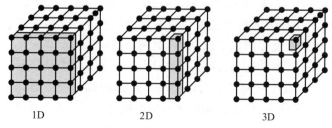

1D        2D        3D

图 2.16 三维网格问题的域分解法(图中的阴影部分代表一个任务)

算都是重复执行的,分解在 $x$、$y$ 和 $z$ 维都是可以的。开始时,应集中在能提供最大灵活性的三维(即 3D)分解上,即每一个格点定义一个计算任务,每个任务维护与其格点有关的各种数据,并负责计算以修改状态。

循环无疑是并行程序中最丰富的并行资源,如何将大的串行循环并行化是并行编译技术的研究重点,已经提出大量的判定循环可否并行的定理和各种循环变换技术。

**2. 功能分解**

除了数据并行,应用程序本身也存在着功能并行的机会。功能分解(functional decomposition)也称为任务分解或计算划分。它首先关注被执行的计算,而不是计算所需的数据;然后,如果所做的计算划分是成功的,再继续研究计算所需的数据,如果这些数据基本上不相交,就意味着划分是成功的;如果这些数据有相当一部分是重叠的,则意味着必然带来大量的通信,这暗示着应该考虑数据分解。

一个并行程序通常同时存在数据和功能并行的机会。但功能并行的并行度通常比较有限,并且不会随着问题规模的扩大而提高;不同的函数所涉及的数据集大小可能差异很大,因此也难以实现负载平衡。而数据并行则一般具有较好的可扩放性,也易于实现负载的平衡。现有的绝大多数大规模并行程序都属于数据并行应用,但功能分解有时能通过问题的内在结构展示出优化的机遇,而对数据单独进行研究却往往难以做到这一点。搜索树是功能分解的最好例子,此时并无明显的可分解的数据结构,但却易于进行细粒度的功能分解:开始时根生成一个任务,对其评价后,如果它不是一个解,就生成一棵搜索子树,整个搜索过程自根以波前(wave front)形式逐级向树叶推进。

## 2.5.2    通信分析

由任务划分所产生的诸并行执行的任务,一般而言不可能完全并行执行,一个任务中的计算可能需要用到另一个任务中的数据,从而产生了通信要求。

在域分解中,通常难以确定通信要求,因为将数据划分成不相交的子集并未充分考虑在数据上执行操作时可能产生的数据交换;在功能分解时,通常容易确定通信要求,因为并行算法中诸任务之间的数据流就相当于通信要求。通信大致可以分为以下四种模式。① 局部/全局通信:局部通信时,每个任务只和较少的几个近邻通信;全局通信中,每个任务与很多其他任务通信。② 结构化/非结构化通信:结构化通信时,一个任务和其近邻形成规整结构(如树、网格等);非结构化通信中,通信网则可能是任意图。③ 静态/动态通信:静态通信,通信伙伴的身份不随时间改变;动态通信中,通信伙伴的身份则可能由运行时所计算的数据决定且是可变的。④ 同步/异步通信:同步通信时,接收方和发送方协同操作;异步通信中,接收方获取数据无须与发送方协同。

### 2.5.3  任务组合

在任务划分和通信分析阶段,得到的算法是抽象的,并未考虑在具体并行机上的执行效率,在任务组合阶段则要重新考察在任务划分和通信分析阶段所做的抉择,力图得到一个在某一类并行机上能有效执行的并行算法。任务组合的目的就是通过合并小尺寸的任务来减少任务数,但它仍可能多于处理器数,理想的情况是任务数和处理器数目一致从而得到一个 SPMD 程序。用增加计算和通信粒度的方法可以降低通信成本,组合时要在保持足够的灵活性的同时降低软件工程代价。这几个相互矛盾的准则在任务组合阶段要仔细权衡。

**1. 增加粒度**

在任务划分阶段,致力于定义尽可能多的任务以提高并行执行的机会。但是定义大量的细粒度任务不一定能产生一个有效的并行算法,因为大量细粒度任务有可能增大通信代价和任务创建代价。

如果每个任务的通信伙伴较少,增加划分粒度通常可以减少通信次数,同时还可以减少总通信量:一个任务通信需求与它所操作的子域表面积存在比例关系,而计算需求与子域的容积存在比例关系,这就是所谓的表–容效应(surface–volume effect)。在一个二维问题中,"表面积"与问题的尺寸呈比例关系,而"容积"与问题尺寸的平方呈比例关系,因此一个计算单元的通信/计算之比随问题(任务)尺寸的增加而减少。所以,在其他条件等同的情况下,高维分解一般更为有效,因为相对一个给定的容积(计算),它减少了表面积(通信)。因此从效率的角度看,增加粒度的最好办法是在所有的维度上组合任务。

重复计算(replication computation)也称冗余计算。有时可采用不必要的重复计算来减少通信要求和执行时间。

**2. 保持灵活性**

任务组合的主要目的是提高效率和降低通信成本,但也要注意保持足够的灵活性和降低软件工程代价。在组合时,易于作出对算法的可扩放性带来不必要的限制的决定,要维持一个程序的可移植性和可扩放性,创建可变数目的任务是很关键的,而组合时往往会使问题的任务数的变化范围受到限制。为了方便在映射时平衡负载,按照经验估算,组合后的任务数至少应比处理器的数目高一个数量级。组合还应尽量降低软件工程代价,尽量避免代码的巨大变化以减少软件开发开销。

### 2.5.4  处理器映射

**1. 处理器映射策略**

将任务指定到某个处理器上去执行就是映射,其主要目标是缩短算法的总执行时间,策略有二:一是把那些可并发执行的任务放在不同的处理器上,以增强并行度;二是把那些需频繁通信的任务置于同一个处理器上,以提高局部性。这两个策略有时会冲突,需要权衡。对于两个处理器而言,映射问题有最佳解;当处理器数目大于或等于3时,此问题是 NP 完全问题,但仍可以利用关于特定策略的知识,用启发式算法来获得有效的解。

### 2. 负载平衡

简单地说,负载平衡(load balance)就是使得所有处理器完成等量的任务,这要求挖掘足够的并行性。负载平衡不是简单的任务平均划分,更重要的是所有处理器应该在大致相等的时间内完成所分配的任务,因此必须减少同步等待的时间,这包括等待其他进程结束运行的时间和串行执行的代码部分(包括临界区代码和因数据相关造成的串行执行)。

基于域分解技术的算法有很多专用的和通用的负载平衡技术,它们都是试图将任务划分阶段产生的细粒度任务组合成每一个处理器一个的粗粒度任务。代表性的方法包括递归对剖(recursive bisection)、局部算法、概率方法、循环映射(cyclic mapping)等。递归对剖法需全局知识,性能好但代价高;局部算法代价小,但当负载变化大时调整较慢;概率方法代价低,可扩放性好,但通信代价可能较大,且只适用于任务数远多于处理器的情形;循环映射技术实际上是概率映射的一种形式,而概率方法比其他技术可能会使负载失衡和牺牲局部性,从而带来一定的通信开销。

## 2.5.5  任务的分配与调度

负载平衡与任务分配/调度密切相关,任务分配通常有静态分配和动态分配两种方法。静态分配一般是任务到进程的算术映射。静态分配的优点是没有运行时任务管理的开销,但为了实现负载平衡,要求不同任务的工作量和处理器的性能是可以预测的,并且拥有足够的可供分配的任务。动态分配就相对灵活,可于运行时在不同处理器间动态地调整负载。

静态调度(static scheduling)任务调度通常也有静态和动态两种方案。静态调度方案一般是静态地为每个处理器分配 $\lceil N/P \rceil$ 个连续的循环迭代,其中 $N$ 为迭代次数,$P$ 是处理器数。除了所有的循环迭代计算时间和每个处理器的计算能力都相同的同构情况外,这种静态调度的方案总会引起负载的不平衡。另一方面,静态调度方案也可以采用轮转(round-robin)的动态方式来给处理器分配任务,即将第 $i$ 个循环迭代分配给第 $i \bmod P$ 个处理器。这种方案可以部分地解决应用程序本身负载不平衡的情况,如 LU 分解的执行时间随着循环变量 $i$ 的增长而减少。然而,采用轮转方式可能会导致高速缓存命中率降低。

各种动态调度(dynamic scheduling)技术是并行计算研究的热点,包括基本自调度(self-scheduling,SS)、块自调度(block self-scheduling,BSS)、指导自调度(guided self-scheduling,GSS)、因子分解调度(factoring scheduling,FS)、梯形自调度(trapezoid self-scheduling,TSS)、亲和性调度(affinity scheduling,AS)、安全自调度(safe self-scheduling,SSS)和自适应亲和性调度(adaptive affinity scheduling,AAS)。

尽管动态调度技术通常可以取得较好的负载平衡效果,但开销也很大。因此,如果静态调度技术有较好的负载平衡效果,就尽量采用静态调度技术。而在元计算环境下,一般动态调度能取得较好的效果。

**1. 基本自调度(SS)**

基本自调度的基本原理是每个处理器在空闲时就从全局任务队列中取走一个循环迭代,由此可以看出,无论在独占还是在元计算环境下,基本自调度总可以获得较好的负载平衡。各处理器间的差距最多不超过一次循环迭代的时间。然而,由于调度的开销和迭代次数成正比,所以这种形式的负载平衡并不意味着一定会得到最好的性能。对于那些细粒度的应用来说,任务调度的开销比实际计算的时间还要大。另外,任务队列的频繁互斥访问将会导致严重的竞争从而影响性能。基本自调度可能适合那些循环的迭代次数不是太多,但计算时间比循环分配时间要长一些的应用程序。

**2. 块自调度(BSS)**

为了减少基本自调度方案中花费在循环任务分配上的开销,块自调度方案每次取 $K$ 个循环迭代。这样在基本自调度方案中的 $K$ 个任务分配的开销就被块自调度中的 $K$ 个循环迭代的计算时间所掩盖。当 $K=1$ 时,块自调度就演变为基本自调度。而当 $K=\lceil N/P \rceil$ 时,块自调度和静态调度任务看起来很像,其实它们之间存在着很多的不同,这将在后面看出。块自调度的主要缺点是对块大小的依赖很大,而且针对一个应用很难事先确定块的大小。块太大会导致负载不平衡,块太小会引起过多的循环任务分配开销。

**3. 指导自调度(GSS)**

Polychronopoulos 和 Kuck 的研究表明即使是对于最简单的情况,也很难为块自调度找到一个最优的值,因此他们提出了指导自调度算法(GSS)。在 GSS 算法中,每个空闲处理器从全局任务队列中取走剩下循环迭代的 $1/P$。这样,在开始的时候块很大,从而减少了循环分配的开销,越到后来分配的块越小,从而有利于负载的平衡。在假定所有循环迭代的计算量相同时,GSS 算法可以保证各个处理器完成时间之间的差距不超过一次循环迭代的时间,同时保证循环任务分配所需的同步次数最少。但这个结论在非独占的系统中是不成立的。由于 GSS 方案在最后的阶段每次只取走很小的循环迭代,因此仍会引起很多竞争和循环分配开销。Eager 等人在此基础上提出自适应的、带指导的自调度方案,他们利用反馈的方法来指导如何进行最后阶段块大小的选择。

**4. 因子分解调度(FS)**

在某些情况下,指导自调度可能会给前面几个处理器分配太多的任务,而使剩下的任务不够平衡系统的负载。当任务执行时间随循环变量 $i$ 成反比,或者是后分配任务的处理器计算能力更强时,这种情况显得尤为突出。Hummel 等人提出的因子分解调度(FS)算法就很好地解决了这个问题。在 FS 算法中,整个调度过程是分阶段进行的。在每个阶段中,给所有处理器分配的任务是相等的。在第 $i$ 阶段,给每个处理器分配 $C_i = \lceil R_i/2P \rceil$ 个循环迭代,其中 $R_i$ 是在第 $i$ 阶段开始时还剩下的循环迭代总数,$R_i$ 的变化满足 $R_{i+1} = R_i - PC_i$。从前面的公式可以看出,分配块的大小每前进一个阶段就减半。FS 算法的主要思想是以少量的循环分配开销换取负载的平衡。事实上,因子分解调度可以看成是指导自调度和块自调度的一种更通用的模型。当每个阶段只有一个块时,因子分解调度就是指导自调度;当只有一个阶段时,因子分解调度就是块自调度。

**5. 梯形自调度(TSS)**

Tzen 等人提出梯形自调度算法的目的是为了提高指导自调度的性能和消除循环调度代码的执行时间。循环调度代码是互斥地进行的,如果能够缩短它的执行时间,将有助于减少系统的竞争。TSS$(N_a, N_f)$ 将前 $N_a$ 个循环迭代分配给第一个请求的处理器,而将最后 $N_f$ 个循环迭代分配给最后一个请求的处理器,在这之间的处理器所得到的循环迭代数在 $N_a$ 和 $N_f$ 之间以步长 $d$ 线性地递减。Tzen 建议将 TSS$(N/2P, 1)$ 作为最常用的一种形式,其中 $d = N/8P^2$。与指导自调度和因子分解调度相比,梯形自调度中连续的块大小之间的差距是固定不变的。

**6. 安全自调度(SSS)**

考虑负载本身不平衡的情况(即各个循环迭代的计算时间是不一样的),安全自调度(SSS)算法企图给每个处理器分配 $m$ 个连续的循环迭代,使它们的累计执行时间刚刚超过平均处理器负载 $E/P$,即 $\sum_{i=s}^{s+m-1} e(i) < E/P \leqslant \sum_{i=s}^{s+m} e(i)$。其中 $E = \sum_{i=1}^{N} e(i)$,$s$ 是起始的循环迭代顺序号,$e(i)$ 第 $i$ 个循环迭代的执行时间,称 $s$ 是最小临界大小,即 $s$ 再增加一点就会导致调度不平衡。SSS 算法也是分阶段进行的,在第一个阶段分配的迭代数是 $\alpha N/P$,这是静态分配的。$\alpha$ 是分配因子,它决定了在每个阶段从没有分配的循环迭代中所分配出去的任务的多少,它的值是由 $e(i)$ 决定的。当一个处理器完成分配的任务后,第 $i$ 个请求的处理器就会分配 $(1-\alpha)^{\lceil i/P \rceil} N/P\alpha$ 个任务。不幸的是,由于 $\alpha$ 的值与每个循环迭代所需的时间关系不大,很难预测。推荐的 $\alpha$ 值为 0.906 25。事实上,安全自调度和因子分解调度除了 $\alpha$ 值不同外,效果很接近。

**7. 亲和性调度(AS)**

前面这些调度算法采用的都是集中的任务队列,而且很少考虑处理器和数据之间的亲和关系。Markatos 等人提出的亲和性调度(AS)采用了分布式的任务队列,同时充分考虑了处理器和数据之间的亲和关系。亲和性调度过程分为以下三步。① 初始化阶段:将一个有 $N$ 个循环迭代的循环分成 $P$ 块,每块大小为 $\lceil N/P \rceil$,第 $i$ 块就分配给第 $i$ 个处理器的局部工作队列。② 本地调度阶段:每个处理器从自己的局部任务队列中取出剩下循环迭代数量的 $1/k$,一般推荐 $k$ 的值等于 $P$。③ 远程调度阶段:当某个处理器自己的局部任务队列为空时,它就找到最忙的处理器,并从该处理器的任务队列中取走剩下任务的 $\lceil 1/P \rceil$。和其他的采用集中式任务队列的算法相比,Markatos 等人指出亲和性调度在所有的测试中都是最优的,这主要是因为在硬件共享存储机器上找到"最忙的处理器"不会有很大的开销。然而,这种操作在分布式存储的系统里,至少需要 $2P+2$ 个消息和 $P+1$ 次额外的同步,因此效果如何需要重新考虑。

**8. 自适应亲和性调度(AAS)**

在上述亲和性调方案的本地调度中,本地处理器每次只从自己的局部任务队列中取出剩下循环迭代数量的 $1/k$,而不考虑其他处理器的执行情况。这样做对于开始任务分配就不平衡或者处理器实际计算能力差距比较大的情况可能不是很合适。对于那些负载比较轻的处理器可以增大任务块的大小,以提早结束自己局部队列里的任务,这样既减少了同步开销,也提高了整体的性能。基于上面的观察,Yan 等人在 1997 年提出自适应亲和性调度(AAS)算法。该算法与亲和性调度的不同之处在于,本地调度阶段任务分配的粒度会根据执行的情况动态地变化。具体过程如下:访问局部任务队列时,根据当时所有处理器已经完成的循环迭代数的均值,将所有处理器分为重载、轻载和常载三类;根据自己所处的状态,决定自己下一步的任务分配粒度。虽然 AAS 的初衷是减少同步和循环分配开销,然而在本地调度阶段需要收集其他处理器的状态,这也会导致很大的通信开销和额外的同步。

假设 $N=400$,$P=5$,表 2.12 列出了采用不同调度算法的结果。处理器和数据之间的亲和关系是指处理器所执行的任务和其所需要的数据之间的关系,事实上是对局部性的一种度量。如果处理器 A 上的任务所需要的数据都分布在处理器 B 上,那么称处理器 A 的亲和性为 0;如果所需要的数据都在 A 上,那么称处理器 A 的亲和性为 1。

表 2.12　不同调度算法的任务分配粒度一览表($N=400$,$P=5$)

| 调度算法 | 任务分配粒度随时间的变化 | | | | | | | | | |
|---|---|---|---|---|---|---|---|---|---|---|
| 静态调度 | 80 | · | · | · | · | · | · | · | · | · |
| SS | 1 | 1 | 1 | 1 | 1 | 1 | 1 | 1 | 1 | 1 |
| BSS($k=20$) | 20 | 20 | 20 | 20 | 20 | 20 | 20 | 20 | 20 | 20 |
| GSS | 80 | 64 | 51 | 41 | 33 | 26 | 21 | 17 | 13 | 11 |

续表

| 调度算法 | 任务分配粒度随时间的变化 | | | | | | | | | |
| --- | --- | --- | --- | --- | --- | --- | --- | --- | --- | --- |
| FS | 40 | 40 | 40 | 40 | 40 | 20 | 20 | 20 | 20 | 20 |
| TSS | 40 | 38 | 36 | 34 | 32 | 30 | 28 | 26 | 24 | 22 |
| AS | 16 | 13 | 11 | 8 | 7 | 5 | 4 | 4 | 3 | 2 |
| SSS | 72 | 72 | 72 | 72 | 72 | 7 | 7 | 7 | 7 | 7 |
| AAS | 16 | 可变 | | | | | | | | |

**9. 各种调度方案优缺点的分析**

根据任务队列的组织形式,可以把上面介绍的动态调度算法分为两类:基于集中队列的和基于分布式队列的两种。在基于集中队列的算法(如 SS、BSS、GSS、FS、TSS、SSS)中,每个处理器互斥地从集中任务队列中取出任务。使用集中任务队列的好处是可以很容易地实现负载平衡,但同步开销,特别是对任务队列的互斥访问使该类算法自身的开销很大。另外,这些传统的基于集中队列的循环调度有三个主要的缺点:① 在任务队列中的一个循环迭代可能动态地分配给任何一个处理器执行,因此处理器和数据之间的亲和关系完全被忽略;② 在任务分配阶段,除了一个处理器外,所有其他处理器都要远程访问这个集中任务队列,因此会造成巨大的网络流量;③ 由于拥有任务队列的处理器要被其他处理器频繁访问,因此它很容易成为系统的瓶颈,也会导致很大的同步开销。

采用分布式任务队列可以克服上面提到的第二和第三个缺点。另外,由于亲和性调度和自适应亲和性调度的初始化阶段是静态分布的,因此对于循环迭代的科学计算应用程序,由于每个处理器需要的数据可以暂存在高速缓存中以待下一次循环迭代时使用,因此可以充分发挥处理器和数据之间的亲和关系。然而,亲和性调度和自适应亲和性调度在负载不平衡时需要许多额外的同步开销,特别是在分布式系统里将会引发至少 $2P+2$ 个消息和 $P+1$ 次通信。

另外,亲和性调度和自适应亲和性调度所能利用的处理器亲和关系只能对那些基于循环迭代的应用程序有用,而且需要高速缓存的大小足够大,才能保证在下一次执行同一个循环时高速缓存里的数据不会被替换出去。对于不满足这两点的应用程序,亲和性调度和自适应亲和性调度就不能发挥处理器亲和关系的优势了。

## 2.6 小结

高性能的并行机系统总是设计者最终追求的目标。但是如何才能提高其性能呢?为此就必须了解并行计算机系统的性能以及如何评价与测试其性能。所以,本章首先简单介绍什么是并行机的基本性能,为什么要研究机器的性能评测以及如何评测它;然后为了讨论的方便(并非一定要如此),分别从机器级、算法级和程序级三个层次讨论并行机的性能评测;最后落实到从并行算法到程序设计不断调整与改进的四个步骤和过程(任务划分、通信分析、任务组合和处理器映射),从而提高并行系统的性能。

# 习　　题

2.1　使用 40 MHz 主频的标量处理器执行一个典型测试程序,其所执行的指令数及所需的周期数如表 2.13 所示。试计算执行该程序的有效 CPI、MIPS 速率及总的 CPU 执行时间。

表 2.13　习题 2.1 计算所用附表

| 指令类型 | 指令数 | 时钟周期数 |
|---|---|---|
| 整数算术 | 45 000 | 1 |
| 数据传送 | 32 000 | 2 |
| 浮点 | 15 000 | 2 |
| 控制转移 | 8 000 | 2 |

2.2　欲在 40 MHz 主频的标量处理器上执行 20 万条目标代码指令程序。假定该程序中含有 4 种主要类型之指令,各指令所占的比例及 CPI 数如表 2.14 所示,试计算:

(1) 在单处理机上执行该程序的平均 CPI;

(2) 由(1)所得结果,计算相应的速率(以 MIPS 表示)。

表 2.14　习题 2.2 计算所用附表

| 指令类型 | CPI | 指令所占比例 |
|---|---|---|
| ALU | 1 | 60% |
| load/store(高速缓存命中) | 2 | 18% |
| 分支 | 4 | 12% |
| 访存(高速缓存缺失) | 8 | 10% |

2.3　已知 SP2 并行计算机的通信开销表达式为 $t(m)=46+(0.035)m$,试计算:

(1) 渐近带宽 $r_\infty$;

(2) 半峰值信息长度 $m_{\frac{1}{2}}$。

$[$提示:$t_0=46$ μs。$]$

2.4　在 256 个节点的 SP2 上测得 STAP 性能如表 2.15 所示。已知每个 SP2 节点的峰值速度为 266 MFLOPS。假定每个 CPU 小时费用为 10 美元。试计算运行在 256 个节点和 1 个节点上的 APT 程序的利用率。何者更为成本有效?

表 2.15  习题 2.4 计算所用附表

| 程序 | 执行时间/s | 速度/GFLOPS | 加速 | 利用率 |
|------|-----------|-------------|------|--------|
| APT | 0.16 | 9 | 90 | 13% |
| HO-PD | 0.56 | 23 | 233 | 34% |
| GEN | 1.40 | 3.8 | 86 | 6% |

2.5  假定某台 PC 机的元件成本为 500 美元,试按照第 2.2.4 节所讨论的原料成本、直接成本、毛利和折扣等比例关系,分别计算该 PC 机价目单定价的最高值和最低值。

2.6  两个 $N×N$ 阶的矩阵相乘,时间为 $T_1 = CN^3$,其中 $C$ 为常数;在 $n$ 个节点的并行机上并行矩阵乘法的时间为 $T_n = (CN^3/n + bN^2/\sqrt{N})$,其中第一项代表计算时间,第二项代表通信开销,$n$ 为常数。试计算:

(1) 固定负载时的加速比,并讨论其结果;

(2) 固定时间时的加速比,并讨论其结果;

(3) 存储受限时的加速比,并讨论其结果。

2.7  试用等效率函数方法分析 $\sqrt{P}×\sqrt{P}$ 二维网孔上 $n$ 点 FFT 算法的可扩放性。假定通信建立时间为 $t_s$,跨步延迟为 $t_h$,传递单位信包的时间为 $t_b$,单位计算时间为 $t_c$。试计算:

(1) 处理器 $P_i$ 的通信跨步数;

(2) 总的通信延迟开销 $T_o = ?$

(3) 等效率函数 $W = f_E(P)$。

[提示:对照 FFT 与二维网孔的连接拓扑,可以发现处理器之间的通信仅发生在同一行或同一列,且最大通信跨步为 $\sqrt{P}/2$。]

2.8  假定某一程序,单位工作负载 $W = 1$,且 $f = 0$,试按照式(2.26)计算固定时间时的加速 $S'$:

(1) 假定 $T_o = O(P^{-0.5})$;

(2) 假定 $T_o = O(1)$;

(3) 假定 $T_o = O(\log P)$。

2.9  假设 $N = 500$,$P = 6$,比照表 2.12,试列出采用不同调度算法的结果。

2.10  亲和性调度和自适应亲和性调度两种动态调度方案在负载不平衡时需要许多额外的同步开销,特别是在分布式系统里将会引发至少 $2P+2$ 个消息和 $P+1$ 次通信。试证明这一结论。

# 参 考 文 献

[1] BRENT R P.The parallel Evaluation of General Arithmetic Expressions.Journal of the ACM,1972,21(2):201-206.

[2] BRYANT R E,O'HALLARON D R.深入理解计算机系统.龚奕利,贺莲，译.北京:机械工业出版社,2016.

[3] HOCKNEY R W.Performance Parameters and Benchmarking of Supercomputers.Parallel Computing, 1991, 17:1111-1130.

[4] HOCKNEY R W.The Communication Challenge for MPP:Intel Paragon and Meiko CS-2.Parallel Computing, 1994, 20:389-398.

[5] HWANG K,XU Z W.Scalble Parallel Computing:Technology,Architecture,Programming.[S.l.]:McGraw-Hill,1998:124.

[6] ALAN C.About Face-the essentials of user interface design.[S.l.]:IDG Books Worldwide,1995.

[7] AMDAHL G.Validity of the Single Processor Approach to Achieving Large Scale Computing Capabilities.AFIPS Conference Proceedings, April 30,1976.Washington:Thompson Books:483-486.

[8] GUSTAFSON J L.Reevaluating Amdahl's Law.Communication of ACM, 1988, 31(5):532-533.

[9] SUN X H, NI L M.Another View of Parallel Speed.Proceedings Supercomputing, 1990.

[10] KUMAR V, RAO V N.Parallel Depth-Firsh Search, Part II: Analysis.International Journal of Parallel Programming,1987, 16(6): 501-519.

[11] SUN X H, ROVER D T.Scalability of Parallel Algorithm-Machine Combinations.IEEE Transactions on Parallel and Distributed Systems,1994,5(6):519-613.

[12] EHANG X D, YAN Y, HE K Q.Latency Metric:An Experimental Method for Measuring and Evaluating Parallel Program and Architecture Scalability. Journal of Parallel and Distributed Computing,1994, 22:392-410.

[13] WOO S C, OHARA.The Splash-2 Programs:Characterization and Methodological Considerations. Proceedings of the 22nd Annual International Symposium on Computer Architecture,June 22-24,1995.

[14] STRATTON J A, RODRIGUES C, SUNG I-J, et al.Parboil: A Revised Benchmark Suite for Scientific and Commercial Throughput Computing[R].IMPACT Technical Report, IMPACT-12-01, University of Illinois at Urbana-Champaign, Center for Reliable and High-Performance Computing, March 2, 2012.

[15] LI M, TAN J, WANG Y, et al.Sparkbench: a comprehensive benchmarking suite for in memory data analytic platform spark. Proceedings of the 12th ACM International Conference on Computing Frontiers, May 18-21, 2015.

[16] TANG P, YEW P C.Processor self-scheduling for Multiple Nested Parallel Loops.Proceedings of the 1986 International Conference on Parallel Processing(ICPP'86), 1986.

［17］POLYCHRONOPOULOS C，KUCK D.Guided self－scheduling：A Practical Self－scheduling Scheme for Parallel Supercompters.IEEE Transcations on Computers，1987，36(12)：1425-1439.

［18］HUMMEL S E，SCHONBERG E，FLYNN L E.Factoring：A practical and Robust Method for Scheduling Parallel Loops.Communication of ACM，1992，35(8)：90-101.

［19］TZEN T H，NI L M.Trapezoid Self-scheduling：A Practical Scheduling Scheme for Parallel Compilers.IEEE Transactions on Parallel and Distributed Systems，1993，4(1)：87-98.

［20］LIU J，SALETORE V A，LEWIS T G.Safe Self-scheduling：A Parallel Loop Scheduling Scheme for Shared Memory Multiprocessors.International Journal of Parallel Programming，1994，22(6)：589-616.

［21］MARKATOS E，LE B T.Using Processor Affinity in Loop Scheduling on Shared Memory Multiprocessors.IEEE Transactions on Parallel and Distributed Systems，1994，5(4)：379-400.

［22］YAN Y，JIN C，ZHANG X D.Adaptively Scheduling Parallel Loops in Distributed Shared Memory Systems.IEEE Transactions on Parallel and Distributed Systems，1997，8(1)：70-81.

［23］陈国良.并行计算:结构 算法 编程.北京:高等教育出版社,1999.

# 第三章　互连网络

　　传统的并行机互连网络,主要是处理器、存储器和I/O设备之间的互连,包括静态互连网络和动态互连网络。互连网络作为现代并行机系统的一种重要类型,其主要连接的是独立的、完整的计算机节点,通常采用高速商用网络,如快速以太网、Infiniband等。本章,我们将首先介绍静态互连网络、动态互连网络和一些典型互连网络技术;然后介绍并行机中互连网络的一些设计问题,包括选路算法、流量控制、交换开关设计等。

# 3.1　引言

## 3.1.1　系统互连

　　在扩展的多处理机、多计算机机群或分布式系统中,各个组成模块如桌面主机、服务器、交换开关、网络、适配卡、外围设备等,都可以通过系统总线、I/O 总线、交叉开关或多级开关互相连接。这些系统互连常见于计算机平台单机架底板或者限制使用在同室内少数互连机架内。如图 3.1 所示,多种网络技术映射在二维空间中,其中,水平轴自左向右网络距离逐渐增大,垂直轴代表单位时间内网络可传输的最大信息量,即网络带宽。

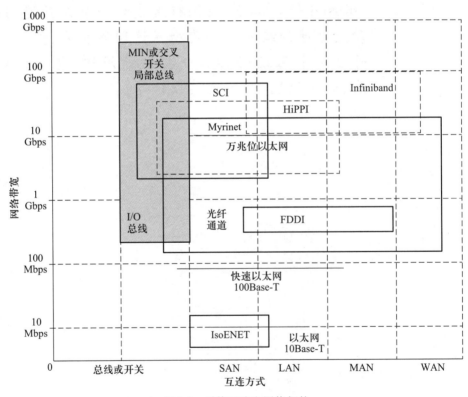

图 3.1　系统互连和网络拓扑

　　如图 3.2 所示,一个系统域网络(system area network,SAN)可以将短距离(3~25 m)内的不同节点连接起来形成单一系统;多个系统可以用一个建筑物、校园或企业（500~2 000 m）的局域网络（local area network，LAN）相连构成一个完整系统。在每个节点内，处理器芯片引脚形成了处理器总线；局部（本地）总线，即存储总线，将处理器与存储模块相连；I/O 总线，即系统总线，将 I/O 设备、网卡等连接起来。I/O总线常指小型机系统接口（small computer system interface，SCSI）总线。一个城域网（metropolitan area network，MAN）可以覆盖整个城市（≥25 km），而一个广域网（wide area network，WAN）甚至可覆盖全球。

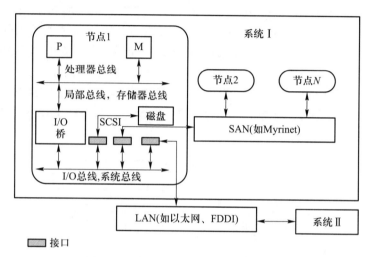

图 3.2　局部总线、I/O 总线、SAN 和 LAN

## 3.1.2　网络部件

所有交换开关网络都是用链路（link）、交换开关（switch）和网络接口电路三种基本部件连成的，共享介质网络不使用交换开关。

### 1. 链路

链路也称为通道或电缆，用于将计算机系统中两个硬件部件进行物理连接。链路可用铜线或光纤电缆实现，最简单的链路是非屏蔽双绞线（unshielded twisted pair，UTP）。使用铜线链路较为便宜，但由于信号传输问题，限制了电缆的长度，如果使用屏蔽双绞线（shielded twisted pair，STP），可以使电缆链路延长一些。光纤电缆是非常昂贵的，但可提供高带宽并可使电缆长度大幅增加。

一条链路可连接两个交换开关或连接一个交换开关和一个主机节点上的网络接口。链路的主要逻辑特性包括长度、宽度和时钟机制。一条短链路在任一时刻仅包含一个逻辑信号，而一条长链路犹如一条传输线，允许同时在此链路上传输一串逻辑信号。

一条窄链路或称串行链路,只有一位信号线,数据和控制信号以多路时分复用方式共享这根信号线。一条宽链路(或称并行链路)有多位信号线,允许数据和控制信息并行传送。一条链路常由同步或异步两种时钟机制驱动:同步时钟是指源和目的操作使用全局相同的时钟;异步时钟使用某些嵌入的时钟编码机制,允许两端用不同的时钟握手。

**2. 交换开关**

交换开关也称路由器(router),用于建立交换网络。一般来说,一个交换开关有多个输入、输出端口,每个输入端口内有一个接收器和输入缓冲器用以处理到达的包或报元。每个输出端口内含一个发送器,传送输出数据信号到连接另外一个交换开关的通信链路上。一个 4 输入 4 输出的交换开关如图 3.3 所示。其中,内部交叉开关(crossbar)用来同时建立 $n$ 个输入和 $n$ 个输出间的 $n$ 个连接。每个交叉点可在程序控制下接通或断开。数字 $n$ 常称作交叉开关的度。多个开关和链路常按选择的拓扑结构,建成大型的交换网络。

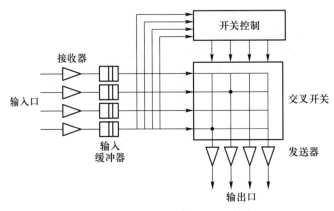

图 3.3 交换开关图

**3. 网络接口电路**

网络接口电路(NIC),也称为网络适配器(network adapter)或网卡,它常用来将一台主机连接到局域网上,或将一台主机连接到另一个网络上,因此某些专业人员称它为主机接口。NIC 必须能够处理主机和网络之间的双向传输。因此,NIC 的体系结构取决于网络和主机。不同的主机即使采用相同网络连接,可能也需要不同的接口电路。

典型的 NIC 包括一个嵌入的处理器、一些输入和输出缓冲器以及一些控制存储器和控制逻辑。它的功能包括包或报元格式化、路由通路选择、一致性检查、流量和错误控制等。因此,NIC 的成本由端口规模、存储容量、处理能力和控制电路等决定。通常 NIC 的复杂性高于路由开关。

### 3.1.3 网络的性能指标

时延(delay)和带宽(bandwidth)是用来评估网络性能或系统互连性能的两个基本指标。

**1. 通信时延**

通信时延是指多计算机系统中从源节点到目的节点传输一条消息所需的总时间。该时延包括四部分:① 在网络两端,相应收发消息的软件开销;② 由于通道占用导致的通道时延(即总的消息长度除以通道带宽);③ 在沿选路路径作一系列选路决策时花费在后续交换开关上的选路时延;④ 由于网络传输竞争导致的竞争时延。

软件开销主要取决于两端处理消息的主机内核;通道时延常由瓶颈链路或通道决定;选路时延与选路距离(即通路长度或端点间的站数)成正比;竞争时延很难预测,因为它取决于网络传输状况。

**2. 网络时延**

软件开销和竞争时延依赖于程序行为,因此,硬件设计者只需要将上述通道时延和选路时延之和作为网络时延,其数量完全由网络硬件特征决定,与程序行为和网络传输状况无关。

在轻载消息传输无竞争网络系统中,网络时延(通常 1 $\mu$s 左右)远小于软件开销和竞争时延(几十或几百微秒)。总的来说,通信时延是两端内核开销、消息长度(包括消息头)、通道带宽、交换时延(或选路算法的时间)、通路长度以及网络流通量(或程序行为)的函数。

为了减小时延,主要是努力减小或隐藏软件开销时间,有关时延减小和隐藏的技术我们将在后续章节中讨论。

**3. 每端口带宽**

网络中从任意端口到另外端口每秒传输消息的最大位(或字节)数称为每端口带宽。例如,IBM SP2 高性能交换开关(HPS)每端口带宽为 40 MBps。

在对称网络中,每端口带宽和端口位置无关;否则,称为非对称网络。非对称网络中的每端口带宽定义为所有端口带宽的最小值。

**4. 聚集带宽**

对于一个给定网络,聚集带宽定义为从一半节点到另一半节点,每秒传输消息的最大位(或字节)数。例如,HPS 是个对称网络,包括 $n$ 个节点(端口),其中 $n$ 的上限是 512。由于每端口带宽为 40 MBps,512 个节点的 HPS 聚集带宽可计算为 $(40\times512)/2=10.24$ GBps。除以 2 是因为双向传输只能计算一次。

**5. 对剖带宽**

一个有 $n$ 个节点的网络的对剖平面(bisection plane)是一组连线,移去它将把网

络分为两个 $n/2$ 节点的网络。一个网络可以有多个对剖平面。最小的对剖平面是指具有最小连线数的对剖平面。

最小对剖平面的连线数称为对剖宽度（bisection width）。

令 $b$ 为穿越对剖平面的链路数，$w$ 为每条链路的连线数（也称链路宽度或通道宽度），那么乘积 $bw$ 就是对剖宽度，表示穿越对剖平面的总连线数。

在最小对剖平面上，每秒内通过所有连线的最大信息位（或字节）数称为对剖带宽（bisection bandwidth）。

如果每条连线传输速率为 $r$ bps，那么对剖带宽为 $B = bwr$ bps，若在网络中传输 $M$ 字节信息量时，其时间下限是 $M/B$。

一般来说，网络带宽是随网络拓扑结构、通道宽度、网络规模（端口数量）、通道数量、交换度、网络时钟频率变化而变化的。所以，只有硬件体系结构会影响网络带宽，它和程序行为以及传输模式无关，网络时延也是这样。然而，通信时延会受到机器和程序行为两方面的影响。

## 3.2 静态互连网络

### 3.2.1 典型的互连网络

所谓静态网络（static network）是指处理单元间有着固定连接的一类网络，在程序执行期间，这种点到点的链接保持不变；相反地，动态网络（dynamic network）是用交换开关构成的，可按应用程序的要求动态地改变连接组态。典型的静态网络有一维线性阵列、二维网孔、树连接、超立方网络、立方环、洗牌交换网、蝶形网络等；典型的动态网络包括总线、交叉开关和多级互连网络等，为讨论方便，兹做如下定义。

射入或射出一个节点的边数称为节点度（node degree）。在单向网络中，入射和出射边之和称为节点度。

网络中任何两个节点之间的最长距离，即最大路径数，称为网络直径（network diameter）。

如果从任一节点观看网络都一样，则称网络为对称的（symmetry）。

**1. 一维线性阵列**

一维线性阵列（one-dimensional linear array）是并行机中最简单、最基本的互连方式，其中每个节点只与其左、右近邻相连，故也称二近邻连接，$N$ 个节点用 $N-1$ 条边串接，内节点度为 2，直径为 $N-1$，对剖宽度为 1。当首、尾节点相连时可构成循环移位器，在拓扑结构上等同于环，环可以是单向的或双向的，其节点度恒为 2，直径或

为 $\lfloor N/2 \rfloor$（双向环）或为 $N-1$（单向环），对剖宽度为 2。

**2. 二维网孔**

在一个 $\sqrt{N} \times \sqrt{N}$ 的二维网孔（two-dimensional mesh）中，每个节点只与其上、下、左、右的近邻相连（边界节点除外），故也称四近邻连接，因而节点度为 4，网络直径为 $2(\sqrt{N}-1)$，对剖宽度为 $\sqrt{N}$，如图 3.4（a）所示。如果在垂直方向上带环绕，而水平方向呈蛇状，则二维网孔就变成 Illiac 网孔了，如图 3.4（b）所示，此时节点度恒为 4，网络直径为 $\sqrt{N}-1$，而对剖宽度为 $2\sqrt{N}$。如果二维网孔的垂直和水平方向均带环绕，则它就变成了二维环绕（two-dimensional torus），如图 3.4（c）所示，其节点度恒为 4，而网络直径为 $2\lfloor \sqrt{N}/2 \rfloor$，对剖宽度为 $2\sqrt{N}$。

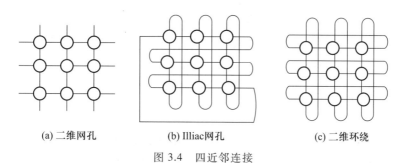

(a) 二维网孔　　　　(b) Illiac网孔　　　　(c) 二维环绕

图 3.4　四近邻连接

**3. 树**

二叉树除了根节点和叶节点之外，每个内节点只与其父节点和两个子节点相连，故也称为三近邻连接。如图 3.5（a）所示，显然节点度为 3，对剖宽度为 1，而树的直径为 $2(\lceil \log N \rceil -1)$（$N$ 为树的总节点数）。为了减小直径，可使用 X 树，它将同级的兄弟节点彼此相连。如果尽量增大节点度为 $N-1$，则直径缩小为 2，此时就变成了如图 3.5（b）所示的星形网络了，其对剖宽度为 $\lfloor N/2 \rfloor$。

传统二叉树的主要问题是根易成为通信瓶颈。1985 年 Leiserson 提出的胖树（fat tree）可缓解此问题。如图 3.5（c）所示，胖树节点间的通路自叶向根逐渐变宽，它更像真实的树，连向根部的枝权变得愈来愈粗。

**4. 超立方**

一个 $n$-立方由 $N=2^n$ 个顶点组成，3-立方如图 3.6（a）所示；4-立方如图 3.6（b）所示，由两个 3-立方的对应顶点连接而成。$n$-立方的节点度为 $n$，网络直径也是 $n$，而对剖宽度为 $N/2$。由于该网络缺乏可扩放性和不易构成多维超立方，所以它正逐渐被其他网络所代替。但过去在超立方上开发了很多优秀的算法，而像二叉树、网孔和很多其他低维网络均能嵌入超立方中，所以超立方具有学术研究的意义。如果按如图 3.6（c）所示方式将 3-立方的每个顶点代之以一个环，就构成了如图 3.6（d）所示的 3-立方环，此时每个顶点的度为 3，而不像超立方那样节点度为 $n$。一般而

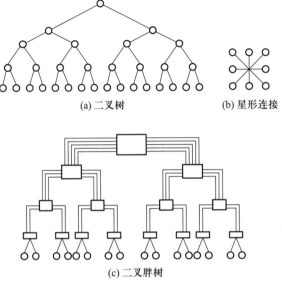

(a) 二叉树　　　　　　　(b) 星形连接

(c) 二叉胖树

图 3.5　树形连接

言,可以从一个 $k$-立方构成一个具有 $n=2^k$ 个带环顶点(每个顶点是 $k$ 个连成环的节点)的 $k$-立方环,此时 $k$-立方环中总共有 $N=k2^k$ 个节点($k \geqslant 3$),网络直径为 $2k-1+\lfloor k/2 \rfloor$,而对剖宽度为 $N/(2k)$。

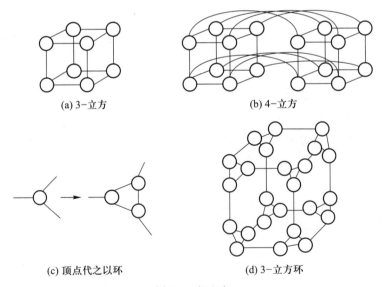

(a) 3-立方　　　　　　　(b) 4-立方

(c) 顶点代之以环　　　　(d) 3-立方环

图 3.6　超立方

### 3.2.2　静态互连网络综合比较

表 3.1 汇总了静态互连网络的重要特性。大多数网络的节点度都是一个小的常数,这是比较理想的。随着选路技术的革新(例如虫蚀选路),网络的直径变得不那么重要了。对剖宽度会影响网络的带宽,网络的对称性与可扩放性和选路效率有关(注意表中对数以 2 为底)。

表 3.1　静态互连网络特性一览表

| 网络名称 | 网络规模 | 节点度 | 网络直径 | 对剖宽度 | 对称 | 链路数 |
|---|---|---|---|---|---|---|
| 线性阵列 | $N$ 个节点 | 2 | $N-1$ | 1 | 非 | $N-1$ |
| 环形 | $N$ 个节点 | 2 | $\lfloor N/2 \rfloor$(双向) | 2 | 是 | $N$ |
| 二维网孔 | $(\sqrt{N} \times \sqrt{N})$ 个节点 | 4 | $2(\sqrt{N}-1)$ | $\sqrt{N}$ | 非 | $2(N-\sqrt{N})$ |
| Illiac 网孔 | $(\sqrt{N} \times \sqrt{N})$ 个节点 | 4 | $\sqrt{N}-1$ | $2\sqrt{N}$ | 非 | $2N$ |
| 二维环绕 | $(\sqrt{N} \times \sqrt{N})$ 个节点 | 4 | $2\lfloor \sqrt{N}/2 \rfloor$ | $2\sqrt{N}$ | 是 | $2N$ |
| 二叉树 | $N$ 个节点 | 3 | $2(\lceil \log N \rceil -1)$ | 1 | 非 | $N-1$ |
| 星形 | $N$ 个节点 | $N-1$ | 2 | $\lfloor N/2 \rfloor$ | 非 | $N-1$ |
| 超立方 | $N=2^n$ 个节点 | $n$ | $n$ | $N/2$ | 是 | $nN/2$ |
| 立方环 | $N=k2^k$ 个节点 | 3 | $2k-1+\lfloor k/2 \rfloor$ | $N/(2k)$ | 是 | $3N/2$ |

## 3.3　动态互连网络

动态互连不是固定连接,而是在连接路径的交叉点处放置电子开关、路由器、集中器、分配器、仲裁器等以提供动态连接。三类著名的动态连接是总线、交叉开关和多级互连网络。如图 3.1 所示,当前这些互连具有 200 Mbps ~ 100 Gbps 的数据传输速率(带宽)。

### 3.3.1 多处理机总线

**1. 总线**

总线实际上是用于处理器、存储模块和外围设备之间数据传输的一组导线和插座。系统总线用于主设备(如处理器)和从设备(如存储模块)之间传输数据。总线仲裁逻辑每次只授予一个总线请求存取,因此也称争用总线。

目前已有许多总线标准,例如 PCI、VME、Multics、SBUS、MicroChannel、IEEE Futurebus 等。绝大多数标准总线在构筑单处理机系统时价格很低。而多处理机总线和层次总线,常用来构筑 SMP、NUMA 和 DSM 机器。这些可扩展的总线一般用硬件来支持高速缓存一致性、快速多处理器同步以及分事务中的中断处理等。

图 3.7 中示出了典型的多处理机总线结构。系统总线一般铺设在底板或中心板上。每个处理器 CPU 或每个 I/O 处理器(IOP)是一个主设备,生成访问特定从设备(存储器或磁盘驱动器等)的请求。系统总线包括数据通路、地址线和控制线。特殊的接口逻辑(IF)和特殊的功能控制器(包括存储控制器 MC、I/O 控制器 IOC 和通信控制器 CC)应用在不同的插接板上。

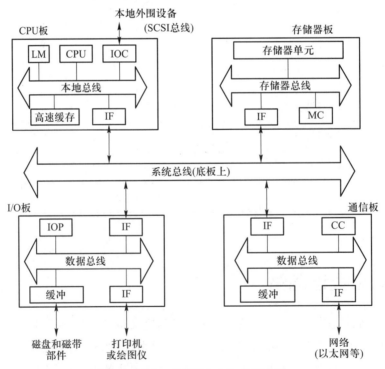

图 3.7 板级、底板级和 I/O 总线系统

习惯上,CPU 板上总线称为本地总线,I/O 板上总线称为数据总线(或 I/O 总线),存储板上的总线称为存储器总线。典型的 I/O 总线可以连接本地磁盘、打印机和接到主机的其他外围设备的 SCSI 或其他 I/O 通道。

设计多处理机总线系统的主要问题包括总线仲裁、中断处理、协议转换、快速同步、高速缓存一致性协议、分事务、总线桥和层次总线扩展等。

硬连接路障同步线可以加到多处理机机群总线中,这些硬连接可以将基于软件的同步时间从几千微秒降低到几百纳秒。

**2. 层次总线**

单个 SMP 总线在构筑大规模系统时可扩放性有限,层次总线结构在一定程度上可缓和此矛盾。图 3.8 示出了使用层次总线互连多个多处理机机群以便构成一台 CC-NUMA 机器的情况。

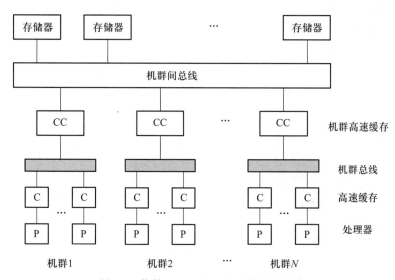

图 3.8　构筑 CC-NUMA 机器的层次总线

同一机群的所有处理器均连接到共同的机群总线上。机群高速缓存(CC)作为第二级高速缓存,可供同机群中的所有处理器共享。多处理机机群通过连接全局共享存储器模块的机群间总线相互通信。

多总线层次需用网桥机制实现各机群之间的接口,以维持所有私有和共享高速缓存之间的一致性。IEEE Futurebus 总线为构造层次总线系统已开发了专门的网桥、高速缓存、存储器代理、消息接口和电缆分段等机制。

**3. 总线互连的缺点**

因为总线由多个处理器分时共享,所以即使总线带宽很高,每个处理器的带宽也只是总带宽的一部分,总线缺乏冗余机制而易于出错,同时总线的可扩展性也有限。这些缺点主要是受封装技术和价格因素的约束。

总线一般限制在很小的机架内,当层次总线扩展到几个机架时,时钟扭斜和全局定时就成为非常严重的问题。下面所要讨论的交叉开关和多级互连网络可在一定程度上克服这些缺点。

## 3.3.2 交叉开关

交叉开关网络是单级交换网络,可为每个端口提供更高的带宽。像电话交换机一样,交叉开关可由程序控制动态设置其处于"开"或"关"状态,而能提供所有(源,目的)对之间的动态连接。

在并行处理中,交叉开关一般有两种使用方式:一种是用于对称的多处理机或多计算机机群中的处理器间的通信;另一种是用于 SMP 服务器或向量超级计算机中处理器和存储器之间的存取。

**1. 交叉开关设计举例**

图 3.9 示出了 DEC 公司的千兆开关/光纤分布式数据接口(fiber distributed data interface,FDDI)中所设计的交叉开关。该交叉开关是为 Alpha 工作站和服务器的多个 FDDI 环之间计算机群互连而设计的。使用 FDDI 全双工技术(FFDT),能够连接多至 22 个 FDDI 端口,每路速度为 100 Mbps。

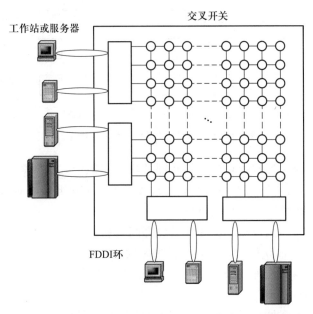

图 3.9 千兆开关/FDDI:一种用于构造 Alpha 工作站和服务器的交叉开关

由于使用切通选路技术(关于切通选路技术可参看 3.5 节选路部分),时延可减小到 20 μs。使用 2 或 4 端口线卡可构造 22 端口的交叉开关。总之,千兆开关/FDDI 能提供高达 3.6 Gbps 的带宽(是以太网的 360 倍),它已用在 DEC 的 TruCluster 中。

千兆开关/FDDI 是一种通用的网络产品,可用于任意以 FDDI 环连接的系统中,它是基于交叉开关设计的、实现节点间通信的一个很好例子。

一般而言,交叉开关的成本为 $N^2$,其中 $N$ 为端口数,这样就限制了它在大型系统中的应用。但处理器间的交叉开关只提供了 $N$ 个处理器间的置换连接。最近,Sun Microsystem 公司在它们的 Ultra Enterprise 10000(StarFire)SMP 服务器中,将 Gigaplane 总线升级成 Gigaplane-XB 互连。

这种交叉开关互连使用了带分离地址和数据通路的包交换方案,多达 64 个处理器通过 4 根侦听总线和一个 16×16 数据交叉开关互连起来。交叉开关指明处理器之间的点对点通信,而由侦听总线上的广播路由器处理地址分配。

**2. 处理器和存储器间的交叉开关**

总线连接的多处理机系统受总线带宽的限制,大量处理器存取共享存储器时总线常常成为瓶颈。一种较好的方法是用交叉开关代替处理器和存储器间的连接总线(如图 3.10 所示),这就提供了多个存储器模块并行存取存储器的可能性。

图 3.10 本质上是一个存储器存取网络,其优点是可使存储器带宽或处理器与共享存储器模块间的数据传输率得到显著提高。每个时刻每个存储器模块只能由一个处理器进行访问。当多个处理器访问同一个存储模块而发生冲突时,必须由交叉开关解决之。

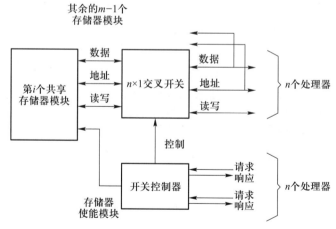

图 3.10　$n$ 个处理器和 $m$ 个存储器模块间的 $nm$ 交叉开关部分电路

每个交叉点的行为非常类似于竞争总线的情况,但是处理器可生成一系列地址以流水方式或并发方式存取不同的存储模块。在传统的 SMP 服务器中,处理器和存储器模块之间几乎都使用总线互连。最近几年,有的 SMP 供应商(如 IBM 和 Sun Microsystems)在可扩展 SMP 服务器中已推出了交叉开关互连方案。

### 3.3.3 多级互连网络

为了构筑大型开关网络,可将单级交叉开关级联起来形成多级互连网络(multistage interconnecting network,MIN),它已经被用在 MIMD 和 SIMD 计算机设计中。其中每级都使用多个开关模块,而相邻级间的开关使用固定的级间连接。为了在输入和输出之间建立需要的连接模式,交换开关可动态设置为"关"或"开"状态。

**1. 交换开关模块**

一个 $n×n$ 交换开关模块有 $n$ 个输入和 $n$ 个输出,如图 3.11(a)所示,一个二元开关对应一个 2×2 开关模块,每个输入可连接到任意输出端口,但只允许一对一或一对多映射,不允许多对一映射,因为这将发生输出冲突。

**2. 多级互连网络**

一般而言,$n×n$ 多级互连网络能实现 $n!$ 置换连接。不同类型的多级互连网络,其开关交换模块和使用的级间连接(interstage connection,ISC)方式亦有所不同。常用的 ISC 方式包括均匀洗牌、蝶网、多路均匀洗牌、交叉开关、立方连接等。

图 3.11(a)中给出了用于构造 $\Omega$ 网络的 2×2 开关的四种可能的连接。图 3.11(b)示出了一个 8×8 的 $\Omega$ 网络,它使用了 3 级 2×2 交叉开关。

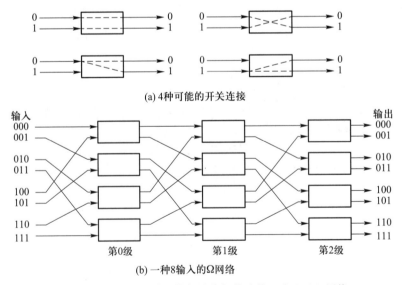

(a) 4种可能的开关连接

(b) 一种8输入的Ω网络

图 3.11　用 2×2 开关和均匀洗牌拓扑连接一个 8×8Ω 网络

一个 $n$ 输入的 $\Omega$ 网络需要 $\log_2 n$ 级 2×2 开关,在伊利诺伊大学的 Cedar 多处理

机系统中采用了 $\Omega$ 网络。下面是 Cray Y-MP(一种向量多处理机)的 MIN 的设计例子。

**例 3.1** Cray Y-MP 多级网络。

如图 3.12 所示,这种网络用 4×4 和 8×8 交叉开关以及 1×8 多路分配器三级构成。该网络用来支持 8 个向量处理器和 256 个存储器模块之间的数据传输。网络能够避免 8 个处理器同时进行存储器存取时的冲突。

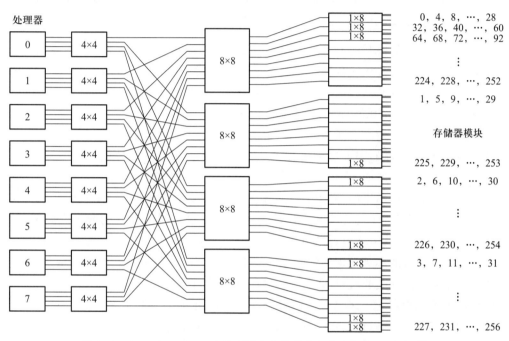

图 3.12　Cray Y-MP/816 中处理器和存储器之间的多级交叉开关网络

## 3.3.4　动态互连网络比较

下面比较在可扩展计算机平台或计算机机群系统中为了实现系统动态互连,系统总线、多级网络和交叉开关的硬件需求和潜在的性能。表 3.2 汇总了三种动态互连网络的连线/交换开关的复杂度、每个处理器的带宽以及交换互连的聚集带宽。

表 3.2　动态互连网络的复杂度和带宽性能一览表

| 网络特性 | 总线系统 | 多级互连网络 | 交叉开关 |
|---|---|---|---|
| 硬件复杂度 | $O(n+w)$ | $O((n\log_k n)w)$ | $O(n^2 w)$ |
| 每个处理器带宽 | $O(wf/n) \sim O(wf)$ | $O(wf)$ | $O(wf)$ |

续表

| 网络特性 | 总线系统 | 多级互连网络 | 交叉开关 |
|---|---|---|---|
| 报道的聚集带宽 | SunFire 服务器中的 Gigaplane 总线：2.67 GBps | IBM SP2 中的 512 节点的 HPS：10.24 GBps | DEC 的千兆开关：3.4 GBps |

### 1. 硬件复杂度

在用连线和交换开关表示复杂度的三种互连网络中，总线互连的成本最低。连线的复杂度主要由总线的数据通路和地址线的宽度所决定。256 根数据线和 42 根地址线代表了当今总线设计的水平。地址线可隐含在数据通路中，例如，256 位的 Futurebus 中，有 64 根线由地址和数据线共享。

总线开关的复杂度由在总线上连接的分接头数 $n$ 决定，这也就限制了只能将小数目的处理器、存储器和 I/O 板连接到总线上。令 $w$ 为总线上数据通路的宽度，总线互连的硬件复杂度随 $n$ 和 $w$ 两者线性增加，如表 3.2 中 $O(n+w)$ 所示。

交叉开关是最昂贵的，因为其硬件复杂度随 $n^2w$ 的乘积增大，其中 $n^2$ 对应交叉开关中的交叉点数，$w$ 是交叉开关设计中的通道宽度。对于相同的数据通路宽度，$n \times n$ 交叉开关的成本几乎是总线互连 $n^2$ 倍。

一个 $n$ 输入的多级互连网络的硬件复杂度为 $O((n\log_k n)w)$，其中 $n\log_k n$ 对应于所使用的交叉开关的数目（假设用 $k \times k$ 开关作为基本构件），这里 $w$ 是多级互连网络设计中链路的宽度。多级互连网络硬件复杂度处于总线和交叉开关之间。对于相同的通道宽度，可以粗略地估计多级互连网络的成本比交叉开关便宜 $n/\log n$ 倍。

### 2. 每个处理器带宽

在 SMP 服务器中，总线由 $n$ 个处理器所共享，因此，$n$ 个处理器就竞争总线带宽。假定时钟频率为 $f$，且在三种互连中每单位数据传输都仅占用一个时钟周期，那么总线的每处理器带宽将在 $O(wf/n) \sim O(wf)$ 范围内变化。而多级互连网络和交叉开关具有较宽的处理器带宽，它随 $O(wf)$ 线性变化。

即使具有相同的时钟频率，总线也只需较少时间（通常是 1 或 2 周期）来传输单位数据，然而在多级互连网络中，却需要多个时钟周期经过多级开关来传输一个数据。因此，真正的总线带宽并不比多级互连网络的带宽低得太多。在所有情况下，交叉开关具有最高的处理器带宽，因为它有较短时延（也是 1 或 2 周期）和输入输出端口间的无冲突连接。

### 3. 聚集带宽

表 3.2 的最后一行给出了商用市场上总线、MIN 和交叉开关三种互连的代表性的聚集带宽。其中，Gigaplane 总线聚集带宽为 2.67 GBps = 21.36 Gbps。假定有 $n = 24$

个处理器共享总线带宽,那么每个处理器的带宽降低为 21.36 Gbps/24 = 0.89 Gbps。

另一方面,Gigaswitch 交叉开关聚集带宽为 3.4 Gbps,所以其潜在的每处理器带宽比 Gigaplane 总线高 3.8 倍。在表 3.2 中,IBM HPS 最大配置($n = 512$ 个端口)的聚集带宽为 10.24 GBps = 81.92 Gbps。所以,多级互连网络比总线或交叉开关互连具有更好的扩展性。

**4. 开关选择**

在互连少于 40 个处理器的商用 SMP 系统中,总线无疑仍具有最好的性价比。如果性能要求高于价格因素,或者系统比较小(比方说,少于 16 个处理器),那么应该选择交叉开关互连。此结论已被 Sun 公司的 StarFire SMP 服务器互连事实所证实,该服务器在 64 个处理器间用 4 条地址总线和一个 16×16 的交叉开关。

多级互连网络的主要优点是其模块结构可扩展性好,但是时延随网络的级数 $\log n$ 增加而增大,而且在构筑大型多级互连网络商用网络时,价格随连线和交换开关复杂度增大而上升。因此,商用的 SP2 系统最大规模仅达到 128 个节点。

为了构筑未来的 MPP 和机群系统,点到点拓扑结构比规则的网络结构更加灵活和易于扩展。随着光互连、数字信号处理和微电子技术的发展,大规模多级互连网络和交叉开关网络在更大的多处理机和多计算机系统中将变得经济可行。

# 3.4 典型互连技术

在机群系统中,特别是在工作站机群(COW)中,一般采用商用网络来进行节点间的互连,如以太网、Myrinet、FDDI 等。

## 3.4.1 Myrinet

Myrinet 是由 Myricom 公司设计的千兆位包交换网络,其目的是构筑计算机机群,使系统互连成为一种商业产品。下面从 Myrinet 网技术、交换器、链路、接口、软件支持以及推荐的应用等方面加以讨论。

Myrinet 源于加州理工学院开发的多计算机和 VLSI 技术以及南加利福尼亚大学开发的 ATOMIC/LAN 技术,常被用来构筑机箱内 SAN 机群,或者构筑基于 LAN 的桌面主机和服务器农场。Myrinet 能假设为任意拓扑结构,不必限定为开关网孔或任何规则的结构。

Myrinet 在数据链路层具有可变长的包格式,对每条链路施行流控制和错误控制,并使用切通选路法以及定制的可编程的主机接口。Myrinet SAN 比 Myrinet LAN

价格要低,因为减小了物理规模和部件。在物理层上,Myrinet 使用全双工 SAN 链路,最长可达 3 m,峰值速率为(1.28＋1.28) Gbps。作为 LAN 链路使用时,在长至 25 m 的电气电缆上和长至 500 m 的缎带光纤上,可获得(0.64＋0.64) Gbps 的速率。

**1. Myrinet 交换开关**

Myrinet 交换开关中使用了类似于 Cray T3D 和 Intel Paragon 的阻塞切通(虫蚀选路)机制。在任意网络拓扑结构中,多端口交换开关通过链路和其他交换开关或单端口的主机接口相连。每个交换开关内部是一个类似于图 3.3 的流水线交叉开关,具有流控和输入缓冲功能。当收到包头并解码后,包便立即被送到选定的输出通道上。遵照无死锁的选路方案,多个包可以同时流过 Myrinet。目前,8 端口 Myrinet 交换开关可获得 10.24 Gbps 的对剖带宽,通路产生的时延至多为 300 ns,电源消耗为 6 ～11 W。16 端口和 32 端口的 Myrinet 交换开关正在计划之中,Myrinet 包的有效负载是任意长度的,它不需要自适应层便可运载任何类型的包(例如 IP 包)。

**2. Myrinet 主机接口**

Myrinet 主机接口是一个 32 位的、名为 LANai 芯片的用户定制 VLSI 处理器,它带有 Myrinet 接口、包接口、DMA 引擎和快速静态随机存储器(SRAM)。而 SRAM 用来存储 Myrinet 控制程序(Myrinet control program,MCP)和包缓冲。这种微体系结构在一般的总线和 Myrinet 链路之间提供了一种灵活和高速的接口。

目前,Myricom 公司正在为 Sun 公司的 SPARC 工作站安装 Myrinet/SBus 接口和为基于 PCI 总线的 PC 机安装 Myrinet/PCI 接口,光纤接口也在研制之中。因为 MCP 软件在接口处理器上运行,所以避免了操作系统的开销。但是,设备驱动程序和操作系统仍在主机上运行。Myrinet 公司已推出了一个标准的 TCP/IP 和 UDP/IP 接口以及流线式(streamlined)Myrinet 网 API。

**例 3.2** Myrinet 连接的 LAN/Cluster 配置。

图 3.13 示出了如何用 4 个 Myrinet 交换开关构筑一个 Myrinet 局域网,它连接了桌面工作站、PC 机和机箱内多计算机机群和单板多处理器机群。在多计算机机箱中,由两个交换开关形成一个 SAN,网络 RAM 和磁盘阵列也接到 Myrinet 上。

总之,Myrinet 支持计算机机群的应用有很大的潜力。但是,与总线相关的主机接口在将许多各异的主机连接到 Myrinet 时仍有限制。长度小于 25 m 的铜线电缆限制了 Myrinet 在 SAN 中的应用,只在可能使用光纤链路时,Myrinet 才能用于 SAN。

### 3.4.2 HiPPI 和超级 HiPPI

高性能并行接口(high performance parallel interface,HiPPI)技术目前不再只针对超级计算机,它已广泛用于异构计算机和它们的外设网络中。

**1. HiPPI 技术**

高性能并行接口(HiPPI)是 Los Alamos 国家实验室于 1987 年提出的一个标准,

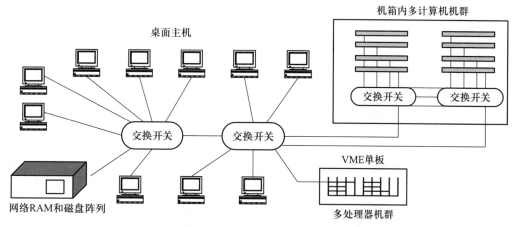

图 3.13　4 个 8 端口开关构筑的 Myrinet 机群

其目的是试图统一来自不同产商生产的所有大型机和超级计算机的接口。在大型机和超级计算机工业界,HiPPI 作为短距离系统到系统以及系统到外设连接的高速 I/O 通道。1993 年,ANSI X3T9.3 委员会认可了 HiPPI 标准,它覆盖了物理和数据链路层,但在这两层之上的任何规定却取决于用户。

　　HiPPI 是个单工的点到点数据传输接口,其速率可达 800 Mbps ~ 1.6 Gbps。HiPPI 组网产品刚出来时,因为每个节点价格最高可达 30 000 美元,导致其无法流行。随着技术的发展,其价格已经降低至每节点 4 000 美元,因而得到超级计算机之外的机构的关注。而且,HiPPI 与 ATM 具有互操作性,加之光纤通道和 SONET 已经研制成功,所以,由 HiPPI 承担高速组网方面的角色是显而易见的了。

**2. 接口和敷设电缆要求**

　　基本的接口是 50 位,其中 32 位是数据,18 位是控制信号。每 40 ns 发送一个 32 位的字,总计速率可为 800 Mbps。物理上指定使用 50 对屏蔽双绞线,最长距离可达 25 m。如此短的距离只适用于一个小网,而不适用于主流的局网。在不使用光纤扩展器的 HiPPI 标准中,多模光纤电缆可在 300 m 以内工作。对于更远的距离,光纤扩展器对多模方式可支持 10 km,而对于单模方式则可支持 20 km 的连接。

　　对于单工的 HiPPI 通道,需要两根电缆进行双向通信。为了达到全双工 1.6 Gbps 的速率,只好用 4 根电缆一起工作。HiPPI 使用 50 对非屏蔽双绞线,这在一般企业网络基础设施中是少见的,和其他高速网络 ATM 与光纤通道相比,这是个明显的缺点。

　　**例 3.3**　典型的 HiPPI 互连组网的配置。

　　如图 3.14 所示,为了在不同主机、服务器和超级计算机之间建立指定的连接,已经开发成功了双向 HiPPI 交叉开关。

HiPPI 串行口允许用光纤连接 10 km。两个 HiPPI 交换开关连在一起可形成 HiPPI 主干线。如果交换开关没有安装串行口,则需要 HiPPI 光纤扩展器以提供更长的链路。

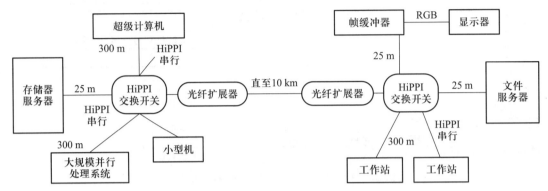

图 3.14　使用 HiPPI 通道和开关构筑的 LAN 主干网

在 RFC 1347 中已提出了和 TCP/IP 网的互连组网。虽然大多数 HiPPI 交换开关供应商也提供 TCP/IP 驱动器,但是,HiPPI 面向连接的性质要求有实现广播传输的协调方案来支持。究竟是使用像 ATM LANE 那样的寻址服务器,还是在交换开关内部处理广播请求,仍有待研究。

### 3. HiPPI 通道和交换开关

HiPPI 通道作为高速 I/O 或外设通道并不支持多播(multicast,也称组播)。在商用机器中,HiPPI 通道和 HiPPI 交换开关均被用在 SGI Power Challenge 服务器、IBM 390 主机、Cray Y-MP、C90 和 T3D/T3E 等系统中。同光纤通道一样,HiPPI 不适合低时延、动态和交互的应用。

HiPPI 通道和 HiPPI 交换开关的一些操作特点如下(有些特点现在已存在,有些特点则是希望实现的)。① 超高速数据传输:目前,不论是单工还是全双工,HiPPI 可配置为 800 Mbps 或 1.6 Gbps 两种速率。② 非常简单的信号系列:一般可用 request(源请求一个连接)、connect(由目的地指明连接已建立)和 ready(由目的地指明已为接收一个包流做好了准备)三条消息建立 HiPPI 连接。③ 协议独立性:HiPPI 通道处理所谓的原始 HiPPI 包(用帧协议将数据格式化,不用任何高层协议)、TCP-IP 数据包、IPI-3(智能外围接口)帧数据,其中 IPI-3 协议将像 RAID(redundant arrays of independent disks,独立磁盘冗余阵列,也称廉价磁盘冗余阵列 redundant arrays of inexpensive disks)这样的外设连到计算机上,因此,在与以太网、FDDI、高速数据存储和检索装置组网时 HiPPI 都是自适应的。④ 物理层流控制:为了在不同速率设备之间可靠、有效地通信,HiPPI 提供了一种基于信用量的系统,它由源保持 ready 就绪信号踪迹,仅当目的地能处理数据时,才发送数据。⑤ 面向连接的电路交换:非阻塞电路交换允许多个会话同时进行,因此,HiPPI 交换开关的聚集带宽是 800 Mbps 或 1.6 Gbps 的倍数,它等于每端口带宽乘以端口数。⑥ 和铜线及光纤的兼容性:对于短距离互连,HiPPI 用 50 对屏蔽双绞线,单模和多模方式可跨越校园和城域,而 SONET 用作远距离通信。

**4. HiPPI 协议**

HiPPI 协议是定义在几个层次上的一组标准。HiPPI-PH 标准在物理层上定义了单个点到点的机械、电气和信号的连接。由于 HiPPI 是一种单工协议,所以全双工连接需要用另一个 HiPPI 在相反方向进行连接。HiPPI-FP(帧协议)描述用户信息的每个包的格式和内容(包括包头)。

HiPPI-SC 协议是为允许多个计算机共享数据而开发的,它允许建立交换机制以实现多个同时出现的点到点连接。但它不规定任何交换硬件,只提供使用硬件的功能机制。

为了将 HiPPI 映射到其他协议中,对于链路封装已开发了三个标准,如图 3.15 所示,其中:① HiPPI-LE(链路封装)将 IEEE 802.2 LLC 包头映射到 D1_Area 和 D2_Area 的开始部分;② HiPPI-FC(光纤通道)将光纤产品映射到 HiPPI-FP 标准中;③ HiPPI-IPI(磁盘和磁带命令)将 IPI-x 标准命令集映射到 HiPPI-FP 包头中,这个标准可融入 IPI 标准。

| HiPPI-LE  链路封装(IEEE 802.2) | HiPPI-FC(光纤通道) | HiPPI-IPI<br>(IPI-3 命令集) |
|---|---|---|
| HiPPI-FP 帧协议(包格式,包头) | | |
| HiPPI-PH,机械、电气、信号(物理层) | | HiPPI-SC,交换控制<br>(物理层) |
| HiPPI 串行口扩展,基于光纤的 HiPPI-PH 10 km 扩展器(非 ANSI 标准) | | |

图 3.15  HiPPI 协议组一览

**5. 超级 HiPPI**

继 HiPPI 之后,出现了一种能提供潜在 6.4 Gbps 速率,比 HiPPI 快 8 倍且有很低时延的超级 HiPPI 技术,它给传统的 HiPPI 用户带来了新的希望。超级 HiPPI 技术提供完全不同的实现方式,因此缺乏和传统 HiPPI 通道的向后兼容。

SGI 公司和 Los Alamos 国家实验室相继开发了用来构筑速率高达 25.6 Gbps 的 HiPPI 交换开关的 HiPPI 技术。1994 年在华盛顿哥伦比亚特区召开的 ACM Supercomputing 会议上,演示了一种全光纤的 HiPPI 主干线,包括 18 mile(注:1 mile = 1.609 344 km)长的多模电缆和 16 个展示器,总计可提供高至 90 Gbps 的聚集带宽。

### 3.4.3  光纤通道和 FDDI 环

我们首先区分一下通道和网络这两个概念,然后研究光纤通道和 FDDI 环。光纤通道和 FDDI 环除了使用铜线或同轴电缆建立网络链路之外,两者都是为了开发光纤技术。

**1. 通道和网络**

在多个处理器之间或处理器和外围设备之间,有通道和网络两种基本的通信类型。通道(channel)在通信设备之间提供一种直接的或点到点的交换连接。通道是偏向硬件的(hardware-intensive),其数据传输速率高,开销非常低。通道操作只在预先编址的少量设备中进行,HiPPI、IBM 和 SCSI 都很好地定义了数据通道标准。

相比之下,网络(network)是分布节点(如工作站、文件服务器或外围设备)的聚集,它用自己的网络协议支持节点间的交互作用。因为它是偏向软件的(software-intensive),因此比通道速度要慢,网络开销相对较高。

因为网络操作不是在固定连接的环境中进行的,所以网络处理任务的范围比通道大得多。著名的网络标准包括 IEEE 802、TCP/IP 和 ATM 协议。

**2. 光纤通道**

ANSI X3T1l 指定光纤通道(fiber channel,FC)是通道和网络标准的集成,其目的是为了在工作站、主机、超级计算机、存储设备和显示器之间连网、存储和传输数据。FC 标准提出了对大量信息高速传输的要求,期望减轻系统制造商在支持现有的不同通道和网络方面的负担,因为 FC 能提供连网、存储和传输数据的标准。

光纤通道企图将最好的通道和通信方法组合成一个新的 I/O 接口,以满足通道用户和网络用户的需求。为了对此标准进行补充,以保证不同厂商的产品可相互操作,HP、IBM 和 Sun 等公司已成立一个称为 FCSI(Fiber Channel Systems Initiative)的委员会。

**3. 光纤通道技术**

光纤通道既可以是共享介质,也可以是一种交换技术。目前,光纤通道操作速度范围分别为 100~133、200、400 和 800 Mbps。FCSI 厂商也正在推出未来具有更高速度(1、2 或 4 Gbps)的光纤通道。光纤通道除了在局域网应用中提供客户-服务器或集线器(hub)使用方式之外,也支持点对点、环路和交换星形等连接。

使用 STP 铜线的光纤通道长度可达 50 m,速率为 100 Mbps,使用单模光纤可长达 10 km。使用多模光纤的光纤通道局域网可跨越 2 km,速率为 200 Mbps。当今在大部分光链路的实现中,由于软件驱动器开销较高,限制了光纤通道的最高性能小于 255 Mbps。光纤通道的价值已被现在的某些千兆位局域网所证实,这些局域网就是基于光纤通道技术的。

#### 4. 五层 FC 标准

光纤通道体系结构包括已概括在表 3.3 中的五个标准层。它们定义了物理介质和传输速率（FC-0）、数据编码和解码方案（FC-1）、帧协议和流控制（FC-2）、普通服务和特点选择（FC-3）、针对各种数据通道和网络标准的高层协议及应用接口（FC-4）。

**表 3.3 五层光纤通道标准一览表**

| 标准 | 数据通道 | | | 网络协议 | | | OSI 层 |
|------|---------|---------|---------|---------|---------|------|--------|
| FC-4 | HiPPI | IBM | SCSI | IEEE 802 | TCP/IP | ATM | 数据链路层 |
| FC-3 | 公共服务 | | | | | | |
| FC-2 | 帧/流控制/服务类型 | | | | | | |
| FC-1 | 编码/解码 8B/10B | | | | | | 物理层 |
| FC-0 | 100 Mbps | 200 Mbps | 400 Mbps | 800 Mbps | 将来更高的速率 | | |

IBM 通道是指 ESCON（enterprise systems connection）接口，FC-3 层的特征描述了 4 种不同类型的 FC 连接服务：硬连线（电路交换），帧交换，等时常位速以及混合传输。底部两层对应于 OSI 的物理层，而高三层对应于 OSI 的数据链路层。

低三层结合在一起称为光纤通道物理标准（fiber channel physical standard，FCPH）。光纤通道的优点是同一链路上可灵活地同时传输通道和网络协议。它为通道和网络数据通信提供了一个通用接口，并能和 FDDI、串行 HiPPI、SCSI、IPI（智能外设接口）、IP（互联网协议）、IEEE 802.2 等一起工作。

#### 5. 光纤通道拓扑结构

连网拓扑结构的灵活性是光纤通道的主要财富，它支持点到点、仲裁环及交换光纤连接。① 点到点连接：能以三种拓扑结构中最高可能的带宽连接计算机和计算机，或计算机和磁盘。② 仲裁环：在令牌驱动的环中，最多可连接 126 个设备，这对于大量存储设备互连是非常好的，可用带宽由所有设备共享，这种环的优点是价格低，因为不需要交换开关。③ 交换光纤拓扑结构：提供最大的吞吐量，许多不同速度的设备都能连接到中央光纤交换开关上。

此结构中也使用了带缓冲的虫蚀选路技术，如果不存在冲突，一个 8×8 的交叉开关使 8 个报元（packet cell），也称数据片，能以每 1/40 μs 的周期通过交换开关。当存在热点冲突时，每次只允许 1 个交叉开关工作，被阻塞的数据片缓冲在中央队列中。这种缓冲使得输入端口可以从前一个交换阶段解脱出来以接收后续的数据片。

中央队列使用双端口的 RAM 实现，它能在每个时钟周期内执行一次读和写。为了匹配最大的带宽，每个输入端口首先从 FIFO 队列中将 8 个数据片并行化，使之成为一个数据块,然后在 1 个周期内将整个 64 位的数据块写至中央队列中。

### 6. FDDI

DEC 公司开发了共享介质的光纤分布式数据接口(FDDI)技术。FDDI 采用双向光纤令牌环可提供 100~200 Mbps 的数据传输速率,使用彼此相反方向的旋转环可提供冗余通路以提高可靠性。FDDI 具有互连大量设备的能力。如果用铜线距离可达 100 m,用多模光纤可达 2 km,用单模光纤可达 60 km。

双连接多模光纤 FDDI 环不用重复器或网桥也可扩展到 200 km,这使得有可能在 LAN 和 MAN 中应用 FDDI 环。FDDI 环在容错方面也是先进的,它的集中器通过隔离故障使网络非常可靠,紧急任务服务器也能连接两个集中器以提供更强的容错能力。

一个 FDDI 主干网络如图 3.16 所示。专用路由器将 FDDI 环连向以太网集线器,后者可连接大量桌面计算机。FDDI 环一般用于要频繁增加、删除、移动所连接的主机或设备而又不导致任何网络崩溃的环境,而令牌环 FDDI 在共享介质应用中是常见的。FDDI 期待着具有交换功能的升级,以便提供更高的灵活性,支持工作站机群的连接。

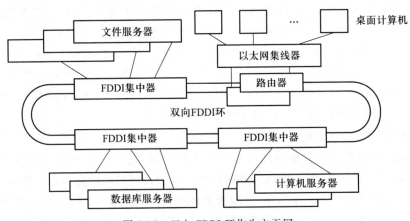

图 3.16　双向 FDDI 环作为主干网

因为传统的 FDDI 仅以异步方式操作,所以它不能支持多媒体信息传输,这可能削弱 FDDI 同 ATM 技术竞争的能力。但是,同步的 FDDI 产品已经出现,它可用于对时间要求严格的传输,这使得 FDDI 在将来的应用中也保留了一定的用户团体。DEC 公司的 FFDT 技术使得以全双工模式应用的 FDDI 变得可能,这也提高了 FDDI 的竞争力。

### 3.4.4 以太网

以太网已经历了四代:1982 年引入的 10 Mbps 网(10Base-T)属于第一代以太网;1994 年宣布的 100 Mbps 快速网(包括 10Base-T 和 100VGAnyLAN)属于第二代以太网;1997 年 IEEE 802.3 工作组宣布的 1 Gbps 千兆以太网(gigabit Ethernet)可视为第三代以太网;万兆以太网由 IEEE 于 2002 年 6 月批准,主要用于主干网络,其官名定位 802.3ae 标准。四代以太网的主要特性可汇总于表 3.4 中。

表 3.4 四代以太网特性一览表

| 代别<br>类型 | | 以太网<br>10Base-T | 快速以太网<br>100Base-T | 千兆以太网 | 万兆以太网 |
|---|---|---|---|---|---|
| 引入年代 | | 1982 | 1994 | 1997 | 2002 |
| 速度(带宽) | | 10 Mbps | 100 Mbps | 1 Gbps | 10 Gbps |
| 最大距离 | UTR(非屏蔽双扭对) | 100 m | 100 m | 25~100 m | 100 m |
| | STP(屏蔽双扭对)<br>同轴电缆 | 500 m | 100 m | 25~100 m | 15 m |
| | 多模光纤 | 2 km | 412 m(半双工)<br>2 km(全双工) | 500 m | 300 m |
| | 单模光纤 | 25 km | 20 km | 3 km | 10 km |
| 主要应用领域 | | 文件共享,<br>打印机共享 | COW 计算,<br>C/S 结构,<br>大型数据库存取等 | 大型图像文件,<br>多媒体,<br>因特网,<br>内部网,<br>数据仓库等 | 超算中心,<br>数据中心,<br>企业校园,<br>网络存储,<br>城域带宽 |

**1. 100Base-T 快速以太网**

100Base-T 快速以太网有 Intel 公司和 3COM 公司与 1993 年共同推出,IEEE 于 1995 年正式通过了 100Base-T 标准,命名为 IEEE 802.3 标准。

100Base-T 的主要特点是:① 可通过双绞线或光纤进行快速传输,速率可达 100 Mbps;② 沿用 10Base-T 的 IEEE 802.3 CSMA/CD 的 MAC 协议,并具有同样的星形拓扑结构,便于 10Base-T 以太网升级为 100Base-T 快速以太网,100Base-T 的网卡即可作为 100Base-T 网卡使用,也可降级为 10Base-T 网卡使用;③ 提供三种物理介质,100Base-TX 支持 5 类 UTP 和 1 类 STP 上的传输;100Base-T4 支持 3 类、4 类、

5 类 UTP 线路上 4 对线路上的传输;100Base-FX 支持光缆进行传输;④ 性价比高, 100Base-T 速度比一般以太网快 10 倍,但价格只是普通以太网的 2 倍;⑤ 组网方便, 它和一般以太网一样,可由工作站(高档微机)、网卡、集线器、中继器、传输介质和服务器等组成分布式并行计算环境。

### 2. 100VG-AnyLAN

100VG-AnyLAN 是由 HP 公司和 AT&T 公司联合开发的另一类 100 Mbps 快速以太网,其有关的标准化工作由 IEEE 802.12 进行。

100VG-AnyLAN 的主要特点是:① 在 MAC 子层协议中引入了"需求优先权"机制,可使对时间敏感的应用比一般应用具有更高的介质访问权,这对多媒体、电视会议和交互式电视之类数据发送特别有效;② 100VG-AnyLAN 既支持以太网,又支持令牌环,由于在以太网和令牌环中具有相同的帧结构,所以很容易移植到现有的 10 Mbps 以太网中;③ 100VG-AnyLAN 采用与 10Base-T 类似的星形拓扑结构,所以很容易用于服务器和工作站等组网;④ 100VG-AnyLAN 支持 4 对 3 类、4 类、5 类的双绞线以及两对 UTP、STP 和光纤上的传输,其中 4 对线可实现 4 重通信,每个通道以 25 Mbps 的速率传输数据,所以总速率为 100 Mbps,而在 UTP/STP 上传输距离最长可达 150 m;⑤ 按照 100VG-AnyLAN 的方案,几乎没有冲突发生,所以有较好的带宽利用率。

### 3. 千兆以太网

千兆以太网的标准由 IEEE 于 1996 年开始研究制定,后经不断修改完善,于 1998 年定名为 IEEE 802.3z 标准。

千兆以太网的主要特点是:① 可简单、直接地转移到高性能平台,它和以前的以太网和快速以太网几乎一样,都支持相同的 IEEE 802.3 帧格式以及全双工流控模式,所以千兆以太网就是以太网,只是更快而已;② 千兆以太网和低速以太网的连接很简单,只需通过局域网交换机或路由器就可以了;同时它和普通以太网一样,采用可变长的 IEEE 802.3 帧格式,使得低速网的升级极为平滑和简单、可行;③ 千兆以太网在全双工模式下遵循协议标准进行通信,同时它也遵循标准以太网的流控模式以避免冲突和拥挤;④ 千兆以太网提供三种物理介质:多模光纤最长连接距离可达 550 m;单模光纤最长距离可达 3 km(将来可延长至 5 km);铜线连接距离不小于 25 m,将来 5 类双绞线连接距离将超过 100 m。

### 4. 万兆以太网

万兆以太网由 IEEE 于 2002 年 6 月批准,主要用于主干网络,其官方名称为 802.3ae 标准。

万兆以太网的主要特点如下。① 万兆以太网是一种只采用全双工与光纤的技术,其物理层(PHY)和 OSI 模型的第一层(物理层)一致,它负责建立传输介质(光纤或铜线)和 MAC 层的连接,MAC 层相当于 OSI 模型的第二层(数据链路层)。在网络的结构模型中,把 PHY 进一步划分为物理介质关联层(PMD)和物理代码子层(PCS)。光学转换器属于 PMD 层。PCS 层由信息的编码方式(如 64B/66B)、串行或多路复用等功能组成。② 万兆以太网技术基本承袭了以太网、快速以太网及千兆以太网技术,因此在用户普及率、使用方便性、网络互操作性及简易性上皆占有极大的引进优势。③ 万兆标准意味着以太网将具有更高的带宽(10 Gbps)和更远的传输距离(最长传输距离可达 40 km)。④ 在企业网中采用万兆以太网可以最好地连接企业网骨干路由器,这样大大简化了网络拓扑结构,提高网络性能。⑤ 万兆以太网技术提供了更多的更新功能,大大提升 QoS,具有相当的革命性,因此,能更好地满足网络安全、服务质量、链路保护等多个方面需求。

IEEE 802.3ae 万兆以太网标准主要包括以下内容:

- 兼容 802.3 标准中定义的最小和最大以太网帧长度;
- 仅支持全双工方式;
- 使用点对点链路和结构化布线组建星形物理结构的局域网;
- 支持 802.3ad 链路汇聚协议;
- 在 MAC/PLS 服务接口上实现 10 Gbps 的速度;
- 定义两种 PHY(物理层规范),即局域网 PHY 和广域网 PHY;
- 定义将 MAC/PLS 的数据传输速率对应到广域网 PHY 数据传输速率的适配机制;
- 定义支持特定物理介质相关接口(PMD)的物理层规范,包括多模光纤和单模光纤以及相应传送距离;支持 ISO/IEC 11801 第二版中定义的光纤介质类型等;
- 通过 WAN 界面子层(WAN interface sublayer,WIS),万兆以太网也能提供较低的传输速率,如 9.584 640 Gbps(OC-192c,9 953.280×260/270 = 9 584.64),这就保证了万兆以太网设备与同步光纤网络(SONET)STS-192c 传输格式兼容。

## 3.4.5 InfiniBand 网络

当前光纤通道和以太网已经能够支持 10 Gbps 或更高的速率。因此,在计算机中主机 I/O 总线必须能够以同样的速率发送数据。然而,与所有的并行总线一样,PCI 总线限制了网络速度的进一步提高。事实上,基于网络架构的 PCI 总线带宽要达到双向 2 Gbps 都很困难。

InfiniBand(无限带宽)代表一种新兴的 I/O 技术,它很有可能在高端服务器中取代 PCI 总线。作为一种介质,InfiniBand 定义了各种铜电缆和光导纤维线缆,它为铜缆和光缆指定的最大长度分别是 17 m 和 10 000 m;也可以在使用导轨的线路板上直接实现 InfiniBand。随着 InfiniBand 架构的部署,PCI-X 的带宽限制变得更加尖锐。InfiniBand 体系结构定义了 4X 链接,这些链接在今天的市场上被部署为 PCI HCAS

（主机通道适配器）。尽管这些 HCAS 提供了以往已经实现了的、更大的带宽,但是 PCI-X 是一个瓶颈,因为单个 InfiniBand 4X 链路的总聚合带宽为 20 Gbps 或 2.5 Gbps。这就是新的"本地"I/O 技术,如超传输和 3GIO 将对 InfiniBand 起到关键的补充作用。

InfiniBand 是一种基于开关的串行 I/O 互连结构,在每一个方向(每端口)以 2.5 Gbps 或 10 Gbps 的基本速度运行。与共享总线架构不同,InfiniBand 是一种低引脚数串行架构,它连接印制电路板(printed-circuit board,PCB)上的设备,并跨越普通电缆双绞线铜线的带宽外距离可达 17 m。在普通的光缆上,它可以跨越几千米或更长的距离。此外,InfiniBand 提供了 QoS(服务质量)和 RAS。这些 RAS 能力从一开始就被设计成 InfiniBand 架构,并对其作为互联网下一代计算服务器和存储系统的通用 I/O 基础设施的能力至关重要。图 3.17 给出了 InfiniBand 的系统结构。因此,InfiniBand 将彻底改变互联网基础设施的系统和互连。

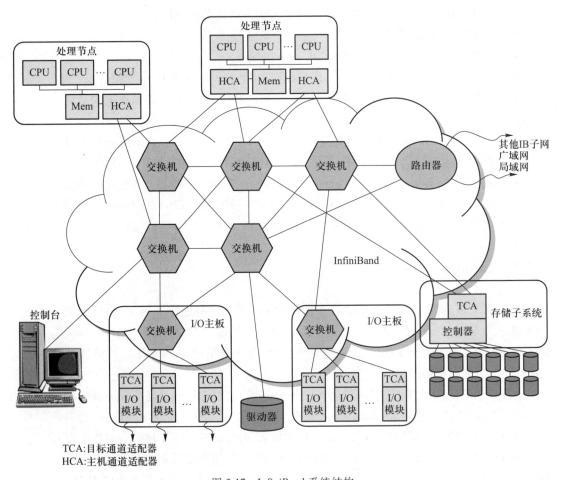

图 3.17　InfiniBand 系统结构

InfiniBand 架构提供了所有提到的好处,但是,为了实现当前 10 Gbps 链路的全部性能带宽,必须去掉 PCI 限制,当前正在发展的互连技术将提供帮助。

**1. InfiniBand 技术**

InfiniBand 是一种基于开关的点对点互连架构,用于满足扩展系统的需求。每个独立链路基于四线 2.5 Gbps 双向连接。该体系结构定义了一个分层硬件协议(物理、链路、网络、传输层)以及一个软件层来实现初始化和管理设备之间的通信。每个链路可以支持多个传输服务,用于可靠性和多优先级的虚拟通信信道。

为了管理子网内的通信,该体系结构定义了一种通信管理方案,该方案负责配置和维护每个 InfiniBand 元素。管理方案被定义为错误报告、链路故障转移、底盘管理和其他服务,以确保牢固的连接结构。

InfiniBand 特征集包括:① 分层协议,如物理、链路、网络、传输、上层协议等;② 基于分组的通信;③ 服务质量;④ 三连杆速度;⑤ 1X,2.5 Gbps,4 线;⑥ 4X,10 Gbps,16 线;⑦ 12X,30 Gbps,48 线;⑧ PCB、铜和光纤电缆互连;⑨ 子网管理协议;⑩ 支持远程 DMA;⑪ 支持多播和单播;⑫ 可靠的传输方法,如消息队列;⑬ 通信流控制,如链路级和端到端等。

InfiniBand 架构被划分成多个层,其中每个层彼此独立地操作。如图 3.18 所示,InfiniBand 层被分解成以下层:物理层、链路层、网络层、传输层和上层。

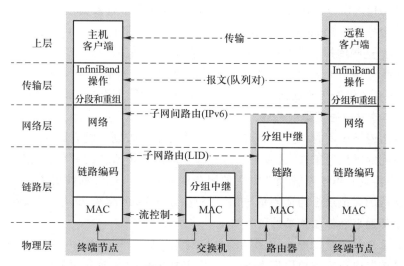

图 3.18　InfiniBand 分层

InfiniBand 是一个全面的体系结构,定义了电气和机械特性,包括用于光纤和铜介质的电缆和插座、背板连接器和热插拔特性等。InfiniBand 还定义了物理层 1X、4X、12X 三个链路速度。每个单独的链路是一个四线串联差分连接(每个方向上的两条线),提供 2.5 Gbps 的全双工连接。这些链路的引脚数和数据速率等如表 3.5

所示。

表 3.5 **InfiniBand** 链路引脚数和数据速率等

| InfiniBand 链路 | 引脚数 | 信号速率/Gbps | 数据速率/Gbps | 全双工数据速率/Gbps |
|---|---|---|---|---|
| 1X | 4 | 2.5 | 2.0 | 4.0 |
| 4X | 16 | 10 | 8 | 16.0 |
| 12X | 48 | 30 | 24 | 48.0 |

InfiniBand 1X 链路的带宽为 2.5 Gbps。实际的原始数据带宽为 2 Gbps(数据是 8B/10B 编码)。由于链路是双向的,相对于总线的总带宽是 4 Gbps。大多数产品是多端口设计,其中总的系统 I/O 带宽将是附加的。链路层(与传输层一起)是 Infini-Band 架构的核心。链路层包括分组布局、点对点链路操作和本地子网内的切换。

(1) 分组。在链路层中有两种类型的分组,即管理包和数据分组。管理包用于链路配置和设备信息维护。数据分组承载 4 KB 的事务有效载荷。

(2) 交换。在子网内,分组转发和交换在链路层处理。子网内的所有设备具有由子网管理器分配的 16 位本地 ID(local ID ,LID)。在子网中发送的所有数据包都使用该地址进行寻址。链路级切换将分组转发到分组中的本地路由报头(local route header, LRH)内由目的地址指定的设备。LRH 存在于所有数据包中。

(3) 服务质量(quality of service,QoS)。QoS 通过虚拟通道(virtual channel)支持 InfiniBand。这些虚拟通道是独立的逻辑通信链路,它们共享一个物理链路。每个链路可以支持多达 15 个标准虚拟通道和一个管理通道(通道 15)。通道 15 的优先级最高,通道 0 的优先级最低,管理包仅使用通道 15。每个设备必须支持通道 0 和通道 15,而其他虚拟通道是可选的。

当分组遍历子网时,定义服务级别以保证其 QoS 级别。沿着路径的每个链路可以具有不同的虚拟通道,并且服务级别为每个链路提供所需的通信优先级。每个交换机/路由器具有由子网管理器设置的服务级别到虚拟通道的映射表,以保持每个链路上支持的虚拟通道的适当优先级。因此,InfiniBand 架构可以通过交换机、路由器和长途传输来确保端到端的服务质量。

(4) 基于信用量的流量控制。流量控制用于管理两个点对点链路之间的数据流。流量控制以每个虚拟通道为基础,允许单独的虚拟介质利用相同物理介质实现通信。链路的每个接收端向链路上的发送设备提供信用量,以指定可以在不丢失数据的情况下接收的数据量。每个设备之间的信用量传递由专用链路分组管理,以更新接收机可以接收的数据分组的数量。除非接收方指明接收缓冲器空间可用的信用量,否则不发送数据。

(5) 数据完整性。在链路级,每个分组有两个循环冗余码(CRC),即可变 CRC

(VCRC)和保证数据完整性的不变 CRC(ICRC)。16 位 VCRC 包括分组中的所有字段,并在每个跳数重新计算。32 位 ICRC 只覆盖从跳到跳不变的字段。VCRC 在两跳之间提供链路级数据完整性,ICRC 提供端到端数据完整性。在一个仅定义单个 CRC 的以太网协议中,可以在一个设备中引入一个错误,然后重新计算 CRC。即使数据已经损坏,下一跳的检查也会显示有效的 CRC。InfiniBand 包含 ICRC,这样当引入位错误时,总能检测出错误。

网络层处理从一个子网到另一子网的路由(在子网内,不需要网络层)。在子网之间发送的分组包含全局路由报头(GRH)。GRH 包含用于包的源和目的地的 128 位 IPv6 地址。基于每个设备的 64 位全局唯一 ID(GUID),路由器在子网之间转发分组。路由器在每个子网中用适当的本地 ID 修改本地路由报头。因此,路径中最后一个路由器用目的端口的 LID 替换 LRH 中的 LID。在网络层中,当在单个子网中使用时,InfiniBand 分组不需要网络层信息和报头开销(这是 InfiniBand 系统区域网络的可能方案)。

传输层负责有序地分组传送、分区、信道复用和传输服务(可靠连接、可靠数据报、不可靠连接、不可靠数据报、原始数据报)。传输层还负责发送时处理事务数据分组,并且在接收时重新组装。对基于路径的最大传输单元(MTU),传输层会自动将数据划分为适当大小的分组。接收机基于包含目标队列和分组序列号的基本传输报头(BTH)重新组合分组。接收方发送确认分组消息,发送方接收这些确认消息,并用操作状态更新完成队列。InfiniBand 架构为传输层提供了一个显著的改进,即所有的功能都是在硬件中实现的。

InfiniBand 为保证数据可靠性指定多个传输服务,如表 3.6 所示。对于给定的队列,使用一个服务级别。

表 3.6 支 持 服 务

| 服务种类 | 描述 |
|---|---|
| 可靠连接 | 确认的面向连接的服务 |
| 可靠数据报 | 确认的多路复用 |
| 不可靠连接 | 未确认的面向连接的服务 |
| 不可靠数据报 | 未确认的无连接 |
| 原始数据报 | 未确认的无连接 |

### 2. InfiniBand 架构

InfiniBand 架构定义了用于系统通信的多个设备,如信道适配器、交换机、路由器和子网管理器。在子网中,每个终端节点必须至少有一个通道适配器,并且由子网管理器负责建立和维护链路。所有通道适配器和交换机都必须包含子网管理代理

（SMA），用于处理与子网管理器的通信。

在 InfiniBand 网络中的端点称作通道适配器。如图 3.19 所示，InfiniBand 使用两种通道适配器：主机通道适配器（host channel adapter，HCA）和目标通道适配器（target channel adapter，TCA）。

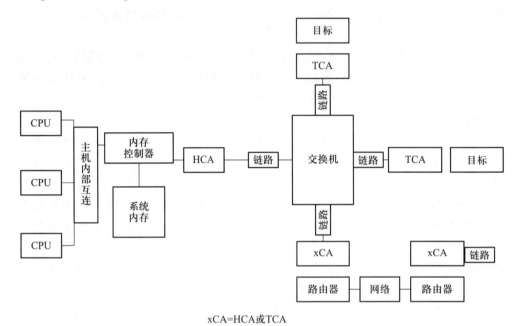

xCA=HCA或TCA

图 3.19　InfiniBand 架构

HCA 在 InfiniBand 网络和连接 CPU、RAM 的系统总线之间起桥梁作用。TCA 在 InfiniBand 网络和通过 SCSI、光纤通道或以太网连接的外围设备之间起连接作用。与 PCI 比较，HCA 对应于 PCI 桥接芯片，TCA 对应于光纤通道主机适配卡或以太网卡。

信道适配器用于同其他设备的连接，包括主机通道适配器（HCA）和目标通道适配器（TCA）。交换机是 InfiniBand 结构中的基本组件，是点到点的交换结构，它解决了共享总线、容错性和可扩展性问题，具有物理层低功耗特点和箱外带宽连接能力。

交换机是 InfiniBand 架构的基本组成部分。交换机包含一个以上的 InfiniBand 端口，并根据包含在第二层本地路由报头中的 LID 将分组从其端口之一转发到另一端口。除了管理分组之外，交换机不消耗或生成分组。与通道适配器一样，交换机需要实现 SMA 来响应子网管理分组。交换机可以被配置为转发单播分组（到单个位置）或多播分组（寻址到多个设备）。

InfiniBand 路由器将分组从一个子网转发到另一个子网而不消耗或生成分组。与交换机不同，路由器根据其 IPv6 网络层地址读取全局路由报头以转发分组。路由器在下一个子网上用适当的 LID 重新构建每个包。

子网管理器配置本地子网并确保其继续运行。在子网中必须至少存在一个子网管理器来管理所有交换机和路由器设置,以及当链路下降或新链路出现时重新配置子网。子网管理器可以位于子网的任何设备内。子网管理器通过每个专用 SMA(每个 InfiniBand 组件所需)实现到子网设备的通信。只要有一个活动子网,就存在驻留在子网中的多个子网管理器。非活动子网管理器(备用子网管理器)保持活动子网管理器的转发信息的副本,并验证活动子网管理器是可操作的。如果活动子网管理器宕机,则备用子网管理器将接管职责,以确保该结构性能稳定。

InfiniBand 体系架构定义了两种系统管理方法,用于处理与子网中设备相关联的所有子网打包、维护和一般服务功能。每种方法都有一个专用的队列对(QP),该子队列被子网上的所有设备支持,以区分管理流量与所有其他业务。第一种方法是由子网管理器(SM)实现子网管理。在子网中必须至少有一个 SM 来处理配置和维护工作。这些工作包括 LID 分配、服务级别(SL)到虚拟通道(VC)映射、链路合并和拆卸以及链路故障转移。所有子网管理使用 QP0,并且只在高优先级虚拟通道(VC15)上处理,以确保子网内的最高优先级不变。子网管理包(SMPS)是 QP0 和 VC15 上允许的唯一数据包。此虚拟通道使用不可靠的数据报传输服务,并且不遵循与链路上其他虚拟通道相同的流控制限制。子网管理信息在链路上的所有其他业务之前通过子网。子网管理器通过将所有配置放在后台处理来简化客户端软件的负担。

第二种方法是由 InfiniBand 定义的通用服务接口(GSI)来实现子网管理。GSI 处理诸如底盘管理、带外 I/O 操作以及与子网管理器无关的其他功能。这些功能不具有与子网管理相同的高优先级需求,因此 GSI 管理包(GMP)不使用高优先级虚拟通道 VC15。所有 GSI 命令使用 QP1,并且必须遵循其他数据链路的流量控制要求。

虚拟接口体系结构是一种分布式的消息技术,它既独立于硬件,又与当前的网络互连兼容。该体系结构提供了一种 API,可用于在集群应用程序中提供对等体之间的高速和低延迟通信。InfiniBand 是基于 IVA 架构开发的。InfiniBand 通过使用执行队列从软件客户端卸载流量控制。这些队列称为工作队列,是由客户端发起的,然后由 InfiniBand 进行管理。对于设备之间的每个通信信道,在每个端分配工作队列对(发送和接收队列,WQP)。客户端将事务放入工作队列单元(work queue element,WQE),然后由通道适配器从发送队列处理并发送到远程设备。当远程设备响应时,信道适配器通过完成队列或事件将状态返回给客户端。

客户端可以发布多个 WQE,信道适配器的硬件将处理每个通信请求。然后,信道适配器生成完成队列单元(completion queue element,CQE),以便以适当的优先级顺序为每个 WQE 提供状态。这允许客户端在处理事务时继续进行其他活动。

InfiniBand通信栈示意图如图 3.20 所示。

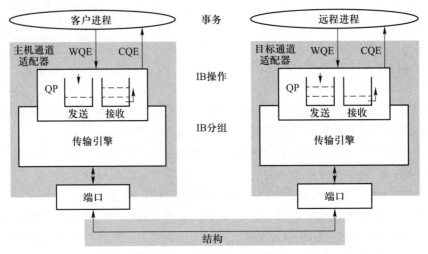

图 3.20  InfiniBand 通信栈

InfiniBand 有可能完全改变服务器和存储设备的体系结构,需要考虑的是,网卡和主机总线适配卡可能被放置在 100 m 距离之外。这就意味着,配有 CPU 和内存的母板、网卡、主机总线适配卡和存储设备都作为物理上分离的、非耦合的设备单独安装。这些设备通过一个网络连接在一起。

智能磁盘子系统的功能正在变得越来越强大,而 InfiniBand 有助于在服务器和减少了 CPU 负荷的存储设备之间快速通信。因此至少在理论上,诸如文件系统的缓存和共享磁盘文件系统的锁定同步这类子功能可以直接在磁盘子系统中或特别的处理机上实现。

InfiniBand 发展的初衷是把服务器中的总线网络化。所以 InfiniBand 除了具有很强的网络性能以外还直接继承了总线的高带宽和低时延。人们熟知的、在总线技术中采用的直接存储访问(direct memory access,DMA)技术在 InfiniBand 中以远程直接存储访问(remote direct memory access,RDMA)的形式得到了继承。

RDMA 通过网络把数据直接传入计算机的存储区域,将数据从本地系统快速移动到远程系统的存储器中。它消除了外部存储器复制和文本交换操作,因而能腾出总线空间和 CPU 周期用于改进应用系统性能。目前通用的做法是由系统先对传入的信息进行分析,然后再存储到正确的区域。

当一个应用执行 RDMA 读或写请求时,不执行任何数据复制。在不需要任何内核内存参与的条件下,RDMA 请求从运行在用户空间中的应用发送到本地网卡,然后经过网络传送到远程网卡。RDMA 操作使应用可以从一个远程应用的内存中读数据或向这个内存写数据。用于操作的远程虚拟内存地址包含在 RDMA 信息中。

远程应用除了为其本地网卡注册相关内存缓冲区外,不需要做其他任何事情。远程节点中的 CPU 完全不参与输入 RDMA 操作。这项技术在网卡中实施可靠的数据传输协议,并通过减少对带宽和处理器的开销降低了时延。

这种优化性能是通过在网卡硬件中支持零复制技术和内核内存旁路技术来实现的。零复制技术使网卡可以直接与应用内存相互传输数据,从而消除了在应用内存与内核内存之间复制数据的需要。内核内存旁路技术使应用无须执行内核内存调用就可向网卡发送命令。在不需要任何内核内存参与的条件下,RDMA 请求从用户空间发送到本地网卡,并通过网络发送给远程网卡,这就减少了在处理网络传输流时内核内存空间与用户空间之间的环境切换次数,从而降低了时延。

### 3.4.6  可扩展一致性接口 SCI

千兆以太网和 ATM 网络的所有连接都是在节点的 I/O 总线上进行,计算机节点间的通信通过消息传递完成。Gustavson 和 Li 指出,在基于总线的 SMP 中,这种 I/O 通信类型比共享内存通信类型效率要差。

共享内存通信时延小,因为通信期间一个处理器只需执行一条存储(store)指令,而另一处理器只需执行一条读取(load)指令。但在 I/O 通信时,则需要执行几百到几千条指令,而且,I/O 通信也难于利用基于总线的 SMP 系统中由硬件生成的高速缓存一致性信息。

鉴于这些原因,高性能网络应该采用存储器总线(局部总线)接口。传统网络与总线相比有两个主要优点。① 它们是标准的和相对稳定的,而存储器总线则不然。以太网标准化已逾 10 年,当今已广泛使用。但当一个新型的处理器诞生后,存储器总线要延后 18 个月才能相应改变。② 它们在空间上可扩展到几十至几百米,而存储器总线很少超过 1 m。这样短的长度限制了 SMP 系统可支持的处理器数量。

欲设计一个既能保持总线的优点又具有传统网络空间的可扩展性的标准互连结构,有没有可能呢? 回答是采用 IEEE/ANSI 标准 1596—1992,即可扩缩一致性接口(scalable coherent interface,SCI),它将通常的底板总线扩展成全双工、点到点的互连结构,并提供分布共享存储器一致的高速缓存映像。SCI 是一个内容很丰富的协议(基本规范近 250 页)。下面简要讨论 SCI 是如何从总线演变过来的,其基本数据传输协议以及 SCI 是怎样实施高速缓存一致性的。

#### 1. SCI 互连

SCI 被设计用来提供低时延(小于 1 $\mu$s)和高带宽(高至 8 GBps)的点到点互连。一旦 SCI 得到充分开发,就可连接多至 64 K 个节点。最新的 SCI 标准(IEEE 1596—1996)所规定的带宽为 250 MBps~8 GBps。其链路可用铜线,也可用光纤电缆,接口芯片用 CMOS、BiCMOS 和 GaAs 做成。

  SCI 的高速缓存一致性用其模块的链表实现。每个处理器节点连到一个 SCI 模块上,当一个处理器更新其高速缓存时,该高速缓存的状态就沿着共享同一高速缓存行的所有 SCI 模块传播。这种为分布式一致高速缓存所建立的链表是可扩展的,因为一个更大的系统可采用沿链表插入更多的 SCI 模块而创建。

  (1) 互连拓扑结构。SCI 定义了节点和外部互连接口,其初衷是使用一些 16 位的链路,每一条链路具有 1 GBps 带宽,所以底板总线已用单向点到点链路代替。一般而言,SCI 互连是独立于拓扑结构的。

  每个 SCI 节点可以是连接内存和 I/O 设备的一个处理器。SCI 互连可假设为任何拓扑结构,每个节点有一条输入和一条输出链路,它们与 SCI 环或交叉开关连接。SCI 链路的带宽取决于选择实现链路和接口的物理标准。

  在 SCI 环境中,基于总线事务的广播概念已被放弃。一致性协议是基于点到点事务的,它由请求者启动,由响应者完成。环形互连提供了节点间最简单的反馈连接。

  (2) 从总线到 SCI 环。图 3.21 示出了一个典型的从总线互连扩展而来的 SCI 环互连。

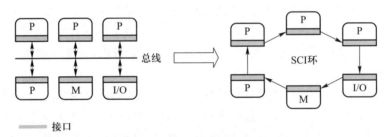

图 3.21　从总线到 SCI 环的演变

  为了理解设计 SCI 的动机,需要关注构造一个可扩展系统时有关总线的三个问题(参照图 3.21)。① 信号问题:总线并不是一条完美的传输线,因为其间需用分接头连接各种处理器、存储器和 I/O 设备。特别是总线驱动器需要大电流时会导致反射噪声的引入。② 瓶颈问题:总线是一种共享介质,每个时刻只能由一个发送器使用。分事务协议也只能给予微乎其微的帮助,而总线仲裁和寻址对每个事务来说总是必须处理和执行的。③ 规模问题:由于信号传输方面的困难,快速总线的总长必定是受限的,进而限制了挂在其上设备的数目。

  SCI 采纳了以下技术来克服与总线相关的三个问题。① 点到点链路:SCI 将各种处理器、存储器和 I/O 设备均视为节点,并且从发送节点到接收节点间使用载有不同信号的点到点链路,不再有任何"T"形接头,因此噪声反射问题大大缓和,信号传输速率大大提高。SCI 不排除非常复杂的节点,包括处理器、存储器和 I/O 设备。② 单向环:链路以一个方向连续绕行,这使得驱动电流可保持为一个常数,从而进一步降低了噪声。因为每个节点至少有一条输入链路和一条输出链路,所以单向环是最简单的拓扑结构。③ 并行性:和总线每时刻仅允许一个事务占用不一样,多个节点可同时注入和提取 SCI 环中的包,从而提高了并行性。

(3) 从环到网孔。其他拓扑结构如二维网孔可用多个环来构造。如图 3.22 所示,环中的网孔用接口模块桥接起来。SCI 互连的带宽、仲裁和寻址机制可望大大胜过底板总线,其主要优点是它的可扩展性。

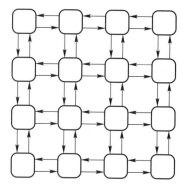

图 3.22 用多个 SCI 环构造二维网孔

**2. 实现问题**

SCI 标准已得到许多著名计算机生产厂家的支持,诸如 HP/Cray、IBM、Data General、Sequent 和 SGI/Convex 等。下面,先介绍一些 SCI 实现方面问题,包括链路格式、包格式、节点接口和 SCI 时钟,最后给出一个 SCI 实现的例子。

(1) 链路和包格式。SCI 使用基于包的分事务协议,其互连时链路和使用的包格式如图 3.23 所示。

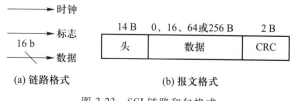

图 3.23 SCI 链路和包格式

(2) SCI 节点接口。有关节点接口的详细描述已在图 3.24 中给出。SCI 链路共18 b,其中时钟位 1 b,标志位 1 b,数据位 16 b。这样的 18 b 实体称为一个符号(symbol)。一个包包括 14 B 的头、2 B 的 CRC 校验以及 0、16、64 或 256 B 的数据。

在每个 SCI 时钟周期内,传输包的一个符号(2 B)、时钟和标志位由硬件生成。因此,一个包可能有 8、16、40 或 136 个符号。

假定一个源节点欲从目的节点读数据,源(称为请求者)经过请求发送队列将一

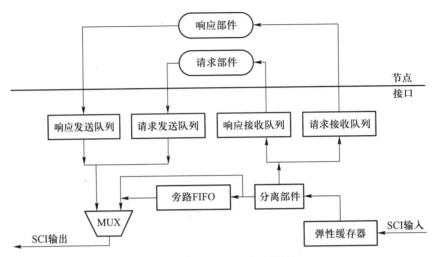

图 3.24　简化的 SCI 节点接口

个请求包注入 SCI 环中。该请求的包头中则含有目的地址、命令和其他信息,它沿着环一个节点接一个节点行进直至到达目的节点。当到达目的节点时,节点的分离装置提取地址以及与节点 ID 匹配的输入包,并将它们送入其中一个接收队列。目的节点(称响应者)在解释读请求之后,取出数据并形成响应包,再将包注入 SCI 环;然后响应包如请求包所做的一样,沿环传回到源节点。

当包到达一节点(比如说 A 节点时),如果它不是目的节点,则包便直接转到 SCI 输出链路并进而传输到下一个节点。如果链路被节点 A 自身发送的数据所占用,则这个包便被置入旁路的 FIFO 队列,以等待输出链路变为空闲。

(3) SCI 时钟。从逻辑上讲,SCI 是同步的,所有链路和接口电路由相同的时钟(通常是 500 MHz)驱动。但为了处理不同节点时钟的差异,接收节点上的弹性缓冲器对进入的包插入或删除空闲字符。

当发送节点没有包要传输时,它就发送空闲字符以保持和接收者同步。此后,如以太网那样,当发送者需要发送包时,它就立即发送包,而不需要先发送同步前导包。SCI 通信协议注重确保网络的公平使用,避免死锁和活锁。

为请求和响应分离发送和接收队列是这种应用的一个例子。如果不分离这两个队列,则过多的请求就可能因禁止一个响应发送而导致死锁。

**3. SCI 一致性协议**

用在 SCI 中的高速缓存一致性协议是基于目录的,并使用共享表将分布目录链接在一起。

(1) 共享表的结构。SCI 中的共享表用来建立目录链以维护高速缓存一致性。共享表的长度可以是无限的,它的创建、修改和删除是动态的。如图 3.25 所示,每个一致的高速缓存行(块),进入共享该块的处理器列表中,共享处理器之间的通信由共享存储器的控制器支持。

对于本地高速缓存数据,处理器可越过上述一致性协议进行访问。使用分布目录,SCI 就可以避免因使用集中目录而限制扩展性的问题。

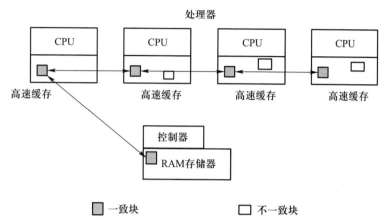

图 3.25 带有分布目录的 SCI 高速缓存一致性协议

其他数据块可能在本地高速缓存中,因此对一致性协议是不可见的。对于每个块的地址,存储器和高速缓存表项中存有附加的标志位,它用来标识共享列表中第一个处理器(表头)以及链接前趋节点和后继节点。

在共享表中,用双链表来维持处理器间的关系。在图 3.25 中,每条链路的双向箭头表示前向和后向指针。通过页面级控制,不一致的副本也可能变成一致的。但是这样的高层软件一致性协议,已超出了所公布的 SCI 标准的范围。后向指针可支持对链表中中间项的独立删除操作。

(2)共享表的创建。共享列表的状态由存储器的状态和列表项的状态决定。通常,共享存储器或是本地非高速缓存的,或是高速缓存的(共享列表)。共享表项指明在多项共享表中该表项的位置,标记表中唯一的表项,或者指明该表项的高速缓存性质,如干净(clean)、脏(dirty)、有效(valid)、过时(stale)等。

头处理器总是负责表的管理。存储器和表项稳定、合法的状态的各种组合可以指示非高速缓存数据、不同单元的干净或脏数据以及高速缓存可写或过时数据。当存储器初始处于本地目录高速缓存状态时,所有高速缓存副本都是无效的。共享列表的创建于高速缓存中一个表项从无效状态向挂起状态转变的时刻。

当读高速缓存的事务直接由处理器向存储器的控制器发出时,存储器的状态从非高速缓存变为高速缓存,并且返回请求的数据。然后请求者的高速缓存表项状态从挂起状态变为唯一干净状态。多个请求虽可同时产生,但它们却由存储器中的控制器顺序处理。

（3）共享表的更新。对于后续存储器存取,可将存储器状态存放在高速缓存中,共享表的高速缓存头可能是脏的数据。一个新的请求者(高速缓存 A)首先把其读高速缓存的事务处理指向存储器,但接收的是指向高速缓存 B 的指针而不是请求的数据。第二个高速缓存到高速缓存的事务处理是从高速缓存 A 发往高速缓存 B 的,然后高速缓存 B 设置它的后向指针指向高速缓存 A,并返回被请求的数据。任何共享表项均可从表中删除,但新表项的增加必须按 FIFO 顺序执行,以免形成潜在的死锁。

共享表头有权从表中清除其他表项以获得一个独占的表项。其他表项可作为一个新的表头重新进入表中。清除操作是顺序执行的。目录链一致性协议具有容错性,因为当处理事务被抛弃时,脏的数据也不会丢失。

# 3.5 选路与死锁

## 3.5.1 信包传输方式

下面,我们将介绍并行机互连网络设计中的选路问题。所谓选路(routing)是指消息从发源地到达目的地所取的走法,即行进的方法。一般可分为最短法(minimal)和非最短法(non-minimal),有时相应地称为贪心法(greedy)和随机法(random)。贪心法总是在源和目的之间试图选择最短的路径,但往往会造成拥挤。随机法虽可能选路长度较长,但不易造成拥挤。选路方法也可分为确定的(deterministic)和自适应的(adaptive),前者在源和目的之间确定一条唯一的路径,后者根据行进中的网络状态信息而自动地确定路径。

### 1. 消息格式

通信中乐于使用消息(message)这一术语,它是节点间通信的逻辑单位,如图 3.26 所示,消息通常由一些定长的(信)包(也称报文)组成。信包是带有选路

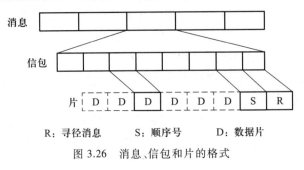

R:寻径消息　　　S:顺序号　　　D:数据片

图 3.26　消息、信包和片的格式

信息的基本通信单位,可以把它分成一些定长的数据片,其中选路信息和顺序号作为包头,其余的是数据。消息格式的改进使开关技术由存储转发式演变成更先进的虫蚀选路方式。

**2. 存储转发(SF)选路**

在存储转发(store and forward,SF)网络中信包是基本的传输单位。在传输过程中,中间节点必须收齐信包且存储在缓冲区中后,才可能传向下一节点,如图 3.27(a)所示。

令 $t_s$ 是启动时间(包括打包、执行选路算法和建立通信界面的时间),$t_h$ 是节点延迟时间(即包头穿越网络中两直接相连的处理器所需的时间),$t_w$ 是传输每个字的时间(它是带宽的倒数)。对于长度为 $m$ 的信包,穿越 $l$ 条链路,在存储转发网络中总通信时间为

$$t_{comm}(SF) = t_s + (mt_w + t_h)l \tag{3.1}$$

如果 $t_h = t_s = 0, t_w = 1$,则

$$t_{comm}(SF) = O(ml) \tag{3.2}$$

**3. 切通(CT)选路**

在切通(cut-through,CT)网络中将信包进一步分成更小的片(数据片和包头)进行传输。虫蚀选路是切通选路的一种形式。在传输过程中,中间节点只备有很小的片缓冲区,一旦收到包头就传至下一节点。同一信包中的所有片一同以流水线方式穿越网络,如图 3.27(b)所示,整个信包犹如一列火车,由火车头(包头)牵引着车厢(数据片)顺序前进。

对于长度为 $m$ 的信包,穿越 $l$ 条链路,在切通网络中总通信时间为

$$t_{comm}(CT) = t_s + mt_w + lt_h \tag{3.3}$$

如果 $t_s = 0, t_h = t_w = 1$,则

$$t_{comm}(CT) = O(m+l) \tag{3.4}$$

一般情况下,$t_s$ 是不容忽略的,而片的大小是远小于 $m$ 的,同时 $t_w$ 通常也比 $t_h$ 大得多,所以式(3.1)和式(3.3)可近似写为

$$t_{comm}(SF) = t_s + mt_w l \tag{3.5}$$

$$t_{comm}(CT) = t_s + mt_w \tag{3.6}$$

式(3.5)和式(3.6)表明了这样的事实:存储转发网络的延迟时间与源和目的之间的距离成正比,而切通网络的延迟时间与源和目的之间的距离无关。

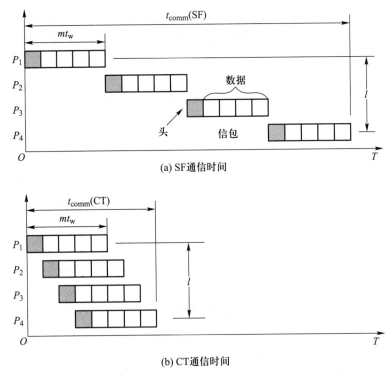

(a) SF通信时间

(b) CT通信时间

图 3.27 SF 和 CT 选路的时间比较

## 3.5.2 选路算法

选路的基本操作就是监控输入端口进来的信包并为每个信包选择一个输出端口。高速交换开关基本上使用三种方法确定输出通道:算术选路法、源选路法和查表选路法。在并行机网络中,由于每隔几个时钟周期,交换开关就需要为所有输入的信包进行选路,因此选路方法应该尽可能简单和快速。

对于规则的拓扑结构,简单的算术算法就足够了,例如维序选路(dimension-ordered routing),它根据通信信道的坐标来确定消息如何穿越相继的通道。当此方法用于二维网孔中时就称为 $x-y$ 选路法,用于超立方网络中时就称为 E-立方(E-cube)选路法。

**1. 算术选路法**

(1) $x-y$ 选路法。在二维网孔中选路时,首先沿 $x$ 维方向确定路径,然后再沿 $y$ 维方向确定路径。

**算法 3.1** 二维网孔上的 $x-y$ 选路算法

输入:待选路的信包处于源处理器中

输出:将各信包送至各自的目的地中

Begin

① 沿 $x$ 维将信包向左或向右选路至目的处理器所在的列

② 沿 $y$ 维将信包向上或向下选路至目的处理器所在的行

End

**例 3.4** 图 3.28 中示出了 4 个(源;目的)对的 $x$-$y$ 选路过程,其中节点(2,1)要选路到节点(7,6),节点(0,7)要选路到节点(4,2),节点(5,4)要选路到节点(2,0),节点(6,3)要选路到节点(1,5)。显然它们不会出现死锁或循环等待现象。

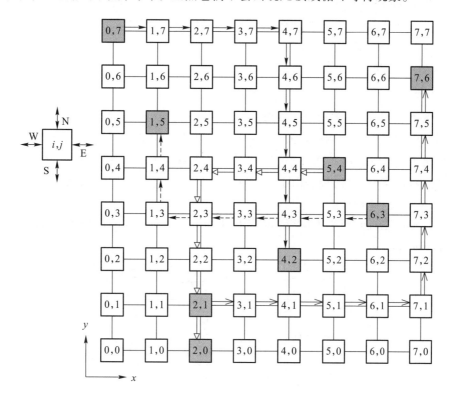

4(源;目的)对:　(2, 1; 7, 6) ⟶　　　(5, 4; 2, 0) ⟶

(0, 7; 4, 2) ⟶　　　(6, 3; 1, 5) --⟶

图 3.28　8×8 二维网孔中 4 个(源;目的)对的 $x$-$y$ 选路

(2) E-立方选路法。对于 $N = 2^n$ 个节点的 $n$ 维立方体,令源节点的二进制编码为 $S = s_{n-1} \cdots s_1 s_0$,目的节点的二进制编码为 $D = d_{n-1} \cdots d_1 d_0$。将 $n$ 维表示成 $i = 1, 2, \cdots, n$,其中第 $i$ 维对应于节点地址的第 $i-1$ 位。设 $V = v_{n-1}, \cdots, v_1, v_0$ 是路径中的任一中间节点,则确定一条从源 $S$ 到目的 $D$ 的 E-立方选路算法如下。

**算法 3.2** 超立方网络上的 E-立方选路算法

输入:待选路的信包在源处理器中

输出:将源处理器中的信包送至其目的地

Begin

① for i = 1 to n do        /*  计算方向位  */

    $r_i = s_{i-1} \oplus d_{i-1}$    /*  $\oplus$为异或运算符  */

    end for

② i = 1, V = S   /*  初始化  */

③ while i ≤ n do

    ③.1 if $r_i = 1$ then 从当前节点 V 选路到节点 $V \oplus 2^{i-1}$ endif

    ③.2 i = i+1

  end while

End

**例 3.5**　图 3.29 中示出了四维超立方的 E-立方选路过程,其中 $n=4, S=0110$, $D=1101, R=r_4r_3r_2r_1=1011$。由于 $r_1=0 \oplus 1=1$,所以 S 的下一节点为 $S \oplus 2^0=0111$; 同样由于 $r_2=1 \oplus 0=1$,所以 $V=0111$ 的下一节点为 $V \oplus 2^1=0101$;由于 $r_3=1 \oplus 1= 0$,所以跳过第 $i=3$ 维;最后由于 $r_4=0 \oplus 1=1$,所以 $V=0101$ 就选路到节点 $V \oplus 2^3= 1101$,它就是目的地。

这种选路机制用于 Intel 和 nCUBE 超立方体、Paragon、Cal Tech Torus 选路芯片 和 J-machine 中。

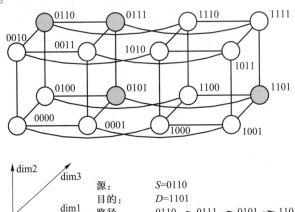

图 3.29　四维超立方的 E-立方选路

**2. 源选路法**

更为通用的选路算法是源选路算法,源节点为消息建立一个头部,其中包含选 路路径上经过的所有交换开关的输出端口。消息路径的各个交换开关简单地从消息头中取出端口号并将消息传递到相应的通道。这种选路可以采用相对简单的开关设计(更少的控制状态),也不需要采用复杂的算术单元来实现对任意网络拓扑的支持。缺点是消息可能头过大,而且长度不固定。该选路方法用于麻省理工学院的 Parc 和 Arctic 路由器、Meiko CS-2 以及 Myrinet 上。

### 3. 查表选路法

最通用的还是查表选路,每个交换开关维护一张选路表 R,而信包的头部包含一个选路域 I,以 I 为索引查选路表就可以得到输出端口 $O = R[I]$。这种方法用于 HiPPI 和 ATM 交换开关中。其缺点是选路表可能很大,要求节点间的选路线路相对稳定,适用于局域网和广域网的选路,对于选路线路相对灵活的并行机网络来说并不合适。

如果所有消息的选路路径由消息的源地址和目的地址完全确定,与网络当前负载情况无关,则该选路算法就称为确定的(非自适应的)。例如,维序选路就是确定的最短选路法。对于确定的选路,无论选路路径上是否有链路出现阻塞,信包都将沿着确定的选路路径进行传输。

### 4. 自适应选路

放宽对选路算法的限制的一大好处就是在多对节点间可能存在多个合法路径,这一点对于实现容错是非常必要的。如果选路算法只能选择一条路径,那么单个连接的失效就会使网络断开。而采用多个可选的路径,不仅有了更强的容错能力,而且网络负载可以分布到多个通道上,从而提高了网络的利用率。

简单的确定性选路算法将给网络带来大量竞争,图 3.30 给出二维网孔上的一个例子。简单的确定性维序选路由于使用相同的链路,多个通信只能顺序进行;而使用自适应选路,则多条路径可能同时用到。自适应选路可以和前面提及的三种选路方法结合:对于源选路,源节点从多条路径中选择一条来建立包头路径信息,无须改变交换开关设计;对于查表选路,不同路径会同时出现在表项中;对于算术选路,要求在头部添加一些控制信息,由交换开关来识别。

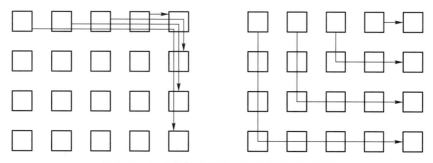

图 3.30 在确定性维序选路下的选路路径冲突

自适应选路并没有被当前的并行计算机广泛使用。Cray T3E 在立方体上实现了最短自适应选路,nCUBE/3 则在超立方体上实现了最短自适应选路。自适应选路的缺点是增加了交换开关的复杂性,因此也会降低它的速度。在网络负载的饱和点附近,简单的确定选路由于对带宽要求低,性能也会比自适应选路算法性能好。

### 3.5.3 死锁避免

#### 1. 死锁的产生

当信包等待一个不能发生的事件时,就发生了死锁(deadlock)。例如,若消息队列已满,每条消息又都在等待其他消息释放资源,那么就没有消息可以到达目的地了。死锁可区分为无限延期及活锁两种:无限延期(indefinite postponement)发生在信包等待一个可能出现但永远也不会发生的事件,因此主要是一个公平性问题;而活锁(livelock)发生在信包在网络中传输却无法到达目的地,活锁只会出现在自适应的非最短路径选路中。

"迎面"(head-on)死锁发生在两个节点之间,当它们都试图向对方发送信包,并且在收到对方发出的信包之前就进行发送。在使用同步发送和接收的应用程序中,这种情形是常见的。或者如果网络中采用半双工的通道或者交换开关控制器无法在双向通道上同时发送和接收信包,"迎面"死锁也可能会出现。无论哪种情形,解决的办法就是允许节点在无法发送时仍然可以接收消息。一个可靠的网络要免于死锁,就要求节点即使无法发送信包,也应能将无用的消息从网络中剔除。

另一种死锁现象是选路死锁(routing deadlock),当网络中多个消息竞争系统资源时就可能发生选路死锁。图 3.31 就是网络选路死锁的一个例子。若干条消息在网络中传输,每条消息由一些数据片构成。而每条通道可看作与一定数量的系统缓冲区资源(包括通道目的交换开关的输入缓冲区,通道源交换开关的输出缓冲区)相关。在该例中,每个信包都将"左转",但四个通道相关的缓冲区都已被占用了。在

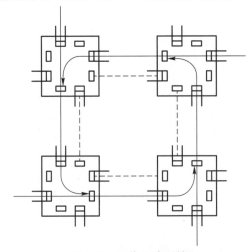

图 3.31 网络选路死锁

申请到新的缓冲区之前,每条消息都不会释放已经占用的缓冲区。在图 3.31 中有四个开关,每个开关有四个输入端口和四个输出端口。四条信包都已占用了各自的一个输入端口、一个输出端口和其他开关上的一个输入端口,因此每个信包在"左转"时都需要一个输出端口。如果没有信包愿意释放它的输出端口,那么就发生死锁。

不论采用存储转发还是切通选路,这种选路死锁都会发生。然而,由于切通选路将一个信包分解成许多数据片序列并分布到多个数据片缓冲区中,所以造成死锁的概率要大一些。

**2. 避免死锁技术**

由于消息在网络通道移动时会导致资源相关,所以避免死锁的基本技术是,要求通道相关图上不出现"圈"。简单的算法是为每个通道资源分配一个数字(资源号),在进行分配时,按照通道资源号递增(或递减)的顺序进行分配。这样一来,就不会在通道资源相关图上出现圈。由于蝶式网络是无环的,故天然满足这个条件。对于树和胖树网络,只要向上的通道和向下的通道互不相关即可。

注意,无死锁选路算法并不意味着系统会免于死锁,但是只要网络接口总是可以接收消息,即使无法发送消息,也不会出现死锁。

(1)虚拟通道。在虫蚀选路网络中避免网络死锁的基本技术是,为每个物理通道提供多个缓冲区,并将这些缓冲区分割形成一组虚拟通道。虚拟通道并不要求增加网络中的物理连接和开关的数目。当然,如图 3.32 所示,它需要在交换开关中添加更多的选择器和多路(复用)器以允许多个虚拟通道共享物理通道。

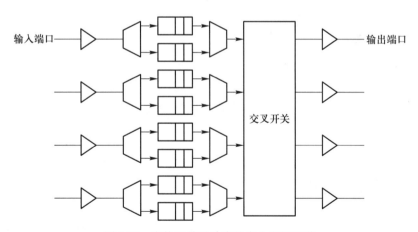

图 3.32  交换开关设计中的多个虚拟通道

虚拟通道可用于打破通道相关图以避免死锁。仍考虑图 3.31 中的例子,假设每个物理通道有两个虚拟通道,如果消息的目的节点号大于消息源节点号,就使用高通道,否则使用低通道,则原来相关图中的圈就被消除了。

(2)"转弯"选路(turn-model routing)。对无死锁选路算法的最少限制是什么呢？"转弯"算法给出了解答。如图 3.33 所示,对于二维网孔,有 8 种可能的"转弯",会形成两种简单的圈,而二维网孔中的维序选路(即 $x-y$ 选路)禁止了 8 种可能转弯中的 4 种(图中虚线"转弯"线是非法的,而实线"转弯"线是合法的)。在二维网孔中,有 16 种方法可禁止两转弯(two-turn),其中 12 种可以避免死锁。图 3.34 中给出了西优先(不允许转向 $-x$ 方向)、北最后(不允许来自 $+y$ 方向的转弯)和负优先(禁止从正方向转向负方向)等三种合法转弯选路算法。为了免于死锁,每一种选录算法只需禁止 8 种可能的转弯中的两种。

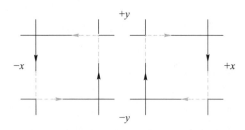

图 3.33　为避免死锁, $x-y$ 选路中对转弯的限制

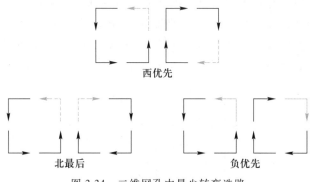

图 3.34　二维网孔中最少转弯选路

## *3.6　流量控制

　　在这一部分中,我们来讨论流量控制(flow control)问题。当网络中有多个数据流需要同时使用共享网络资源时,就需要有一种流量控制机制来控制这些数据流。实际上,在所有网络以及网络的多个层次中都需要进行流量控制,但由于并行机互连网络的一些特点,使得其流量控制与局域网和广域网中的流量控制有很大区别。例如,在并行机中,可能在很短的时间内产生大量的并发数据流,并且对网络传输的可靠性要求很高,其他的网络不会有如此高的要求。在这一节,我们主要考虑并行

机互连网络的流量控制问题。

### 3.6.1 链路层流量控制

所有并行机的互连网络都提供了链路层流量控制,其基本的问题如图 3.35 所示。数据从一个节点的输出端口通过链路传输到另一个节点的输入端口。数据可能存储在一个锁存器(latch)、FIFO 队列或者一块内存缓冲区中。链路可能是长的或短的、宽的或窄的、同步或异步的。关键问题是目的节点的输入端口存储区域可能被填满,这就要求数据保存在源节点的存储区域中,直到目的节点的存储区域变得可用。这样一来,就有可能造成源节点的存储区域也被填满。

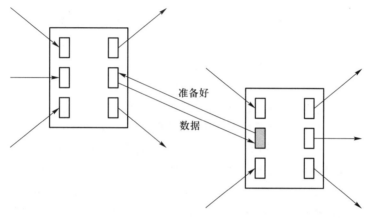

图 3.35 链路层流量控制

链路层流量控制的实现主要依赖于链路设计,其主要思想是一样的:目的节点向源节点提供反馈信息,指示是否能继续接收链路上传来的数据;源节点保持数据,一直到目的节点显示它能继续接收数据。下面我们来看一下对于不同的链路如何实现流量控制。

在长度短且带宽宽的链路中,通过链路的传输很像一个机器内部寄存器间的数据传输,只不过扩展了一组控制信号。如图 3.36 所示,我们也可以把源和目的寄存器看作是对满-空(full-empty)位进行了扩展。如果源寄存器是满的,目的寄存器是空的,则发生传输。传输发生后,目的寄存器变满,源寄存器变空。如果交换开关采用同步操作(如在 CRAY T3D、IBM SP2、TMC CM5 和麻省理工学院 J - machine 中),流量控制要确定在每个时钟周期内是否要进行传输。在采用边缘触发(edge-triggered)或多段电平触发(multiphase level-triggered)的设计中,很容易实现这一点。如果交换开关是异步操作的,则非常像自定时(self-timed)设计中的寄存器传输。当源寄存器满时,发出一个请求信号(Req),准备开始传输。目的寄存器看到请求信号时,就从输入端口接收数据,当接收到数据后,就发出一个确认(Ack)信号。对于长度短、带宽窄的链路,行为很相似,只是一次请求/确认握手信号传输一串位串而已。

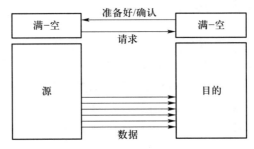

图 3.36 简单的链路层握手

请求/确认握手可以看作是在源节点和目的节点之间传输单个令牌(token)或信用量。当目的节点释放输入缓冲区时,就把令牌传给源节点。源节点就使用这些信用量来发送数据片。对于一个长的链路,可以扩展信用量机制使得整个与链路传播延迟相关的流水线能被充满。如图 3.37 所示,传输一个确认信号也需要几个时钟周期,因此可以同时传输一些确认信号(信用量)。最明显的基于信用量的流量控制是让源节点保持目的节点输入缓冲区中空表项的数目。计数器被初始化为输入缓冲区的大小,当发送一个数据片时,计数器减 1。当计数器减为 0 时,就阻塞发送。当目的节点从输入缓冲区中取走一个数据片时,就将信用量还给源节点,源节点计数器增 1。这样一来,输入缓冲区就不会溢出。这种方法对于宽的链路很有吸引力,因为宽链路有专门的控制线来传递确认信号。对于窄的链路,需要多路复用确认信号进入反向通道(backward channel)。通过传输更大块的信用量可以减少每个数据片的确认信号。然而,这种方法在丢失信用量令牌的情况下,不是很健壮。

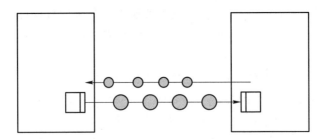

图 3.37 长链路传输数据片和确认信号

理想情况是数据流传输很平缓,这时就不需要进行流量控制了。流量控制机制应该是一个调节器,当输入速率与输出速率不匹配时,就要给出提示。基于信用量的链路层流量控制机制的一种替代方法是,将目的节点输入缓冲区看作是一个具有低水位标记和高水位标记的水箱。当缓冲区的数据量低于低水位标记时,就向源节点发一个"发送"信号;当高于高水位标记时,就向源节点发一个"停止"
信号。这种方法用在 Caltech Router、Myrinet Commercial Follow-on 中。类似的技术
也用在调制解调器中。

值得注意的是,链路层流量控制不仅用在主机-交换开关的链路中,也用在交
换开关-交换开关的链路中。此外,通常还可将其用在处理器-网络接口(NI)之
间,并且对于这些不同种类的接口,采用的技术也不一样,我们在这儿就不仔细介
绍了。

## 3.6.2  端到端流量控制

链路层流量控制实际上也间接实现了一定程度的端到端流量控制。因为如果
拥塞持续下去,缓冲区将会被填满,从而使从拥塞点到数据流源主机节点路径上的
所有连接都受到限制,这种情况被称为向后压力(backward pressure)。例如,如果
$k$ 个节点都同时向一个目的节点发送数据,则它们的输出带宽最终会被调整到平均
输出带宽,即 $1/k$ 输出带宽。如果交换开关的调度是公平的,并且网络中所有的路由
器是对称的,则向后压力足够实现流量控制了。问题是当源节点感觉到向后压力,
并且调整它的输出流时,从热点(hot spot)到源节点的树上的所有缓冲区都已经被填
满了。这就使得所有通过这棵树的通信变得都很慢。

**1. 热点问题**

随着制造含有几百、几千个处理器的并行机成为现实,热点问题就受到了关注。
如果 1 000 个处理器都把自己的超过 0.1% 的通信量传输给同一个目的节点,则这个
目的节点就会饱和。如果这种情况持续下去,在这个目的节点前就会形成一棵饱和
树(saturation tree),并且最终会影响从源节点到这个目的节点的所有路径。这种情
况会严重影响系统中其他的通信。

已经提出了一些机制来减少热点的发生。例如,让所有需要将一个共享变量的
值增 1 的处理器执行一个并行扫描操作,即用一个并行扫描的操作来实现多个处理
器对一个共享变量的增 1 操作。

**2. 全局通信(global communication)操作**

使用简单的向后压力方法来实现流量控制,即使在完全平衡的通信模式中也会
出现问题,例如,每个节点向所有其他节点发送 $k$ 个信包。这种现象在许多情况下都
会发生,例如转置一个全局矩阵时。即使互连网络拓扑结构健壮得足以保证在进行
这些操作时能避免形成内部瓶颈(比如胖树结构能够达到这个要求),但一个暂时的
积压还是会造成连锁效应。若一个目的节点从网络中接收数据包慢了一些,积压就
开始形成了。并且如果接收数据包的优先级比发送数据包的优先级高,那么这个节
点发送数据包就会比其他节点慢。这样一来,其他节点发送的数据包就会比接收到

的数据包多,网络中积压的数据包就会变得越来越多。

在全局通信例程里简单的端到端协议就是用来解决这个问题的。例如,一个节点可能等到接收到与它发送的相等数据量后才继续发送,或者,要等到接收到它所发送的数据的确认信息后才继续发送。这些预防措施可使处理器更加协调一致地工作,并且在通信流中引入了一些小的间隔以消除处理器之间的相互影响。

**3. 接纳控制(admission control)**

在切通网络中延迟会低于饱和度(saturation)。在大多数现代的并行机网络中,单一消息就会占据从源到目的节点的整条路径。如果远地网络接口没有准备好接收这个消息,它最好还是存放在源节点的网络接口中,而不是让其在网络中阻塞通信。要实现这个目的,一种方法是在网络接口之间使用基于信用量的流量控制。例如,研究表明,在每对网络接口之间只允许有一个未完成的消息,就可以获得好的吞吐量和低延迟。

## 3.7 交换开关的设计

网络设计最终要归结到交换开关的设计和如何将交换开关连接起来。交换开关的度、内部的选路机制和内部的缓冲策略决定了能支持怎样的网络拓扑和选路算法。在本章前面的网络部件部分,已经描述了交换开关的基本结构(如图 3.3 所示),现在详细地介绍交换开关的设计。

### 3.7.1 端口

交换开关的引脚数目是输入和输出端口的总数乘以通道宽度。相对于芯片面积来说,芯片周长增长缓慢,因此交换开关引脚数目受到限制。由于高速串行连接使用最少的引脚,并且消除了在通道的不同位线之间扭斜(skew)的问题,因此很受欢迎。但其主要缺点是,时钟和所有的控制信息都必须在串行位流的帧内进行编码。使用并行连接,需要有一根线专门用来传递时钟信号。另外,流量控制可以通过另外一根提供准备/确认(ready/acknowledge)握手信号的线来实现。

### 3.7.2 内部数据路径

数据路径是输入端口和输出端口之间的通路,虽然它可以用许多方法来实现,但通常是指内部的(纵横)交叉开关。在一个非阻塞交叉开关(non-blocking crossbar)中,每个输入端口能以任何置换次序连向一个独立的输出端口。

如图 3.38(a)所示,从逻辑上来说,一个 $n×n$ 交换开关的非阻塞交叉开关无非是一个与每个目标相关的 $n$ 路多路复用器。依赖于底层技术,多路复用器可以用不同的方法来实现。例如,采用 VLSI 技术,典型的实现是采用如图 3.38(b)所示的 $n$ 个三态驱动电路形成单个总线。在这种情况下,对于每个输出端口,控制通路提供 $n$ 个使能点。另外,还有一种广泛应用的技术是利用内存来实现交叉开关,如图 3.38(c)所示,通过输入端口向里写,输出端口向外读。

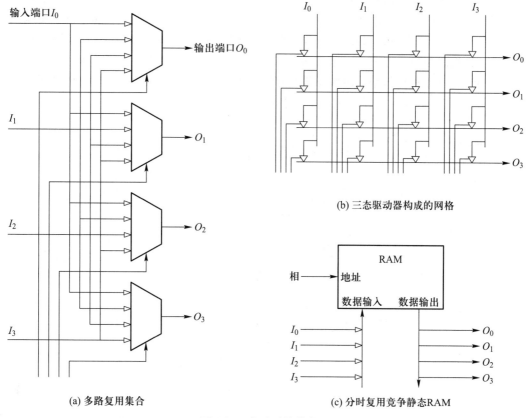

图 3.38 交叉开关的实现

### 3.7.3 通道缓冲区

交换开关中缓冲区的组织对性能影响很大。传统的路由器和交换开关设计,常常在交换开关组织外设置很大的 SRAM 或 DRAM,但在 VLSI 设计中,缓冲区在交叉开关内部,与数据通路和控制部分一样占据硅片。缓冲区的设置有四种基本选择:不设置缓冲区,在输入端设置缓冲区,在输出端设置缓冲区,设置一个集中的共享缓冲池。

**1. 输入端缓冲**

一种方法是在每个输入端口提供独立的 FIFO 缓冲区,如图 3.39 所示。每个缓冲区在一个时钟周期内接收一个节片(phase handoff information table,PHIT,也称相位切换信息表),并向输出端口发送一个节片。这样一来,交换开关的内部带宽就能很容易匹配进来的数据流。交换开关的操作相对简单,它监控每个输入 FIFO 队列的头,计算各数据流要去的输出端口,然后调度相应信包通过交叉开关。选路逻辑与每个输入端口相关,用来决定想要去的输出端口。如果是算术选路,每个输入端口需要一个算术单元;如果是查表选路,每个输入端口需要一个选路表;如果是切通选路,选路逻辑不必在每个时钟周期都做出决定,只需要对每个信包做决定即可。实际上,选路逻辑是个有限状态机,在信包的边界作出新的路由决定之前,将同一个信包的所有数据片送到同一个输出通道上。

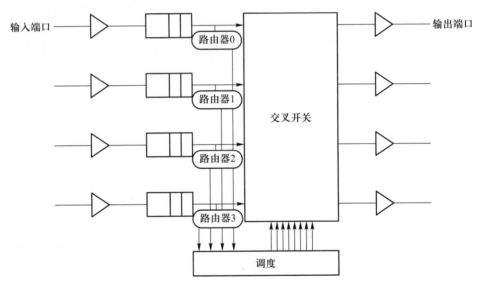

图 3.39 输入端缓冲的交换开关

然而这种简单的输入端缓冲方法会导致"排头"(head-of-line)阻塞问题。例如,如果两个输入端口都有信包要传到同一个输出端口,其中一个将会被调度输出,另一个将会被阻塞。可是,在被阻塞的信包后面的信包,可能是要传到一个没有被使用的输出端口,但是它却不能被传输。"排头"阻塞对通道利用率影响很大。

**2. 输出端缓冲**

对于交换开关的基本改进是解决在每个输入端口有多个信包等待传到输出端口的问题。如图 3.40 所示,一种方法是扩展输入 FIFO 队列,为每个输出端口设置独立的缓冲区,这样一来,信包在到达时就按目的端口排序了。如果输入端口通信流稳定,那么输出端能 100% 驱动。尽管这种设计有很大好处,但是代价也很高,需要额外的缓冲区和复杂的内部连接,并且需要一个排序阶段和更宽的多路复用器。这些都可能导致交换开关的时钟周期变长,或者增大选路延迟。

图 3.40 中缓冲区是与输入端口还是与输出端口相关完全是一个视角问题。如果看作是输出端口缓冲区,其主要特点是在一个时钟周期内,每个输出端口有足够的内部带宽以便从每个输入端口接收一个信包。这些也能够用一个独立的输出 FIFO 来实现,只不过它要求队列的内部时钟速率比输入端口的时钟速率快 $n$ 倍。

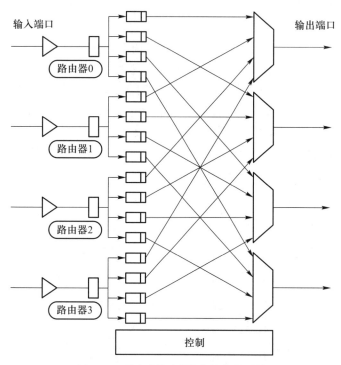

图 3.40 避免"排头"阻塞的交换开关

### 3. 共享池

使用共享池(shared pool),每个输入端口都将数据放到一个集中的内存中,每个输出端口从那里读数据。这种方法不会出现"排头"阻塞问题,因为只要有空间,每个输入端口都能向共享池写数据,而不管是传到哪个输出端口。这种方法的一个问题是如何将 $n$ 个输入端口的带宽匹配 $n$ 个输出端口的带宽。解决办法是使连到共享池的内部数据通路的宽度是链路的 $2n$ 倍,每个输入端口在写入共享池之前缓存 $2n$ 节片,每个输出端口一次取得 $2n$ 节片。共享池通常采用 SRAM。

### 4. 虚拟通道缓冲

虚拟通道提供了另一种组织交换开关内部缓冲区的方法。在前面选路部分,我们介绍了一组虚拟通道可使多个独立的信包通过同一个物理链路。如图 3.32 所示，为了支持虚拟通道，通过链路的数据流在到达输入端口时被分解后放到独立的通道缓冲区中。在通过交叉开关之前或者之后，被重新合并后进入输出端口。如果一个虚拟通道被阻塞，则其他的虚拟通道还能继续通向输出端口。尽管有可能所有的虚拟通道都选路到同一个输出端口，但是期望的输出端口覆盖率（expected coverage of outputs）会好得多。

### 3.7.4 输出调度

在交换开关设计中还有一个主要的部分是调度算法，它决定在每个时钟周期选择要传送的信包。解决输出调度问题也有多种方法。一种简单的方法是将调度问题看作 $n$ 个仲裁问题，每个输出端口一个。如图 3.41 所示，每个输入缓冲区都有请求线连向各输出端口，且每个输出端口有一根授予（grant）线连到输入缓冲区。选路逻辑计算出欲到达的输出端口，并置位（assert）跟选定输出端口相连的请求线。输出端口调度逻辑在这些请求之间进行仲裁，选出一个并置位相应的授予信号线。然后，选中的输入缓冲逻辑就开始传送它的信包。

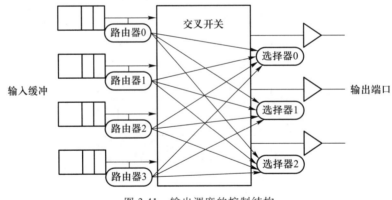

图 3.41　输出调度的控制结构

另一个设计问题是选择什么样的仲裁算法，有多种方法可供选择，包括静态优先权法、随机法、轮转法和最老优先法（oldest-first）。每种方法都有不同的性能特征和实现复杂度。静态优先权法实现最简单，只需要用一个简单的优先权编码器。然而在一个很大的网络里，这种方法可能造成不确定的延迟。一般来说，给每个输入端口提供公平服务的调度算法性能会更好。轮转法需要一个额外的位，在每个时钟周期改变优先级的次序。最老优先法虽然与随机法有同样的平均延迟，但延迟变化比随机法要小一些。一种最老优先法的具体实现是在每个输出端口上设置一个输入端口号的控制 FIFO 队列，当一个输入缓冲区请求获得一个输出端口进行传输时,就将一个请求放入控制 FIFO 队列中,在 FIFO 队列中最老的请求被授予输出端口。

## 3.8 实例研究

现以 IBM SP-1、SP-2 网络为例进行实例研究。IBM SP-1 和 SP-2 并行机中互连网络特点是:包交换,采用切通源选路算法,无虚拟通道。交换开关有 8 个双向的 40 MBps 端口,能够支持多种拓扑结构。如图 3.42 所示,在 SP 机器中,一个机架(rack)内将 8 个交换开关组织成 4 路二维蝶形交换开关板,该交换开关板的 16 个内部端口连接机柜内的 16 个主机节点,16 个外部端口连接其他的机架。各个机器的机架间拓扑结构不一样,一般为蝶形网络的变种。

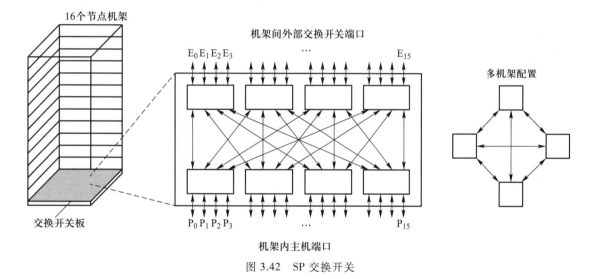

图 3.42　SP 交换开关

一个信包最多由 255 B 构成,其中第一个字节是包长度,紧接着是一个或多个选路字节,最后是数据信息。每个选路字节包含两个 3 位输出说明符(output specifier)和一个选择器(selector)位。链路是同步的、宽的、长的。所有交换开关由 40 MHz 时钟驱动。链路由 10 根线组成,其中 8 根数据线,一个帧"标记"控制位,一个反向流量控制位。因此,每个节片是一个字节。帧"标记"控制位用来确认长度和选路节片。数据片占 2 B;两个时钟周期用来发信号以表示在接收端缓冲区中是否有两个字节的空闲存储空间。在任何时刻,一个数据/标记(data/tag)流能够沿着链路一个方向传播,而一个信用量令牌流则沿着相反方向传播。

交换开关在每个输入端口提供一个 31 B 的 FIFO 缓冲区,允许链路长度为 16 个节片。此外,在每个输出端口设置 7 B 的 FIFO 缓冲区,并且提供一个能容纳 128 个 8-字节块(chunk,也称组块)的集中共享队列。如图 3.43 所示,交换开关利用一个无缓冲字节串行的 8×8 交叉开关和一个 128×64 位双端口 RAM 作为输入和输出端口之间的连接。在信包的两个字节到达输入端口后,输入端口控制逻辑就请求需要的输出端口。如果输出端口空闲,则信包直接切通交叉开关到达输出端口,这样的选路延迟最小,每个交换开关仅为 5 个时钟周期。如果输出端口不空闲,则将包放入输入 FIFO 队列。如果输出端口继续阻塞,则将信包放入集中队列的 8-字节块中。由于集中队列在每个时钟周期能接收一个 8-字节块的输入或者输出,因此它的带宽能够匹配交换开关的 8-字节块的串行输入和输出端口。内部实现时,集中队列可以组织成 8 个 FIFO 链接列表,每个输出端口一个,并且利用 128×7 的 RAM 来存放这些链接表。为每个输出端口保留了一个 8-字节块。因此,当负载轻的时候,交换开关以字节-串行的方式运行;当有竞争的时候,就通过集中队列来分时复用 8-字节块,这时输入就作为一个集中器(deserializer),而输出作为一个串行器(serializer)。

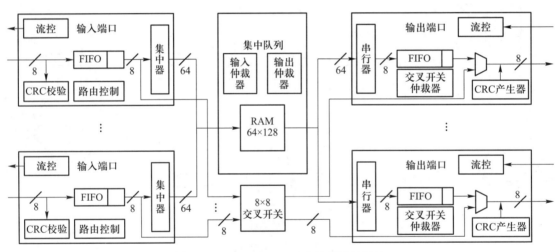

图 3.43 IBM SP(Vulcan)交换开关的设计

每个输出端口以最近最少使用(LRU)方式来选择请求,并且同时考虑集中队列中块的优先权高于输入端口的 FIFO 队列中的字节,集中队列也以最近最少使用方式来服务输出端口,并且在服务输入端口时,优先选择那些目的输出端口不被阻塞的输入端口。

SP 网络有两个特殊的地方。首先,它的操作是全局同步的,时间被划分成 64 周期的"帧"。它的信包中不包含 CRC 信息(错误校验信息),而是在每个帧的最后两个节片中携带 CRC。输入端口检查 CRC,而输出端口产生 CRC 信息。其次,为了诊断的需要,交换开关支持一种电路交换的"服务模式"。在改变模式之前,网络中的信包应该全部被传输完毕。

## 3.9   小结

   本章介绍了并行机中互连网络技术,包括静态互连网络、动态互连网络和机群系统的互连技术。机群系统互连一般采用高速商用网络,本章重点介绍了几种高速网络技术,如 ATM 和 SCI 等。另外,本章试图从设计者的角度来分析并行机中的互连网络,介绍了并行机中互连网络的主要问题,包括选路、流量控制以及交换开关设计。读者通过学习这部分内容,可以大致了解并行机网络的设计概貌。最后,以 IBM SP 系统的互连网络为例加以分析,以期加深读者对并行机互连网络设计的了解。

## 习    题

   3.1   对于一棵 $k$ 级二叉树(根为 0 级,叶为 $k-1$ 级),共有 $N=2^k-1$ 个节点,当推广至 $m$ 元树时(即每个非叶节点有 $m$ 个子节点)时,试写出总节点数 $N$ 的表达式。

   3.2   二元胖树如图 3.44 所示,此时所有非根节点均有两个父节点。如果将图中的每个圆角矩形框视为单个节点,并且将成对节点间的多条边视为一条边,则它实际上是一棵二叉树。试问:如果不管圆角矩形框,只把小方块视为节点,则它从叶到根形成什么样的多级互连网络?

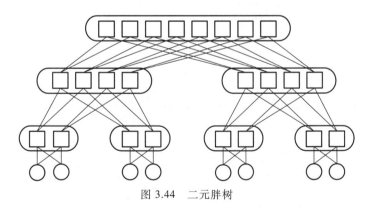

图 3.44   二元胖树

   3.3   四元胖树如图 3.45 所示,试问:每个内节点有几个子节点和几个父节点? 你知道哪个机器使用了此种形式的胖树?

   3.4   试构造一个 $N=64$ 的立方环网络,并将其直径和节点度与 $N=64$ 的超立方比较,你的结论是什么?

   3.5   一个 $N=2^k$ 个节点的 de Bruijn 网络如图 3.46 所示。令 $a_{k-1}a_{k-2}\dots a_1a_0$ 是一个节点的二进制表示,则该节点可达如下两个节点:$a_{k-2}\dots a_1a_00$,$a_{k-2}\dots a_1a_01$。试问:该网络的直径和对剖宽度为多少?

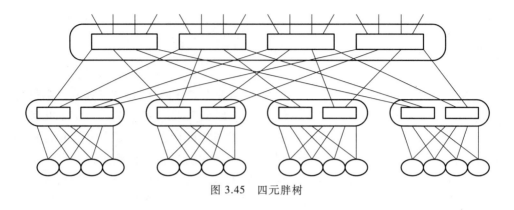

图 3.45 四元胖树

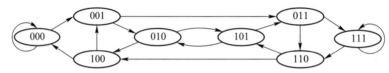

图 3.46 $N=8$ 的 de Bruijn 网络

3.6 一个 $N=2^n$ 个节点的洗牌交换网络如图 3.47 所示。试问:此节点度、网络直径和网络对剖宽度分别是多少?

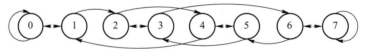

图 3.47 $N=8$ 的洗牌交换网络

3.7 一个 $N=(k+1)2^k$ 个节点的蝶形网络如图 3.48 所示。试问:此网节点度、网络直径和网络对剖宽度分别是多少?

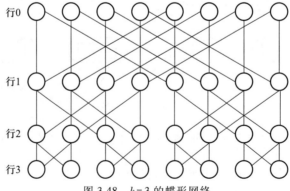

图 3.48 $k=3$ 的蝶形网络

3.8    在建造可扩展的共享存储器的多处理机系统时,SCI 技术正成为流行的选择。回答下列关于 SCI 的问题。

(1) 解释 IEEE SCI 标准中的高速缓存一致性协议,该协议用 SCI 链路互连的处理器节点以实现分布共享存储器(DSM)。

(2) 为什么 SCI 连接比大多数用来构造 DSM 多处理机的共享介质网络可扩展性更好?

(3) 解释怎样使用 SCI 链路来构造 CC-NUMA 多处理机系统。

(4) 在使用 SCI 互连构造可扩展的并行计算机系统时,当前的限制和缺陷是什么?

3.9    编号分别为 $0,1,2,\cdots,$ F 的 16 个处理器之间要求按以下配对方式通信:$(B,1),(8,2),$ $(7,D),(6,C),(E,4),(A,0),(9,3),(5,F)$。试选择互连网络类型、控制方式,并画出该互连网络的拓扑结构和各级交换开关状态图。

3.10    并行处理机有 16 个处理器,要实现相当于先是 4 组 4 元交换,然后是两组 8 元交换,最后是一组 16 元交换的交换函数功能,请写出此时各处理器之间所实现的互连函数的一般式;画出相应多级网络拓扑结构图,标出各级交换开关的状态。

3.11    画出 0~7 号共 8 个处理器的三级混洗交换网络,并标出实现将 6 号处理器数据播送给 0~4 号,同时将 3 号处理器数据播送给其余 3 个处理器时的各有关交换开关的控制状态。

3.12    对于如下列举的网络技术,用网络结构描述、速率范围、电缆长度等填充表 3.7 中的各项。

[提示:根据讨论的时间年限,每项可能是一个范围值。]

表 3.7    题 3.12 表

| 网络技术 | 网络结构 | 带宽(速率范围) | 铜线距离 | 光纤距离 |
| --- | --- | --- | --- | --- |
| Myrinet | | | | |
| HiPPI | | | | |
| SCI | | | | |
| 光纤通道 | | | | |
| FDDI | | | | |

3.13    如图 3.49 所示,信包中的片 0,1,2,3 要分别去向目的地 A,B,C,D。此时片 0 占据信道 BC,片 1 占据信道 DC,片 2 占据信道 AD,片 3 占据信道 BA。试问:

(1) 将会发生什么?

(2) 如果采用 $x\text{-}y$ 选路策略,可避免上述现象吗? 为什么?

3.14    试证明 E-立方选路在超立方网络中是不会发生死锁的。

3.15    在二维网孔中,试构造一个与 $x\text{-}y$ 选路等价的查表选路。

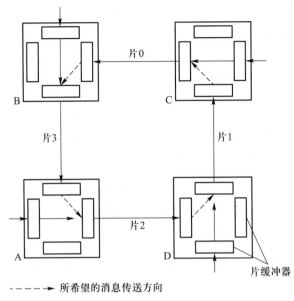

- - - - → 所希望的消息传送方向

图 3.49 虫蚀选路网络中出现的现象

# 参 考 文 献

［1］ LEISERSON C.Fat Tree：Universal Networks for Hardware－Efficient Supercomputing. IEEE Transactions on Computers,1985,34(10):892-901.

［2］ KUCK D J,DAVIDSON E S,LAWIRE D H, et al.Parallel Supercomputing Today－The Cedar Approach.Science,1986,231:967-974.

［3］ STAMPER D A.FDDI Handbook：High－Speed Networking Using Fiber and Other Media.Boston ：Addison Welsley,1994.

［4］ WEI J, CHENG Q, PENTY R V, et al.400 Gigabit Ethernet using Advanced Modulation Formats：Performance, Complexity, and Power Dissipation.IEEE Communications Magazine, 2015, 53(2):182-189.

［5］ GUSTAVSON D B,LI Q.Low Latency,High－Bandwidth,and Low Cost for Local－Area Multiprocessor ［D］. Department of Computer Engineering, Santa Clara University,1996.

［6］ BRYHNI H,WU B.Initial Studies of SCI LAN Topologies for Local Area Clustering：Proceedings of the First International Workshop on SCI－based Low－Cost/High－Performance Computing,1994.

［7］ JAMES D V.Distributed-Directory Scheme：Scalable Coherence Interface.Computer，1990，23（6）：74-79.

［8］ DALLY W J.Virtual-Channel Flow Control：Proceedings of the 17th Annual International Symposium on Computer Architecture（ISCA），Seattle，WA，1990.

［9］ THOMAS G.Introduction to Computer Networking.Cham：Springer，2017：29-34.

［10］ GRUN P. Introduction to InfiniBand for end users ［R］. InfiniBand Trade Association，2010.

［11］ FELDMAN M，SNELL A. A New High Performance Fabric for HPC ［R］. Intersect360 Research，2016.

［12］ TANG W，LU Y，XIAO N，et al.Accelerating Redis with RDMA over InfiniBand：International Conference on Data Mining and Big Data.Cham：Springer，2017：472-483.

［13］ SINGH J，GARG M.Performance Analysis of High Computational Jobs using Infiniband Interconnect.International Journal of Advanced Research in Computer Science，2015，6（8）：58-60.

［14］ MACARTHUR P，LIU Q，RUSSELL R D，et al.An Integrated Tutorial on InfiniBand，Verbs，and MPI.IEEE Communications Surveys & Tutorials，2017，19（4）：2894-2926.

［15］ SEITZ C L，SU W K.A Family of Routing and Communication Chips based on Mosaic Cambridge：MIT Press，1993：320-337.

［16］ BODEN N，COHEN D，FELDERMAN R，et al.Myrinet：A Gigabit-per-Second Local Area Network.IEEE Micro，1995，15（1）：29-38.

［17］ PFISTER G F，NORTON V A.“Hot Spot” Contention and Combining in Multistage Interconnection Networks. IEEE Transactions on Computers，1985，C-34（10）：943-948.

［18］ BREWER E A，KUSZMAUL B C.How to Get Good Performance from the CM5 Data Network：Proceedings of 1994 International Parallel Processing Symposium，Cancun，1994.

［19］ LEIGHTON F T.Introduction to Parallel Algorithms and Architectures.San Francisco：Morgan Kaufmann，1992.

［20］ CALLAHAN T，GOLDSTEIN S C.NIFDY：A Low Overhead，High Throughput Network Interface：Proceedings of the 22nd Annual Symposium on Computer Architecture，1995.

［21］ ABALI B，AYKANAT C.Routing Algorithms for IBM SP1.New York：Springer-Verlag，1994：161-175.

[22] STUNKEL C B, SHEA D G. The SP-1 High Performance Switch：Proceedings of Scalable High Performance Computing Conference, Knoxville, 1994.

[23] DUATO J, YALAMANCHILI S, NI L. Interconnection Networks：An Engineering Approach. IEEE Computer Society Press, 1997.

[24] 王鼎兴, 陈国良. 互联网络结构分析. 北京：科学出版社, 1990.

[25] IEEE B E. IEEE Standards for Futurebus+：Logical Layer Specifications. 1991.

[26] KAROL M, HLUCHYJ M, MORGAN S. Input Versus Output Queuing on a Space Division Packet Switch. IEEE Transactions on Communications, 1987, 35 (12)：1347-1356.

# 第四章　集中式共享存储并行处理系统

集中式共享存储并行处理系统是共享存储并行处理系统的一种重要类型。它具有全局统一编址的共享存储器,处理机没有自己局部的存储器,通过互连网络与共享存储器相连。在本章中,首先讨论集中式共享存储系统的特点,然后介绍集中式共享存储并行处理系统设计的关键问题,主要包括高速缓存一致性问题及存储一致性模型、基于总线的侦听高速缓存一致性协议及其基本实现,最后介绍同步问题及典型示例。

# 4.1 引言

## 4.1.1 共享存储并行处理系统

共享存储并行处理系统是具有全局统一编址的共享存储器,各个处理机通过共享变量实现通信与同步的多处理机并行处理系统。共享存储并行处理系统的每个处理机都可把数据存入存储器,或从中取出数据,处理机之间的通信采用读写指令访问共享数据来实现。共享存储并行处理器系统可以通过对同一存储器中共享数据(变量)的读写来提供一个简单、通用的程序设计模型,具有易于编程的特点。用户还可以在这种系统上方便地仿真其他程序设计模型(如消息传递编程模型)。程序设计的方便性和系统的可移植性使得并行软件的开发费用大为降低。然而,共享存储并行处理系统由于共享访问介质,因而在访问共享存储器时系统可能要面临较重的竞争和较长的延迟,相对于分布式系统而言,这些问题会严重损害其峰值性能和可扩放性。共享存储并行处理系统的结构如图 4.1 所示,其中 P 表示处理机,M 表示存储器。多个处理机之间通过总线、交叉开关、网孔等互连网络与共享存储器相连。值得注意的是,本章中处理机是一个抽象概念,代表能够独立取指令执行的处理单元,在由多个处理器芯片构成的系统中通常指的是处理器,而在单个芯片上具有多个处理器核的多核处理器中通常指的是处理器核。因此,本章中处理机、处理器和处理器核在概念上是通用的。

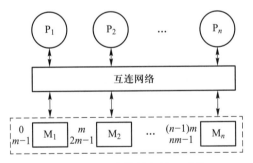

图 4.1 共享存储并行处理系统

根据共享存储器的分布,即处理机是否有自己的局部存储器,共享存储并行处理系统可分为集中式共享存储并行处理系统和分布式共享存储并行处理系统两大类。本章主要介绍集中式共享存储并行处理系统,后者将在下一章介绍。

## 4.1.2 集中式共享存储并行处理系统的特点

在集中式共享存储并行处理系统中,处理机没有自己的局部存储器,处理机通过互连网络与共享存储器相连。图 4.2 为集中式共享存储并行处理系统的结构图,其中 P 表示处理机,SM 表示共享存储器,互连网络可以为总线、环、交叉开关、网孔或多级互连网络等。所有共享存储器是统一编址的,一个处理机通过读写指令就能访问任一存储单元。

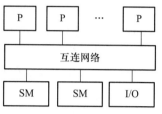

图 4.2 集中式共享存储并行处理系统的结构图

集中式共享存储并行处理系统中所有的通信和本地计算都将产生对存储器的读写,进而导致共享存储成为严重的性能瓶颈,因此从系统设计的角度说,扩展存储器的组织就是一个关键的设计因素。高速缓存(cache)是扩展存储器的一种有效方式,它是一种硬件结构,容量较小,但访问速度很快。高速缓存存放的是存储器内容的子集,只有当访问高速缓存中没有的内容时,才需要访问存储器,利用程序访存的局部性原理可以大幅度减小对存储器的访问压力。

根据高速缓存的共享方式,集中式共享存储并行处理系统可以分为私有高速缓存结构和共享高速缓存结构,如图 4.3 所示。私有高速缓存结构如图 4.3(a)所示,每个处理机具有私有高速缓存,处理机不能直接访问其他处理机的私有高速缓存,互连网络位于处理机的私有高速缓存和共享主存之间。共享高速缓存结构如图 4.3(b)所示,处理机共享高速缓存,互连网络位于处理机和高速缓存之间。

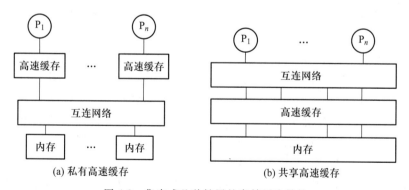

(a) 私有高速缓存      (b) 共享高速缓存

图 4.3 集中式几种扩展的存储层次结构

### 1. 私有高速缓存结构

私有高速缓存结构主要用于实现中小规模的多处理器设计,处理器数量支持数个到数十个。20 世纪八九十年代到 21 世纪初流行的对称多处理器(SMP)就是采用这种结构。传统 SMP 系统使用多个商用处理器芯片,通常具有片上或者外置高速缓存,它们经由高速总线(或交叉开关)连向共享存储器。

SMP 结构具有以下一些特性。① 对称性:系统中任何处理器均可对称地访问任何存储单元,且具有相同的访存时间,所以也常称作均匀存储访问(UMA)结构。② 单物理地址空间:所有处理器的存储单元按单地址空间编址。③ 高速缓存及其一致性:多级高速缓存可支持数据局部性,且其一致性由硬件来实现。④ 低通信延迟:处理器间的通信用简单的读写指令来完成。

正是这些特性使 SMP 得到了广泛使用。例如,由于存在单物理地址空间,只需要一个操作系统副本驻留在共享存储器中,操作系统可以按工作负载情况在多个处理器上调度进程,从而易于实现动态负载平衡和有效地利用系统资源。这一点使得它非常适合作为对吞吐量要求很高的服务器。SMP 例子包括 Sun Enterprise 6000、SGI Challenge、Intel PRO 等。

由于受共享总线和内存系统的带宽限制,SMP 的可扩放性不是很好。考虑可扩放性问题,将私有高速缓存结构中的互连网络采用可扩放的点对点网络,同时内存被划分为许多逻辑模块,连到互连网络的不同连接点,这种结构被称为舞厅(dance hall)结构。这种结构也是对称的,所有的处理器到内存的距离是相同的。缺点是所有内存存取都要经过互连网络,当其规模较大时,内存存取延迟较大。

**2. 共享高速缓存结构**

共享高速缓存结构于 2000 年后被普遍用于在单个芯片上实现多处理机,称为单片多处理机(chip multiprocessor,CMP),又称为多核处理器。多核处理器通常在芯片上集成多个处理器核和访存控制器,并且设置多级高速缓存来缓解访存压力。由于一级高速缓存的访问对处理器核的性能影响较大,因此一级高速缓存通常是处理器核私有的。主流的商用多核处理器采用一级高速缓存私有、末级高速缓存(last level cache,LL Cache)共享解决方案。末级高速缓存通常是三级高速缓存,可以设置在芯片上,也可以是设置在芯片外。如图 4.4 所示,多核处理器中对末级高速缓存的共享可以分为集中式的均匀高速缓存访问(uniform cache access,UCA)结构和分布式的非均匀高速缓存访问(non-uniform cache access,NUCA)结构。在 UCA 结构中,多个处理器核通过片上总线或者交叉开关连接末级高速缓存,所有处理器核对末级高速缓存的访问延迟相同。这种集中式的共享末级高速缓存,很容易随着处理器核数目的增加成为瓶颈。另外,UCA 结构由于使用总线或者交叉开关互连,可扩展性受限。因此,通常在处理器核数较小的通用多核处理器中采用 UCA 结构,例如四核龙芯 3 号处理器。

NUCA 是一种分布式共享结构,每个处理器核拥有本地末级高速缓存,并通过片上互连访问其他处理器核的末级高速缓存。在 NUCA 结构中,处理器核可以访问所有末级高速缓存,但是不同位置的末级高速缓存具有不同的访问延迟。当工作集较

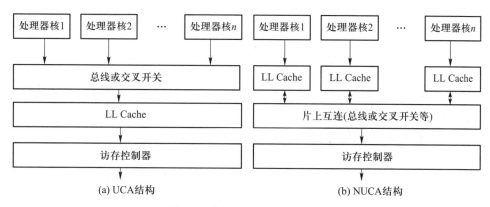

图 4.4    多核处理器结构示意图

小时,处理器核的本地高速缓存足够容纳工作集,处理器核只使用本地高速缓存;当工作集较大时,本地高速缓存中放不下的数据可以放到远地高速缓存中。NUCA 结构需要高效的高速缓存查找和替换算法,以确保在使用远地高速缓存时也不会影响性能。NUCA 结构中通常采用可扩展的片上互连(如网孔片上网络等),具有良好的可扩展性,可以有效支持较多数目的处理器核。因此,在具有较多核数的多核(或者众核)处理器中通常采用 NUCA 结构,如 SPARC M7 等。

## 4.2    高速缓存一致性和存储一致性模型

### 4.2.1    高速缓存一致性问题

让我们先来看一下内存系统的基本性质。一个内存系统应该能提供一组存储单元来保存数据值,当对一个存储单元执行读操作时,应该能返回“最近”一次对该存储单元写操作所写入的值。在串行程序中,程序员利用内存来将程序中某一点计算出来的值,传递到该值的使用点,实际上就是利用了以上的基本性质。同样,运行在单处理器上的多个进程或线程利用共享地址空间进行通信,也是利用了内存系统的这个性质。一个读操作应返回最近的、向那个位置写操作所写的值,而不管是哪个线程写的。当所有的线程运行在同一个物理处理器上时,它们通过相同的高速缓存层次看到内存,因此在这种情况下,高速缓存不会引起问题。当在共享内存的多处理器系统上运行一个具有多个进程的程序时,我们希望不管这些进程是运行在同一个处理器上,还是运行在不同的处理器上,程序的运行结果都是相同的。然而,当两个运行在不同物理处理器上的进程通过不同的高速缓存层次来看共享内存时,其中一个进程可能看到的是其高速缓存中的新值,而另一个则可能看到的是旧值,这样就引起了高速缓存一致性(cache coherence)问题。

通常按照高速缓存写策略的不同,将高速缓存分为写直达(write through,WT)和写回(write back,WB)两种。写直达高速缓存采用的策略是一旦高速缓存中的一个字被修改,在主存中要立即执行修改操作;而写回高速缓存的策略是当被修改的字从高速缓存中被替换或消除时,才真正修改主存。

造成高速缓存一致性问题的主要原因有以下三种。

(1) 由共享可写数据所造成的不一致。图 4.5 显示三个带有私有高速缓存的处理器,其高速缓存通过总线与共享主存相连。考虑主存中的一个位置 u 和以下一系列处理器发出的访问 u 的指令:首先,$P_1$ 从主存中读 u(图 4.5 中标记①的有向虚线,记为动作 1,下同),从而 $P_1$ 的高速缓存中建立了一个 u 的副本;然后,$P_3$ 从主存中读 u(动作 2),从而在 $P_3$ 的高速缓存中也建立了一个 u 的副本;接着,$P_3$ 向主存写 u(动作 3),将 u 值从 5 改写为 7。下面根据采用的高速缓存类型分情况讨论。

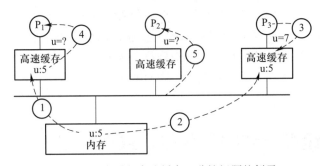

图 4.5    一个引起高速缓存一致性问题的例子

① 采用写直达高速缓存。$P_3$ 写 u 时,将直接更新主存,然后当 $P_1$ 再一次读 u 时(动作 4),将读到无效值 5,而不是主存中的当前值 7。

② 采用写回高速缓存。$P_3$ 写 u 时,标记为脏(dirty),暂时把修改过的(脏的)值放在自己的高速缓存中,并不直接更新主存。只有当 u 所在的块被从高速缓存中替换出去时,才将其值写回主存。这样一来,不仅 $P_1$ 再次读时将读到旧值,而且 $P_2$ 读 u(动作 5)时,也从主存读到旧值 5,而不是新值 7。而且如果多个处理器对在写回高速缓存中的 u 写了一系列值,则最终主存中是哪个值,将取决于 u 所在高速缓存块被替换的次序,而与对 u 的写操作的发生次序无关。

(2) 由绕过高速缓存的 I/O 所造成的不一致。这种情况即使在单处理机中也会发生。大多数的 I/O 传输,通过直接存储器存取(DMA)设备在外围设备和内存间直接传输数据,而不通过处理器和高速缓存。当 DMA 设备向内存的一个位置写时,如果不采取特别的措施,处理器将会看到以前就装入高速缓存中的旧值。并且,如果采用写回高速缓存,DMA 设备可能会从内存位置读取一个旧值,因为新值可能还在处理器的高速缓存中,没传播到内存中。

（3）由进程迁移所造成的不一致。对于这种情况这里就不详述了,读者可参阅习题 4.1 来学习。

很明显,以上描述的内存行为与我们直觉想象的内存行为不一样。实际上,内存系统应该能给应用程序提供一个一致的外观。解决这个问题的方法有多种,如不允许共享数据进入高速缓存或通过操作系统来保证 I/O 操作的一致性等,但这些方法都极大地降低了系统的性能。而在共享存储并行处理系统中,同一个并行应用的多个进程通过常规读写共享变量进行通信,因此对共享变量的读写操作会经常发生。根据大概率事件优先的原则,共享存储并行处理系统中必须高效地支持对共享变量的读写,这样并行应用才能获得较高的性能。基于这种考虑,许多设计者都采用硬件方法来实现一个共享的全局地址空间和高速缓存一致的存储系统。

## 4.2.2　高速缓存一致的存储系统

在讨论实现高速缓存一致性的方法之前,我们需要更精确地给高速缓存一致性下一个定义。前面,我们对于内存的直觉定义存在一些问题。首先,即使在串行程序中,"最近"也不是通过一个物理量来决定的,而是通过在程序中出现的顺序（program order）来决定的;而在多处理机中,由于存在多个单独的进程,没有一个统一的程序序,因此"最近"的意义就更难定义了。其次,由于光速极限原理,一个读操作有时不可能返回另一个处理器向那个位置写入的值。

下面首先来看几个在单机系统中关于内存操作的定义。所谓内存操作,是指对某个内存位置的单个的读写或读-修改-写操作。发出内存操作（issue）是指它离开处理器内部到达存储器系统,包括高速缓存、写缓冲、总线和内存模块。对"处理器"来说内存操作执行了（performed）是指从处理器的角度看已经完成了该操作。而处理器要想看到存储系统的状态只能通过内存操作,因此写操作执行了是指它"后续"的读操作将返回该写操作的值或"后续"写操作的值,读操作执行了是指"后续"的写操作已不能影响该操作返回的值。可以看出在这两种情况下,并没有表明实际的物理内存模块被存取或被修改了。在定义中"后续"关系也是由程序序来决定的。

在多处理机中可以同样定义内存操作的发出和执行,只是现在"处理器"必须特指为某个处理器。关键问题在于没有一个全局的程序序,"后续"和"最近"就无法定义。我们可以首先假设存储系统中没有高速缓存,这样每个内存操作都直接存取实际的物理内存模块,从而对所有的处理器来说都是同时执行的。所以对于内存某个位置的所有读写操作,物理内存模块对它们赋予了一个全局的串行序（serial order）。更进一步,在全局的串行序中,所有从同一个处理器进程发出的对该位置的读写操作还要遵循其本身的程序序。有了这个全局的串行序,"最近"就可以通过该串行序来确定,同样"后续"也可以做类似定义。这样的一个全局序正是一致的(coherent)存储系统所要求的,能保证这样一个全局序的存储系统就是一个一致的存储系统。

这并不意味着在多处理机执行程序时需要构造这样一个全局序,尤其在实际的存储系统中由于高速缓存的存在,并不是所有的内存操作都会到达物理内存模块,因此也无法实际构造这样一个全局序。为了确认一个存储系统是一致的,我们只能通过程序的执行行为来判断,也就是一个程序的实际执行行为与一个假想的全局序的执行行为是一样的。

因此我们可以如此定义高速缓存一致的存储系统。一个多处理机的存储系统是一致的,如果满足以下条件:根据一个程序的任何一次执行结果,都能够对每个内存位置构造出一个全局的串行序,按照该串行序执行的结果与实际的执行结果一样。该序列包含了所有对该位置的内存操作,同时还必须满足以下条件:① 由同一个处理器进程所发出的内存操作,在假想串行序中的次序,与该进程向存储系统实际发出的次序是一样的;② 每个读操作返回的值,是在假想串行序中"最近"的、向那个位置的写操作所写的值。

在上述高速缓存一致性的定义中隐含了以下两点。① 写传播(write propagation):一个处理器对一个位置所写入的值,最终对其他处理器是可见的。② 写串行化(write serialization):对同一个位置的所有写操作(来自同一个或不同处理器)应该能串行化,也就是说,所有的处理器以相同的次序看到所有这些写操作。

### 4.2.3　存储一致性模型

高速缓存一致性是必要的,它主要关心的是不同处理器上对同一内存位置的读写操作的次序,但我们期望存储系统不仅能保证"对每个位置的读操作,返回最近一个写操作所写的值",还能保证更多的东西——保证对不同内存位置的读写操作的次序。我们来看如下一个例子:

```
P1:                              P2:
/* 假设 A,B,flag 的初值为 0 */    While(flag==0);/* 等待 flag 变为 1 */
A = 1                            print A
B = 1                            print B
flag = 1
```

在以上代码段中,程序员希望在处理器 $P_1$ 将共享变量 flag 的值赋为 1 之前,处理器 $P_2$ 一直进行忙等待。一旦 $P_2$ 发现 flag 的值变为 1,就退出循环并打印 A 和 B 的值。程序员希望打印 A 和 B 的值均为 1。然而,假如只有高速缓存一致性,并不能保证打印出来的 A 和 B 值都为 1。虽然高速缓存一致性保证了对同一个内存位置的读写操作的顺序,或者说它保证对同一个内存位置的写传播与写串行化,具体在本例中就是 $P_1$ 对 A、B、flag 的赋值,$P_2$ 最终都可以看到。但是因为 flag 和 A、B 是不同的内存变量,高速缓存一致性无法保证对不同内存位置的读写操作相对于其他处理器的执行顺序,也就是说从 $P_2$ 看来,$P_1$ 对 flag 的赋值可能先于 $P_1$ 对 A、B 的赋值对 $P_2$ 可见,那么打印出来的 A、B 的值可能为 0。

　　从上例可见,在共享地址空间中编程人员为了保证对一个内存位置(如上例中的 A、B)存取操作的特定顺序,可以通过对另一个位置(如上例中的 flag)的存取操作,或显式同步操作(barrier)来确定。高速缓存一致性仅仅保证了对同一个位置的操作的次序,它对不同位置的操作次序并没有作出规定,因此,只凭高速缓存一致性,我们还不能正确推断程序的执行行为。为了解决这个问题,我们进一步引入了存储一致性模型(memory consistency model)。

　　在存储一致性模型中对内存操作之间的执行次序作了限制,这些内存操作可作用于同一个内存位置或不同内存位置,也可以是由同一个进程或不同进程发出的。这里的"执行次序"意味着从处理器看起来的执行次序,也就是对处理器可见的次序,在实际物理执行时可能并不是这样,但它们的效果是一样的。从本质上说,存储一致性模型是编程人员与系统间的一个约定,程序员可以据此来推断程序的行为,系统严格根据这个约定来执行程序。只要程序员遵循该模型的约定,程序的行为与预想的就是一致的。可见在存储一致性模型中要考虑易于理解、易于编程与获得高性能之间的折中,在本节我们介绍最直观的模型——顺序一致性(sequential consistency)模型,后续将讨论其他存储一致性模型。

　　从程序员的直觉看来可能希望一个在多处理机上运行的多线程程序的执行结果,与其在单处理机上的执行结果是一样的,只不过在多处理机情况下,多个线程可以在多个处理器同时执行而已。这样程序员就能像推断在单处理机中程序的执行行为那样,来推断在多处理机中程序的执行行为了。Lamport 将这种直觉模型正规描述成以下顺序一致性:一个多处理机系统是顺序一致的,如果任意一次执行的结果都与所有处理器按某一顺序的次序执行的结果相同,并且在此顺序的次序中,各处理器的操作都按其程序所指定的次序出现。

　　图 4.6 描述了顺序一致性系统提供给编程人员的内存抽象。它类似于我们在讨论高速缓存一致性时所引入的假想情况,只不过现在是对多个内存位置而言的。多个处理器看起来好像共享一个单个的逻辑内存,实际上在真实的机器中,内存可能分布在多个处理器上,并且每个处理器可能具有私有的高速缓存。每个处理器看起来好像是一次发射一个内存操作,并且按程序序实现原子执行;也就是说,一个内存操作看起来好像是等到前一个内存操作已经完成之后才发射,而且它们的次序必须相对于所有的处理器都是一致的。此外,内存按照到达的次序

来执行服务请求。

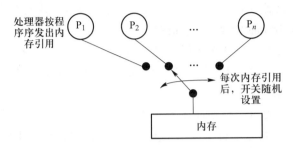

图 4.6 顺序一致性模型提供给编程人员的内存抽象图

顺序一致性是对所有的读写操作的一致性要求,而高速缓存一致性则是对同一个内存位置的读写操作的一致性要求。为了实现顺序一致性,实际上要遵循两个限制。第一个是程序序的限制,也就是同一个进程发出的内存操作必须严格按照程序中的顺序对处理器可见,注意这里处理器不仅指运行该进程的处理器,还包括系统中其他所有处理器。第二个是内存操作原子化的限制,也就是所有的进程都必须等到前一个内存操作相对于所有的处理器都执行完毕后才能发出下一个内存操作,而且前一个内存操作可能是由任意进程发出的。在第二个限制中,比较难以处理的就是写原子化(write atomicity)。写原子化意味着在所有内存操作形成的一个全局序中,写操作对所有处理器的执行次序都一致,也就是以同样的次序对所有处理器可见。我们来看下例中关于写原子化的问题。

| $P_1$: | $P_2$: | $P_3$: |
|---|---|---|
| A = 1; | while( A = = 0 ); | while( B = = 0 ); |
| | B = 1; | print A; |

在上例中,$P_2$ 等待 A 变成 1 后对 B 赋值 1,$P_3$ 等待 B 变成 1 后打印 A 的值,从程序员的角度看这时 A 应该为 1。但是考虑如下情况,$P_1$ 对 A 的写操作对 $P_2$ 可见但对 $P_3$ 不可见,这时候允许 $P_2$ 发出读 A 操作,故 $P_2$ 发现 A 变成 1 跳出循环,随后对 B 赋值 1,而且这个写操作先于 $P_1$ 对 A 的写操作对 $P_3$ 可见,这样 $P_3$ 发现 B 变成 1 跳出循环并打印出 A 的旧值(在 $P_3$ 的高速缓存中)。

实际上,写原子化扩展了在高速缓存一致性中关于写串行化的要求,在写串行化中要求所有对同一个内存位置的写操作必须以相同的次序对所有处理器可见,而写原子化则要求所有的写操作(包括对任意位置)必须以相同的次序对所有处理器可见。根据以上讨论的顺序一致性的定义及对它的两个限制,就可以在一个多处理机中实现顺序一致性。通常在一个多处理机中只要满足如下充分条件就可以保证顺序一致性:① 每个进程都按照程序序发出内存操作;② 进程发出一个写操作后,该进程必须等待该写操作相对于所有处理器都完成后,才能发出下一个内存操作;

③ 进程发出一个读操作后,该进程必须等待该读操作完成,并且等待提供该读操作值的写操作相对于所有处理器完成后,才能发出下一个内存操作。也就是说,如果写操作相对于某个处理器已完成,那么该处理器就必须等待该写操作相对于所有的处理器都已完成才能发出下一个内存操作。

第三个条件正是为了保证写原子化,它是一个全局限制,而不是一个局部限制,因为一个读操作必须等待逻辑上在它前面的写操作全局可见。这些条件并不是必要的,在很多情况下顺序一致性可以在更弱的条件下实现。

类似地,中国科学院计算技术研究所胡伟武研究员的专著《共享存储系统结构》(高等教育出版社,2001 年)也指出,写一致性条件(即写串行化)和全局执行程序序(globally performed in program order, GPPO)条件是确保共享存储系统正确执行的两个充分非必要条件,GPPO 条件也就是要求处理器等待一个访存操作"彻底完成"后才能发出下一个访存操作。严格的证明见本章参考文献[3]。

我们已经介绍了顺序一致性模型,在共享存储系统中为了实现顺序一致性模型,需要对访存事件次序严加限制。这种限制实际上过于严格了,它要求同一处理器发出的指令不能重叠执行,这不利于提高性能,在单处理机中若干提高性能的技术(如流水线、超标量等),在共享存储系统中都难以有效地使用了。为了放松对访存事件次序的限制,研究人员提出了一系列放松限制的存储一致性模型,在实际共享存储系统设计中往往采用放松限制的存储一致性模型。目前常见的存储一致性模型包括处理器一致性(processor consistency)模型、弱一致性(weak consistency)模型、释放一致性(release consistency)模型等。这些存储一致性模型对访存事件次序的限制不同,因而对程序员的要求以及所能得到的性能也不一样。存储一致性模型对访存事件次序施加的限制越弱,越有利于提高性能,但编程却越难。下一章将对放松的存储一致性模型做具体介绍,本章就不赘述了。

# 4.3 基于总线的侦听高速缓存一致性协议

## 4.3.1 总线侦听实现高速缓存一致性

虽然互连网络有多种实现方式,但总线是一种最直观的方式,常用来实现小规模的集中式共享存储系统。本节以基于总线的集中式共享存储并行处理系统为例来进行描述。由于基于总线的集中式共享存储并行处理系统是通过高速共享总线将处理单元与共享存储器连接起来的,因此在设计时正好可以利用总线的特性来实现高速缓存一致性。总线是一组连接多个设备的线路,总线上的每个设备都能侦听到总线上出现的事务。在侦听高速缓存一致性协议的实现中,当一个处理器向存储系统发出一个内存读写请求时,其本地的高速缓存控制器会检查自身的状态并采取相应的动作,比如读命中则本地高速缓存直接响应,读缺失则向总线发出存取内存的事务请求等;所有其他的高速缓存控制器则侦听总线上出现的事务,一旦发现与自己相关的事务——本地高速缓存中有该事务请求内存块的一个副本,就执行相应的动作来保证高速缓存一致性。如图 4.7 所示。

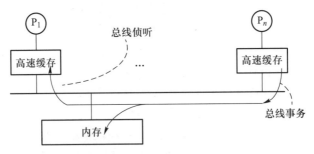

图 4.7　侦听一致性的多处理机

侦听一致性协议(snooping coherence protocol,也称监听一致性协议)正好可以利用总线的两个特点来实现一致性:① 所有总线上的事务对所有的高速缓存控制器都是可见的,② 它们对所有的控制器都是以相同的次序可见的。为了实现高速缓存一致性,在侦听一致性协议的设计中只需要保证两点:① 与内存操作相关的、所有必要的事务都出现在总线上,② 控制器能采取适当的措施来处理相关的事务。

侦听一致性协议利用了在单机体系结构中已经存在的两个基本因素:总线事务和与高速缓存块(也称为高速缓存行)相关的状态转换图。首先我们来看一下在单机体系结构中的总线事务。一个总线事务由仲裁、命令/地址和数据传输三个阶段组成。在总线仲裁阶段,设备先发出总线请求信号,总线仲裁器在所有总线请求中选择一个设备,并将总线授予该设备。一旦设备被授予总线,它就把读写命令及地址放到命令和地址总线上。所有其他设备将进行侦听,只有其中一个设备会判断并确认该地址与自己相关,进而作出响应。对于读事务来说,地址阶段后会跟着一个数据传输阶段;对于写事务来说,不同总线有不同的处理方法,主要取决于数据是在地址阶段就开始传输,还是等到地址阶段结束后才传输。为简单起见,我们假设总线是原子的,即总线事务的各个阶段不能重叠,一次只能有一个事务出现在总线上。

下面我们来看一下与各高速缓存块相关的状态转换图。对于每一个高速缓存块,除了标记(tag)和数据外,还有一个与它相关的状态。状态转换图实际上是一个有限状态机,它决定了高速缓存块在它的状态之间是如何转换的。在单处理机中,当采用写直达且写不分配(write-no-allocate)的高速缓存时,只需要无效(invalid,I)和有效(valid,V)两个状态。开始时,所有的块都是无效的。当处理器发生一个读缺失时,高速缓存控制器产生一个总线事务从主存中装入该块,并将该块状态置为有效;当处理器执行写操作时,高速缓存控制器产生一个总线事务去更新主存,如果所写的块在高速缓存中且处于有效状态,则同时更新高速缓存中块的内容,但不改变该块的状态。当高速缓存中一个块被替换出去时,将该块置为无效。

而在多处理机系统中,一个内存块在每个处理器的高速缓存中都有一个状态,所有的这些状态都按照状态转换图来转换。尽管只有在高速缓存中的内存块才有物理上与其相联系的实际状态,但是逻辑上我们可以认为所有不在该高速缓存的内存块都处于"无效"状态。因此,假设 $n$ 是系统中处理器或高速缓存的数目,则一个内存块的状态实际可以看作是一个 $n$ 维向量,由 $n$ 个分布的有限状态机来控制该块的状态。每个高速缓存控制器都实现了一个有限状态机,而且所有的有限状态机是相同的,但是同一个内存块在不同的高速缓存中的当前状态可能不一样。

一般来说,在侦听高速缓存一致性协议中,各高速缓存控制器接收来自两方面的输入:处理器发出的内存请求和总线上侦听到的事务。作为对这些输入的响应,高速缓存控制器可能要根据相应块的当前状态及状态转换图来更新该块的状态,并且也可能要执行一些动作。比如,作为对处理器发出的读请求的响应,高速缓存控制器可能要产生一个总线事务来获得数据,并返回给处理器。有时候,高速缓存控制器必须对总线上侦听到的事务作出响应,比如提供最新的数据给请求者。因此,侦听协议实际上是一组互相协作的有限状态机所表示的分布式算法,它由三部分组成:① 状态集合,一个与本地高速缓存中内存块相关联的状态集合;② 状态转换图,以当前状态和处理器请求,或观察到的总线事务作为输入,输出该块的下一个状态;③ 动作,与每个状态转换相关的实际动作,这是由总线、高速缓存和处理器的具体设计来决定的。

同一个块的不同状态机不是独立操作的,而是通过总线事务来相互协调的。

图 4.8 描述了一个简单的无效协议的状态转换图,该协议采用了写直达且写不分配的高速缓存。其中,每个高速缓存块有无效和有效两个状态。对于不在高速缓存中的块,可看作处于无效状态。每个转换由一个输入和输出来表示。输入表示引发该转换的条件,输出表示该转换产生的总线事务。比如,当控制器看到一个处理器发出的读请求在高速缓存中缺失时,发出一个总线读(BusRd)事务,并在总线事务完成时,将该块状态变为有效状态;当控制器看到处理器发出写请求时,产生一个总线写(BusWr)事务来更新主存,但不改变块状态。这个状态转换图与单处理机情况的主要不同点是:当高速缓存控制器在总线上侦听到一个总线写事务,并且在本地高速缓存中有该事务请求的内存块的副本时,就将该内存块在本地高速缓存中的副本状态置为无效状态,也就是说抛弃本地副本。这样,所有的高速缓存控制器相互合作来保证在任意时刻只能有一个处理器对一个数据块进行写操作,但同时可以有多个处理器进行读操作。

我们来分析一下该协议是如何保证高速缓存一致性的。按照高速缓存一致性

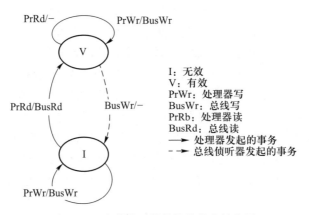

图 4.8　一个简单无效协议的状态转换图

的定义,对某个内存位置所有的操作而言,程序的任意一次执行都必须能够构造出一个全局序,该全局序满足程序序和写串行化的条件。在此我们假设总线事务和内存操作都是原子的,也就是说,总线上同时只能有一个事务,处理器必须等到前一个总线事务完成后才发出下一个内存请求。由于只有一级高速缓存,故可以假定在总线写事务结束时,写操作对于所有的处理器来说都完成了,也就是说使副本无效操作在总线事务完成时已经应用到所有高速缓存块上了。最后我们假定内存按照读写操作出现在总线上的顺序来处理它们。

　　在写直达策略中所有的写操作都出现在总线上,但由于同时只能有一个总线事务出现在总线上,所以在任意执行中所有对同一个位置的写操作都按照它们出现在总线上的顺序——总线序(bus order)被全局串行化了。由于所有的侦听高速缓存控制器在总线事务中都执行了使副本无效的操作,因此使副本无效操作也按总线序被全局串行化了。读操作未被完全全局串行化,因为读命中不产生总线事务,所以它们可以独立产生。读缺失与写操作一起被总线序全局串行化,从而可根据全局的总线序来获得最新写入的值。读命中获得的值或者是同一个处理器中对该位置的最近一个写操作所产生的,或是在同一个处理器中最近一次读缺失获得的值,因为这两种情况都出现在总线上,所以读命中同样也是按照一致的全局总线序来获得值。可见在该协议下,总线序和程序序共同保证了对高速缓存一致性的要求。

　　下一节我们将进一步讨论侦听一致性协议的设计。

## 4.3.2　侦听协议的类型

　　在侦听协议的设计中,主要有两种设计选择:① 是写直达高速缓存,还是写回高速缓存;② 是写无效(write invalidate,WI)还是写更新(write update,WU)协议。以下我们讨论一下这两种设计选择。

我们首先分析关于写直达和写回的选择。在写直达方式下,主存总是与高速缓存中的最新值保持一致,但这样导致每次写操作都需要更新主存,从而需要额外的总线周期,写操作延迟大;在写回方式下,主存的更新要到发生替换时才进行,因此在高速缓存的写操作命中后的瞬间,高速缓存和主存是不一致的。在写回方式中尽量延迟写直达中对主存的更新,因此它只需占用较少的总线周期,而且可以快速实现写命中,故在存储器总线结构上采用写回高速缓存更经济。

另一个主要的选择是采用写无效还是写更新协议。采用写无效协议,当本地高速缓存中数据被更新后,使所有其他高速缓存中的相应数据副本无效,接下来由同一个处理器发出的、对该内存块的写操作就不会在总线上引起任何通信;而采用写更新协议则广播修改后的数据,以更新所有的高速缓存中的相应数据副本,因此当拥有该块副本的处理器接下来存取这个新数据时,存取延迟就很小。另外,由于一个总线事务就能更新所有拥有该块的高速缓存中的内容,因此如果该块有多个共享者,则能极大节约总线带宽。

具体例子可参看图 4.9,其中主存数据 X 存在三个高速缓存中。当某一处理器想要进行写操作时,首先必须获得对 X 访问的独占权,然后更新数据为 X′并置其他处理器高速缓存中的相应数据副本无效;使用写回高速缓存时,主存的相应数据块也被置为无效。

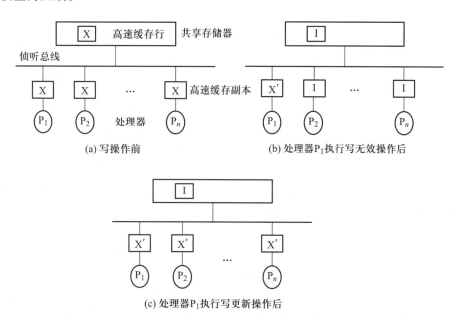

图 4.9 采用写回高速缓存的写无效和写更新侦听协议

在 4.3.1 节中我们已经介绍了基于写直达高速缓存中的无效协议。在该协议中由于所有的写操作都到达总线,因此可以通过总线序来保证高速缓存一致性,但是在写回高速缓存中并不是所有的写操作都产生总线事务,那么如何来设计高速缓存一致性协议呢? 在 4.3.3 节和 4.3.4 节我们将介绍两种基于写回高速缓存中的写无效协议——MSI 协议和 MESI 协议,在 4.3.5 节将介绍一种基于写回高速缓存中的写更新协议——Dragon 协议。

### 4.3.3 三态写回无效(MSI)协议

#### 1. MSI 协议

三态写回无效(modified shared invalid,MSI)协议是一种采用写回高速缓存的写无效侦听协议,与应用在 Silicon Graphics 4D 系列机中的协议相似。首先我们介绍它的状态集,该协议定义了以下三种状态:① 无效(I)状态,它意味着该块在高速缓存中是无效的,或者该块还没有进入高速缓存,在其他高速缓存中可能有也可能没有该块的有效副本;② 共享(S)状态,它意味着该块在高速缓存中未被修改过,主存中是最新的,在其他高速缓存中可能有也可能没有该块的有效副本;③ 修改过(M)状态,也称脏状态,它意味着只有该高速缓存中有该块的最新副本,主存中的副本是过时的(stale),在其他高速缓存中没有该块的有效副本。

在 4.3.1 节中,我们讲过在侦听高速缓存一致性协议中,每个高速缓存控制器接收两方面输入:处理器发出的请求和总线上侦听到的事务。对于前者,处理器发出处理器读(PrRd)和处理器写(PrWr)两种类型的请求,并且读或写都有可能是对已经在高速缓存中的内存块或者不在高速缓存中的内存块进行。假如是对不在高速缓存中的内存块进行读或写,若缓存已满,则当前高速缓存中的一块就必须被新请求的块替换出去。并且,若被替换出去的块处于 M 状态,则就必须将其内容写回到内存中。对于后者,我们假设总线允许以下三种事务。① 总线读(BusRd):高速缓存控制器将地址放到总线上,请求一个它不准备去修改的数据块,由主存或者另一个高速缓存提供数据。② 总线互斥读(BusRdX):高速缓存控制器将地址放到总线上,请求一个它准备修改的互斥副本,由主存或者另一个高速缓存提供数据。所有其他高速缓存中的副本都必须被置为无效。该事务是由对某个不在缓存或虽然在缓存但没有被标记为 M 的块的写操作引起的。一旦缓存获得互斥副本,写操作就能在缓存中执行,处理器可能会要求一个确认信号作为该事务的结果。总线互斥读事务是唯一一个为了实现高速缓存一致性才引入的新事务。③ 总线写回(BusWB):缓存控制器将主存块的地址和内容放到总线上,主存用该最新的内容来更新。这种事务由缓存控制器的写回操作引起,处理器并不知道,也不期望得到响应。

为支持写回协议,除了改变缓存块的状态外,还需要一种新的动作,即高速缓存控制器能够响应出现在总线上的事务,并能把该事务所请求的块从缓存中放到总线上,而不是让内存提供数据。这个动作称为刷新(flush)。当然,高速缓存控制器的工作还包括发出一个新的总线事务、为写回提供数据以及接收主存提供的数据。

**2. 状态转换**

在 MSI 协议中,控制每个高速缓存中的某个块的状态转换图如图 4.10 所示,其中 M、S 和 I 分别代表相应的修改过、共享和无效状态。一个状态到另一个状态的转换由一个带箭头的弧线表示,弧线由记号 A/B 来标记。A/B 表示高速缓存控制器观察到事件 A 发生了,或者说由于事件 A 导致了该转换的发生,除了发生状态转换外,还要产生一个动作 B;"—"表示空动作;Flush 动作表示由高速缓存提供请求块到总线上。有些弧线上有多个记号,表示这些事件引起相同的状态转换。

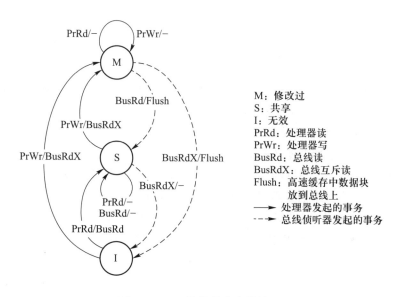

图 4.10　MSI 协议的状态转换图

从状态转换图可以看出:当一个处理器读一个无效块时,高速缓存控制器就通过产生一个 BusRd 事务来得到该块,并将该块状态变为 S 状态;当写一个共享或者无效块时,就通过产生一个 BusRdX 事务来得到该块的互斥拥有权,并将该块状态置为 M;如果高速缓存控制器在总线上观察到一个 BusRd 事务,并且该事务请求的块在本地高速缓存中处于 M 状态,则将该块内容放到总线上(Flush),同时将该块状态置为 S 状态;如果在总线上观察到 BusRdX 事务,并且所请求的块在本地高速缓存处于 S 状态,则只要简单地将该块置为 I 状态;但如果在本地高速缓存中处于 M 状态,则要将该块内容放到总线上(Flush),然后将该块状态置为 I 状态。

具体的一个状态转换的例子参见表 4.1,它显示了图 4.10 采用 MSI 协议时,所产生的总线事务和内存块状态的转换情况。

表 4.1　一个状态转换的例子一览表

| 处理器动作 | P₁ 中状态 | P₂ 中状态 | P₃ 中状态 | 总线事务 | 数据提供者 |
|---|---|---|---|---|---|
| P₁ 读 u | S | — | — | BusRd | 主存 |
| P₃ 读 u | S | — | S | BusRd | 主存 |
| P₃ 写 u | I | — | M | BusRdX | 主存 |
| P₁ 读 u | S | — | S | BusRd | P₃ 高速缓存 |
| P₂ 读 u | S | S | S | BusRd | 主存 |

## 4.3.4　四态写回无效(MESI)协议

### 1. MESI 协议

MESI( modified exclusive shared invalid)协议是 MSI 协议的改进协议。这个协议最初是由位于厄巴纳－香槟地区的伊利诺伊大学研究者提出的,所以也称为 Illinois 协议。许多现代微处理器设计中已经实现了 MESI 协议,例如 Intel Pentium、i860、PowerPC 601 等。与 MSI 协议相比,MESI 协议增加了一个互斥(E)状态。其原因如下:像小规模的 SMP 这类机器的主要工作负载是顺序程序,假如采用 MSI 协议,当一个顺序程序先读入一个数据项,然后修改一个数据项时,就要产生两个总线事务:首先是一个 BusRd 事务,用来得到内存块并置为 S 状态;然后产生一个 BusRdX 事务,用来将该块状态从 S 变为 M 状态。而在顺序程序中数据项不存在共享者,因此只会在一个高速缓存有该块副本,后一个 BusRdX 事务是不需要的。为了改进这种情况,加入了一个 E 状态,用来表示只有一个高速缓存中有这个内存块且该块内容没有被修改过。这样一来,只要开始发出 BusRd 事务,得到内存块并置为 E 状态,就可以直接进行修改,而不需要产生 BusRdX 事务。

　　MESI 协议由四个状态组成:修改过(M)(或称为脏状态)、互斥干净(E)、共享(S)和无效(I)。其中,M 和 I 状态与 MSI 协议中的含义是相同的。E 状态表示只有一个高速缓存中有这个内存块且该块内容没有被修改过,也就是说,主存中是最新的。共享状态 S 表示有两个或者更多高速缓存中有该块副本。

　　MESI 协议对总线信号有一些新要求。在产生 BusRd 事务并装入内存块时,高速缓存控制器要知道其他高速缓存中是否存在该块的副本,以决定将该块置为 S 状态还是 E 状态。这就需要总线提供一个额外的共享信号线(S)。在总线事务的地址阶段,所有的高速缓存都要检查是否含有请求块的副本,若有,则置位共享信号线。发出总线事务的高速缓存控制器,只要检查共享信号线就能判断出是否有其他高速缓存中存在该块副本,以此决定该块装入后置为 S 状态还是 E 状态。

在 S 状态下如果发生一个处理器写,由于该高速缓存已经有最新的副本了,因此不需要获得数据,这时可以采用一个新的总线事务——总线升级(BusUpgr),然后转换到 M 状态。该事务类似于总线互斥读(BusRdX)事务,所有其他的高速缓存侦听到该事务后将其相关的副本置为无效状态,不同点在于总线升级事务不需要数据响应,也就不会导致实际的数据传输,主存或其他的高速缓存不需要提供数据。但是为了不增加总线事务及为了设计的简单性,在我们介绍的协议中仍然采用总线互斥读(BusRdX)事务来实现 S 状态下的处理器写。

**2. 状态转换**

图 4.11 是 MESI 协议的状态转换图。其中的记号与 MSI 状态转换图相似,具体的协议转换也与 MSI 协议类似。若在无效状态(I)下有处理器读(PrRd)发生,则根据 S 信号线是否被置位,来决定是转换到 E 状态还是 S 状态,若置位则转换到 S 状态,否则转换到 E 状态。其中 BusRd(S)表示在 BusRd 事务中 S 信号线被置位。在 E 状态下,若发生处理器写(PrWr)将导致由 E 状态转换到 M 状态,不产生总线事务;若观察到一个总线读(BusRd)事务,将导致由 E 状态转换到 S 状态,同时由该高速缓存提供数据;若观察到一个总线互斥读(BusRdX)事务,将导致由 E 状态转换到 I 状态,同时由该高速缓存提供数据。在图 4.11 中,共享信号线被置位表示为 S,未被置位表示为 $\bar{S}$。其他状态转换与 MSI 协议类似。还有一个不同点在于当高速缓存和主

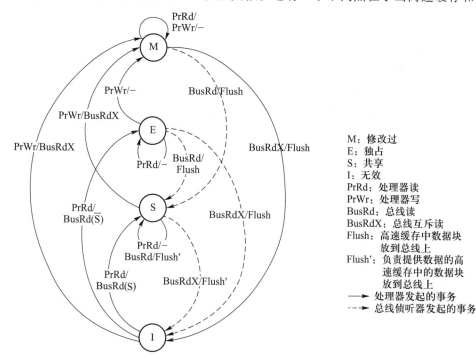

图 4.11 MESI 协议的状态转换图

存中都有最新数据时由谁来提供数据。在 S 状态下,若观察到一个总线读(BusRd)事务或总线互斥读(BusRdX)事务,在进行状态转换的同时,在 MSI 协议中由主存提供数据,而在 MESI 中由处于 S 状态下的某一个高速缓存提供数据,其他的高速缓存不产生动作。这一点在协议设计时可根据不同出发点来考虑。有兴趣的读者请参见本章参考文献[7]。

## 4.3.5 四态写回更新协议(Dragon)

### 1. Dragon 协议

我们来看一个基于写回高速缓存的写更新协议,也称为 Dragon 协议。该协议最初由 Xerox PARC 研究人员提出来,用于他们的 Dragon 多处理机系统中。Dragon 协议有以下四种状态。

(1) 互斥且干净(exclusive-clean,EC)。用来表示仅有一个缓存(本缓存)拥有该块的副本,并且没有被修改过,也就是说,主存中是最新的。在 Dragon 协议中加入"E"状态的目的与 MESI 协议相同。

(2) 共享且干净(shared-clean,SC)。用来表示可能有两个或更多缓存拥有该块,并且主存中可能是也可能不是最新的。

(3) 共享且修改过(shared-modified,SM)。用来表示可能有两个或更多缓存拥有该块,且主存中不是最新的。缓存应当负责当该块从缓存中被替换时,更新主存中的数据。在某个时刻,一个块只可能在一个缓存中处于 SM 状态。然而,一个块在某个缓存中处于 SM 状态,而在另一个缓存中处于 SC 状态是可以的。或者,一个块在任何缓存中都不处于 SM 状态,而在某些缓存中处于 SC 状态。这就是为什么缓存中的块处于 SC 状态,而主存中却可能是也可能不是最新的,这依赖于是否在某个缓存中该块处于 SM 状态。

(4) 修改过(modified,M)。用来表示该块仅在本缓存中处于被修改过(脏)状态,主存中已经过时。缓存负责在该块被替换出去时更新主存。注意,与前面的协议不同,这里没有显式的无效状态。这是因为 Dragon 是基于更新的协议,在该协议中,缓存中的块总是最新的。因此,只要某块在缓存中,该块总是有效的。然而,对于不在缓存中的块,我们可以将其想象为一种特殊的无效状态。

Dragon 协议中的处理器请求、总线事务和动作,与 MESI 协议相似。我们先来看一下处理器请求。假设处理器还是只发出读(PrRd)和写(PrWr)请求。但由于本协议中不存在无效状态,为了表达处理器第一次请求一个新内存块这个动作,增加了处理器读缺失(PrRdMiss)和处理器写缺失(PrWrMiss)两种处理器请求。就总线事务而言,我们有总线读(BusRd)、总线写回(BusWB)和总线更新(BusUpd)事务。BusUpd 事务将处理器所写的内容在总线上进行广播,使得所有其他的高速缓存都能进行更新。通过只广播修改过的内容,而不是整个内存块,可以更充分利用总线带宽。为了支持 E 状态,与 MESI 协议一样也需要一个共享信号线。另外,高速缓存控制器还需要一个新动作,就是根据总线上出现的 BusUpd 事务来更新高速缓存中相应块的内容。

**2. 状态转换**

状态转换图如图 4.12 所示。下面我们就分别描述一下,当发生读高速缓存缺失、执行写操作以及高速缓存块被替换出去时,所发生的一系列动作。

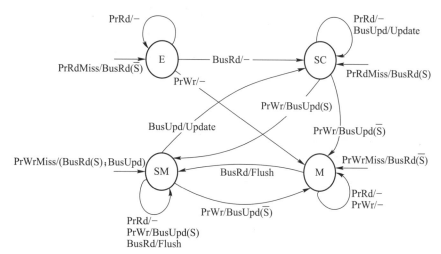

图 4.12 Dragon 协议的状态转换图

E:独占
SC:共享且干净
SM:共享且修改过
M:修改过
PrRd:处理器读
PrWr:处理器写
PrRdMiss:处理器读缺失
PrWrMiss:处理器写缺失
BusRd:总线读
BusUpd:总线更新
Update:更新
Flush:高速缓存中数据块放到总线上

(1)读缺失(read miss)。产生一个 BusRd 事务。根据共享信号线的状态,决定该块被装入本地高速缓存后,是处于 E 状态,还是 SC 状态。图 4.12 中共享信号线被置位表示为 S,未被置位表示为 $\overline{S}$。

(2)写(write)。如果所写的块在本地高速缓存中处于 M 状态,就不需要执行任何动作。如果该块在本地高速缓存中处于 E 状态,则直接将 E 状态改为 M 状态,也不需要再执行什么动作。如果该块处于 SC 或 SM 状态,则要产生一个总线更新(BusUpd)事务。其他任何有该数据副本的高速缓存,都要置位共享信号线,更新本地副本中对应的内容,并且如果需要的话,要将状态变为 SC。本地高速缓存根据共享信号线来决定状态转换同时更新该块的副本,如果共享信号线被置位,则将它的状态变为 SM。如果共享信号线未被置位,则表明没有其他的高速缓存中含有该数据的副本,则将状态变为 M。主存内容不被更新。

(3)替换(replacement)。在发生替换时,只有被替换的块处于 M 或 SM 状态时,才需要用一个总线事务将其写回到内存中。如果被替换块处于 SC 状态,则要么是其他高速缓存中有该块的处于 SM 状态的副本,要么是主存中已经有最新的值了。

这两种情况下,都只要将该块丢弃即可。

## 4.4 基本高速缓存一致性协议的实现

这一节主要讨论如何实现一个高速缓存一致性协议。从概念上来说,在 4.3 节中描述的一致性协议的抽象状态转化图是简单的,但在实现层次上会出现很多微妙的问题。实现一个一致性协议要实现正确性、高性能和最少的额外硬件三方面的目标。影响正确性的主要问题是在抽象层次被认为是原子的动作,在硬件层次上却不一定是原子的。影响性能的主要问题是我们想让内存操作流水线执行,这样就允许多个未完成(outstanding)的操作同时执行(利用内存层次的不同部件),而不是等待一个操作完成之后才开始一个新的操作,从而提高了效率。但是这样做,也使得事件间会发生许多复杂的交互,正确性可能被破坏,性能受影响。总的来说,在设计高速缓存一致的多处理机中通信部件时遇到的挑战,跟设计允许大量未完成指令和乱序(out-of-order)执行的现代处理器时遇到的挑战,在复杂性和形式上是很相似的。为了进一步理解有关状态转换图中包含的实际要求,下面讨论在多处理机设计中基于侦听的高速缓存一致性协议的实现问题。

### 4.4.1 正确性要求

高速缓存一致存储系统对正确性的要求相当复杂,首先,它应该满足高速缓存一致性要求和维护存储一致性模型所陈述的语义;其次,应该具有任何协议实现都希望具有的一些性质,如不会造成死锁、活锁和饥饿(starvation);最后,它还应该能处理一些错误,如奇偶校验错,并且尽可能从中恢复过来。下面,我们来详细看一下死锁、活锁和饥饿。

(1) 死锁。这是指操作还未完成,但系统所有活动都已经停止了。造成死锁的原因主要是:多个并发实体以渐增的方式申请共享资源,并且以不可剥夺的方式持有这些资源,一旦形成一个资源依赖环,死锁就发生了。在计算机系统中,典型的实体是控制器,而资源通常是缓冲区。下面来看一个例子。如图 4.13 所示,假设两个控制器 A 和 B 通过缓冲区进行通信。A 的输入缓冲区满了,因此它拒绝接收任何到来的请求(Request)直到 B 接收它发出的请求(以便腾出空间接收到来的请求)。而控制器 B 的输入缓冲区也满了,也在等待 A 接收它发出的请求。在这种情况下,死锁发生了。对死锁情况的处理,要么是避免发生资源依赖环,使得死锁不会发生;要么是当死锁发生后,能检测到死锁并采取措施从死锁中恢复出来。

(2) 活锁。这是指尽管在硬件层次事务还在不断地执行,但没有处理器能够向

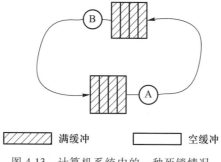

图 4.13　计算机系统中的一种死锁情况

前推进。在计算机系统中,造成活锁的主要原因是独立的控制器竞争公共资源。比如,当一个获得该公共资源的控制器还没来得及完成操作时,就被另一个控制器将资源夺走了,如此不断循环下去,就形成了活锁。

（3）饥饿。这是系统中一种极端不公平的现象,其中一个或多个处理器不能向前推进,而其他处理器能够不断向前推进。

一般来说,发生饥饿所产生的后果不像发生死锁和活锁那么严重,因此许多商业系统根本不去考虑完全消除饥饿现象。其中一个主要原因是,饥饿不会造成整个系统停止前进,并且一般也不是永久状态。也就是说,一个处理器在过去的一段时间内处于饥饿状态,并不意味着在未来的一段时间内还处于饥饿状态。另一个原因是,如果要完全消除发生饥饿的可能性,可能会使协议和硬件实现变得非常复杂,降低了正常事务的处理速度。基于以上原因,只要发生饥饿的可能性足够小,设计者还是允许饥饿发生的。

## 4.4.2　基本实现

在这一小节中,我们主要考虑设计一个允许有限并发性的简单多处理器系统。假设每个处理器的高速缓存采用无效协议的单级写回高速缓存,并且每个处理器一次只能有一个未完成的内存请求。并假设内存总线是原子总线,即总线上一个总线事务完成后才会出现另一个事务。基于以上假设,设计者主要考虑以下方面:设置一组还是两组高速缓存标记;侦听系统的设计,主要是何时以何种方式报告侦听结果;高速缓存控制器状态机的设计,以及要解决非原子状态转换问题(即尽管内存总线是原子的,但完成一个处理器请求的所有动作集合并不是原子的);最后,还要处理写回问题。为了支持一个基于侦听的一致性协议,对原来在单处理器情况下设计的高速缓存控制器必须进行改进。

### 1. 高速缓存控制器及其标记的设计

先来看一下传统的单处理机的高速缓存。它包括一个用来存放数据块、标记和状态位的存储阵列,以及一个比较器、一个控制器和一个总线接口。当处理器向高速缓存发出一个读写请求时,请求地址的一部分被用来存取可能包含请求块的高速缓存组,地址的其他部分与标记相比较,确定请求的数据块是否在高速缓存中。然后,执行相应的动作,并更新数据块的状态位。

为了支持侦听一致性协议,对这个基本设计要进行一些改进。首先,高速缓存控制器除了侦听处理器操作外,还要侦听总线。因此,可以简单地把高速缓存看作有两个控制器:一个总线方的控制器和一个处理器方的控制器,每个控制器只负责侦听从它那一方来的外部事件。对控制器而言,当有操作发生时,都必须存取标记数组。对于每个总线事务,总线方控制器必须从总线上侦听到地址,然后用地址来进行标记检查。

如果只有一个标记数组,就很难允许两个控制器同时存取这个标记数组。在处理一个总线事务时,总线方控制器就会将标记数组锁住,这样处理器方控制器就不能存取标记数组,降低了处理器性能。为解决这个问题,通常采用双端口 RAM 来存储标记和状态或者复制每一块的标记和状态。高速缓存的数据部分不需要复制,因为存取数据部分不像存取标记那样频繁。如果复制标记和状态,两组标记应该是完全一样的,分别由两个控制器来存取,这样两个高速缓存控制器就可以同时存取标记数组了。

另外,不像在单处理器情况下,高速缓存控制器不仅是总线事务的发起者,而且是总线事务的响应者。高速缓存控制器要侦听总线,对总线上出现的每个总线事务进行标记检查,以判断总线事务是否与自己相关。且对于更新协议,控制器还必须从总线事务中取得更新的数据。总之,为了支持侦听一致性协议,单处理机的高速缓存控制器必须做如下处理。① 因为高速缓存控制器既要对总线操作进行侦听,又要对处理器操作进行响应,因此,可以简单地把高速缓存看作有两个控制器:一个总线边的控制器和一个处理器边的控制器,每个控制器只负责侦听从它那一边来的外部事件。② 因为只有一个标记数组,就很难允许两个控制器同时存取标记数组。所以为了解决这个问题,一个一致的高速缓存设计需要使用双端口的 RAM 来存储标记和状态或者复制每一块的标记和状态。③ 控制器不仅作为总线事务的发起者,也要作为事务的响应者。

**2. 报告侦听结果**

对于一个共享存储多处理器机中的所有侦听高速缓存来说,每个高速缓存要将总线事务的请求地址与自己的标记进行比较,并且在总线上报告比较的结果。根据这些比较结果,总线事务才能继续执行下去。例如,这些侦听结果的一个重要作用是通知主存是否要对请求作出响应或者是否在某个高速缓存中保存请求数据的一个被修改过的副本。现在要考虑的问题是:什么时候在总线上报告侦听结果,并以何种方式报告?

（1）何时报告侦听结果。其设计目标是在兼顾硬件代价的同时使延迟尽可能小，这样内存系统就能迅速决定自己应该如何做。下面有三种设计选择：① 设计应该能保证在地址发射（issue）到总线后的一个固定数目的时钟周期内，侦听结果可以在总线上获得；② 设计应该能提供一种可变延迟侦听机制（即从地址发射到总线上直到从总线上获得侦听结果，这段时间内周期数是可以变化的）作为选择；③ 设计应该使内存子系统为每个块保持一位，以显示该块是否在某个高速缓存中被修改了。

（2）以何种方式报告侦听结果。对于 MESI 来说，发出请求的高速缓存控制器需要知道它所请求的内存块是否在其他处理器的高速缓存中，以便决定以互斥（exclusive）状态还是共享（shared）状态来装入该块。此外，对于内存系统来说，它需要知道被请求的内存块是否以修改（modified）状态存在某个高速缓存中，以便决定自己是否要响应该请求。一种设计是采用三条执行线或（wired-OR）的信号线，其中两条用来报告侦听结果（Shared 和 Dirty 线），一条用来指示侦听结果是否有效（Inhibited 线）。当发现在某个处理器高速缓存（除发出请求的高速缓存外）中有请求的内存块时，将第一个信号线置位；如果发现请求的内存块以修改状态存在于某个高速缓存中时，将第二个信号线置位；第三个信号是禁止信号，置位直到所有的高速缓存都完成侦听。当它不置位时，发出请求的高速缓存和内存能够安全地检测另外两个信号。

### 3. 处理写回

写回使实现更复杂，因为它关系到一个到来的内存块，和一个从高速缓存中替换出来的并且由于被修改而需要写回到内存中的块，因此，需要有两个总线事务。为了使处理器在发生引起写回的高速缓存缺失后，能够尽可能快地继续执行，我们希望延迟写回，而先服务于引起其缺失的事件。进行这种优化有两个要求。① 要求机器能够提供额外的存储作为写回缓冲区。当新的内存块被取到高速缓存时，被替换出来的块可以暂时存储在该缓冲区中，一直到第二个事务获得总线完成写回。② 在写回完成之前，可能会看到一个总线事务包含了正在写回缓冲区中的内存块的地址，这时候缓存控制器必须从写回缓冲区中提供数据，并取消正在被挂起的写回请求。这就要求在总线侦听时，加一个地址比较器来比较在写回缓冲区中的块的地址。

### 4. 基本组织

图 4.14 是一个基本的侦听高速缓存的结构图。每个处理器有单级的写回高速缓存。高速缓存有两组标记，允许总线方的控制器和处理器方的控制器并行地检索标记。处理器方的控制器通过把地址和命令放到总线上来开始一个事务。在处理写回事务时，数据从写回缓冲区中传递出来；在处理一个读事务时，数据被放入数据缓冲区中。总线方的控制器在侦听时，既检查高速缓存标记，也检查写回缓冲区中的标记。总线仲裁以某种总体序将请求放到总线上。对于每个事务来说，请求段中的命令和地址按照这种总体序驱动侦听查找。用线或形成的侦听结果，向请求的发

起者确认所有的高速缓存都已经看到了请求,并已执行了相应的动作。

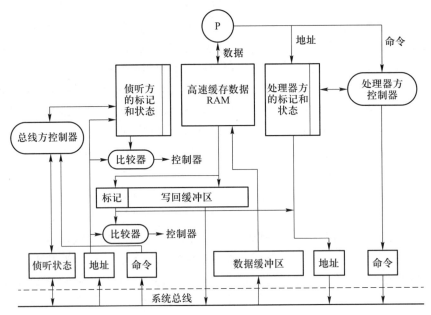

图 4.14 一个基本的侦听高速缓存的结构图

根据这种简单的设计,以下我们来考虑一些更加细致的正确性问题,这些问题要么要求对状态机和协议进行扩充,要么要求在实现时非常小心,它们包括非原子状态转换、死锁、活锁、饥饿以及为了保证高速缓存一致性和存储一致性所需要的串行性。其中,保证高速缓存一致性和存储一致性所需要的串行性问题比较复杂,且不是本节的重点,这里就不详述了,读者可参阅本章参考文献[7]。

**5. 非原子状态转换**

在前面的状态转换图中,状态的转换和与其相关联的动作被认为是同时发生的,或至少是具有原子性的。实际上,一个处理器发出的请求,通常要过一段时间才能完成,并且常常要包含一个总线事务。也就是说,完成一个处理器请求,通常要包含一组动作,而这组动作的完成不是原子的。下面,我们来看一个例子,在该例中采用 MESI 协议,并且使用了总线升级(BusUpgr)事务。假设处理器 $P_1$ 和 $P_2$ 同时缓存了内存块 A,并处于 S 状态。假设这两个处理器同时向 A 发出写操作。一种可能发生的情况是:$P_1$ 的写检查自己的高速缓存,发现在真正将数据写到数据块中之前,需要将块的状态从 S 变为 M,因此,$P_1$ 将发出一个总线升级(BusUpgr)事务。同时,$P_2$ 也发出了一个总线升级或互斥读事务。假设 $P_2$ 先赢得总线仲裁而获得总线。$P_1$ 的控制器将侦听到 $P_2$ 发出的总线事务,并将自己高速缓存中的内存块 A 的状态从 S 变为 I。这个时候,$P_1$ 已经发出的总线升级事务就不合适了,必须改为总线互斥读事务。这样一来,就要求 $P_1$ 必须能够将从总线上侦听到的请求块地址,跟已经发出但还未完成的总线事务的请求地址进行比较,在必要时修改后者。

一种处理高速缓存状态转换的非原子性的常用方法,是利用中间状态来扩展协议的状态转换图。图 4.15 就是 MESI 协议的一个扩展的状态转换图。例如,当处理器发出一个处理器写(PrWr)请求时,高速缓存控制器发出一个获得总线的请求(BusReq),等待得到总线,并且转到中间状态 S→M。当总线仲裁器向这个设备发出 BusGrant 信号,就从中间状态 S→M 转到 M 状态,并且同时在总线上发出 BusUpgr 事务更新高速缓存块的状态。然而,当高速缓存块处于 S→M 中间状态时,如果在总线上侦听到针对该块的 BusRdX 或 BusUpgr 事务,高速缓存控制器将该块看作是在这个事务发生之前已经被置为无效了,将状态变为中间状态 I→M。当对一个无效块发出一个处理器读(PrRd)请求时,控制器将该块状态变为中间状态 I→S,E;下一个转向的稳定状态由被授予总线时共享信号的值来决定。在具体实现时,高速缓存块的状态位通常无法标识这些中间状态,因为如果要用状态位来表示中间状态,就必须对状态位进行扩充,很浪费空间。通常,中间状态通过控制器状态和高速缓存块状态位相结合来表示,但是当高速缓存要支持同时有多个未完成的总线事务时,就必须要用状态位来表示。

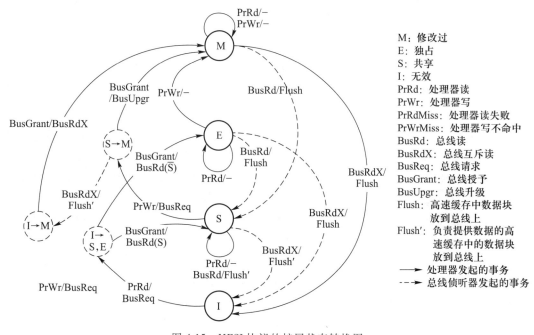

图 4.15 MESI 协议的扩展状态转换图

这种方法也有其缺点,在协议中扩展状态数目增加了证明实现正确性的难度和测试的复杂度。因此,有些设计者寻求一种机制来避免使用中间状态。例如,Sun

Enterprise 并不使用 MESI 协议中的 BusUpgr 事务,而是利用侦听结果来消除在 BusRdX 事务中不必要的数据传输。在 BusRdX 事务侦听中,所有拥有该块副本的高速缓存都将该块置为无效,同时如果某个高速缓存中的副本处于 M 状态,那么它将置位 Dirty 线来禁止由主存提供数据,同时由它刷新(flush)数据到总线上。可见在这个事务中 Shared 线未被使用,因此在 Sun Enterprise 中正是利用 Shared 线来避免无谓的数据传输。让发出 BusRdX 事务的高速缓存控制器侦听自己的事务,如果在 BusRdX 事务实际出现在总线上时,该高速缓存中的副本仍然是有效状态,那么它将置位 Shared 线来禁止主存提供数据,因为这时没有其他的副本处于 M 状态,同时它已经有了最新副本,所以事务的数据阶段可以忽略。这样也就不需要中间状态了,因为不管发生了什么只有唯一的一个动作——发出 BusRdX 事务到总线上。

**6. 死锁问题**

对于一个两阶段协议,比如内存操作的请求/响应(request-response)协议,通常会发生一种协议层次的死锁,称为取死锁(fetch deadlock)。取死锁不是一个简单的缓冲区使用问题,只要当一个实体试图发射它的请求时还需要响应到来的事务,取死锁就有可能发生。在一个使用原子总线的 SMP 机器中,当高速缓存控制器在等待授予总线时,它需要继续执行侦听,处理到来的请求,并且在处理到来的请求时,可能要将数据块放到总线上。因此取死锁在使用原子总线的 SMP 机器中可能会发生。例如,假设当前在总线上有一个 $P_2$ 对块 B 的 BusRd 事务,这时 $P_1$ 试图对块 A 进行写,那么它必须等待获取总线来发出 BusRdX 事务,同时在 $P_1$ 的高速缓存中有块 B 的 M 态副本,从而 $P_1$ 在等待获取总线的同时还必须能够提供块 B 的最新副本到总线上。

**7. 活锁和饥饿问题**

在基于无效协议的高速缓存一致的内存系统中,如果多个处理器同时向同一个内存位置执行写操作,就有可能造成活锁。假设开始时所有处理器的高速缓存中都不含有与这个内存位置相对应的数据块。完成一个处理器发出的写操作,要进行下列一连串动作:首先,高速缓存必须获得该数据块的拥有权;其次,处理器要认识到数据块已经在高速缓存中了,并处于正确状态;最后,处理器重新进行写操作,将数据真正写入数据块中,这样写操作才真正完成。以上这一连串动作不是原子完成的,中间可能被打断。假如没有处理器与高速缓存间的握手协议,可能会发生以下现象:一个处理器的高速缓存已经得到了数据块,并置为 M 状态,当它要将数据真正写入该数据块时,这时另一个处理器发出的 BusRdX 请求将该块置为 I 状态,因此写操作不能真正完成,又要重新进行。这个过程能重复下去,就形成了活锁现象。为了避免活锁,一旦一个写操作获得块的互斥拥有权,就要等到这个写操作完成之后,该块的互斥拥有权才能被剥夺。

当多个处理器竞争总线时,就有可能存在某些处理器总是得不到总线的情况,这就是饥饿问题。一般来说,总线仲裁器只要采用先来先服务(FIFO)策略就可以避免饥饿问题,但这一般需要额外的缓冲区,因此有时候就采用一些启发式的方法来减小发生饥饿的可能性。例如,记录一个请求被拒绝的次数,当次数达到一定值时,就采取动作确保该请求一定成功。

### 4.4.3 多级高速缓存支持

在前面关于基本高速缓存一致性协议的实现中,我们假设高速缓存是单级的,但在大多数现代的系统中,情况并不是这样。20 世纪 90 年代以来,在微处理器设计中,一般都先设置容量较小的一级高速缓存(L1),再设置容量较大的二级高速缓存(L2)或者三级高速缓存(L3),这样就形成了多级高速缓存。在这一部分中,我们来看多级高速缓存的设计。图 4.16 是一个两级高速缓存的示意图。

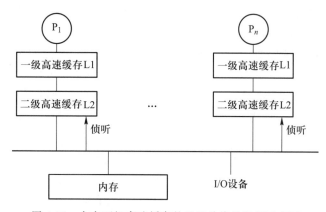

图 4.16 含有两级高速缓存的基于总线的机器示意图

在多级高速缓存的设计中,是否需要让一级高速缓存和二级高速缓存同时侦听总线呢? 如果让它们同时侦听,当然可以保证正确性,但是硬件相当复杂而且浪费。这是因为在多级高速缓存中通常满足包含性(inclusion property)。包含性要求如下:① 如果一个内存块存在于一级高速缓存中,则在二级高速缓存中必定有该内存块,也就是说一级高速缓存中内容是二级高速缓存内容的子集;② 如果一个内存块在一级高速缓存中处于修改过状态,则它在二级高速缓存中也必须被标为修改过。第一个要求保证了所有与一级高速缓存相关的总线事务,也与二级高速缓存相关,因此只需要二级高速缓存控制器侦听总线就足够了。第二个要求保证了假如一个总线事务请求一个在一级高速缓存或二级高速缓存中处于修改过状态的数据块,二级高速缓存只需要根据自己维护的状态就能判断出来。

**1. 维护包含性**

实现包含性不是一个简单的事情,需考虑以下两种情况。首先,要保证当 L2 高速缓存中的一个内存块被侦听到的总线事务置为无效时,这个无效信息必须传到 L1

高速缓存;其次要保证当因处理器的内存引用而将新的内存块放入 L1 和 L2 高速缓存时,如果发生替换操作,则要保证包含性不被破坏。初看起来,包含性似乎能被自动满足,因为所有在 L1 高速缓存中的缺失,都要到 L2 高速缓存中去查找,问题在于两级高速缓存可能会选择不同的、被替换的块。实际上,许多情况下包含性不能被自动维护。下面,我们来看一些情况。假设 L1 高速缓存的关联性为 $a_1$,组(set)的数目为 $n_1$,块大小为 $b_1$,因此,L1 高速缓存的总容量为 $s_1 = a_1 b_1 n_1$。设 L2 高速缓存的对应参数分别为 $a_2$、$n_2$、$b_2$ 和 $s_2$,并且假设所有的参数值为 2 的幂。

(1)第一种情况。假设 L1 和 L2 都是 2 路组相联高速缓存(set-associative cache),具有相同大小的块($b_1 = b_2$),L2 比 L1 大 $k$ 倍。并且假设 L1 和 L2 采用的替换策略都是最近最少使用(least recently used,LRU)策略。我们来看一下以下不遵守包含性的情况。考虑三个内存块 $M_1$、$M_2$ 和 $M_3$,它们映射到 L1 和 L2 高速缓存中的同一个组。假设在某个时刻,$M_1$ 和 $M_2$ 正处于 L1 和 L2 的一个组中,现在假设处理器要读内存块 $M_3$,这时,L1 和 L2 高速缓存中都要将 $M_1$ 和 $M_2$ 中的一块替换出来。因为 L2 高速缓存并不知道 L1 高速缓存中块的使用情况,因此很可能 L2 替换出内存块 $M_2$,而 L1 却替换出另一个内存块 $M_1$。实际上,只要 L1 不是直接映射高速缓存,且采用 LRU 替换策略,那么不管 L2 的参数如何,总是会违反包含性。

(2)第二种情况。假设指令和数据有独立的一级高速缓存,则即使 L1 高速缓存是直接映射的,并且具有同一个 L2 高速缓存,也有可能会破坏包含性。一个指令块 $M_1$ 和一个数据 $M_2$ 在 L2 高速缓存中冲突,而在 L1 高速缓存中并不冲突,因为指令和数据放在不同的 L1 高速缓存中。如果 $M_2$ 存在于 L2 高速缓存中,而这时处理器读了内存块 $M_1$,则 $M_2$ 将会从 L2 高速缓存中被替换出来,但不会从 L1 高速缓存中被替换出来。

(3)第三种情况。两级高速缓存具有不同的块大小。考虑一个微型系统具有直接映射的 L1 和 L2 高速缓存($a_1 = a_2 = 1$),L1 高速缓存和 L2 高速缓存的块大小分别为 1 B 和 2 B($b_1 = 1, b_2 = 2$),组的数目分别为 4 和 8($n_1 = 4, n_2 = 8$)。因此,L1 高速缓存容量为 4 B,位置 0、4、8……映射到组 0,1、5、9……映射到组 1 等。L2 高速缓存容量为 16 B,位置 0&1、16&17、32&33……映射到组 0,位置 2&3、18&19、34&35……映射到组 1 等。我们可以看到,L1 高速缓存中能同时包含位置 0 和 17,而 L2 高速缓存却不能同时包含这两个位置,因为在 L2 高速缓存中,它们映射到同一个组 0。

实际上,有些高速缓存配置能自动维持包含性。只要配置满足以下条件:① L1 高速缓存是直接映射(direct mapped)的,即 $a_1 = 1$;② L2 高速缓存可以是直接映射的或组相联的,即 $a_2 \geq 1$,并且可以采用任何替换算法,只要放入 L1 的块同时也一定在 L2 高速缓存中;③ 块大小必须是相等的,L1 高速缓存的组数可以小于或等于 L2 高速缓存中的组数。

但是,许多在实际中使用的高速缓存配置,在执行替换时并不能自动维持包含性。包含性是通过扩展在高速缓存层次中传播一致性事件的机制来实现的。例如，一旦 L2 中的一块被替换出去，该块的地址被传给 L1 高速缓存，L1 高速缓存将对应的块置为无效。

另外，处理总线事务和处理器写的功能也应该被增强。L2 高速缓存负责侦听总线，有些侦听到的总线事务既与 L2 相关又与 L1 相关，因此这些总线事务必须被传给 L1 高速缓存。比如，L2 高速缓存由于侦听到一个 BusRdX 事务，而将一个数据块置为无效，如果该数据块也存在于 L1 高速缓存中，则必须将该块置为无效的信息传给 L1 高速缓存。

在 L1 高速缓存写命中的情况下，所做的修改应该传给 L2 高速缓存，使得它能在必要时提供最新的值。一种方法是 L1 高速缓存采用写直达，这种方法的一个额外好处是易于在单个周期内完成写操作。然而，写操作消耗了 L2 高速缓存的很大一部分带宽，因此为了不让处理器停下来，必须在 L1 高速缓存和 L2 高速缓存之间设置写缓冲（write buffer）。另外，L1 高速缓存采用写回缓存也能够解决这个问题，因为只需要让 L2 知道该块已经被修改了，当实际需要向总线提供该块的最新副本时，可从 L1 那里得到最新的副本。这可以通过在 L2 中同时置位修改位和无效位并引入 Modified-but-Stale 状态来实现。关于维护高速缓存包含性的更多内容请参看本章参考文献[9]。

**2. 层次高速缓存一致性的传播**

前面讨论了如何实现包含性，下面我们来看事务如何在一个处理器的多级高速缓存层次中传播。高速缓存层次内的协议将处理器请求向下（离开处理器的方向）传播，直到遇到一层高速缓存，在该层高速缓存中含有请求的块并且该块处于正确的状态，或者一直到达总线。反过来，对处理器请求的响应则沿高速缓存层次向上传，一直传到处理器。在前进的过程中，更新每层高速缓存。读响应将数据块装入每一层高速缓存，并且置它的状态为共享或互斥状态。互斥读响应也将数据块装入每一层高速缓存，并且除了最内层（L1）高速缓存外，都置为 Modified-but-Stale 状态。在最内层高速缓存中，将数据块置为 M（修改过）状态，因为，在数据写入后，该层中块的内容是最新的副本。

来自总线的请求，从外部接口一直向上传播，不断修改前进过程中的数据块的状态。把那些需要提供数据块到总线上的请求分为 Flush 请求和 Copy-Back 请求，区别在于 Flush 请求同时还需要将该副本置为无效状态。这些请求一直向上传播，直到遇到修改过的块，然后产生响应，向总线传播。

## 4.5 同步问题

我们已经了解了在基于总线的多处理机中是如何实现处理器间通信和一致性

的,下面来看一下同步问题。共享存储并行处理系统主要支持三种同步操作:互斥、点到点事件和全局事件。在这一节,我们将讨论同步是如何实现的。在具体讨论之前,先来看一下两个基本问题:同步事件的组成和软硬件实现的问题。

## 4.5.1　基本问题

### 1. 同步事件组成

一个同步事件主要有三个组成部分:① 获得方法,即如何获得同步的权利(如进入临界区、离开事件);② 等待算法,即如何等待同步变得可用(如忙等待、阻塞等);③ 释放方法,即如何使另外的进程能够获得同步。

在以上三个部分中,等待算法的选择独立于同步的类型。等待算法主要有忙等待(busy waiting)和阻塞(blocking)两种。忙等待意味着进程执行一个循环,在循环内不断测试同步变量值是否改变,另一个处理器释放同步事件时,只需要改变同步变量的值,就能允许等待这个同步事件的进程继续执行。如果采用阻塞的方法,进程并不在一个循环内旋转,只是简单地将自己挂起,并且释放处理器,然后,在它所等待的同步事件被释放时,进程被唤醒,并重新准备执行。忙等待和阻塞方法之间的权衡是很明显的:由于阻塞方法需要操作系统介入来将进程挂起和重新执行,因此与忙等待方法相比,其开销更大;但是,阻塞方法在等待时不占用处理器,因此处理器可以执行其他的进程,忙等待虽然没有进程挂起的开销,但是在等待时要占用处理器和高速缓存带宽;当等待时间很短的时候,忙等待方法更好;但是,当等待时间很长,并且有其他进程在等待执行的情况下,阻塞方法更好。有一种等待方法是将忙等待和阻塞方法结合起来,开始时采用忙等待,当等待时间超过某个值时,将自己阻塞,释放处理器,让其他进程执行。

用硬件来实现高层同步操作的主要困难在于实现等待算法。因此,有一种方法是用硬件来实现获得方法和释放方法,然后用软件来将同步事件的三个部分结合起来。实际上,在基于总线的高速缓存一致的对称多处理机系统中,一般采用硬件原语和软件算法相结合的方法来实现同步。

### 2. 软硬件实现

用户和系统,谁应该负责实现像锁、路障那样的高层同步操作呢? 一般来说,编程人员只希望使用锁、事件等高层同步操作,而不关心其内部是如何实现的。因此,应该由系统负责实现高层同步操作。系统必须确定硬件能在多大程度上提供支持,并且用软件实现哪些功能。硬件支持的好处是速度快,而把一些功能用软件实现的好处是具有弹性,能适应不同的情况。现在,已经开发了一些利用简单的原子交换原语的软件同步算法,其执行速度与完全用硬件实现差不多,但是弹性好得多,并且对硬件要求非常简单。

同步操作的软件实现通常包含在系统库函数里。设计一个好的同步库相当困难。一个很重要的原因是同一种类型的同步操作(如锁、路障),可能在非常不同的运行时条件下使用,例如,可能在低竞争的条件下存取锁,如一次只有一个处理器去申请获得锁;也可能运行在高竞争条件下,比如一次有许多处理器同时申请获得锁。这些不同的情况,对同步操作有不同的性能要求:在高竞争的情况下,锁算法的主要目标是很好地处理竞争,得到高的获得锁—释放锁的转移带宽;而低竞争情况下,主要目标是实现低延迟获得锁。不同的算法可能满足这些不同的要求。所以要么找一种折中的算法,要么为同一类型的同步操作提供多个算法,在使用时可以让用户选择。

不同的同步算法可能要求不同的基本原语来支持,并且这些原语的复杂性变化很大。这就使得硬件和软件之间的交互变得很重要,一方面要根据可获得的原语来选择同步算法;另一方面,体系设计者要根据算法的需要来设计原语。下面将讨论分别用硬件与软件来实现的方法。

## 4.5.2　互斥操作

互斥操作(如 lock 和 unlock)有许多实现算法。在这一节中,我们先介绍一种简单的软件锁算法,然后介绍几种改进的软件锁算法,最后简单介绍一下全硬件实现的锁。

### 1. 简单的软件锁算法

一种解决锁问题的通用方法是在处理器的指令集中支持某种原子执行的读-修改-写指令。典型的是原子交换(exchange)指令。原子交换指令定义了一个内存位置和一个寄存器,该内存位置的值被读进寄存器,而一个值被存入该内存位置。所有这些动作是原子完成的,中间不会被其他存取该内存位置的操作打断。根据存入值的不同,原子交换指令有许多种。现在,我们来看一下原子的 Test&Set 指令。在这个指令中,内存位置的值被读到指定的寄存器中,并且常数 1 被存入该内存位置。下面的例子,就是用伪汇编代码写的 lock 和 unlock:

```
lock:      t&s      register,location/ * copy location to reg and set location to 1 */
           bnz      lock / * compare old value with 0,if not 0,try again */
           ret      / * return control to caller of lock */
unlock:    st       location,#0   / * write 0 to location */
           ret            / * return control to caller of lock */
```

原子交换指令还存在一些更加复杂的变种,可被不同的软件同步算法使用。例如交换指令 swap,它像 Test&Set 指令一样,这条指令将内存位置的值读到一个指定的寄存器中,但与 Test&Set 指令不同的是,它是将开始时寄存器中的值写入内存位置。也就是说,该指令自动交换内存位置和寄存器中的值。在前面用 Test&Set 实现的例子中,只要用 swap 指令替换 Test&Set 指令,并保证在 swap 指令执行前寄存器中值为 1,这样就能实现一个锁。用来实现锁的指令中还有另一大类:Fetch&Op 指令。一个 Fetch&Op 指令也定义了一个寄存器和一个内存位置,它将内存位置的值读到寄存器中,并对该值执行 Op 定义的操作后,存入内存位置。所有这些动作是原子执行的。其中,Fetch&Increment 指令就是将内存位置的值取到寄存器中,并将该值增 1后存到内存位置中。

　　以上这些指令,每一条指令都实现了对一个变量的一串原子读-修改-写序列操作。是否可以不用一条原子指令来实现这样的一串原子序列操作,而用一串独立的指令来完成这样的原子序列操作呢? 这样一来,只要用很少的指令就能实现各种各样的原子读-修改-写指令,如 Test&Set、Fetch&Op 等。现代的微处理器一般都支持一对特殊的指令:链接加载 LL(load-link)和条件存储 SC(store-conditional)。这对指令能被用来实现对一个变量的原子读写操作。LL 指令将同步变量读到寄存器中;接下来的指令就对读到寄存器的值进行操作,相当于读-修改-写指令的修改部分;最后一条指令是 SC 指令,它检查从 LL 指令执行时开始,内存位置的值是否被改变过,如果未改变过,则将值写入内存位置,指令执行成功;若改变过,则指令执行失败。用一个标记位来指示该指令是否成功。SC 指令试图将值写回到原变量中,当且仅当在该处理器执行 LL 指令后,没有其他处理器写过该变量,SC 执行才成功。下面来看一下用 LL 与 SC 来实现锁的例子。

```
lock:   ll      reg1,location       /* Load-locked the location to reg1 */
        bnz     reg1,lock           /* if location was locked(nonzero),try again */
        sc      location,reg2       /* store reg2 conditional into location */
        beqz    lock                /* if store-conditional failed,start again */
        ret                         /* return control to caller of lock */
unlock: st location,#0              /* write 0 to location */
        ret                         /* return control to caller of lock */
```

　　在此例中,reg1 是用来存放读出内存位置值的寄存器,reg2 中放有将被写入内存位置的值,在实现锁时,该值一般为 1。如果内存位置的初值为 0,多个进程能把 0 读出到 reg1 中。但是,只会有一个进程能成功地执行 SC 而获得锁。

　　另外,通过在 LL 和 SC 之间插入更多指令,可以实现更为复杂的原子序列。

**2. 改进的锁算法**

　　前面的简单锁算法,功能上是正确的,但性能有问题。设计锁算法的性能目标有以下几个。① 低延迟:如果锁是空闲的,并且在没有其他处理器同时试图获得锁的情况下,一个处理器应该能以低延迟获得锁。② 低通信量:在很多处理器试图同时获得锁时,它们只能相继获得,锁交替时产生的通信量应尽可能低。③ 可扩放性:

延迟和通信量不能随处理器数目变大而迅速增大。④ 低存储代价：一个锁需要的信息应该是很少的，并且不能随处理器数目迅速增大。⑤ 公平性：不会发生饿死现象。

简单的 Test&Set 锁算法产生了大量的通信量，其主要的原因是使用 Test&Set 指令进行了忙等待。处理器在忙等待时，不断地发出 Test&Set 操作，而一个 Test&Set 操作不仅包含一个读操作，还包含一个写操作，而写操作意味着要产生一个 Invalidate 事务，在下次读时又要产生一个 Miss 事务。这就意味着即使某个处理器已经获得了锁，其他处理器在等待该锁时也会产生大量的通信。有两种改进的算法：后退 Test&Set 锁算法和 Test-and-Test&Set 锁算法，可以减少这种通信量。

（1）后退 Test&Set 锁。一种解决处理器用 Test&Set 指令进行忙等待的方法是，降低发出 Test&Set 指令的频率。具体实现可以在忙等待循环发出的两条 Test&Set 指令之间，插入一个延迟时间。延迟时间不能太长，否则当锁变空闲时，请求锁的处理器不能及时获得；但是又不能太短，否则不能有效减少通信量。实验结果表明，延迟时间随"指数"变化情况下最好，具体公式为在第 $i$ 次发出 Test&Set 指令后，延迟时间为 $kc^i$，其中 $k$、$c$ 为常数。像这样的锁也称为指数后退的 Test&Set 锁。尽管后退 Test&Set 锁改善了简单锁的性能，但由于在释放锁（Release）操作和获取锁（Acquire）操作之间还是存在很多通信，其可扩放性仍不是很好。

（2）Test-and-Test&Set 锁。这种算法的思想是处理器在忙等待时，只用普通的 load 指令去读锁变量的值，一直到锁变量从 1（locked）变到 0（unlocked）后，才真正用 Test&Set 指令去请求获得锁，这样就可以减少在忙等待时产生的通信量。在高速缓存一致的机器中，读操作可以在处理器的本地高速缓存中得到满足，不会产生总线通信，这主要是因为在每个处理器第一次读锁变量时，就在本地高速缓存中保存了一份副本。当锁被释放时，所有执行忙等待的处理器高速缓存中锁变量副本都被置为无效状态，下一个读锁变量的操作就会引发高速缓存缺失。这样一来，执行忙等待的处理器就会发现锁已经空闲，这时才真正发出 Test&Set 指令去请求获得锁。当一个处理器成功获得该锁后，其他处理器请求失败，继续使用普通 load 指令进行忙等待。由上可见，Test-and-Test&Set 算法大大减少了总线通信。

**3. 先进的锁算法**

在 Test-and-Test&Set 锁算法中，当处理器释放锁后，多个等待处理器会发生高速缓存读缺失，随后发出 Test&Set 指令去请求获得锁。但实际上这不是我们所希望的，我们的目标是只有一个处理器发出 Test&Set 指令去请求获得锁；甚至，最好的情况下只有一个处理器会发生高速缓存读缺失。下面的票锁可以满足第一个目标，基于数组的锁可以同时满足两个目标，但是要牺牲一些存储空间。

（1）票锁（ticket lock）。每个想获得锁的进程都持有一个票号，并且忙等待一个全局的 Now-serving 号，只有当 Now-serving 号与它持有的票号相同时，才能得到锁。当一个进程释放锁时，只要简单地将 Now-serving 号增 1 即可。所需要的原子指令是

Fetch&Increment,一个进程用这条指令从一个共享计数器中获得自己的票号。这儿就不需要 Test&Set 指令了,因为只要持有的票号等于 Now-serving 号的进程才能获得锁。因此,获得方法是 Fetch&Increment,等待方法是忙等待 Now-serving 号等于自己的票号;释放方法是将 Now-serving 号增 1。这个锁在没有竞争情况下的开销和 Test-and-Test&Set 锁差不多,并且要求的存储量很小且是固定的。此外,由于采用 FIFO 方式处理对锁的请求,故这种锁是公正的。

（2）基于数组的锁(array-based lock)。这种锁算法的思想是用 Fetch&Increment 指令去获得进行忙等待的一个位置,而不是去获得进行忙等待的一个值。如果有 $p$ 个进程竞争锁,则锁的数据结构中包含一个有 $p$ 个位置的数组,进程在这些位置上进行忙等待。为了避免发生假共享现象,最好是每个位置位于一个独立的内存块上。获得方法是用一个 Fetch&Increment 操作去获得数组中下一个可得到的位置;等待方法是在获得的位置上进行忙等待;释放方法是将一个表示"锁空闲"的值写入数组的下一个位置(在释放进程自己进行忙等待的位置后的一个位置)。在释放锁时,只有在下一个数组位置上进行忙等待的处理器,它的高速缓存中的内存块才会被置为无效,于是在接下来发生读缺失后,它就知道自己获得了锁。

#### 4. 全硬件实现

用全硬件方法实现锁操作,尽管现代基于总线的多处理机中很少采用,但确实是可以实现的。早期的一些多处理机系统,在总线上专门设置一组实现锁操作的线。每一根线用来实现一个锁,获得锁的处理器置位总线,而请求锁的处理器就等待总线被释放。当有多个处理器同时请求获得锁时,就采用优先权电路来仲裁谁获得锁。由于这种方法能同时使用锁的数目有限,且等待算法是固定的,因此缺乏灵活性。通常,操作系统为了某种特殊的目的才会使用这种硬件锁,比如用来在内存中实现软件锁。Cray Xmp 所实现的是这种方法的一个变种。多个处理器共享一组寄存器,其中包括一组锁寄存器。尽管用户进程能直接使用锁寄存器来实现互斥,但问题是锁寄存器数量有限。因此,实际上系统主要使用这些锁寄存器在内存中实现软件锁。

## 4.5.3　点到点事件同步

并行程序内的点到点事件同步通常是在一个作为标志的普通变量上进行忙等待来实现的。如果我们想用阻塞来替代忙等待,就像在操作系统和并发程序编程时一样,直接使用信号量(semaphore)就可以了。

#### 1. 软件算法

标志作为控制变量,一般用来通知某个同步事件的发生,而不是用来传递值。如果两个进程对于一个共享变量 a 是生产者-消费者关系,则可以像如下代码这样使用标志来实现同步：

```
//P1：                         //P2：
a=f(x)      /* set a */        while(flag==0)do nothing
flag=1                         b=g(a)/* use a */
```

如果我们知道变量 a 开始时被初始化为一个特定的值（比如说是 0），且在生产过程中会变为一个新值，则可以直接用变量 a 作为同步标志，其代码如下：

```
//P1：                         //P2：
a=f(x)；    /* set a */        while(a==0)do nothing
                               b=g(a)/* use a */
```

这样一来就不需要一个独立的同步变量，节约了对同步变量的读写操作，但可能会损失一些代码的可读性和易维护性。

**2. 硬件方法**

内存中每个字都有一个"满-空"（full-empty）位与之对应：当与一个满-空位对应的字被写入新产生的值时，就意味着该字为"满"，这一位被置为 1；当对应的字被读时，就意味着该字为"空"，这一位被置为 0。字级的生产者-消费者同步可按如下方式实现：当生产者想写某一位置时，检查满-空位是否设置为"空"，如果是则写，并置对应满-空位为"满"。当一个消费者要读该位置时，先检查满-空位是否设置为"满"，如果是则执行读操作，并置对应满-空位为"空"。这种方法缺乏弹性，不能适应单个写者-多个读者以及在一个读者读之前允许写者多次写的情况。

## 4.5.4 全局事件同步

**1. 软件算法**

全局事件同步又称路障同步。以软件方法实现路障，通常采用锁、共享计数器和标志。先来看一个 p 个进程间的简单路障实现问题。由于该路障只使用一个锁、一个计数器和一个标志，所以称为集中式路障。

（1）集中式路障。一个共享计数器用来记录已经到达路障的进程数目，因此每个进程到达时，该计数器都要增 1。对计数器增 1 动作必须是互斥执行的。在计算器增 1 后，进程就检查计数器的值是否等于 p：如果不等，它就在与路障相关的标志上进行忙等待；如果相等，就表明该进程是最后一个到达路障的进程，它就改变标志去释放 p-1 个正在等待的进程。算法如下：

```
struct bar_type {
    int counter;
    struct lock_type lock;
    int flag=0;
```

```
                ｝ bar_name;
     BARRIER( bar_name,p )    ｛
         LOCK( bar_name.lock ) ;
         if( bar_name.counter = = 0 )
              bar_name.flag = 0;/ * reset flag if first to reach * /
         mycount = bar_name.counter++;/ * mycount is a private variable * /
         UNLOCK( bar_name.lock ) ;
         if    ( mycount = = p )｛    / * last to arrive * /
             bar_name.counter = 0;    / * reset counter for next barrier * /
             bar_name.flag = 1;    / * release waiters * /
         ｝
         else
         while( bar_name.flag = = 0 )｛｝/ * busy wait for release * /

     ｝
```

（2）具有感觉反转(sense reversal)的集中式路障。当简单的集中式路障被连续使用时就会出现问题。我们来看,如果每个处理器都执行以下代码会怎么样呢?

```
some computation…
BARRIER( bar1,p )
some more computation…
BARRIER( bar1,p )
```

第一个进程第二次进入 BARRIER 时,将重新初始化路障计数器,不会发生问题。问题发生在标志上。为了从第一次进入的路障中退出来,进程在标志上忙等待,等待标志值变为 1。那些看到标志变为 1 的进程将从第一次进入的路障中退出,执行后续计算,然后再次进入同一路障。假设有个进程 $P_x$ 第一次进入路障后在标志上进行忙等待,可能忙等待的时间太长而被操作系统换出。当该进程重新执行后,它还继续等待标志变为 1。然而,同时可能有其他进程已经第二次进入了同一个路障,则这个时候标志已经被重新置为 0 了。我们知道该标志只有在 $p$ 个进程都第二次到达路障后才可能被重新置为 1,但是这已经不可能了,因为进程 $P_x$ 将不会离开第一个路障的忙等待循环,也就不可能第二次到达路障了。

前面例子中,问题的主要原因是在所有进程都到达路障的新实例(instance)之前,标志被重新置位了。我们无法在当前配置下保证在所有进程退出一个路障前,避免其中一个进程又进入下一个路障实例。解决的方法是让进程在路障的连续两个实例中,等待标志变为不同的值。因此在例子中,进程可能在第一个实例中等待标志变为 1,而在接下来的实例中,等待标志变为 0。每个进程有一个私有变量,用来跟踪当前路障实例等待标志值的变化。因为一个进程不可能比另一个进程超前多于一个路障,因此只需要两个值,在每次到达路障时,在两个值间切换即可。现在,当第一个进程到达路障时,标志不需要被重新置位,因此在旧路障实例中等待的进程还是等待标志变为旧的释放值,而进入新路障实例的进程等待标志变为另一个释放值。只有在所有进程都到达一个路障实例后,才会改变标志的值,因此在旧路障实例中的进程还未看到标志的值之前,标志是不会被改变的。下面就是具有感觉反转的集中式路障的实现代码。

```
BARRIER( bar_name,p)
{   local_sense = ! ( local_sense) ;/ * toggle private sense variable * /
    LOCK( bar_name.lock) ;
    mycount = bar_name.counter++ ;/ * mycount is a private variable * /
    if( bar_name.counter = = p)   { / * last to arrive * /
        UNLOCK( bar_name.lock) ;
        bar_name.counter = 0 ;/ * reset counter for next barrier * /
        bar_name.flag = local_sense ;/ * release waiting processes * /
    }
    else   {
        UNLOCK( bar_name.lock) ;
        while( bar_name.flag! = local_sense) { } ;/ * busy-wait for release * /
    }
}
```

**2. 硬件路障**

从概念上来说,它利用一个单独的线与逻辑(wired-AND)就足够了。当一个处理器到达路障时,将它的输入置为高,然后等待输出为高时继续执行。由于这种方法将路障引起的通信和竞争与主存系统分开,所以能提供很高的性能。利用单独的线与进行硬件同步,缺乏灵活性,现在的并行机系统已基本上不采用这种方法了。

# 4.6　实例分析

## 4.6.1　典型多核处理器——龙芯 3 号

龙芯 3 号是中国科学院计算技术研究所研发的通用多核处理器,主要面向桌面计算机和服务器应用。龙芯 3 号的处理器核采用自主开发的 MIPS64 兼容处理器核,包括 GS464、GS464E、GS464V 等型号。其中 GS464 采用四发射乱序超流水线架构;GS464E 是 GS464 的改进版,性能有大幅度提高;GS464V 在 GS464 上集成两个 256 向量部件,主要用于高性能计算。

在访存结构方面,龙芯3号采用私有一级高速缓存和二级高速缓存、共享三级高速缓存(LLC)的片上高速缓存组织方式,采用基于目录的高速缓存一致性协议来维护高速缓存一致性。4核和8核版本的龙芯3号结构如图4.17所示。其中,4个处理器核构成一个节点,两个节点互连成为8核处理器,单个节点内的第一级8×8交叉开关连接4个处理器核和4个片上共享LLC的体(bank),第二级交叉开关连接LLC的体与内存控制器。龙芯3号采用HT(Hyper Transport)总线作为I/O总线,并且支持多片扩展,将多片龙芯3号的HT总线直接互连就形成更大规模的共享存储系统。4核和8核版本的龙芯3号都支持两个DDR2/3内存控制器、两个HT控制器和其他必要的外围接口。

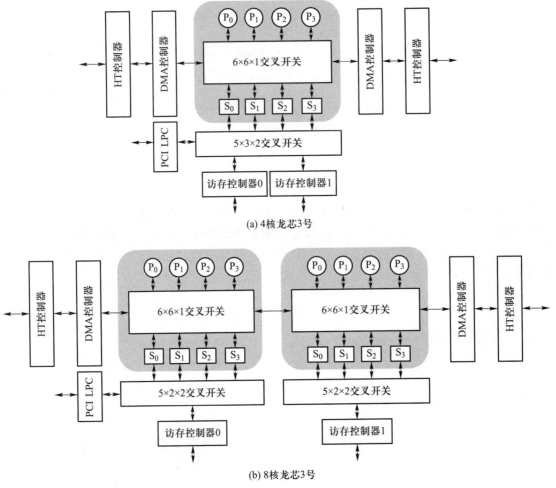

(a) 4核龙芯3号

(b) 8核龙芯3号

图4.17 4核版本和8核版本的龙芯3号结构图

首款四核龙芯 3 号芯片于 2009 年研制成功,采用 65 nm 工艺实现,主频达到 1 GHz;采用 32/28 nm 工艺的 8 核龙芯 3 号芯片于 2013 年研制成功,主频达到 1.5 GHz;2016 年研制成功的 4 核龙芯 3A3000 的主频达到 1.5 GHz,峰值性能为 24 GFLOPS,理论访存带宽为 24 GBps,采用 Stream 测试程序集实测的访存带宽为 13 GBps。

## 4.6.2 典型 SMP 系统——SGI Challenge

下面我们来看一个实际的基于总线的对称多处理机系统 SGI Challenge。SGI Challenge 最多支持 36 个 MIPS R4400 处理器(峰值 2.7 GFLOPS)或者是最多 18 个 MIPS R8000 处理器(峰值 5.4 GFLOPS)。SGI Challenge 系统采用 PowerPath-2 总线,其峰值带宽为 1.2 GBps,最多支持 16 GB 的 8 路交叉主存和 4 个 PowerChannel-2 I/O 总线。每个 I/O 总线能提供的峰值带宽为 320 MBps,并能支持多个以太网连接、VME/SCSI 总线、图形卡和其他一些外围设备。系统的全部磁盘容量能达到几太字节(1 TB = $10^{12}$ B)。采用的操作系统是 SVR4 UNIX 的一个变种,称为 IRIX。图 4.18 是 SGI Challenge 系统的结构图。

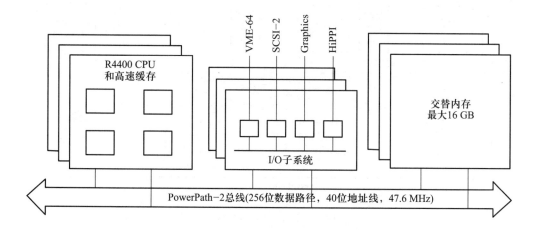

图 4.18  SGI Challenge 系统的结构图

SGI Challenge 的 PowerPath-2 总线采用非复用的方式,包括独立的 256 位数据线和 40 位的地址线,还有命令和其他一些信号线,总共有 329 根。总线时钟为 47.6 MHz,峰值带宽达到 1.2 GBps。总线是分事务总线,支持同时存在 8 个未完成的读请求。另外,总线支持 16 个插槽,其中 9 个插槽用来插处理器板,每个处理器板含 4 个处理器,这样就可实现 36 个处理器的配置。下面介绍 SGI 处理器和主存子系统。

　　如图 4.19 所示,在 SGI Challenge 体系结构中,每个处理器板上包含多个处理器,这些处理器共享连接总线的接口芯片。处理器板使用 3 种不同类型的芯片来连接总线,支持高速缓存一致性。所有 4 个处理器通过一块 A-Chip(地址芯片)与地址总线相连。它含有进行分布式仲裁的逻辑以及用来存放未完成事务的、拥有 8 个表项的请求表。其他的控制逻辑用来判断什么时候向总线发射事务,什么时候对总线事务进行响应。A-Chip 将总线上观察到的请求传递给 CC-Chip(高速缓存一致芯片,每个处理器有一个)。CC-Chip 利用自己维护的标记集合来判断请求的内存块是否在本地高速缓存中,并且将结果通告给 A-Chip。所有从处理器来的请求都通过 CC-Chip 传到 A-Chip,然后出现在总线上。处理器通过共享的 4 块 D-Chip(数据芯片)与 256 位的数据线连接。D-Chip 提供有限的缓冲区能力,并且在总线和 CC-Chip 之间进行数据传递。

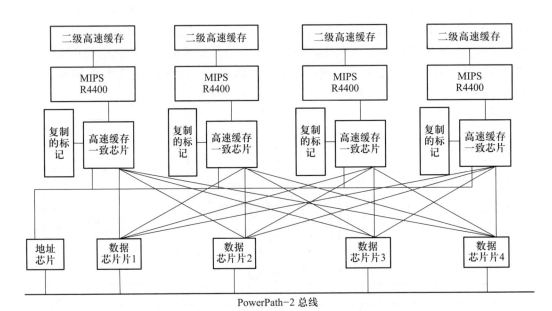

4.19　SGI Challenge 处理器板的组织图

　　SGI Challenge 的主存子系统使用高速缓冲区将地址放到 576 位的内部 DRAM 总线上。其中,512 位是数据,64 位是纠错码(error correcting code,ECC)。快速页取模式能够在两个主存周期内将 128 B 的高速缓存块读出,并且数据缓冲区可以流水地对 256 位系统数据线进行响应。当地址出现在总线上的 12 个总线周期(大约 250 ns)后,响应数据出现在数据总线上。一个主存板可以容纳 2 GB 主存和支持一个能使 1.2 GBps 系统总线饱和的两路交叉主存系统。SGI Challenge 使用 Illinois MESI 协议来保证高速缓存一致性,并且也支持更新事务。

## 4.7　小结

本章主要介绍了集中式共享存储并行处理系统。其中,具有私有高速缓存的集中式共享存储并行处理结构主要用于中小规模的对称多处理器,具有共享高速缓存的集中式共享存储并行处理结构主要用于多核处理器。21 世纪初,商用处理器主要通过总线连接桥片,通过桥片来访问存储器,这种方式易于在桥片上设计硬件来支持多个处理器构建集中式共享存储并行处理系统。SMP 是 20 世纪八九十年代到 21 世纪初实现的中小规模多处理器系统的典型结构,DEC、Sun、SGI 等公司的高端工作站都采用这种结构。由于每个处理器具有自己的高速缓存,SMP 系统是典型的采用私有高速缓存的集中式共享存储并行处理系统。

2005 年开始逐渐成为主流的多核处理器是一种典型的、采用共享高速缓存结构的集中式共享存储并行处理系统。单个芯片上集成的晶体管数量按照摩尔定律增加,在单个芯片上设计多个处理器核来提高性能是一种利用这些海量晶体管的自然方式。例如,IBM 公司于 2001 年推出 IBM Power4 双核处理器,AMD 于 2005 年推出第一款 X86 架构双核处理器,Intel 于 2006 年推出第一款酷睿双核处理器,我国于 2009 年推出了第一款 4 核龙芯 3A 处理器。在多核处理器中,为了缓解访存压力,通常设置了容量较大的多级高速缓存。多核处理器普遍采用共享末级高速缓存的集中式共享高速缓存结构,它成为一种典型的集中式共享存储并行处理系统。

此外,在处理器芯片上集成访存控制器的技术对集中式共享存储系统的发展带来了重要影响。21 世纪初商用处理器主要通过总线连接桥片,通过桥片来访问存储器,这种方式造成访存延迟较长。通过在处理器芯片上集成访存控制器,使得处理器无须通过桥片就能访问内存,大幅降低了访存延迟。AMD 公司于 2003 年推出的 K8 处理器和 Intel 公司于 2008 年推出的 Nehalem 架构处理器都采用这种方式,此后几乎所有商用处理器都采用这种方式。这意味着处理器拥有自己的局部存储器,基于多个处理器芯片构建的共享存储并行处理系统很自然是分布式共享存储结构(下一章将会详细介绍)。从这个意义上来说,采用集中式共享存储方式、基于多个处理器芯片构建的传统 SMP 系统已经消亡了。但在主流多核处理器中,由于每个处理器核访问内存的时间大致也是相等的,因此可以认为多核处理器是在单个芯片上实现了 SMP 结构。

## 习　　题

4.1　参照图 4.20,试解释为什么采用 WT 策略进程从 $P_2$ 迁移到 $P_1$ 时,或采用 WB 策略将包含共享变量 X 的进程从 $P_1$ 迁移到 $P_2$ 时,会造成高速缓存的不一致。

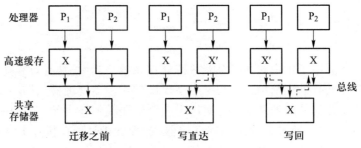

图 4.20　进程迁移所造成的不一致性

4.2　参照图 4.21 所示,试解释为什么① 在采用 WT 策略的高速缓存中,当 I/O 处理器将一个新的数据 X′写回主存时会造成高速缓存和主存间的不一致;② 在采用 WB 策略的高速缓存中,当直接从主存输出数据时会造成不一致。

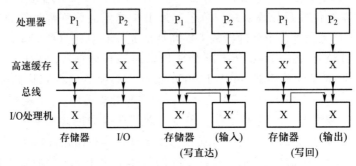

图 4.21　绕过高速缓存的 I/O 操作所造成的不一致性

4.3　参照图 4.9,试解释采用 WB 策略的写更新和写无效协议的一致性维护过程。其中 X 为更新前高速缓存中的副本,X′为修改后的高速缓存块,I 为无效的高速缓存块。

4.4　两种基于总线的共享存储多处理器分别实现了 Illinois MESI 协议和 Dragon 协议,对于下面给定的内存存取序列,试比较在这两种多处理机上的执行代价,并就序列及一致性协议的特点来说明为什么有这样的性能差别。序列① r1 w1 r1 w1 r2 w2 r2 w2 r3 w3 r3 w3;序列② r1 r2 r3 w1 w2 w3 r1 r2 r3 w3 w1;序列③ r1 r2 r3 r3 w1 w1 w1 w1 w2 w3;所有的存取操作都针对同一个内存位置,r/w 代表读或写,数字代表发出该操作的处理器。假设所有高速缓存在开始时是空的,并且使用下面的性能模型:读写高速缓存命中,代价为 1 个时钟周期;缺失引起简单的总线事务(如 BusUpgr、BusUpd),60 个时钟周期;缺失引起整个高速缓存块传输,90 个时钟周期。假设所有高速缓存是写分配的。

4.5　在共享存储多处理机中,经常会出现假共享现象。假共享是由于两个变量处于同一个高速缓存行中引起的,会对性能造成损失。为了尽量减少假共享的发生,程序员在写程序时应该注意什么?

4.6　考虑以下代码段,说明在顺序一致性模型下,可能的结果是什么? 假设在代码开始执行时,所有变量初始化为 0。

（1）

|  //P1 | //P2 | //P3 |
|---|---|---|
| A = 1 | U = A | V = B |
|  | B = 1 | W = A |

（2）

| //P1 | //P2 | //P3 | //P4 |
|---|---|---|---|
| A = 1 | U = A | B = 1 | W = B |
|  | V = B |  | X = A |

4.7 参照 4.4.3 中讨论多级高速缓存包含性的术语,假设 L1 和 L2 都是 2 路组相联,$n_2>n_1$,$b_1=b_2$,且替换策略用 FIFO 来代替 LRU,试问:包含性是否还是自然满足? 如果替换策略是随机替换呢?

4.8 针对以下高速缓存情况,试给出一个使得高速缓存的包含性不满足的内存存取序列。

（1）L1 高速缓存容量 32 B,2 路组相联,每个高速缓存块 8 B,使用 LRU 替换算法;L2 高速缓存容量 128 B,4 路组相联,每个高速缓存块 8 B,使用 LRU 替换算法。

（2）L1 高速缓存容量 32 B,2 路组相联,每个高速缓存块 8 B,使用 LRU 替换算法;L2 高速缓存容量 128 B,4 路组相联,每个高速缓存块 16 B,使用 LRU 替换算法。

4.9 利用 LL/SC 操作来实现一个 Compare&Swap 操作。

4.10 在 4.5.4 部分描述具有感觉反转的集中式路障算法中,如果将 unlock 语句不放在 if 条件语句的每个分支中,而是紧接放在计数器增 1 语句后,会发生什么问题? 为什么会发生这个问题?

# 参 考 文 献

［1］胡伟武,苏孟豪,王焕东,等.计算机体系结构基础.北京:机械工业出版社,2017.

［2］LAMPORT L. How to Make a Multiprocessor Computer that Correctly Executes Multiprocessors Programs. IEEE Transactions on Computers,1979,C-28(9):690-691.

［3］胡伟武.共享存储系统结构.北京:高等教育出版社,2001.

［4］BASKETT F,JERMOLUK T,SOLOMON D. The 4D-MP Graphics Superworkstation:Computing+Graphics = 40 MIPS+40 MFLOPS and 100000 Lighted Polygons per Second:Proceedings of the 33rd IEEE Computer Society International Conference - COMPCON'88,1988.

［5］PAPAMARCOS M,PATEL J. A Low Overhead Coherence Solution for Multiprocessors with Private Cache Memories:Proceedings of the 11th Annual International Symposium on Computer Architecture,1984.

［6］ARCHIBALD J,BAER J L. Cache Coherence Protocols:Evaluation Using a Multiprocessor Simulation Model. ACM Transactions on Computer Systems,1986,4(4):

273-298.

[7] CULLER D E, SINGH J P, GUPTA A. Parallel Computer Architecture: A Hardware/ Software Approach. [S. l.]: Morgan Kaufmann, 1999.

[8] HENNESSY J L, PATTERSON D A. Computer Architecture: A Quantitative Approach. 2nd ed. San Francisco: Morgan Kaufmann, 1996.

[9] BAER J L, WANG W H. On the Inclusion Properties for Multi-Level Cache Hierarchies: Proceedings of the 15th Annual International Symposium on Computer Architecture, 1988.

[10] TANENBAUM A S, WOODHULL A S. Operating System Design and Implementation. 2nd ed. Englewood Cliffs: Prentice Hall, 1997.

[11] HU W W, ZHANG Y F, YANG L, et al. Godson-3B1500: A 32nm 1.35GHz 40W 172.8GFLOPS 8-core Processor: Proceedings of the IEEE International Solid-State Circuit Conference(ISSCC 2013).

[12] HU W W, YANG L, FAN B X, et al. An 8-Core MIPS-Compatible Processor in 32/28 nm Bulk CMOS. IEEE Journal of Solid-State Circuits(JSSC), 2014, 49(1): 41-49.

# 第五章 分布式共享存储系统

    SMP 对称多处理机系统的重要发展方向有分布式共享存储（distributed shared memory，DSM）系统和基于消息传递的分布式存储系统。本章首先介绍分布式共享存储系统的基本概念以及主要实现形式，接着重点讨论分布式共享存储系统的主要应用形式——高速缓存一致非均匀存储访问（cache coherent non-uniform memory access，CC-NUMA）系统，然后介绍可扩放的高速缓存一致性协议以及存储器一致性模型，最后对经典的实例进行研究并小结。

# 5.1 引言

## 5.1.1 SMP 的发展方向

随着科学计算、事务处理对计算机系统性能要求的不断提高,对称多处理机(SMP)系统的应用越来越广泛,规模需求也越来越大。对称多处理机系统采用集中式共享内存,支持共享存储编程界面,并行编程容易。其发展时期主要是 20 世纪 70 年代—20 世纪 80 年代中期。SMP 的计算单元、存储器和 I/O 设备是紧密耦合在一起的,它们通过单一的、中央式的连接关系实现共享。该中央式连接关系可以是总线、交换机或交叉开关网络。由于在 SMP 平台上编程比较简单,因而获得了广泛应用,但是单一的"总线"结构限制了 SMP 向更大规模的发展。

为了弥补 SMP 在扩展能力上的限制,一个重要的发展方向是分布式共享存储系统 DSM。DSM 采用分布式内存以避免"总线"竞争,但通过特殊的硬件将分布式局部存储器映射成一个统一的共享地址空间,使任一处理器都能访问任意共享存储位置。DSM 在保留了 SMP 共享存储编程特性的同时增强了系统扩展能力。

在 DSM 基础上进一步增加扩展能力的发展方向就是基于消息传递的体系结构,其典型结构为机群(cluster)结构以及大规模并行处理机(MPP)结构,我们将在后续章节中进行讨论。消息传递结构通过不支持共享存储来获取更大的系统扩展能力,这类系统不支持共享存储编程模型,编程复杂性相对较高。

SMP 系统和它的后续发展系统 DSM、机群和 MPP 在并行结构上的区别是其访存特性不同。并行结构按访存特性一般可以分为集中式共享 UMA 结构、NUMA 结构以及非远程存储器访问(noremote memory access,NORMA)结构。SMP 的访存特性为 UMA,而 DSM 的访存特性为 NUMA,机群和 MPP 的访存特性为 NORMA。我们一般将前两者称为共享存储系统,而将 NORMA 称为消息传递多处理机。

### 1. 共享存储系统和分布式存储系统

共享存储的并行机通常也称作紧密耦合多处理机,它具有一个所有处理器都可以一致访问的全局物理内存,并且可以通过对同一存储器中共享数据(变量)的读写来提供一个简单、通用的程序设计模型。用户还可以在这种系统上方便地仿真其他程序设计模型。程序设计的方便性和系统的可移植性使并行软件的开发费用大为降低。然而,共享存储多处理机由于共享访问介质,使得在访问共享存储器时要面临较重的竞争和较长的延迟,相对于分布式系统而言,这些问题会严重地损害其峰值性能和可扩放性。共享存储多处理机如图 5.1(a)所示,其中 P 表示处理器,M 表示存储器。

分布式存储并行机通常也称为多计算机,是由多个具有本地存储模块的、相互独立的处理节点通过互连网络连接而成的。其分布存储所具有的可扩放性使这类系统有可能获得非常高的计算性能。然而,不同节点上的进程间通信要使用消息传递模型,即通过显式的收发原语来完成。由于程序设计者需要认真考虑数据分配和消息通信,因而较共享存储系统上的程序设计要困难一些。另外,不同地址空间的进程迁移使问题更加复杂。这样看来,分布式存储系统尽管硬件方面变得可扩放了,但软件方面的问题却更复杂了。消息传递的多计算机如图 5.1(b)所示。

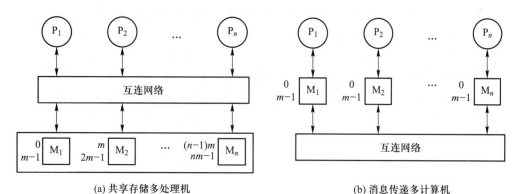

(a) 共享存储多处理机　　　　　　　　(b) 消息传递多计算机

图 5.1　消息传递多计算机和共享存储多处理机

在共享存储系统中,所有处理器共享主存储器,每一处理器都可以把信息存入主存储器,或从中取出信息,处理器之间的通信通过访问共享变量来实现。而在消息传递系统中,每个处理器都有一个只有它自己才能访问的局部存储器,处理器之间的通信必须通过显式的消息传递来进行。从图 5.1 可以看出,在消息传递多计算机系统中,每个处理机的存储器是单独编址的;而在共享存储多处理机系统中,所有存储器统一编址。

**2. 分布式共享存储系统**

与消息传递系统相比,共享存储系统由于支持传统的单地址编程空间,减轻了程序员的编程负担,因此共享存储系统具有较强的通用性,且可以方便地移植现有的应用软件。然而,在共享存储系统中,多个处理机对同一地址空间的共享也带来了一些问题。共享必然会引起冲突,从而使共享存储器成为系统瓶颈。目前在规模较大的共享存储系统中,都把共享存储器分成许多模块并分布于各处理机之中(这类系统称为分布式共享存储系统)。此外,共享存储系统都采用高速缓存来缓和由共享引起的冲突以及由存储器分布引起的长延迟对性能的影响。然而,存储器的分布会引起非均匀存储访问(NUMA)问题,即不同处理器访问同一存储单元可能有不同的延迟。而高速缓存的使用又带来了高速缓存一致性问题,即如何保证同一单元在不同高速缓存中备份数据的一致性。访存时间的不一致以及同一单元的多个备份也破坏了存储访问的不可分割性(atomicity,也称原子性),使得同一单元内容的变化在不同的时刻被不同的处理器看到,从而影响了系统的正确性。为了保证正确性,需要对访存操作的发生次序进行严格的限制,许多在单处理机中行之有效的、提高性能的技术,如流水、多发射、预取、缓存等,并不能在共享存储系统中盲目使用,这不利于提高性能。同时,维持高速缓存一致性需要复杂的硬件,影响了共享存储系统的可扩放性。

可见,分布式共享存储多处理机系统中的存储系统有着不同于其他计算机存储系统的特征,它带来了一些新问题。目前国际上对这些问题尚无能兼顾系统正确性、可扩放性以及系统性能的圆满解决方案。因此,必须在分布式共享存储系统的体系结构方面进行深入的研究,在维护分布式共享存储系统的数据一致性、提高系统的性能和增加系统的可扩放性等方面提出创新的解决方案。

并行向量机系统和 SMP 系统都属于共享存储系统,机群系统和异构计算机系统属于消息传递系统,大多数 MPP 系统都是消息传递系统。共享存储 MPP 系统的典型代表是 SGI 的 Origin 2000,但与同期的消息传递产品相比,Origin 2000 由于硬件的复杂性,其可扩放性也是有限的。此外,Cray T3D 等系统也提供了共享空间,但硬件不负责维护高速缓存一致性。

## 5.1.2 常见的共享存储系统

由 5.1.1 节可见,根据共享存储器的分布,共享存储系统可分为集中式共享存储和分布式共享存储两大类。在集中式共享存储系统中,多个处理器通过总线、交叉开关或多级互连网络等与共享存储器相连,所有处理器访问存储器时都有相同的延迟。随着处理器个数的增加,集中式存储器很容易成为系统瓶颈。

为了解决上述问题,人们提出了分布式共享存储(DSM)的概念。DSM 系统就是在物理上分布存储的系统上逻辑地实现共享存储模型。图 5.2 为 DSM 系统的结构组织示意图。系统设计者可以通过各种各样的方法,以硬件或软件方式实现分布式共享存储机制。DSM 系统对于程序设计者来说,隐藏了远程通信机制,保持了共享存储系统所具有的程序设计的方便性和可移植性。它可以通过对现有共享存储系统上的应用程序进行简单的修改(甚至不做任何修改)便可获得高效的执行,从而在维护软件投资的同时获得最大的性能。另外,DSM 系统底层分布式存储的可扩放性和成本效益(cost-effective)仍然被继承下来了。因此 DSM 系统为构造高效率的、高可用性的、大规模的并行机提供了一个可行的选择。在分布式共享存储系统中,共享存储器分布于各节点(一个节点可能有一个或多个处理器)之中,每个节点包含共享存储器的一部分。节点之间通过可扩放性好的互连网络(如网孔等）相连。分布式的存储器和可扩放的互连网络增加了访存带宽,但却导致了不一致的访存结构。

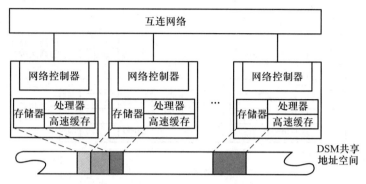

图 5.2　DSM 系统的结构组织示意图

集中式和分布式的共享存储系统又可以进一步分成若干类。根据存储器的分布和一致性的维护以及实现方式等特征,目前常见的共享存储系统的体系结构可以分为以下几种。

**1. 无高速缓存结构**

在这种系统中处理器没有高速缓存,诸处理器通过交叉开关或多级互连网络等直接访问共享存储器。由于系统中任一存储单元只有一个备份,所以这类系统不存在高速缓存一致性问题,但系统的可扩放性受交叉开关或多级互连网络带宽的限制。采用这种结构的典型例子是并行向量机及一些大型机,如 Cray XMP,YMP-C90等。此外,无高速缓存的结构还见于早期的分布式共享存储系统中,如 CMU 的 Cm∗、BBN 的 Butterfly 和伊利诺伊大学的 CEDAR 等。

**2. 共享总线结构**

SMP 系统所采用的就是此结构。在这类系统中,每个处理器都有高速缓存,诸处理器通过总线与存储器相连,且具有相同的访问时间,所以也常称为均匀存储访问(UMA)模型。在共享总线的系统中,每个处理器的高速缓存均通过侦听总线来维持数据一致性。但由于总线是一种独占性的资源,这类系统的可扩放性是有限的。此结构常见于服务器和工作站中,如 DEC、Sun、Sequent 以及 SGI 等公司的多机工作站产品等。

**3. CC-NUMA 结构**

CC-NUMA 结构,即高速缓存一致非均匀存储访问系统。这类系统的共享存储器分布于各节点之中。节点之间通过可扩放性好的互连网络(如网孔、环绕等)相连,每个处理器都能缓存共享单元,并通常采用基于目录的方法来维持处理器之间的高速缓存一致性。高速缓存一致性的维护是这类系统的关键,决定着系统的可扩放性。这类系统的例子有斯坦福大学的 DASH 和 FLASH、麻省理工学院的 Alewife

以及 SGI 的 Origin 2000 等。图 5.3 描述了 CC-NUMA 结构的内存组织结构。

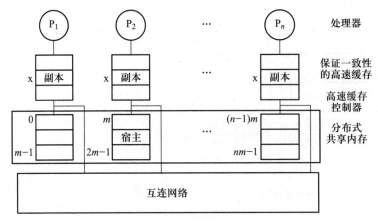

图 5.3  CC-NUMA 内存组织

### 4. COMA 结构

COMA(cache-only memory access)结构,即全高速缓存存储结构。这类系统的共享存储器的地址是活动的。存储单元与物理地址分离,数据可以根据访存模式动态地在各节点的存储器间移动和复制。每个节点的存储器相当于一个大容量高速缓存,数据一致性也在这一级维护。这类系统的优点是本地共享存储器命中的概率较高。其缺点是当处理器的访问不在本节点命中时,由于存储器的地址是活动的,需要一种机制来查找被访问单元的当前位置,因此延迟很大。目前采用全高速缓存结构的系统有 Kendall Square Research 的 KSR1 和瑞典计算机研究院的 DDM。此外,COMA 结构常用于共享虚拟存储(shared virtual memory,SVM)系统中。图 5.4 描述了 COMA 结构的内存组织结构。

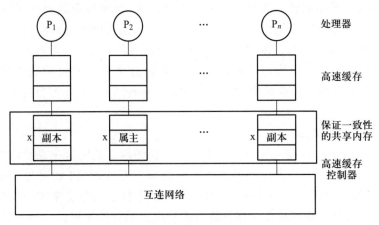

图 5.4  COMA 内存组织结构

### 5. NCC-NUMA 结构

NCC-NUMA（non-cache coherent non-uniform memory access）结构，即高速缓存不一致的非均匀存储访问系统。其典型代表是 Cray 公司的 T3D 及 T3E 系列产品，这种系统的特点是虽然每个处理器都有高速缓存，但硬件不负责维护高速缓存一致性。高速缓存一致性由编译器或程序员来维护。在 T3D 和 T3E 中，系统为用户提供了一些用于同步的库函数，便于用户通过设置临界区等手段来维护数据一致性。这样做的好处是系统可扩放性强，高档的 T3D 及 T3E 产品可达上千个处理器。

以上这些共享存储系统都是由硬件实现统一编址的共享存储空间的，可以统称为硬件共享存储系统，图 5.5 对硬件共享存储系统作了分类，它包括共享总线结构的和分布式共享存储系统两种，其中分布式共享存储系统包括无高速缓存结构和有高速缓存结构两种，而有高速缓存结构的分布式共享存储系统又包括高速缓存一致的结构和高速缓存不一致的 NCC-NUMA 结构两种，进而高速缓存一致的结构又可进一步分为 CC-NUMA 结构和全高速缓存的 COMA 结构两种。硬件分布式共享存储系统由于搜索和查询目录的工作都是由硬件实现的，因此访问远程数据的延迟相对于软件实现要小得多，从而性能也要比 SVM 系统好得多。另外，由于硬件自动维护的一致性粒度是高速缓存行，使得假共享和碎片的影响很小。然而，采用复杂的一致性协议和时延隐藏技术使硬件的设计和验证非常复杂，因此这种结构一般在高档系统和那些只追求高性能的系统中才会被采用。目前有代表性的硬件分布式共享存储系统包括 Memnet、斯坦福大学的 DASH 和 FLASH、KSR1、DDM、SCI、麻省理工学院的 Alewife 和 StartT-Voyager 等。

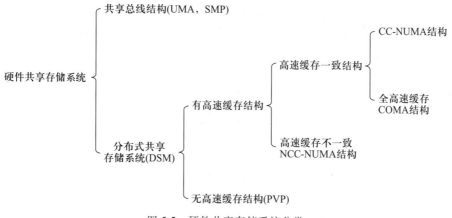

图 5.5　硬件共享存储系统分类

### 6. 共享虚拟存储结构

共享虚拟存储（SVM）系统又称为软件 DSM 系统，此概念最早由 K.Li 在 1986 年提出。其出发点是结合共享存储系统的可编程性好和消息传递系统的硬件简单。

SVM 系统在基于消息传递的 MPP 或机群系统中,用软件的方法把分布于各节点的多个独立编址的存储器组织成一个统一编址的共享存储空间,其优点是在消息传递的系统上实现共享存储的编程界面,但主要问题是难以获得满意的性能,这是因为:① 与硬件共享存储系统相比,SVM 系统中较大的通信和共享粒度(通常是存储页,页大小由操作系统决定)会导致假共享及额外的通信;② 在基于机群的 SVM 系统中,通信开销很大。与消息传递系统(如 MPI)相比,基于 SVM 系统的并行程序通信量通常比基于消息传递的并行程序的通信量大。然而,最近 SVM 系统技术和网络技术的发展使得 SVM 系统的性能得到了极大提高,主要体现在:① 诸如懒惰释放一致性(lazy release consistency,LRC)协议的实现技术以及多写(multiple write)协议等针对 SVM 系统的优化措施的提出,大大减少了 SVM 系统中的假共享和额外通信;② 网络技术的发展降低了系统性能对通信量的敏感程度;③ SVM 系统可以有效利用硬件支持,如在 SMP 机群系统中,可以在节点内利用 SMP 硬件提供的共享存储,在节点间由软件实现共享存储;又如,SVM 系统可充分利用某些互连网络实现的远程 DMA 功能提高远程访问的速度。研究表明,对于大量的应用程序,SVM 系统的性能可达消息传递系统性能的 80% 以上。

此外,SVM 系统的实现既可以在操作系统上改进,如 IVY、Mermaid、Mirage 和 Clouds 等;也可以由运行系统来支撑,如 CMU Midway、Rice Munin、Rice TreadMarks、Utah Quarks、DIKU CarlOS、Maryland CVM 和 JIAJIA 等;还可以从语言级来实现,如麻省理工学院的 CRL、Linda 和 Orca 等。

此外,还有混合实现的分布式共享存储系统,其基本思想是结合软硬件实现的分布式共享存储系统的优点,对存储器的管理进行分工,将复杂的管理工作交给软件,而在硬件级上维护一致性,如 Simple COMA、Wisconsin Typhoon、Tempest 和 Plus 等。或者仍在页级维护一致性,但却采用细粒度的通信硬件以提高性能,如普林斯顿大学的 SHRIMP。

# 5.2    基于 CC-NUMA 结构的分布式共享存储系统

图 5.5 中关于硬件共享存储系统的分类,DSM 分布式共享存储系统主要包括无高速缓存结构(PVP)、高速缓存不一致 NCC-NUMA 结构、高速缓存一致的 CC-NUMA 结构和 COMA 结构,这些结构出现在分布式共享存储系统发展的不同历史时期,其中支持高速缓存一致性的体系结构由于易编程特性得到广泛应用。

## 5.2.1    COMA 与 CC-NUMA

支持高速缓存一致性的典型结构包括全高速缓存访问(COMA)、高速缓存一致非均匀存储访问(CC-NUMA)等。非均匀存储访问(NUMA)结构主要针对 SMP 结构在可扩展性上的局限性,实现了在更大规模上的并行计算。在 COMA 结构中,所有节点的局部内存都被当作计算工作集在该节点上的高速缓存,数据自由地在各节点间进行复制和迁移,力求总被放置在最经常使用该数据的处理机附近,从而增强数据分布的空间局部性,减小数据访问的延迟和开销。然而,一方面需要大量的额外存储开销来保证在调度时高速缓存行不会被错误地换出,对于经常被多个处理机反复改写的数据,COMA 也可能会造成数据的颠簸,对于数据集超过高速缓存容量的情况,由于需要反复地对数据换入换出,COMA 的性能会明显下降;另一方面,COMA 需要特殊的硬件,并且需要改动操作系统,因而不能无缝地利用现有的商用计算机,因而在实际应用中并不多见。

在 NUMA 结构中,每个数据都拥有自己的主节点,各处理机在访问同一数据时由于物理位置的不同而造成访问延迟各不相同,因而称为非均匀存储访问。比较典型的一种结构是高速缓存一致非均匀存储访问(CC-NUMA),在这种结构中,远程数据并不放入局部内存中,而是通过某一特定的远程访问接口直接存储在处理机的硬件高速缓存中,多个节点访问同一数据时,各节点高速缓存间数据的一致性由硬件来保证。CC-NUMA 也需要对硬件和操作系统做出相应的修改,但是在技术上比 COMA 易于实现。NUMA 技术从 20 世纪 90 年代后期开始逐渐成熟,并发展成为主流的并行处理系统。这类系统有代表性的有斯坦福大学的 DASH 和 FLASH、麻省理工学院的 Alewife、SGI 的 Origin 2000、IBM 的 Sequent NUMA-Q 以及国内的神威与银河系列。

随着 SMP 结构的发展趋势逐步向片内多核过渡,现在主流的多路服务器系统以及小型机都采用 CC-NUMA 结构,从而使其成为在高性能服务器、高性能计算等商业领域应用最广泛的体系结构。HP Superdome、IBM 的 P795、SPARC M6-32、浪潮的 K1 以及华为的昆仑等商业上应用广泛的小型机都是 CC-NUMA 结构的典型代表。

## 5.2.2 CC-NUMA 结构概述

为了弥补 SMP 在扩展能力上的不足,出现了 NUMA 结构,与 SMP 相比,它可以更有效地扩展从而构建大型系统。NUMA 依然是一种共享存储结构,其结构示意图见图 5.6,主要特点如下。

(1) 被共享的存储器在物理上分布在所有处理器中,所有本地存储器的集合 $(M_0, M_1, \cdots, M_p)$ 就组成了全局地址空间。

(2) 处理器访问存储器的时间是不一样的,访问本地存储器速度较快,而访问远程存储器速度较慢(此即非均匀存储访问名称的由来)。按访问远程内存是否支持缓存一致性可分为 CC-NUMA 和 NCC-NUMA 结构。

（3）每台处理器可带私有高速缓存，外设也可以某种形式共享。

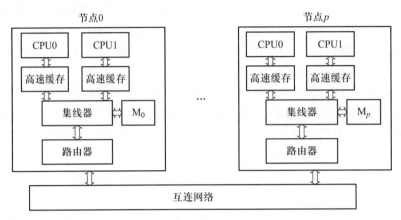

图 5.6　NUMA 体系结构示意图

在 NUMA 结构中，存储单元的分布式结构使存储单元的数量可以随着处理器节点的增加而线性增长，而不失共享存储的优点，给并行编程带来了很大的便利。本地访问和远程访问的划分更是充分利用了局部性原理，在尽量少损失甚至不损失本地访存操作性能的前提下使系统远程节点规模增加，极大提高了向更大规模扩展时的有效性。

CC-NUMA 通过互连网络维护高速缓存的一致性，使用专门的硬件把所有单元内存合并成一个统一的地址空间，各个处理器都可以通过通常的 load/store 指令直接访问整个地址空间，允许用户使用类似于 SMP 的 UMA 模式编程，也可以直接运行SMP 架构下开发的应用软件；每个单元都拥有自己的处理器和内存。因此，在NUMA 架构下处理器和内存都是分布式的，从而支持整个系统通过增加单元或处理器个数、内存容量（以及 I/O 连接能力和带宽）等实现最大的可伸缩性。因此 CC-NUMA 解决了 SMP 的扩展性问题，并保留了 SMP 的编程模式。

CC-NUMA 结构一般采用高效的目录机制来解决 NUMA 系统中的内存和缓存一致性问题。对于 CC-NUMA 系统而言，高速缓存一致性维护方法在一定程度上决定了系统的可扩展性。一致性协议与系统的带宽可扩展性、延迟可扩展性、开销可扩展性及物理可扩展性有着紧密联系。基于目录的高速缓存一致性协议可以更好地利用 NUMA 系统的结构特点：目录的管理由各个存储单元所在的存储节点目录决定，系统存储单元的分布式结构使得各个存储节点目录同样分布在系统的各个节点之中；各个节点目录之间物理上相互独立，本地访问和远程访问之间并无直接关联。具体我们将在 5.3 节中详细讨论。

NCC-NUMA 的互连网络不维护一致性，因而可具有比 CC-NUMA 更好的扩展性。NCC-NUMA 可以通过软件维护一致性来支持共享变量的编程模式,利用直接访存特性来实现消息传递通信。

### 5.2.3 CC-NUMA 涉及的概念

以下讨论 CC-NUMA 或者 NUMA 结构中经常涉及的一些概念。

**1. 节点**

NUMA 系统拥有多条内存总线,于是将几个处理器通过内存总线与一块内存相连构成一个组,这样整个庞大的系统就可以被分为若干个组,这个组的概念在 CC-NUMA 系统中被称为节点(node)。处于该节点中的内存被称为本地内存(local memory),处于其他节点中的内存对于该组而言被称为外部内存(foreign memory)。节点可以分为三类,即本地节点(local node)、邻居节点(neighbour node)和远端节点(remote node)。本地节点:对于某个节点中的所有 CPU,此节点称为本地节点;邻居节点:与本地节点相邻的节点称为邻居节点;远端节点:非本地节点或邻居节点的节点,称为远端节点。

超立方体可以作为一种有效的拓扑来描述 NUMA 系统,它将系统中的节点数限制在 $2^c$ 内,$C$ 是每个节点拥有的邻居节点数,如图 5.7 所示。

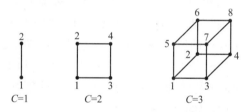

图 5.7　NUMA 系统超立方体拓扑结构

以 $C=3$ 为例,则对于节点 1 而言,节点 2、3、5 则为邻居节点,4、6、7、8 为远端节点,显然访问开销的关系为:访问本地节点的开销<访问邻居节点的开销<访问远端节点的开销。

SMP 结构已经成为片上多核处理器的主要结构形式,主流 CC-NUMA 的节点类型一般为基于 SMP 结构的多核 CPU。一个节点一般包括一个物理 CPU,占用一个物理插槽,一个插槽内部包含多个计算核心。

如图 5.8 所示,给出一个采用 4 个 SMP CPU 构建的 CC-NUMA 结构系统的示意图。每一个 SMP CPU 具有 4 个 CPU 核,这 4 个 CPU 核共享本地内存,需要通过互连网络 X 访问邻居或者远程节点的内存。在这个 CC-NUMA 系统中有 4 个物理插槽,每个插槽安装一个 SMP 的 CPU,每个插槽上有 4 个处理器核心,系统共有 16 个计算核心。

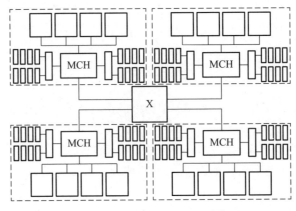

图 5.8 4 节点 CC-NUMA 系统

另外在 CC-NUMA 系统中,经常提到"路"(way)的概念,指的就是系统中支持的 CPU 插槽的数量。比如 4 路 32 核 CC-NUMA 服务器,指的就是系统有 4 个 8 核 CPU,总计 32 核。路数和节点数量是不同的概念,有些处理器内部可能直接封装两个 SMP 的 CPU,在这种情况下,一个物理插槽上将会有两个 CPU 节点。

**2. 跳数**

基于 NUMA 的体系结构一般使用一个参数跳数来描述系统中组成部件的距离, 当节点间跳数为 1 时,代表彼此为邻居;当跳数大于 1 时,彼此为远程节点,跳数越大 意味着访问对方内存要经过的路由或中转节点越多,会影响远程内存的访问性能。 在图 5.7 中,当 $C=3$,即系统有 8 个节点时,节点 1 到 2、3、5 的距离为 1,即跳数为 1; 节点 1 到节点 4、6、7 的距离跳数为 2;到节点 8 的距离跳数为 3。也就是说节点 1 访 问节点 8 的跳数最大,因而时间开销最大。

在实际应用中,以 Intel 公司推出服务器处理器为例,在构造 CC-NUMA 系统时, 当系统跳数不大于 3 时,系统集成的 CPU 小于 8 个,形态一般为塔式或机架式服务 器系统;当跳数大于 3 时,系统集成的 CPU 大于或等于 16 个,产品形态一般为小型 机系统(不同公司的产品可能有差异)。

在同一个 NUMA 系统中,跳数,即距离不一样的节点之间的访存性能不同,这是 因为通过的路由或中转部件数量不一样。图 5.9 展示了一个基于 AMD 处理器的 CC-NUMA 系统不同跳数时处理器访存性能降低的比率,在该系统中最大跳数为 2, 一个处理器在系统中存在两个不同的 1 跳数连接处理器以及一个 2 跳数连接处理 器。不同的 1 跳数对性能存在细微的差异。在 2 跳数的情况下,写的性能比 0 跳数 低 32%,比 1 跳数低 17%。读的性能 2 跳数情况下的读性能比 0 跳数低 30%,比 1 跳 数低 14%。因此在设计大规模 CC-NUMA 结构时尽量降低系统最大跳数是一个重 要的设计指标。

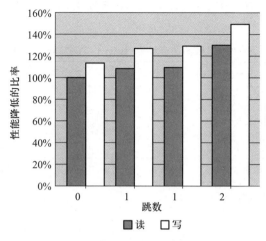

图 5.9 访存性能随跳数降低的比率

### 3. NUMA 比率

NUMA 结构的主要特点在于其访存的不一致性。不一致性主要反映在处理器访问本地内存和外部内存的性能差异,两者的性能差距是衡量 NUMA 结构平台硬件基本性能的一个重要参数。我们一般用每个节点访问外部内存的时间除以每个节点访问本地内存的时间得到一个参数,称为 NUMA 比率(ratio)。

如果 NUMA 比率的值为 1,系统为 SMP 系统,如果 NUMA 比率大于 1,则值越大,表明远程内存访问的开销越大。在早期的 CC-NUMA 系统中,NUMA 比率一般较大,后期由于将 SMP 系统和内存控制器集成到单一 CPU 芯片上以及处理器直连技术的出现,大大改善了 NUMA 比率。

从表 5.1 中数据来看,DASH 是最早支持非一致性访存的机器,采用总线结构实现了 4 个处理器的互连,其比率为 4.5,类似结构的 NUMA-Q 比率为 10.0,而采用交换结构实现 4 节点互连的 Compaq DS-320 约为 3.5。

表 5.1 早期典型系统 NUMA 比率

| 机器实例 | 比率 |
| --- | --- |
| Standford DASH | 4.5 |
| Sequent NUMA-Q | 10.0 |
| Sun WildFire | 6.0 |
| Compaq DS-320 | 3.5 |

而表 5.2 给出了一个基于片上内存控制器 Intel Xeon 5500 series 处理器构建的 CC-NUMA 系统的各级访存性能,处理器采用了 QPI 总线互连。可以看出,系统 1 跳

的 NUMA 比率约为 1.67(100 ns/60 ns)。该参数远远好于表 5.1 中早期系统的对应值。

表 5.2　NUMA 系统的访存性能(Intel Core i7 Xeon 5500 series)

| 层次 | 时间 |
| --- | --- |
| L1 高速缓存命中 | 4 周期 |
| L2 高速缓存命中 | 10 周期 |
| L3 高速缓存命中 | 40 周期 |
| 远程 L3 高速缓存 | 100~300 周期 |
| 本地内存 | 60 ns |
| 远程内存(1 跳) | 100 ns |

数据来源:Joe Chang,Memory Latency and NUMA。

远程内存访问的开销会影响 NUMA 或者 CC-NUMA 系统的可扩展性,NUMA 比率越大,由于访问远地内存的延时远远超过访问本地内存,因此当 CPU 数量增加时,系统性能无法线性增加。

表 5.3 给出了 NUMA 系统性能测试数据,其中 CPU 采用 3.0 GHz Intel Xeon 处理器,tps/CPU(transactions per second per CPU)记录了每个 CPU 单位时间完成的交易数量。从表 5.3 可以得知,当被测试系统节点数从 1 增加到 2 时,每个 CPU 的性能损失约 25%(1-19.54/26.14),当被测试系统节点数从 2 增加到 4 时,采用全相连,CPU 之间的最大跳数保持 1,每个 CPU 的性能进一步损失约 22%(1-15.17/19.54)。因此当 CC-NUMA 系统规模增大时,系统的性能损失将会严重制约系统的规模。系统总体性能从 1 个处理器扩展到 4 个处理器时,性能仅为原系统的 60.68/26.14≈2.32 倍。CC-NUMA 系统的优势在于带宽较宽,适合多线程、多事务的并发处理模式。

表 5.3　NUMA 系统性能测试

| 节点数 | 最大跳数 | 本地内存访问时间 | 外部内存访问时间 | tps/CPU | 总 tps |
| --- | --- | --- | --- | --- | --- |
| 1 | 0 | 67 ns | N/A | 26.14 | 26.14 |
| 2 | 1 | 67 ns | 125 ns | 19.54 | 39.08 |
| 4 | 1 | 67 ns | 140 ns | 15.17 | 60.68 |

数据来源:Joe Chang,Memory Latency and NUMA。

## 5.2.4　CC-NUMA 网络互连

网络互连方式对于 CC-NUMA 系统的处理性能影响极大。为了维护整个系统各个存储层次之间的存储一致性,在 CC-NUMA 网络互连系统中存在大量的消息交换操作。消息交换会导致数据一致性维护的延迟,由此进一步影响访存操作的延迟和带宽。

**1. 前端总线互连技术**

分布式存储器结构出现后,每个处理节点都包含一定的局部存储器,互连网络的作用是建立处理节点间的通路,使本节点能访问其他节点的存储器,发送消息包以及一致性维护。网络拓扑结构有全交叉(全相联)网络、环形网络、树形网络、二维网络、多维网络、超立方网络等。

为了保证较高的性能,通常采用全交叉网络结构以及多级交叉网络结构。采用全交叉网络结构可获得最佳性能,但是其复杂度和成本会随着处理器个数增加而指数增长,因而怎样以较低的成本实现高可伸缩性、高组合带宽、低系统延迟的拓扑以消除系统瓶颈是实现的重点。使用多级交叉网络结构可以减少连接代价。多级交叉网络结构的基本网络单元实际上是一个小交叉开关(4×4 或 8×8 等),如图 5.10 所示,利用 4×4 基本交叉开关单元实现的多级互连结构连接 32 个节点,并可通过提高单元集成度进一步用较少的级数来实现 $N$ 个节点的互连。假设基本开关单元的度数为 $n$,则多级互连网络的传输延迟(即级数)是 $\log_n N$,对分带宽达到 $N/2$,连接代价是 $N\log_n N$。任一节点对间的延迟是均等的,有良好的网络负载均衡性。

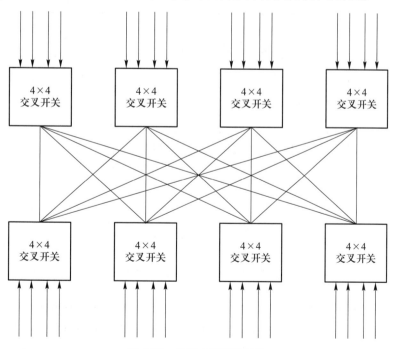

图 5.10  多级交叉开关结构

在具体实现上,由于早期处理器设计普遍使用了前端总线结构,互连时要采用基于前端总线或 I/O 接口的专用接口芯片,如 HP Superdome 中采用的 sx2000 芯片,通过 sx2000 可以连接 4 个处理器核(2 个双核处理器),并同时提供 3 个基于交叉开关矩阵的互连通道进行进一步扩展。可以利用全交叉开关结构实现 8~16 核的互连,而后通过 3×4 的交叉开关交换(crossbar switch)单元来实现多级交叉开关结构支持 64~128 核的互连。类似的接口芯片有 IBM 的 X-Architecture、Sun 的 Fireplane、Intel 的 SNC(scalable node controller)等。

### 2. 处理器直接互连技术

由于受物理通信链路数量以及并行总线频率增加的约束,同时处理器外部的专用互连芯片带来了额外的延迟,早期的结构在多核处理器以及片上内存控制器出现后,处理器间通信能力很难适应日益增长的片上通信带宽,因此出现了处理器间直接互连(direct-link)技术。

如图 5.11 所示,直接互连的第一个技术特点是处理器集成了片上内存控制器,可让主内存响应时间更短,同时可降低缓存大小以及芯片制造的成本。AMD 公司的 Athlon 64 处理器比同频的 Athlon 系列处理器具有 25% 的性能提升,而其中 20% 来自集成的内存控制电路,5% 来自处理器内核的改进。处理器集成内存控制器也是大规模共享存储系统向分布式存储发展的重要原因。

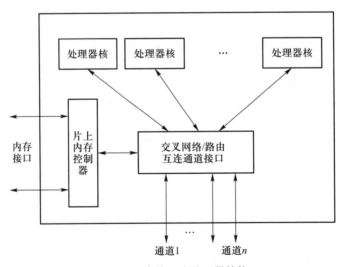

图 5.11 直接互连处理器结构

直接互连的第二个技术特点是处理器上集成了专用连接通道来实现处理器间直接通信,避免了专用桥或路由芯片的使用,可减少系统成本和转发带来的延迟。CPU 之间通过专用连接通道建立连接,使 CPU 可访问其他 CPU 上的外部内存。

Compaq 公司最早在 Alpha 21364 处理器中实现了专用的处理器互连接口,与普通外设接口并不相同。而 AMD 公司则最早在 Opteron 系列处理器中通过扩展标准的 HyperTransport 外设接口支持多处理器直连构成板级 CC-NUMA 系统,系统中采用类似侦听协议维护内存与各个远程高速缓存之间的数据一致性。

目前主流的处理器都支持直接互连技术,如 Intel 基于 PCI-e 实现的 QPI(quick path interconnect)和 UPI(ultra path interconnect)技术,AMD、PMC-Sierra、Broadcom 等采用的 HyperTransport 技术,DSP 处理器普遍采用的串行快速 I/O(serial rapid I/O,SRIO)技术等。

直接互连的第三个技术特点是一般使用先进的串行通信技术来提供高速连接,串行通信技术可以有效地减少互连所需要的物理管脚数量。早期处理器用于互连的管脚可高达上千个,而串行通信技术可以有效地减少处理器直连的物理管脚。目前处理器采用的串行通信技术主要有 HyperTransport、PCI-e(QPI、UPI)和 SRIO 三种。三者都遵循基于报文的点对点通信总线规范,都有望成为下一代 I/O 总线标准。三者目前都有自己的市场基础,而且实现的性价比差不多。

处理器上可以集成多个串行的互连通道。考虑成本和实现的复杂度,支持直接互连的 CPU 片上集成的互连通道数量有限,一般可支持 4~8 个 CPU 直接进行互连构成 CC-NUMA 结构。互连通道数目增多,可以连接更多的 CPU,或者减少系统互连的最大跳数。如图 5.12 所示,当处理器集成两个互连通道时,可支持 2 路或者 4 路处理器直接互连为 CC-NUMA 系统,4 路的时候最大跳数为 2,远程访问性能会相对较差。当处理器集成 3 个互连通道时,如图 5.13(a)所示,增加一个互连通道可实现 4 个 CPU 的全相连模式,减少系统最大跳数到 1。也可用于增加连接的 CPU 数量,图 5.13(b)中给出了一种 8 路处理器互连的方案,保留两个通道进行 I/O 扩展,此时 CPU1 和 CPU7 之间访问跳数为 3,如果 CPU1 和 CPU7 之间的 I/O 连接通道也用于 CPU 直连,系统最大跳数可以降低到 2。

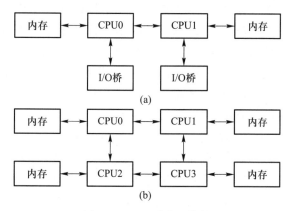

图 5.12 双通道直连结构

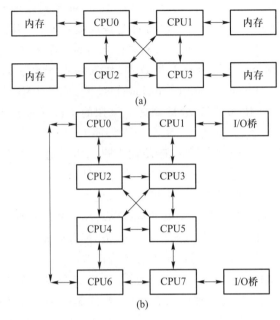

图 5.13    三通道直连结构

CPU 的互连通道内部可以通过一路或多路并行来保证互连带宽。快速通道互连（QPI）又称公共系统接口（common system interface，CSI），是一种常用处理器互连点对点连接协议，一个 QPI 传输通道内部有 20 路的数据通道，可以同时传输 20 位数据，其中 16 位是有效数据，其余 4 位用于循环校验，以提高系统的可靠性。QPI 工作速度用十亿次传输每秒（giga-transfers per second，Gtps）来描述，当 QPI 速度为 9.6 Gtps 时，系统总带宽为 9.6 Gtps×2 B（每次传输16 b）×2（双向）= 38.4 GBps。

显然，互连通道的传输性能会影响 NUMA 结构中远程内存的性能。利用 Intel Memory Latency Checker v3.1 工具进行测试，在图 5.14 中给出了当 QPI 的工作速度分别为 6.4 Gtps、8.0 Gtps 以及 9.6 Gtps 时访问远程内存带宽，可以有效利用平均75% 左右的理论带宽。9.6 Gtps 速度时实际传输带宽为 29.6 GBps。但我们可以看到这个数据还是远远小于本地内存的带宽，当使用 DDR4 1.6 Gtps 内存时，其峰值带宽为 51 GBps，而 DDR4 设计最高速度可支持 3.2 Gtps，未来可期望突破 6.4 Gtps。最新的 UPI 互连总线已经将传输速度提升到 10.4 Gtps，但依然满足不了远程内存的传输带宽需求。进一步提高片间通信带宽和、降低延迟是未来的一个重要技术发展方向。

龙芯 3 号是中国科学院计算技术研究所研制的一款面向桌面或服务器应用的处理器，在龙芯 3 号设计中采用了一种基于二维网孔的可伸缩直连结构。可为芯片级、主板级和系统级的互连提供统一的拓扑结构和逻辑设计，其结构如图 5.15 所示。这种可伸缩的互连结构体现在可以在单芯片（图 5.15 中 A 模块）内灵活、高效地实现

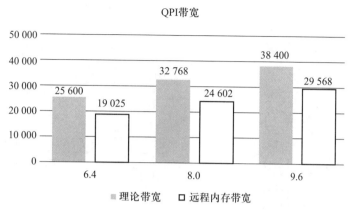

QPI带宽

图 5.14 不同 QPI 工作速度下远程内存访问带宽与理论带宽对比

4~16核结构,在板级(图 5.15 中 B 模块)通过多芯片直连实现 16~64 核的 CC-NUMA 互连,又可通过系统级(图 5.15 中 C 模块)互连进一步通过直连扩展到 64 核以上的 NCC-NUMA 互连的大规模处理器系统。处理器片内通过一个 8×8 的交叉开关(X1 交叉开关)连接 4 个处理器核($P_0 \sim P_3$)以及分成 4 个个体的共享二级缓存($S_0 \sim S_3$),并与东南西北(E,S,W,N)4 个方向的其他节点互连,其中处理器为主设备($m_2 \sim m_5$),二级缓存个体为从设备($s_2 \sim s_5$),四个方向的互连通道各包含主从两个设备($m_0, m_1, m_6, m_7, s_0, s_1, s_6, s_7$)。当采用 2×2 网孔时可以连接 16 个处理器,4×4 网孔可以连接 64 个处理器,该结构可由灵活的由芯片扩展到板级,或由板级集成到芯片上,方便后续 8 核或 16 核处理器的实现。图 5.15 中 X2 交叉开关用于连接缓存和共享的内存控制器。

龙芯 3 号的互连接口采用了扩展的 HyperTransport 协议,既可以连接 I/O,也可以实现多芯片间的直接互连。为了实现更大规模的互连,龙芯 3 号创新性地在单芯片上同时提供了板级互连接口($HT_0$,16 位,可拆分为两个 8 位通道使用)以及系统级的互连接口($HT_1$,16 位,可拆分为两个 8 位通道使用),$HT_0$ 可进行缓存一致性维护,在图 5.15 中 B 模块处理器通过 $HT_0\_LO$、$HT_0\_HI$ 进行板级互连来实现高性能的 CC-NUMA 系统。$HT_1$ 不支持缓存一致性维护,在图 5.15 中 C 模块为节点进行系统级扩展提供 NCC-NUMA 连接链路,可提供高达 25.6 Gbps 的点对点互连带宽。

**3. 大规模 CC-NUMA 系统互连技术**

处理器直接互连技术降低了构造小规模的 CC-NUMA 系统的成本,并提高了性能,因而在机架式或塔式服务器等商业领域得到广泛应用。但处理器上能集成的互连通道数量有限,系统的规模受到限制,一般上限为 8~16 个处理器。要构造更大规模的 CC-NUMA 系统就必须在处理器直接互连技术的基础上借助外部互连网络进行规模扩展,在这种模式下,由处理器直接互连构成一个超节点(super node),各个

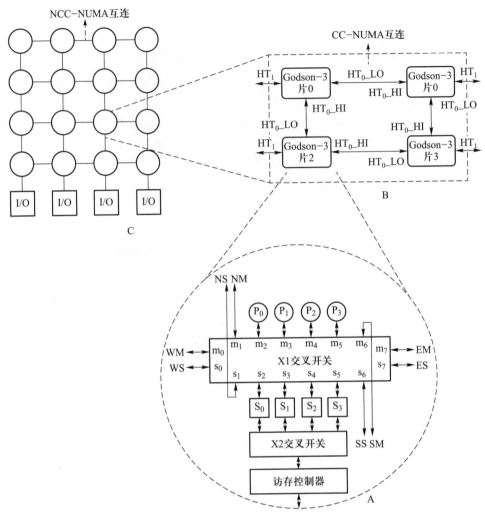

图 5.15 龙芯 3 号多核处理器互连扩展结构

超节点再通过互连网络连接起来构成一个大规模的 CC-NUMA 系统,互连网络同时负责各个超节点之间的高速缓存一致性协议。

如图 5.16 所示,每个 CPU 有自己的本地内存并连接到本地的 I/O 集线器上,CPU0 和 CPU1 通过直连形成一个超节点,CPU2 和 CPU3 通过直连形成一个超节点……系统总共 4 个超节点。4 个超节点再通过片外扩展节点控制器(extension node controller,XNC)进行互连。如果超节点内部处理器为 8 个,就构成了一个 32 路的大规模 CC-NUMA 系统。

小型机是主要应用大规模 CC-NUMA 技术的商用高端服务器产品,它的互连规模一般大于 16 个处理器。有研发能力的各大厂商为维持自己在服务器市场的战略

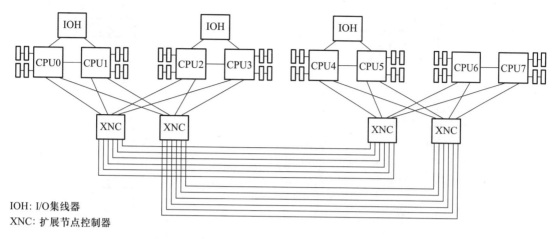

IOH: I/O集线器
XNC: 扩展节点控制器

图 5.16  超节点互连形成大规模 CC-NUMA 系统

地位都会推出自己的小型机产品。以下对浪潮的小型机天梭 K1 的系统结构进行介绍(以下内容来自浪潮公司公开资料)。如图 5.17 所示,天梭 K1 的超节点内由 4 个安腾处理器组成,每个安腾处理器支持 4 个全宽 QPI(20 路数据通道)和两个半宽 QPI 连接(10 路数据通道)通道。4 个处理器通过两个全宽和一个半宽构成全相连的 CC-NUMA 结构,图中交叉连接使用半宽通道。超节点直连构成一个 4 路的 CC-NUMA 结构。每个处理器再通过一个全宽 QPI 通道连接到 I/O 桥片上。剩余一个用于超节点外连接,每两个处理器通过一个全宽 QPI 通道连接到一个处理器协同控制器(negotiation controller,NC)上。

每个 NC 芯片有 4 个高速网络互连(NI)端口,每个 NI 端口的速率为 8.5 GBps,由于一个处理器使用两个 NI 端口,单处理器的互连带宽为 17 GBps,两个端口互为冗余,构成双平面网络结构,保证互连的可靠性。如图 5.18 所示,8 个超节点通过 16 个 NC 和 4 个 NR(网络路由)实现全相连,互连网络代价为单跳步,构成一个 32 路的 CC-NUMA 计算系统。

小型机一般采用专用的处理器,指令集使用 RISC 或 IA64,通过处理器片上集成多个互连通道提高通信带宽,并使用专用的操作系统,一般为不同的 UNIX 版本,比如 K1 就是采用 IA64 处理器及 UNIX 操作系统。由于指令集的兼容性,不能使用现在应用广泛的 x86 CISC 架构上的一些操作系统和软件资源。这种架构软硬件相对封闭,价格昂贵,但能获得较好的性能。开放架构的小型机则考虑利用通用商业化的 x86 CISC 架构的处理器来构造较大规模的 CC-NUMA 系统,操作系统可以使用 Linux 或者 Windows,从而获得更广泛的应用软件支持,降低系统的软硬件成本。KunLun 开放架构小型机是华为公司推出的、以 Intel Xeon E7 4800/8800 处理器为核心、华为自研 NC 芯片 Hi1503 实现计算互连的 CC-NUMA 系统,该系统以 4 个 CPU 直

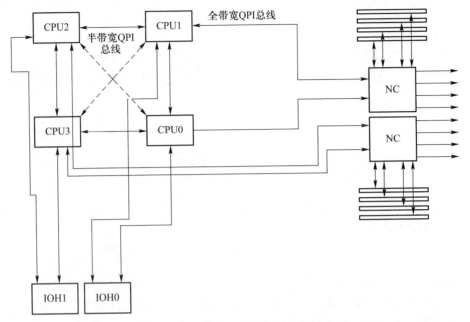

图 5.17 天梭 K1 系统的超节点结构

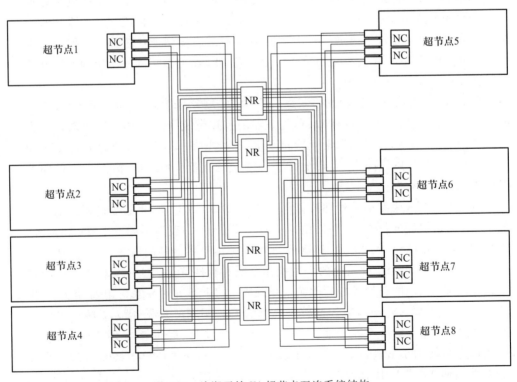

图 5.18 浪潮天梭 K1 超节点互连系统结构

连构成环状超节点,每两个超节点构成一个物理上的节点扩展单元,系统最大可扩展至 32 个处理器。由于 E7 设计时并不是面向小型机定制的,互连通道只有 3 个 QPI,如图 5.19 所示,每个处理器使用两个 QPI 通道用于超节点内部 4 个处理器的环形直连,由于超节点内部没有实现全相连,最大跳数为 2。每个 CPU 保留一个 QPI 用于超节点外连接系统互连网络。4 个处理器共享两个 QPI 通道分别连接到上下两个 NC 全互连平面,互连带宽明显不足,当一个互连平面发生故障时,互连带宽将会降低一半。

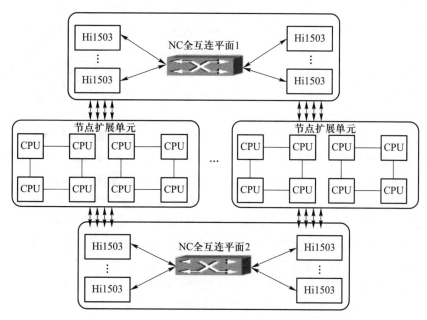

图 5.19 KunLun 小型机互连结构

## 5.2.5 CC-NUMA 操作系统优化

CC-NUMA 架构能缓解系统扩展性问题,但存在访存不一致性问题,即每个处理器访问本地内存比访问远程内存快。为了减少不一致性访存对系统的影响,在硬件设计时应尽量降低远端内存的访存延迟,同时要求操作系统或应用软件能够感知硬件的拓扑结构,优化系统的访存性能。因此要发挥系统的最大性能,操作系统必须对 CC-NUMA 架构作出优化,感知系统拓扑结构,以便使计算能够在包含数据和代码的内存附近执行。

本节对 CC-NUMA 操作系统优化应关注的方向进行介绍,主要包括 CC-NUMA 内存分配、进程调度、页面迁移、同步互斥、I/O 性能优化等。

### 1. 内存分配

CC-NUMA 的内存分配策略应满足不用应用的需求,针对不同的需求采用不同的分配策略来实现目标。有些应用需要低延迟访问,另一些则可能需要更高的内存访问带宽。对于低延迟的需求,基本的分配方式就是尽量在线程的本地内存上对其进行分配,并尽量让线程保持在该节点上,这被称为线程的节点亲和性(node affinity)。这样既充分利用了本地内存的低延迟,同时也能有效降低节点间的通信负担。对于高内存带宽的需求,CC-NUMA 架构下的多个分布式内存控制器可以并行访问,分配策略可以通过适当的软件或者硬件机制在各个内存控制器上交替地分配内存,分配后得到的连续内存页面会水平地分布到各个节点上。当应用程序对内存进行流式读写时,可以获得相当于累加各个内存控制器的带宽。对于远端内存访问延迟严重的架构,该提升往往会比较明显。在一些 CC-NUMA 系统中,硬件提供了节点交叉分配机制,而在没有硬件提供节点交叉的系统中,可由操作系统实现该机制。

开源 Linux 内核从 2.6.9 开始支持 CC-NUMA 架构。在 Linux 系统中,CC-NUMA 相关的内存管理策略有默认(default)、绑定(binding)、交叉(interleaved)、优先(preferred)四种。默认:总是在进程的本地节点分配内存,这是操作系统的默认值;绑定:强制在指定的节点上分配内存;交叉:在指定的一组节点或所有节点中交叉分配内存;优先:在指定的节点中优先分配内存,分配失败,将从别的节点分配。

默认的分配策略会导致 CPU 节点之间内存分配不均匀,当某 CPU 节点内存不足时,导致与虚存对换。绑定与优先的区别是,在特定 NUMA 节点上分配内存失败时,绑定策略会直接报错并返回失败信息,而优先策略会回滚,再到其他的 NUMA 节点上分配内存。使用绑定策略会因对换导致早期内存不足、时延上升。

### 2. 进程调度

CC-NUMA 系统中由于局部内存的访存延迟低于远程内存的访存延迟,因此将进程调度到局部内存所在节点的处理器核上可以极大优化应用程序的访存性能。

Linux 内核早期使用的进程调度器为多队列调度器,每个处理器都有自己的运行队列,但不能较好地感知 CC-NUMA 系统中节点这层结构,从而不能保证调度后该进程仍运行在同一个节点上。因此在多队列调度器的基础上实现了节点亲和的 CC-NUMA 调度器,Linux 2.6 后续的核心可以较好地支持 CC-NUMA 结构。在节点内,该 CC-NUMA 调度器如同多队列调度器一样。在一个空闲处理器上的动态负载平衡是由每隔 1 ms 的时钟中断触发的,它试图寻找一个高负载的处理器,并将该处理器上的进程迁移到空闲处理器上。在一个负载较重的节点上,每隔 200 ms 触发一次。调度器只搜索本节点内的处理器,只有还没有运行的进程可以移动到其他空闲的处理器中。如果本节点的负载均衡已经非常好,则计算其他节点的负载情况。如果某个节点的负载超过本节点的 25%,则选择该节点进行负载均衡。如果本地节点具有平均的负载,则延迟该节点的进程迁移;如果负载非常差,则延迟的时间非常短,延迟时间长短依赖于系统的拓扑结构。

### 3. 页面迁移

进程执行期间,由于调度器和内存分配的影响,进程的局部性约束可能发生变化,这就要求操作系统能够在进程运行时,具有页面迁移(page migration)能力,这样进程访问页面时具有更好的局部性。进程引用代码或数据时,操作系统能够把页面迁移到进程的理想节点,通过把进程访问页面移动到最接近处理器核的内存控制器附近来改善性能,就是说页面迁移是伴随着进程在不同节点间调度时发生的,同时由于页面迁移是资源密集的,对于需要长时间运行的进程,页面迁移才会更有价值。

目前各种商用处理器都提供了硬件计数器,用于跟踪程序运行过程中微结构信息,找到程序执行时的性能瓶颈,进而改进程序的性能。例如 x86 处理器的硬件监视单元、龙芯处理器的性能计数器等。使用性能计数器剖析程序运行时的访存行为,主要是分析程序运行过程中的页面分布情况,结合操作系统的页面迁移策略,提高程序访存数据的局部性,改善实际应用程序的性能。

### 4. 同步互斥

并发控制是任何操作系统都必须解决的问题。SMP 系统的同步和互斥操作已经有了比较好的解决方法,其理论也比较成熟。然而,对于 CC-NUMA 系统来说,由于临界资源的分布性,加上访存不均匀导致的通信延迟,其解决方法更为复杂。在 CC-NUMA 系统中,全局共享变量位于某个节点的内存上,各个节点访问共享变量的延迟不一样。较大的远端内存访问延迟,导致同步指令执行时间增加,更多地中断同步指令的执行,降低了同步指令执行成功的概率。一个有效的方法是通过使用局部同步代替全局同步,降低同步开销,减少同步等待时间。

### 5. I/O 性能优化

CC-NUMA 架构下的系统 I/O 性能优化是当前的一个研究热点,目的是实现I/O访问的本地化,减少跨节点的 I/O 访问。

在 CC-NUMA 系统中,如果进程访问 I/O 设备,那么进程最好运行在本地 I/O 节点上,这样进程与 I/O 设备具有较好的 I/O 亲和性。同时需要综合考虑 CC-NUMA 系统拓扑结构,把处理器、内存和 I/O 设备作为进程调度和资源分配的单位,充分考虑 CC-NUMA 系统的非均匀 I/O 访问特性。通过提高三者的亲和性,确保进程、I/O 设备和内存的本地化,改善系统的 I/O 处理能力。设计 CC-NUMA 系统时,不仅要考虑带宽平衡问题,还要注重 I/O 与存储系统的一体化设计。

I/O 请求通过芯片间的互连网络进行路由,所以 I/O 设备与响应 I/O 请求的 CPU 之间的距离必须最小,这样才能获得最好的 I/O 性能。目前,主流操作系统大都支持 NUMA I/O 特性。例如,Solaris 内核定义了 NUMA I/O 框架,通过探测系统的

I/O 拓扑结构,定义 I/O 资源(内核线程、内存、中断等)之间的亲和性。同时根据调用者指定的 I/O 亲和性,在物理 CPU 上分配 I/O 资源。

# 5.3　可扩放的高速缓存一致性协议

## 5.3.1　高速缓存一致性

在第四章我们已经讨论了高速缓存一致性协议和顺序一致性模型,对于基于共享总线的对称多处理机系统,顺序一致性模型和侦听一致性协议保证了系统的正确性。正如 4.2 节所述,共享存储系统一般都采用了高速缓存来缓和由共享引起的冲突以及由存储器分布引起的长延迟对性能的影响,而高速缓存的使用又带来了高速缓存一致性问题,即如何保证同一单元在不同高速缓存中的备份数据的一致性。无高速缓存结构的分布式共享存储系统虽然不存在高速缓存一致性问题,但系统的可扩放性受限于交叉开关或多级互连网络的带宽。而有高速缓存结构的分布式共享存储机器在硬件上又可以分为支持高速缓存一致性(CC-NUMA)或不支持高速缓存一致性(NCC-NUMA)两种。

硬件上最简单的方案是不支持高速缓存一致性(NCC-NUMA)结构,而只关注于存储系统的可扩放性。目前已经有好几家公司制造了此类的机器,比较典型的是 Cray 公司的 Cray T3D。在此类机器中,主存分布于各个节点上,所有的节点通过网络互连在一起。访问可以是本地的也可以是远程的,这由每个节点内部的一个控制器根据所访问的地址来判断该数据是在本地主存中还是在远地主存中。如果是在远地主存中,那么系统就向远地控制器发送一个消息来访问该数据。此类系统内部含有高速缓存,但为了避免一致性问题,共享数据被标识为不可高速缓存的,只有私有数据才能被高速缓存。当然通过软件的控制可把共享数据从共享地址空间复制到本地私有地址空间以显式地共享高速缓存数据,但这样的话,一致性就要由软件来维护了。这种机制的好处在于仅需要很少的硬件支持就足够了,但它同时也失去了块副本的好处,因为每次远地访问只能取回一个单字或双字,而不是一个高速缓存块(行)。

这种系统存在以下缺点。① 有限支持透明的软件高速缓存一致性的编译机制,因为现有的编译技术主要应用于结构性较好的循环级并行程序;同时由于显式数据副本的存在,这些技术带来的额外开销很大。对于那些不规则问题或涉及动态数据结构和指针的问题(例如操作系统),很难实现基于编译的软件高速缓存一致性。最主要的困难还在于软件的一致性算法必须是保守的,因为编译器不能很准确地对实际的共享模式进行预测,任何可能被共享的数据块都必须被保守地视为共享的数据块。由此所产生的一致性开销过于高昂,因为在维护一致性方面所涉及的事务非常复杂,要求程序员来维护高速缓存一致性是不切实际的。② 如果没有高速缓存一致性,那么在与访问远地单字所需的同等开销下系统将失去获取并使用一个高速缓存行中多个字的优点。当每次访问远地主存只能获得一个单字时,共享存储所具有的空间局部性的优点就荡然无存了。当然通过对存储器间 DMA 机制的支持或许会改善系统的性能,但这种机制开销过大(它们常常需要操作系统的干预)或者实现起来过于昂贵,因为它需要有特殊用途的硬件和缓冲区来支持,况且只有当需要进行大块数据副本时这种 DMA 的好处才能明显地表现出来。③ 如果可以同时处理多个字(如一个高速缓存行)时,则诸如预取等延迟容忍技术效果才能更好(我们将在第八章中更详细地讨论这种技术)。

这些缺点在远地访存延迟远大于本地访存延迟时表现得越发突出。例如,在 Cray T3D 系统中,本地高速缓存访问延迟为 2 周期,而远地访存的开销为 150 周期。因此,在小规模多机系统中,高速缓存一致性是一个广为接受的基本需求。对于大规模多机系统而言,扩展分布式共享存储的高速缓存一致性协议需要面对一些新的挑战。尽管我们可以用可扩放性更好的机间互连网络替换总线,可以把主存分布到各个处理器上以使存储带宽具有更好的可扩放性,但是我们仍然不得不面对侦听协议的可扩放性问题。侦听协议要求在每个高速缓存缺失(包括在对共享数据的写操作时引发的一致性操作)时同所有处理器上的高速缓存进行通信。侦听协议中无须一个集中的数据结构来记录每个高速缓存块的当前状态,这虽是基于侦听的高速缓存一致性协议的优点(因为它无须任何存储开销),但这同时也损害了侦听协议的可扩放性。例如,一个含有 16 个处理器的多处理机的数据高速缓存容量为 64 KB,其高速缓存行大小为 64 B。假设 1995 年一个超标量处理器每 5 ns 能发出一个数据请求,那么对于并行应用程序 Barnes 所需的带宽为 500 MBps,Ocean 所需的带宽为 9 400 MBps。SGI 公司的 Challenge 是 1995 年基于总线的具有最高带宽的多处理机,它所提供的带宽却仅为 1 200 MBps。因此,对于较大规模的多机系统,必须采用扩展性更好的方法来构造可扩放的、高速缓存一致的共享存储的机器(CC-NUMA),尤其需要寻找一种可扩放的一致性协议来替换侦听协议,而目录协议就是一种可供选择的协议。

## 5.3.2 基于目录的高速缓存一致性协议

当某个处理器采用写无效协议正在更新一个变量而其他处理器也试图读该变量时,就会发生读缺失且可能导致总线的流量大大增加。此外,写更新协议更新了远程高速缓存中的数据,但其他处理器可能永远也不会使用这些数据。因此,这些问题使采用总线来构造大型多处理机系统受到限制。当用多级互连网络来构造有数百个处理器的大型系统时,就必须修改高速缓存的侦听协议。因为在多级网络上实现广播功能的代价很大,所以可把一致性命令只发给那些存放块副本的高速缓存,这就产生了用于网络连接的多处理机系统的基于目录的协议。

在基于目录的协议中,每一存储块都有一个目录状态与之对应。不论系统是基于侦听的协议还是基于目录的协议,它们基本的高速缓存状态集通常是一样的(如MESI 协议)。从概念上讲对于任何一种协议,某一存储块的高速缓存状态是一个向量,它包含了该存储块在整个系统各个高速缓存中的状态,包括哪些高速缓存中含有该存储块,是否处于"脏"状态等。通常,目录表的大小正比于每个节点上存储块数和节点数的乘积,这在少于 100 个处理器时还可以忍受,但当处理器数不断增加时,我们必须寻找一种办法使得目录结构不至于过于庞大。现有的方法是在目录表中保留尽量少的存储块的信息(如只保留那些已被高速缓存的存储块而不是全部的)或者使目录表的每项含有较少的位数。

为了防止目录成为系统瓶颈,可以把目录项分布到各个节点上,这样访问不同的目录项可以寻址到不同的节点上。在分布式目录表中,每个处于共享状态的高速缓存块的信息只会存放在一个节点上,从而避免了广播问题。

**1. 目录结构**

在多级网络中,高速缓存目录存放了有关高速缓存行副本驻留在哪里的信息,以支持高速缓存一致性。各种目录协议的主要差别是目录如何维护信息和存放什么信息。

第一个目录方案是用一个中心目录存放所有高速缓存目录的副本,中心目录能提供为保证一致性所需要的全部信息。因此,其容量非常大且必须采用联想方法进行检索,这和单个高速缓存的目录类似。大型多处理机系统采用中心目录会有冲突和检索时间过长两个缺点。

分布式目录方案是由 Censier 和 Feautrier 提出来的。在分布式目录中每个存储器模块维护各自的目录,目录中记录着每个存储器块的状态和当前信息,其中状态信息是本地的,而当前信息指明哪些高速缓存中有该存储器块的副本。

图 5.20 中高速缓存 $C_2$ 的读缺失(图中用细线表示)将产生一个请求并送给存储器模块,存储器的控制器将该请求再传送给高速缓存 $C_1$ 中的脏副本(也就是重写副本)。这个高速缓存再把此副本写回存储器,于是存储器模块就可以向请求的高速缓存提供一份副本。在高速缓存写命中时(图 5.20 中用粗线表示)它就发一个命令给存储器的控制器,存储器的控制器再发无效命令给在目录 $D_1$ 的当前向量中有记录的所有高速缓存(高速缓存 $C_2$)。

不使用广播的高速缓存一致性协议,必须将所有高速缓存中每个共享数据块副本的地址都存储起来,形成高速缓存地址表,不管它是集中的还是分布的,都被称为

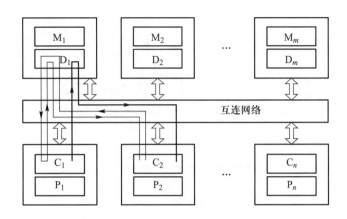

图 5.20　基于目录的高速缓存一致性方案的基本原理

高速缓存目录。每个数据块的目录项中包含大量的用来指明块副本地址的指针,还包含一个用来说明是否有一个高速缓存允许把有关数据块写入的脏位。

不同类型的目录协议可分为全映射(full-map)目录、有限(limited)目录和链式(chained)目录三类。全映射目录存放与全局存储器中每个块有关的数据,这样,系统中的每个高速缓存可以同时存储任何数据块的副本(每个目录项包含 $N$ 个指针,$N$是系统中处理器的数目);有限目录与全映射目录不同之处是不管系统规模有多大,其每个目录项均含有固定数目的指针;链式目录将目录分布到各个高速缓存,其余与全映射目录相同。下面根据 Chaiken、Fields、Kwihara 和 Agarwal 最早的分类对三种高速缓存目录进行讨论。

**2. 全映射目录**

用全映射协议实现的目录项中有一个处理器位和一个脏位:前者表示相应处理器的高速缓存块(存在或不存在)的状态;后者如果为"1",而且有一个且只有一个处理器位为"1",则该处理器就可以对该块进行写操作。

高速缓存的每块有两个状态位:一位表示块是否有效,另一位表示有效块是否允许写。高速缓存一致性协议必须保证存储器目录的状态位与高速缓存的状态位一致。

图 5.21(a)给出了全映射目录的三种不同状态:状态 1 表示全系统所有高速缓存中都没有单元 x 的副本;当三个高速缓存($C_1$、$C_2$ 和 $C_3$)同时请求读单元x 的副本时,就出现了状态 2,这时目录项中的三个指针(处理器位)被置"1",表示这些高速缓存已有数据块副本(在前述这两种状态下,目录项最左边的脏位被置为未写状态 C,表示没有一个处理器允许写入该数据块);在 $C_3$ 请求对该块的写许可权时出现了状态 3,这时脏位被置成脏状态 D,而且有一个指针指向 $C_3$的数据块。

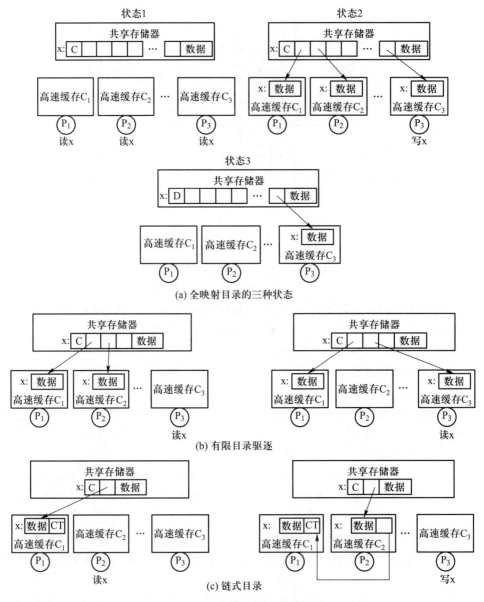

图 5.21　三种高速缓存目录协议

下面来看如何从状态 2 转换到状态 3。一旦处理器 $P_3$ 向高速缓存 $C_3$ 发出写请求就发生以下事件：① $C_3$ 检测出包含单元 x 的块是有效的,但高速缓存中块的写允许状态表示不允许处理器对该块进行写操作；② $C_3$ 向包含单元 x 的存储器模块发写请求,并暂停处理器 $P_3$ 工作；③ 该存储器模块向 $C_1$ 和 $C_2$ 发出一个无效请求；④ $C_1$ 和 $C_2$ 接收到无效请求后,把相应位置"1"(表示包含单元 x 的块已无效),并向发出请求的存储器模块发送一个应答信号；⑤ 存储器模块接收到应答信号后,把脏位置 "1",清除指向 $C_1$ 和 $C_2$ 的指针,向 $C_3$ 发写允许信号；⑥ $C_3$ 接收到写允许信号后,更 新高速缓存的状态并且激活处理器 $P_3$。

在处理器 $P_3$ 完成写操作之前,存储器模块一直等候接收应答信号。通过等候应 答信号,协议能保证存储器系统顺序一致性。集中式基于目录的高速缓存一致性协 议采用全映射目录虽可使性能最好,但是由于过多的存储器开销却使它不具有可扩 放性。

由于和存储器中数据块有关的目录项大小同处理器的数目成正比,所以目录所 占用的存储器容量就同存储器大小 $O(N)$ 和目录大小 $O(N)$ 的乘积成正比,因此,整 个存储器的开销将与处理器数目的平方 $O(N^2)$ 成正比。

### 3. 有限目录

有限目录协议可以缓解目录过大的问题,如果限制任一数据块同时在高速缓存 中的副本数目,那么目录的大小不会超过某个常数。

按照 Agarwal 等人提出的符号表示,目录协议可以用 $Dir_i X$ 进行分类:其中符号 $i$ 表示指针的数量, X 是 NB(表示没有广播的方案)。这样全映射方式可表示成 $Dir_N NB$；有限目录协议使用 $i<N$ 个指针,可表示为 $Dir_i NB$。除多于 $i$ 个高速缓存请求 读一个特定的数据块外,全映射目录协议和有限目录协议类似。

图 5.21(b)是采用 $Dir_2 NB$ 协议时三个高速缓存请求读存储器系统中副本的情 况。我们可以把两个指针的目录看作是指向共享副本的 2 路联想高速缓存。当 $C_3$ 请求单元 x 的副本时,存储器模块必须使 $C_1$ 或 $C_2$ 中的副本无效。这种指针替换过 程称为驱逐(eviction)。因为目录的作用相当于一个组相连的高速缓存,所以它必须 有指针替换策略。

如果多处理机系统中的处理机具有局部性,即在任何给定的时间间隔内,只有 一小部分处理机访问某个给定的存储器字,那么有限目录就能工作得很好。

$Dir_i NB$ 协议中的目录指针对处理器的标识符号进行二进制编码,所以每个指针 只要占 $\log_2 N$ 位存储器,其中 $N$ 是系统中处理器的数目。如果所做的假设与全映射 目录协议相同,那么有限目录方式存储器开销增加的数量级是 $O(N\log_2 N)$。

从存储器开销上看,这些协议都具有较好的可扩放性。$Dir_i NB$ 协议允许每个数 据块有 $i$ 个以上的副本,但是当共享该块的处理器个数多于目录项的指针个数时,就 发生了指针溢出。处理指针溢出的方法有指针替换、广播和软件支持等。然而,点 对点的互连网络不具有系统范围的广播能力。麻省理工学院的 Alewife 多处理机就 采用软件中断来处理指针溢出的情况。

### 4. 链式目录

链式目录不但具备有限目录的可扩放性而且它也不限制共享数据块副本的数 目。因为它是通过维护一个目录指针链来跟踪共享数据副本的,所以这种高速缓存一致性方法称为链式方法。

链式目录有两种实现方法。其中较简单的一种是单链法,现以图 5.21(c)为例说明。假设没有单元 x 的共享副本。如果处理器 $P_1$ 要读单元 x,则存储器向高速缓存 $C_1$ 送一份副本,同时送给 $C_1$ 一个链结束指针(CT),存储器也保存一个指向 $C_1$ 的指针。然后,当处理器 $P_2$ 读单元 x 时,存储器向 $C_2$ 送一份副本,同时送给 $C_2$ 一个指向 $C_1$ 的指针,存储器则保存一个指向 $C_2$ 的指针。

重复以上步骤,所有高速缓存都得到了单元 x 的副本。如果处理器 $P_3$ 要对单元 x 进行写操作,则它必须沿着链发送一个数据无效信息。为了保证顺序一致性,在有链结束指针的处理器应答无效信号之前,存储器模块不给处理器 $P_3$ 写允许权。这种方法与侦听协议相反,被称为流言(gossip)协议,因为信息沿高速缓存逐个地流传,而不是同时发给所侦听到的全部高速缓存。

高速缓存的数据块可能需要替换,这会使链式目录协议变得相当复杂。假设 $C_1$ 到 $C_N$ 都有单元 x 的副本,还假设单元 x 和单元 y 都映射到同一个高速缓存块(直接映射法)。如果处理器 $P_i$ 要读单元 y,则它首先必须从它的高速缓存中驱逐 x 单元,这可以采用两种方法:① 沿着链发送一个消息给有指针指向 $C_{i+1}$ 的 $C_{i-1}$,然后把 $C_i$ 从链中删掉;② 使 $C_{i+1}$ 到 $C_N$ 中的单元 x 无效。其中第二种方法的协议实现起来比第一种更简单。但不管哪种方法,正在执行无效命令时,均可以用锁住存储器单元的方法实现顺序一致性。

解决替换问题的另一方法是使用双向链,即每份高速缓存副本有前向链和后向链两个指针。因此,当执行替换时协议并不需要遍历整个链。双向链目录优化了替换条件,但传输额外的目录指针使消息块的平均尺寸增大了。单链表分布式目录协议(single-linked distributed directory protocol,SDDP)采用了单向链表,IEEE SCI 标准协议则采用了双向链表。尽管链式协议比有限目录协议复杂,但从目录占用的存储器容量上说,链式协议还是可扩放的。指针的尺寸以处理器数目的对数关系增长,每个高速缓存或存储器块的指针数目与处理器个数无关。

**5. 宿主与属主节点**

在上述目录组织方案中,每个目录都有一个固定的宿主(host)节点,当处理器访问失效时,可以直接根据失效地址查找相应目录项。目录组织方式适合于 NUMA 结构的系统,其缺点是每次访存失效都得进行远程目录访问。可能属主(prob-owner)目录提供了一个解决方案。在可能属主目录中,每个共享块都有一个持有该共享块最新备份的属主(owner)节点。对于每个共享块,各处理器都保存一个可能属主指针。所谓"可能属主"指的是这个指针"很可能"指向该共享块的属主节点。如果可能属主指针没有指向属主节点,则通过该指针指向的处理器的可能属主指针往下找,最终总能找到属主节点。在处理器收到关于一个共享块的无效信号或者释放该共享块的属主权或者转发该共享块的取数请求时,修改该共享块的可能属主指针。

在大多数情况下,可能属主目录可以减少远程目录查找的次数。因此可能属主目录适用于远程访问延迟很长的系统或没有宿主节点的 COMA 结构的系统。软件共享存储系统如 IVY 和 Munin 都采用了可能属主目录。

# 5.4 放松的存储一致性模型

前面已经介绍了写一致性条件(即写串行化)和全局执行程序序(globally performed in program order,GPPO)条件是确保分布式共享存储系统正确执行的两个充分非必要条件,具体的严格证明见本章参考文献[26]。在本节中我们首先将结合实际的目录协议来分析在分布式共享存储系统中如何实现正确的访问次序,然后进一步分析为了提高性能如何放松对访问次序的限制——弱存储一致性模型,最后从程序设计的角度出发介绍一种新的存储一致性模型框架。

## 5.4.1 目录协议中访存事件次序的实现

我们以一个写无效的位向量目录协议作为基本协议来讨论高速缓存一致性协议中的访存事件发生次序。通常,一个高速缓存一致性应包括以下三个方面的内容:高速缓存行状态,存储行状态,为保持高速缓存一致性的状态转换规则。

### 1. 高速缓存行状态和存储行状态

在基本协议中,高速缓存的每一行都有无效(INV)、共享(SHD)和独占(EXC)三种状态。若高速缓存的某一行处于无效状态,则处理器对这一行的取数或存数访问都不命中;若高速缓存的某一行处于共享状态,则说明可能还有其他处理器持有这一行的有效备份,处理器对这一行的取数访问可以在高速缓存中完成;若高速缓存的某一行处于独占状态,则说明这是此存储行的唯一有效备份,处理器对这一行的取数或存数访问都可以在高速缓存中完成。

在存储器中,每一行都有一相应的目录项,每一目录项有一个 $N$ 位的位向量,其中 $N$ 是系统中处理器的个数。若位向量中第 $i$ 位为"1"则表示此存储行在第 $i$ 个处理器 $P_i$ 中有备份。此外,每一目录项有一改写位,当改写位为"1"时,表示某处理器独占并已改写此行,相应的存储行处于"脏"状态;否则相应的存储行处于"干净"状态。

(1)取数操作。当处理器 $P_i$ 发出一取数操作"load x"时,根据 x 在高速缓存和存储器中的不同状态采取如下不同的操作。① 若 x 在 $P_i$ 的高速缓存中处于共享或独占状态,则取数操作"load x"在高速缓存命中。② 若 x 在 $P_i$ 的高速缓存中处于无效状态,那么这个处理器向存储器发出一个读数请求 read(x)。存储器在收到这个

read(x)请求后查找与单元 x 相对应的目录项。a)如果目录项的内容显示 x 所在的存储行处于"干净"状态(改写位为"0"),即 x 在存储器的内容是有效的,那么存储器向发出请求的处理器 $P_i$ 发出读数应答 rdack(x)以提供 x 所在行的一个有效备份,并把目录项中位向量的第 $i$ 位置为"1"。b)如果目录项的内容显示 x 所在的存储行已被某个处理器 $P_k$ 改写(改写位为"1"),那么存储器向 $P_k$ 发出一个写回请求 wtbk(x)。$P_k$ 在收到 wtbk(x)请求后,把 x 在高速缓存的备份从独占状态(EXC)改为共享状态(SHD),并向存储器发出写回应答 wback(x)以提供 x 所在行的一个有效备份。存储器收到来自 $P_k$ 的 wback(x)后,向发出请求的处理器 $P_i$ 发出读数应答 rdack(x)以提供 x 所在行的一个有效备份,把目录项中的改写位置为"0",并把位向量的第 $i$ 位置为"1"。③ 如果 x 不在 $P_i$ 的高速缓存中,那么 $P_i$ 先从高速缓存中替换掉一行再向存储器发出一个读数请求 read(x)。

(2) 存数操作。当处理器 $P_i$ 发出一存数操作"store x"时,根据 x 在高速缓存和存储器中的不同状态采取如下不同的操作。① 若 x 在 $P_i$ 的高速缓存中处于独占状态,则存数操作"store x"在高速缓存命中。② 若 x 在 $P_i$ 的高速缓存中处于共享状态,那么这个处理器向存储器发出一个写数请求 write(x),存储器在收到这个 write(x)后查找与单元 x 相对应的目录项。a)如果目录项的内容显示 x 所在的存储行处于"干净"状态(改写位"0"),并没有被其他处理器所共享(位向量中所有其他位都为"0"),那么存储器向发出请求的处理器 $P_i$ 发出写数应答 wtack(x)以表示允许 $P_i$ 独占 x 所在行,把目录项中的改写位置为"1",并把位向量的第 $i$ 位置为"1"。b)如果目录项的内容显示 x 所在的存储行处于"干净"状态(改写位为"0"),并且在其他处理器中有共享备份(位向量中有些位为"1"),那么存储器根据位向量的内容向所有其他持有 x 的共享备份的处理器发出一个使无效信号 invld(x),持有 x 的有效备份的其他处理器在收到 invld(x)后,把 x 在高速缓存的备份从共享状态(SHD)改为无效状态(INV),并向存储器发出使无效应答 invack(x)。存储器收到所有 invack(x)后,向发出请求的处理器 $P_i$ 发出写数应答 wtack(x),把目录项中的改写位置为"1",并把位向量的第 $i$ 位置为"1",其他位清"0"。③ 若 x 在 $P_i$ 的高速缓存中处于无效状态,那么这个处理器向存储器发出一个写数请求 write(x),存储器在收到这个 write(x)后查找与单元 x 相对应的目录项。a)如果目录项的内容显示 x 所在的存储行处于"干净"状态(改写位为"0"),并没有被其他处理器所共享(位向量中所有位都为"0"),那么存储器向发出请求的处理器 $P_i$ 发出写数应答 wtack(x),以提供 x 所在行的一个有效备份,把目录项中的改写位置为"1",并把位向量的第 $i$ 位置为"1"。b)如果目录项的内容显示 x 所在的存储行处于"干净"状态(改写位为"0"),并且在其他处理器中有共享备份(位向量中有些位为"1"),那么存储器根据位向量的内容向所有持有 x 的共享备份的处理器发出一个使无效信号 invld(x),持有 x 的有效备份的处理器在收到 invld(x)后,把 x 在高速缓存的备份从共享状态(SHD)改为无效状态(INV),并向存储器发出使无效应答 invack(x)。存储器收到所有 invack(x)后,向发出请求的处理器 $P_i$ 发出写数应答 wtack(x),以提供 x 所在行的一个有效备份,把目录项中的改写位置为"1",并把位向量的第 $i$ 位置为"1",其他位清"0"。c)如果目录项的内容显示出 x 所在的存储行已被某个处理器 $P_k$ 改写(改写位为"1",位向量第 $k$ 位为"1"),那么存储器向 $P_k$ 发出一个使无效写回请求 invwb(x),$P_k$ 收到 invwb(x)后,把 x 在高速缓存的备份从独占状态(EXC)改为无效状态(INV),并向存储器发出使无效写回应答 invwback(x),以提供 x 所在行的有效备份。存储器收到来自 $P_k$ 的 invwback(x)后,向发出请求的处理器 $P_i$ 发出写数应答 wtack(x),以提供 x 所在行的一个有效备份,把目录项中的改写位置为"1",并把位向量的第 $i$ 位置为"1",其他位清"0"。④ 如果 x 不在 $P_i$ 的高速缓存中,那么 $P_i$ 先从高速缓存中替换掉一行再向存储器发出一个写数请求 write(x)。

（3）替换操作。如果某处理器要替换一高速缓存行且被替换行处在独占状态(EXC),那么这个处理器需要向存储器发出一个替换请求 rep(x)把被替换掉的行写回存储器。

**2. 执行正确性充分条件的实现策略**

（1）写一致性条件的实现。在分布式共享存储系统中,写一致性条件要求对同一单元的存数操作以相同的次序到达所有处理器。确保写一致性条件不被破坏的最简单的方法是:在存储器收到一个处理器的访问请求,一直到存储器对这个请求的服务已经完成的这段时间内,应锁住相应行的目录项。在此期间来自其他处理器对同一行的访问请求均必须等待。在这样的锁机制保护下,所有对同一行的存数操作都是串行的,即在一个存数操作正在进行期间,对同一行的其他存数操作不得进行。这实际上比写一致条件的要求严格,但这的确是一个比较可行的方法。同样,如果一个取数操作取回一个存数操作所存的值,那么,这个取数操作必须等到相应的存数操作到达所有处理器后才能进行。这种锁机制使得目录项成为所有对同一单元的存储访问的串行点,即在一个存储单元的目录项被锁住期间,对此单元的其他存储访问必须等待,因此成为潜在的瓶颈。缓解这一问题的方法有链式目录协议、瞬态协议和向前传递技术等。

（2）GPPO 条件的实现。GPPO 条件要求系统中所有处理器根据指令在程序中出现的次序执行指令,且在当前访存指令彻底完成之前不能开始执行下一条访存指令。在基本协议中可以如此实现。① 所有处理器根据指令在程序中出现的次序执行指令。② 当处理器 $P_i$ 发出存数操作"store x"后,它必须等这个存数操作到达所有处理器后才能继续执行其他指令,即,若 $P_i$ 持有 x 的独占备份,那么这一存数操作可在高速缓存中完成;否则,$P_i$ 向存储器发出 write(x)请求,在收到应答信号 wtack(x)之后才能继续执行后续指令。③ 当处理器 $P_i$ 发出取数操作"load x"后,它必须等这个取数操作取回的值已确定且写此值的存数操作已到达所有处理器后才能继续执行其他指令,即,若 $P_i$ 持有 x 的共享或独占备份,那么这一取数操作可在高速缓存中完成;否则,$P_i$ 向存储器发出 read(x) 请求后等待,在收到应答信号rdack(x)之后才能继续执行后续指令。前述锁目录机制可以保证 $P_i$ 在收到应答信号 rdack(x)时,写 $P_j$ 取回的值的存数操作已到达所有处理器。

## 5.4.2 弱存储一致性模型

在 4.2.3 节中我们已经介绍了顺序一致性模型,以及在共享存储系统中为了实现顺序一致性模型,需要对访存事件次序严加限制(满足写一致条件和 GPPO 条件)。GPPO 条件实际上过于严格了,它要求同一处理器发出的指令不能重叠执行,这不利于提高性能。在单处理机中若干提高性能的技术(如流水线、超标量等),在共享存储系统中都难以有效地使用。尤其是在分布式共享存储系统中,一旦所访问的单元不在高速缓存中,处理器等待的时间很长。不允许指令重叠执行的原因是为了防止错误执行的发生,但并非指令的所有重叠执行都会导致错误。绝大多数情况下,即使对一个程序的访存事件发生次序不做限制,也能产生正确的结果。实际上,只要对那些容易引起错误的少量访存操作的执行次序加以限制,绝大多数的访存操作就可以重叠执行而不影响执行的正确性。

为了放松对访存事件次序的限制,人们提出了一系列弱存储一致性模型。这些弱存储一致性模型的基本思想是:在顺序一致性模型中,虽然为了保证正确执行而对访存事件次序施加了严格的限制,但在大多数不会引起访问冲突(在多处理机中,与单机中"数据相关"这一概念相对应的是"访问冲突",在共享存储多处理机系统中,如果两个访存操作访问的是同一单元且其中至少有一个是存数操作,则称这两个访存操作是冲突的)的情况下,这种限制是多余的。因此可以让程序员承担部分确保执行正确性的责任,即在程序中指出需要维护一致性的访存操作,系统只保证在用户指出的需要保持一致性的地方维护数据一致性,而对用户未加说明的部分,则可以不考虑处理机之间的数据相关。

目前常见的弱存储一致性模型包括弱一致性模型、释放一致性模型、急切释放一致性模型、懒惰释放一致性模型、域一致性模型以及单项一致性模型等。这些存储一致性模型对访存事件次序的限制不同,因而对程序员的要求以及所能得到的性能也不一样。存储一致性模型对访存事件次序施加的限制越弱,越有利于提高性能,但编程却越难。

值得指出的是,在所有存储一致性模型中,执行正确性的标准(遵循顺序一致性模型所规定的正确性标准)是一致的,即执行的结果和实现顺序一致性模型的系统中执行的结果一致。在其他一致性模型中,系统结构对于满足要求的程序体现出顺序一致性的行为,即只要一个程序满足某种弱一致性模型的要求,则该程序在实现该弱一致性模型的系统中执行的结果与在实现顺序一致性模型的系统中执行的结果是一样的。但如果一个程序不满足该弱一致性模型的要求,则该程序在实现该弱一致性模型的系统中执行的结果可能是错误的,即与在顺序一致的系统中执行的结果不一致。

**1. 处理器一致性模型**

由 Goodman 提出的处理器一致性(processor consistency,PC)比顺序一致性弱,故对于某些在顺序一致性模型下编写的程序,在处理器一致性条件下执行时可能会导致错误结果。Gharachorloo 等人给出了处理器一致性对访存事件发生次序施加的限制:① 在任一取数操作 load 允许被执行之前,所有在同一处理器中先于这一 load 的取数操作都已完成;② 在任一存数操作 store 允许执行之前,所有在同一处理器中先于这一 store 的访存操作(包括取数操作和存数操作)都已完成。

上述条件允许 store 之后的 load 绕过 store 而执行(每个处理器内的 W→R 访存次序是可以违反的),从而放松了顺序一致性模型对访存次序的限制,在不破坏正确性的前提下提高了系统的性能。很多实际的机器都支持处理器一致性模型,如 IBM 370 模型、SPARC V8 中的全存储排序(total store ordering,TSO)、Intel 的所有微处理器都支持处理器一致性模型。在 SPARC V9 中采用的部分存储排序(partial store ordering,PSO)则更进一步放松了 W→W 访存次序。

**2. 弱一致性模型**

为了进一步放松对访存事件发生次序的限制,M. Dubois 等提出了弱一致性(weak consistency,WC)模型。其主要思想是通过硬件和程序员之间建立某种约定,由程序员来负担一些维护数据一致性的责任,从而放松硬件对访存事件发生次序的限制。具体做法是把同步操作和普通访存操作区分开来,程序员必须用硬件可识别的同步操作把对可写共享数据的访问保护起来,以保证多个处理器对可写共享单元的访问是互斥的。弱一致性模型对访存事件发生次序做如下限制:① 同步操作的执行满足顺序一致性条件;② 在任一普通访存操作允许被执行之前,所有在同一处理器中先于这一访存操作的同步操作都已完成;③ 在任一同步操作允许被执行之前,所有在同一处理器中先于这一同步操作的普通访存操作都已完成。

上述条件允许在同步操作之间的普通访存操作以任意次序执行,从而使多个访问的重叠和流水成为可能。虽然弱一致性模型增加了程序员的负担,但它却能有效地提高性能。目前有很多机器支持与弱一致性相似的模型,如 DEC 的 Alpha、SPARC V9 中的宽松内存排序(relaxed memory ordering,RMO)及 PowerPC 模型等。值得指出的是,即使是在顺序一致的共享存储并行程序中,同步操作是难以避免的(否则程序的行为难以确定)。但是,在弱一致性模型的程序中,专门为了数据一致性而增加的同步操作并不多。

**3. 释放一致性模型**

在弱一致性模型的基础上,Gharachorloo 等又进一步提出了释放一致性(release

consistency，RC）模型。它把同步操作进一步划分为获取操作 acquire 和释放操作 re-lease。acquire 用于获取对某些共享存储单元的独占性访问权，而 release 则用于释放这种访问权。释放一致性模型对访存事件发生次序做如下限制：① 在任一普通访存操作允许被执行之前，所有在同一处理器中先于这一访存操作的获取操作 acquire 都已完成；② 在任一释放操作 release 允许被执行之前，所有在同一处理器中先于这一release 的普通访存操作都已完成；③ 同步操作的执行满足顺序一致性条件。

在本章参考文献［15］中，还进一步提出了 RCpc（release consistency with processor consistency）模型，与释放一致性模型不同的是，其同步操作的执行只要满足较弱处理器一致性即可。在释放一致性模型中，不仅在同步操作之间的普通访存操作可以任何次序执行，而且在获取操作 acquire 之前的普通访存操作和获取操作之间以及释放操作 release 之后的普通访存操作与该释放操作之间也没有限制，可以以任何次序执行。进一步地，在 RCpc 一致性模型下，不同的 release 和 acquire 对之间也没有限制，这是因为 release 操作相当于存数操作，而 acquire 操作相当于取数操作，而在处理器一致性模型下，W→R 访存次序是可以违反的。这样，系统的性能会提高很多。图 5.22 给出释放一致性模型中同步操作之间的普通访存操作允许的执行次序，从中可以看到，释放一致性显然比弱一致性更加放松。

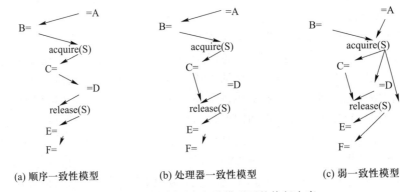

图 5.22　一个例子在各种模型下的执行次序

释放一致性最先在斯坦福大学的 DASH 中实现，到现在已经被广泛地采用，如 DEC 的 Alpha、IBM 的 PowerPC、Sun 的 SPARC V9 等。在 DASH 中，对共享单元的存数操作是及时进行的，当一个处理器执行到一个存数指令时，它就根据高速缓存一致性协议向相应的单元发出存数请求。这样，在两个同步操作之间，多个访存操作可以并行地进行。进一步，在 RCpc 释放一致性模型下，几乎所有的硬件和编译优化技术都可以使用，特别是对于远程写延迟的隐藏作用，它比以上介绍的所有模型都要好。

**4. 急切释放一致性模型**

在 SVM 系统或在由软件维护数据一致性的共享存储系统中，由于通信和数据交换的开销很大,所以有必要减少通信和数据交换的次数。为此,人们在释放一致性模型的基础上提出了急切释放一致性(eager release consistency,ERC)模型和懒惰释放一致性(lazy release consistency,LRC)模型。在急切释放一致性模型中,临界区内的多个存数操作不是及时进行的,而是在执行 release 操作之前(即退出临界区之前)集中进行。这样,通过把多个存数操作合并在一起统一执行,就减少了数据通信次数,这对于由软件实现的共享存储系统是十分必要的。采用急切释放一致性模型的典型系统是建立在多机互连网络上的 Munin 系统。

**5. 懒惰释放一致性模型**

懒惰释放一致性模型则更进一步,在此模型中,由一个处理器对某单元的存数操作并不是由此处理器主动地传播到所有共享该单元的其他处理器,而是在其他处理器要用到此处理器所写的数据(即其他处理器执行 acquire 操作)时再向此处理器索取该单元的最新备份,这样可以进一步减少通信量。采用懒惰释放一致性模型的典型系统是建立在多机互连网络上的 Treadmark 系统。

**\*6. 域一致性模型**

域一致性(scope consistency,ScC)模型对访存事件次序的要求比懒惰释放一致性模型更松。在 LRC 中,当处理器 P 从处理器 Q 获得锁 L 时,处理器 Q 所看到的修改操作都被传给处理器 P。但在 ScS 中,只有用锁 L 保护起来的区域中所做的修改才会传送给 P。ScC 对事件次序做如下规定:① 处理器 P 执行获得锁 L 的 acquire 操作之前,所有相对于锁 L 已执行的访存操作均必须相对于处理器 P 执行完;② 处理器 P 执行访存操作之前,所有在此之前的 acquire 操作都已经完成。一个访存操作相对于一个锁已执行完当且仅当该访存操作在由该锁保护的临界区内发出并且该锁已被释放。

**\*7. 单项一致性模型**

单项一致性(entry consistency,EC)模型通过同步变量和共享对象的紧密联系来进一步放松对访存事件次序的限制。它要求每一共享对象都和一个同步变量相关联,对任一共享变量的访问必须由对与该变量关联的同步变量的同步操作来保护。这样,在对某一同步变量执行获取访问时,只有那些与该同步变量相关联的共享数据的修改信息被传送。显然单项一致性模型进一步放松了对访存事件次序的限制,减少了处理器间的数据传送量,从而有利于性能的提高。但是要求程序设计者为每一共享对象都指定一个同步变量与之关联,从而大大增加了程序设计的复杂性。

## 5.4.3 存储一致性模型的框架模型

**1. 面向硬件设计的存储一致性模型**

由于最初弱一致性模型的提出是为了放松对访存事件次序的限制,因此上述存储一致性模型的定义大多是面向硬件的,即通过对共享存储系统中访存事件次序的限制来描述一个存储一致性模型。这些限制通常体现为要求一个处理器发出的访存操作在什么时刻相对于其他处理器执行完(或被其他处理器所接受)。这种面向硬件的存储一致性模型的定义有利于硬件实现,但却增加了程序设计的复杂性。实际上,程序员对一个访存操作到达其他处理器的时刻并不感兴趣,因为从程序设计的角度看,一个访存操作应该同时被所有处理器所接受,没有理由要求程序设计者考虑访存事件的可分割性,从而增加本来就不容易的并行程序设计的负担。此外,规定存储一致性模型的访存事件次序也就限制了对硬件的进一步优化,因为某些硬件优化其实并不会改变存储一致性模型的真正语义。因此,作为系统设计者和程序设计者接口的存储一致性模型应该表示共享存储系统的行为而不是规定访存事件的次序。当然,要求共享存储系统体现出什么行为从某种意义上说也规定了该模型所允许的最宽松的访存事件发生次序。对访存操作执行次序的限制只是实现存储一致性模型的手段,而不是一个存储一致性模型的本质特征。真正体现存储一致性模型本质的是决定程序执行结果以及正确进行程序设计的某种机制,而处理器间的同步方式就是这样一种机制。同步在共享存储并行程序中起着重要作用。共享存储系统中的多个处理器在执行并行程序时,虽然可以通过共享存储器进行通信,但还需要进行必要的同步,以得到确定的结果。各种弱一致性模型正是利用了这一特点,使用专门的同步操作并在同步点维护一致性,以放松对访存事件次序的限制,并且在大多数情况下不用专门为了数据一致性而增加同步操作。在顺序一致的系统中,可以利用普通访存操作实现进程间同步[如图 5.22(a)中的程序就是一种简单的同步机制],也可以使用专门的同步操作。处理器间的同步不仅直接影响程序员能否编写正确的程序,而且也决定了并行程序的执行结果。

### 2. 面向程序设计的(新定义的)存储一致性模型

作为程序设计者和系统设计者之间的接口,存储一致性模型应该以一种双方都能接受的方式来描述。当程序员编写程序时,他可以根据存储一致性模型的要求知道程序中每一个访存操作所产生的行为,从而知道如何设计满足存储一致性模型的正确程序。另一方面,存储一致性模型应该为系统设计者进行优化留有余地。因此,存储一致性模型的定义不应对访存事件次序作出限制,而应指出满足该模型的系统结构在执行并行程序时所体现的行为。这些行为可以通过对访存事件发生次序的限制来实现。如前所述,决定不同进程间访问冲突的执行次序正是存储一致性模型要解决的问题。存储一致性模型通过进程间同步来确定进程间访问冲突的执行次序。进程间同步规定一个处理器所写的值在何时通过何种方式传播给其他处理器。不同的存储一致性模型有着各自的用以确定处理器间访存事件次序的同步机制。本章参考文献[21,22,23]中提及的新定义是面向程序设计者的,因为程序设计者为了设计正确的程序必须考虑并行程序的进程间同步。同时,该定义也为系统设计者留有提高性能的余地,因为它没有直接规定一个存储一致性模型的访存事件次序。因此,在一定程度内,同一种同步机制的访存事件次序限制可以不同。相应地,系统性能和实现复杂度也不一样。例如,RC、ERC 和 LRC 就是同一个存储一致性模型(新定义)的不同实现。它们有相同的访存操作分类和相同的同步机制。

既然共享存储系统中并行程序的执行结果由程序中访问冲突的执行次序确定,而访问冲突的执行次序由同步操作的执行次序决定,因此正确的存储一致性模型应该为该程序中所有的访问冲突定序才能保证不出现访问冲突。在新的存储一致性模型定义下,在 RC、ERC 和 LRC 中,处理器 $P_i$ 发出的访存操作 u 都得通过"$u_i \rightarrow_{程序序}$ $\mathrm{rel}_i(l) \rightarrow_{同步序} \mathrm{acq}_j(l) \rightarrow_{程序序} v_j$"的执行序列才能被处理器 $P_j$ 所接受,其中,$u_i$ 和 $v_j$ 访问冲突,符号"$A \rightarrow_C B$"表示 A 和 B 存在偏序关系 C。在 SC 中,处理器 $P_i$ 发出的访存操作 u 都得通过"$u_i \rightarrow_{同步序} v_j$"的执行序列才能被处理器 $P_j$ 所接受,其中,$u_i$ 和 $v_j$ 访问冲突。在 ScC 中,处理器 $P_i$ 发出的访存操作 u 都得通过"$\mathrm{acq}_i(l) \rightarrow_{程序序} u_i \rightarrow_{程序序}$ $\mathrm{rel}_i(l) \rightarrow_{同步序} \mathrm{acq}_j(l) \rightarrow_{程序序} v_j$"的执行序列才能被处理器 $P_j$ 所接受,其中,$u_i$ 和 $v_j$ 访问冲突。

前述的各种存储一致性模型可以看作是(新定义的)存储一致性模型的具体实现,这些实现必须保证能正确执行满足该一致性模型的程序。既然一个执行的结果是由访问冲突的执行次序决定的,而访问冲突执行次序又是由程序序和同步操作的执行次序决定的,因此,一个正确的系统应该对同步操作的执行次序以及同一进程内操作的执行次序施以合理的限制以确保不会产生错误的执行——这就是前述具体实现的含义。存储一致性模型对访存事件次序的限制,通常就是把前面定义的执行序和程序序,赋以物理上的先后发生的意义,如"一个访存操作被允许发出之前,同一进程中所有先于它的访存操作都已经彻底完成"就是对程序序赋以物理上先后发生的意义。可以证明,前述各种存储一致性模型的访存事件次序都是相应的(新定义的)存储一致性模型的正确实现。

## 5.4.4 高速缓存一致性协议和存储一致性模型的关系

如何解决高速缓存一致性问题,即如何保持数据在多个高速缓存和主存中的多个副本的一致性,是实现共享存储系统的关键。高速缓存一致性问题的解决不仅直接决定系统的正确性,而且对系统性能有着重要影响。高速缓存一致性协议就是为实现某种存储一致性模型而设计的。存储一致性模型对高速缓存一致性协议提出一致性要求,即高速缓存一致性协议应该实现怎样的"一致性"。例如在释放一致性 RC 中,一个处理器对共享变量写的新值,其他处理器只有等到该处理器释放锁后才能看到;而在顺序一致性 SC 中,一个处理器写的值会立刻传播给所有的处理器。因此 SC 和 RC 所描述的"一致性"观点不同,实现 SC 的高速缓存一致性协议与实现 RC 的高速缓存一致性协议也就不一样。总之,高速缓存一致性协议是存储一致性模型的具体实现;存储一致性模型为高速缓存一致性协议规定了什么是"一致性";存储一致性模型是个标准,而高速缓存一致性协议是一种具体实现。

人们已经提出了若干高速缓存一致性协议来解决高速缓存一致性问题。高速缓存一致性协议的实质是把一个处理器新写的值传播给其他处理器的一种机制。为了实现高效的传播,一致性协议通常需要考虑以下几方面。① 如何传新值:是写无效还是写更新;② 谁产生新值:是单写协议还是多写协议;③ 何时传新值:是及时传播还是延迟传播;④ 新值传向谁:是侦听协议还是目录协议,以上几方面在具体实现时经常需要在系统复杂性与性能之间进行取舍。通常系统性能的提高是以协议复杂性增加为代价的。关于写无效和写更新两种写传播策略,我们在第四章已经进行了详细的讨论。

## 5.5　分布式共享存储系统实例研究

### 5.5.1　小规模多路互连 CC-NUMA 系统

当前主流的服务器处理器,都支持多个处理器之间小规模多路直接互连,例如 Intel 的 Core 架构(从 Nehalem 到 Skylake 的 Xeon),通常片上集成 QPI 控制器,支持 2~8 路的芯片通过 QPI 链路直接互连;AMD 的 K10 架构(如 Opteron),片上集成 HT (Hyper Tranport)控制器,支持 2~8 路的芯片通过 HT 链路直接互连;AMD 的 Zen 架构采用 Infinity Fabric 进行互连,Infinity Fabric 支持芯片内的互连和芯片之间的互连。

早期的多处理器系统都是基于总线的互连,图 5.23 中的(a)和(b)给出了传统的 2 路和 4 路的 X86 服务器(如 Netburst 的 Xeon)的框图,处理器通过总线和北桥进行互连,处理器之间共享单个外部的内存控制器,共享的总线和北桥成为多处理器系统的瓶颈,同时系统可扩展性受限,通常只支持 2~4 路的互连。后续的处理器如 AMD 的 Opteron 将内存控制器和互连链路控制器(HT)集成到片上,Opteron 处理器集成了 3 个 HT 的链路,每个 16 位宽,可以配置为一致性的 HT(cHT),cHT 协议用于 Opteron 处理器之间的直接互连,点到点的 HT 协议支持灵活的、可配置的和可扩展的多路互连和各种 I/O 拓扑结构。图 5.23 的(c)、(d)和(e)给出了 2 路、4 路和 8 路的 Opteron 处理器互连的框图。

Intel 公司从 Nehalem 架构开始,也将内存控制器和互连链路(QPI)控制器集成

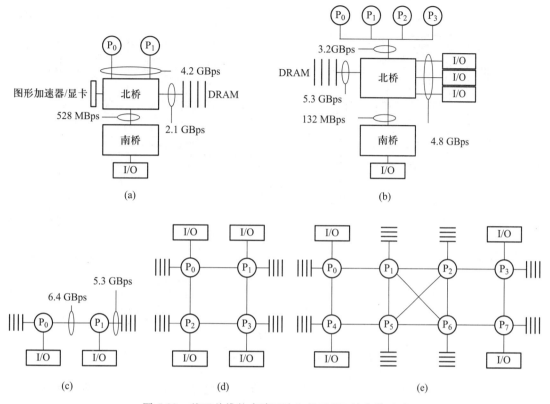

图 5.23 基于总线的多路互连和基于 HT 的多路互连

到片上,支持多片之间的直接互连。图 5.24 给出了两个 Nehalem 处理器通过 QPI 链路进行互连的框图,其中,Core 为处理器内核,Un-Core 为处理器外围核心,包括三级高速缓存,内存控制器以及 QPI 控制器等。GQ(global queue)是数据交换的关键,它处理 4 个处理器核、远程芯片和 I/O 集线器的请求,本地处理器核的 load 请求和 store 请求放置到取数请求队列(LQ)和写请求队列(WQ),QPI 链路的片外请求放置到 QPI 队列(QQ)。QPI 互连协议支持 MESIF 协议,其中 F 表示 Forward 状态。处理器发出的 L2 高速缓存失效请求,首先检查 L3 高速缓存,如果 L3 高速缓存失效,GQ 发送请求到 QPI,每个 Nehalem 处理器有自己的内存控制器,GQ 必须识别出请求的主位置(home agent,HA),每个节点有一致性代理(caching agent,CA),请求要发送给 CA 和 HA,如果 CA 没有请求的高速缓存行,需要查询 HA,并将请求的数据发送给请求的 CA。

在 Nehalem 中,集成的内存控制器大幅度地降低了内存的延迟,提高了内存的带宽。对于 Nehalem-EP 两路的实现,远端内存的访问延迟较高,因为其内存访问的请求和应答需要穿越 QPI 互连。这种共享内存的结构即为支持高速缓存一致性的 NU-

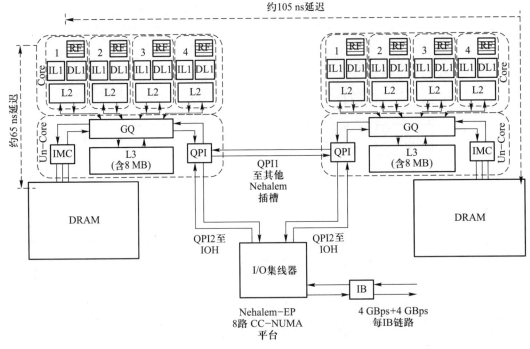

图 5.24 Nehalem-EP 2 路 CC-NUMA SMP 系统

MA 结构(CC-NUMA)。访问本地内存的延迟大约为 65 ns,访问远端内存的延迟为
105 ns,远端内存延迟是本地内存延迟的 1.6~1.7 倍。QPI 互连的带宽为 12.8 GBps,
这个带宽是本地三通道 DDR3 带宽的 40% 左右。

如图 5.25 所示,访问本地 DRAM 内存步骤如下。① 处理器 0(Proc0)发出访存请
求,没有命中 L1、L2 和 L3 高速缓存,Proc0 发送请求到 DRAM0,Proc0 发送侦听请求给
Proc1,检查数据是否在 Proc1 中。② 应答。本地 DRAM0 返回数据,Proc1 返回侦听应
答,这样 Proc0 将数据放置到 L3、L2、L1 高速缓存中,并且将请求的数据返回。

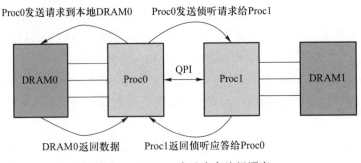

图 5.25 Nehalem 本地内存访问顺序

如图 5.26,访问远端 DRAM 内存步骤如下。① 处理器 0(Proc0)发出访存请求,没有命中 L1、L2 和 L3 高速缓存。② 请求通过 QPI 互连发送给 Proc1。③ Proc1 探测请求的数据是否在其本地。Proc1 的内存控制器(IMC)发送请求给自己的 DRAM1;Proc1 侦听内部高速缓存。④ 应答。数据块通过 QPI 互连返回到 Proc0,Proc0 将数据放置到 L3、L2 和 L1 中。

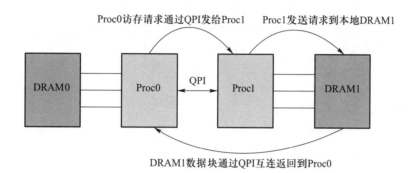

图 5.26　Nehalem 远端内存访问顺序

远程访问延迟是上述 4 步延迟之和,显然和 QPI 的延迟相关。在多个处理器之间的高速缓存一致性协议的消息通过 QPI 互连进行交换,并且采用包含性 L3 高速缓存模型使得这种一致性协议非常快速,访问相邻处理器的 L3 高速缓存的延迟甚至小于访问本地 DRAM 内存的延迟。

## 5.5.2　大规模多路互连 CC-NUMA 系统

8 路以上的系统我们称为大规模多路互连,这些系统通常需要专用的 ASIC 芯片作为桥片,对小规模多路的系统进行互连和扩展。这里举了两个典型的示例,一个是 NEC 公司的 AzusA 系统,一个是 Newisys 公司的 Horus 系统。

AzusA 是一个 16 路的基于 Itanium 处理器的服务器,图 5.27 是 AzusA 16 路配置的框图,每 4 个 CPU 组成一个 4-CPU 单元模块,4 个 4-CPU 单元通过数据交叉开关芯片以及地址侦听网络进行互连。

每个 4-CPU 单元包括 4 个 Itanium 芯片,通过系统总线进行互连,图 5.28 给出了芯片组的主要部件,芯片组部件包含系统地址控制器(SAC)、系统数据控制器(SDC)和 I/O 控制器(IOC),芯片组中的北桥功能包含内存访问控制器(MAC)和 8 个内存数据控制器(MDC),每个 4-CPU 单元支持 32 个内存插槽(DIMM)。

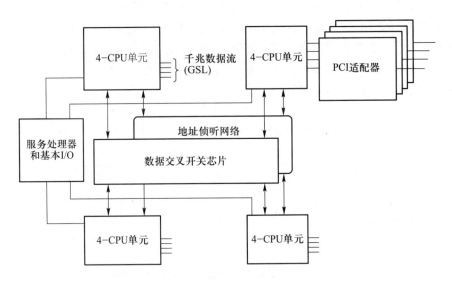

图 5.27 AzusA 系统框图

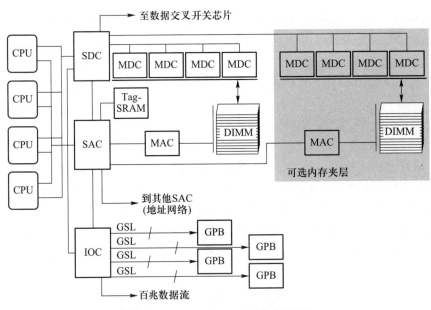

| | | | |
|---|---|---|---|
| GPB: 千兆流链路总线桥 | | MDC: 内存数据控制器 | |
| GSL: 千兆流链路 | | SAC: 系统地址控制器 | |
| IOC: I/O控制器 | | SDC: 系统数据控制器 | |
| MAC: 内存访问控制器 | | | |

图 5.28 AzusA 芯片组部件

整个 AzusA 是一个分布式共享内存系统,内存模型为 CC-NUMA。其延迟的特性非常接近于对称对处理器的延迟,远端内存的延迟是本地内存延迟的 1.5 倍。为了减少到系统总线上的侦听的传输,每个 4-CPU 单元有一个侦听过滤器(snoop filter)。侦听过滤器由 SRAM 实现,用于存储标记(tag),并跟踪一个 4-CPU 单元中 4 个 CPU 的高速缓存内容。当一个 4-CPU 单元发出一个一致性内存事务,其地址被广播到所有的其他 4-CPU 单元,用于侦听。每个 4-CPU 单元的侦听过滤器都会检查,看请求的地址是否缓存在该 4-CPU 单元中,如果在,该地址被前递到系统总线用于侦听,结果返回给请求的 4-CPU 单元。如果不在,返回一个侦听失效请求,作为标记查找的结果。随后,侦听过滤器被更新。

第二个示例是 Horus 系统。Horus 使得服务器厂商能提供 32 路的皓龙(Opteron)系统。它通过该系统实现了本地目录结构,用于过滤没有必要的探测以及提供 64 MB 的远程数据高速缓存,该芯片显著地减少了整个系统的传输,降低了一致性 HT 协议的延迟。

图 5.29 给出了 4 路 Opteron 和 Horus 芯片的互连框图,称为一个 4 路节点,每个 Horus 芯片有 4 个 cHT 链路用于连接 4 个 Opteron 处理器,3 个远程的链路用于其他的 4 路节点,节点之间的连接通过 InfiniBand 线缆互连。每个 cHT 链路 16 位的数据线,频率为 2 GHz,远程链路使用 12 通道的 3.1 GHz 的 8/10 编码的串行器和串并转换器实现。CC 协议最多能支持 8 个 4 路节点的配置,如图 5.30 所示。

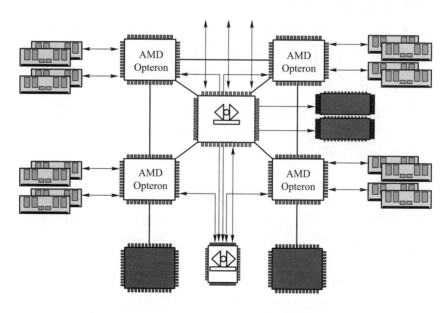

图 5.29  4 个 Opteron 和 Horus 芯片互连形成 4 路节点

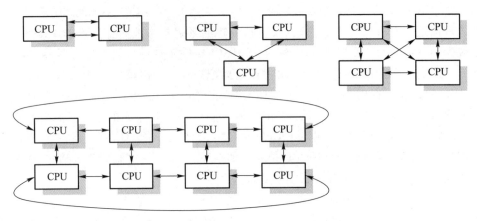

图 5.30 8 路、12 路、16 路和 32 路的 Horus 配置

### 5.5.3 Kendall Square Research 的 KSR1(COMA 结构)

这是第一次试图构造只有高速缓存系统结构(COMA)的可扩展商用多处理机。Kendall Square Research 的 KSR1 是一台规模可以扩展的共享存储型多处理机计算机,它采用如图 5.31 所示的多环层次结构。

**1. KSR1 系统结构**

KSR1 将 32 台处理器连成一个环(图 5.31 中的搜索引擎 1),其访问速度为 1 GBps(每秒 128 兆次访问)。环中的互连带宽可线性扩展,因为每个环槽与一个典型的交叉开关能力大致相等,在超级计算机中,它能互连 8~16 个传输速率为 100 MBps 的 HlPPI 通道。

KSR1 采用如图 5.32 所示的两层结构,高层环 1 把 34 个环 0 连接起来(一共 1 088 台处理器),所以规模很大。环的设计可以支持任意数目的层次结构,这样就能构造超级系统(RRC 表示环路由单元)。

每个节点由一个起主存储器作用、容量为 32 MB 的主高速缓存以及一个性能和时钟频率与 IBM RS/6000 相同的 64 位超标量处理器组成。超标量处理器包含 64 个 64 位的浮点寄存器和 32 个 64 位的定点寄存器,它们既可用于标量操作也可用于向量操作。例如,一次可以预取 64 个元素。处理器还有一个 0.5 MB 的子高速缓存,能支持处理器每秒钟对它进行 20 兆次访问(计算效率为 0.5)。处理器的时钟频率为 20 MHz,采用 1.2 μm CMOS 工艺。

不算高速缓存,这种处理器有 6 种共 12 个定制芯片,总计有 3.9 M 个晶体管。搜索引擎就占了一个处理器的 3/4,它负责与其他节点交换数据,通过分布式目录维护整个系统的存储器一致性,并实现对环的控制。

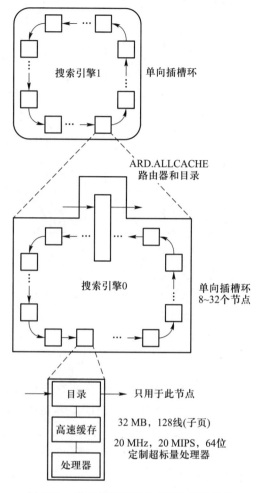

图 5.31 带通信插槽环的 KSR1 系统结构

**2. 全高速缓存存储器**

KSR1 没有传统计算机的存储器层次结构和相应的物理存储器寻址开销。它提供被设计者称为全高速缓存的单层次的存储器。全高速缓存是高速缓存和虚拟共享存储器概念结合的产物,能较好地开发可扩放分布计算所需要的局部性。每个本地高速缓存的容量为 32 MB($2^{25}$ B),全局虚拟地址空间为 $2^{40}$ B。

Bell 在 1992 年曾认为 KSR1 是将来可扩放 MPP 系统最有可能采用的设计方案。KSR1 采用了彻底革新的系统结构,因此在 1991 年它第一次被提出时就引起了很大的争议。这种系统结构具有规模(包括 I/O)和换代两方面的可扩放性,每个节点的可扩放性都是一样的。系统硬件可支持大地址空间和无限数目的处理器,从而为任意串行或并行负载提供高效的运行环境。

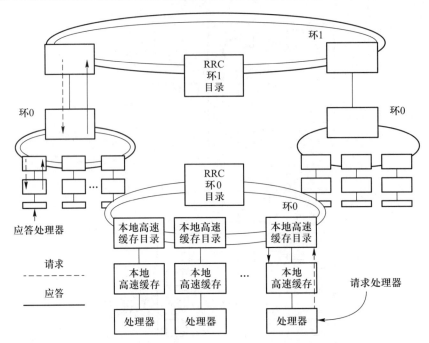

图 5.32　KSR1 通过两层通信环访问远程高速缓存

### 3. 程序设计模型

KSR1 通过硬件迁移和利用全高速缓存机制在所有分布存储的处理器节点中的数据复制,提供了一种严格的顺序一致性程序设计模型和动态存储器管理机制。由于采用了顺序一致性模型,因此每台处理器可返回最近写入的数据,从而使多处理器上执行的结果好像是在多线程机器上各个节点交叉操作的结果。又由于采用了全高速缓存,因此一个地址就是一个名字,此名字可在整个系统中自动迁移,当需要时它可以以高速缓存形式与一台处理器相关联。

为了减少访问时间,由硬件负责复制一个给定单元并将其送给其他节点,即处理器把数据提前取出并放入本地高速缓存,然后再把其他单元的数据延后存入,这样就用硬件开发了空间和时间的局部性。

例如,采用 SPMD 程序设计模式时,程序的复制可动态地移动,并放入每个操作节点的主高速缓存和处理器的高速缓存。矩阵元素只需要通过简单地访问数据就可传输给节点,处理器备有把数据项预取到处理器寄存器的指令。当处理器要对某个地址实施写操作时,必须对所有单元加以修改,因而维护了存储器的一致性。数据移动以 128 B(16 个字)子页为单位进行,一共为 16 K 个页。

### 4. 环境和性能

基于 Mach 的 KSR1 可以支持已有的各种并行性。多个用户可以运行多个串行应用或由多个进程(每个进程有独立地址空间)组成的并行应用,每个进程由控制运行和同时共享一个公共地址空间的多个线程组成。通过共享存储区中的指针传递支持消息传递,避免了数据备份,提高了性能。

KSR1 还提供一个用于事务处理的商用程序设计环境,它可以并行访问关系数据库,并具有无限的可扩放性,用以代替由多处理器大型机组成的多计算机系统。节点数为 1 088 的 KSR1 系统其磁盘存储器容量可达 15.3 TB,是主存储器容量的 500 倍。节点数为 32 和 320 的系统,每秒处理的事务数分别为 1 000 和 10 000,吞吐量超过多处理器大型机的 100 倍。

## 5.6  小结

(1)共享存储系统发展的历史阶段。共享存储系统的发展经历了以下几个阶段。

① 20 世纪 70 年代—80 年代中期:这一时期的并行处理系统主要是 SMP 系统以及(并行)向量机系统。这两类系统虽然结构上很不一样,但都支持共享存储的编程接口,并行编程容易;而且处理器之间耦合紧密,并行效果明显。因此,这两类系统很快成为并行计算机系统发展的主流。目前,这两类系统在技术上已经成熟,被用户普遍接受,仍是市场上主要的并行处理机产品,它广泛用在科学计算、事务处理、服务器等各个领域。SMP 系统还常被当作基本节点构成更大的并行处理系统。但这两类系统由于其系统结构本身的特点难以扩展到很大的规模。

② 20 世纪 80 年代后期—90 年代中期:随着人们对高性能计算的需求不断扩大,SMP 系统和并行向量机系统已经不能满足大规模并行计算的要求。由于难以立即找到可扩放性好的共享存储系统结构,消息传递的大规模并行处理系统在 20 世纪 80 年代后期及 90 年代中前期得到迅速发展。这一时期 MPP 系统的互连网络成为并行系统结构的研究热点。不少公司推出了消息传递的 MPP 产品,如 Thinking Machine 公司的 CM5、Intel 公司的 Paragon、IBM 公司的 SP2 以及 Cray 公司的 T3D 等。由于可编程性差等原因,这些系统主要用于科学计算,很少用在事务处理等其他领域。同时,为了找到可扩放性好的共享存储系统结构,人们对分布式共享存储的系统展开了深入研究,其中有代表性的系统包括斯坦福大学的 DASH、麻省理工学院的 Alewife 以及 Kendall Square Research 的 KSR1 等。

③ 20 世纪 90 年代后期:分布式共享存储技术逐渐成熟,以 SGI 公司的 Origin 2000 为标志,共享存储系统再次受到计算机生产厂家以及并行处理用户的青睐,成为主流的并行处理系统。这一阶段的主要系统还包括 Sun 公司的 Starfire 系统、Compaq 公司的 Wildfire 系统以及 IBM/Sequent 公司的 NUMA-Q 系统等。其中,Starfire 实现了 64 个处理器的超级 SMP 系统,该系统采用交叉开关互连,并采用多条总线利

用侦听协议维护一致性；Wildfire 系统使用交叉开关互连并通过目录机制维护一致性；NUMA-Q 系统采用 SCI 互连网络以及一致性维护机制实现共享存储。这些共享存储系统一般包含几十个节点，主要用作服务器及事务处理等。而 SGI 公司的 Origin 2000 共享存储系统则主要作为计算服务器，它采用 CC-NUMA 结构，使用目录机制维护一致性并通过专门的网络设计使访问远程共享存储器的延迟仅为访问本地存储器的 2~3 倍，最多可到几百甚至上千个节点。Cray T3E 系统也支持共享存储，但不做一致性维护，该系统可扩放到几千个节点。此外，共享虚拟存储技术的发展使得在消息传递系统或工作站机群上通过软件实现的共享存储系统具备了实用的条件。在这一阶段，随着一些专门生产并行机的公司的倒闭或被兼并，基于消息传递的 MPP 系统慢慢从主流的并行处理市场退出，应用领域主要局限在大规模科学计算上。但是，由于消息传递系统比较容易实现，它仍成为实现超大规模并行处理的重要手段，不过其研制却逐渐成为政府行为，如美国的 ASCI 计划。

（2）共享存储系统的发展趋势。根据共享存储系统的上述发展历程，可以看出以下发展趋势。

① 大规模和超大规模的、以科学计算为目的的 MPP 系统由于其实现复杂性仍以消息传递为主。如 Intel 公司的 ASCI Option Red、IBM 公司的 ASCI Blue Pacific 以及 SGI 公司的 ASCI Blue Moutain 等系统都采用消息传递的结构。一方面，这几个系统处理器数都在 5 000 个以上，峰值速度达 3 TFLOPS 以上，系统设计主要解决如何把成千上万个处理器高效地连接在一起以及系统稳定性等问题，要想在这么庞大的系统中进行共享存储组织以及数据一致性维护是极其复杂的；另一方面，这类系统应用面较窄，主要用于科学和军事计算，如上述三个系统分别安装在美国的三个核武器研究实验室用于核模拟。

② 中小规模的并行处理系统尤其是服务器系统将主要采用共享存储结构。从上述共享存储系统的发展历程可以看出，虽然共享存储系统从集中式（SMP 系统和并行向量机系统均为集中式共享存储系统）到分布式的发展过程中存在一个青黄不接的时期，但在这个时期内消息传递系统取得了很大发展，可是由于其固有的缺陷，消息传递系统的应用主要局限于科学计算以及其他一些比较容易并行的领域，难以取代共享存储系统在传统并行处理市场（如以数据库为核心的事务处理、服务器以及一些科学计算等）中的地位。可以预见，共享存储系统会逐渐成为中小规模（从几十到几百个节点）的并行处理以及服务器的主流系统，并且随着硬件技术的进一步发展，共享存储系统的规模会进一步扩大。

# 习　题

5.1　释放一致性模型（RC）把处理器一致性（PC）和弱一致性模型（WC）的优点结合在一起

了。试回答下面有关这些一致性模型的问题。

（1）比较这三种一致性模型的实现要求。

（2）评价每种一致性模型的优缺点。

在 DSM 系统中，分布式目录协议的实现相对比较复杂。现假设一个节点将读缺失视为原子操作，即在读缺失完成之前，不会响应其他请求。试问这样处理会不会产生死锁？如果会发生死锁，给出产生死锁的事件序列；如果不会，请说明原因。

5.2　在一个双处理器的 CC-NUMA 系统中，处理器 $P_0$、$P_1$ 访问虚拟共享内存中的页面 X、Y 和 Z 所引发的高速缓存缺页违例事件序列如下所示：

| 页面 X： | | | | | | | | | | | | | | | | | | | |
|---|---|---|---|---|---|---|---|---|---|---|---|---|---|---|---|---|---|---|---|
| $P_0$： | | R | R | R | R | | R | | R | | R | R | R | R | | | R | R | |
| $P_1$： | R | | | R | | R | | R | | R | | | R | R | R | | | R | R |

| 页面 Y： | | | | | | | | | | | | | | | | | | | | |
|---|---|---|---|---|---|---|---|---|---|---|---|---|---|---|---|---|---|---|---|---|
| $P_0$： | No access | | | | | | | | | | | | | | | | | | | |
| $P_1$： | R | R | | W | W | | R | R | R | R | | R | W | R | W | R | W | | W | W | W | R |

| 页面 Z： | | | | | | | | | | | | | | | | | | | | |
|---|---|---|---|---|---|---|---|---|---|---|---|---|---|---|---|---|---|---|---|---|
| $P_0$： | R | | W | | R | W | | R | | R | | R | R | W | R | W | R | W | R | W |
| $P_1$： | | W | R | | R | W | | R | W | | W | | W | | | | | R | | |

其中，R 代表由读操作引发的缺页，W 代表由写操作引发的缺页。存储器 $M_0$、$M_1$ 分别是 $P_0$ 和 $P_1$ 处理器的本地存储器。一个本地缺页失效处理需要消耗 1 个时间单位，而一个远程缺页失效处理需要消耗 4 个时间单位。假设读缺失和写缺失的代价相同，试问：

（1）页面 X、Y 和 Z 分别应该存放在哪个存储器中？

（2）假设开始时这三个页面都在存储器 $M_0$ 中，并且每个页面都可以无代价地先进行一次迁移或复制，那么应该如何进行迁移和复制呢？

（3）如果迁移或复制需要花费 60 个时间单位的代价，那么又应该如何进行迁移和复制呢？

（4）如果上述的页面访问序列重复 10 次，但仍然只有开始时每个页面迁移或复制一次的机会，那么又应该如何进行迁移和复制呢？

5.3　在 DSM 系统的顺序一致性存储模型下，有三个并行执行的进程如下所示，试问 001110 是不是一个合法的输出？并加以解释。

```
//P1                //P2                //P3
A = 1;              B = 1;             C = 1;
Print(b,c);        Print(a,c);        Print(a,b);
```

5.4　试对来自三个处理器的引用流的高速缓存缺失进行分类，见表 5.4。假设每一个处理器的高速缓存只有一个 4 个字的高速缓存行，字 W0 到 W3、W4 到 W7 分别处于同一个高速缓存行。

如果一行有多个引用，假设 $P_1$ 在 $P_2$ 之前发射、$P_2$ 在 $P_3$ 之前发射内存引用，LD/ST W$i$ 表示 load/store 字 $i$。

表 5.4 题 5.4 表

| 操作序号 | $P_1$ | $P_2$ | $P_3$ |
|---|---|---|---|
| 1 | ST W0 | | ST W7 |
| 2 | LD W6 | LD W2 | |
| 3 | | LD W7 | |
| 4 | LD W2 | LD W0 | |
| 5 | | ST W2 | |
| 6 | LD W2 | | |
| 7 | ST W2 | LD W5 | LDW5 |
| 8 | ST W5 | | |
| 9 | | LD W3 | LD W7 |
| 10 | | LD W6 | LD W2 |
| 11 | | LD W2 | ST W7 |
| 12 | LD W7 | | |
| 13 | LD W2 | | |
| 14 | | LD W5 | |
| 15 | | | LD W2 |

5.5 试考察如下的两个参考程序模型：

```
//模型 1
I:=0
Repeat{
    处理器 1 向变量 V 写入一新值；
    处理器 2 到处理器 P 读变量 V 的值；
    I:=I+1;
}until I=K;
```

```
//模型 2
I:=0
Repeat{
    处理器 1 向变量 V 进行 M 次写操作；
    处理器 2 对变量 V 执行写操作；
    I:=I+1;
}until I=K;
```

模型 1 代表一个生产者、多个消费者的事件序列，比如当多个处理器访问一个高度竞争的一到多的事件同步标志时将出现上述情况。

模型 2 代表可能发生于处理器之间的共享模式，第一个处理器成功地计算并把结果累加保存于一变量，当累加完成时，另一处理器读所得结果。

如果以高速缓存不命中的次数和总线数据流量来度量，基于写更新的协议和基于写无效协议的相对代价各是多少？假设一个无效/更新事务需要 6 B（5 B 的地址加上 1 B 的命令），一次写更新需要 14 B（6 B 用于地址和命令，8 B 用于更新数据），一次高速缓存失效处理需要 70 B（6 B 用于地址和命令，64 B 对应于高速缓存行大小的数据）。另设 $P=16$，$M=10$，$K=10$，开始时高速缓存为空。

5.6　假设系统中共有 512 个处理器和 1 GB 主存,每个节点内有 8 个处理器对目录可见,一个高速缓存行的大小为 64 B,那么在满位向量方案和 $Dir_i B(i=3)$ 模型下目录的存储成本分别是多少?

5.7　在研究 DSM 的读写代价和实现问题时有这样两种算法,即中央服务器算法和迁移算法:中央服务器算法是指使用一个中央服务器,负责为所有对共享数据的访问提供服务并保持共享数据唯一的副本;迁移算法是指要访问的数据总是被迁移到访问它的节点中。两种算法示意如下。

**中央服务器算法**

| 顾客 | 中央服务器 |
| --- | --- |
| 发送数据请求 | |
| | 接收请求 |
| | 执行数据访问,发送应答 |
| 接收应答 | |

**迁 移 算 法**

| 顾客 | 远程主机 |
| --- | --- |
| 如果高速缓存行不在本地,则确定位置,发送请求 | |
| | 接收请求,发送高速缓存行 |
| 接收回答,访问数据 | |

现假设报文数量不会导致网络阻塞,服务器的阻塞没有严重到能够极大地延迟远程进程访问,访问本地数据的代价与远程访问代价相比微不足道,报文传递也是可靠的。试求两种算法的平均访问代价。

5.8　下面是运行在一个硬件维护高速缓存一致性的多处理机上的程序段,假设所有值初始为 0。

```
//P1        //P2        //P3        //P4
A = 1       U = A       W = A       A = 2
            V = A       X = A
```

只有一个共享变量 A,假设一个用户知道所有高速缓存副本的地址并且可直接对(不需要和目录节点协商)副本进行更新,假设采用写更新协议。试构造出一个写原子性被违背的情况:

(1) 说明产生的结果违背了顺序一致性;

(2) 构造一个高速缓存一致性也被违背的情况,怎样解决高速缓存一致性问题?

(3) 如果采用写无效协议,会产生类似的问题吗?

(4) 对于总线上的写更新协议,会产生类似的问题吗?

5.9　参照下述代码段:

(1) 说明 001110 是不是顺序一致性内存模型的合法输出,并加以解释。

（2）000000 是不是 PARM 一致性内存模型的合法输出？解释原因,说明顺序一致性与 PARM 一致性区别。

| //P1 | //P2 | //P3 |
|------|------|------|
| a = 1 ; | b = 1 ; | c = 1 ; |
| print( b,c ) ; | print( a,c ) ; | print( a,b ) ; |

5.10　有两个并行的过程 P1、P2,在顺序一致性模型下,试列出所有可能的 6 种语句交错执行顺序,使两进程不可能同时被杀死( kill )。

| //P1 | //P2 |
|------|------|
| a = 1 ; | b = 1 ; |
| if( b = = 0 ) kill( P2 ) ; | if( a = = 0 ) kill( P1 ) ; |

# 参 考 文 献

[ 1 ] LI K. IVY：A Shared Virtual Memory System for Parallel Computing：Proceedings of the 1988 International conference on Parallel Processing, Aug. 1988.

[ 2 ] KELEHER P, COX A, ZWAENEPOEL W. Lazy Release Consistency for Software Distributed Shared Memory：Proceedings of the 19th Annual Symposium on Computer Architecture, 1992.

[ 3 ] CARTER J, BENNET J, ZWAENEPOEL W. Implementation and Performance of Munin：Proceedings of the 13th ACM Symposium on Operating Systems Principles, 1991.

[ 4 ] LU H, DWARKADAS S, COX A, et al. Quantifying the Performance Differences Between PVM and TreadMarks. Journal of Parallel and Distributed Computing, 1997, 43( 2 )：65-78.

[ 5 ] BERSHAD B, ZEKAUSKAS M, SAWDON W. The Midway Distributed Shared Memory System：Proceedings of the 38th IEEE International Computer Conference, 1993.

[ 6 ] KELEHER P, DWARKADAS S, COX A, et al. TreadMarks Distributed Shared Memory on Standard Workstations and Operating Systems：Proceedings of the 1994 Winter USENIX Conference, 1994.

[ 7 ] HU W W, SHI W S, TANG Z M. JIAJIA：A Software DSM System Based on a New Cache Coherence Protocol：Proceedings of the 1999 International Conference on High Performance Computing and Networking Europe, Amsterdam, 1999.

[ 8 ] CENSIER L M, FEAUTRIER P. A New Solution to Coherence Problems in Multicache System. IEEE Transactions on Computers, 1978, C-27( 12 )：1112-1118.

[ 9 ] CHAIKEN D, FIELDS C, KWIHARA K, et al. Directory-Based Cache Coherence in

Large—Scale Multiprocessor.Computer, 1990, 23(6):49-59.

[10] AGARWAL A, SIMONI R, HENNESSY J, et al. An Evaluation of Directory Schemes for Cache Coherence: Proceedings of the 15th Annual International Symposium on Computer Architecture, 1988.

[11] THAPAR M, DELAGI B, FLYNN M. Linked List Cache Coherence for Scalable Shared Memory Multiprocessors: Proceedings of the 7th International Parallel Processing Symposium, 1993.

[12] GJESSING S, GUSTAVSON D B, GOODMAN J R, et al. The SCI Cache Coherence Protocol.[S. l.]:Kluwer Academic Publishers, 1991:219-237.

[13] HU W W, XIA P S. Out-of-Order Execution in Sequentially Consistent Shared Memory Systems: Theory and Experiments. Journal of Computer Science and Technology, 1998, 13(2): 125-140.

[14] GHARACHORLOO K, LENOSKI D, LAUDON J, et al. Memory Consistency and Event Ordering in Scalable Shared—Memory Multiprocessors: Proceedings of the 17th Annual International Symposium on Computer Architecture, 1990.

[15] HAGERSTEN E, LANDIN A, HARIDI S. Multiprocessor Consistency and Synchronization Through Transient Cache States. [S. l.]: Kluwer Academic Publishers, 1991: 193-205.

[16] LENOSKI D, LAUDON J, GHARACHORLOO K, et al. The Directory—Based Cache Coherence Protocol for the DASH Mutliprocessors: Proceedings of the 17th Annual International Symposium on Computer Architecture, 1990.

[17] GOODMAN J R. Cache Consistency and Sequential Consistency: Technical Report No. 61[R].SCI Committee, Mar.

[18] DUBOIS M, SCHEURISH C, BRIGGS F. Memory Access Buffering in Multiprocessors: Proceedings of the 13th Annual International Symposium on Computer Architecture, 1986.

[19] IFTODE L, SINGH J, LI K. Scope Consistency: A Bridge Between Release Consistency and Entry Consistency: Proceedings of the 8th Annual ACM Symposium of Parallel Algorithms and Architectures, 1996.

[20] ADVE S, HILL M. Weak Ordering: A New Definition: Proceedings of the 17th Annual International Symposium on Computer Architecture, 1990.

[21] ADVE S, HILL M, VERNON M. Comparison of Hardware and Software Cache Coherence Schemes: Proceedings of the 18th Annual International Symposium on Computer Architecture, 1991.

[22] ADVE S, GHARACHORLOO K. Shared Memory Consistency Models: A Tutorial.

Computer, 1996, 12: 66-76.

[23] HU W W. Correct Event Ordering in Shared-Memory Systems[D]. Institute of Computing Technology, Chinese Academy of Sciences, 1996.

[24] BURKHART H. Overview of the KSR1 Computer System: Technical Report KSP-TR-9202001[R]. Boston, Kendall Square Research, 1992.

[25] BELL G. Ultracomputer: A Teraflop Before Its Time. Communication of the ACM, 1992, 35(8): 27-47.

[26] 胡伟武. 共享存储系统结构. 北京:高等教育出版社, 2001.

# 第六章　消息传递并行处理机系统

　　基于消息传递的并行处理机系统主要包括机群系统和 MPP 系统。从 20 世纪 90 年代以来，处理器和网络的性能不断提高，价格日益下降，这使得并行计算日益从传统的超级计算平台如 Cray T3E，转移到由高性能节点或工作站/PC 构成的基于消息传递的并行处理机平台。基于消息传递的并行处理机系统范畴很广，其中松耦合的工作站/PC 机群也被称为工作站机群（COW）或工作站网络（NOW），由于机群系统的性价比极高，使得机群成为构建可扩放并行计算机的一大趋势；而高端消息传递并行处理机系统用于构筑高端大规模并行机，通常规模可以做得很大，故也称为 MPP 系统。本章首先介绍机群系统和 MPP 系统的基本概念，随后讨论消息传递系统的设计要点，然后对作业管理系统以及并行文件系统分别进行讨论，最后分析三个实例：机群系统，Berkeley NOW、IBM SP2 系统；MPP 系统，Intel/Sandia ASCI Option Red 系统。

# 6.1  机群系统介绍

## 6.1.1  基本概念

### 1. 机群发展背景和特点

机群是一组独立的计算机(节点)的集合体,节点间通过高性能互连网络连接;各节点除了可以作为一个单一的计算资源供交互式用户使用外,还可以协同工作并表现为一个单一的、集中的计算资源供并行计算任务使用。机群是一种造价低廉、易于构筑并且具有较好可扩放性的体系结构。

近年来,机群系统之所以发展如此迅速主要原因有:① 作为机群节点的工作站系统的处理性能越来越强大,更快的处理器和更高效的多 CPU 机器大量进入市场;② 随着局域网上新网络技术和新通信协议的引入,机群节点间的通信能获得更高的带宽和较小的延迟;③ 机群系统比传统的并行计算机更易于融合到已有的网络系统中;④ 机群上的开发工具更成熟,而传统的并行计算机上缺乏一个统一的标准;⑤ 机群价格便宜并且易于构建;⑥ 机群的可扩放性良好,节点的性能也很容易通过增加内存或改善处理器性能获得提高。

机群具有以下重要特征:① 机群的各节点都是一个完整的系统,节点可以是工作站,也可以是 PC 或 SMP 机器;② 互连网络通常使用商用网络,如以太网、FDDI、光通道和 ATM 开关等,部分商用机群也采用专用网络互连;③ 网络接口与节点的 I/O 总线松耦合相连;④ 各节点有一个本地磁盘;⑤ 各节点有自己完整的操作系统。

机群作为一种可扩放并行计算机体系,与 SMP、MPP 体系具有一定的重叠性,三者之间的界限是比较模糊的,有些 MPP 系统如 IBM SP2,采用了机群技术,因此也可以把它划归为机群系统。在表 6.1 中给出了这三种体系特性的比较,其中 DSM 表示分布式共享内存。

表 6.1  SMP、MPP、机群的比较一览表

| 系统特征 | SMP | MPP | 机群 |
|---|---|---|---|
| 节点数量($N$) | $\leqslant O(10)$ | $O(100) \sim O(1\,000)$ | $\leqslant O(100)$ |
| 节点复杂度 | 中粒度或细粒度 | 细粒度或中粒度 | 中粒度或粗粒度 |
| 节点间通信 | 共享存储器 | 消息传递<br>或共享变量(有 DSM 时) | 消息传递 |

续表

| 系统特征 | SMP | MPP | 机群 |
|---|---|---|---|
| 节点操作系统 | 1 | $N$(微内核)<br>和 1 个主机 OS(单) | $N$(希望为同构) |
| 支持单系统映像 | 永远 | 部分 | 希望 |
| 地址空间 | 单 | 多或单(有 DSM 时) | 多 |
| 作业调度 | 单运行队列 | 主机上单运行队列 | 协作多队列 |
| 网络协议 | 非标准 | 非标准 | 标准或非标准 |
| 可用性 | 通常较低 | 低到中 | 高可用或容错 |
| 性价比 | 一般 | 一般 | 高 |
| 互连网络 | 总线/交叉开关 | 定制 | 商用 |

MPP 通常是一种无共享(shared-nothing)的体系结构,节点可以有多种硬件构成方式,不过大多数只有主存和处理器。SMP 可以认为是一种完全共享(shared-everything)的体系结构,所有的处理器共享所有可用的全局资源(总线、内存和 I/O 等)。对于机群来说,机群的节点复杂度通常比 MPP 高,因为各机群节点都有自己的本地磁盘和完整的操作系统;MPP 的节点通常没有磁盘,并且可能只是使用一个微内核而不是一个完整的操作系统;SMP 服务器则比一个机群节点要复杂,因为它有更多的外设,如终端、打印机和外部 RAID 等。

**2. 机群分类**

根据不同的标准,机群可有多种分类方式。对机群的常见分类有如下几种。
① 根据应用目标,可以分为高性能机群(HP cluster)和高可用性机群(HA cluster)。
② 根据节点的拥有情况,可以分为专用机群(dedicated cluster)和非专用机群(non-dedicated cluster),在专用机群中所有的资源是共享的,并行应用可以在整个机群上运行,而在非专用机群中,全局应用通过窃取 CPU 时间获得运行。非专用机群中由于存在地本地用户和远地用户对处理器的竞争,带来了进程迁移和负载平衡等问题。③ 根据节点的硬件构成,可以分为 PC 机群(cluster of PCs)或称为 PC 堆(pile of PCs)、工作站机群和 SMP 机群(cluster of SMPs)。④ 根据节点的操作系统,可以分为 Linux 机群(如 Beowulf)、Solaris 机群(如 Berkeley NOW)、NT 机群(如 HPVM)、AIX 机群(如 IBM SP2)。⑤ 根据节点的配置,可以分为同构机群和异构机群,同构机群中各节点有相似的体系并且使用相同的操作系统,而异构机群中节点可以有不同的体系,运行的操作系统也可以不尽相同。

另外,Louis Turcotte 通过综合比较,把机群分为两类:专用型和企业型。专用型机群的特点是紧耦合、同构,通过一个前端系统进行集中式管理,常用来替代传统的

大型超级计算机系统;而企业型机群则是松耦合的,一般由异构节点构成,节点可以
有多个属主,机群管理者对节点有有限的管理权。专用型机群有较高的吞吐量和较
短的响应时间,而企业型机群主要希望利用节点中的空闲资源。

## 6.1.2　体系结构

### 1. 机群节点连接方式

机群节点有三种连接方式,如图 6.1 所示。最常见的是无共享机群,节点间通过
I/O 总线连接;共享磁盘的体系常用于注重可用性的商用小规模机器上,在节点失效
时能由其他节点承担失效节点的工作;共享存储器的机群节点间通过存储总线连
接,由于比前两种机群难于实现,因而还没有得到广泛的使用。

### 2. 机群的理想体系结构

机群的理想体系结构如图 6.2 所示,主要包括以下组成部分:① 多个高性能节
点,如 PC、工作站、SMP 等;② 目前最新的(state-of-the-art)操作系统,如基于层次
结构或基于微内核的操作系统;③ 高性能互连网络,如千兆以太网或 Myrinet;④ 快速

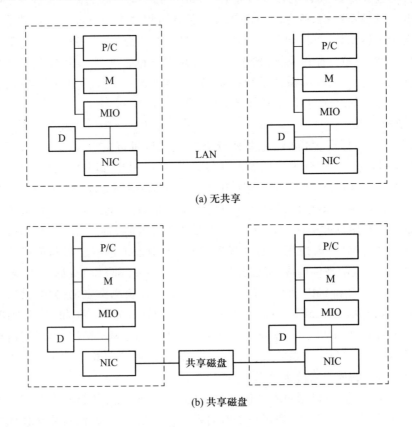

(a) 无共享

(b) 共享磁盘

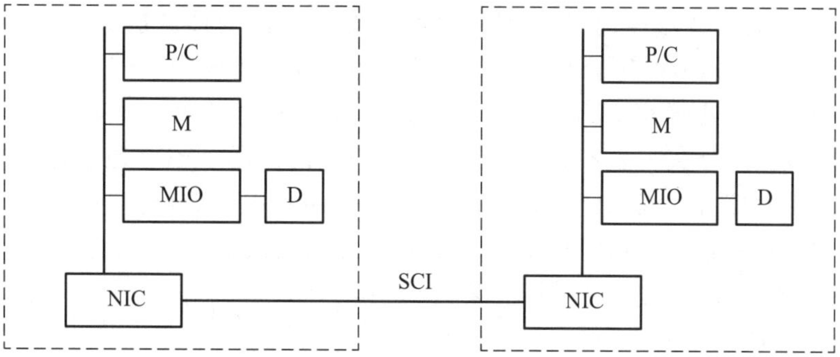

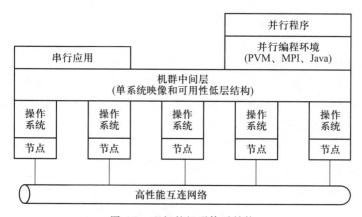

(c) 共享存储器

图 6.1　机群连接方式

通信协议和服务,如主动消息(active message,AM)或快速消息(fast message,FM);
⑤ 机群中间层,包括单系统映像和系统可用性低层结构;⑥ 并行编程环境和工具,
如编译器、MPI、PVM 等;⑦ 应用,包括串行应用和并行应用。

图 6.2　理想的机群体系结构

单系统映像层提供单入口点、单文件层次结构、单控制点和单作业管理系统,可
用性层提供高可用性服务,包括① 硬件层,如 DEC 公司的 DCE 内存通道(memory
channel)和硬件 DSM;② 操作系统层或附加层(gluing layer),如 Solaris MC 和 GLU-
NIX;③ 应用层,包括应用程序(如系统管理工具和电子表格)、运行时系统(如软件
DSM 和并行文件系统)、资源管理和调度软件(如 LSF 和 CODINE)。

# 6.2　MPP 系统介绍

在诸如科学计算、工程模拟、信号处理和数据仓库等应用中,SMP 系统的能力已

经无法更好地利用并行性,我们需要使用可扩放性更高的计算机平台,这可以通过诸如 MPP、DSM 和 COW 等分布式存储器体系结构加以实现。

大规模并行处理机(MPP)的结构示于图 6.3,Intel Paragon、IBM SP2、Intel TFLOPS 和我国的神威·太湖之光等都是这种类型的机器。MPP 通常是指具有下列特点的大规模的计算机系统:① 在处理节点中使用商用微处理器,且每个节点有一个或多个微处理器;② 在处理节点内使用物理上分布的存储器;③ 使用具有高通信带宽和低延迟的互连网络,这些节点间彼此是紧耦合的;④ 能扩展成具有成百上千个处理器;⑤ 它是一个异步多指令流多数据流(MIMD)机,进程同步采用锁方式实现消息传递,而不是用共享变量同步操作加以实现;⑥ 程序由多个进程组成,每个进程有自己的私有地址空间,通过显式的消息传递实现进程间互相通信,数据分布对于用户不是透明的。

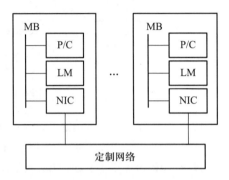

图 6.3 MPP 并行机体系结构模型

大规模并行处理机(MPP)一词的含义随时间不断发生变化。按照现今的技术,它是指由成百上千甚至近万个处理器组成的大规模(large-scale)计算机系统。MPP 主要应用于科学计算、工程模拟和信号处理等以计算为主的领域。在 TOP500 排名中,MPP 系统仍然占据着相当大的份额。1999 年由 Intel 和 Sandia 研制成功的 ASCI Option Red(红色选择),其处理器数已高达 9 632 个,属于高端 MPP 系统。目前 MPP 系统主要采取非远程存储访问的 NORMA 体系结构。由于工作站机群(COW)采用的技术与 MPP 有所重叠(均采用 NORMA 体系结构),两者的界限实际上也变得日益模糊。比如,IBM SP2 尽管使用了专用高性能开关,也被认为采用了机群体系结构。所以有时把使用机群方法构造的 MPP 系统(例如 IBM SP2 和曙光 2000)也被纳入机群一类。消息传递的大规模并行处理系统在 20 世纪 80 年代后期及 90 年代中前期得到迅速发展。这一时期 MPP 系统的互连网络成为并行系统结构的研究热点(我们在第三章互连网络中已经做了详细介绍)。

MPP 系统的研究虽已有较长的历史,但由于研制费用高,故主要由大公司或研究机构研制生产,尤其是超大规模的 MPP 系统(如峰值运算速度排名全球前十的系统),通常体现为政府行为,如美国的 ASCI(Accelerated Strategic Computing Initiative)计划和 CIC(Computing Information and Communication Program)计划中的高端并行机。ASCI 计划由美国能源部出资,在美国三大军用实验室使用由 IBM、Intel、SGI 三家公司研制的超级计算机进行核武器测试。

2017 年 11 月发布的 TOP500 排名中,共有 63 台 MPP 和 437 台机群上榜,其中

中国制造的两台计算机神威·太湖之光和天河二号分别以 93 PFLOPS 和 33.9
PFLOPS 位列前两名(见表 6.2)。表 6.3 列出了世界各国所安装的 TOP500 系统统
计表。

表 6.2　2017 年 11 月 TOP500 名单的前 5 名一览表

| 排名 | 厂商和机器 | 安装地点<br>(位置/年份) | 用途 | 处理器核数+<br>加速器核数 | $(R_{max}/R_{peak})$<br>/TFLOPS | $N_{max}$ |
|---|---|---|---|---|---|---|
| 1 | NRCPC<br>Sunway TaihuLight | National Supercomputing<br>Center in Wuxi/2016 | 研究 | 10 649 600 | 93 014/<br>125 435 | 12 288 000 |
| 2 | NUDT Tianhe-2<br>(MilkyWay-2) | National Super Computer<br>Center in Guangzhou/2013 | 研究 | 3 120 000+<br>2 736 000 | 33 862/<br>54 902 | 9 960 000 |
| 3 | Cray Inc.<br>Piz Daint | Swiss National Supercomputing<br>Center(CSCS)/2017 | 研究 | 361 760+<br>297 920 | 19 590/<br>25 326 | 3 569 664 |
| 4 | ExaScaler<br>Gyoukou | Japan Agency for Marine-Earth<br>Science and Technology/2017 | 研究 | 19 860 000+<br>19 840 000 | 19 135/<br>28 192 | 5 952 000 |
| 5 | Cray Inc.<br>Titan | DOE/SC/Oak Ridge<br>National Laboratory/2012 | 研究 | 560 640+<br>261 632 | 17 590/<br>27 112 | 未知 |

表 6.3　2017 年 11 月世界各地区/国家所安装的 TOP500 系统统计表

| 国家 | 数量 | 系统份额/% | $R_{max}$/GFLOPS | $R_{peak}$/GFLOPS | 核数 |
|---|---|---|---|---|---|
| 中国 | 202 | 40.4 | 298 876 659 | 524 584 484 | 22 797 764 |
| 美国 | 143 | 28.6 | 249 829 543 | 391 614 117 | 12 078 694 |
| 日本 | 35 | 7 | 90 874 702 | 136 440 166 | 26 331 160 |
| 德国 | 21 | 4.2 | 38 424 229 | 51 507 986 | 1 656 870 |
| 法国 | 18 | 3.6 | 30 818 432 | 42 250 454 | 1 370 664 |
| 英国 | 15 | 3 | 32 268 888 | 41 186 451 | 1 296 368 |
| 荷兰 | 6 | 1.2 | 4 592 320 | 6 764 544 | 180 480 |
| 意大利 | 6 | 1.2 | 16 274 622 | 27 832 874 | 567 608 |
| 加拿大 | 5 | 1 | 5 088 851 | 9 261 569 | 238 144 |
| 波兰 | 5 | 1 | 5 299 955 | 7 075 706 | 175 784 |
| 瑞典 | 5 | 1 | 4 932 065 | 6 445 717 | 163 792 |
| 韩国 | 5 | 1 | 7 051 981 | 9 317 376 | 234 880 |
| 其他 | 34 | 6.8 | 60 788 258 | 85 056 179 | 1 912 432 |

### 6.2.1　MPP 特性

#### 1. MPP 公共结构

当代 MPP 系统的公共体系结构如图 6.4 所示。所有 MPP 都使用物理上分布的主存,并且越来越多的 MPP 使用了分布式 I/O。每个节点有一个或多个处理器和高速缓存(P/C)、一个局部存储器,有或没有磁盘。节点内有一个本地互连网络,连接处理器、主存和 I/O 设备。

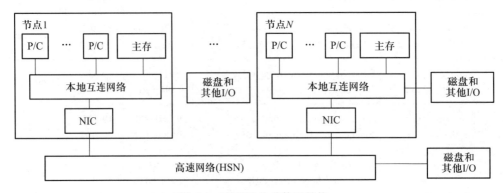

图 6.4　MPP 的公共体系结构

在早期 MPP 中,本地互连网络通常就是一条总线,而目前的 MPP 使用了更高带宽的交叉开关网络。每个节点通过一个网络接口电路(NIC)与网络相连。

#### 2. 可扩放性

MPP 的一个特殊之处在于系统被设计成可扩放至数千个处理器,且主存、I/O 能力和带宽能成比例地增加。MPP 采用了如下技术以提高可扩放性:① 使用物理上分布式主存的体系结构,它比集中式主存体系结构提供了更高的总主存带宽,因此有潜在的更高可扩放性;② 较好的平衡处理能力和主存、I/O 能力,若没有匹配的高速主存和 I/O 子系统,那么数据不能以足够的速度送入处理器,高速处理器就几乎毫无价值;③ 较好的平衡计算能力和并行、交互能力,如无此特征,进程/线程管理及通信和同步的开销将占执行时间的主要部分。

#### 3. 系统成本

因为在一个 MPP 中有许多节点和互连部件,所以控制每一部件的成本是必要的。我们可以采用如下一些技术降低成本:① 使用现有的商用 CMOS 微处理器,这些微处理器最初是为工作站和服务器而开发的,它们的商用特性获得了低价格并且吸引了巨大的投资,使得每 18~24 个月性能就翻一番(摩尔定律);② 使用稳定的体系结构以支持换代的可扩放性,Shell 体系结构就是这样一种技术;③ 使用物理分布的主存体系结构,它比同样机器规模的集中主存体系结构价格便宜;④ 使用 SMP 节点,可降低内部互连的规模。

**例 6.1** 用 Shell 方法提供各代可扩放性。

如第一章的图 1.22 所示,壳(Shell)体系结构属于无共享系统结构,它由互连网络相连的众多节点组成,其中由用户设计的电路(称为壳)将一个商用微处理器和节点的其余部分相连接,后者包括一个(板级)高速缓存、局部存储器、网络接口电路和磁盘。在一个节点中可能有多个处理器。采用 Shell 方法,当微处理器发展至下一代时,系统的其他部分无须改变。

当前的商用微处理器是为小型系统如 PC、工作站和 SMP 服务器设计的,而并非针对 MPP。在使用这样的微处理器带来可扩放性和成本高效等好处的同时也产生了一些问题,尤其是那些基于 DSM 体系结构的系统。下面列出了 MPP 设计者必须致力解决的某些问题:① 微处理器可能没有足够大的物理地址空间,例如,用于 Cray T3D MPP 的 Alpha 21064 微处理器仅提供了 8 GB 的物理地址空间,而 T3D 有 128 GB 的最大物理主存,因此 Cray T3D 的设计者不得不增加一个称为 DTB Annex 的特殊硬件以扩展物理地址空间;② 微处理器可能没有足够大的转换后援缓冲区(translation lookaside buffer,TLB),而 TLB 缺失远比高速缓存失效代价昂贵,对于有着大数据集和不规则主存存取模式的应用,TLB 缺失会大大降低性能;③ 微处理器每次只访问主存的一个高速缓存行,这使得单字存取的效率很低,同时当前的微处理器仅在小范围中支持无阻塞高速缓存,只允许一到两个未完成的主存访问,这大大限制了 MPP 所需的时延容许能力;④ 与其计算能力相比,微处理器对操作系统支持不足,异常处理和交叉保护边界代价昂贵,使得有效支持进程管理、通信和同步很困难。

**4. 通用性和可用性**

当代 MPP 成功的经验是:一个成功的 MPP 必须是通用系统,能支持不同的应用(如技术和商业)、不同算法范例以及不同的操作方式。它不应该只支持小范围的应用,而将特定的环境限于特定的体系结构上。现在的 MPP 更明确地提供了以下特性:① MPP 支持异步 MIMD 模式,在通用 MPP 中,SIMD 已逐渐消失;② MPP 支持流行的标准编程模式,包括消息传递(PVM 及 MPI)和数据并行(HPF);③ 节点被分配到若干个"池"(或称"分区")中,以在交互和批处理方式中支持小的或大的作业;④ 内部互连拓扑结构对用户透明,用户只看到全互连的节点集合;⑤ MPP 在不同层次上支持单系统映像(single system image,SSI),紧耦合 MPP 通常使用分布式操作系统,在硬件和 OS 层提供单系统映像;⑥ 据估计一台有 1 000 个处理器的 MPP 每天至少有一个处理器失效,所以 MPP 必须使用高可用性技术。

**5. 通信需求**

MPP 与工作站机群的关键差别在于节点间的通信:在工作站机群中,节点通常通过标准局域网相连;而在 MPP 中,节点系由高带宽及低时延的高速专有网络互连,同时还提供专有通信软件以实现高性能。

以上介绍说明现有 MPP 在通信性能上超过工作站机群。然而可以预见在今后十年间,标准网络技术将有飞速发展,所以目前无法确定应用于 MPP 的连接技术,在未来多长时间内还将继续领先于应用在工作站机群中的网络技术。

**6. 主存和 I/O 性能**

因为能大规模扩展,所以 MPP 可以提供其他体系结构中无法提供的非常大的总主存和磁盘容量。此外,商用 MPP 尤其注重高速 I/O 系统。目前在许多系统中,不仅主存,I/O 子系统也是物理分布的,但 I/O 的发展仍落后于系统的其他部分,所以如何提供可扩放的 I/O 子系统是一个活跃的研究领域。

## 6.2.2 MPP 系统比较

表 6.4 列出了三种现有 MPP 的结构特点,它们分别代表构造大型系统的不同方法,其中 IBM SP2 是一种构造 MPP 的机群化方法。

表 6.4 三种 MPP 比较一览表

| MPP 模型 | Intel/Sandia ASCI Option Red | IBM SP2 | SGI/Cray Origin 2000 |
|---|---|---|---|
| 大型样机的配置 | 9 072 个处理器,1.8 TFLOPS(NSL) | 400 个处理器,100 GFLOPS(MHPCC) | 128 个处理器,51 GFLOPS(NCSA) |
| 问世日期 | 1996 年 12 月 | 1994 年 9 月 | 1996 年 10 月 |
| 处理器类型 | 200 MHz,200 MFLOPS Pentium Pro | 67 MHz,267 MFLOPS Power2 | 200 MHz,400 MFLOPS MIPS R10000 |
| 节点体系结构和数据存储器 | 2 个处理器,32～256 MB 主存,共享磁盘 | 1 个处理器,64 MB～2 GB 本地主存,1 GB～14.5 GB 本地磁盘 | 2 个处理器,64 MB～256 MB 分布共享主存和共享磁盘 |
| 互连网络和主存模型 | 分离二维网孔,NORMA | 多级网络,NORMA | 胖超立方体网络,CC-NUMA |
| 节点操作系统 | 轻量级内核(LWK) | 完全 AIX(IBM UNIX) | 微内核 Cellular IRIX |
| 自然编程机制 | 基于 PUMA Portals 的 MPI | MPI 和 PVM | Power C,Power FORTRAN |
| 其他编程模型 | Nx,PVM,HPF | HPF,Linda | MPI,PVM |

Intel ASCI 系统遵循了小节点、紧耦合网络互连和计算节点的微内核操作系统这

种更传统的 MPP 方法,它是 Intel Paragon MPP 系统的后代。SP2 和 Intel ASCI 都是使用 NORMA 访存模型的消息传递多计算机,节点间通信依靠机器中的显式消息传递。

SGI/Cray Origin 2000 代表一种构造 MPP 的不同方法,其特征为一个可全局存取的、物理上分布的主存系统,使用硬件支持高速缓存的一致性。另一采用类似于 CC-NUMA 体系结构的 MPP 是 HP/Convex Exemplar X-Class。Cray 的 T3E 系统也是分布式共享存储机器,但没有硬件支持的高速缓存一致性,因此它是一个 NCC-NUMA 机器。这种分布式共享存储机器的本地编程环境提供了共享变量模型。在应用编程的层次上,所有 MPP 现在都支持如 C、FORTRAN、HPF、PVM 和 MPI 等标准语言和库。

**1. 面临的主要问题**

MPP 系统长期以来没有很好解决如下问题:① 实际性能差,MPP 的实际可用性能通常远低于其峰值性能,这一点我们可以从表 6.2 中 $R_{max}$ 和 $R_{peak}$ 的较大差距观察出来;② 可编程性,并行程序的开发比较困难,串行程序向并行程序的自动转换效果不好,且不同平台间并行程序的有效移植也有一定的难度。这两个问题实际上也是高性能计算系统面临的普遍问题。

**2. 过去的 MPP**

过去,MPP 主要用于科学超级计算,著名的系统主要包括 Thinking Machine 的 CM2/CM5、NASA/Goodyear 的 MPP、nCUBE、Cray T3D/T3E、Intel Paragon、MasPar MP1、Fujitsu VPP500 和 KSR1 等,其中一些具有向量硬件或仅开拓了 SIMD 细粒度数据并行性。表 6.5 列出了 MPP 所用的几个典型微处理器特性参数。

表 6.5　MPP 所用的高性能 CPU 特性参数一览表

| 属性 | Pentium Pro | PowerPC 602 | Alpha 21164A | Ultra SPARC II | MIPS R10000 |
|---|---|---|---|---|---|
| 工艺 | BiCMOS | CMOS | CMOS | CMOS | CMOS |
| 晶体管数 | 5.5 M/15.5 M | 7 M | 9.6 M | 5.4 M | 6.8 M |
| 时钟频率 | 150 MHz | 133 MHz | 417 MHz | 200 MHz | 200 MHz |
| 电压 | 2.9 V | 3.3 V | 2.2 V | 2.5 V | 3.3 V |
| 功率 | 20 W | 30 W | 20 W | 28 W | 30 W |
| 字长 | 32 b | 64 b | 64 b | 64 b | 64 b |
| I/O 高速缓存 | 8 KB/8 KB | 32 KB/32 KB | 8 KB/8 KB | 16 KB/16 KB | 32 KB/32 KB |
| 二级 高速缓存 | 256 KB (多芯片模块) | 1~128 MB (片外) | 96 KB (片上) | 16 MB (片外) | 16 MB (片外) |

续表

| 属性 | Pentium Pro | PowerPC 602 | Alpha 21164A | Ultra SPARC Ⅱ | MIPS R10000 |
|---|---|---|---|---|---|
| 执行单元 | 5 个单元 | 6 个单元 | 4 个单元 | 9 个单元 | 5 个单元 |
| 超标量 | 3 路（Way） | 4 路 | 4 路 | 4 路 | 4 路 |
| 流水线深度 | 14 级 | 4~8 级 | 7~9 级 | 9 级 | 5~7 级 |
| SPECint 92 | 366 | 225 | >500 | 350 | 300 |
| SPECfp 92 | 283 | 300 | >750 | 550 | 600 |
| SPECint 95 | 8.09 | 225 | >11 | N/A | 7.4 |
| SPECfp 95 | 6.70 | 300 | >17 | N/A | 15 |
| 其他特性 | CISC/RISC 混合 | 短流水线，L1 高速缓存 | 最高时钟频率，最大片上二级高速缓存 | 多媒体和图形指令 | MPP 机群，总线可支持 4 个 CPU |

现今,许多人认为随着 Thinking Machine 公司、Cray 研究公司、Intel Scalable System Division(Intel 可扩放系统分部)以及许多其他超级计算机公司的衰落,MPP 已经死亡。可事实是,由于近年来在工业、贸易和商业上日益增长的需求,大规模并行处理又重新复苏了。

**3. 商业中的 MPP 应用**

大多数关于 MPP 的技术和研究文献均着重于科学工程计算,许多文章讨论如何解决 MPP 上的并行计算挑战性问题。这就可能产生误导,认为 MPP 只适用于非常巨大的、并行的科学计算应用。但事实上,许多 MPP 已经被成功地用在商业和网络应用中。例如在 IBM 售出的 SP2 系统中,有一半左右用于商业应用,其余的一半中,有很大比例用于 LAN 连网,仅有一小部分用于科学超级计算。

商业 MPP 应用的最热门领域是数据仓库、决策支持系统和数字图书馆。可扩放性、可用性和可管理性在高性能商业应用市场上尤为重要。

# 6.3　消息传递系统设计要点

基于消息传递的机群或 MPP 系统中存在着大量冗余的可用资源,如处理器、内存和磁盘等,这提供了很多可供研究的领域:① 并行处理,将系统构建成一个类似于 MPP/DSM 的机器进行并行计算;② 网络 RAM,将各节点上的内存协调作为一个整体 DRAM 高速缓存,这样可以提高虚存和文件系统的性能;③ 软件廉价磁盘冗余阵列(RAID),将系统中各节点上的磁盘组织成 RAID 以提供廉价、高可用、可扩展的文件存储,还可以通过 MPI-IO 之类的中间层给应用提供并行 I/O 的支持。

基于消息传递的系统也引发了不少具有挑战性的设计问题,如可用性、友好性、良好的性能、可扩放性等。下面以机群系统为例介绍消息传递系统设计中要考虑的五个关键问题:可用性、单系统映像、作业管理、并行文件系统和高效通信。

(1)可用性。如何充分利用机群中的冗余资源,使系统在尽可能长的时间内为用户服务。在图 6.2 中我们看到,机群有一个可用性中间层,它使机群可以提供检查点、故障接管、错误恢复以及所有节点上的容错支持等服务。

(2)单系统映像(SSI)。机群与一组互连工作站的区别在于,机群可以表现为一个单一的系统。如图 6.2 所示,机群中也有一个单系统映像的中间层,它通过组合各节点上的操作系统提供对系统资源的统一访问。

(3)作业管理(job management)。因为机群需要获得较高的系统使用率,机群上的作业管理软件需要提供批处理、负载平衡、并行处理等功能。

(4)并行文件系统(parallel file system)。由于机群上的许多并行应用要处理大量数据,需进行大量的 I/O 操作,而这些应用要获得高性能,就必须有一个高性能的并行文件系统来支持。

(5)高效通信(efficient communication)。机群需要一个高效的通信子系统,因为机群有以下特点:① 节点复杂度高,耦合不可能像 MPP 那样紧密;② 节点间的连接线路比较长,带来了较大的通信延迟,同时也带来了可靠性、时钟扭斜和串扰(cross talk)等问题;③ 机群一般使用标准通信协议下的商用网络,标准的通信协议开销比较大,影响系统的性能,而性能较好的低级通信协议缺乏一个统一的标准。

在本节中我们介绍可用性和单系统映像问题,在 6.4 节中将讨论系统中的作业管理问题,6.5 节中介绍系统中并行文件系统设计问题,机群中的通信问题可以参见互连网络章节。

## 6.3.1 可用性

在设计健壮、高可用的系统时,要同时考虑以下三点。① 可靠性(reliability):测量在没有故障的情况下一个系统能工作多长时间。② 可用性(availability):一个系统可以为用户所使用时间的百分比,即正常运行时间的百分比。③ 可维性(serviceability):指系统是否易于维护,包括硬件和软件维护、维修和升级等。上述三点就是常说的系统 RAS 性能,其中可用性标准最令人感兴趣,它结合了可用性和可靠性两个概念。

### 1. 可用性概念

如图 6.5 所示,一个计算机系统在其发生故障前能正常运行一段时间,故障出现后,系统被修复,然后系统恢复正常工作。如此系统不断地重复着这个"运行-修复"

周期。

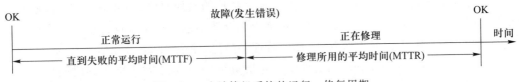

图 6.5　一个计算机系统的运行—修复周期

可靠性、可用性和可维护性的定义和指标常会出现混淆,现区分如下:系统可靠性表示直到发生故障时的平均时间(mean time to failure,MTTF,也称平均无故障时间),即系统发生故障前的正常运行的平均时间;系统可维护性或称可服务性表示修复的平均时间(mean time to repair,MTTR,也称平均修复时间),即用于修复系统和在修复后将它恢复到工作状态所用的平均时间;系统可用性可定义为 MTTF/(MTTF+MTTR)。

**2. 可用性技术**

从可用性的定义可以看出,提高系统可用性的基本方法有两种:增加 MTTF 或减少 MTTR。增加 MTTF 就是要求提高系统的可靠性,计算机工业界千方百计地制造可靠性系统,现在工作站的 MTTF 范围为几百小时到几千小时。然而,要进一步提高MTTF 却非常困难且花费很大。机群可以通过减少系统的 MTTR 来获得高可用性。多节点机群的 MTTF 低于单个工作站(因此机群可靠性低),因此比工作站发生故障的可能性要大。

常用的提高机群可用性的技术包括以下几种。① 分隔的冗余设备:使用冗余组件是改进可用性的关键技术。当主组件失效时,由辅组件承担其提供的服务,主组件和辅组件必须隔离开,以避免它们因为同一原因失效。② 故障接管(failover):当一组件发生故障时,故障接管技术能允许系统的剩余部分承担故障组件的职责。故障接管机制必须提供故障诊断(检测故障并确定发生故障节点的位置,可通过心跳技术实现)、故障通知和故障恢复功能。

故障恢复有向后恢复和向前恢复两种方案。向后恢复方案是指,进程周期性地将一个一致的状态(称为检查点,checkpoint)保存至稳定的外存中,发生失效后,系统重新配置以隔离失效组件,恢复至前一个检查点以继续正常操作,这也称为卷回(rollback,也称回退)。如果执行时间很关键,例如在实时系统中,不可能容许卷回,则可以采用向前恢复方案,此时系统不卷回至前一个检查点,而是利用失效诊断信息重建一个有效的系统状态。

**3. 检查点和故障恢复**

检查点技术是指周期性地将运行程序的状态保存至稳定的外存中,以使系统在失效后能从该点恢复。每个保存的程序状态都称为一个检查点。保存状态的磁盘文件称为检查点文件(checkpoint file)。现在,也有人研究将程序状态保存在节点内存而不是磁盘中,以提高性能。

（1）实现检查点方法。可以在以下多个层次实现检查点操作。① 内核级:由 OS 在内核级实现,这对用户而言是最理想的,但大部分 OS 都不支持,特别是对并行程序。② 库级:将用户代码和一个实现检查点的库在用户层连接起来,检查点的执行和恢复都由运行时系统支持。此方法由于不需变更用户应用而得到广泛应用。主要问题是现在大部分检查点库是静态的。③ 应用程序级:由用户（或编译器）在应用程序中插入检查点函数,因此也失去了透明性。

（2）检查点开销。存储开销是执行检查所需的额外内存和磁盘空间。执行检查的时间开销记为 $t_c$。时间开销和存储开销都与检查点文件的大小相关。这些开销可能会很大,现在有一些技术用于减少这些开销。

（3）选择最佳检查点间隔。我们把两个检查点操作之间的时间周期称为检查点间隔,间隔长会减少检查点操作的时间,但发生故障后重新计算的时间也更长。研究表明,计算公式为:最佳检查点间隔 $=\sqrt{(\mathrm{MTTF}\times t_c)/h}$,其中参数 $h$ 是系统失效前在一个检查间隔内完成的计算的平均百分比,其取值范围为 $0<h\leqslant 1$。在系统恢复后,它需要 $h\times$（最佳检查点间隔）的时间进行重新计算。

（4）增量型检查点操作。增量型（incremental）检查点方案只保存上次检查点以后改变过的那部分状态,而不是保存所有状态。但是,对旧检查点文件也要小心保存。在保存所有状态的检查点操作中,只需要在磁盘中保留一个检查点文件,后续的检查点简单地重写该文件即可。然而这种方案需要保存旧的检查点文件,因为完整的状态可能牵涉多个文件。因此这种方案对总的存储量的要求更大。

（5）派生检查点操作。在大部分检查点方案中,当执行检查时一般的计算会被阻塞。如果内存空间足够大,可以在内存中复制一个程序状态,并使用一个异步线程执行检查,从而降低检查开销。一个简单地将计算和检查重叠的方法是使用 UNIX fork( )调用。派生出来的子进程将复制父进程的地址空间并对其设置检查点。与此同时,父进程还能继续执行。

（6）检查点压缩。另一种减小检查点开销的方法是用标准的压缩算法来压缩检查点文件。但是,只有在压缩操作的开销较小并且能使检查点明显减少时,压缩方法才有明显作用。可以证明,压缩方法对单处理机系统并不是很有效,对有磁盘争用的并行系统较有效。

（7）用户指导的检查点操作。如果用户插入一些代码（使用库或系统调用）告诉系统何时保存以及保存哪些内容,则检查点开销可能会减少很多。具体情况见本章参考文献[5]。

（8）检查点的内容。一个检查点内容必须包含使系统可以恢复的足够信息。我们知道,一个进程状态包括它的数据状态和控制状态。对于一个 UNIX 进程而言,这些状态保留在它的地址空间中,包括正文代码、数据、堆栈段和进程描述符。保存和恢复全部状态的开销非常大,有时甚至不可能实现,而且也没必要这样做,因此很多检查点系统只保存部分状态。例如,通常代码段不需要保存,因为大多数应用程序代码段不会改变。

(9) 通用性。哪些应用可以执行检查点操作? 当前的检查点方案要求程序是表现良好的(well-behaved),一个表现良好的程序不需要了解那些不可恢复信息的详细内容,如进程的 ID 号。Condor 软件包只可以为不生成子进程的程序设置检查点,并且程序也不能使用 UNIX 进程间通信,如管道、信号、套接字及文件等与其他进程通信。Libckpt 检查点库只保存已打开的文件表,而不保存其他系统状态信息。

(10) 友好性。使用一个检查点软件的容易度如何? 理想的情况是:检查点功能可以集成到操作系统中,从而用户应用可以自动而透明地进行保存和恢复。但当前大部分操作系统都不能很好地支持检查点。另一种办法是采用运行时库,但采用动态链接还是静态链接会对用户表现出很大的差别。这两种方案是透明检查点方案,用户不需要修改其源码。还有一些方案是不透明的,如在 Libckpt 库中,要求用户修改源代码的一行,即将程序头 main( )改为 ckpt_target( )。其他不透明的方案要求用户在源代码中插入检查点语句。

(11) 对并行程序进行检查点操作。并行程序状态信息包括多个进程的状态集以及通信网络的状态,因此比串行程序多得多。同时,并行操作还要考虑各种定时问题和一致性问题。

如图 6.6 所示,对进程 P、Q、R 并行程序进行检查点操作,箭头 x、y 和 z 代表进程间的点对点通信,粗黑线 a、b、c 和 d 表示全局快照(global snapshot)。在这里,一个全局快照指的是一组检查点(由黑点表示),一个黑点表示一个进程的检查点。另外,还需要保存一些通信状态,快照线与进程时间线的交叉点就是进程应设置(本地)检查点的地方。因此程序的快照 d 包括进程 P、Q 和 R 的 3 个本地检查点 s、t、u 以及通信 y。

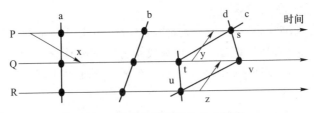

图 6.6　并行程序中的检查点操作

(12) 一致快照。如果进程之间不存在一个进程的检查点已接收到了消息而另一个进程的检查点还未发出消息的消息传递,我们称该全局快照是一致的。相应地,在图 6.6 中指的是没有箭头从右到左穿过快照线的情况。由这个定义可以看出,快照 a 是一致的,因为箭头 x 从左到右穿过快照线;而快照 c 是不一致的,因为箭头 y

从右到左穿过快照线。

Netzer 和 Xu 证明了在给出所有检查点的情况下,任何两个检查点属于同一个一致快照的充分必要条件为:这两个检查点之间不存在任何曲折的路径。例如,检查点 u 和 s 不可能属于同一个一致快照。如果对一致快照下一个更加严格的定义,则是要求没有箭头穿过快照线。按此定义,图 6.6 中只有快照 b 是一致的。

(13)协调检查点操作和独立检查点操作。并行程序的检查点方案可以分为协调检查点操作(也称为一致检查点操作)和独立检查点操作。前者并行程序被冻结,所有进程在同一时间进行检查点操作,CoCheck 就是一个例子;后者各个进程什么时候设置检查点是独立的。

这两类操作可以用各种方法结合起来使用。协调检查点操作难以实现且开销大;独立检查点操作开销小而且可以利用现有的、用于串行程序的检查点操作方案,但它必须解决多米诺效应(domino effect)问题。

(14)多米诺效应。如图 6.7 所示,假定系统发生故障,进程 P 卷回到它的局部检查点 e,接下来它需要通过通信 z 从进程 Q 获得一个重发消息。为完成这个任务,进程 Q 必须卷回到检查点 d。现在 Q 又需要通过通信 y 从进程 P 获得一个消息。因此,进程 P 必须卷回到检查点 c。最后,进程 P 和 Q 要卷回到初始状态 a 和 b,也就是说在这种情况下检查点操作毫无用处。

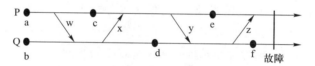

图 6.7 在一系列检查点之间多米诺效应的图例

为避免多米诺效应,独立检查点操作需要增加一个消息日志。其思想是:在检查点操作时,各个进程不仅分别独立地保存它们的局部检查点,而且还将消息保存在一个日志中。如图 6.7 所示,发生故障前的全局快照应包括局部检查点 e 和 f 以及记录通信 z 的消息日志。恢复时,两个进程分别卷回到 e 和 d,然后重新实施通信 z。

## 6.3.2 单系统映像

单系统映像(SSI)是机群的一个重要特征,使用它使得机群在使用、控制、管理和维护上更像一个工作站。单系统映像可以带来以下好处:① 终端用户不需要了解应用在哪些节点上运行;② 操作员不需要了解资源所在位置;③ 降低了操作错误带来的风险,使系统对终端用户表现出更高的可靠性和可用性;④ 可以灵活地采用集中式或分布式的管理和控制,避免了对系统管理员的高要求;⑤ 大大简化了系统的管理,一条命令就可以对分布在系统中的多个资源进行操作;⑥ 提供了位置独立的消息通信。

　　单系统映像包括以下含义。① 单系统:尽管系统中有多个处理器,用户仍然把整个机群视为一个单一的系统来使用,例如,与分布式系统不一样,用户可以告诉系统"用 4 个处理器来执行我的应用程序"。② 单控制:逻辑上,最终用户或系统用户使用的服务都来自只有唯一接口的同一个地方,例如,一个用户将批处理作业提交到一个队列集,系统管理员就可从一个单一的控制点配置机群的所有软硬件组件。③ 对称性:用户可以从任一节点上获得机群服务,也就是说,对于所有节点和所有用户,除了那些对一般访问权限作保护的服务和功能外,所有机群服务和功能性都是对称的。④ 位置透明:用户不用了解真正执行服务的物理设备的位置。

**1. 单系统映像的层次**

　　单系统映像可以应用到应用层、特定子系统层或整个服务器机群上。单系统映像的服务可以由以下一个或多个层次提供。

　　(1) 硬件层。例如,DEC 的内存通道和硬件 DSM 在硬件层次提供了单系统映像,使用户可以把机群看成一个具有共享内存的系统。

　　(2) 操作系统核心或胶合层。机群系统的一个目标就是使并行和串行应用都能获得良好的性能。因此机群操作系统应该支持并行程序的组调度(gang scheduling),确定系统中的空闲资源,并提供对这些资源的全局化访问。同时,机群操作系统还应该支持进程迁移以实现动态的负载平衡,以及为系统和用户层应用提供快速的进程间通信。机群操作系统必须保证这些特征对用户是可见的,并且不能增加新的系统调用。在操作系统核心层提供单系统映像的例子包括 SCO UNIX Ware 和 Sun Solaris MC。

　　一个机群范围内的完全单系统映像,应该使系统中所有的物理资源和核心资源对于所有节点都是可见和可访问的。完全单系统映像可以通过核心层获得,各个节点的操作系统核心协作,使得所有节点的核心界面表现为同一视图。核心层的完全单系统映像能较好地节约时间和金钱,因为已有的应用程序无须进行修改就可以在新环境下运行。并且这些应用不需要管理员设置就可以在任意节点上运行,也可以进行进程迁移以实现负载平衡。

　　当前大部分支持单系统映像的操作系统是添加在已有操作系统之上的一个层次,负责全局的资源分配。这使系统更易于移植,并能较好地跟踪软件的升级以减少开发费用。

　　(3) 应用层和子系统。应用层的单系统映像从一定意义上说是最重要的一个层次,因为它是终端用户所见的层次。例如,一个机群管理工具提供了管理和控制机群的单系统映像的入口点,子系统则提供了一种构建易用高效机群系统的软件手段。运行时系统,如机群文件系统,使系统中各节点上的磁盘能表现为一个单一的大容量存储系统。文件子系统提供的单系统映像保证了机群中各节点对数据有一个统一的视图。

在讨论单系统映像时,需要注意两点:首先,每个单系统映像都有其边界,例如,一个子系统(如资源管理系统)使一些互连的机器表现为一个大型的机器,当在该子系统的单系统映像边界之内执行某条指令时,该子系统能提供一种大型机的"幻觉",但对于在边界之外执行的指令,机群则只是表现为一组互连的计算机;其次,单系统映像支持在一个系统的多个层次上实现,如一个机群中可能有资源管理的子系统和机群文件系统。

**2. 单系统映像的关键服务**

在机群中,节点可按不同情况进行分类。① 宿主节点、本地节点和远地节点:从一个进程 P 的角度来说,宿主节点是 P 的生成节点,本地节点是 P 当前所在的节点,其他节点都称为 P 的远地节点。② 主机节点、计算节点和 I/O 节点:机群节点可按不同需求进行配置,主机节点负责用户通过 TELNET、RLOGIN 甚至 FTP 和 HTTP 进行登录,计算节点执行计算工作,I/O 节点负责文件的 I/O 请求。

每个进程有一个宿主节点,在进程的整个生命周期内都是固定的。任何时候都有一个本地节点,可以是也可以不是宿主节点。当进程迁移时,本地节点和远地节点会发生改变。一个节点可以提供多种功能,如将一个节点配置成计算节点和 I/O 节点。

单系统映像应该提供以下一些服务。① 单入口点(single entry point):用户可以把机群作为一个单一的系统进行登录,而不是像分布式系统中那样需要登录到各个节点。机群中可能有多个物理主机节点来负责用户的登录事务,系统透明地把用户的登录和连接请求分布到不同的物理客户上去以平衡负载。为多个客户建立一个单入口点不是一件简单的事,有许多问题需要考虑,例如,用户宿主目录的存放位置,对用户登录的认证,对用户建立多个连接的管理,以及一个或多个主机发生故障时的处理方案等。② 单文件层次(single file hierarchy):用户进入系统后,所见的文件系统是一个单一的文件和目录层次结构,该系统透明地将本地磁盘、全局磁盘和其他文件设备结合起来。或者说,所有用户将他们需要的文件存在"/"下的某个子目录中,并可通过一般的 UNIX 调用使用这些文件。当前的一些分布式文件系统已经部分解决了单文件层次的问题,如 NFS、AFS、xFS 和 Solaris MC 等。在一个具有单系统映像特点的文件系统中,一个文件操作应该是一个满足 ACID(atomicity, consistency, isolation, durability,即原子性、一致性、隔离性和持久性)属性的事务。一个机群文件系统应该维护 UNIX 语义,即每个文件操作都是一个事务,如果一个 fread 操作访问一个 fwrite 修改过的数据,应该获得更新后的值。但是当前一些分布式文件系统并没有完全实现 UNIX 语义,只在关闭或转储清除(flush)时更新文件。③ 单输入输出(single I/O):假设将如图 6.8 所示机群作为 Web 服务器,Web 信息数据库分布在两个 RAID 中。为处理来自 4 个网络连接的 Web 请求,每个节点都要启动 httpd 守护进程。单输入输出意味着任何节点均可访问这两个 RAID。④ 单管理和控制点(single point of management and control):整个机群可以从一个单一的节点对整个机群或某一单独的节点进行管理和控制,如图 6.8 所示,很多机群是通过一个连到所有节点的系统终端实现这种控制的。⑤ 单网络(single networking):任一节点能访问机群中的任一网络连接。如图 6.8 所示,机群中任何节点上的进程可以使用任何网络和 I/O 设备,就好像它们挂接在本地节点上那样。整个机群看起来就好像是一个连接 4 个网络并挂接 4 个 I/O 设备的大工作站。⑥ 单存储空间(single memory space):将机群中分布于各节点上的本地存储器实现为一个大的、集中式的存储器。现在有很多关于单存储空间实现的研究,如软件 DSM,或者使编译器具有把应用的数据结构分布到多个节点上的功能。假设图 6.8 中每个节点的存储空间为 256 MB,则实现单存储空间后,使用机群就好像有 1 GB 的集中存储器。⑦ 单作业管理系统(single job management system):用户可以透明地从任一节点提交一项作业,作业可以调度为以批处理、交互或并行模式运行。LSF 和 CONDINE 都是典型的例子。⑧ 单用户界面(single user interface):用户可以通过一个单一的 GUI 使用机群。该界面应该具有类似工作站界面的风格(如 Solaris OpenWin 或 Windows NT GUI)。⑨ 单进程空间:所有的用户进程,不管它们驻留在哪个节点上,都属于一个单一的进程空间,并且共享一个统一的进程识别方案。在任何一个节点上的进程可以在其他远程节点上创建进程(如通过 UNIX 的 fork)或与其他远程节点上的进程进行通信(如通过信号、管道等)。

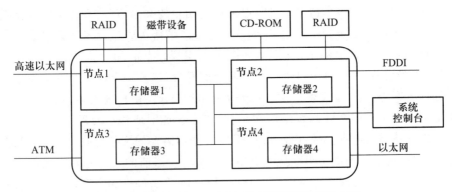

图 6.8 单网络、单 I/O 空间、单存储器和单控制点图

### 6.3.3 Solaris MC 中的单系统映像

Solaris MC(multicomputer)是由 Sun Microsystems 开发的,它是对单节点的 Solaris

内核的扩展。图 6.9 为其概念性示意图,其中节点是运行 Solaris 操作系统的 Sun 工作站。

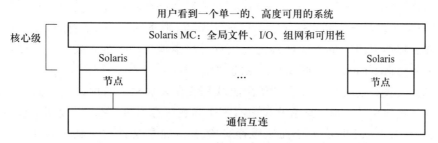

图 6.9  Sun Microsystems 公司的 Solaris MC 概念性的示意图

Solaris MC 是在内核层实现的,主要提供单系统映像和高可用性。它实现了单文件层次结构、单进程空间、单网络和单 I/O 空间。

**1. 全局文件系统**

Solaris MC 使用了一个称为 PXFS(proxy file system)的全局文件系统。PXFS 文件系统的主要特点包括单系统映像、一致的语义及高性能。图 6.10 对 PXFS 作了描述。

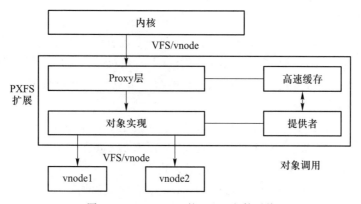

图 6.10  Solaris MC 的 Proxy 文件系统

(1)Proxy 代理文件系统。PXFS 使得文件访问相对于进程和文件位置是透明的,任何进程可使用相同的路径名访问任何节点中的任何文件,这使得机群中的文件系统看起来就像一个工作站上的文件系统。PXFS 通过从 VFS/vnode 接口截取文件访问操作来实现单系统映像。

近代 UNIX 系统(包括 Solaris)通过一个虚拟文件系统(virtual file system,VFS)接口来执行文件操作。在 VFS 接口上,vnode 是对普通数据和代码文件以及其他特殊文件(如目录、符号链接、特殊设备流和交换文件等)的抽象总称。在工作站中,

Solaris 核心通过 VFS/vnode 操作来访问文件。

在机群中,进程和文件可以驻留在不同的节点上。当一个客户节点执行一个 VFS/vnode 操作时,Solaris MC 的 Proxy 层首先将 VFS/vnode 操作转换成一个对象请求,该对象请求会被送到文件所驻留的那个节点(服务器节点)上;然后被调用的对象在服务器节点的 Solaris 文件系统上执行一个本地 VFS/vnode 操作。这种实现方法不需要修改 Solaris 的内核或文件系统。

(2)文件高速缓存。为了提高性能,PXFS 在客户机上使用扩展的高速缓存以减少对远地对象的请求。在客户机上有一个高速缓存对象,用来管理那些被缓存的数据;而在服务器上也有一个高速缓存对象,用来维护文件的语义一致性。在任何时刻,一个文件的各页驻留在服务器节点的稳定外存中,同时还驻留在一个或多个客户机节点的高速缓存中。PXFS 还有一个用来实现零拷贝的"bulkio"对象处理程序,以进行节点间的大块数据传输。

PXFS 使用一个基于令牌的一致性协议,允许一个页面可由多个节点以只读的方式,或由一个节点以读写的方式进行高速缓存。如果某个进程要写一个共享页面,它必须先得到令牌。如果这个被修改过的页要移到其他节点上,首先要将它写入服务器节点中的稳定外存中,以避免页中已修改过的数据丢失。PXFS 还使用令牌来增强读写系统调用的原子性。

**2. 全局进程管理**

Solaris MC 提供了一个单进程空间。尽管一个进程的所有线程均必须驻留在同一个节点上,但一个进程可以驻留在任何节点上。通过一个全局进程标识符(pid)可定位系统所有进程,pid 的前几位按照进程的宿主节点的节点号来编码,宿主节点是进程生成时所在的节点。

一个进程可以迁移到其他节点上,但在它的宿主节点中总记录有进程的当前位置。当用户或系统欲定位一个进程 P 时,它先以 P 的 pid 在本地高速缓存中查找,如果 P 没有被缓存,则再到 P 的宿主节点上去找。

如图 6.11 所示,Solaris MC 通过在 Solaris 核心层上面增加一个全局进程层以实现单进程空间,每个节点有一个节点管理程序,每个本地进程有一个虚拟进程(vproc)对象,vproc 保留每个进程的父进程和子进程的信息。

节点管理程序有可用节点表和本地进程表两个表。本地进程表中包含已迁移进程的记录。当一个进程迁移到另一个节点上时,它对应的影子 vproc(虚拟进程)仍然驻留在宿主节点上。影子 vproc(虚拟进程)所接收的操作则被转发到该进程目前驻留的节点上。另外,为了实现全局进程管理还要做一些其他工作。

例如,所有与进程相关的系统调用(如 UNIX 命令 ps)要重新向全局进程层发送;为了调用全局层(表示要修改内核),要在 Solaris 内核中加入一些异常分支(hook)指令;不同节点的全局层要通过 IDL 接口进行通信,局部的/proc 文件系统被

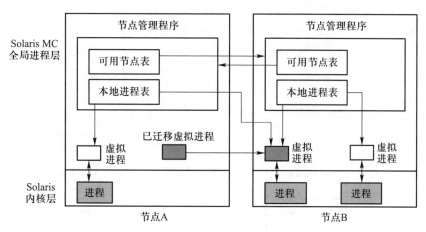

图 6.11 Solaris MC 的进程管理

合并成为一个全局/proc,这样 UNIX 操作(如 ps)通过寻找一个全局/proc 就可以访问所有节点上的本地/proc。

Khalidi 等人发现,如果缺乏一个开放的、标准的接口(如文件系统中的 VFS/vnode 接口),就很难进行全局进程管理,建立这样一个标准将大大方便开发机群系统中的单进程空间。

**3. 单 I/O 系统映像**

目前已经开发了两种技术来支持机群中 I/O 子系统的单系统映像:一致设备命名(uniform device naming)技术和单网络技术。

(1)一致设备命名。Solaris MC 用一致的设备命名来提供单一的 I/O 子系统映像。设备号由设备的节点号、设备类型及部件号构成。一个进程可以用这种一致的名字访问任何设备,即使该设备挂在远地节点上使用起来也像在本地节点上一样。设备驱动器是可以动态装入和配置的。它们的配置通过一个分布式设备服务器保持一致,当一个新设备加到机群中某个节点上时,会通知这个分布式设备服务器。当任何节点上的某个进程调用一个设备驱动器时,该驱动器就被安装到这个节点上。Solaris MC 已经实现了这个功能,因此所有的 Solaris 设备驱动器可以不做改变地运行。

(2)单网络。Solaris MC 能够保证对已经存在的网络应用程序不需要作任何修改,就能使它们看到相同的网络连接性,并且不管这些应用程序运行在哪个节点上。单网络结构如图 6.12 所示。与单个工作站一样,一个 Solaris MC 机群可以有几个网络设备(如分别用于以太网、快速以太网、ATM 及 FDDI 等的设备)与多个节点相挂接。然而,任何进程可以使用任何网络设备,就好像这些网络设备与本地节点挂接一样。所有进程从任何节点上看到的网络都是一样的。如图 6.12 所示,网络在物理上仅通过网络设备 le0 与节点 A 相连。然而,在节点 B 上的进程可以使用 le0 来访问网络,就好像网络在物理上与节点 B 相连。假定进程要发出一条消息,则可以由以下步骤来完成:① 所有协议(如 TCP/IP)处理由本地节点(如节点 B)来完成,这样可防止节点 A 成为瓶颈;② 节点 B 的 mc_net 模块找出 le0 的位置,并将消息包发送给 A 的mc_net;③ 节点 A 的 mc_net 执行局部网络操作,将消息包发向物理网络。

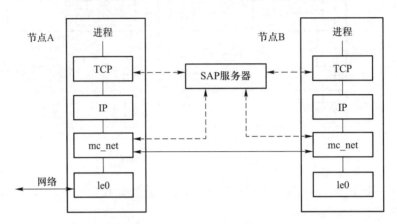

图 6.12 Solaris MC 中的单网络结构

（3）服务访问点。节点可通过一个服务访问点(SAP)服务器来获得网络服务。对于 TCP/IP 来说,一个 SAP 就是一个端口。用一个 SAP 服务器来保存 SAP 名字空间数据库,机群可以有一个或多个节点作为 SAP 服务器。所有的进程都到 SAP 服务器查找 SAP 所在的节点。SAP 服务器还保证一个 SAP 不会同时分配给两个不同的节点。

Solaris MC 允许多个节点作为同一种网络服务的 SAP 服务器。例如,每个节点都默认提供 RLOGIN、TELNET 和 HTTP 等服务。每次服务,用户看到的都是单入口点。假定将一个 Solaris MC 机群作为 Web 服务器,则当某一用户使用一个 URL 访问机群(不是机群中的一个节点)时,系统会自动将用户与最空闲节点上的 HTTP 服务器连接。用这种方法,所有服务器节点可以并行提供 HTTP 服务,从而增加了吞吐量并减少了响应时间。

# 6.4 作业管理

## 6.4.1 研究动机

原则上,任何操作系统都提供了对单个计算机的作业和资源管理服务。然而,在多用户的大型机中,批作业控制很早就在操作系统之外实现了。这样做的主要优点是:① 允许通过管理实现结构化的资源利用计划和控制;② 以一种抽象的、透明的、易于理解和易于使用的方式向用户提供了计算资源。第一个通用的作业管理系统(JMS)是 NASA 开发的网络排队系统(network queuing system,NQS)。后来,又出现了一些软件项目用来实现机群中工作负载的管理。

机群和 MPP 系统对作业管理提出了一些特殊的要求。一个用来控制和平衡客户-服务器环境中计算活动的作业管理系统,通常要具备以下功能或者是这些功能的一个子集。① 支持异构环境:一个异构的作业管理系统支持一个由不同的体系结构和不同的操作系统机器构成的计算环境;② 支持批作业:机群的一种很常用的方法是将处于饱和状态的超级计算机(supercomputer)中的批处理作业,放到其他机器中执行,因此,对于那些占用内存和 CPU 资源不多的小作业,在机群中能获得比超级计算机中更好的周转(turnround)时间;③ 支持并行:一个机群应该能作为一个并行机来用,一些软件包,如 PVM、MPI,为机群系统提供了并行支持;④ 支持交互:一个机群应该能提供执行交互式作业的功能,输入、输出和错误消息应该能返回到与用户交互的那台机器上;⑤ 支持检查点和进程迁移:检查点是机群管理软件用来保存作业当前状态的一种最常用的方法,系统崩溃时,只会丢失从上一个检查点到系统崩溃时的那部分计算;进程迁移是将进程从一台机器迁移到另一台机器,而不需要重新启动程序,这样就能在机群范围内平衡负载;⑥ 平衡负载:指将工作负载在机群中进行分布,使得每台机器作等量的工作;⑦ 限制作业运行时间(run time):运行时间限制设置了一个作业允许执行的 CPU 时间,从而保证了小作业能得到及时运行;⑧ 图形用户界面(GUI):一个设计得很好的图形用户界面可以方便用户使用系统。

## 6.4.2 作业管理系统

Saphir 等人对 NAS(Numerical Aerodynamic Simulation)并行系统和 NASA Ames 研究中心的机群分析了作业管理的要求。一个作业管理系统应该包含以下三部分,① 用户服务器:用户将任务提交到一个或多个队列,标明各任务的资源需求,将任务从一队列中删除以及查询一个任务或一个队列的状态;② 任务调度器:根据任务类型、资源需求、资源可用性和调度策略执行任务调度和排列;③ 资源管理器:分配和监测资源,施行调度策略,收集账目信息。

### 1. 作业管理系统的管理和使用

作业管理系统(JMS)的功能通常也是分布实现的,用户服务器可位于任一主机节点上,资源管理器也可以跨越所有的机群节点。但 JMS 的管理应该是集中式的,所有配置和日志文件应该维护在一个单一位置上。JMS 应该提供单用户界面,易于用户使用;JMS 也应该在对运行任务影响最小的条件下,动态配置机群;管理员的开始脚本(结束脚本)应该能在任务运行之前(后)运行;用户能干净地终止自己的任务。

### 2. 作业类型

机群可执行多种类型作业:串行作业在单节点上运行;并行作业使用多个节点;而交互作业要求快速的周转时间,其输入输出直接指向终端设备,这些工作一般不需要大量资源,用户可以期望它们迅速得到执行而不必放入队列中;批处理作业通常需要较多的资源,如大量的内存和较长的 CPU 时间,但不需要迅速的反应。

交互作业和批处理作业都由 JMS 管理,而外部作业(foreign job)在 JMS 之外生成,例如 NOW 上由一个工作站拥有者启动的外部作业,并不提交给 JMS。这种作业也称本地作业,相对于机群作业而言,本地作业需要快速的反应时间。工作站拥有者需要所有的工作站资源都用于运行他的作业,就好像机群作业不存在一样。

### 3. 机群负载的特征

Arpaci 等人通过对 Berkeley NOW 机群上的工作负载进行研究,得到以下工作负载的特征:① 约一半并行作业在正常工作时间提交;② 大约80%的并行作业运行时间少于 3 分钟;③ 运行时间多于 90 分钟的并行作业占用了整个系统多于50%的运行时间;④ 60%~70%的工作站在任何时候都能用于运行并行作业,即使是在白天的使用高峰期;⑤ 在一台工作站上,有53%的空闲周期时间不到 3 分钟,但95%的空闲时间是在超过或等于 10 分钟的时间段中花掉的;⑥ 2:1 规则,即通过使用合适的 JMS 软件,一个含 64 台工作站的机群除了运行原来的串行工作负载外,还可以维持含 32 节点的并行工作负载。也就是说,构造一个机群相当于提供一个机群规模一半大小的、可自由使用的超级计算机。

### 4. 作业调度

作业调度类似于进程调度,但作业还可以在某一特定的时间调度(日历调度,calendar scheduling)或特定事件发生时调度(事件调度,event scheduling)。作业根据优先级调度,可以采用静态优先级方案,根据一个预先确定好的固定方案来确定优先级;也可以采用动态优先级方案,如在白天给短的交互作业提供高优先级,而在夜间使用平铺(tiling)技术提高系统的使用率。作业的资源需求可以是动态或静态的,当前广泛使用的是静态方式。例如,一个作业需要的节点数可以是固定的,相同的一些节点在整个生命周期内都赋予同一个作业,即使是在空闲时。静态方式降低了机群资源的使用率,并要求用户必须进行负载平衡,而且不能处理所需资源变成无效的情况。动态方式允许作业在执行期间请求或释放一个节点,但它难以实现,需要运行作业和 JMS 之间的协调。

### 5. 共享机群节点方案

共享机群节点有三种方案。① 专用模式:任一时候只有一个作业在机群上运行,任一时候也只有一个作业进程分配给一个节点。这样,只有当一个作业运行结束后,才能释放机群让其他作业运行。即使在专用模式下,也有一些节点会保留为系统使用。② 空间共享模式:多个作业可以同时在不重叠的节点区域(节点组)上运行。尽管一个节点组专用于一个作业,但互连网络和 I/O 系统由所有作业共享。③ 时间共享模式:在专用模式和空间共享模式下,只有一个用户进程分配给一个节点,但是所有的系统进程或监护程序仍在同一节点上运行。而在时间共享模式下,多个用户进程可以分配到同一个节点上。

时间共享模式引入了以下并行调度策略。① 独立调度:各节点操作系统进行自己的调度,但这会显著损坏并行作业的性能,因为并行作业的进程间需要交互。② 组调度:将并行作业的所有进程一起调度。一个进程被激活时,所有进程同时被激活。由于机群节点不是严格时钟同步的,第一个进程启动和最后一个进程启动间的时间差会造成组调度偏差(gang-scheduling skew)。③ 与外来(本地)作业竞争:当机群作业和本地作业同时运行时,调度变得更加复杂,本地作业应该有更高的优先级,此时,机群作业维持在原节点或迁移到其他空闲节点。

**6. 迁移方案**

迁移必须考虑以下三个问题。① 节点可用性:是否能找到另一个可用的节点作为迁移目标? Berkeley 的研究表明,答案是肯定的,因为即使在高峰期,机群中 60% 的节点仍是可用的。② 迁移开销:迁移开销会带来什么样的影响? 迁移时间可能会显著减慢一个并行作业的执行速度。Berkeley 的研究表明最多可放慢 2.4 倍。因此,减少迁移开销或者减少迁移次数是很重要的。③ 征募阈值:机群使用的一种最坏情况是当迁移到一个节点时,该节点正好被拥有者占用,因此必须再次迁移。征募阈值就是在机群认定某节点为空闲节点前,该节点不被使用的时间。Berkeley 的研究表明,征募阈值为 3 分钟时可使并行作业的性能最好。

## 6.4.3　已有的 JMS 软件包

目前正在使用的商用和非专利的 JMS 软件包总共超过 20 个。Baker 等人使用一套经很好定义的标准对这些软件包作了评估。表 6.6 概述了根据标准排序的前 5 种软件包。现有选择地介绍几种。

**表 6.6　作业管理系统一览表**

| JMS 名称 | 非专利软件包 | | 商用软件 | | |
|---|---|---|---|---|---|
| | PBS | DQS | LSF | NQE | Connect:Queue |
| 开发商/制造者 | NASA | FSU | Platform | Cray | Sterling |
| 平台(UNIX) | 几个 | 大多数 | 大多数 | 大多数 | 大多数 |
| 并行作业支持 | 是 | 是 | 是 | 是 | 是 |

续表

| JMS 名称 | 非专利软件包 | | 商用软件 | | |
|---|---|---|---|---|---|
| | PBS | DQS | LSF | NQE | Connect:Queue |
| 批处理支持 | 是 | 是 | 是 | 是 | 是 |
| 交互作业支持 | 是 | 是 | 是 | 是 | 否 |
| 对工作站拥有者影响 | 可变 | 小 | 有 | 可变 | 有 |
| 支持负载平衡 | 是 | 是 | 是 | 是 | 是 |
| 支持进程迁移 | 否 | 否 | 否 | 否 | 否 |
| 支持检查点操作 | 否 | 是 | 是 | 否 | 否 |
| 支持作业监视 | 是 | 是 | 是 | 是 | 是 |
| 支持动态资源管理 | 是 | 是 | 是 | 是 | 是 |
| 能否挂起/继续作业 | 可以 | 可以 | 可以 | 可以 | 不可以 |
| 用户接口 | 命令行 | GUI | GUI | GUI,WWW | GUI |
| 容错能力 | 较少 | 有 | 有 | 部分 | 有 |
| 安全性 | Kerboros | Kerboros | Kerboros | US DoD | UNIX |

（1）便携批处理系统（portable batch system，PBS）。PBS 是由 NASA Ames 研究中心和 MRJ 公司共同开发的一个通用作业管理系统，可以运行在包括异构工作站机群、大型机和 MPP 系统等 UNIX 环境中。PBS 具有扩放性好、易操作、开放等特性。

（2）分布式排队系统（distributed queuing system，DQS）。在非专利的软件包中，DQS 已经很成熟（最新版本为 3）并且已广泛应用。DQS 由佛罗里达州立大学 FSU 开发和维护。它有一个商业版本叫 Codine，由德国的 GENIAS GmbH 提供。GENIAS 声称，Codine 已成为欧洲事实上的标准。

（3）负载共享程序（load sharing facility，LSF）。LSF 由加拿大的 Platform Computing 公司拥有，它可能是使用最广泛的作业管理系统，在全球已售出了 20 000 多套。

（4）网络排队系统（network queuing system，NQS）。在表 6.6 中有两个软件包未被列出，但它们确是十分有影响的作业管理系统，它们是 Condor 和 NQS。Condor 是由威斯康星大学开发的一个非专利软件包，它是能利用工作站的空闲周期并支持检查点操作和进程迁移的第一批系统之一。NQS 早在 20 世纪 80 年代由 Sterling Software 推向市场，当时 Sterling Software 与 NASA Ames 研究实验室签订合同，为 DEC、IBM、Cray 超级计算机生产一个 JMS。Cray 公司的 NQE 是作业管理系统，它以 Cray 版本的 NQS 为基础，增加了负载平衡、图形用户界面等功能。

（5）Connect:Queue。NQS 成为一个事实上的 JMS 标准，它仍被广泛应用于各种超级计算机进行批处理作业处理,现在很多 JMS 软件包上都明确标识可兼容 NQS,即它们支持 NQS 命令。商用 NQS 已从 Sterling Software 发展成 Connect:Queue,还有一个非专利 NQS,称为 Generic NQS,现由英国的谢菲尔德大学维护。

　　表 6.6 中的软件包有以下特征(其中一些特征未明显列出,在其他软件包中这些特征也是具有代表性的,我们在后面讨论 LSF 时还会再详细讨论其中一些特征):① 提供用户支持,但一般商用软件包能提供更好的用户支持;② 都支持异构机群,每个节点使用的平台可以是任何一种主流 UNIX,但它们大多数都不支持 Windows NT;③ 所有软件包都不需要附加软件或硬件;④ 都支持并行作业和批处理作业,但 Connect:Queue 不支持交互式作业;⑤ 都提供多种、可配置的作业队列类型;⑥ 在一个企业机群中使用这些软件包时,由 JMS 管理的机群作业会对运行本地作业的工作站拥有者产生影响,但 NQE 和 PBS 允许对影响做相应调整,在 DQS 中可通过配置使这个影响降到最低;⑦ 所以软件包都提供某种类型的负载平衡机制以有效地利用机群资源;⑧ 某些软件包支持检查点操作;⑨ 表 6.6 中所列软件包都不支持动态进程迁移,它们只支持静态进程迁移,即进程在生成时可以被分配到某个远程节点执行,但一旦开始执行,它就停留在那个节点上,只有一个软件包 Condor 支持动态进程迁移;⑩ 所有软件包都允许由用户或管理者动态地挂起或继续执行一个用户作业;⑪ 所有软件包都允许从资源池中动态地增加或删除资源(如节点);⑫ 大多数软件包都能提供命令行和图形用户两种接口,NQE 还提供一种类似于 Web 的用户接口;⑬ 除了一般的 UNIX 安全机制外,大多数软件包还使用 Kerboros 认证系统。

## 6.4.4　负载共享程序

　　负载共享程序(LSF)是由 Platform Computing 开发的一个商用工作负载管理系统,由多伦多大学开发的 Utopia 系统发展而来,LSF 侧重对并行和串行作业进行作业管理和负载共享。另外,它支持检查点操作、可用性、负载迁移和单系统映像。LSF 是高可扩展的,能支持含几千个节点的机群。LSF 已在 PC、工作站、SMP、IBM SP2 的 MPP 上各种 UNIX 和 Windows NT 平台上得以实现。目前,LSF 已扩展到可支持广域网。理论上,现在的 LSF 可用来管理众多在网络上运行的作业。

### 1. LSF 的体系结构

　　图 6.13 是 LSF 的分层体系结构,它支持大多数 UNIX 平台,并为了进行 JMS 通信使用了 IP 标准,因此,它可以将一个 UNIX 计算的异构网络变成一个机群。它不需要改变底层的操作系统核心,也就是说,LSF 是独立于平台的,最终用户通过一组实用程序命令使用 LSF 的功能。它支持 PVM 并计划支持 MPI。它提供命令行接口和图形用户界面。LSF 还为熟练用户提供一个 API,该 API 是一个名为负载共享库

(load sharing library,LSLIB)的运行时库,使用 LSLIB 明确要求用户修改应用程序代码,而使用实用程序命令则不必。在机群中的每一个服务器节点上必须启动两个 LSF daemon(守护进程):一个是负载信息管理器(load information manager,LIM),它定期收集和交换负载信息;另一个是远程执行服务器(remote execution server,RES),它为任何任务提供透明的远程执行服务。

| 应用程序 | 所有用户程序和命令 | | | | | | |
|---|---|---|---|---|---|---|---|
| 实用程序 | lstools | lsbatch | lstcsh | lsmake | PVM | GUI | … |
| API | LSLIB(负载共享库) | | | | | | |
| 服务器守护进程 | LIM | | | RES | | | |
| 操作系统 | UNIX平台：AIX, HP-UX, IRIX, Solaris… | | | | | | |

图 6.13 LSF 的层次结构

**2. LSF 实用程序**

在 LSF 相关文献中将计算机称为主机,而我们称其为节点。注意一个节点可能有多个处理器(比如一个 SMP),但总是只运行一个操作系统。LSF 支持交互式、批处理、串行和并行所有 4 种类型的作业,并把不通过 LSF 执行的作业称为外来作业。服务器节点指的是可运行 LSF 作业的节点;客户节点指的是可以初始化和提交 LSF 作业但不能执行作业的节点。只有在服务器节点上的资源才能被共享。服务器节点也能初始化和提交 LSF 作业。

LSF 提供一组工具(lstools)以从 LSF 获得信息和远程地执行作业,例如① lshosts 列出机群中每个服务器节点的静态资源;② 利用命令 lsrun 可在一个远程节点上执行程序,当用户在一个客户节点输入命令行 %lsrun    -R'swp>100' myjob 后,应用程序 myjob 就会自动地在一个可用交换空间超过 100 MB 的、负载最轻的服务器上运行;③ lsbatch 实用程序允许用户通过 LSF 提交、监控和执行批处理作业;④ lstcsh 实用程序是流行的 UNIX 命令解释器 tcsh 的负载共享版本,一旦用户进入 lstcsh Shell,发出的每条命令就会自动在最合适的节点(包括本地节点)上执行,一切都是透明地完成的,即用户看到的只是一个运行在本地节点上与 tcsh 极相似的 Shell;⑤ lsmake 实用程序是 UNIX make 实用程序的一个并行版本,允许在多个节点上同时处理一个 makefile。

使用 LSF 这样一个作业管理系统,客户可以透明方式使用服务器节点中所有的软硬件资源。端坐在客户机终端前的用户感觉好像客户机节点本地就拥有所有的软件以及服务器的速度。通过使用"lsmake mymakefile",用户可以在最多 4 个服务器上编译他的源代码,LSF 会自动选择负载最轻的节点。

使用 LSF 还有利于资源的利用。例如,如果用户想运行 CAD 模拟软件时就可以通过批处理作业的方式提交。用户无须等待,LSF 将自动检查 CAD 许可权的可用性,并在 CAD 软件变为可用时立即调度作业。但要注意,在很多机构中,客户机节点很可能要么处于空闲态,要么是在执行一些本地作业(字处理、Web 网络浏览等)。

**3. 资源信息**

每个服务器节点上的负载信息管理器(LIM)负责收集这个节点的静态和动态资源信息:静态资源信息不会随时间而改变,在 LIM 启动时就可获得;动态资源信息由一个负载向量中的一组负载指标来表示,它随着时间变化,因此 LIM 要定期进行收集。

(1)静态资源。我们将 LIM 所报告的一些静态资源信息列在表 6.7 中。其中,节点类型由机群配置决定并由 LSF 管理者设置,它是一个如 Alpha、RS/6000 及 MIPS 等的字符串。CPU 因子表示与机群中最慢节点(其 CPU 因子为 1)比较所得的节点相对速度。后面 3 项指标是节点的最大 RAM 存储容量、本地磁盘的最大可用交换空间以及节点/tmp 文件系统中的最大可用空间。其他的静态资源还包括软件的许可证和可用性(这里的节点是一个文件服务器)等。

表 6.7　LSF 的静态资源一览表

| 指标 | 标准 | 单位 | 由谁定义 |
| --- | --- | --- | --- |
| type | 节点类型 | 字符串 | 配置 |
| cpuf | CPU 因子 | 相对值 | 配置 |
| maxmem | 用户可用最大 RAM 存储容量 | MB | LIM |
| maxswap | 最大可用交换空间 | MB | LIM |
| maxtmp | 在/tmp 目录下的最大可用空间 | MB | LIM |

(2)负载指标。表 6.8 中列出了一些负载指标。LIM 每隔 1 s、30 s 或 120 s 更新一次。节点状态可以是 OK(可以执行 LSF 作业)、不可用(LIM 不响应)、忙(负载超过了阈值)及其他状态。运行队列长度指的是在过去 15 s 期间准备好使用 CPU 的进程的平均个数。CPU 利用率指的是在过去的 1 min 内 CPU 执行用户代码或系统代码所占的平均百分比。

表 6.8　LSF 负载向量中的某些负载指标一览表

| 指标 | 测量标准 | 单位 | 平均 | 更新时间间隔/s |
| --- | --- | --- | --- | --- |
| status | 节点状态 | 字符串 | N/A | 15 |
| r15s | 运行队列长度 | 进程数 | 15 s | 15 |
| ut | CPU 利用率 | 百分比 | 1 min | 15 |
| pg | 分页速率 | 每秒页数 | 1 min | 15 |
| ls | 登录 | 用户数 | N/A | 30 |
| lt | 空闲时间 | 分钟 | N/A | 30 |

续表

| 指标 | 测量标准 | 单位 | 平均 | 更新时间间隔/s |
|------|----------|------|------|----------------|
| swp | 可用交换空间 | MB | N/A | 15 |
| mem | 可用存储器 | MB | N/A | 15 |
| tmp | /tmp 目录下的可用空间 | MB | N/A | 120 |

（3）调页速率。调页速率指的是虚拟存储器的调页速率,即每秒从磁盘读或往磁盘写的页面数。正忙于调页的节点(它有高的调页速率),响应交互式作业的速度就较慢。在表 6.8 中,"登录"表示已登录到该节点的用户数。"空闲时间"表示从最后一次输入或输出动作(如击一下键盘、点一下鼠标)开始到现在已经掠过了多少分钟。

**4. 负载共享策略**

Zhou 等人对各种负载共享和作业放置策略做了评估,并为 LSF 选择了以下策略:当机群规模小时(例如不超过几十个节点),在几个 LIM 中选择一个作为主(master)LIM,其余的作为从(slave)LIM。从 LIM 定期向主 LIM 传递它们的负载向量,主 LIM 将这些负载向量组成机群的负载矩阵。当节点提交一个 LSF 作业(如通过 lsrun)时,由主 LIM 决定在何处执行这个作业。

主 LIM 是一个中央管理者,它拥有所有服务器的负载信息并分派所有的机群作业。对于较大机群(如有上百个服务器节点),这种单一主 LIM 策略是不合适的。

LSF 将大型机群分成一些较小的子机群。每个子机群中仍有一个主 LIM,这些主 LIM 互相之间可交换负载信息并共同决策子机群间的负载共享。如表 6.9 所示,负载共享的开销是低的。

表 6.9 作业响应时间,主 LIM 开销及 LSF 的网络流通量一览表

| 机群配置 | 请求的节点数 | | | 主 LIM CPU 时间/% | 网络流通量/KBps |
|----------|------|------|------|------------------|------------------|
| | 1 | 5 | 10 | | |
| 15 个服务器的机群 | 3.8 ms | 4.6 ms | 5.0 ms | 0.08 | 0.04 |
| 33 个节点的机群 | 4.5 ms | 7.7 ms | 8.4 ms | 0.15 | 0.09 |
| 60 个节点的机群 | 5.8 ms | 14.2 ms | 18.5 ms | 0.29 | 0.17 |
| 20 组 50 个服务器的子机群 | N/A | N/A | N/A | 1.1 | 1.2 |

例如,一个包含 60 个服务器节点的机群,我们对从发出作业请求到作业开始运行所花的时间进行测量,一般仅为几毫秒,在这期间最多可以有 10 个节点接到请求;主 LIM 只耗费了节点 CPU 时间的 0.29%;耗费的网络带宽仅为 0.17 KBps。

对于一个包含 20 个子机群的机群,每个子机群有 50 个节点,主 LIM 的 CPU 开销只占 1.1%,耗费的网络带宽仅为 1.2 KBps。

### 5. 批处理支持

图 6.14 示出 LSF 批处理系统的体系结构。LSF 对批处理作业提供了广泛的支持,它与网络排队系统(NQS)可以结合起来使用,而 NQS 是一个流行的超级计算机的批处理排队系统。

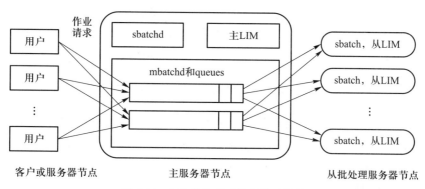

图 6.14 LSF 批处理系统的体系结构

LSF 使用一些批处理服务器节点(batch server node)来执行一个批处理作业。一组批处理服务器是机群中所有服务器集合的子集。在每个批处理服务器上运行着一个从批处理守护进程(slave batch daemon,sbatchd),而整个机群只有一个主批处理守护进程(master batch daemon,mbatchd),它所在的节点上有主 LIM 在运行。主节点上存有所有批处理作业的队列。所有的批处理作业请求都被送往主批处理守护进程,它负责作业调度并把它们分派到各个从批处理服务器节点上执行。

### 6. 批作业提交

提交 LSF 作业要执行一条 bsub 命令:bsub-q night -n l0 -i jobin -o jobout -e joberr -R " mem>20 " myjob。其含义是向一个名为 night 的队列提交 myjob。myjob 的输入、输出和出错文件分别为 jobin、jobout 和 joberr,该作业将在 10 个节点上执行,而每个节点至少有 20 MB 可用存储空间。

一个 LSF 批处理作业的生命周期可能经历如图 6.15 所示的状态转换。当一个作业被提交给一个 LSF 批处理队列时,它进入排队状态 PEND;当作业被分派到一个能满足所有它要求的资源和调度条件的节点上时,它的状态变为运行状态 RUN。通过执行 LSF 的 bkill 命令可以终止任何状态下的作业。当一个正在运行的作业崩溃时,它会非正常退出。作业的所有者或 LSF 管理者可使用 bstop 命令将作业暂停,此时作业的状态就从 PEND 转为 PSUSP(排队中挂起状态),如果发出 bstop 命令时作业已经被分派了,状态就从 RUN 转为 USUSP(运行中挂起状态)。如果节点超负载,lsbatch 系统也会自动将作业暂停进入调度挂起状态 SSUSP。

LSF 支持不同的调度策略,包括先来先服务、公平共享、抢占和独占。其中公平共享策略先调度那些消耗资源少于其共享资源的作业;抢占调度允许抢占队列中的

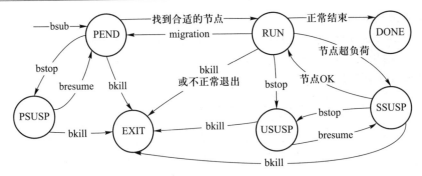

图 6.15　LSF 批处理作业的状态转换图

作业能抢占节点内较低优先级的作业,即使这些作业尚未结束;独占指作业独用一个节点运行,一旦它开始运行,lsbatch 就将节点锁住,这样其他的 LSF 作业,不管是交互式或批处理作业,只能在该独占作业完成后才能使用该节点。

**7. 可用性和检查点操作**

LSF 中加入了一些技术以提高可用性和平衡负载。因此,只要有一个服务器节点仍可用,LSF 机群就还能工作。在大多数系统中,LSF 通过一个静态的用户级库来支持批作业的检查点操作。在 Convex 操作系统平台上,实现了核心级的检查点操作。当主节点发生故障时批处理作业也不会丢失,可以从开始处或从一个以前的检查点处重新开始该作业。作业也可以动态地迁移至其他节点,只要这个新节点有与原来节点相同的体系结构和操作系统就可以了。

**8. LSF 主节点的选择**

大部分 LSF 机群只有一个主节点,所以它会成为故障的唯一点。如图 6.16 所示,LSF 通过实现一个主节点选择机制来解决这个问题。在一个 LSF 机群中,每个服务器节点在启动时会自动运行 LSM 中的 LIM 和 RES 守护进程以及从批处理守护进程 sbatchd。当选中某个服务器作为主节点后,它的 sbatchd 会在该服务器上启动 mbatchd 守护进程。图 6.16 给出了一个节点的状态转换图。

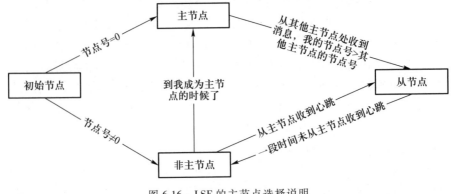

图 6.16　LSF 的主节点选择说明

任何一个 LSF 机群上都保存一个配置文件,它是一张按顺序列出机群中所有服务器节点的表。每个节点有一个节点号,而表中第一个节点号为 0。一旦启动,如果是由节点 0 开启的则它便成为主节点。主节点定期传递心跳消息给其他服务器节点。任一其他节点开始进入的是"非主机"(no master)状态,直到它收到了来自主节点的心跳消息,它就成为一个从节点。

主节点发生故障时,它就不能发出心跳消息了,每一个从节点检查到这个情况后便进入"非主机"状态。它等待与它的节点号成比例的一段时间后,试图成为一个新的主节点。如果有超过两个的节点发生竞争,具有最小节点号的节点会获胜。

设计主节点选择机制的目的是为了保证高可用性以及机群中所有可用服务器节点间的负载平衡。

## 6.5 并行文件系统

随着消息传递并行计算机系统的性能变得越来越好,一些并行应用就在机群上运行起来。由于并行应用一般要处理很大的数据集,系统内存往往放不下,因此需要一个高速的文件系统来读写这些数据。此外,并行应用运行在机群上时,I/O 系统应该允许协作化的操作。例如,一个并行应用的所有运行单元,可能需要一种协调的方式存取文件,如以块的方式,则 I/O 系统就应该能提供这种协调方式。总之,需要设计一个高性能的文件系统来简化进程间的协作,高效地利用所有资源,并且对用户是透明的。

要想在机群上实现一个高性能文件系统,必须先了解机群的特点,然后考虑如何利用这些特点来建立高性能文件系统。机群系统有两大基本特点,一是大量资源,如磁盘、内存等。因此,一方面可以通过并行存取多个磁盘来提高传输带宽;另一方面,可以利用机群系统中的内存,建立大的文件系统缓冲区来提高性能。二是高速互连网络,连接机群节点的是高速互连网络,因此允许系统依赖远地节点完成某些任务。例如,现在的一些系统依赖远地节点的内存来保存本地节点中放不下的高速缓存块。

实际上,现在的机群变得跟并行机越来越接近,因此很多在并行机的 I/O 系统设计中所得到的经验,都可用在机群的文件系统设计中。在本节中,我们来看一下如何利用机群系统的特点来建立高性能的文件系统。

### 6.5.1 数据的物理分布

在机群中设计一个文件系统主要解决以下两个问题。① 可见性(visibility):由于机群中磁盘分散在各个节点上,而我们希望任何节点都能存取任何磁盘,因此需要有一种机制来解决这个问题。② 高性能 I/O 系统的获取:磁盘包含着一些机械部件,像寻道、查找这样的操作就很慢,而且机械部件与系统的其他电子部件比起来,速度变得越来越慢。因此改进磁盘性能的有效方法是,更好地放置数据,使得机械部件对全局磁盘性能的影响尽可能小。在这一小节中,我们先看一下如何解决可见性问题,然后讨论几种放置物理数据的不同方法。

**1. 提高文件系统的可见性**

尽管机群中可能有许多磁盘可用,但对于一个节点的处理器来说,可能只有与本地节点相连接的磁盘对它可见。为了解决这个问题,许多分布式文件系统采用了 UNIX 的安装(mount)概念来提高系统的可见性,如网络文件系统(network file system,NFS)、CODA(constant data availability)、Sprite 文件系统等。

(1) 安装远地文件系统。这种方法的思想是像本地系统一样来管理远地文件系统。系统管理员将远地文件系统安装到本地系统可存取的目录上。一旦存取安装后的目录的内容,请求就被发给远地拥有文件系统的节点。远地节点执行操作,并将结果返回给请求节点。所有这些操作对用户都是透明的,用户感觉就像在使用一个单个的文件系统。

(2) 名字解析(name resolution)。在上面提到的所有系统中,目录树都是将本地和远地文件系统组合起来建立的,因此存在一个名字解析问题,即如何根据名字找到对应的文件或目录。一般有集中式和分布式两种方法。

在集中式方法中,有一个节点负责维护映射表。当有文件或目录被创建时,就通知该节点服务器,它记录新创建对象的物理位置。当某个应用要存取该文件或目录时,系统就向该集中式名字服务器发一个请求以获得物理位置。这种方法的缺点是会出现单点错误和性能瓶颈。

分布式方法又可分为两种。① 独立名字空间:每个系统都拥有自己独立的名字空间,如 Sun NFS。每个系统都知道本地安装的远地文件系统,也知道该远地文件系统实际是在哪个节点上。因此给定任何文件名或目录,每个系统都有足够的信息可以确定该文件或目录在网络中的位置。这种方法的缺点是:它不是位置独立的(location-independent),如果一个磁盘移到另一个节点上,就要重新安装目录树。② 全局名字空间:所有节点都使用统一的全局名字空间。在这种情况下,目录树被划分成域(domain),每个域有一个名字服务器负责名字解析。名字服务器知道数据在哪个磁盘上。图 6.17 是将目录树划分为域,通过名字服务器来定位一个文件的例子。

**2. 数据条块化(data striping,也称数据分条)**

机群的每个节点都连接有一个或几个磁盘,因此利用这一点能够提高 I/O 系统的带宽。受廉价磁盘冗余阵列(RAID)的启发,一种想法是将数据分布到这些磁盘上,在读数据时能从多个磁盘上并行地读,这就提高了传输带宽。

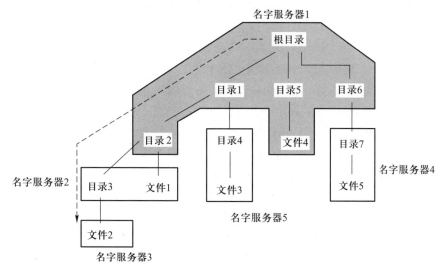

图 6.17　目录树划分为域的例子

（1）廉价磁盘冗余阵列（RAID）。一个 RAID 的高性能主要取决于以下 3 个原因：① 能够同时从所有磁盘中存取数据，这样就提高了数据带宽；② 所有磁盘能够并行执行寻道操作，这样就减少了磁盘寻道时间（磁盘寻道操作是磁盘操作中最耗时的操作之一）；③ 在许多 RAID 中，能并行处理多个读写请求，这就提高了整个系统的性能。

RAID 对高层软件来说表现为单个大磁盘，为了能并行访问多个磁盘，数据必须分布存放在磁盘阵列中。磁盘阵列被划分成数据块，称作条块单元（stripe unit），连续的条块单元位于不同的磁盘上，磁盘阵列上一组连续的条块单元称作一个条块。大的数据传输能使磁盘同时动作，聚合多个磁盘的带宽，多个小数据传输同样能使磁盘并行工作。为了解决数据可用性问题，RAID 可以保留一个条块单元作为整个条块数据的异或检验数据块，当一个磁盘失效时，通过计算恢复原始数据。RAID 通常分成 5 个级别：RAID 0 表示条块化，RAID 1 表示数据镜像，RAID 0+1 表示条块化加数据镜像，RAID 3 表示条块化且检验块在固定磁盘上，RAID 5 表示条块化且检验块分布在多个磁盘上。

（2）软件 RAID。RAID 的思想可以用在机群中，机群中也存在多个磁盘，只不过这些磁盘不是连在同一个磁盘控制器上。我们可以将数据分布在机群系统的多个磁盘中。与 RAID 的区别就是文件系统需要负责分布数据和维护容错级别，这种在机群磁盘间的数据分布称为软件 RAID 或逻辑 RAID。在大多数情况下，软件 RAID 表现就像 RAID 5，并且与 RAID 具有相同的优缺点。

（3）条块组（stripe group）。一个机群系统中可能存在很多磁盘，如果将这么多磁盘组成一个逻辑 RAID 会有一些缺点。首先，如果有太多的磁盘，则执行一个向所有磁盘写的写操作非常困难。如果不能执行类似这样大的写操作,系统就必须执行一系列小的写操作。在 RAID 5 中,执行小的写操作效率较差。因此,系统就不能充分利用所有磁盘的写带宽。其次,执行操作的节点的网络连接带宽有限,不能够同时读写所有磁盘。因此,只能利用部分磁盘性能。最后,随着磁盘数目的增加,发生故障的可能性也相应增大。这就意味着只采用奇偶校验机制是不够的,因为可能同时有多个磁盘发生故障。

对这些问题的解决方法是将数据条块化分布到磁盘的一个子集上,而不是所有磁盘上,这样的一个子集称为一个条块组(后面章节中也简称为条组)。当执行一个写操作时,就不需要使用系统中所有磁盘,而只需使用构成一个条块组的那些磁盘。

条块组方法解决了以上提到的问题。首先,系统需要执行的、小的写操作数目大幅度减少。其次,对于那些网络连接的带宽与条块组中磁盘的聚合带宽(aggregate bandwidth)相匹配的节点,可以充分利用资源。当一个节点以最大网络带宽向一个条块组写时,另一个节点可以向另一个条块组执行读写操作。最后,由于现在系统中允许多个磁盘失效,只不过不能是属于同一条块组的多个磁盘,因此可用性问题也解决了。

条块组方法的代价是减少了磁盘存储容量和有效带宽,因为每个条块组都必须有一个存放奇偶校验块的磁盘,而在原来的方法中整个系统只要一个存放奇偶校验块的磁盘就够了。但总的来说,好处大于付出的代价。

### 3. 日志结构文件系统(log-structure file system)

提高磁盘速度的另一种方法是使用日志结构文件系统。这种文件系统的基本假设是:高速缓存满足读操作的比例是很高的。由于大部分的读操作都能在高速缓存中得到满足,因此磁盘的通信量主要由写操作决定。如果能够改善写操作的执行,即使读操作变慢一点,也是合理的。并且如果能顺序执行所有写操作,就可避免寻道和查找时间,能极大提高磁盘性能。日志结构文件系统的基本思想是使大部分写操作按顺序执行。

在日志结构文件系统中,对一个数据块的修改不是在原来的数据块上进行,而是放在按顺序紧接在上一次写的数据块的后面块中。这样,原来的数据块就不会被重写。这种存放数据的方法不仅提高了文件系统的性能,而且简化了恢复文件系统到一个一致状态的操作。

让我们通过一个例子来看日志结构文件系统是如何工作的。例子显示了当创建两个文件/dir/file1 和/dir/file2 时,文件系统的数据结构的变化。为了比较,如图 6.18 所示,显示了传统的 UNIX 文件系统和日志结构文件系统的变化情况。在 UNIX 文件系统中,文件使用了新的 i-节点,并为其分配了一个新的文件块;而在日志结构文件系统中,/dev/file1 的数据写入磁盘,且 i-节点紧接着写在该数据后面。

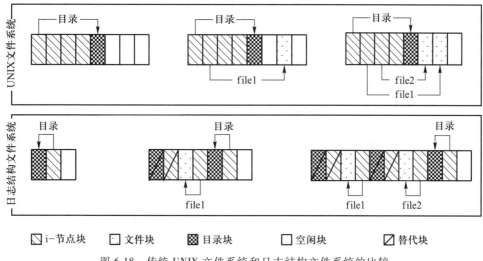

图 6.18 传统 UNIX 文件系统和日志结构文件系统的比较

从例子中可以看出,在日志结构文件系统中,所有写操作是顺序执行的,而在传统 UNIX 系统不是这样。另外,在传统 UNIX 系统中,元(目录)数据和数据块都不会改变位置,而在日志结构文件系统中,它们总是在移动。

由于所有信息(包括数据和元数据)都是顺序写入的,因此需要找到一个非常高效的机制来存取这些信息。实际上,一旦找到一个文件的 i-节点,则后面需要的算法就跟传统的 UNIX 系统一样了。因此,问题的关键在于如何高效地在日志中找到给定的 i-节点。为了解决这个问题,日志结构文件系统中设置了一个 i-节点映射表,表中记录了哪个磁盘块中包含 i-节点的最新副本的全部信息。由于映射表很紧凑,可以保存在内存中,这就使得定位 i-节点所在的磁盘块时,无须存取磁盘。

为了获得高性能,日志结构文件系统需要保证存在大量连续的空闲区域。空闲区域可以通过释放那些已经被新的信息替代的磁盘块来获得,并且一旦那些磁盘块被释放,还需要对文件系统信息进行整理并组合那些空闲块。完成这些任务需要一些算法,在此就不赘述了。

**4. 解决小-写问题**

解决小-写问题有许多种方法。使用缓存来避免执行写操作,直到获得一个足够大的块,或者利用一个 RAID 2 等,这些都是硬件实现 RAID 时解决小-写问题采用的方法。

在此,提出了在机群系统的并行/分布式文件系统中解决小-写问题的一种方法。事实上,在分布式环境下,解决小-写问题显得更加重要。因为磁盘分布在网络的各个节点上,如果必须从磁盘读信息来计算奇偶校验块,那就需要从带有磁盘的远地节点上读,这是非常耗时的。解决小-写问题的基本思想是:将日志结构文件系统和逻辑 RAID 结合起来,使得小-写问题不会发生。在这些系统中,每个客户节点保存它的应用程序作出的所有修改的日志。这些日志被保存在内存中,当日志大到需要使用所有磁盘时,才计算奇偶校验块。然后,客户节点日志和奇偶校验块才被发送到系统中的磁盘上。图 6.19 描述了一个机群日志文件系统中解决小-写问题的例子,该机群拥有两个活动客户节点和一个由 4 个磁盘组成的逻辑 RAID。

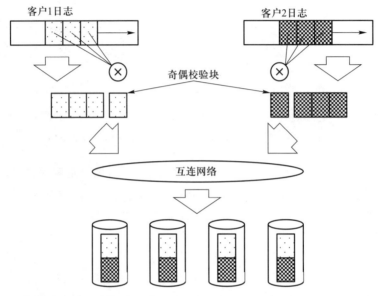

图 6.19  机群中日志文件系统解决小-写问题

## 6.5.2  缓存

软件 RAID 方法提高了 I/O 系统的带宽,而文件系统缓存(也称为缓冲区)则可用来减少文件系统读磁盘的次数。文件系统缓存的基本思想是:将应用程序要存取的文件块保存在内存缓冲区中。根据局部性原理,应用程序只要在第一次存取一个文件块时从磁盘读,以后存取操作就可以直接在缓存中得到满足。文件系统缓存不仅能极大地提高读操作的性能,而且也能提高写操作性能。只要不立即将修改过的文件块写回磁盘,而是在缓存中缓存起来,在合适的时候才写回磁盘。

### 1. 多级缓存

很容易想象,应该在不同的层次利用缓存机制。例如,可以在磁盘控制器、操作系统、I/O 库和用户代码中使用缓存。多级缓存被广泛地用来提高缓存系统的效率。然而在多级缓存系统中,越靠近硬件层次的缓存,效率越差,并且大多数的读写请求在高一些的层次中就被满足了,因此太多的缓存层次也没有太大的好处。

在机群环境下,可在更多层次中应用缓存机制。由于应用的客户端程序可能运行在没有本地磁盘的节点上,所有 I/O 请求都需要传递到带有磁盘的远地节点上处理,这就提供了增加一层缓存的机会。我们可以将数据块缓存在客户端、服务器端,或者同时在两端缓存。另外,如果客户端节点具有本地磁盘,甚至可以将远地信息缓存在本地磁盘上,以减少与服务器节点的通信。图 6.20 示出了一个机群系统的例子,以及可以缓存磁盘块的位置。

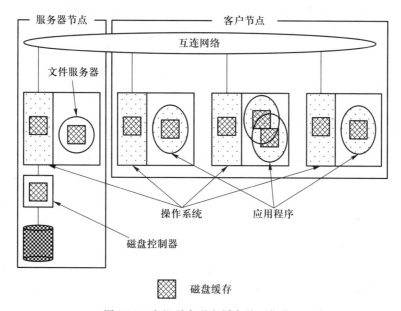

图 6.20 在机群中磁盘缓存的可能位置

如果每个客户端节点都缓存其应用程序需要的数据,就会发生缓存一致性问题。如果每个节点在它的本地缓存中保存了一个给定数据块的副本,而且这个数据块被所有的应用程序使用,那么当其中一个应用程序改变该数据块的副本时,其他应用程序也必须能得到该块的最新副本。

**2. 缓存一致性问题**

在前面讨论多级缓存时,我们已经知道在客户节点设置文件系统缓存,会引起缓存一致性问题。两个节点可能同时缓存了同一个文件块的副本,当其中一个节点修改了文件块的副本时,另一个节点上的文件块副本应该能保持一致。为了解决这个问题,提出了两种方法:① 放松文件共享语义,这样能得到简单且高效的一致性算法;② 寻找高效的算法来实现 UNIX 语义,在 UNIX 语义中,一个修改过的块应该立刻被系统所有其他应用程序见到。

(1)文件共享语义。UNIX 语义的一个主要问题是在分布式系统中难以实现,因此就提出了一些易于实现的放松的共享语义,如会话(session)语义、类事务处理(transaction-like)语义和不可改变的共享(immutable shared)语义等。然而放松文件共享语义有个问题,就是要求应用程序员修改程序代码以适应这种新的语义,这就增加了程序员的负担。由于类事务处理语义和不可改变的共享语义并不常用,在这儿主要介绍会话语义。会话指一个客户自打开某个文件开始,到其关闭该文件为止的有关该文件的一系列文件存取操作。会话语义是对 UNIX 语义的一种放松,会话语义对读写操作作了如下规定:① 对一个已打开文件的写操作仅对本地客户是可见的,其他远地客户即使此时正处于打开该文件的状态,也看不到该写操作的结果;② 当一个文件被关闭时,本地客户对该会话所做的修改只对发生在该关闭文件操作之后的会话可见,而在此之前已经开始的会话看不到这些修改。可以看出在会话语义下,多个客户可以同时对同一个文件执行读写操作,每个客户维持着各自的文件映像,最终的文件映像取决于谁最后关闭该文件。AFS(Andrew file system)就是采用会话语义的分布式文件系统。

（2）一致性算法。由于放松的共享语义增加了编程人员的负担,因此许多系统还是实现 UNIX 语义。实现 UNIX 语义有许多算法,现介绍两种方法。

第一种方法是不允许缓存对共享文件的写操作,这就避免了实现 UNIX 语义所引起的一致性问题。这种方法的缺点是写操作变得慢多了,Sprite 系统中用的就是这种方法。

第二种方法是使用令牌,一次只有一个客户能得到令牌。当一个客户想写一个文件时,它必须先获得对该文件进行写的令牌。当一个客户拥有对该文件进行写的令牌时,这个客户就可以对该文件进行任意的写操作,而其他客户不允许对该文件进行读写操作。另一方面,假如没有客户拥有该文件的写令牌,则所有客户都能对该文件进行读操作。如果一个客户想写一个文件,就向服务器请求对该文件的写令牌,服务器接收到请求后,就将其他客户缓存的该文件数据置为无效,并将写令牌传给发出请求的客户。一个客户拥有写令牌后,就可以对该文件进行任意的读写操作,直到另一个客户想对该文件进行读或写,并向服务器发出请求。这个时候,服务器回收该客户的写令牌,将令牌传递给发出请求的客户,并且同时该客户对文件进行的修改,也对所有其他的客户可见。

**3. 协同缓存**

到目前为止,我们都假设在不同的缓存间没有协作。例如,假设每个客户端节点都在本地缓存中保存其应用程序要使用的最重要的数据。然而,这种方法有个缺点:① 不能充分利用所有的缓存空间,比如,一些客户节点缓存可能已经满了,而另一些节点的缓存可能还是空的;② 一个节点需要的文件块,可能已经缓存在另一个节点的缓存中了,如果是这样,就可以直接从节点的缓存中读出来,传输给需要的节点,而不需要从磁盘读,以提高系统的性能。第一个实现协同文件缓存的系统是

xFS。xFS 协同缓存的基本思想很简单:机群中每个节点分配一部分主存作为文件缓存。协同缓存算法利用所有这些主存来创建一个大型的、机群范围的文件缓存。当客户不命中局部文件缓存时,它不像传统的工作站那样转向磁盘,而是转向远地客户的存储器去取数据。具体情况可参考本章实例分析中 NOW 部分关于 xFS 协同文件缓存描述。

在讨论协同缓存时,我们应该记住一点:互连网络的速度已经很快了,并且还在不断变快。这种技术趋势使得节点间的协作化缓存变得很有意义,并且从性能角度来看,通过网络发送信息变得可以承受。

## 6.5.3 数据预取

除了缓存,数据预取也是提高 I/O 性能的一种方法。缓存方法是将已经存取过的块保留在内存中,当再次存取这些块时,就可以直接从内存中存取,而不需要从磁盘读。如果一个文件数据块要被多次存取,则缓存方法能极大提高系统性能。但是,当第一次存取一个块时,还是必须从磁盘读,缓存方法不能改进这种情况下的性能。对于这种情况的解决方法,是在真正存取这些数据块之前就将这些块读入内存,这种方法就称为预取。

**1. 并行预取( parallel prefetching )**

实现并行预取的最简单方法是:每个节点独立地预取数据。多个磁盘提供的并行性被用来实现每个节点独立发出的预取请求,或者被用来实现任何节点发出的预取大数据块的请求,这一般是通过逻辑 RAID 实现的。

这种实现并行预取的方法是利用机群中所有磁盘的最简单方法。注意,这种实现并行预取的方法缺乏各个节点间的协作。原因主要是现有机群中实现的缓存基本上不是协作化的缓存,在这样的缓存上建立利用机群固有并行性的预取算法非常困难。

现在,每个节点上通常使用的预取算法是向前看一块( one-block-ahead )。这种方法是预取请求数据块的下一个顺序数据块。按照跨步的方式来实现预取的算法也是很常见的。

**2. 透明通知预取( transparent informed prefetching )**

在机群中运行的许多应用不是并行应用,而是串行应用。一般来说,串行应用存取文件的请求较少,因此不能够充分利用系统 I/O 并行性所带来的好处。如果能够并行地将应用要存取的大文件块预取入内存,就能极大地提高小请求的性能。这就是提出透明通知预取的思想。

在这种方法中,用户向 I/O 系统提供一些存取文件情况的提示信息,系统利用这些信息,能够更好地进行预取。用户能在高层定义文件的存取模式,例如,能够告诉系统是以顺序方式存取文件,还是以跨步方式存取文件。利用这些信息,系统能非常好地完成预取。预取到内存的数据块肯定会被应用存取到,不会发生存取不到的情况,因此可以将应用要存取的大部分数据块都预取到内存中。由于要预取很多数据块,因此能够利用机群中的多个磁盘并行地执行预取。这种机制使得串行应用也能利用机群中的多个磁盘所提供的并行性。当然,在并行应用中也能利用这种机制来提高性能。

在一些文件系统中,也采用类似的方法来提高性能,只是不需要提供显式提示信息。在这些系统中,存在一个预测器(predictor)来决定要被预取的数据块。采用的算法一般是一些在单处理机中采用的算法。这种方法的问题是预取到内存的数据块可能不会被真正存取,因此一次不能预取太多的数据块。如果预取的数据块不会被真正存取,就会损害性能,因此,预取机制要尽量避免这种情况。

**3. 积极预取(aggressive prefetching)**

在实现预取时,必须要有一个好的预取和缓存调度。如果预取数据块太早,可能将缓存中还会用到的块替换出去;如果预取得太迟,应用程序就需要等待。在这两种情况下,应用都不能获得最好的性能。在有多个磁盘的系统中,这种情况更加突出,因为要考虑两个数据块是不是能从同一个磁盘读或者是否能并行地读。如果在程序执行前就完全知道数据存取情况,从理论上可以找到很好的算法来解决调度问题。

一种最直观的预取方法是积极预取,即一旦磁盘准备好,就进行预取,将内存中最远的将来才用到的数据块替换出去。然而,这种预取只有当被替换出去的块不会在装入新块之前被引用才有效。当然,实现预取的算法还很多,我们就不一一详细描述了。

下面来看一个积极预取的例子。假设一个系统带有两个磁盘和一个大小为3块的缓存。从磁盘读一个块要两个单位时间。每个磁盘只有一个块能被并行存取。表 6.10 显示了对块的请求序列为 F1,A1,B2,C1,D2,E1,F1 时,磁盘存取的调度序列。其中,字母 A、B、C、D、E、F 表示磁盘中的块,数字 1、2 表示该块存储在哪个磁盘上。表 6.10 显示使用积极算法要完成该请求序列需要 12 个单位时间。

表 6.10　采用积极预取算法得到的预取调度序列一览表

| 时间 | $T_1$ | $T_2$ | $T_3$ | $T_4$ | $T_5$ | $T_6$ | $T_7$ | $T_8$ | $T_9$ | $T_{10}$ | $T_{11}$ | $T_{12}$ |
|---|---|---|---|---|---|---|---|---|---|---|---|---|
| 服务块 | | | F1 | | A1 | B2 | | C1 | D2 | E1 | | F1 |
| 块 1 | F1 | F1 | F1 | D2 | D2 | D2 | D2 | D2 | D2 | F1 | F1 | F1 |
| 块 2 | B2 | B2 | B2 | B2 | B2 | B2 | B2 | E1 | E1 | E1 | E1 | E1 |
| 块 3 | | | A1 | A1 | A1 | C1 | C1 | C1 | C1 | C1 | C1 | C1 |

## 6.5.4 I/O 接口

I/O 系统中的更高层次是与用户的接口层。接口层除了允许应用向 I/O 系统请求数据外,还应该允许应用向系统提供一些需要什么数据的信息。例如,在前面的透明通知预取中,用户向系统提供应用程序如何使用文件的信息,系统利用这些信息从磁盘上预取数据。在机群这种并行环境中,传统的 I/O 接口已显得不够,因为传统接口不能表达数据并行、协同化操作等概念,因此有必要开发一种新的 I/O 接口来表达这些新的语义信息。

在机群环境下,有必要表达文件系统中的数据并行性,因此应该存在一种机制,使得用户能告诉系统应用程序使用数据的信息,这样系统就能够充分利用硬件提供的潜在并行性。并行应用还有一些要协调 I/O 操作的特殊需要。对于这种应用的一个好的接口应该能允许共享数据,并且在请求数据时进行协作。最后在许多系统中,不管是并行应用还是串行应用,都需要接口将数据的使用情况通知核心,或者告诉核心对于给定的应用程序采用哪种替换算法最好。另外需要注意的是,并没有一种事实上的标准化并行接口,因为每种接口都有自己的优势,并不存在一种绝对好的接口。

**1. 传统接口**

在 UNIX 中,文件被看作一个没有格式的字节流。文件进行的操作主要是 open( )、close( )、read( )、write( ) 和 seek( )。每当执行一次文件打开操作时,就产生一个新的读写指针。这就意味着,当存取文件时,无法产生一个共享的读写指针。要想有一个共享指针,唯一的方法是从父进程继承而来。这就受到了很大的限制,特别是在并行/分布环境下,因为一个进程不可能在远地机器上产生一个子进程。因此就不能对多个进程存取共享文件的操作进行协调。

尽管这些接口提供了对文件顺序部分的原子读写,但没有提供对文件中一组不连续部分的原子读写。在实施读写操作时,由于只能定义一个连续的部分,因此在存取不连续的部分时,必须要用多个操作实现。这不仅加重了程序员的负担,而且需要程序员来保证这些读写操作的原子性。

尽管传统接口在单处理机的文件系统和串行应用中获得了好的效果,但是不能满足许多并行和分布式应用的需要。因此,有必要对传统接口进行改进。

**2. 共享文件指针(shared file pointer)**

引入共享文件指针是对传统接口的一个小的改进。这个机制允许多个进程使用同一个文件指针来存取文件,从而使得这些进程能够以一种协作的方式来存取共享文件。下面简单介绍几种具有代表性的实现共享文件指针的方法。

(1)全局共享指针方法。这种方法允许所有共享该指针的应用程序,能不受限制地使用该共享指针进行数据读写。读和写数据块的大小是任意的,并且这些由多个进程发出的读写操作可以按任意次序执行。在每个 read、write 和 seek 操作后,所有共享该指针的进程看到文件的位置是一致的。

(2) 分布式共享指针方法。由于全局共享指针在分布式系统中难以有效地实现,就有必要提出一种易于实现的共享文件指针。在研究了这些应用对共享文件指针的使用方法后,发现许多应用是以轮转方式执行文件的存取操作的。基于这一点,提出一种分布式共享文件指针,共享该指针的所有进程以轮转的方式使用它。比如,如果进程 2 想在进程 1 后存取文件,进程 2 就必须等待进程 1 完成它的请求。根据对请求数据大小的要求,这种共享文件指针又可分为两类,一类是请求数据大小是任意的,另一类是请求的数据大小必须是固定的。这种轮转式的分布式共享指针易于实现,指针的最后状态只对下一个要存取文件的进程(按照轮转次序,排在当前进程的下一个进程)可见,且只有得到指针信息的进程才能请求数据。

上面这种分布式共享文件指针与全局共享文件指针不一样,分布式共享文件指针可避免两个进程存取同一块数据。它允许每个进程存取文件的不同部分,且这些部分之间不重叠。这种指针很容易高效地实现,因为进程几乎都能实现本地处理。

例如,MPI-IO 库中就提供了共享文件指针。当一个文件被几个进程打开时,MPI-IO 产生一组文件指针,其中包括一组与进程数目相等的本地指针和一个全局共享文件指针。全局共享文件指针可由所有进程不受限制地使用。为了区别这两种文件指针,MPI-IO 提供了两种不同的 read/write 操作。当程序员使用 MPI_File_Read 或 MPI_File_Write 时,就使用本地文件指针;当使用 MPI_File_Read_Shared 或 MPI_File_Write_Shared 时,就使用全局共享文件指针。SPIFFI 文件系统实现了上面提到的所有共享文件指针。对于不同的文件,由应用程序自己决定采用什么样的指针。

### 3. 跨步存取模式

从工程实践中得到的经验表明,并行环境中大量 I/O 操作使用跨步模式。跨步操作存取不连续的数据块,且这些数据块之间间隔的字节数是相同的。传统的接口不能很好地处理这种操作,Galley 文件系统中提出了三种新的接口来执行这种操作。

(1) 简单的跨步存取操作。允许用户在单个操作里,存取大小为 $M$ 个字节的 $N$ 个块,这些块之间间隔 $P$ 个字节,如图 6.21 所示。

(2) 嵌套的跨步操作。使用这种接口,用户通过一个跨步向量来定义多个不同层次的跨步。在这些层次中,只有最后一层真正表示数据块的位置(placement),其他层次只是表示下一个跨步层次的开始位置。图 6.22 是这种操作的一个例子。这个例子中有两层跨步,第一个层次定义了 3 个 7 KB 的区域,在每个区域中应用第二个跨步层次。第二个跨步层次说明用户想存取 3 个 1 KB 的数据块,每个数据块间隔 2 KB。为了让读者了解用户是如何使用跨步的,下面给出一段在 Gallery 文件系统中如何使用上述跨步操作的代码例子。

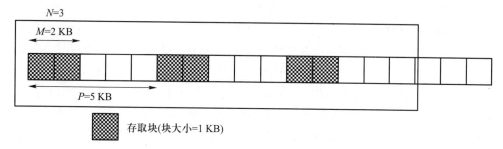

图 6.21　一个简单跨步操作的例子

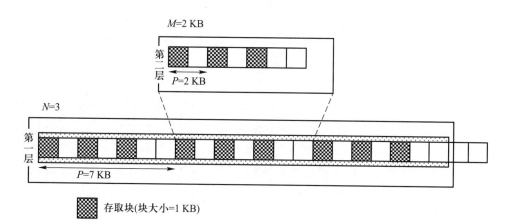

图 6.22　一个两层嵌套跨步操作的例子

```
Struct gfs_stride vec[2]
...
/*内层跨步*/
vec[0].f_stride = 2048          /*文件跨距*/
vec[0].m_stride = 1024          /*缓冲区跨距*/
vec[0].quantity = 3             /*应用 3 次*/
/*外层跨步*/
vec[1].f_stride = 7168
vec[1].m_stride = 3*1024        /*保存上一级一步读出信息所需空间*/
vec[1].quantity = 3
/*跨步操作*/
b = gfs_read_nested(file_id,buffer,file_offset,size_to_read,vec,2)
...
```

（3）嵌套的批跨步操作。这种操作允许用户将几个简单和嵌套跨步操作组合在一起成为一个操作。为了做到这一点,用户要定义一个记录需要做的跨步操作的链表,然后将该链表作为读写操作的一个参数。

### 4. 数据分布接口

前面介绍的接口允许用户向系统提供将要使用的数据信息,这里介绍另一种接口,它可以表示数据并行性信息。为了允许用户表达文件数据在磁盘上如何分布,以及应用程序如何存取数据的信息,Vesta 文件系统提出了二维文件的概念。在这样的系统中,一个文件由一组单元(cell)或称为分区构成,每个分区又被划分成基本条块化单元(basic striping unit,BSU)。一个分区是文件中一段连续的文件区域。它们在创建时产生,其数目在整个文件的生命周期中不会变。每个分区可以处于各个不同的 I/O 节点上,这样分区数就是存取这个文件所能获得的最大并行度。分区在磁盘上的具体分布情况,由系统来决定。这就意味着用户可以向系统提供线索,文件的哪些部分应该放在同一个磁盘上,哪些部分放在不同磁盘上,以提高读写磁盘带宽。读者可参看本章参考文献[21]了解详细内容。

### 5. 集合 I/O 操作

当文件分布存储时,访问文件数据常常需要每个处理器做大量非连续的小块数据访问,这样往往会降低文件系统性能。集合 I/O 的目的是用少量的连续大块数据的访问来代替大量的非连续小块数据的访问。例如,当多个客户同时访问一个文件时,如果每个客户的访问是分散且数据块较小,但所有的访问合起来是一个连续的大块空间时,则使用集合 I/O 十分有效。

## 6.6 实例分析

### 6.6.1 Berkeley NOW

NOW(network of workstation)由美国加利福尼亚大学伯克利分校开发,是一个颇有影响力的计划,采用了很多先进技术,涉及工作站机群很多共同问题,它具有很多优异的特性:① 采用商用千兆网络和主动消息通信协议支持有效的通信;② 通过用户级机群软件 GLUNIX 提供单系统映像、资源管理和可用性;③ 开发了一种新的无服务器网络文件系统 xFS,以支持可扩放性和单文件层次的高可用性。

### 1. 主动消息

主动消息是实现低开销通信的一种异步通信机制。其基本想法是在消息头部控制信息中携带一个用户级子例程(称作消息处理程序)的地址。当信息头到达目的节点时,调用消息处理程序从网络上抽取剩下的数据,并把它集成到正在进行的计算中。主动消息相当高效和灵活,各种系统都逐渐采用以它为基本的通信机制。

但在主动消息下,程序应是以单程序流多数据流(SPMD)方式设计的,因为允许发送者指定消息处理程序在接收方的地址,所以必须让所有的节点上有一致的代码映像。

在普通主动消息中,提供了一组基本函数(原语)和实用函数。基本函数如下所示:

```
int    am_request_M(vnn_t dest,requet_handler,int  arg0,…,int arg(M-1))

int    am_reply_M(vnn_t dest,reply_handler,int arg0,…,int arg(M-1))

int    am_get (vnn_t source,void * lva,void * rva,int nbytes,handler_t   request_handler,void *
        handler_arg)

int    am_store (vnn_t dest,void * rva, void lva,int nbytes,handler_t reply_handler,void * handler_
        arg)

void    am_poll(void)
```

实用函数如下所示:

```
int am_enable(…)          / * initializes the active message layer * /

int am_disable(void)       / * exits the active message layer * /

int am_procs(void)         / * return the total number of processes of program * /

int am_my_proc(void)       / * returns the calling process's virtual node number * /

int am_max_size(void)      / * returns the max.No.of bytes for a get/store * /
```

当发送请求消息 W 时,调用如下请求函数:

am_request_2(destination,request_handler,x,y)

其中请求消息 W 由 request_handler、两个整数 x 和 y、隐含的请求进程的虚拟节点号组成。请求原语 am_request_M( )有 5 个版本(M=0~4),每个均有 M 个整数变量。该请求发送 W 至 destination(目的)进程。am_request 是阻塞式的,即直到 W 被发出才返回。当 W 到达时,destination 进程调用 request_handler 子例程进行处理。

类似地,当发送应答消息 W 时,调用如下的应答函数:

am_reply_2(destination,reply_handler,x,y)

其中应答消息 W 由 reply_handler、两个整数 x 和 y、隐含的应答进程的虚拟节点号组成。应答原语 am_reply_M( )有 5 个版本(M=0~4),每个均有 M 个整数变量。该应答发送 W 至目的进程。am_reply 是阻塞式的,即直到 W 被发出才返回。当 W 到达时,目的进程调用 reply_handler 子例程进行处理。

am_store 和 am_get 两个函数用来在两个进程间传送大块数据。其中,am_store 函数定义如下:

am_store(dest,lva,rva,N,request_handler,handler_arg)

它将请求进程中从地址 lva 开始的连续 N 个字节传至目的进程中从地址 rva 开始的存储区中。当接收完所有 N 个字节后,目的进程(dest)调用 request_handler,并传递参数:请求进程的 vnn(virtual node number)、rva、N 和 handler_arg。类似地,am_get 函数定义如下:

am_get(source,rva,lva,N,reply_handler,handler_arg)

它将应答进程中从地址 rva 开始连续的 N 个字节取至源进程中从地址 lva 开始的存储区中。当接收完所有 N 个字节后,调用者调用 reply_handler,并传递参数:源进程的 vnn、lva、N 和 handler_arg。

主动消息是通用的通信机制,与具体硬件和软件平台无关,它已经在 MPP、COW甚至 PVM 上予以实现,并取得了低延迟、高带宽等优良性能,这取决于以下几点。① 用户级底层功能:主动消息通信常可完全在用户空间中实现,可消除上下文切换等造成的开销,没有必要施行系统调用,用户可直接访问网络接口硬件,消息处理程序也就是普通的用户级子例程。② 简捷:普通主动消息只有 5 条原语,每条原语只具有非常简单的功能和协议,且没有像 TCP 协议中的缓冲管理或误差检测等额外开销。③ 计算和通信重叠:一般的消息传递型软件(如 PVM 和 MPI)可通过非阻塞发送/接收操作支持计算和通信的重叠,但在发送和接收双方均要有消息缓冲。主动消息处理长、短消息是不同的,对于 4 个或更少字的短数据块,可使用阻塞式 am_request 进行发送,而对大块数据传输,则可使用 am_store 或 am_get。在普通主动消息中,提供了非阻塞的 am_store 以方便通信与计算的重叠。

**2. GLUNIX**

机群需要能支持可用性和单系统映像的、新的操作系统功能,但传统的工作站OS 均无此功能,为此需要对其进行扩充,其方法有二:微(内)核法,用户级守护程序和库方法。微核法(例如 Mach 和 Windows NT)就是将提供所有服务的整体核代之以一些模块,并且绝大多数最基本的服务只由少量的、被称为微核(microkernel)的小模块提供,其他服务均在用户模式下提供。这种模块化法便于移植且灵活,但也有一些缺点:① 原始的 OS 模块须重写,② 在不同的结构上进行移植仍需付出努力,③ 微核系统比整体系统开销大(涉及上下文切换、进程间通信和交叉保护边界等)。用户级守护程序和库方法能够作为用户级服务和库被实现,此法的优点是不要求修改内核且易于实现,但同样它也有着和微核一样的额外开销。

NOW 使用了 GLUNIX 方法,它代表全局层(global layer)UNIX,是指运行在工作站标准 UNIX 之上的一个软件层,属于自包含软件。其主要想法是机群操作系统应由低层和高层两层组成,其中低层是执行在核模式下的节点商用操作系统,高层是能提供机群所需的一些新功能的用户级操作系统。特别地,新全局层能提供机群内节点的单系统映像,使得所有的处理器、存储器、网络容量和磁盘带宽均能被分配给串行和并行应用,并且它能够作为被保护的、用户级操作系统库予以实现。GLUNIX方法能使很多机群性质在用户级实现,其优点有以下几点。① 易于实现:GLUNIX完全在用户级实现,无须修改核(第一个 GLUNIX 原型只用 3 个月就完成了)。② 可移植性:因为它只依赖基本系统中很小一组标准性质,所以 GLUNIX 能移植到任何支持进程间通信、进程信号(signaling)和访问负载信息的操作系统上。③ 有效性:在应用地址空间内,使用过程调用的办法能够调用机群所需的一些新性质,无须跨硬件地保护边界,无须核自陷和上下文切换,在 GLUNIX 中删除了系统调用开销;可以使用共享存储段或进程间通信原语,协调多个节点上 GLUNIX 的多个副本。④ 鲁棒性:因为 GLUNIX 是用户级的,所以能够使用常规的查错工具对它进行测试,错误可被检测、诊断和删除。总之,GLUNIX 原型提供了下述绝大部分特性:并行程序的共调度,空间资源的检测,进程的迁移和负载平衡,快速用户级通信,远程调页和可用性支持。

### 3. xFS

无服务器文件系统 xFS 将文件服务的功能分布到机群的所有节点上,它和传统的中央文件服务器的对照见图 6.23。传统的中央文件服务器执行的主要功能如下。① 中央存储:数据文件和元数据都存储在连向文件服务器的一个或多个稳定磁盘上。一个文件的元数据由一组文件属性(例如文件类型、文件大小、设备 ID、节点号、属主 ID 和文件访问许可等)组成。② 中央缓存:为了改进性能,每个客户可以缓存某些局部文件块,而文件服务器缓存其主存中经常使用的文件块。③ 中央管理:服务器执行所有文件系统管理功能,包括元数据和高速缓存一致性管理。在 xFS 中,所有的服务器和客户的功能由分散的所有节点来实现。xFS 仅有的限制是,管理器必须同时是客户,因为管理器使用了客户接口。

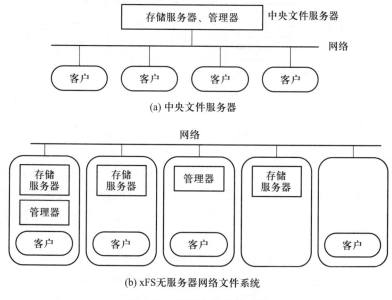

(a) 中央文件服务器

(b) xFS无服务器网络文件系统

图 6.23　两类文件系统对照

（1）廉价磁盘冗余阵列（RAID）。无工作站文件系统能用来生成软件 RAID 以提供高性能和高可用性。现今，xFS 使用单奇偶校验磁盘条。一个文件数据块在多个存储服务器节点上按条划分，在另一节点上有奇偶校验块。如果一个节点失效，失效磁盘的内容可利用其余盘和奇偶盘之异或操作来重建。RAID 的缺点是所谓小-写问题，即如果一次写所修改的仅是条的一部分而不是整个条，则系统必须重新计算奇偶校验而导致大的开销。xFS 使用日志条（log-based striping）方法解决此问题：每个客户首先将写接合到各用户的日志（log）上（它就是记录所有写操作的一个存储缓存器）；然后此日志以日志段（log segment）形式提交给磁盘，每个段由 $K-1$ 日志片（log fragment）组成，它与奇偶校验片一道送向 $K$ 个存储服务器。但此法对大型多服务器机群也有问题，例如，很多发往存储服务器的小片可能使日志存储器很大；很多客户同时写日志条会造成竞争，xFS 采用将存储服务器分成一些条（块）组（stripe group）子集的办法来解决此问题。如图 6.24 所示，8 个服务器分成两组，每组 4 个服务器。其中，在条组 A 中，第一段由片 1、2、3 组成，相应的奇偶校验片为 p；第二段由片 4、5、6 组成，相应的奇偶校验片 q。条组 B 中情况类似。这样客户 1 和客户 2 可同时分别向各自条组写入日志而不会冲突。

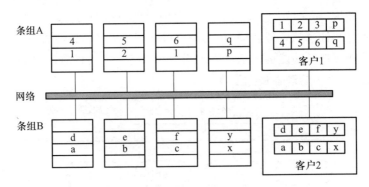

图 6.24　xFS 的条组方法

（2）协同文件缓存（cooperative file caching）。协同文件缓存的思想很简单，就是机群中每个客户节点都辟出一部分作为文件（高速）缓存。协同文件缓存算法利用所有这些存储器生成一个大的、全机群的文件缓存。当一个客户未找到其本地文件缓存时，不需要到磁盘中去找，只要到另一个客户的存储器中去找该数据，如图 6.25 所示，文件稳定地存在服务器磁盘中，习惯上这些文件也缓存到客户存储器、客户本地磁盘和服务器的存储器中。xFS 也允许一个文件缓存在远地存储器中。有两种协同文件缓存方法：贪心转发法（greedy forwarding）和 N-概率转发法（N-chance forwarding）。贪心转发法工作原理是：对一个文件访问请求，客户首先试用其本地高速缓存，如果数据块不在那里，它便将请求转发给服务器。服务器先搜索其本地高速缓存，若命中，便将数据返给客户并维护其高速缓存目录；若未找到，服务器便查阅其高速缓存目录并把请求转发给保存所请求数据的客户,然后该客户便直接将数据返回给请求的客户。贪心转发法的优点是实现简单,但其缺点是同一数据块可能被很多高速缓存所复制。当一个客户第一次读一个数据块时,此块从服务器磁盘中读出并将其缓存在服务器高速缓存和客户高速缓存中,而另一个读同一块的客户将把它缓存在其本地文件高速缓存中。这种重复不仅降低了协同高速缓存空间的有效性,也增加了不命中的概率,而且使高速缓存一致性管理更加困难。N-概率转发法是贪心转发法的一般化,它采用仅仅缓存一个数据块于一个客户高速缓存中的办法避免重复。这样的数据块称为单块(singlet)。当一个客户从另一客户的高速缓存中取出一块时,此块就被丢掉,并发一条消息给服务器告诉它此块已被移出。单块所带来的问题是,如果一个单块被丢掉,它给后来的数据块腾出了位置,但此单块也从整个协同高速缓存中丢失了。N-概率转发法可缓解此问题,只要客户高速缓存未满,它和贪心转发法完全一样。当任一客户的本地高速缓存满时,就要丢掉一个数据块,此时客户首先检查此块是否为单块:如不是,客户就丢掉它;如是,客户就将块循环计数器置为 N,并发送该块给一个随机的客户。如果第二个客户稍后要丢掉这一块,它就将循环计数器减 1,并发送该块给另一客户。此过程一直继续到循环计数器为 0,这时就把该块丢掉。

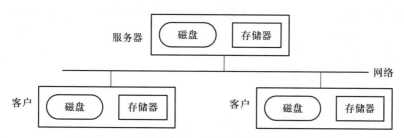

图 6.25　客户-服务器机群中缓存文件的不同方式

(3) 分布式管理。xFS 的文件系统管理功能是全分布的,它使用了位于多个节点上的多管理器。为了理解如何实现分布管理,参照图 6.26 来介绍 xFS 中一个文件的读过程。当一个客户试图读一个文件块时,它发送一个带有文件(路径)名称和位移的请求,在 xFS 的目录中使用文件名客户就能找到文件的索引,用此索引客户搜索本地高速缓存(UNIX 高速缓存),如果数据块在其中(命中),则数据就被读出;如果高速缓存未命中,那么客户用索引号查阅管理器映射表,此表指明哪个物理节点管理哪组索引号,也就是正确的管理器在哪里,于是索引和位移信息就经网络发给正确的管理器,管理器留意诸如数据块是否在磁盘中或被缓存、块的精确位置、高速缓存块是否是一致等信息。如果块被缓存在某一客户的本地高速缓存中且是一致的,那么管理器就转发读请求给那个客户,客户就从其本地高速缓存中读取数据并直接发给原先的客户;如果数据块不在协同高速缓存中,管理器就再查阅索引映射表以找到索引节点(inode),它包含了文件所有数据块的地址,此地址可于查找正确的存储服务器,于是数据块就可从那里读出并传给原先请求的客户。

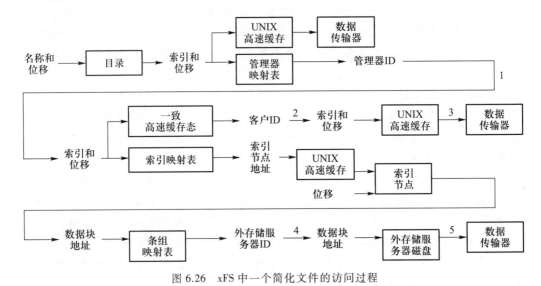

图 6.26　xFS 中一个简化文件的访问过程

一个 xFS 的原型已在 32 个节点的机群上实现,它展示了良好的可扩放性,其读带宽已达 13.8 MBps,而写带宽已达 13.9 MBps。

### 6.6.2　IBM SP2 系统

已如前述,SP2 系统早先划归为 MPP,但由于其采用了机群技术,所以从广泛意义上说,它也可以作为工作站(服务器)机群实例来介绍。IBM 在 1991 年秋天涉足MPP 商业,启动了 SP(Scalable Power Parallel)项目;1992 年 2 月成立了一个开发小组,1993 年 4 月就公布了第一个产品 SP1,随后于 1994 年 7 月宣布了 SP2 系统。IBM SP2 比较特殊,它利用机群方法来构筑 MPP。到 1998 年为止,全球共安装了超过 3 000 个 SP 系统,是 MPP 系统的成功案例。

**1. 设计目标和策略**

IBM 设计 SP 系统时提出了以下目标。① 赶市场:高性能计算机遵循类似摩尔定律的发展趋势。为了保持性价比的领导地位,产品必须在短时间内开发完毕。② 通用:SP 必须是一个能支持不同技术和商业应用、流行的编程模型和不同的操作模式的通用系统。③ 高性能:SP 应该提供持续的高性能,而不是峰值速度。这不仅依靠许多快速处理器,也依赖于快的存储器系统、高速通信、好的编译器和库等。④ 可用性:SP 必须表现出好的可靠性和可用性,使用户可在其上运行商用成品代码。为了符合这些目标,IBM 设计小组采用的策略是:灵活的机群体系结构,专用的互连网络,增强高性能服务和可用性支持的标准系统环境,标准编程模型和对所选择的单系统映像的支持。

（1）机群体系结构。为了实现赶市场和通用目标,选择机群体系结构是关键。其主要特征包括:每个节点都是 RS/6000 工作站,并有自己的局部磁盘;每个节点内驻留一个完整的 AIX(IBM 的 UNIX);各节点通过其 I/O 总线(不是通过局部存储器总线)连接到专门设计的多级高速网络。SP 系列尽量使用标准的工作站部件,仅当标准技术不能满足可扩展系统的性能需求时才开发定制软硬件。IBM 相信这样的体系结构的主要优点是简单性和灵活性。简单性使 SP 系统易于构筑,而灵活性使系统的规模可扩放(从几个节点到数百个节点),且每个节点的软硬件能单独配置,以满足用户对应用程序和环境的需求。

（2）标准环境。SP 使用标准、开放和分布的 UNIX 环境,它能利用现成标准软件进行系统管理、作业管理、存储管理、数据库和消息传递,而所有这些软件在 IBM 工作站 AIX 操作系统中都有。对于那些在传统的分布式 AIX 环境中不能有效执行的现有或新的应用程序,SP 提供了一个高性能服务集,包括高速互连网络(HPS)、有效的用户级通信协议(US 协议)、优化的消息传递库(MPL)、并行程序开发和执行环境、并行文件系统、并行数据库(比如并行 DB2)和高性能 I/O 子系统等。

（3）标准编程模型。为了实现通用目标,SP 支持三个领域中的流行编程模型。① 串行计算:尽管 SP 是并行计算机,但是它必须允许现有的用 C、C++ 和 FORTRAN 编写的串行程序,在一个节点上无须修改就能运行。因为采用了机群体系结构和标准环境,因此 SP 可容易地实现该任务。② 并行科技计算:SP 现在支持消息传递(MPL、MPI、PVM)和数据并行(HPF)模型,正计划支持共享存储器模型(OpenMP)。③ 并行商用计算:为了支持商业应用,IBM 并行化了一些关键的数据库和事务管理子系统。在 SP2 上已实现了 IBM DB2 数据库系统的并行版本(称为 DB2 Parallel Edition 或 DB2 PE)。

（4）系统可用性。SP 系统包括几千个部件,这些软硬件部件原来都是为廉价工作站开发的,而并非适合大型的容错系统。如果不采取增强可用性措施,它们一定会经常失效而导致系统崩溃。SP 采用以下技术来提高系统可用性。① 机群体系结构表明每个节点中有一个分开的操作系统映像,一个映像的失效不会波及整个系统。这比 SMP 体系结构要优越,后者的单操作系统映像驻留在共享存储器中,因此操作系统的失效将导致整个系统崩溃。② SP 设计系统去除了可能波及整个系统的单点失效,比如,由 HPS 和以太网两个网络来连接节点。当 HPS 失效时,节点可以通过以太网通信。③ 软件的基础设施提供了故障检测、故障诊断、系统重构和故障恢复等服务,这一基础设施使 SP 能优雅地降级。

（5）精选的单系统映像。在一个分布系统中,用户看到的是一些单独的、分散的工作站,真正的单系统映像很难实现,而且对某些商业应用来说这也不是一个关键的要求。因此,IBM 决定在两个极端中找到一个折中方案。SP 实现了单入口点、单文件层次、单控制点和单作业管理系统等 SSI 特征。但 SP 系统并未实现单地址空间,这将在以后对 SP 体系结构的讨论中逐渐明了。

**2. SP2 系统的体系结构**

SP 系统简化框图如图 6.27 所示。一个 SP 系统可包括 2~512 个节点,每个节点都有自己的局部存储器和局部磁盘。所有的节点均连向两个网络:普通的以太网和高性能开关(high performance switch,HPS)。以太网虽慢却有以下的好处:当 HPS 失效时,它可作为后援;当 HPS 和相关软件正在开发和改进时,可利用以太网对系统的其他部分进行开发、调试、测试和使用;此外以太网可用作系统监视、启动、载入、测试和管理等。

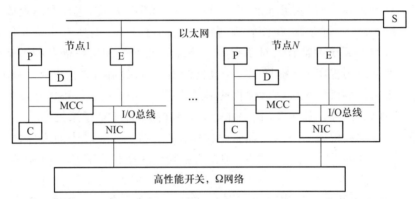

P:处理器 D:本地磁盘 E:以太网适配器 C:存储器 MCC:微通道控制器
S:系统控制台

图 6.27 SP 系统结构

(1)系统互连。高性能开关(HPS)由节点内的开关硬件和开关帧(switch frame)组成。图 6.28 示出了 IBM SP2 中使用的 128 路高性能开关,其中每个帧由一个 16 路开关板连接的 16 个处理节点(N0~N15)构成,8 个帧再用一个附加级开关板连接起来(图中细线代表一条 8 位的双向链路,而粗线代表 4 条 8 位的双向链路),每一开关板上有两级开关芯片,所以多级互连网络(MIN)总共有 4 个开关板。HPS 是一个使用此开关的、由 40 MHz 时钟驱动的、带缓冲的多级 Ω 网络。它使用虫蚀选路法,一个 8 位的数据片在无竞争时穿过一级(即一个开关芯片)只需 5 个时钟(即 125 ns)。因此,HPS 在无竞争时硬件延迟是很小的,对于 512 个节点仅 875 ns。但实际延迟比此值要高得多,一个进程发送一个空包给另一个进程至少要 40 μs,这种消息传递延迟大部分是由软件开销造成的。HPS 能提供成对节点之间的双向传输带宽为 40 MBps。

(2)节点体系结构。SP 提供了三种物理节点类型:宽节点(wide node)、窄节点

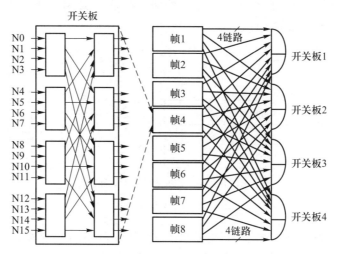

图 6.28 SP2 中的 128 路高性能开关

(thin node)和窄节点 2,以有效支持配置灵活性。这三种类型节点都使用了时钟频率为 66.7 MHz 的 Power2 微处理器。每个处理器有一个 32 KB 指令高速缓存、256 KB 数据高速缓存、一个指令和分支控制部件、两个整数部件、两个可以在一个时钟周期内执行乘法和加法的浮点部件。这样,Power2 处理器的峰值速度可达 267 MFLOPS。Power2 是超标量处理器,每个时钟周期能执行 6 条指令。拥有短指令流水线,复杂的分支预测技术和寄存器重命名技术,Power2 可以在一个时钟周期执行两条取/存、两条浮点乘/加、一条指标增量和一条条件转移指令。

三种节点类型的区别在于存储器层次结构的容量、数据通路宽度和 I/O 总线槽数。比如,宽节点可有多达 2 GB 主存,256 KB 数据高速缓存和微通道上的 8 个 I/O 槽,存储器总线带宽 256 位,能提供 2.1 GBps 的峰值带宽。

4 路组相联数据高速缓存可以峰值速度为每周期 4 个 64 位操作数向两个浮点单元供给数据。窄节点的最大存储器/高速缓存容量和带宽略小,只允许 4 个 I/O 槽。窄节点(窄节点 2)则有 1 MB(2 MB)的二级高速缓存。

大的存储器/高速缓存容量和带宽、超标量设计和好的编译器使 SP 能够为每个节点提供良好的可持续性能,这也部分解释了运行 NAS 基准测试程序时 SP 优于其他 MPP 的原因。

**3. I/O 子系统和网络接口**

SP I/O 子系统如图 6.29 所示,它基本上是围绕 HPS 构筑的,通过局域网网关与 SP 系统外的其他机器相连。SP 节点有四类:主机节点(H)用来处理各种用户登录事务和交互处理;I/O 节点主要执行 I/O 功能,比如全局文件服务器;网关节点(G)处理网络功能;计算节点(C)则用来计算。四类节点可能重叠,例如,主机节点可以是计算节点,I/O 节点可以是网关节点。外部服务器是 SP 外的附加机器,比如文件服务器、网络路由器和可视化设备。

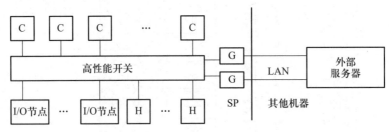

H:主机节点 G:网关节点 C:计算节点

图 6.29 SP I/O 子系统

每个 SP 节点都通过网络接口电路(NIC)连接到 HPS,NIC 也称为开关适配器或通信适配器。如图 6.30 所示,适配器包括一个 8 MB DRAM,并由 Intel i860 微处理器控制。适配器经微通道接口连接到微通道(micro channel)上,而微通道是标准 I/O总线,它将外围设备连接到 RS/6000 工作站和 IBM 微机。同时适配器也通过一个称作存储器和开关管理部件(memory and switch management unit,MSMU)的芯片连到HPS。一个双向链路物理上包括两个通道,每个宽 8 位,连接到 MSMU 中的 IN-FIFO和 OUT-FIFO。除了两个 FIFO,它还包括若干个控制/状态寄存器,并作为 i860 总线控制器,检查和刷新 DRAM。一个称作 BIDI 的 4 KB 双向 FIFO(每个方向 2 KB)连接了微通道和 i860 总线。

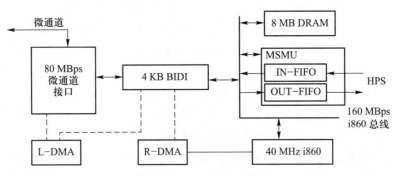

图 6.30 SP 通信适配器

适配器使用大容量(8 MB)DRAM 以适应需要大量局部消息缓冲的、不同协议的需求。节点处理器可以通过编程的 I/O 指令直接访问适配器 DRAM 和 MSMU。但是使用 DMA 的数据传送必须通过 BIDI。

下面参照图 6.30 来说明从节点向 HPS 传送数据的过程:当节点处理器告诉适配器要发送数据时,i860 将直接存储器访问(DMA)所必需的信息写入 BIDI,当数据头到达 BIDI 头部时,左边 DMA 引擎(L-DMA)负责将数据从节点(微通道)传到 BIDI;完成时,L-DMA 将硬件计数器增 1,然后 i860 把另外一个头写入右边 DMA 引擎(R-DMA),由 R-DMA 从 BIDI 传送数据到 MSMU 中的 OUT-FIFO,随后再把数据传到 HPS。

从 HPS 接收数据是类似的:数据到达后,MSMU 通知 i860,然后 i860 写入数据头到 BIDI 并初始化 R-DMA,R-DMA 负责把数据从 IN-FIFO 传送到微通道。结束时,i860 写数据头到 BIDI。当数据头到达 BIDI 时,L-DMA 抽取数据头,同时将数据从 BIDI 传到微通道。适配器的体系结构允许并发操作。

**4. SP 系统软件**

SP 系统软件层次结构如图 6.31 所示。核心是 IBM AIX 操作系统。SP 沿用了 RS/6000 工作站几乎所有的环境,包括超过 10 000 个的串行应用程序,数据库管理系统(如 DB2),在线事务处理监视器(如 CICS/6000),系统和作业管理,FORTRAN、C、C++编译器,数学和工程库(如 ESSL)等。SP 系统仅加入一些新的软件,并改进了一些现有软件,使它们适合可扩展并行机群系统。

| 应用 | | | |
|---|---|---|---|
| 应用子系统(数据库、事务处理监视器等) | | | |
| 系统管理 | 作业管理 | 并行环境 | 编译器等 |
| 全局服务(提供单系统映像) | | | |
| 可用性服务 | | | |
| 高性能服务 | | 标准操作系统(AIX) | |
| 标准RS/6000硬件(处理器、存储器、I/O设备、适配器) | | | |

图 6.31 SP 系统软件层次

(1)并行环境。AIX 并行环境(PE)为用户提供了开发和执行并行程序的平台,包括并行操作环境(POE)、消息传递库(MPL)、可视化工具(VT)和并行调试器(pdbx)等部件。其中 POE 控制并行程序的执行,它是由一个运行在宿主节点(是一个连向 SP 节点的 RS/6000 工作站)的分割管理(partition manager)程序来控制。宿主节点是用户调用并行程序的地方,并行程序作为 SP 计算节点上的一个或多个任务来运行。宿主节点提供了标准的 UNIX I/O 设备(如 stdin、stdout 和 stderr)。它通过 LAN(如以太网)与计算节点进行标准 I/O 通信。例如,用户可以按宿主节点键盘上的 Ctrl+C 结束所有任务。调用 printf 语句的输出信息会显示在主节点的屏幕上。

消息传递通信是通过 HPS 或以太网执行特殊的 MPL 功能来实现的,MPL 库提供了 33 个功能,能够实现进程管理、分组、点对点通信和聚集通信。IBM SP 也支持 MPI 的不同版本,包括本地实现的一个版本。

(2)高性能服务。IBM SP 除了能直接使用标准的、商用的、原来为 RS/6000 工作站和基于 TCP/IP 分布式系统开发的软件外,它还提供了许多高性能服务,包括高性能通信子系统、高性能文件系统、并行库、并行数据库和高性能 I/O 等。

SP 支持两种通信协议:一个基于 IP(如 UDP/IP 或 TCP/IP),在核心空间运行;另一个用户空间协议称为 US,在用户空间执行。两种协议都可以在 HPS 或普通网络(如以太网)上运行,但 US 协议有更好的性能。可是,SP 仅允许每个节点中的一个任务使用 US 协议,而单节点多任务则需要使用 IP 共享 HPS。对不需要高性能通信的应用,使用 IP 就可获得较好的全局系统利用效率。

(3) 并行 I/O 文件系统。SP 高性能文件系统称为 PIOFS(即并行 I/O 文件系统)。在大多数应用程序和系统实用程序中它与 Posix 兼容,对于 read、write、open、close、ls、cp 和 mv 等 UNIX 操作和命令,它可支持多达 $2^{64}$ B 的大文件,而不是 AIX 中的 $2^{32}$ B。除了允许传统的 UNIX 文件系统接口外,PIOFS 还提供了并行接口以使文件的并行分布和操作能正常运行。

IBM 开发了称为 DB2 并行版本的并行数据库软件程序,它能运行在 SP2 和其他机群系统上,基于无共享体系结构,并使用功能装运(function shipping)技术。其数据库分布在多个节点中,而数据库功能被装入数据驻留的节点。DB2 并行版本的机器规模和问题规模均可扩展,它能运行在数百个节点上并能处理多达万亿字节(terabyte,也称太字节)的大型数据库。

(4) 可用性服务。借助运行在节点上的一组守护进程(daemon),SP 系统提供了软件可用性基础设施。心跳(heartbeat)守护进程周期性地交换心跳消息,以指示哪些节点还在活动。属籍(membership)服务能够将节点和进程标志归属于某一特定小组。如果因为节点失效、停机或重启引起了成员改变则可使用通告(notification)服务将该事件告诉活动成员,并随后调用恢复(recovery)服务以协调恢复进程,使活动成员能继续工作。

(5) 全局服务。全局服务提供了单系统映像的可选类型。外部系统数据仓库(system data repository,SDR)维护了关于节点、开关和系统中现有作业的系统范围信息。当系统某一部分失效时,SDR 能不影响其他部分重新配置系统,其内容可将系统带回失效前的状态。

全局网络访问由通过 HPS 支持的 TCP/IP 和 UDP/IP 实现。通过网络文件系统(NFS)或 Andrew 文件系统(AFS)提供单文件系统。除了网络文件系统(NFS 或 AFS)外,SP 还提供了全局磁盘访问的虚拟共享磁盘(virtual shared disk,VSD)技术,该技术的性能比 NFS 高一个数量级。

VSD 是位于 AIX 逻辑卷管理(logical volume management,LVM)程序之上的设备驱动器层。当节点进程欲访问局部互连的共享磁盘时,VSD 直接把请求传递到此节点的 LVM;当进程要访问远程共享磁盘时,VSD 通过 HPS 把请求传递到远程磁盘的 VSD,然后由它再传递至远程节点的 LVM。

(6) 系统管理 SP。系统控制台(S)是一个控制工作站(见图 6.27)。SP 系统管理员从此单点可控制、管理整个 SP 系统。管理功能包括系统安装、监视和配置、系统操作、用户管理、文件管理、作业计费、打印和邮件服务等。此外,SP2 硬件中的每个节点、开关和帧都有主管卡,它能够感知环境状况和控制硬件部件。管理员可以利用此设备开/关电源、监视、重置每个节点和开关部件等。

（7）负载管理。SP 支持交互模式和批模式两种类型的用户作业,它们可以是串行或并行程序。除 IBM 提供批处理的 LoadLevel 软件外,SP 中也有 LSF 以管理交互和批作业的负载。

### 6.6.3 MPP 实例:Intel/Sandia ASCI Option Red

Option Red 是一个由 Intel 公司和美国桑迪亚国家实验室(Sandia National Laboratories)联合开发的 MPP 系统,系统在 1996 年 12 月移交给桑迪亚国家实验室,完整的配置在 1997 年 6 月完成。

Option Red 是一个如图 6.32 所示的分布式存储 MPP 系统,它总共有 4 608 个节点(每个节点有两个 200 MHz Pentium Pro 处理器)和 594 GB 的主存,其峰值速度为 1.8 TFLOPS、峰值截面(cross-section)带宽为 51 GBps。在这些节点中,计算节点 4 536 个,服务节点 32 个,I/O 节点 24 个,系统节点 2 个,其余是备份节点。系统有 1 540 个供给电源、616 个互连底板和 640 个磁盘(大于 1 TB 的容量)。

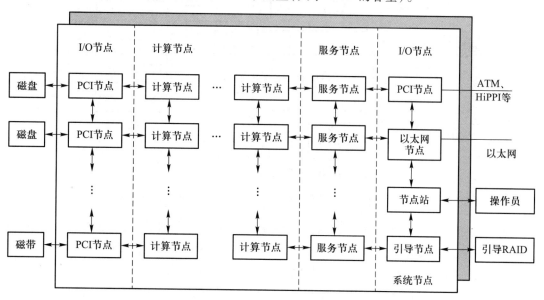

图 6.32　ASCI Option Red 系统框图

**1. 节点体系结构**

计算节点用于执行并行计算,服务节点用于支持登录、软件开发及其他交互操作,I/O 节点用于存取磁盘、磁带、网络(以太网、FDDI、ATM 等)和其他 I/O 设备。另有两个系统节点用于支持系统 RAS 能力,其中引导节点(boot node)负责初始系统引导及提供服务,节点站(node station)用于支持单系统映像。

计算节点和服务节点的实现相同,如图 6.33(a)所示,两个节点在一块主板上。两个 SMP 节点通过网络接口电路(NIC)相连,只有一个 NIC 连向互连底板。

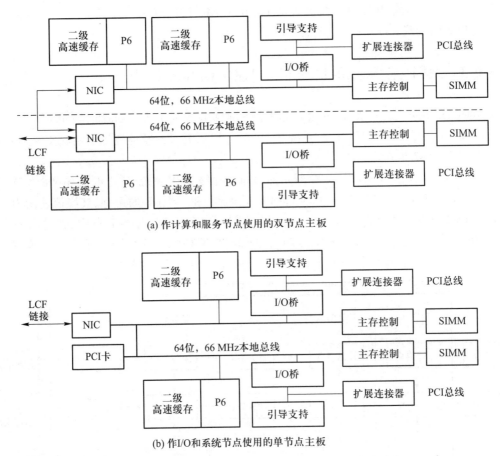

(a) 作计算和服务节点使用的双节点主板

(b) 作I/O和系统节点使用的单节点主板

图 6.33　两种用于计算、I/O 与服务的 Option Red 节点主板

每个节点的本地 I/O 包括以下部分:一个称为节点维护端口(node maintenance port)的串行口,它连至系统内部以太网,并用于系统引导程序、诊断和 RAS;扩展连接器用于节点测试;引导支持硬件包括一个闪速(flash)ROM,它内含节点可信测试(node confidence test)、BIOS 以及诊断节点失效和装载操作系统所需的其他代码。

I/O 和系统节点的主板[图 6.33(b)]与双节点主板[图 6.33(a)]相似。然而,此处只有两个处理器(一个节点)、一个本地单总线和一个单 NIC。每个节点的主存容量可从 32~256 MB 上升至 64 MB~1 GB。133 MBps 的 PCI 卡数量可从 2 上升到 3。

每个 I/O 节点主板同样有可通过前方控制板进行存取的板上基本 I/O 设备,如 RS-232、以太网(10 Mbps)和 Fast-Wide SCSI。

**2. 系统互连**

节点由一个内部互连设备(inter-connection facility,ICF)相连,ICF 使用了如图 6.34 所示的双平面(two-plane)网孔拓扑。每个节点主板通过主板上的 NIC 连至一个定制的专用集成电路(application specific integrated circuit,ASIC),我们称它为网孔选路部件(mesh routing component,MRC)。如图 6.34 所示,MRC 有 3 个双向端口,每个均能以 400 MBps 的单向峰值速度传送数据,全双工时为 800 MBps,4 个端口用于平面内左、右、上、下的网孔互连,还有一个端口用于平面间互连。从任意节点发出的消息借助虫蚀选路通过任一平面送至另一节点,这将降低时延,从而提高了系统可用性。

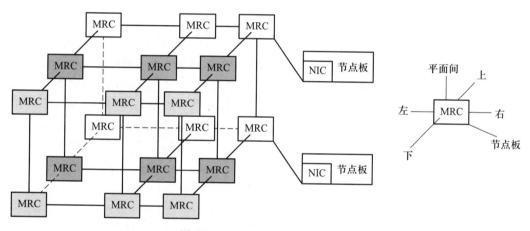

图 6.34　Option Red 互连体系结构

**3. Option Red 的系统软件**

ASCI Option Red 系统软件是 Paragon 环境的演变。系统、服务和 I/O 节点都运行 Paragon 操作系统,它是一个基于 OSF 的分布式 UNIX 系统。诸计算节点运行一个称为 Cougar 的轻量级内核(LWK)。同时提供了对这两个系统间接口的支持,包括高速通信、UNIX 编程接口和一个并行文件系统。

(1)轻量级内核。轻量级内核操作系统源于 PUMA 系统,它具有以下四个设计特点:① LWK 设计更强调性能,它能有效支持多达几千个节点的 MPP,只提供并行计算所需的功能,而不是一般的操作系统服务;② 由于 TFLOPS 系统中有几千个计算节点,Cougar 被设计成主存占用量在 0.5 MB 以下,以阻止 LWK 使用的聚集主存上升过快;③ 设计中假设通信网络是可信的并由内核控制,不需要保护检查和消息鉴别;④ LWK 提供一个开放的体系结构,允许用户层库例程的高效开发。

如图 6.35 所示,LWK 包括进程控制线程(process control thread,PCT)和精华内

核(quintessential kernel, Q-Kernel)两层。每个节点有一些用户进程、一个 PCT 和一个 Q-Kernel。Q-Kernel 是唯一可以直接进行地址映射和通信硬件的软件。它提供了基本的计算、通信和地址空间保护功能。PCT 提供进程管理、命名服务和组保护功能。

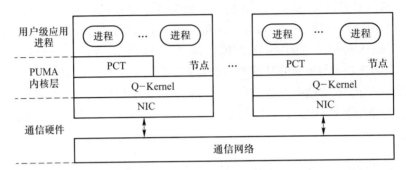

图 6.35　LWK(Cougar)环境的层次结构

　　LWK 环境假设了一种信任的偏序关系：每个部件信任通信硬件能提供正确和安全的通信，即硬件能将消息可靠地送到正确的物理节点。消息在传输中不会被破坏，或被送至错误的节点。Q-Kernel 信任硬件和其他节点中的 Q-Kernel1,但不信任 PCT 或应用进程；PCT 信任 Q-Kernel 和其他 PCT，但不信任进程；应用进程信任 Q-Kernel和PCT，但不信任其他进程。LWK 体系结构确保一层中的数据结构只能被同层或更为信任的层次破坏，这可通过建造一系列的保护域(protection domain)来实现。

　　Q-Kernel 域包括一个节点中的所有物理资源。PCT 地址空间形成一个子域,它又包括每个进程的若干子域,每个实体仅能直接访问它的域,这样一个进程就不会破坏 PCT,PCT 也不会破坏 Q-Kernel。

　　将内核分为两层有几个优点：① 提高了可移植性,因为对于不同的 MPP,大多数的 Q-Kernel 代码需要重写,而大部分 PCT 代码是可移植的；② 分层可将功能分开,即 Q-Kernel 负责控制对物理资源的访问,而 PCT 负责管理这种访问。

　　PUMA 的设计者没有正式定义控制和管理。粗略而言,管理指完成什么样的和如何完成一个任务；而控制指上述决策的实际操作和执行。例如,选择时间片(量程)的大小,决定哪个进程是一个通信的目的地,以及选择一个进程调度策略都属于管理操作；而执行量程,检查消息目的地是否有效,以及执行一个调度策略则属于控制操作。

　　PUMA 的设计者相信控制操作远比管理操作更频繁,而管理策略的改变却比控制机制更频繁。将 LWK 分为两个层次有利于优化控制操作而不影响管理策略,并能在同样的 Q-Kernel 上运行不同的如单任务或多任务的 PCT。

　　(2) 消息传递。ASCI Option Red 系统支持 MPI、NX 和消息传递入口,其中 MPI

是系统的标准库,而 NX 是为了提供对 Paragon 的向后兼容,因为在 Paragon 上许多应用使用 NX 消息传递库。消息传递入口提供了最为有效的底层消息传递库,入口的概念是由 PUMA 操作系统中首先提出的,它的使用可以降低消息传递中的存储器复制开销。

然而,使用入口的消息传递不属于用户层通信机制,仍必须跨越内核。入口是目的进程地址空间的一部分,该部分向其他进程开放以发送消息。为发送一条消息,发送进程需执行如下的核心例程:

```
send_user_msg{
    void    * buf            / * 发送消息缓冲区起始点 * /
    size_t   len             / * 发送消息的大小 * /
    int   tag                / * 消息标记 * /
    proc_id   dest           / * 目的进程号 * /
    portal_id   portal       / * 目的入口的索引 * /
    int * flag               / * 消息发送的增量标记 * /
}
```

这是一个无阻塞调用,当内核记录了消息传递所需的信息后立即返回。源内核向目的内核发送一个包括发送进程 ID、目的进程 ID、消息长度和标记及目的入口的消息头部,但不包括消息缓冲区地址和增量标记。当头部到达时,目的内核执行翻译,并检验消息能否被存入入口,然后它将消息体传递至目的入口。

当所有消息存入目的入口后,目的内核就对入口描述符中的一位置 1,以指明有一条新的消息已到达。一旦消息被发送,源内核就将增量标记的值加 1。发送进程可以轮询增量标记,以决定何时能安全地重用发送消息缓冲区。不需要调用显式的例程来接收消息,接收进程可以轮询入口描述符来发现是否有新消息到达。进程也可以采用生成信号的方式来表明有消息到达了它的任一入口。

# 6.7　小结

现在,消息传递并行处理系统已经成为开发成本有效的可扩展并行机的一大趋势,对它们的研究也越来越多。在本章中,我们介绍了基本设计原理,并评述了消息传递系统所需的软硬件支持;着重对系统的可用性、单系统映像、作业管理以及并行文件系统做了详细的讨论;最后,概略地介绍了三个具有代表性的消息传递系统:机群系统 NOW、IBM SP2 和 MPP 系统 ASCI Option Red,以期读者能对实际的系统有一些了解。随着硬件技术(包括高性能处理器和高速网络技术)和软件技术的发展,消息传递并行处理机系统性能不断得到提高,它作为高性能计算平台的优势也越来明显,事实上已经在高端并行系统中占据了统治地位。

从 20 世纪 70 年代到 80 年代中期,并行处理系统主要是 SMP 系统以及(并行)向量机系统。随着人们对高性能计算的需求不断扩大,消息传递的大规模并行处理系统在 20 世纪 80 年代后期及 90 年代中前期得到迅速发展。不少公司推出了消息传递的 MPP 产品,如 Thinking Machine 公司的 CM5、Intel 公司的 Paragon、IBM 公司的 SP2 以及 Cray 公司的 T3D 等。这一时期 MPP 系统的互连网络成为并行系统结构的研究热点。由于可编程性差等原因,这些系统主要用于科学计算,很少用在事务处理等其他领域中。从 20 世纪 90 年代后期开始,随着一些专门生产并行机的公司的倒闭或被兼并,基于消息传递的 MPP 系统慢慢从主流的并行处理市场退出。但是,由于消息传递系统相对共享存储系统比较容易实现,它仍成为实现超大规模并行处理的重要手段,不过由于价格和应用领域的原因,基于消息传递的 MPP 系统的研制逐渐成为政府行为,如美国的 ASCI 计划和 CIC 计划所支持的大规模和超大规模以科学计算为目的的 MPP 系统,包括 Intel 公司的 ASCI Red、IBM 公司的 ASCI Blue Pacific 以及 SGI 公司的 ASCI Blue Moutain 等系统。一方面,这几个系统处理器数都在 5 000 个以上,峰值速度在 3 TFLOPS 以上,系统设计主要解决如何把成千上万个处理器高效地连接在一起以及系统稳定性等问题。另一方面,这类系统应用面较窄,主要用于科学计算,如上述三个系统分别安装在美国的三个核武器研究实验室用于核模拟。

随着网络技术的发展,机群系统和 MPP 系统的界限越来越模糊,例如,IBM SP2 虽被视为 MPP,但它却有一个机群结构。这里实际上反映了体系结构发展的一个趋势,正像 Culler 等人在本章参考文献[24]中推断的那样,新涌现的高性能计算系统绝大多数都将是由可扩放的高速互连网络连接的、基于微处理器的对称多处理机(SMP)机群。当然,也有人认为正是 ASCI 计划采用的加速策略,驱使高性能计算系统沿着这个方向发展。

神威·太湖之光超级计算机是由国家并行计算机工程技术研究中心研制、安装在国家超级计算无锡中心的超级计算机(见图 6.36)。神威·太湖之光超级计算机安装了 40 960 个中国自主研发的"申威 26010"众核处理器,该众核处理器采用 64 位自主申威指令系统,峰值性能为 12.5 亿亿次每秒,持续性能为 9.3 亿亿次每秒。

2016 年 6 月 20 日,在法兰克福世界超算大会上,国际 TOP500 组织发布的榜单显示,"神威·太湖之光"超级计算机系统登顶榜单之首,不仅速度比第二名"天河二号"快近两倍,其效率也提高 3 倍;2016 年 11 月 18 日,我国科研人员依托"神威·太湖之光"超级计算机的应用成果首次荣获"戈登贝尔奖",实现了我国高性能计算应用成果在该奖项上零的突破;2017 年 11 月 13 日,在新一期 TOP500 榜单中"神威·太湖之光"以较大的运算速度优势连续第 4 次轻松蝉联冠军。2018 年 6 月,在法兰克福世界超算大会上,美国能源部橡树岭国家实验室(ORNL)推出的新超级计算机

图 6.36　坐落于国家超级计算无锡中心的神威·太湖之光

Summit 以 12.23 亿亿次每秒的浮点运算速度,接近 18.77 亿亿次每秒峰值速度夺冠,"神威·太湖之光"屈居第二。

　　神威·太湖之光超级计算机由 40 个运算机柜和 8 个网络机柜组成。每个运算机柜比家用的双门冰箱略大,打开柜门,4 块由 32 块运算插件组成的超节点分布其中。每个插件由 4 个运算节点板组成,一个运算节点板又含 2 块"申威 26010"高性能处理器。一台机柜就有 1 024 块处理器,整台"神威·太湖之光"共有 40 960 块处理器。每个单个处理器有 260 个核心,主板为双节点设计,每个 CPU 固化的板载内存为 32 GB DDR3-2133。至于机房摆放,太湖之光采用了两侧各 20 个计算机柜和存储机柜、中间单列网络系统机柜的布局,占地面积 605 m$^2$。

# 习　　题

6.1　试区分和例示下列关于机群的术语。

(1)专用机群和非专用机群。

(2)同构机群和异构机群。

(3)专用型机群和企业型机群。

6.2　试解释和例示以下有关单系统映像的术语。

(1)单文件层次结构。

(2)单控制点。

(3)单存储空间。

(4)单进程空间。

(5)单输入输出和网络。

6.3　一个 MPP 可以扩展到几千个处理器,具有万亿次浮点运算速度、数百吉字节主存和许多太字节的磁盘存储器。

（1）试解释并说明为实现以上 MPP 系统目标，所需的处理器体系结构的两个特性。如需要可以用实例支持你的观点。

（2）请说明在现代 MPP 系统中，为实现高性能所需的 4 个体系结构特性。

6.4　就 Solaris MC 系统回答下列问题。

（1）Solaris MC 支持单系统映像的哪些特征，不支持哪些特征？

（2）对那些 Solaris MC 支持的特征，解释 Solaris MC 是如何解决的。

6.5　举例解释并比较以下有关机群作业管理系统的术语。

（1）串行作业与并行作业。

（2）批处理作业与交互式作业。

（3）机群作业与外来（本地）作业。

（4）机群进程、本地进程和内核进程。

（5）专用模式、空间共享模式、时间共享模式。

（6）独立调度与组调度。

6.6　针对 LSF 回答下列问题。

（1）对 LSF 的 4 种作业类型各举一个例子。

（2）举一个例子说明外来作业。

（3）对一个有 1 000 个服务器的机群，为什么 LSF 负载分配机制优于① 整个机群只有一个 LIM，或者② 所有 LIM 都是主机，说明原因。

6.7　为什么在分布式文件系统中，UNIX 语义难以实现？有哪些放松的文件共享语义？采用放松的文件共享语义会有哪些缺点？

6.8　试解释在机群并行文件系统中，为什么采用软件 RAID、高速缓存机制和预取能够提高文件系统性能？

6.9　讨论并行文件系统协作化高速缓存的基本技术前提是什么？这个前提有什么意义？

6.10　回答以下关于 Berkeley NOW 项目的问题。

（1）Berkeley NOW 项目支持单系统映像的哪几个方面，即单入口点、单文件层次结构、单控制点、单存储空间、单进程空间中的哪几项？并解释是如何支持的。

（2）解释 Berkeley NOW 项目用来提高性能的 4 个体系结构特征。

（3）解释 Berkeley NOW 项目和 SP 机群 4 个体系结构的差异，并讨论各自的优点。

6.11　考虑 xFS 并回答下列问题。

（1）解释 xFS 和集中式文件服务器的两个不同点，并讨论各自的优点。

（2）解释 xFS 用来提高可用性的主要技术。

（3）解释 xFS 用来减轻小-写问题的主要技术。

6.12　回答关于 IBM SP 机群的下列问题。

（1）列出 SP 设计小组所做的缩短推向市场时间的 5 个决定。

（2）列出使 SP 成为通用系统的 3 个特征。

（3）解释 SP 如何支持 4 个 SSI 特征：单入口点、单文件层次、单控制点和单作业管理系统。

（4）解释 SP 提高性能的 5 个体系结构特征。

（5）解释 SP2 通信子系统提高带宽的主要技术。

6.13 访问 TOP500 网站,试统计前 100 名超级计算机按国家/地区的分布情况。

# 参 考 文 献

［1］ TURCOTTE L H. A Survey of Software Environments for Exploiting Networked Computing Resources:Technical Report MSU-EIRS-ERC-93-2［R］. Mississippi State University, 1993.

［2］ 黄铠, 徐志伟. 可扩展并行计算:技术、结构与编程.陆鑫达,等,译. 北京:机械工业出版社, 2000.

［3］ HORST R W. Massively Parallel System You Can Trust:Proceedings of COMPCON'94, San Francisco,1994.

［4］ ANDERSON T E,DAHLIN M D. Serverless Network File System:Proceedings of the 15th Symposium on Operating Systems Principles,1995.

［5］ PLANK J S, BECK M, KINGSLEY G, et al. Libckpt:Transparent Checkpointing under UNIX:Proceedings of 1995 Winter USENIX Technical Conference.

［6］ PLANK J S,LI K. Faster Checkpointing with N+1 Parity:Proceedings of the 24th International Symposium on Fault Tolerant Computing,1994.

［7］ PLANK J S,XU J,NETZER R. Compressed Differences:An Algorithm for Fast Incremental Checkpointing:Technical Report CS-95-302,University of Tennessee,1995 ［R］.

［8］ TANNENBAUM T, LITZOW M. The Condor Distributed Processing System. Dr. Dobb's Journal, 1995,Feb:40-48.

［9］ NETZER R,XU J. Necessary and Sufficient Conditions for Consistent Global Snapshot. IEEE Transactions on Parallel and Distributed Systems,1994,6(2):165-169.

［10］ PAWLOWSKI B,JUSZCZAK C. NFS Version 3 Design and Implementation:Proceedings of the 1994 Summer USENIX Conference, USENIX Association, Berkeley,1994.

［11］ MORRIS J H,SATYANARAYANAN M. Andrew:A Distributed Personal Computing Environment. Communication of the ACM,1986,29(3):87-106.

［12］ KHALIDI Y A, BERNABEU J M,MATENA V, et al. Solaris MC:A Multicomputer OS. Sun Microsystems Lab. SMLI TR-95-48,Nov. 1995.

［13］ VAHALIA U. UNIX Internals:The New Frontiers. Englewood Cliffs:Prentice-Hall, 1996.

［14］ ARPACI R H,DUSSEAU A C,VAHDAT A M, et al. THE INTERACTION OF

PARALLEL AND SEQUENTIAL WORKLOADS ON A NETWORK OF WORKSTA-TIONS. ACM SIGMETRICS PERFORMANCE EVALUATION REVIEW, 1995, 23 (1):267-278.

[15] BAKER M A,FOX G C,YAU H W. Cluster Computing Review. Northeast Parallel Architectures Center,Syracuse University,1995.

[16] ZHOU S,ZHENG X, WANG J, DELISLE P. Utopia:a Load Sharing Facility for Large,Heterogeneous Distributed Computer Systems. Software-Practice and Experience,1993,23(12):1305-1336.

[17] CHEN P M, LEE E K, GIBSON G A, et al. RAID:High Performance and Reliable Second Storage. ACM Computing Surveys,1994,26(2):145-185.

[18] PATTERSON R H,GIBSON G A,GINTING E, et al. Informed Prefetching and Caching//The Proceedings of 15th Symposium on Operating Systems Principles.[S. l.]:ACM Press,1995,79-95.

[19] KIMBREL T,TOMKINS A,PATTERSON R H,et al. A Trace-Driven Comparison of Algorithms for Parallel Prefetching and Caching//Proceedings of the 2nd International Symposium on Operating System Design and Implementation,USENIX Association,Oct.1996,19-34.

[20] Message Passing Interface Forum. MPI-2:Extensions to the Message Passing Interface, July, 1997.

[21] FREEDMAN C S,BURGER J,DEWITT D J. SPPIFFI-a Scalable Parallel File System for the Intel Paragon. IEEE Transactions on Parallel and Distributed Systems, 1996,7(11):1185-1200.

[22] NIEUWEJAAR N,KOTZ D. The Galley Parallel File System//Proceedings of the 10th ACM International Conference on Supercomputing,1996.

[23] CORBETT P F,FEITELSON D G. The Vesta Parallel File System. ACM Transaction on Computer Systems,1996,14(3):225-264.

[24] ANDERSON T E, CULLER D E,PATTERSON D A, et al. A Case for NOW(Networks of Workstations). IEEE Micro,1995,54-64.

[25] SAPHIRE W,TANNER L A,TRAVERSAT B, et al. Job Management Requirements for NAS Parallel Systems and Clusters. NAS - 95 - 006, NASA Ames Research Center,1995.

[26] FU H, LIAO J, YANG J, et al. The Sunway TaihuLight supercomputer: system and applications. Science China Information Sciences, 2016, 59(7),1-16.

# 第七章　异构并行处理系统

　　本章从异构计算入手,首先分析通用 CPU 实施并行计算的不足,其次简单介绍 GPU、FPGA、ASIC 等几种常见的异构计算引擎的特点。接着,分别对每一种异构计算引擎从技术原理、优缺点、实例分析等方面予以详细介绍。最后,对 GPU、FPGA、ASIC 做异构计算引擎进行了横向对比。

## 7.1 引言

近年来,随着人工智能、高性能数据分析和金融分析等计算密集型领域的兴起,传统通用计算已经无法满足对计算能力的需求,异构计算越来越引起学术界和产业界的重视。

异构计算是指采用不同类型的指令集和体系架构的计算单元组成系统的计算方式,相比传统 CPU,异构计算可以实现更高的效率和更低的延迟,目前的异构计算引擎主要有图形处理器(graphics processing unit ,GPU,也称图形处理单元)、现场可编程门阵列(field programmable gate array,FPGA)、专用集成电路(ASIC)等。

在介绍硬件架构之前,先来介绍两种架构类型:数据密集型和计算密集型。前者是指要频繁从内存、硬盘读写很多数据,比如我们平时看电影、编辑文档等,这些要求数据访问速度快,对 CPU 的要求就是缓存够大。后者是指进行很多计算,比如玩极品飞车等大型游戏,各种效果都是硬件算出来的,需要 CPU 频率高、核心多。

通用 CPU 的代表——美国 Intel 公司 CPU 设计得很复杂,配有几十个核心,运行频率高达几吉赫兹,每个核心各有自己的缓存,CPU 内还有一级、二级、三级缓存。如图 7.1 的 Intel i7 处理器板图,缓存占了很大一部分面积。

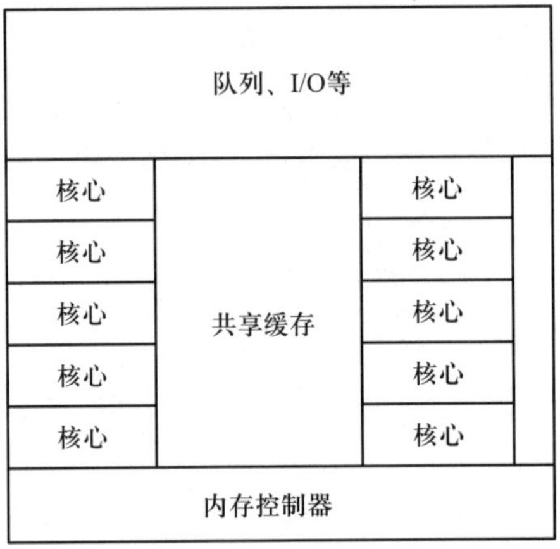

图 7.1　CPU 板图

图形处理器(GPU)是目前科研领域比较常用的硬件计算工具,因为其编程语言简单,上手快。图 7.2 显示了 GPU 为什么快:计算核心数是 CPU 的几百倍,它就是把几千个计算核心塞到一个芯片里面,运行频率尽管只有几百兆赫兹,但是核心多,整体性能好。所以,GPU 比较适合计算密集型应用,比如视频处理、人工智能等。相比来说,CPU 的缺点就是太通用了,数据读写和计算两种功能都得照顾一下,反而影响了计算性能。

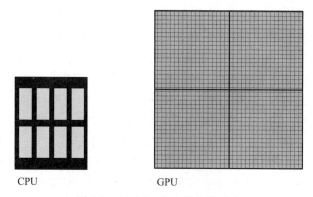

CPU GPU

图 7.2 CPU 和 GPU 核心数对比

在介绍现场可编程门阵列(FPGA)之前,要提一下一个计算架构的术语:粒度,它的意思就是计算核心的大小,大的称粗粒度,小的称细粒度。粒度大了,单个性能好,也好管理,但是有时候有点浪费,因为不需要这么大的粒度。粒度小了比较省资源,比较灵活,但是不好管理。例如,公交车和地铁高峰时段承载的人多,但是非高峰时段上座率低,比较浪费,乘客还必须到车站去等车。出租车和共享单车送客户到家,很灵活,不过高峰时承载的人少,车多了增加交通拥堵。

GPU 属于粗粒度的并行处理器,FPGA 相比 GPU 就是细粒度的并行处理器。如图 7.3 所示,FPGA 是可定制逻辑的芯片,逻辑的粒度细到与非门级别。FPGA 的最

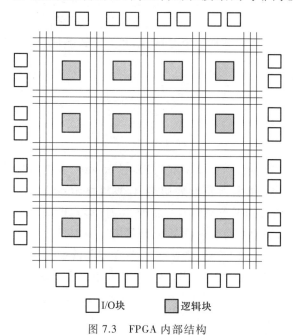

□ I/O块    ▨ 逻辑块

图 7.3 FPGA 内部结构

小单元是逻辑单元,可以实现与非门等最基本的逻辑,可用很多个逻辑单元搭建实现复杂的数字逻辑。现代 FPGA 包含几百万个逻辑单元,还有几千个乘法器硬核和几十兆位的缓存。

GPU 和 FPGA 为了可编程性,牺牲了不少性能,而专用集成电路(ASIC)是专门为某种计算设计的芯片,针对某个专业领域的计算性能最强,比如人工智能专用芯片、视频编解码专用芯片、数据压缩专用芯片、数据加密专用芯片等。近年来,人工智能专用芯片日渐成为业界热点,出现了机器学习专用芯片——张量处理单元(tensor processing unit, TPU)。美国 Intel 公司收购了一家致力于机器学习、深度学习的新创公司 Nervana,以期提升公司生产的 Xeon CPU 在深度学习方面的表现力。在中国,最引人注目的是中国科学院计算技术研究所的"寒武纪"芯片,由中国科学技术大学少年班毕业的陈云霁和陈天石主导开发,在世界上首次提出人工智能处理器专用指令集 DianNaoYu。

GPU 是目前最常用的深度学习工具,优点是上手快,开发简单。缺点是比较耗电,比如搭配 8 块美国 NVIDIA 公司的 Tesla GPU 板卡的 GPU 服务器,每个 GPU 功耗在 250 W 以上,所以一台机器运行起来功耗至少在 2 000 W,如果大量部署于数据中心中,还会显著增加制冷成本。

FPGA 的特点是功耗低,尽管价格比 GPU 贵,但是消耗电费少,总体还是划算的。性能方面通用算法性能 FPGA 比 GPU 稍差,需要经过算法优化提升性能,同时降低计算延迟。FPGA 的开发比 GPU 复杂一些,不过在 OpenCL 普及的背景下,FPGA 厂商对 OpenCL 支持能力提升后,开发难度也会降低。

各种 ASIC 芯片的目标还是特定领域,比如人工智能加速、安防监控、自动驾驶、视频处理、大数据计算等。

## 7.2 GPU

从最基本的字符显示,到目前丰富的 3D 显示系统,人类对计算机交互系统的真实感追求从未停止过。在计算机发展初期,计算机显示系统中涉及的各种图形运算均由 CPU 完成,此阶段的图形显示几乎都是以 2D 形式提供的,主要以点、线以及多边形的绘制为核心,用户所看到的图形显示系统均由上述提到的简单图元构成。伴随着集成电路技术不断走向成熟,图形显示系统涉及的部分图形运算逐渐被专用硬件取代,图形硬件专用加速器的推出使得原来的计算机系统运行得越来越流畅,用户体验感也越来越好,2D 图形加速卡随之在市场上得到大范围普及应用。经过多年进化,现阶段的显示系统已不再局限于 2D 图形处理,3D 图形渲染已成为现代显示系统的核心主流,图形处理器(GPU)也应运而生。

GPU 是一种面向图形处理的专用处理器芯片。GPU 这一概念由美国 NVIDIA 公司于 1999 年推出 GEFORCE 256 图形处理芯片时提出。伴随着对海量数据处理的需求不断提升,目前我们所说的 GPU 已成为一种泛指,其对应的芯片已不仅仅局限于图形处理,大规模通用并行处理已成为 GPU 至关重要的功能。

## 7.2.1 经典图形渲染管线及其并行处理架构

GPU 最直接的应用是对 3D 图形场景进行渲染,所谓图形场景实际上是用户利用计算机构造各种模型组建而成的。在这个由计算机构造的图形场景中,所有构造的物体在组成上可以分为两个层次:像素级场景构造,图元级场景构造。所谓像素级场景构造主要指用户通过构建每一个像素来构建整个场景;所谓图元级场景构造指用户通过使用一些简单的基本图形,如点、线、三角形甚至是四边形来构造整个场景。为了简化硬件设计,目前市场上广泛流行的 GPU 通常仅支持点、线以及三角形这 3 种基本图元,点、线、三角形可构造出任意 3D 模型对象。一个内容丰富的 3D 图形场景通常由一系列 3D 模型对象以及用于模拟自然特征的光照组成,这些 3D 模型对象都是通过数量庞大的三角形拼接而得。点、线、三角形等基本图元从定义到最终的显示,其中间过程是一条完整的 3D 图形渲染管线,GPU 的核心本质是对 3D 图形渲染管线做硬件加速处理。

### 1. 经典图形渲染管线架构

经典的 3D 图形渲染管线如图 7.4 所示。

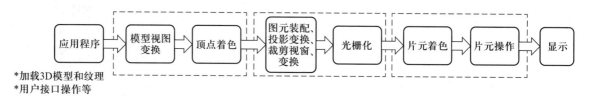

图 7.4 经典的 3D 图形渲染管线

在 3D 图形渲染管线中,每一级渲染部件所处理的对象不同,根据处理对象的不同,可以将图形渲染管线分为三大部分。

第一部分:由用户定义的、用于直接描述所构建场景顶点的基本属性内容,称为基本流元素,如顶点坐标、顶点法向量、顶点颜色、顶点的纹理坐标等顶点属性。图形渲染管线中的模型视图变换负责对顶点坐标、顶点法向量、顶点纹理坐标等属性做模型视图变换处理,包括平移、缩放、旋转等操作;顶点渲染部件负责根据光照环境参数以及顶点基本材质,计算顶点的最终显示颜色。顶点渲染是对自然光照显示的一个具体模拟。

第二部分:以基本图元为处理对象。在图元装配之前,所有的图形计算均以顶点为核心,经图元装配后,在图形管线中流动的是一个完整的基本图元,图元装配部件会根据当前要装配的基本图元,对顶点进行组织管理,例如基本图元点对应着一个顶点,线段对应两个顶点,三角形对应三个顶点。以图元为操作对象的部件包括用户自定义平面裁剪、视景体裁剪、消隐以及基本图元光栅化操作等部件。

第三部分:以单个片元为操作对象。经过基本图元光栅化操作后,基本图元被离散成一个个片元,这些片元最终会经过片元渲染(如光照纹理贴图)、片元后处理(光栅操作流水线)等操作,得到最终要显示给用户的像素。

简而言之,用户采用基本图元数据构建的图形,经过 GPU 处理后,生成了最终的图像。

**2. 图形并行处理架构**

在图形渲染管线的各个渲染部件中,多个渲染部件可以以并行的方式做处理,但渲染管线要求图元的最终绘制流程必须按照用户提交的渲染顺序有序进行。基于此,Steven Molnar 等人将图形渲染管线划分为三个阶段:几何处理阶段(简记为 G)、光栅化阶段(简记为 R)以及像素处理阶段(简记为 P),对并行渲染架构进行了分类,提出了前排序(sort-first,数据传输发生在整个渲染管线的最初阶段)、中排序(sort-middle,数据传输发生在渲染管线的稽核处理阶段和光栅化阶段之间)、后排序(sort-last,数据传输发生在各个处理器光栅化过程结束之后)等并行渲染架构。这些架构为 GPU 中的并行渲染部件提供了不同的任务调度分配方式,上述三种不同的并行渲染架构分别如图 7.5、图 7.6、图 7.7 所示。

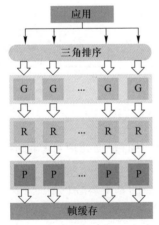

图 7.5 前排序并行渲染架构

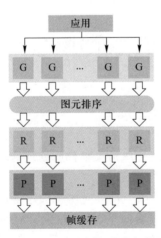

图 7.6 中排序并行渲染架构

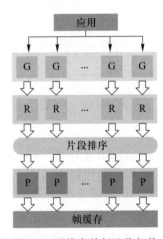

图 7.7 后排序并行渲染架构

在前排序架构中,显示屏幕被划分为多个规则的区域,每个区域对应着一条独立的渲染管线,图元在几何操作之前完成排序处理,之后确定其所命中的屏幕区域,在所命中区域对应的渲染管线中完成图形渲染。在确定图元命中的区域过程中,需要先完成预变换操作,计算得到屏幕坐标后进行规则区域的划分。对于跨越多个规则区域的图元,将通过交叉互连网络分配到所覆盖的区域对应的渲染管线中,由对应的着色器完成图元的几何变换、光栅化以及像素染色操作。

在中排序架构中,图元在完成了几何变换后被分配到对应的光栅化处理模块。在几何处理阶段,图元经计算得到屏幕坐标,并且等待着下一个阶段的光栅化操作。在中排序架构中,几何处理模块所接收的图元可由主机随机分配,而每个光栅化模块对应着屏幕的固定区域,因此,图元在完成了几何处理后,需要根据图元所覆盖的屏幕区域,将图元分配到对应的光栅化处理模块中。几何处理与光栅化操作相互独立,具备天然的流水线切割特征,因此,基于中排序的图形渲染架构在市场上较为流行,ARM 公司的 Mali GPU 均采用此种并行渲染架构。

在后排序架构中,几何处理器与光栅化处理一一对应,用户要绘制的图元被任意分配给几何处理器,完成几何处理后,由对应的光栅化处理器完成图元的光栅化处理,最后由像素排序器来保证图元的有序性。

## 7.2.2  图形渲染管线相关技术

### 1. 可编程着色器

图形渲染管线定义了图形的完整渲染过程,图形处理单元作为实现图形渲染管线的载体,其设计并没有标准定义,每个 GPU 厂商有其独特的实现方式。作为图形领域的专用处理芯片,在实现图形渲染管线过程中,GPU 芯片架构也在不停地向前发展。从可编程角度而言,图形处理单元分为专用图形加速器和可编程着色器。

早期的图形处理硬件通常被设计成功能固定的专用集成电路,此时期对应的着色器完全被固化了,芯片仅为用户提供特定的图形渲染算法;因此,这个阶段的 GPU 在着色功能上效果单一。伴随着对图形真实性需求的不断加强以及图形渲染技术的不断发展,由专用集成电路实现的图形加速器已不能满足用户对真实效果的图形渲染需求,图形芯片设计师们就将处理器设计技术引入 GPU 芯片设计,即将图形渲染管线中的顶点着色器和片元着色器使用处理器技术来实现,以便灵活地支持用户定义的图形算法,为用户提供实现各种图形算法的计算平台。用户可根据自身需求,在图形处理器上实现其定义的图形渲染算法。与常规处理器不同的是,图形领域相关算法有其特定的计算模式以及存储访问模式,并且,顶点着色器与片元着色器之间需要无缝对接在一起,在可编程图形着色器领域,先后出现了多种专为可编程图形硬件服务的图形着色语言,如 NVIDIA 的 Cg、Kronous Group 组织提出了 GLSL 图形编程语言,以及微软公司的 HLSL 图形编程语言等。

### 2. 分离式渲染架构与统一渲染架构

如前述在渲染架构方面,GPU 架构由传统的分离式渲染架构逐步发展到目前主流的统一渲染架构。所谓的分离式渲染是将顶点着色器与片元着色器相分离,并且在一般情况下,两种不同的着色器所对应的运算精度各不一样:顶点处理器需要低延时、高精度的数学计算;而片元处理则需要高延时、低精度的纹理操作,因而在指令系统上也各不相同。而在统一渲染架构中,所有的着色器通常执行在相同的处理核心上,并且采用相同的指令集系统,顶点调度与片元调度由调度系统协调处理。

分离式架构在物理数据流上与图形渲染管线基本保持一致,顶点着色器与片元着色器在数量上保持着一定的比例,该比例在不同的架构上分别对应着不同的值。在不同的渲染场景中,顶点着色器与片元着色器的性能需求各不一样。如图7.8和图7.9给出了两种不同的渲染场景。

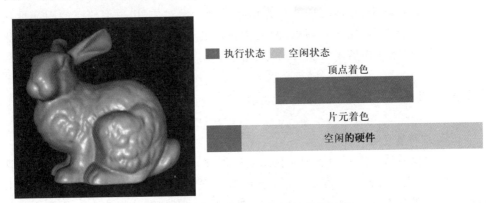

图 7.8 顶点渲染为主的场景与负载效果

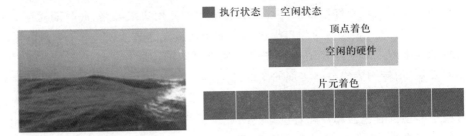

图 7.9 片元渲染为主的场景与负载效果

图 7.8 场景中包含大量而复杂的三维几何图元,对应着数量庞大的顶点数据,此类场景中顶点着色器工作负载基本处于满负荷状态,然而像素着色器仅消耗了很少的一部分,这意味着顶点着色器严重限制了图形渲染的整体性能。

图 7.9 展示的是一个海洋画面场景,该场景主要是追求对每个像素的逼真计算,并且多边形的数量要少于如图 7.8 所示场景,此种情况下,顶点着色器仅需要少量的计算资源,但是片元着色器需要大量的计算资源。这意味着片元着色器严重限制了

图形渲染的整体性能。

对于上述两种极端应用,传统的分离式渲染架构都不能同时充分发挥 GPU 芯片中着色器的计算性能,并且都会在顶点着色过程中或者是在片元着色过程中形成流水线的渲染瓶颈。对于统一渲染架构而言,顶点片元调度器根据顶点数据量以及片元数据量,按需灵活地分配计算资源,充分利用 GPU 中的计算资源,从而获得更高的渲染性能和更好的渲染效果。图 7.10、图 7.11 分别显示了在统一渲染架构中上述两种场景的具体负载效果。

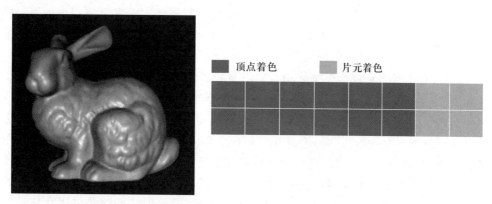

图 7.10　统一渲染架构中顶点渲染为主的场景与负载效果

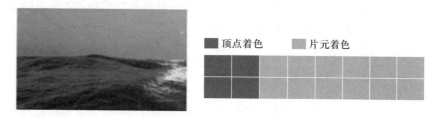

图 7.11　统一渲染架构中片元渲染为主的场景与负载效果

## 7.2.3　GPGPU

通用图形处理器(general purpose graphic processing unit,GPGPU)最早由 NVIDIA 公司的 Mark J. Harris 于 2002 年提出。顾名思义,GPGPU 指的是在 GPU 上实现通用计算。基于图形渲染管线的流水线特征,GPU 本质上是一个可同时处理多个计算任务的硬件加速器,由于 GPU 中包含了大量的计算资源,Mark J. Harris 自 2002 年就开始尝试在 GPU 上做通用并行计算方面的研究,在此阶段,由于架构以及编程平台上的限制,研究人员采用将目标计算算法转换为图形运算算法的方式,使用 GPU 来实现通用并行计算需求。

NVIDIA 公司提出 Tesla 统一渲染架构以及 CUDA 编程模型后,NVIDIA 公司的 GPU 开始了对通用并行计算的全面支持。在 CUDA 提出近两年之后,开放计算语言标准 OpenCL 1.0 发布,这标志着利用 GPU 进行通用并行计算已基本成熟,目前市场上应用甚广的 GPU 芯片除了完成高质量的图形渲染之外,通用并行计算已经成为 GPU 的一个主流应用。截至目前,市场上广泛使用的 GPU 几乎都是 GPGPU,GPU 已被默认为 GPGPU,成为高性能通用并行处理器的代名词。现代 GPU 除了实现图形渲染管线之外,在智能机器、人工智能与深度学习、无人驾驶等多个大数据应用领域得到了广泛的应用。目前,GPGPU 在各个方面得到了不同 GPU 厂家为 GPU 通用计算提供的编程模型与平台,如 CUDA 和 OpenCL,这些编程模型在 C/C++基础之上做了面向大规模通用并行计算的语法扩展,为程序员提供了更好的、面向 GPU 的编程接口。

GPGPU 通常由成百上千个架构相对简易的基本运算单元组成,在这些基本运算单元中,一般不提供复杂的诸如分支预测、寄存器重命名、乱序执行等处理器设计技术来提高单个处理器性能,而是采用极简的流水线进行设计。每个基本运算单元可同时执行一至多个线程,并由 GPGPU 中相应的调度器控制。GPGPU 作为一个通用的众核处理器,凭借着丰富的高性能计算资源以及高带宽的数据传输能力在通用计算领域占据了重要的席位,目前已逐渐形成类似于 RISC 处理器这样明晰而统一的结构理论。虽然各个 GPGPU 厂商的芯片架构各不相同,但几乎都是采用众核处理器阵列架构,在一个 GPU 芯片中包含成百上千个处理核心,以获得更高的计算性能和更大的数据带宽。现代 GPGPU 对基本计算核心有着不同的称呼,如 ARM 公司的 Mali GPU 通常称为执行引擎,NVIDIA 公司的 GPU 通常称为流处理器,AMD 公司的 GPU 通常称为着色处理器。

GPU 中执行的线程对应的程序通常称为内核,此内核与操作系统中的内核是两个完全不同的概念,除此之外,GPU 中执行的线程与 CPU 或者操作系统中所定义的线程也有所区别,GPU 中的线程相对而言更为简单,所包含的内容也更为简洁。在 GPU 众核架构中,多个处理核心通常被组织成一个线程组调度执行单位,线程以组的方式被调度在执行单元中执行,如 NVIDIA 的流多处理器、ARM 的着色核心、AMD 的 SIMD 执行单元。同一个线程组中的线程执行相同的程序指令,并以同步的方式执行,每个线程处理不同的数据,实现数据级并行处理。不同 GPU 架构对线程组的定义各不一样,如 NVIDIA 和 ARM 将线程组称为 warp,AMD 将线程组称为 wavefront。线程组中包含的线程数量各不相同,从 4 个到 128 个不等,除此之外,线程组的组织执行模式也各不相同,常见的执行模式有 SIMT(single-instruction multi-thread,单指令多线程)执行模式和 SIMD 执行模式两种。为了简单起见,本章节统一将线程组称为 warp,现在需要执行 1 024个线程,每个 warp 包含线程数为 Y,因此,这 1 024 个线程就被分为 X/Y 个 warp,这 X/Y 个 warp 在指定的执行单元中执行。

在一个 GPU 程序中,避免不了对数据的加载与存储,包括纹理数据的读取、通用数据的存取,同时也避免不了条件分支跳转指令。这两种类型的指令通常会引起程序以不可预测的情况执行,对于前者,在第一级高速缓存命中缺失的情况下,指令的执行周期将不可预测。为了避免执行单元因为数据加载或者存储原因而造成运算资源的浪费,GPU 的每个执行单元通常设置线程组缓冲区,以支持同时执行多个线程组。线程组之间的调度由线程组硬件调度器承担,与软件调度器不同的是,硬件调度过程一般为零负载调度。在执行单元中,即将执行的线程组首先被调度到缓冲区中,以队列的方式组织,当线程组被调度执行时,调度器从线程组队列中选择一个准备好的线程组启动执行。采用这种线程调度执行方式,可有效解决指令之间由于长延时操作所引起的停顿问题,更高效地应用执行单元中的计算资源。

在线程级并行执行过程中,条件分支指令的执行特点决定了程序执行的实际效率,无论是 SIMD 执行模式抑或是 SIMT 执行模式,当一组线程均执行相同的代码路径时,可获得最佳性能。若一组线程中的每个线程各自执行不同的代码路径,为了确保所有线程执行的正确性,线程组中的多线程指令发送单元将串行地发送所有的指令代码,如此一来,代码的执行效率将会受到严重的影响。GPU 架构采用各种控制方法来提高条件分支指令的执行效率。

## 7.2.4 经典 GPU 架构实例

本节将简要介绍业界流行的几种 GPU 芯片架构,囊括了分离式渲染架构与统一渲染架构以及面向通用计算的 GPU 架构。

### 1. NVIDIA 分离式渲染架构 GEFORCE 6800

下面以 NVIDIA 的 GEFORCE 6800 架构来对分离式渲染架构做简要分析说明。GEFORCE 6800 架构如图 7.12 所示。

在分离式渲染架构中,顶点着色器与片元着色器相互分离。(1)主机模块解析并处理主机发送的图形命令以及图形数据,图形命令负责初始化并设置图形渲染状态,发送渲染命令以及纹理和顶点数据,并负责调度顶点着色处理单元。(2)经顶点着色器渲染后的顶点在消隐/裁剪/装配模块做消隐、裁剪、装配处理等图形操作。(3)光栅化模块对裁剪后得到的图元做光栅化处理,生成的片元被分配到片元渲染处理单元,由片元处理单元完成纹理映射以及片元渲染等操作。(4)经过渲染的片元经由片元交叉开关传输分配给光栅操作流水线(raster operation pipeline,ROP)单元做片元后处理,最终由存储控制模块写入显存中。

### 2. NVIDIA 基于 Tesla 架构的 GPU 设计

在 Tesla 架构中,GPU 中所有负责完成基本运算的处理单元称为流处理器阵列(streaming processor array,SPA),流处理器由 William J. Dally 于 2002 年提出,旨在设计一种面向多媒体应用的高性能处理器。流处理器也是在首个统一渲染架构提出

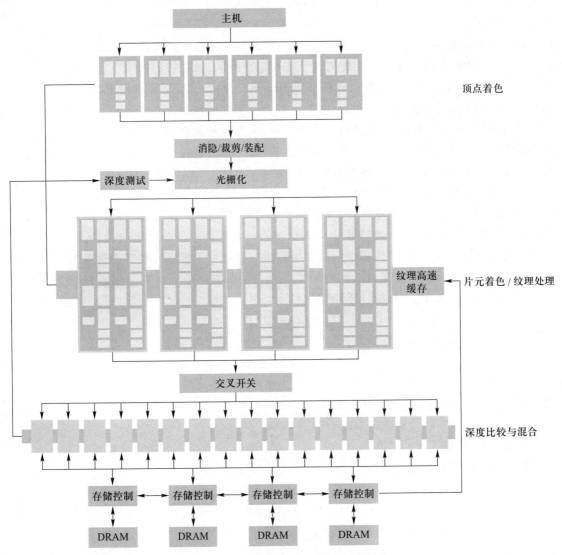

图 7.12    GEFORCE 6800 分离式渲染架构

过程中被引入 GPU 架构的。Tesla 架构如图 7.13 所示。

GPU 中的 SPA 负责执行所有的 GPU 计算,包括图形着色以及 GPU 通用计算。如图 7.13 所示,SPA 由多个纹理/处理器簇(texture/processor cluster,TPC)组成,每个 TPC 中包含一个几何控制器(geometry controller,GC)、一个流多处理器控制器(streaming multiprocessor controller,SMC)、两个流多处理器(streaming multiprocessor,SM)以及一个纹理单元。TPC 以及 SM 的结构框图如图 7.14 所示。

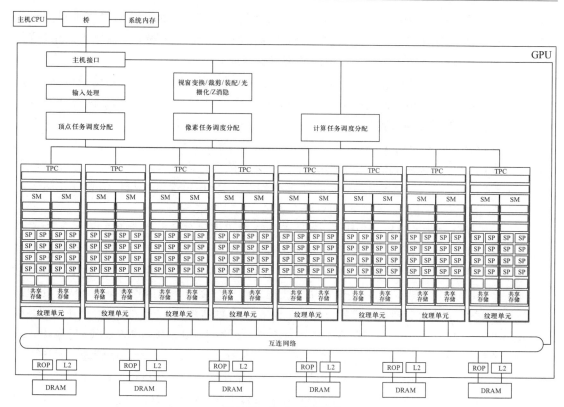

图 7.13 Tesla 总体架构

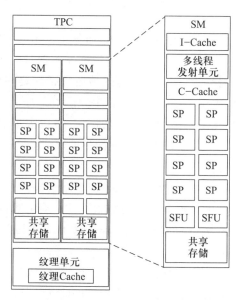

图 7.14 TPC 及 SM 结构框图

在 Tesla 架构中,TPC 由图形任务调度器以及通用计算任务调度器协同控制管理。在后期的 GPU 架构中,包括图形计算在内的所有计算被统一抽象为通用计算,所有的 TPC 资源由一个统一的调度器控制管理。

在 Tesla 架构中,TPC 中的几何控制器负责管理顶点属性片上存储,TPC 中的每个 SM 包含一个指令高速缓存(I-Cache)、一个多线程指令取指单元和指令发射单元、一个只读常量高速缓存(C-Cache)和一个 16 K 字的可读写共享存储以及 8 个流处理器(streaming processor,SP)、两个特殊函数处理单元(special functional processing unit,SFU)。顶点渲染、几何渲染、片元渲染等图形渲染以及通用并行计算程序均由 SM 执行。每个 SP 包含一个标量乘加处理单元,SFU 负责执行超越函数以及图形计算中的属性插值,除此之外,SFU 还包括 4 个浮点乘法单元。

为了高效地利用 SM 中的计算资源,SM 采用硬件多线程的方式进行设计,以实现零负载调度。每个 SM 至多同时管理执行 768 个线程,并且每个线程拥有其独立的线程状态,因此,用户可以灵活地控制每个线程。Tesla 架构通过使用单指令多线程 (SIMT)处理器架构技术,使得在众多线程中可执行多个不同的程序。在 SIMT 处理器架构中,多个并行执行的线程构成一个称为 warp 的线程组,warp 的创建、管理以及调度执行均由 SIMT 指令单元负责。由于每个 SM 至多同时管理执行 768 个线程,并且每 32 个线程组成一个 warp,因此,每个 SM 中可同时对 24 个 warp 进行调度管理。对于同一个 warp 线程组中的所有线程,均从同一个程序地址开始启动执行,每个线程独立地执行分支指令。SIMT 指令单元在调度 warp 过程中,会从 warp 队列中选择一个准备好的 warp,之后向 warp 中的活动线程发送指令。对于处于空闲状态的线程,将忽略当前所发射的指令。

在 Tesla 架构中,每个 SM 中总共 8 个 SP,而每个 warp 包含有 32 个线程,因此,warp 调度器在调度执行一个 warp 过程中,将消耗 4 个执行时钟完成一个 warp 的执行调度。采用这种线程调度执行方式,将有效地解决指令之间由于长延时操作所引起的停顿现象,更高效地应用了 SM 中的计算单元。由于每个 SP 执行的指令为标量指令,这种设计方式在简化了硬件调度实现的同时,也极大地简化了编译器的设计,毕竟完成一个优质的向量编译器并不是一件简单的事情。

### 3. NVIDIA 图灵架构

图灵架构是 NVIDIA 公司于 2018 年 8 月提出的一种高性能 GPU 架构,作为当时世界上最先进 GPU 架构,其在效率与性能方面为 PC 端游戏渲染、专业图形应用以及深度学习方面提供了强大的计算能力。本节以 TU102 为例介绍 NVIDIA 图灵架构,具体架构如图 7.15 所示。

图灵架构引入了多种类型的新型计算加速器,如张量核、实时光线跟踪加速器等,除此之外,在包含顶点着色、细分曲面(tessellation)以及几何着色等渲染部件的图形渲染管线中,新增了网格(mesh)着色这一新型着色模型,支持了更为灵活、高效

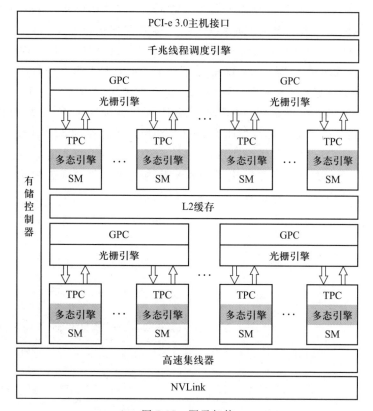

图 7.15　图灵架构

的几何运算,并支持多视角渲染技术。在新型计算加速器中,张量核作为专用的执行单元,为深度学习计算中的张量运算以及矩阵运算提供了强大的加速计算支持。图灵架构中的张量核心在支持半精度 FP16 的同时,也支持 INT8 以及 INT4 精度数制,以提供更高的计算性能,为应用提供实时深度学习计算功能等。实时光线跟踪加速器为 3D 游戏和更为专业复杂的 3D 模型构建提供了强大的计算力。图灵架构所支持的图形渲染管线与传统图形渲染管线对比如图 7.16 所示。

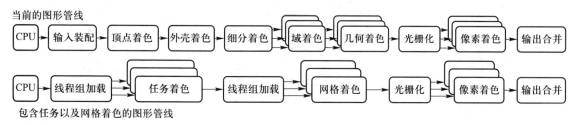

图 7.16　当前图形渲染管线与图灵架构中的渲染管线的对比

　　NVIDIA 将一个计算核心称为一个 CUDA 核,每个 CUDA 核支持浮点与整数运算操作及其他操作。为了更高效地组织线程,提高线程执行效率,多个 CUDA 核组织成一个流多处理器(SM)中的通用计算阵列。在图灵架构中,每个 SM 由 4 个处理块组成,每个处理块包含 16 个 FP32 的处理核心、16 个 INT32 处理核心以及两个张量核、一个 warp 调度器以及一个分配单元。每个处理块中包含一个 L0 指令高速缓存和一个 64 KB 的寄存器文件。4 个处理块共享一个 96 KB 的 L1 数据高速缓存。96 KB 的 L1 数据高速缓存通常被作为 64 KB 图形着色存储和 32 KB 纹理高速缓存以及寄存器文件溢出使用。执行块中的每个 CUDA 核心所包含的整数运算执行单元以及浮点数运算执行单元并行执行,SM 及其内部执行块的框架架构以及图灵架构的存储系统结构框架分别如图 7.17、图 7.18 所示。

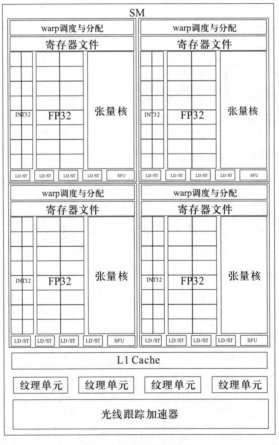

图 7.17　SM 框架结构

　　每个 SM 包含一个光线跟踪加速器,该光线跟踪加速器主要用于加速光线跟踪处理中的遍历层次体包围盒以及光线投射计算功能。光线跟踪加速器使 SM 在光线

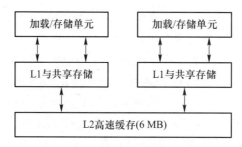

图 7.18 图灵架构存储系统框架图

跟踪图形渲染应用处理中将更多的计算时间应用于其他图形渲染以及其他计算。

执行块控制着 warp 以 SIMT 模式执行,warp 类型包括顶点 warp、像素 warp、图元 warp 以及计算 warp,不同类型的 warp 可以同时执行。SM 中的 warp 调度为硬件调度,实现了零负载调度机制。

**4. ARM Mali-G76**

Mali-G76 是由 ARM 公司研发的新一代基于 Bifrost 架构的,面向移动嵌入式系统、笔记本计算机、电视机顶盒等终端领域的低功耗、高性能 GPU。Bifrost 架构是 ARM 公司于 2016 年推出的新一代统一渲染 GPU 架构,采用了基于 Tile 的渲染模式,至今已推出多款,包括 G51、G71、G72 等,Mali-G76 是目前最新的架构,其顶层结构抽象描述如图 7.19 所示。

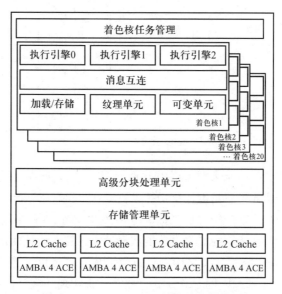

图 7.19 Mali-G76 顶层结构抽象描述图

如图 7.19 所示,在 Mali-G76 中可支持至多 20 个着色核心、高级分块处理单元、存储管理单元以及 4 个 L2 Cache 管理单元,每个着色核心包含了 3 个执行引擎以及一系列加速处理单元,每个执行引擎一次可执行 8 个线程,这也就意味着每个着色核心一次可执行 24 个线程,整个芯片一次最多支持 480 个线程。GPU 中所有涉及存储访问的操作均通过 MMU 进行虚拟地址到物理地址的转换,转换后的地址最终通过 L2 Cache 与系统内存交互。加速处理单元包括线程管理单元、数据存取单元、属性处理单元、可变插值单元、纹理处理单元、混合处理单元等。线程管理单元负责完成线程的调度执行,尤其是针对上文中所描述的长延时操作,通过切换线程的方式来掩藏指令的延时,其余的加速处理单元分别完成独立的图形加速功能。着色核心中的执行引擎与加速处理单元通过控制逻辑互连,如图 7.20 所示。

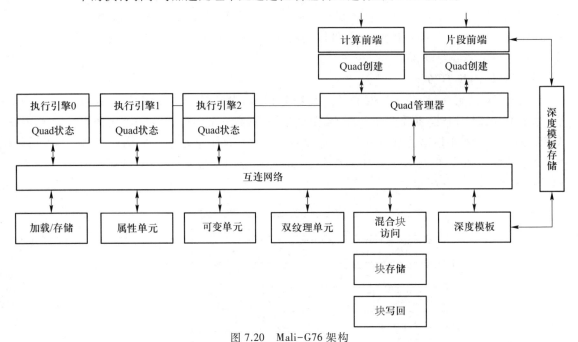

图 7.20  Mali-G76 架构

如前所述,每个执行引擎采用宽度为 8 的 SIMD 通用处理模式,包含了 8 个单精度的 FMA 运算模块以及 8 个单精度加法运算模块,与此同时,还支持多种超越函数操作,如 sin、cos、log 等运算。除了单精度运算,Mali-G76 也支持 16 位半精度运算操作,在半精度数据处理模式下,其运算性能是单精度数据模式运算性能的两倍。由于 Mali-G76 所采用的 Bifrost 架构为统一渲染架构,通用计算、顶点着色以及像素着色均在执行引擎中完成,执行引擎的调度由主机 GPU 软件驱动负责实现。截至目前,Mali-G76 为通用计算以及图形渲染提供了良好的用户接口,包括 OpenCL、OpenGL、Vulcan 等。

**5. AMD Vega**

AMD 于 2011 年推出 Graphics Core Next(GCN),截至目前,最新的架构 Vega 已

是 GCN 的第 5 代架构。如图 7.21 所示,Vega 10 由一个图形命令处理器、两个硬件调度器、4 个异步计算引擎以及 4 个图形引擎、4 个计算引擎。图形命令处理器负责将主机下发的图形任务分配给图形渲染管线以及计算引擎,硬件调度器以队列的方式缓存分配给异步计算引擎的任务,异步计算引擎负责为计算引擎组织调度各个计算任务,每个图形引擎由一个几何引擎和一个流式传输光栅器(draw stream binning rasterizer,DSBR)组成。几何引擎包含几何装配器、细分曲面处理单元以及一个顶点装配器,DSBR 用于实现光栅化中的分块管理。每个计算引擎包含了 16 个下一代计算单元(NCU),即总共 64 个 NCU。每个 NCU 由一个 NCU 调度器、一个标量处理器、一个分支/消息处理器、4 个纹理过滤器、16 个纹理存取单元以及 4 个 SIMD 执行单

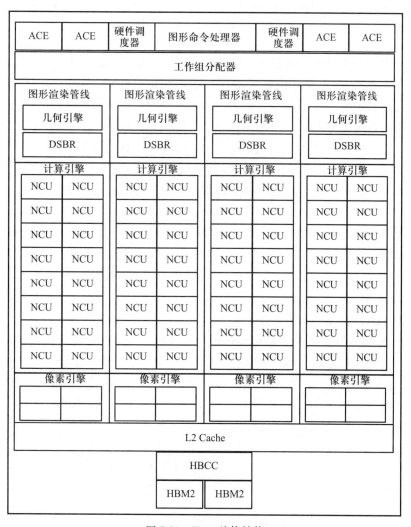

图 7.21　Vega 总体结构

元组成,如图 7.22 所示。每个 SIMD 处理单元包含 16 个 SIMD 执行通道(一个运算逻辑单元被称为一个着色处理器,对应着一个 SIMD 执行通道),也就是说,每个计算单元包含 64 个着色处理器,总共 4 096 个着色处理器。

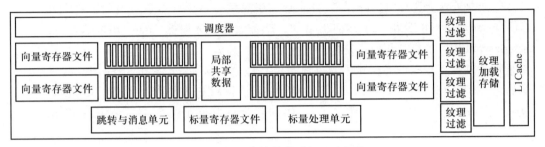

图 7.22 下一代计算单元(NCU)架构

GCN 架构所采用的执行模式中,SIMD 处理单元以 wavefront 为调度执行单位,一个 wavefront 由 64 个线程组成,SIMD 处理单元每个时钟发射一条单精度浮点指令,因此,需要 4 个时钟完成对一个完整 wavefront 的发射。对于半精度而言,其指令执行性能是单精度指令执行性能的两倍。Vega 架构中的每个 SIMD 处理单元支持 64 KB 的寄存器文件,对应着每个线程 256 个寄存器(每个寄存器 4 B)。一个 NCU 中的 4 个 SIMD 处理单元共享一个指令高速缓存,从指令高速缓存取出的指令被缓存到 SIMD 处理单元的指令缓冲区中,以掩藏 SIMD 处理单元中的指令延时,这也就是说,每个计算单元一次可以同时管理 2 560 个线程。

NCU 中的标量处理单元是一个 64 b 的运算单元,由 NCU 中的 4 个 SIMD 处理单元共享,其拥有独立的标量寄存器文件以及标量数据高速缓存,每个 SIMD 处理单元对应 800 个 32 b 的寄存器。NCU 中的标量处理器主要负责处理程序控制流,进行指针运算,以及能被一个 warp 中所有线程共享的其他计算。分支/消息处理单元负责执行标量处理器所发送来的条件分支指令和无条件分支指令。

Vega 采用如图 7.23 所示高速缓存的存储架构。着色处理器直接访问寄存器文件,紧接着是 L1 Cache 与 L2 Cache,之后是高带宽存储 HBM2,上述 4 个存储均位于 GPU 芯片内部,最后一个存储则位于 CPU 端,即系统存储。除此之外,Vega 引入了高带宽高速缓存控制器,用以提升 GPU 存储系统的效率。

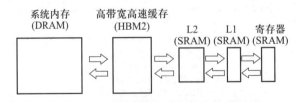

图 7.23 Vega 架构中的高速缓存存储架构

## 7.2.5 OpenCL

在传统的处理器设计中,为了提高处理器的性能,通常采用增加处理核或者提高处理器的运行频率这两种方式。然而,通过提高处理器的运行频率来提高处理器性能,其代价越来越高,现代处理器设计过程中,设计师们常采用增加处理器核以提高并行处理能力的方式来提高处理器的性能。与此同时,GPU 也已由固定功能渲染设备发展为大规模通用并行处理器。除此之外,在一些计算机系统中,通常还包括数字信号处理器(DSP)、FPGA 加速设备等其他高性能处理设备,如何使软件开发人员充分利用如此复杂的现代计算机系统中的计算设备变得至关重要。

在传统的编程模型中,要实现上述需求是一件非常困难的事情,已有的编程模型无法对如此之多的计算平台进行统一管理,每一个计算设备对应着一套独立的开发平台,通常情况下,每个平台架构对应着其独立的编程模型,不同平台架构之间是不可兼容的。因此,要将一个计算机系统中的各个计算平台统一在一起,需要做额外的统一工作,这对于一般的企业几乎是不可能完成的事情。

随着 GPU 作为通用并行计算平台在众多应用领域的不断发展,开放计算语言(open computing language,OpenCL)应运而生。所谓 OpenCL,指的是一个面向异构架构的通用并行编程开放标准,于 2008 年 6 月由美国 Apple 公司提出初版规范,初始之意是在 GPU 上进行通用计算软件开发。同年底,Khronos Group 成立 GPU 通用计算开放行业标准工作组,正式完成 OpenCL 1.0 规范的技术细节。OpenCL 推出之后,很快得到了三大 GPU 厂商的支持,相比于 NVIDIA 公司的 CUDA,OpenCL 除了支持目前流行的 GPU 芯片架构之外,还支持多核心 CPU、数字信号处理器、FPGA 以及其他计算设备,为软件开发人员充分使用这些异构处理平台提供了一种高效的手段。OpenCL 目前已在多个领域提升了处理性能,包括游戏、娱乐、科学计算、医药等领域。由于 OpenCL 是伴随着统一渲染架构 GPU 的诞生而提出的,因而 OpenCL 中包含了很多与图形标准相吻合的元素。由于此原因,使得 OpenCL 尤其适用于通用并行计算与图形渲染管线相融合的、现代 GPU 架构所对应的交互式图形应用。

OpenCL 主要由异构处理平台中使用的并行计算 API 及定义完善的跨平台中间语言组成。

作为一个为异构平台提供编程模型的开放工业级标准,OpenCL 已经超越了编程语言的范畴,更严格地说,OpenCL 是一个并行编程框架,包括了编程语言、API、相关库以及用于支持软件开发的运行时系统。OpenCL 的设计核心包含平台模型、存储模型、执行模型以及编程模型等四个层次模型。

### 1. 平台模型

OpenCL 中抽象定义的平台模型如图 7.24 所示,此平台模型由一个主机以及多个 OpenCL 计算设备组成,计算设备与主机通过指定的总线互连在一起,构成一个完整的计算系统。在该平台模型中的一个 OpenCL 设备,通常可分解为一至多个计算单元,每个计算单元又可定义为一至多个处理元素,最终的计算由处理元素承载。严格来说,目前所设计的计算机系统均可映射到该平台模型上。

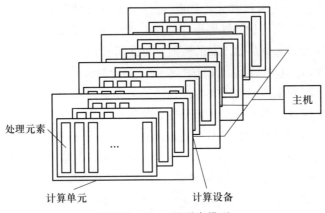

图 7.24　OpenCL 平台模型

在 OpenCL 环境下,一个 OpenCL 应用由两部分组成:一部分运行于主机处理器上,称为主机代码;另外一部分运行于设备上,称为设备内核代码。主机代码以命令的形式将内核代码提交给 OpenCL 设备,OpenCL 设备负责执行主机配置的命令。

OpenCL 设备需要决策将要在 OpenCL 设备上执行的计算该如何映射到设备上的处理元素上。在最新的 OpenCL 支持中,编程人员可以以 SPIR-V、OpenCL C 等形式进行编程。

**2. 存储模型**

在 OpenCL 系统中,为了简化存储管理,并使存储层次清晰可控,将存储分为主机存储以及设备存储两部分,其中,主机存储直接由主机使用,设备存储由执行于设备上的内核直接访问使用。根据程序的数据访问特征,设备存储分解为 4 个地址空间:全局存储、常量存储、局部存储以及私有存储四大类。OpenCL 存储模型结构如图 7.25 所示。

(1) 工作项。执行内核的各个实例称为工作项(work-item),工作项在整个索引空间中由一个全局 ID 标识。工作项组成工作组(work-group),全局索引为工作组指定了工作组 ID。

(2) 全局存储。对工作空间中所有工作项都可见,每一个工作项都可以访问其中的任意元素。当然全局存储的访问速度是最慢的。

(3) 常量存储。常量存储是全局存储中的一块区域,访问速度上与全局存储相同。区别是该区域的元素对工作项是只读的,主机端负责该区域的分配和初始化,在内核执行过程中保持不变。

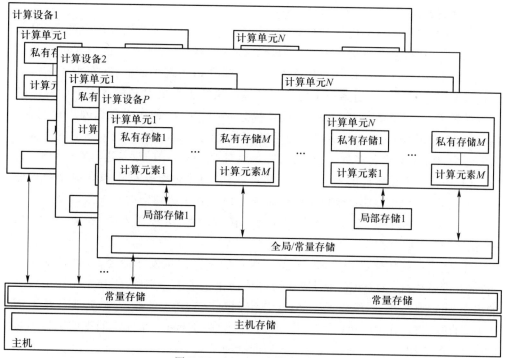

图 7.25　OpenCL 存储模型结构

（4）局部存储。对工作组内工作项可见的一块内存,同一个工作组内的工作项可以共享。其实现与具体设备有关,可以是为工作组分配的专属内存空间(例如,片上的 L1 Cache),也可以直接映射到一块全局存储中。若为 L1 Cache,则拥有很高的访问效率,作为软件可控的高速缓存,正确使用可以很好地提升程序性能。

（5）私有存储。工作项独有的,只对当前工作节点可见,其他工作项是完全不可见的。一般是设备计算单元中的寄存器,具有最快的访问效率。

由于 OpenCL 对于主机端并没有进行约束,所以大多数情况下设备和主机之间的内存是相互独立的,目前 AMD、NIVIDIA 等 GPU 都是具有独立内存的,而且高端显卡的显存非常大。OpenCL 中主机端和设备端的内存交互有两种方式,分别为复制和映射。复制是利用 OpenCL API 将设备中的数据复制到主机端或者进行相反的操作。映射则是利用 OpenCL API 将 OpenCL 的内存对象映射到主机端可见的内存地址空间中。映射之后,用户就可以用主机端的映射地址读写内存,在读写完成以后,必须进行解映射。无论是哪种方式,OpenCL 都提供了阻塞方式和非阻塞方式两种模式,可以实现内存的异步复制。

关于内存访问的一致性,OpenCL 相对宽松,不保证每个工作项看到的内存状态是一致的。只规定在一个工作节点内部访问内存是一致的,在一个工作组内部,当执行了屏障函数后,组内的工作项对本地缓存和全局缓存的访问必须是一致的。

### 3. 执行模型

OpenCL 将程序分为内核部分和主机部分,其中,内核部分执行在 OpenCL 设备上,主机部分执行在主机上。内核作为计算部分的载体,以工作项的形式组织成一个完整的工作组。OpenCL 为了有效地组织管理异构系统中的内核,在主机端定义了执行上下文来描述异构系统中的执行环境。执行上下文对异构系统中的资源做了统一管理,这些资源包括 OpenCL 设备描述、内核对象、程序对象以及内存对象。OpenCL 定义了 OpenCL API,用于创建和管理执行上下文。在一个 OpenCL 的完整平台模型中,OpenCL 设备多种多样,为了有效地对 OpenCL 中的设备进行管理和控制,OpenCL 为每一个设备提供一个独立的命令队列,每个命令队列中包含的命令类型包括内核队列命令、存储命令以及同步命令三种。命令队列中的每一条命令对应着一个独立的任务,每一条命令从启动开始到执行结束,会经历入队、提交、准备、执行、执行结束、执行完成等状态。

那么,内核是如何在 OpenCL 设备上执行的呢?主机发送命令,将内核提交给 OpenCL 设备执行。OpenCL 运行时会为内核创建一个工作空间,工作空间是工作项的集合,可以是一维、二维或者三维(工作空间对应 CUDA 的线程网格,工作项对应 CUDA 的线程)。在 OpenCL 中,工作空间也称作 NDRange。工作空间中的工作项可以通过整数索引来标识,索引成为工作项的全局 ID。

整个工作空间被划分为不同的工作组(工作组对应于 CUDA 的线程块),这是对整个工作空间更细粒度的划分,每个工作组拥有自己独立的局部存储空间(对应于 CUDA 的共享存储空间),局部存储空间是一种高速缓存,合理地使用可以大幅度提升程序的性能。每一个工作组都拥有一个唯一的全局 ID,每一个工作项在工作组中都有一个唯一的局部 ID,这样可以通过全局 ID 或者工作组 ID 和局部 ID 唯一地标识一个工作项。

每个工作项拥有独立的私有存储,也就是寄存器,其访问效率是最高的。工作项会执行内核的一个实例,不同的工作项执行相同的任务,但是它们处理的数据各不相同,最后将计算结果写入各自对应的位置。

如图 7.26 展示了一个二维的工作空间。下面通过一个例子进一步展示工作空间的结构。

假设二维工作组空间为 NDRang($Gx$, $Gy$),对应的工作组为 NDRang($Lx$, $Ly$)。OpenCL 要求工作空间的每个维度都恰好能等分为若干个工作组,所以 $Gx$ 和 $Gy$ 必须是 $Lx$ 和 $Ly$ 的整数倍。设图 7.26 中标识的工作项全局 ID 为($gidx$, $gidy$),工作组 ID 为($widx$, $widy$),组内 ID 也就是局部 ID 为($lidx$, $lidy$)。那么全局 ID、工作组 ID 以及组内 ID 的关系如下。

(1)根据工作组 ID 和组内 ID 推出全局 ID:

$$(gidx, gidy) = (widx * Lx + lidx, \ widy * Ly + lidy)$$

（2）根据全局 ID 和组内 ID 推出工作组 ID：

$$(widx, widy) = \left(\frac{gidx - lidx}{Lx}, \frac{gidy - lidy}{Ly}\right)$$

需要注意的是，OpenCL 的线程索引与 CUDA 是有区别的，仅仅是索引方式不同，执行方式是相同的。

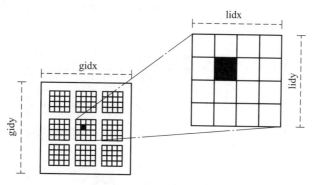

图 7.26　二维工作空间示意图

图 7.27 展示了 OpenCL 中软件概念与硬件的对应关系。工作空间映射的是整个计算设备，工作组对应的是计算单元，在 AMD 的 GPU 中为 CU（computing unit），在 NIVIDIA GPU 中为 SM。不同的工作组可以映射到不同的计算单元上，同一个工作组不能被拆分映射到不同的计算单元上。但是一个计算单元上可以同时映射多个工作组，也可以并发执行多个工作组。工作项对应的是计算元素，AMD GPU 与 OpenCL 完全一致，均为计算元素（PE），NIVIDIA GPU 为 SP。

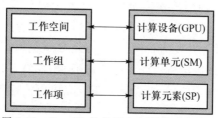

图 7.27　OpenCL 软件概念与硬件对应关系

不同的硬件中工作组的大小是有限制的，例如 NIVIDIA G80/GT200 系列中，每一个线程块最多可包含 512 个线程，Fermi 架构中每个线程块支持高达 1 536 个线程。前文介绍过 warp 的概念，工作项映射到硬件上以后是以 warp（AMD GCN 架构中称作 wavefront，每个 wavefront 包含 64 个工作项）为单位执行的。图 7.28 给出了 CU 的流水线示意图，其中包含 4 个 warp。首先执行 warp0，完成计算任务后，warp0 进入阻塞状态（例如进行读写内存等操作）；之后 warp1 被调度并开始执行，warp1 执行过程中，warp0 完成读写操作，进入就绪状态，等待下一次被调度并执行，warp2 也进入就绪状态,warp1 执行结束,warp2 被调度,之后 warp3 被调度执行。可以看到在整个运行过程中,CU 出现空闲状态,warp 的运行掩盖了 warp 其他状态造成的延时,因此这种情况下 CU 的利用率为 100%。通常情况下,工作组若包含更多的线程,可以通过大量 warp 切换来掩藏数据读写延迟,从而获得很好的性能。每个工作组拥有独立的局部存储器,每个线程会被分配独立的私有存储,因此在 GPU 上 warp 之间可以实现零开销的上下文切换。所以合理分配线程空间和内存,能够使程序获得更好的性能。

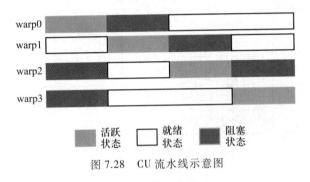

图 7.28 CU 流水线示意图

GPU 与 CPU 不同,它没有分支预测等机制,同一个 warp 中的线程每次执行相同的指令,当所有的 warp 走相同的执行路径时会获得最好的运行效果。当同一个 warp 中的线程出现分支时,warp 中的线程会串行地执行所有分支,不满足分支条件的执行结果不会被保留,然后所有线程汇聚到同一条执行路径继续执行,这样会大大降低程序的运行效率。需要注意的是,每个 warp 都只能是连续的 32 个线程,不能跳跃执行。

前面从 OpenCL 执行模型的软件架构、软硬件映射以及线程调度等方面对执行模型进行了简要概述,最后简单介绍一下 OpenCL 内核的编译。OpenCL 是跨平台的编程语言,用户在进行软件开发的时候,可能并不知道具体运行设备,所以对于内核的编译,OpenCL 采用的是运行时编译。在运行时,编译器可以根据上下文获得设备的特性以及存储体系结构等信息,在具体设备上完成内核程序的编译。

**4. 编程模型**

OpenCL 支持数据并行编程模型、任务并行编程模型以及二者混合的编程模型。但是最为经典、最常用的是数据并行编程模型。

所谓数据并行模型就是指同一系列的指令作用在不同的内存元素上,也就是说不同的数据按照相同的指令进行运算,如图 7.29 所示,12 个元素同时完成 i+i 加法运算,i 是每个元素的值,Add(i)是加法运算,由多个工作项并行完成一组数据的处理,同时更新多个结果。内存元素是通过全局 ID 或者组内 ID 索引的,所以说,GPU 的数据并行模式是通过线程索引将特定位置的数据与硬件计算单元绑定,不同的硬件计算单元执行相同的指令、处理不同的数据。OpenCL 和 CUDA 提供的都是一种分级的并行编程模型,有两种分级方式。一种是用户显式定义全局工作项的数量,同时指定工作组的大小,这是一种显式并行编程模型。另一种方式则是仅仅指定全局工作项的数量,工作组大小由 OpenCL 实现、管理,这是一种隐式并行编程模型。

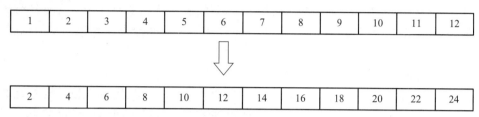

图 7.29　数据并行示意图

　　对于涉及数据共享或者数据交换的任务,OpenCL 提供了局部存储的机制,同一个工作组内的工作项可以通过局部存储进行数据共享,对于工作组之间的数据共享可以通过全局存储器来完成。用户可以根据具体的任务选择使用显式分级并行编程模型或者是隐式分级并行编程模型。

　　前面提及的执行模型是将 OpenCL 应用映射到硬件处理单元上,而编程模型则是将具体算法映射到 OpenCL 应用上。分级的并行编程模式让用户能够灵活地去处理各种算法,实现性能最大化。但是 OpenCL 作为一个跨平台的并行编程框架,考虑平台的多样性,也为用户设置了诸多限制来满足其跨平台性。也就是说,为了满足跨平台特性,会牺牲算法的执行效率,但是在应用设计中,如果指定了特定的硬件,用户可以根据具体的硬件特性进行优化,最大限度地发挥硬件的计算优势。

　　任务并行中比较容易理解的是两种,一种是 OpenCL 提供的乱序执行模式。OpenCL 的资源管理、内核的编译以及执行等都是以命令的形式发送到命令队列上,由命令队列来调度执行的。OpenCL 为命令队列中的命令提供了两种执行模式,分别是顺序执行和乱序执行。如果任务之间不存在依赖,而任务数量明显大于计算单元的数量,可以采用乱序队列同时将这些任务发送到计算单元上,由计算单元动态地调度这些任务,这样是可以很好地实现负载平衡。

　　另一种任务并行的模式则是采用事件机制,实现任务并行。OpenCL 在主机端提供了一种事件机制,几乎所有 clEnqueue 系列的 API 都包含一个事件列表参数,将该命令与事件绑定,通过事件列表参数可以查询该命令的执行状态。OpenCL 中的命令有 4 种状态:CL_QUEUED 表明命令被放入队列,但是尚未被提交给设备;CL_SUBMITTED 表明当前命令已经被提交给计算设备准备执行;CL_RUNNING 表明当前计算设备正在执行该命令,但是尚未完成;CL_COMPLETE 表明当前命令已经完成执行。用户可以通过命令的同步机制以及依赖关系,设定命令的执行顺序,实现任务并行。

　　作为并行编程框架,不可避免地要谈及同步的问题。OpenCL 中的同步大体可以分为两类,其一是主机端同步,也就是事件机制。其二是设备端同步,设备端的同步机制主要有工作组内同步和原子操作两种。OpenCL 为组内同步提供了一种栅栏操作,栅栏操作除了能够同步组内的工作项之外,还可以同步内存访问次序,当然仅限于全局内存和局部内存访问的同步。原子操作则是线程级的同步,在传统的并行计算上原子操作也有非常多的使用技巧。例如,多个线程要对同一个变量进行更新的时候,就需要使用原子操作。目前 OpenCL 并没有提供全局工作项同步的机制,但是用户可以通过使用新的内核实现全局工作项同步。

**5. OpenCL 的基本优化策略**

在高性能计算中程序优化是必不可少的环节,OpenCL 作为一种异构并行的编程框架,同时也是跨平台的,所以优化就更加重要。虽然不同的计算设备有不同的特性和存储体系结构,但是也可以针对 OpenCL 设备的共同特性提出一些较为常用的优化策略。OpenCL 内核执行的常见流程是:首先将数据由主机端读入设备内存,然后由计算单元从设备内存获取数据进行计算,接着将计算结果写入设备内存,最后由主机将计算结果由设备内存读回主机。从流程看,首先需要分析数据的传输带宽,只有数据传输能够满足计算设备的需求,才能发挥计算设备的最佳计算能力。当前的高端 GPU 内存访问的峰值都能达到 100 GBps 以上,而主机端与设备端的内存交互大多数是通过 PCI-e 总线完成的,然而一个 PCI-e 2.0×16 的数据传输带宽是8 GBps,可以看出,这与 GPU 访问设备的速度存在巨大差异,所以很多情况下,设计合理的数据传输是提升 GPU 计算效率的第一要务。

关于数据传输的优化更侧重于算法层面上的优化,因为数据传输的数量和计算量是由具体算法决定的,其基本策略是:① 合理使用缓存,避免不必要的数据传输;② 在数据传输量不变的情况下,提高 GPU 上计算量的比重。

合理使用缓存是指,当应用中多个连续环节都在 GPU 上完成时,会连续运行多个内核,可以将数据驻留在显存中,避免与主机端进行不必要的交互。从另一个方面看,在整个应用中,如果需要使用 GPU 进行计算加速,应该尽量将更多的环节放到 GPU 上去运行,这样可以降低主机端与设备端之间数据交互在整个计算流程中的比重,提升计算性能。

提高计算量的比重,则是指在算法设计中,读写相同的数据到显存后,让 GPU 执行尽量多的计算,因为计算量太少会导致频繁的数据交互,计算单元难以发挥最佳计算性能,大幅度降低计算效率。

完成数据传输优化后,还需实现设备端的优化。设备端首先完成计算单元与内存的数据交互。设计好的内存访问模式能够使读取和写入的速度成倍增长,大大提高程序的运行效率。首先是对全局存储的访问,全局存储访问的优化主要体现在两方面。其一是尽量减少对全局存储的读写次数,频繁地访问全局存储会造成较大的性能损失。一般情况下,只在计算数据读入和计算结果写出时与全局存储进行交互,其他情况下尽量使用局部存储与私有存储进行计算,二者有更好的访问效率。其二是访存模式,GPU 中线程对全局存储的访问需要满足访存合并的要求,这样可以提高高速缓存命中率,大幅度提升全局存储的访问效率。如图 7.30 展示访存不合并和访存合并的两种访问模式。合并访问满足数据访问的局部性要求,能够很好地提升访问效率,而不合并访问会大幅度降低访问效率,造成严重的性能损失。另外,每次访问 128 位或者 64 位向量能充分利用 GPU 的带宽,提高程序访问效率。

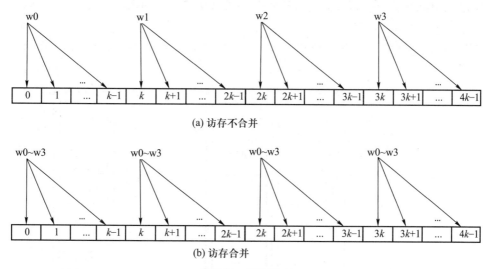

图 7.30  访存模式

GPU 访问内存时,如果访存合并,则意味着连续的线程访问连续的内存,这样能够充分利用内存访问的带宽,同时能够有效利用内存的高速缓存。

如图 7.30(a)所示,设 $k=4$,每个线程负责 4 个内存单元的访问,w0 负责 0~3,w1 负责 4~7,w2 负责 8~11,w3 负责 12~15;这样通过 4 次循环完成对 16 个内存单元的访问。但是每次访问每个线程之间都存在 3 个内存单元的间隔,这样就会造成内存带宽不能被充分使用,同时高速缓存命中率也会相对较低。相反,如图 7.30(b)所示,w0 负责 0、4、8、12 内存单元的访问,w1 负责 1、5、9、13 内存单元的访问,w2 负责 2、6、10、14 内存单元的访问,w3 负责 3、7、11、15 的访问。虽然每个线程访问的内存不连续,但是 4 个线程访问的内存是连续的,这样每次访问的时候就能够充分利用内存带宽访问连续的内存。但是如果在图 7.30(a)中,使用向量数据类型,每个线程访问一个内存单元,那么每个线程访问的内存单元就是连续的,同样能够充分利用内存带宽。

所以在 GPU 编程中设计好的访问内存模式是很重要的,它能够很好地提高内存访问的效率。GPU 访存合并的访问模式同样是利用内存访问的局部性原理,但是与 CPU 的内存访问模式存在差异。那是因为 GPU 的指令是单指令多数据流的,所以每次对内存的访问都是多个线程同时访问,所以我们需要设计连续线程访问连续内存的内存访问模式。

其次是对局部存储的访问。局部存储的访问效率高,而且读写不需要访存合并,因此对于工作项之间的数据交换和一些不满足访存合并条件的访问可以使用局部存储来完成。不同设备上 OpenCL 的实现对局部存储的映射位置不同,有些设备存在专门的局部存储器,此时可以获得较高的访问效率,有些设备将局部存储映射到全局存储,则难以获得较高的访问效率。局部存储的访问需要关注的一个问题是存储体冲突(bank conflict)。桌面 GPU 的局部存储一般由 32 个存储体构成,每个存储体的数据带宽为 4 B,整个局部存储的组织形式为 32×256×4 B,如图 7.31 所示。

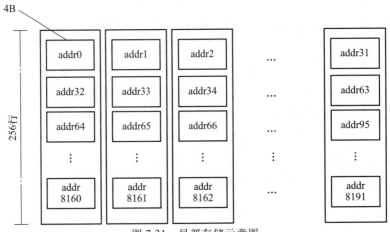

图 7.31　局部存储示意图

局部存储的 32 个存储体是可以并行访问的,但是每个存储体内部只能被串行访问。所谓存储体冲突是指两个或者多个工作项同时访问同一个存储体。因此在使用局部存储的时候需要避免这种情况的发生。另外,存储体不需要合并访问,所以各个工作项可以乱序访问存储体,只需要保证不出现冲突即可。

最后是对内核计算的优化,针对计算的优化方法有很多,而且不同的硬件有不同的特性,但是有一条相对通用的策略是,避免出现线程分支。前面介绍过 warp 的调度原理,一旦在 warp 内部出现分支,那么所有的线程都会执行所有的分支,各条分支之间是串行执行的,因此会大大降低执行效率。所以引入“分支宽度”概念,也就是说,即使产生分支,也尽量保证每条分支都会有整数个 warp 以满足要求,即在 warp 内部不会产生线程分支,这样依然可以保证算法的执行效率。

## 7.2.6　CUDA 简介

CUDA 是由 NIVIDIA 公司推行的一种并行编程框架,目前只有 NIVIDIA 的 GPU

支持该框架,其开发语言主要为 CUDA C。作为一种 GPU 的并行开发语言,CUDA C 与 OpenCL 非常类似,许多概念大同小异,CUDA 的 API 同样涉及设备管理、存储管理、数据传输、线程管理、事件管理等功能。

与 OpenCL 的平台模型、存储模型、编程模型和执行模型的划分方式相比,CUDA 因为不涉及跨平台的特性,所以不涉及平台模型。其他方面,存储模型基本相同,CUDA 分为全局存储(global memory)、局部存储(local memory)、共享存储(shared memory)、常量存储(constant memory)和纹理存储(texture memory)。需要注意的是,CUDA 中的局部存储与 OpenCL 不同,CUDA 的局部存储是在寄存器使用过多时充当寄存器使用的,其实是全局存储中的一部分,OpenCL 中的局部存储对应 CUDA 中的共享存储。如图 7.32 展示了 CUDA 中存储器与计算单元的对应关系。

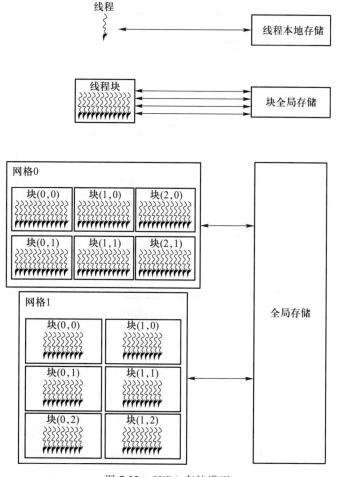

图 7.32　CUDA 存储模型

CUDA 的编程模型和执行模型与 OpenCL 类似,在编程模型中虽然 CUDA 和

OpenCL 提供了不同的指令,但是其编程方式很相似。图 7.33 展示了 CUDA 的执行模型。可以看到,CUDA 的执行模型也是由 3 个层次组成,最基础的执行单位是线程(thread),对应于 OpenCL 的工作项,多个线程组成一个线程块(block),对应于 OpenCL 的工作组。在语言层面上,两种语言对于线程的索引方式略有差别,但是执行方式和优化方式是通用的。

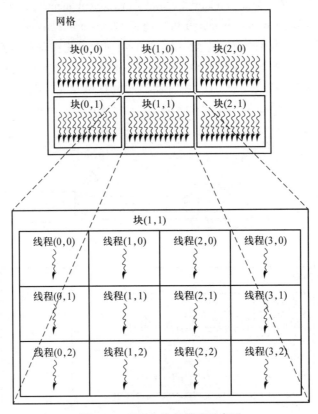

图 7.33　CUDA 执行模型示意图

作为一种高性能并行计算的开发语言,为了兼顾不同开发人员的需求,NIVIDIA 提供了多种层次的 CUDA 编程 API。对于一些不需要极致加速的应用,开发人员可以使用 CDUA 提供的运行时 API(run-time API),这些 API 是对底层 API 的封装,因此使用更便捷,开发人员能够迅速构建出高性能的 CUDA 程序,满足应用需求。同时对于刚刚接触 CUDA 的开发人员,运行时 API 也更容易理解和学习。但是运行时 API 在提供便捷性的同时也失去了对硬件的很多控制权。因此如果需要进一步挖掘硬件性能,可以使用 CUDA 提供的驱动 API(dirve API),驱动 API 类似于 OpenCL 的 API,为开发者提供了更丰富的细节控制,但是同时编程也会变得复杂。

如果以上两种 API 依然不能满足需求,CUDA 还提供了一种更底层的指令——PTX(parallel thread execution)。PTX 是一种更低级别的并行线程执行的虚拟指令集架构。它不是真正意义上的指令集架构(ISA),而是代码编译后的 GPU 代码的一种中间形式,可以再编译为二进制代码,其编译分为两种模式,一种是在线编译,属于运行时编译;一种是离线编译,离线编译采用 ptxas 编译器,编译生成的二进制代码存储在 cubin 文件中,cubin 文件可以反汇编为 SASS 代码,查看 SASS 代码是优化 GPU 的高级手段。

对于更多的 CUDA 编程细节、PTX 编程以及反编译方法在 CUDA Toolkit 中都能够找到详细的说明和指导,读者可自行查阅。

## 7.3 FPGA

我们现在常见的硬件计算平台包括 CPU、GPU、ASIC 和 FPGA。CPU 是最通用的,有成熟的指令集,例如 X86、ARM、MIPS、Power 等,用户只要基于指令集开发软件就能使用 CPU 完成各种任务。但是,CPU 的通用性决定了计算性能是最差的,在现代计算机中,很多计算都需要高度的并行和流水线架构,CPU 尽管流水线很长,但计算核心数最多只有几十个,并行度不够。比如处理高清视频、运行大型游戏、实施科学计算等,大量数据需要并行处理,CPU 就拖后腿了。

GPU 克服了 CPU 并行度不够的缺点,把几百甚至上千个并行计算核心堆到一个芯片里,用户用 GPU 的编程语言,比如 CUDA、OpenCL 等来开发程序,以实现应用加速。不过,GPU 也有缺点,就是最小单元是计算核心,粒度还是太大了,用户可以发挥的空间不大。

ASIC 克服了 GPU 粒度太粗的缺点,可在晶体管级上自定义逻辑,实现专用芯片的制造。而 FPGA 兼顾 ASIC 计算粒度细和 GPU 可编程的优点,计算粒度可以到与非门级别,但是逻辑还能修改,是可编程的。

### 7.3.1 FPGA 基本结构

数字逻辑的基础知识是布尔代数,从与非门等逻辑门出发,可以搭出加法器、乘法器等数字逻辑,最后一级级组合,实现很复杂的计算功能。在 ASIC 里面,与非门通过晶体管实现,但是晶体管无法做到可编程,必须先做成板图,送到芯片代工厂生产才能使用。那怎样做到数字逻辑也可编程呢?

我们都知道,数字逻辑可以用真值表来表示,如图 7.34 所示就是与非门的真值表。

FPGA 的发明人想了一个办法,就是用一个查找表(look-up table,LUT)来存储真值表的输出结果。图 7.35 是两位与非门的查找表,一共有 4 个状态,查找表保存了每个状态的结果,输入的两位作为索引,直接从表里读到计算结果,通过一个选择开关 MUX 输出。这样避免了搭建计算逻辑,同时简化了芯片结构,只需要在芯片里面放许许多多的查找表,通过级联和组合就能实现复杂的逻辑和计算。目前主流的 FPGA 采用静态随机存储器(static random access memory,SRAM)工艺,就是把查找表的状态都保存在 SRAM 里面了。

与非门真值表

| A | B | Y |
|---|---|---|
| 0 | 0 | 1 |
| 0 | 1 | 1 |
| 1 | 0 | 1 |
| 1 | 1 | 0 |

逻辑表达式:$Y=(A \cdot B)'=A'+B'$

图 7.34   与非门真值表

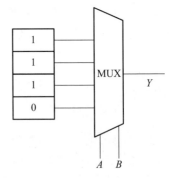

图 7.35   查找表

但是,仅仅有查找表是不够的,数字集成电路的关键基础是时钟,所有的逻辑按照时钟节拍来同步。FPGA 里面有几十万甚至百万个查找表,需要统一的号令来行动,这就是时钟。

图 7.36 是 FPGA 内部的基本单元:查找表、D 触发器、选择开关。D 触发器用来存储,查找表是组合逻辑。每个时钟周期会输出一个值,通过选择开关来选择是用查找表还是用 D 触发器。

数字电路包含两个基本部分:组合逻辑和时序逻辑,组合逻辑就是前面讲的布尔代数,可以做逻辑运算,但是没有记忆功能,图 7.36 中的查找表就是起了组合逻辑的作用。时序逻辑带有记忆功能,可以按照时钟节拍控制输入输出,图 7.36 中的 D 触发器具有记忆功能,可将它称为寄存器。这样,组合逻辑和时序逻辑结合起来,就可以设计复杂的计算系统了。

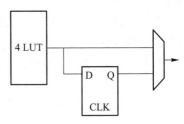

图 7.36   FPGA 内部的基本单元

## 7.3.2   FPGA 如何实现可编程

如果要控制上面的基本单元,需要存储查找表的几个状态值,比如 4 输入查找表,就要存储 16 位,同时还要存储一个选择开关的选择位和一个 $D$ 触发器初值位。FPGA 把这些配置数据保存在 SRAM 里面,并配置到每个基本单元中,通过写自定义数据到 SRAM,就实现了对整个 FPGA 逻辑的可编程。

有了上面的基本逻辑单元还不够,多个基本逻辑怎么级联呢?级联的连接部分怎样实现可编程呢?

图 7.37 是 FPGA 内逻辑块之间互连的结构图。逻辑块(logic block)的输入输出通过连接块(connection block,CB)和交换盒(switch box,SB)结合级联到其他逻辑块,连接块决定逻辑块的信号连到哪根连接线上,交换盒决定哪些连接线是通的,把逻辑块需要的信号连到相邻的逻辑块。连接块和交换盒都是可以基于 SRAM 方法编程的,连接块里面是一些选择开关,交换盒里面是一些交换器。

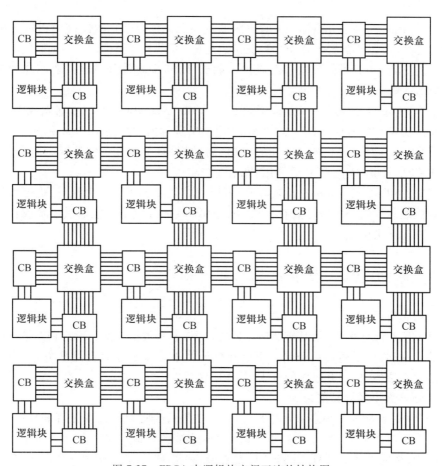

图 7.37　FPGA 内逻辑块之间互连的结构图

看得出来,连接线远比逻辑块更复杂,在现代 FPGA 芯片中,连线一般占了 90% 的面积,真正的逻辑部分只占 10% 的面积。

FPGA 中只有上面的组合逻辑是不够的,因为用户有时候不想自己搭建逻辑,对常用的逻辑希望直接用现成的实现。所以现代 FPGA 自带了很多常用的计算单元,比如加法器、乘法器、片上 RAM,甚至嵌入式 CPU,它们不是通过查找表搭建的,而是跟 ASIC 一样,用晶体管搭建,这样更省芯片面积,同时性能更好。这些计算单元可以让用户配置和组合。

比如,人工智能等计算应用中会使用大量的乘法器,这个时候,FPGA 内部提供的很多乘法器就发挥了很大的作用,这些乘法器和用户逻辑结合,可以实现很多神经网络计算,并实现高性能。

### 7.3.3  FPGA 开发流程

专用 ASIC 芯片的开发流程是设计—验证—流片—封装—测试;而 FPGA 已经是做好的芯片,所以不需要流片、封装、测试。这样,可以节省至少四个月的时间。

另外 ASIC 还有可能要做多次流片才能成功,同步软件开发也需要芯片做好后才能完成大部分功能,这些也是时间成本。

单个 FPGA 芯片售价一般比同样功能的 ASIC 要贵,因 ASIC 初期研发成本较高,因而在出货量小的时候,FPGA 的成本低,而当出货量增大后则是 ASIC 的成本低。

FPGA 的功耗一般比同样功能的 ASIC 高,因为有很多冗余的逻辑。但是 FPGA 一般比 CPU 省电,毕竟 CPU 更通用,冗余逻辑更多。

相比 ASIC,FPGA 的调试比较方便,可以直接烧制到 FPGA 中执行,也可以用调试工具抓取芯片里面的信号查看状态。而 ASIC 在流片之前只能通过昂贵或耗时很久的仿真工具来调试。

### 7.3.4  影响 FPGA 计算性能的几大因素

#### 1. 数据并行性
对 FPGA 计算来说,同时要处理大量的数据,这些数据之间若没有相互依赖则是最好的。这样,可以用几百个或上千个并行计算单元来独立处理这些数据;但如果数据之间有依赖,比如有很多的分支,就无法实现并发了。

#### 2. 数据大小和计算复杂度
FPGA 并行计算是很多个计算并行执行,如果每个计算单元要处理的数据太多,同时计算逻辑太复杂,那么占用的 FPGA 计算资源就变多了,这样总的并行单元数量相应减少,性能下降。而且,计算逻辑太复杂,在电路上消耗的时间变多,还会导致每个模块的延迟变长,这样时钟频率也会下降,也会影响性能。

#### 3. 流水线
计算逻辑复杂的时候,延迟会变长,如果要求计算任务在一个时钟周期内完成,那么时钟周期就变长了,相应频率降低,性能下降。所以为了提高时钟频率,FPGA会采用流水线技术,把复杂的计算分解成几段,放到几个时钟周期里完成。这样做的后果就是,计算所需的时间变长了,但是总的性能却提高了。

**4. 静态控制逻辑**

软件程序通过函数参数作为判断条件,根据参数内容执行函数不同的操作。和软件不一样,FPGA 做计算不希望靠参数内容确定怎么计算,而是希望一开始就设定好。比如在软件里面,算一位数的平方和两位数的平方效率差不多,可是在 FPGA中,一位数需要的计算资源少,两位数占用计算资源多,一个计算单元要同时支持一位数和两位数平方计算就会占用很多资源,最好是一开始就确定好算哪一种,而不是动态确定。

## 7.3.5 FPGA 算法设计常用方法

用 FPGA 做计算,有一个很重要的概念,称为应用定义计算(domain specific computing),就是针对某一个领域的计算任务,在硬件算法上做特殊优化,主要是性能提升和算法压缩,实现高性能、低成本。

**1. 尽量使用常数型参数**

前面说过,FPGA 如果按照某个参数去执行不同的计算任务,就很浪费资源,因为每一种计算引擎都要用硬件计算资源实现。如果已知一段时间里计算任务是固定的,就可以把 FPGA 配置成只有某一个计算任务,节省资源,提高计算能力。

另一种情况是常数折叠,也就是说如果发现一段时间内某个变量其实不会变化,就可以把它当成常数,不用占用计算逻辑。如图 7.38 所示,本来是两个占 4 位的数 $a$ 和 $b$ 比较器,但是已知 $b$ 是 1011,就可以直接用 $a$ 来输出结果了,省了 4 个逻辑门。

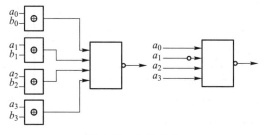

图 7.38　常数折叠

**2. 实时重配置**

现在的 FPGA 支持计算逻辑实时重配置,可以把整个 FPGA 重新配置成新逻辑。更实用的是对部分逻辑进行实时重配置,因为 FPGA 里面很多逻辑是用于控制的,不需要经常变化,但是计算部分要根据使用情况经常变化,所以支持某个分区的实时重配置非常有用。

**3. 位宽压缩**

在进行程序设计时,常用的是两个 32 位或 64 位变量做加减乘除,因为共享一个 CPU 计算单元,不浪费资源。可是在 FPGA 中是做并行计算的,每一个程序都要占用计算资源,所以能省则省。比如,两个 32 位数相乘,如果已知某个数中只有两位是有效数据,就只需要用两位来表示它,最后的结果做移位就可以了。

归根结底,FPGA 计算快的两大优点就是并行和流水线,但是必须时刻有并行计算的思想,尽量压缩算法占用的资源,这样才能用有限的 FPGA 计算资源实现最强大的并行计算能力。

## 7.3.6 软硬件任务分割

随着摩尔定律的失效以及 CPU 在人工智能等并行计算方面表现得不尽如人意,目前数据中心的计算机已经不仅采用 CPU 一种计算芯片了,还要结合 GPU 和 FPGA 来实现异构计算体系。

打个比方,CPU 是出租车,方便灵活,但是要等红绿灯,市区内道路多,有限速,运量小,车多了还堵车;FPGA 是高铁和地铁,运量大,但是建设周期长,只能部署在人流量更大的线路上。

做异构计算的软硬件分割也是遵循同样的思想,普通的控制程序还是交给 CPU 执行,把计算量最大、最耗时间的任务转移到 FPGA 上执行,实现硬件加速的目标。

如图 7.39 所示,一个程序通过对程序进行分割,把任务分解到 CPU 和 FPGA、

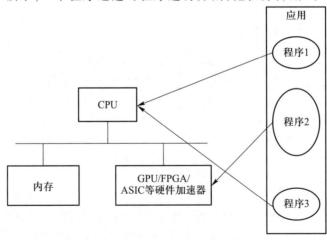

图 7.39 异构计算软硬件任务分解

GPU、AI 芯片等加速器执行。如果把程序分成 $N$ 段,那么每一段都有两个选择:软件或者硬件,最后 $N$ 段程序有 $2^N$ 种分割方案,所以,分段程序分配软硬件的最佳方案是一个数学上有名的 NP 难题,无法求解。我们没办法给出一个理论上的最佳方案,只能是不断逼近,没有最好,只有更好。

　　FPGA 工具链的发展方向见图 7.40,C/C++/Java 等代码经编译后,自动分解成软硬件执行的程序,软件部分交给 CPU 执行,硬件部分让 FPGA 执行。

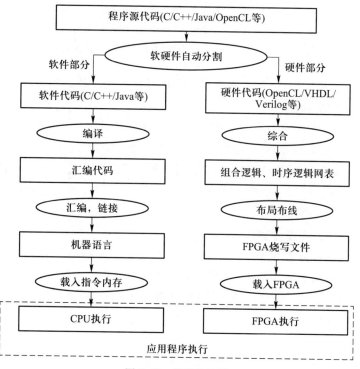

图 7.40　软硬件协同

　　根据本书第二章中介绍的 Amdahl 定律,为了实现最好的硬件加速效果,我们要把最占时间的程序都放到 FPGA 中去执行。

　　图 7.41 是对一个程序中执行最多的 10 段代码占用时间的累计,符合 90%/10% 定律:10% 的代码执行占用了 90% 的程序运行时间。所以只需要把最关键的 10% 代码转移到 FPGA 就可以了。

　　我们在对一个程序做软硬件分割时,需要回答以下几个问题。

**1. 程序分段粒度**

　　要把程序里的哪几段代码放到硬件去? 这个代码段要分多细? 如果太粗,那么操作比较简单,花的时间少,但是最终效果可能没那么好。分得太细,又太花时间,每一段都要分析和推算,考虑软硬件交互,甚至需要专门的工具去做。最简单的办

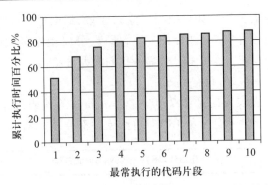

图 7.41　一个程序中执行最多的 10 段代码占用时间的累计

法就是选几个关键的函数、算法或者 for/while 循环放到硬件去加速。

**2. 分割方案的评估**

如果要确定软件和硬件分工的方案,就需要评估和对比几个方案,从性能、成本、功耗等几个方面来评价。项目一开始,其实做不了太精确的评估,只能做粗糙的估算,看看到底要用到多少 LUT、RAM 和乘法器、硬件 IP 等资源,再估算性能和延迟。

等到大体确定了一个目标方案,就可以编写代码,用综合工具做综合评估,就能得到比较精确的资源占用情况。

**3. 每段分区的实现方案**

对于每一段要借助硬件加速的软件程序,硬件上都有不同的实现方案。如图 7.42 所示,100 次循环实现乘法运算,有三种实现方案。

如图 7.42(b)所示,使用 100 个乘法器,能够并行执行,性能最强,占用资源也最多。

如图 7.42(c)所示,使用了一个乘法器,要排队串行做 100 次乘法才能算完,性能最差,占用资源最少。

如图 7.42(d)所示,使用了 10 个乘法器,每个做 10 次乘法运算,性能和资源都比较折中。

所以,最终采用什么方案要根据实际的需求和 FPGA 的大小来确定,FPGA 不是 ASIC,资源没有那么多,能省则省。

**4. 软硬件交互**

本来是一个顺序执行的软件程序,现在分拆出一部分放到 FPGA 去执行,所以就涉及软硬件交互的问题。

如图 7.43(a)所示左边是同步方案,软件执行完再让 FPGA 执行,而软件处于等待状态,这样交替执行。这种方案比较傻瓜式,简单易行。而且性能不一定差,因为硬件计算快,等待时间可能并不长。

图 7.43(a)右边是异步方案,软件和硬件各自执行,同时工作,效率高,但是控制比较复杂,毕竟涉及一些共享的数据,处理起来比较麻烦。如果硬件计算时间长,软

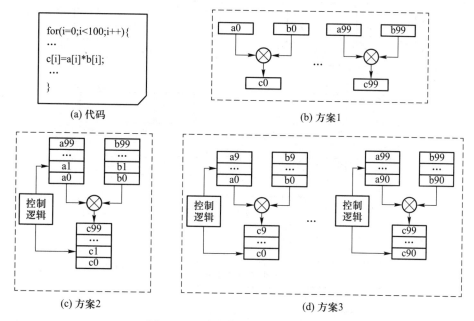

图 7.42 100 个乘法运算的三种方案

件等得久,就可以考虑这种模式。

另外,还要考虑软硬件的通信方式,如图 7.43(b)所示,给出了各种通信方案,有的通过共享内存,有的是通过 CPU 直连、共享缓存,还有通过桥接芯片互连。需要考虑硬件加速器之间是绑定在一起和 CPU 通信还是分开通信等问题。

**5. 计算占用的面积**

传统的硬件加速项目流程如下:① 确定要加速的软件程序;② 架构师通过评估和统计数据、性能计算确定软硬件分离方案和硬件架构;③ 工程师开始写代码、仿真、验证、测试。

但是,也可利用一些自动化工具来智能评估软硬件分割方案。前面说过,理论上是找不到最佳方案的,因为计算量是个天文数字,我们只能不断逼近。逼近的一种方法如下:① 把程序切分成几段,给出软件和硬件时间、硬件资源,算出一个评估结果;② 再随机把程序分段,算出一个评估结果,看看是不是更好,如果更好,就用这个方案;③ 继续迭代。

## 7.3.7 FPGA 做计算存储一体化的例子

本节以 FPGA 做互联网搜索计算为例,介绍 FPGA 计算结合高速闪存实现计算存储一体化的技术。图 7.44 是搜索引擎的整体框架。左边是从互联网中用爬虫爬取文

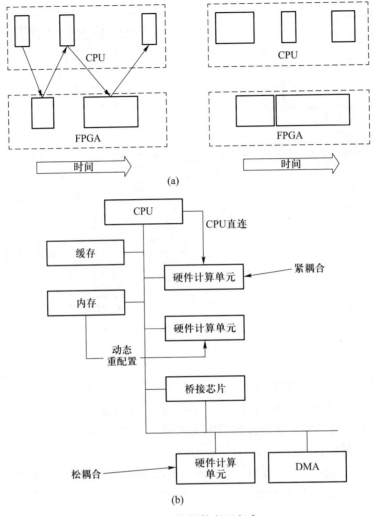

图 7.43 软硬件交互方式

档,并建立索引表。右边是执行搜索的流程,搜索词经过解析后发送到索引服务器,从索引数据中读取对应的索引,并执行匹配、排序等算法,得到搜索结果。

随着索引数据的规模快速增长,CPU 已经无法响应大量用户的搜索需求,所以需要用 FPGA 来加速。微软亚洲研究院研发了 Pinaka 项目,使用 FPGA 来对搜索引擎进行硬件加速。

首先,分析搜索程序执行过程,发现匹配计算和打分排序占用 69% 的时间,所以把这两个任务放到 FPGA 上去执行。其次,匹配任务需要读取大量的索引数据,对存储能力要求很高,所以为它设计了专用的闪存阵列进行并行存储。

最终的硬件架构如图 7.45 所示。主机 CPU 上的软件执行搜索词解析、搜索结

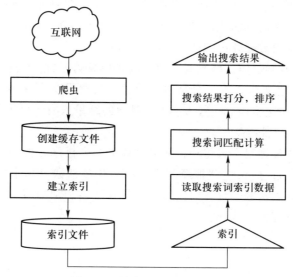

图 7.44 搜索引擎的整体框架

果缓存等任务,PCI-e 接口的 FPGA 加速卡在存储和管理索引数据的同时,执行匹配和排序计算。

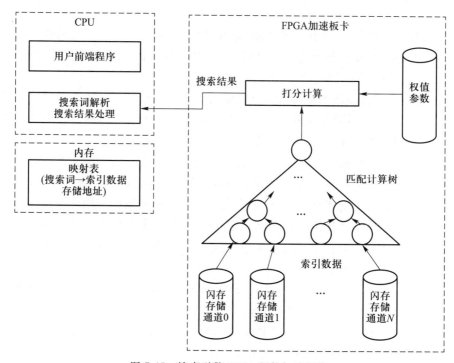

图 7.45 搜索引擎 FPGA 硬件加速架构

匹配算法是将很多个索引数据进行对比,查找包含搜索语句所有分词的文档号。所以设计了一个树状的架构,这样树的每一个叶子节点可以并行从闪存阵列每个数据通道读取索引数据并进行计算,提升了性能。

排序算法分为两级,第一级是通过神经网络模型为匹配算法找到的文档计算一个分数,第二级是把文档号按照分数进行排序。计算分数需要执行大量的并行计算,故使用 FPGA 加速实现。一般最终需要排序的结果只有 1 000 个左右,计算量不大,所以放到 CPU 软件端执行。

打分计算需要根据很多权重和特征值计算出一个排序分数,每一个特征值的处理可并发计算。经过分析,发现神经网络算法中很多参数可以采用常数,所以可用常数折叠来节省计算资源。计算中使用了大量乘法器和加法器,在乘法器内部用流水线结构来提升性能。

# 7.4 ASIC

## 7.4.1 引言

在现代并行计算中,使用各种 ASIC 芯片作为专用计算加速引擎,例如美国 Intel 公司专门为超级计算机推出的 Xeon Phi 芯片,具有强大的并行和向量计算能力,并且自带 AES 数据加密引擎。

近些年,人工智能技术在许多商业领域的应用中均取得了巨大的成功。与此同时,专用于人工智能计算的 ASIC 芯片也成为学术界和工业界的热点。本节以人工智能芯片为例介绍 ASIC 用于并行计算和硬件加速的技术。

人工智能是研究如何让计算机从原始数据获取知识,实现类似人类的行为或智能的学科。人类作为地球上拥有最高智慧的生物,有着区别于传统计算机的感知、学习和决策等能力。近些年,人工智能技术在许多商业领域的应用中取得了巨大的成功。人工智能技术使计算机能够像人类一样,在复杂多变的真实环境中做出判断和决策。其中发展最为迅速的技术是模仿人类大脑神经系统结构的人工神经网络(artificial neural network,ANN)。

人工神经网络的概念最早由 Warren S. McCulloch 和 Walter Pitts 于 1943 年提出。人工神经网络的基本单元是感知器,它可以接收一系列输入然后产生输出。第一个神经网络模型是 McCulloch 和 Pitts 提出的 MP 模型。1949 年,基于神经突触模型,Donald Hebb 提出了第一个神经网络学习策略。1958 年,Frank Rosenblatt 发明了用来进行模式识别的感知器模型,并且证明了在监督学习的策略下感知器模型可以收敛。

1975年,Paul Werbos 发明了著名的监督学习算法——反向传播(back propagation, BP)算法,这大大推动了神经网络的发展。2006年,Hinton 教授发表的一篇关于深度学习的论文再次掀起了神经网络的热潮。近年来,随着世界各地科研人员及科技公司的重视和投入,人工神经网络的研究取得了重大进展,在语音、图像、自然语言处理、系统辨识与控制、医疗诊断等应用领域中取得了巨大突破。

传统的神经网络主要运行于通用处理器设备(如 CPU 或 GPU)之上,但随着网络规模的不断膨胀,单一的 CPU 或 GPU 在神经网络的处理上十分低效,于是神经网络的研究也开始转向性能更强大的处理器或多处理器系统的研究。同时,随着半导体工艺节点的不断缩小,栅氧化层泄漏损耗在整个芯片能量消耗中将占据更大的比重,沟道掺杂浓度提高会导致结泄漏损耗增加。上述能量密度的增加使得保证所有晶体管在全频率和额定电压下同时开关动作,并保持芯片工作在安全温度范围内变得十分困难。为此,Hadi 等人探索了使用多核的方法进行处理器的架构设计。他们的研究表明,在给定温度和能量的要求下,8 nm 集成电路中应保持断电元件(dark silicon)的比例达到 50%~80%,系统仅仅能在最好的情况下获得 7.9 倍的加速。为了解决上述问题,目前面向智能芯片的绝大多数研究集中使用了协处理器和通用处理器组成的混合系统来提高系统的整体性能。

## 7.4.2 人工神经网络算法简介

### 1. 基本算法

在计算机和其他的相关学科领域中,人工神经网络可以使得机器像人脑一样对信息进行学习和识别。神经网络的典型结构是通过大量通过权重相互连接的神经元进行计算,对输入和输出之间的关系进行建模,从而探索数据的内在模式。

### 2. MLP

典型的多层感知器(multi-layer perceptron, MLP)包括一个输出层、一个隐含层和一个不含神经元的输入层(见图 7.46)。MLP 是一种前馈神经网络,信息从输入层($l=0$)传播到输出层($l=2$)。输入层中不包含神经元,通常为 $n$ 位的值(如灰度图像中的像素亮度)。输出层中的每个神经元(neuron)连接至隐含层中所有神经元,隐含层中每个神经元连接到所有输入。每个神经元与前一层所有神经元相连(或是输入),$l$ 层的神经元 $j$ 与 $l-1$ 层的神经元 $i$ 之间的连接带有突触(synapse)权重 $w_{ji}$。这个突触权重与神经元 $i$ 的输出相乘,所有这一层的乘积在神经元 $j$ 中相加,并且将所得的和值输入至一个"激活函数"$f$。

(1) 神经元和突触。层 $l$ 中的一个神经元 $j$ 完成计算:$y_j^l = f(s_j^l)$,其中 $s_j^l = \sum_{i=0}^{N_{l-1}} w_{ji}^l y_i^{l-1}$,$w_{ji}$ 是层 $l-1$ 中的神经元 $i$ 和层 $l$ 中的神经元 $j$ 突触连接权重,$N_l$ 是层 $l$ 中

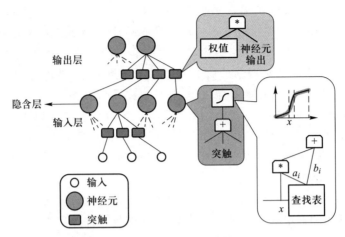

图 7.46　MLP 基本结构

的神经元数目,$f$ 是激活函数。

（2）激活函数。激活函数实现了人工神经元中的非线性行为。在硬件中,激活函数最高效的实现方式是作为一个分段线性函数的近似,这需要一个查找表 $f(x) = ax + b$,表格的每个条目包含一对系数 $(a, b)$,见图 7.47 中激活函数的分段线性实现。

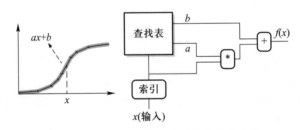

图 7.47　Sigmoid 函数和线性分段拟合实现

（3）前向通路。目前,大多数的硬件神经网络中仅仅包含前向通路。一个常见的误解是认为在线学习（online learning）对许多应用是必要的,然而在许多工业应用中离线学习（offline learning）就已经完全足够,神经网络可以在数据集上离线训练完成后再移送给顾客,例如训练网络识别手写数字、汽车牌照、人脸等。

（4）学习（反向传播）。反向传播是一种有监督的学习方法,它首先将输入提交给网络通过前向通路产生输出,然后将该输入和已知的输出之间的误差通过网络反向传播回输入层,从而更新所有权重。反向传播的方法是迭代进行的,其过程将重复多次,直到精度目标达成或者分配的学习时间已经过去。

**3. CNN**

传统的神经网络一般使用 Sigmoid 函数作为神经元的激活函数,反向传播算法作为训练方法。但随着网络层数的加深,"梯度消失"现象更加严重,优化函数容易陷入局部最优解,并且局部最优更可能偏离全局最优,深层网络的效果可能还不如浅层网络。深度神经网络(deep neural network,DNN)使用 ReLU 函数代替了 Sigmoid 函数,克服了梯度消失的问题。在图像识别中,因为网络输入层的节点很多,同时全连接的 DNN 里下层神经元和上层所有神经元形成连接,这样一来网络的参数数量会迅速膨胀。同时,由于图像中只有局部像素之间才存在关联,所以下层网络只需要和上层网络中的局部生成连接即可。

卷积神经网络(convolutional neural network,CNN)就是基于这种思想,通过卷积核将下层和上层进行连接,卷积核参数在上层节点中共享,从而减少了网络的参数。卷积神经网络主要包括卷积层、汇聚层、归一化层和分类层(全连接层)四个网络层。图 7.48 展示了在文字识别方面应用广泛且具有代表性的 CNN 结构 LeNet-5。在卷积神经网络中,突触权重可以被不同集合的神经元复用,为硬件的实现创造了有利条件。这是因为权重的复用降低了突触权重的存储开销,也使得将所有的权重同时存储在片上变成可能。

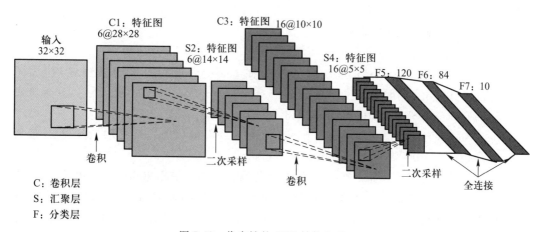

图 7.48 代表性的 CNN 结构 LeNet-5

(1)卷积层。卷积层通过几个滤波器(核)提取输入数据的特征。假设卷积层的输入的尺寸为 $x_i \times y_i \times d_i$,每一个卷积核的尺寸为 $K_x \times K_y$,步长为 $S_x$,$S_y$,$f_o$ 表示特征图谱,$I$ 表示输入神经元活跃度,则输出特征图$(a,b)$处的值为:

$$O_{a,b}^{f_o} = f\Big(\beta + \sum_{i=0}^{K_x-1} \sum_{j=0}^{K_y-1} \sum_{k=0}^{d_i-1} w_{i,j,k}^{f_o} \times I_{aS_x+i,bS_y+j}^k\Big)$$

其中,$f(*)$ 一般为 ReLU 函数,$w_{i,j,k}$ 和 $\beta$ 代表相应的权重和偏置。

(2)汇聚层(池化层)。汇聚层的主要作用是降低特征图的尺寸,进一步减少网络中的参数数量,同时控制过拟合的出现。汇聚层常用最大值函数或平均值函数作为滤波器的形式,保留局部的最大值或平均值。设窗口的大小为 $K_x \times K_y$,最大值用

公式表示为

$$O_{a,b}^{f_o} = \max_{0 \leqslant i < K_x, 0 \leqslant j < K_y} I_{aK_x+i,bK_y+j}^{f_i}$$

（3）归一化层。归一化层通过不同特征图的相同位置值的对比来模拟生物神经元的横向抑制机制。归一化层有两种类型,局部对比归一化(LCN)和局部响应归一化(LRN)。LRN 形式如下:

$$O_{a,b}^{f_o} = I_{a,b}^{f_i} \Big/ \Big( k + \alpha \times \sum_{j=\max\left(0,f_i-\frac{M}{2}\right)}^{\min\left(f_i-1,f_i+\frac{M}{2}\right)} \left(I_{a,b}^j\right)^2 \Big)^\beta$$

其中,$\alpha,\beta,k$ 是该层的参数,$M$ 参数是特征图 $f_i$ 的邻居的个数。

（4）分类层（全连接层）。分类层通常作为神经网络的末层,输出节点与输入层全连接,计算公式如下:

$$O^{n_0} = f\Big(\beta^{n_0} + \sum_{i=0}^{N_i-1} w^{n_i,n_o} \times I^i\Big)$$

其中,$f(*)$是最大值函数或其他激活函数,$w$ 和 $\beta$ 代表相应的偏置 $N_i$ 表示输入层规模。

#### 4. 常见网络结构

1）AlexNet

AlexNet 是一个八层的卷积神经网络,在 ImageNet LSVRC 2010 比赛对 120 万图像的 1 000 分类问题中,它达到了 Top-1 37.5%、Top-5 17.0%的错误率[①],并且该模型的变种在 ILSVRC 2012 比赛中获得了冠军。

AlexNet 的前五层是卷积层（某些卷积层中含有池化层）,后三层是分类层,最后一层是一个 1 000 维的归一化指数函数(Softmax)。

其具体实现具有如下特征。① 非线性激活函数。采用 ReLU 作为激活函数,比传统使用双曲函数(tanh)的等价网络快 6 倍。② 多 GPU 训练。由 120 万张图片训练生成的网络太大,因此将它们分布在两个 GPU 上。在每个 GPU 上放置一半的神经元,只在某些特定的层上进行 GPU 之间的通信。③ 局部响应归一化。④ 重叠池化。传统的 CNN 采用局部池化层,即池化单元互不重叠。而在该网络中采用了 $s=2, z=3$ 的池化层,即重叠池化。

AlexNet 针对神经网络常出现的过拟合问题采取了两种解决方法。

一是数据增强,进行图像变换和水平翻转,从 256×256 的图像中提取 5 个（四角及中心）224×224 的图像块,最终对 10 个图像进行归一化处理。二是失活(dropout),以 0.5 的概率把隐含层神经元的输出设为 0,使学习过程的鲁棒性更强。

---

① 在 ImageNet 上通常使用两种错误率:Top-1 和 Top-5,Top-1 错误率是指测试图像的正确标签不是模型认为的最可能的那个标签的测试图像的百分数,Top-5 错误率是指测试图像的正确标签不在模型认为的最可能的前五个标签中的测试图像的百分数。

2) ResNet

ResNet 基于残差学习框架,拥有更深的网络结构,但复杂度仍然较低,其框架如图 7.49 所示。该网络在 ImageNet 测试集上取得了 3.57% 的错误率,并且在 ILSVRC 2015 分类任务中赢得了第一名。

随着神经网络层数的不断增加,其准确率会在饱和后迅速下降,增加层数会带来更大的误差,这种退化不是由于过拟合引起的。ResNet 通过引入深度残差学习框架解决了退化问题,主要方法如下。

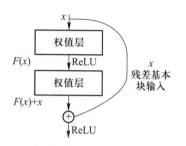

图 7.49 ResNet 基于
残差学习框架

(1) 残差学习。假设多层网络可以近似表示为复杂函数 $H(x)$,这等价于让网络近似表示为残差函数 $F(x)=H(x)-x$,然后加入前馈得到 $H(x)=F(x)+x$。

(2) 快捷恒等映射。多层网络可以表示为 $y=F(x,W_i)+x$,如果 $F$, $x$ 维度不匹配,可以使用 $W_s$ 来匹配维度:$y=F(x,W_i)+W_sx$。

(3) 网络结构。依照相同输出特征图尺寸的层具有相同数量的滤波器,特征图尺寸减半时依据滤波器数量加倍的原则先设计简单网络,然后加入快捷恒等映射。

3) GoogLeNet

GoogLeNet 是一个 22 层的深度卷积神经网络,基于 Inception 架构,该架构能够在保持计算量不变的基础上增加网络深度和广度。GoogLeNet 在 ILSVRC 2014 比赛中取得了当时的最好结果。

此网络解决过拟合的基本方法是将全连接层替换为稀疏的全连接层或卷积层。然而在非均匀的稀疏结构上进行数值运算时,现行的计算架构效率低下。为了解决上述问题,该网络引入了以下解决方法。① 使用容易获得的稠密子结构近似覆盖卷积神经网络的最优稀疏结构。使用不同尺度的卷积核进行卷积,提取更加丰富的特征,然后进行聚合。② 在计算要求高的地方减少卷积核维度,先进行降维,之后再进行卷积。

4) Faster R-CNN

先进的目标检测算法依靠区域提议算法(region proposal algorithm)和基于区域的卷积神经网络(R-CNN),其中提议算法是计算的主要瓶颈。Faster R-CNN 引入了区域提议网络(region proposal network,RPN),代替了以前使用的选择性搜索(selective search)或滑动窗口算法进行区域提议。RPN 与检测网络共用全图像的卷积特征,实现了几乎零成本的区域提议过程。

RPN 的思路是,基于共享卷积层所得的特征图对可能的候选框进行判别。RPN 引入锚点(anchor)机制,对特征图进行卷积相当于使用滑动窗口在特征图上进行平移,在特征图的每个位置可以预测多个提议区域(假设有 $k$ 个),每个位置可以在滑动窗口的基础上加入尺度和长宽比,例如定义 3 种尺度和 3 种长宽比,则 $k=9$,这样的每个候选窗口称为一个锚点,对于 $W×H$ 的特征图有 $W×H×k$ 个锚点。之后的网络产生两个分支,一个分支用于计算目标边框的坐标和宽高(边框回归层 reg),一个分支用于判断边框所确定的区域是不是目标(分类层 cls)。

为了训练 RPN,给每个锚点按照以下规则标定类别标签或识别目标。

(1)如果候选框与真实框交并比(IoU)最大,标记为正样本。

(2)如果候选框与真实框交并比 IoU>0.7,标记为正样本。

(3)若 IoU<0.3,则标记为负样本。

(4)其余情况对训练目标没有帮助。然后根据 Fast R-CNN 的多任务损失方法最小化目标函数,损失函数为

$$L(\{p_i\},\{t_i\}) = \frac{1}{N_{cls}} \sum_i L_{cls}(p_i,p_i^*) + \frac{1}{N_{reg}} \sum_i p_i^* L_{reg}(t_i,t_i^*)$$

其中,$i$ 是锚点索引,$p_i$ 是锚点 $i$ 是目标的概率。$p_i^*=1$ 代表正样本标签,0 代表负标签。$t_i$ 是预测边界框的参数化坐标向量,$t_i^*$ 是真实边界框参数向量。分类损失 $L_{cls}$ 是在两个类别上的对数损失。回归损失为 $L_{reg}=R(t_i-t_i^*)$,其中 $R(*)$ 是鲁棒损失函数。$N_{cls}$ 表示样本总量,$N_{reg}$ 表示特征图谱尺寸。

为了让 RPN 和 Fast R-CNN 能够共享卷积层,可采用如下方法。

(1)交替训练。先训练 RPN,然后用提议训练 Fast R-CNN,Fast R-CNN 微调网络用于初始化 RPN。

(2)近似联合训练。每次做随机梯度下降(stochastic gradient descent,SGD)迭代时,前向过程生成区域提议,在反向传播过程中,对共享卷积层组合 RPN 损失信号和 Fast R-CNN损失信号,其中忽略了提议边界框的导数,故为近似联合训练。

(3)非近似联合训练。加入了使边界框坐标可微分的兴趣区域(region of interest,ROI)池化层。

5)GAN

生成对抗网络(generative adversarial network,GAN)采用对抗的方式同时训练两组网络,一个用来获取数据分布的生成网络 G,一个用来判断样本是否属于训练集的识别网络 D。训练的目标是,尽可能使 G 生成能让 D 产生错误的数据。这是一个极小化极大(minimax)问题,训练的结果是 G 生成近似训练集的数据分布,而 D 判断样本属于任何一方的概率都是 1/2。

**5. 人工神经网络硬件加速器**

神经网络加速器的研究兴起于 20 世纪 80 年代。最开始,学者只关注全连接神经网络,因此加速器结构和实现都较简单,可以得到很高的性能,这其中的典型代表是 RAP。由于结构运算相对简单,RAP 采用现成的 DSP 作为其运算单元。如图 7.50 所示,RAP 将多个 DPS 通过 RING 拓扑结构相连,RING 拓扑结构采用 PGA 实现,每

个 DSP 中的神经元可以通过 RING 互相广播,从而实现神经网络的计算。Intel 在 1989 年发布了名为 ETANN 的模拟芯片,该芯片包含 64 个全连接的神经元和 10 240 个权重连接,研究人员也研制了 Mod2 神经网络计算机,尝试集合 12 个 ETANN 芯片来实时处理图像。S. Y. LEE 和 J. K. Aggarwal 提出了一种并行的二维卷积结构,这种处理器拥有和图片像素数目相同的处理单元,这些处理单元之间以网状相连。它可以使用任意大小的二维或三维卷积核。Kamp 等人提出了一种全集成的二维滤波器(卷积核)宏单元(macrocell),它提供了 7×7 可编程的卷积核,但只适用于垂直对称的参数掩模。

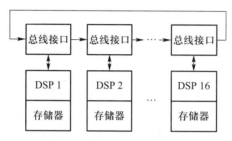

图 7.50 RAP 结构示意图

到了 20 世纪 90 年代,卷积神经网络在 MNIST 数据集上取得了巨大成功,引起了诸多学者的重视。卷积神经网络和全连接神经网络有着截然相反的特征,卷积神经网络的计算量巨大,访存相对较小。因此神经网络加速器的重心也向卷积神经网络倾斜。Bernhard 等人做了一个采用模拟电路做的卷积神经网络加速器,该加速器将外部输入转换成数字信号,模拟电路加速器具有性能高、功耗低的特点,每秒可以识别 1 000 个手写数字。除此之外,该加速器具有可编程特性,虽然只能支持 3 种指令,但通用性和灵活性大大提高。除此之外,还有一些工作采用了数字和模拟混合电路来实现硬件神经网络。其中,或是通过模拟电路完成神经网络计算,或是直接接收外界输入的模拟信号。然而模拟电路精度较难控制,而且通过电压或者电流表示的数值的值域有限,只能表示有限范围。除此之外,模拟电路的实现也依赖于设计人员本身。相较而言,数字电路具有完整、可靠的流程,且本身具有良好的鲁棒性,所以目前大多数芯片都是数字芯片,尤其适用于对计算精度要求高的领域。

进入 21 世纪,由于 CNN 在许多计算机视觉任务中能够提供最高的准确率,在经济的推动下出现了很多加速器。Jaehyeong Sim 等人提出了一种 CNN 加速器,它拥有 1.42 TOPS/W 的能量效率。为了减少能量消耗,引入一个双范围的乘法累加器(DRMAC)来进行低能耗的卷积运算。它们利用分块排列的方式(tiled manner),使用和片上存储相同大小的数据块和压缩的卷积核进行卷积运算,以减少片下内存的开销和带宽需求。此外,还有人对利用神经网络内在错误弹性(intrinsic error resilience)的硬件加速器进行了研究。Hashmi 等人提出了一种仿生的计算模型,并且揭示了相对皮质网络(relative cortical network)的内在容错性。这个模型的关键是使用固定型(stuck-at)方案来保护函数计算结果,当硬件出现错误时不做任何处理。人工神经网络本质上能够抵抗短暂或者永久的错误,基于此,Olivier Temam 提出并且实现了一个能够忍受多重错误的硬件神经网络加速器。它可以使用多种基于人工神经网络的算法,实现一些高性能任务的运算。它和其他定制芯片一样,相较通用芯片,能量效率能够提高两个数量级。

### 7.4.3　DianNao 系列深度学习处理器

#### 1. DianNao

由中国科学院计算所和法国 Inria 联合设计的 DianNao 系列开创了深度学习处理器架构这一全新的研究方向。DianNao 作为国际上首个深度学习处理器,是DianNao 系列中最早的加速器。该高吞吐量处理器基于台积电通用 65 nm 技术,面积为 3.02 mm²,功耗为 485 mW,性能达到 452 GOP(group of pictures)。几项有代表性的神经网络基准测试实验显示,DianNao 相对普通 CPU 处理器有超过 100 倍的性能提升,而只需花费其 1/30～1/5 的能量和面积,这意味着它的能量效率提高了三个数量级。尽管 GPU 在运算速度上超过了 DianNao,但它需要的能量和面积是 DianNao 的 100 倍。

DianNao 主要关注内存使用的加速。设计中最大的挑战是在最小内存传输和神经网络更高性能之间的权衡,两者主要由运算器数量、内存策略、片上 RAM 结构和数量等结构参数决定。

由于芯片中有大量的参数,因此使用模拟器来对整个芯片进行仿真是不可能的。陈天石等研究者基于神经网络的特性和先前的研究提出了启发式模型方法。设计出的芯片实现了计算量和内存体系之间完美的平衡,极大地改善了神经网络的能量效率。

如图 7.51 所示,控制逻辑(CP)控制一个输入缓冲区(NBin)和另一个缓冲区(SB)将输入神经元和权重传递给神经功能单元(NFU,图中灰色框部分),然后输出缓冲区(NBout)从 NFU 接收输出神经元。其中使用了一个内存接口来为三个缓冲区中的数据流进行路由。

交错的三级流水线 NFU 承担了神经网络的计算。不同类型的层在 DianNao 中被分解为两阶段或者三阶段,并且在 CP 的控制下进行流水线运算。多个输出同时计算可以利用本地数据,减少访问缓冲区的次数。

尽管数据已经从内存中加载到芯片缓存中,但数据传输的能量开销仍然非常高。所以,为了获得更高的能量效率,仅仅降低计算的能量消耗远远不够,优化数据传输策略同等重要。

DianNao 的存储分为三部分:输入缓冲区(NBin),输出缓冲区(NBout)和突触

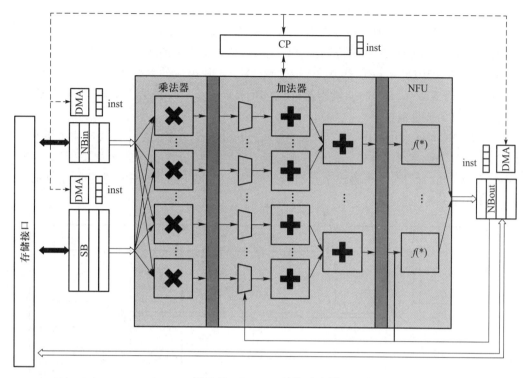

图 7.51　DianNao 结构示意图

（权重）缓冲区（SB）。片上的分离 RAM 结构有以下优点。首先，可以调整 SRAM 为合适的读写带宽，而不必是同等的带宽。由于权重的数目大约比输入神经元和输出神经元的数目高一个数量级，这种专用的结构可以为读请求提供更好的能量和时间性能。其次，分离存储和神经网络位置先验信息使得 DianNao 能够避免数据冲突，这种发生在缓冲区的冲突往往需要消耗时间和能量来弥补。最后，DianNao 能够让 NBin 缓冲区工作在循环缓存状态，以重用输入神经元数据。基于以上的优点，DianNao 相比 CPU 或 GPU 将数据传输带宽减少大约 1/30～1/10。

**2. DaDianNao**

深度神经网络常常比传统神经网络含有更多的隐含层，相应地也会有更多的权重。例如，百度实现了一个大规模的深度神经网络，它含有高达 200 亿的突触（权重）。迅速增长的神经网络规模给各种神经网络处理器带来了很大的挑战。只使用一个或少数几个处理核心来满足这样大规模的网络十分困难，所以研究者们的研究开始从单核加速器向多核处理器过渡。

DaDianNao 是 DianNao 家族中的一款多核处理器。在 DianNao 的基础上，DaDianNao 将处理器核心的规模扩大到 16 个，同时增大了片上内存来支持持续的、更高的机器学习性能。DaDianNao 基于 28 nm 工艺，运行频率为 606 MHz，同时其面积只有 67.7 mm$^2$,功率只有大约 16 W。

DaDianNao 是一个旨在为机器学习算法提供更广泛支持的加速器,它不只提供对推理算法的支持,而且支持训练算法,甚至支持权重预训练环节(RBM)。相比于 NVIDIA K20M GPU 系列,DaDianNao 比由 64 个芯片组成的系统平均提升 450.65 倍的速度,降低 150.31 倍的能量消耗;比含 16 节点的单芯片提升 216.72 倍的速度,降低 150 倍的能量消耗。

DaDianNao 采用如图 7.52 所示的分块(tile-based)结构,能够有效避免逻辑和数据的拥塞。所有输出神经元的运算被分为 16 个片段,分给相应的运算块(Tile)。每个运算块同时处理 16 个输出节点对应的输入节点,也就是说,在一个芯片上同时进行 256 个并行运算。

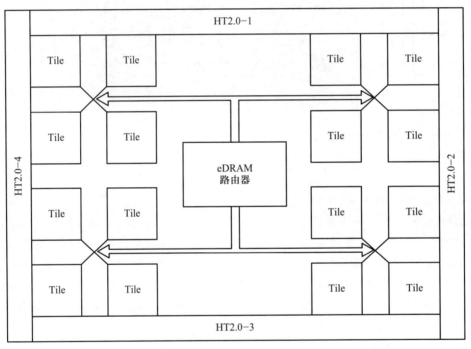

图 7.52　DaDianNao 的分块结构

芯片采用了一个高内部带宽的胖树结构(high internal bandwidth fat tree)来向每个运算块广播相同的输入数据,也用来收集每个块中不同的输出节点值。在胖树结构的末端,有两个增强动态随机存储器(eDRAM)起到和 DianNao 中输入缓冲区及输出缓冲区相同的作用。中心 eDRAM 的输入神经元值被广播到所有的运算块来计算不同的输出,这些输出被集中到另一个中心 eDRAM。为了和相同的芯片通信,中心 eDRAM 连接到了 HyperTransport(HT)2.0 接口。

### 3. PuDianNao

尽管神经网络在模式识别等领域效果很好,但有时为了获得更好的性能或更高的正确率会选择其他的分类算法。基于此,DianNao 家族的 PuDianNao 适应多种有代表性的机器学习算法,如 K 近邻、朴素贝叶斯、K 均值、线性回归、支持向量机、深度神经网络、分类树等。PuDianNao 的结构主要有两大难点:执行单元和内存层级结构。

PuDianNao 的主要组成部分是功能单元(FU)、数据缓存(HotBuf、ColdBuf 和 OutputBuf)、一个控制模块、一个指令缓存(InstBuf)和一个 DMA。功能单元的设计初衷是为了高效地进行机器学习中高频的基础运算。一个功能单元被分为一个用来支持多种基础运算的机器学习功能单元(MLU)和一个辅助 MLU 的算术逻辑部件(ALU),如图 7.53 所示。

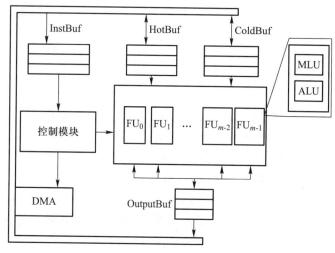

图 7.53 PuDianNao 结构

如图 7.54 所示,MLU 包括 6 级流水线结构。粗实线说明直接从数据缓冲区中获取输入数据。细实线表明输入数据是前一级的输出数据。如果有一级没有起作用,则可以被忽略。计数级(Counter)通过按位与运算或比较输入数据然后累加结果来加速计数运算。计数运算在分类树和朴素贝叶斯中经常使用。加法级(Adder)用来实现机器学习中普通的向量加法。乘法级(Mult)计算向量乘法,并且可以从前一级或数据缓存中输入数据。加法树级(Adder tree)对乘法的结果进行求和,如果需要可以通过累加级(Acc)对求和结果进行累加。这两级和乘法级共同实现点乘运算。最后的 Misc 级负责排序和线性插值运算,排序器可以用来寻找累加级中的最小值,线性插值器用来计算非线性函数的近似结果。而且,算法单元通过 6 级流水线节省了封装和能量消耗而没有明显的准确率损失。

ALU 支持机器学习中除 MLU 提供的基础运算外的各种各样的运算。在芯片中

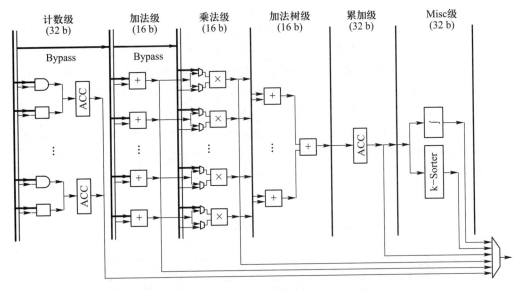

图 7.54　PuDianNao 中 MLU 的流水线结构

执行这些运算会进一步降低带宽需求,所以功能单元中加入了一个 ALU,它含有一个加法器、一个除法器、一个乘法器和 16 位/32 位浮点数转换器。

内存层级设计的目标是,通过研究数据访问的特点来最大化片上数据的利用率,这样 PuDianNao 就只需要更小的内存带宽。由于分块能够高效地利用机器学习的局部性,因此片上数据缓存被分为三个分离的部分:8 KB 的 HotBuf,16 KB 的 ColdBuf 和 8 KB 的 OutputBuf。HotBuf 用来存储短重用距离的输入数据,相反,ColdBuf 用来存储长重用距离的输入数据,而 OutputBuf 用来存储临时数据或输出数据。这种设计有两个好处:一是它适应了机器学习中变量的集群平均重用距离的类别数,即两类或三类;二是它可以消除由不同读入数据位宽引起的额外带宽开销。因此,这种缓存结构能够避免内存带宽成为系统瓶颈。

PuDianNao 达到了 1 GHz 频率、1.056 TOPS 峰值性能、0.596 W 功耗和 3.51 mm$^2$ 芯片面积。前面介绍的各算法在 PuDianNao 上运行的平均性能相当于使用通用 GPU 的性能,但是 PuDianNao 只有 GPU 约 1% 的能量消耗。

**4. ShiDianNao**

ShiDianNao 是用来处理图像实时卷积神经网络的专用电路。它的主要目的是实现一个节能的图像识别加速器,它能够被嵌入到传感器中,以实现实时的图像处理。为了实现这个目标,ShiDianNao 不仅用 SRAM 进行了完整的 CNN 映射以减少 DRAM 对权重的访问,而且直接从 CMOS 或 CCD 传感器中获取输入图像,以进一步减小数据的传输。相比 GPU 或 DianNao,它大体上提升了 4 700 倍的运行速度和 60 倍的能量效率。

ShiDianNao 加速器包括 4 个主要组成部分:一个突触(权重)缓存(synapse buffer, SB),两个存储输入输出节点数据的缓存(NBin, NBout),一个神经功能单元(neural function unit,NFU)和一个算术逻辑部件(ALU),一个用来存储指令和译码的缓存及译码器。其中,NFU 用来进行加、乘、比较等基础的运算,ALU 专门用于激活函数的运算。

NFU 包含了一组处理单元(PE)阵列。基于二维滑动窗口的特点,同时受卷积核的大小所限,处理单元有如下的性质:每个单元代表一个神经元(节点),排列在一个二维的网格拓扑结构中。它可以传输 FIFO 中的数据到其相邻的单元中。ALU 用以支持 16 位定点数的操作,例如除法、激活函数的线性插值等。

下面说明卷积层如何运算。如图 7.55 所示,假设 PE 阵列的大小为 2×2,卷积层卷积核的大小为 3×3,步长为 1×1。在计算特征图时,每个 PE 计算一个输出神经元(节点),计算结束后移动到一个新的单元中。在计算的第一个周期 Cycle0,所有四个 PE($PE_{0,0}$,$PE_{0,1}$,$PE_{1,0}$,$PE_{1,1}$)从 SB 中获取卷积核 $k_{0,0}$ 的值,从 NBin 中获取第一个输入节点的值($x_{0,0}$,$x_{0,1}$,$x_{1,0}$,$x_{1,1}$),然后 PE 计算输入节点和权重的乘积,把临时结果存储到寄存器中,同时从 FIFO 中获取输入节点值。$PE_{1,0}$,$PE_{1,1}$ 在 Cycle1 中从 NBin 读取输入节点 $x_{2,0}$,$x_{2,1}$,在 Cycle2 中读取 $x_{3,0}$,$x_{3,1}$。$PE_{0,0}$,$PE_{0,1}$ 在 Cycle1 中从 $PE_{1,0}$,$PE_{1,1}$ 的 FIFO 中读取输入节点 $x_{1,0}$,$x_{1,1}$,在 Cycle2 中读取 $x_{2,0}$,$x_{2,1}$。同时,在 Cycle1 和 Cycle2 中广播卷积核值 $k_{1,0}$,$k_{2,0}$,存储输入节点值到 FIFO 中。乘法运算的结果和前一次计算的结果进行累加。Cycle3 ~ Cycle5 和 Cycle6 ~ Cycle8 的操作类似。$PE_{i,0}(i=0,1)$ 从 $PE_{i,1}$ 中获取输入节点值 $x_{i,1}$ ~ $x_{i+2,1}$,$x_{i,2}$ ~ $x_{i+2,2}$。$PE_{i,1}(i=0,1)$ 从 NBin 中获取输入节点值 $x_{i,2}$ ~ $x_{i+2,2}$,$x_{i,3}$ ~ $x_{i+2,3}$。同时系统顺序地从 SB 中读取卷积核值 $k_{0,1}$ ~ $k_{2,1}$ 和 $k_{0,2}$ ~ $k_{2,2}$,并将它们广播给所有的 PE,乘法和累加运算仍然之前一样。这样每个 PE 就完成了运算,然后将累加的和传给 ALU 就得到了输出的 $y_{0,0}$,$y_{0,1}$,$y_{1,0}$,$y_{1,1}$。

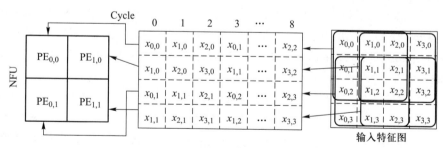

图 7.55 卷积层硬件和算法流程图

## 5. 指令集

Cambricon 是一种新型的、用于 NN 加速器的指令集结构(ISA)。这种装载结构基于对现有 NN 技术的分析,集成了标量、向量、矩阵、逻辑、数据传输和控制指令等。

基于 10 种有代表性的 NN 技术对指令集进行的评估表明,Cambricon 对大范围的 NN 技术有很强的表示能力,并且有比 x86、MIPS 和 GPGPU 等通用指令集更高的代码密度。比起最新、最先进的 NN 加速器 DaDianNao(能够适应 3 种神经网络),基于 Cambricon 的加速器原型只带来了可以忽略不计的延时/能量/面积开销,却能够覆盖 10 种不同的神经网络基准。

Cambricon 的设计受到 RISC ISA 的启发。首先,将复杂、高信息量的、描述高层次的神经网络功能块(如网络层)分解为对应低层次运算的、更短的指令(如点乘),这样就可以使用低层次的运算来集成新的高层次的功能块,从而保证了加速器有很广泛的适用范围。其次,简短的指令大大地降低了指令译码器设计和验证的复杂性。

Cambricon 的装载结构只允许使用加载或存储(load/store)指令对主内存进行访问。Cambricon 不使用向量寄存器,而是将数据存储在片上暂存器中。Cambricon 包含了 4 种指令类型:计算类型、逻辑类型、控制类型、数据传输类型。尽管 4 种指令有效长度不同,但为了设计的简单性和内存对齐的作用,所有的指令均为 64 位。

Cambricon 的控制指令和数据传输指令与 MIPS 指令类似。Cambricon 包含两条控制指令:jump 和 conditional branch。为了支持向量和矩阵运算指令,Cambricon 的数据传输指令支持可变数据尺寸。

基于对 GoogLeNet 的定量分析,神经网络中 99.992% 的基础运算可以被合并为向量运算,99.791% 的向量运算可被进一步合并为矩阵运算。因此,NN 可以分解为标量、向量和矩阵运算,而 Cambricon 充分地利用了这一点。

(1)矩阵指令。Cambricon 中含有 6 条矩阵指令。以 MLP 为例,每个全连接层进行的运算为 $y = f(wx + b)$。其中的关键运算是 $wx$,这可以通过矩阵乘向量指令(MMV)实现。为了避免转置运算,还有 VMM 指令。在神经网络的权重更新中,会用到 $W = W + \mu \Delta W$ 运算。因此有叉乘指令(OP)、矩阵乘标量指令(MMS)和矩阵加法指令(MAM)。此外 Cambricon 还提供了矩阵减法指令(MSM)用于受限玻耳兹曼机(RBM)。

(2)向量指令。不失一般性,以 Sigmoid 函数 $f(a) = e^a / (1 + e^a)$ 为例,逐元素激活操作可以被分解为 3 步:首先,使用向量指数指令(VEXP)对向量 $e$ 逐元素求指数;其次,使用向量标量加法指令(VAS)为上述结果向量的每个元素加 1;最后,使用向量除法指令(VDV)逐元素计算 $e^{a_i} / (1 + e^{a_i})$。类似地,对于其他函数 Cambricon 提供相应的向量指令,如 VMV、VLOG 等。此外,Cambricon 提供了向量随机数指令(RV),用于相关 NN 算法的实现中。

(3)逻辑指令。最好的 NN 算法中往往使用比较运算或其他逻辑运算。Cambricon 中使用 VGTM 指令用于支持最大汇聚运算。此外,Cambricon 还提供了 VGT、

VAND 等指令。

（4）标量指令。Cambricon 仍然提供基础的单元素标量运算和标量超越函数等指令。

## 7.4.4  深度学习处理器的优化

### 1. 权重与输入量化

1）二值网络

由于神经网络硬件电路中乘法器最消耗能量和空间,使用只含有 -1 和 +1 的二值化权重可以将复杂的乘法累加运算替换为简单的累加运算,进而提升硬件的性能。二值化连接（binary connect）方法基于两个关键点,第一,计算大量随机梯度的累加平均值需要有足够的数据精度,但含噪声的权重（可以认为离散化是一种噪声）也同样适用于随机梯度下降法（SGD）。SGD 每步都很小并且含有噪声,对每个权重而言,随机梯度的求和将噪声平均掉了,因此这些累加器需要足够的精度（来做平均处理）。同时,研究发现随机舍入可以用来处理无偏离散化。第二,变化权重噪声、用失活（dropout）和失连（drop connect）等方法在激活值或权重中加入噪声。但这些噪声权重实际上提供了一种正则化的方法,可以让模型有更好的推广性（避免了过拟合）。这些研究说明只有权重的期望值才需要很高的精度,噪声实际上是有好处的。

二值化连接方法中的权重只含有 +1 和 -1 两种情况,这样乘法累加运算就可以被加减运算取代。一种直接的二值化方法如下:

$$w_b = \begin{cases} +1, w \geq 0 \\ -1, 其他 \end{cases}$$

其中,$w_b$ 是二值权重,$w$ 是实值权重。这种固定的二值化方法可以通过平均处理大量输入权重的离散值来补偿信息的损失。另一种更精细准确的方法是随机二值化方法:

$$w_b = \begin{cases} +1, p = \sigma(w) \\ -1, 1-p \end{cases}$$

其中,$\sigma$ 是 Hard Sigmoid 函数:

$$\sigma(x) = \mathrm{clip}\left(\frac{x+1}{2}, 0, 1\right) = \max\left(0, \min\left(1, \frac{x+1}{2}\right)\right)$$

网络的更新策略如下:为了保证 SGD 算法正常工作,只在前向传播和后向传播时使用二值化权重,权重更新时仍使用精确的权重。

2）三值网络

Hwang 等人提出了一种新的 DNN 网络，它只需要三值（+1,0,−1）的权重和 2~3 位的定点量化信号。训练算法仍使用反向传播算法重训练定点网络，但使用了一些高效使用的方法，如通过范围和灵敏度分析进行精细信号分组（elaborate signal grouping）、同时量化权重和信号值、最优量化参数搜索和对深度神经网络的考虑。

由于对权重和信号使用不同数据类型太复杂，所以需要根据它们的范围和量化敏感度对它们进行分组。在每层的权重中，只有偏置值（bias）需要很高的精度（其范围通常比其他权重大很多）。对偏置值使用较多位（如 8 位）的定点数类型不会带来很大的开销。隐含层信号的量化敏感度都很低，但网络输入的量化敏感度却取决于具体应用需求。一种传统的量化方法是，利用最优步长的方法量化训练权重，浮点数权重可以通过先使用受限玻耳兹曼机（RBM）进行预训练，然后使用误差反向传播实现精细调整。可以通过最小化 $L_2$ 误差方法（类似 Lloyd-Max 量化）获得初值，然后使用穷举搜索对量化步长进行微调来获得最优步长。为了减小搜索维度，可以使用贪心算法进行逐层搜索。最终步长大约是 Lloyd-Max 方法结果的 1.2~1.6 倍。

在权重精度很低时，直接量化方法会产生很高的输出误差。这可以通过使用定点优化方法重训练量化的神经网络来解决。直接对量化的神经网络使用反向传播算法往往行不通，这是因为权重的更新值往往比量化的步长小很多。为了解决这个问题，该网络同时保留高精度和低精度的权重和信号。高精度的权重用于计算误差的累计和生成量化的权重，而低精度的权重用于后向传播算法的前向和后向步骤。

**2. 计算以及传输剪枝**

1）稀疏 CNN

在高分辨率网络中使用单像素笔画所写的字符是一种稀疏矩阵。同时图片填充后也可以认为是稀疏的，充分利用矩阵的稀疏性可以更加高效地训练更大、更深的网络。

假设手写字符是一个 $N \times N$ 的二值图片，非零像素数目只有 $O(N)$，第一个隐含层可以借助稀疏性使计算更快。传统卷积层使用有效卷积模式，但不是最优的，解决方法有：对输入图片用零像素填充；在每个卷积层使用较少数目的填充，保证卷积使用完全卷积模式；对一组重叠的子图使用卷积网络。而稀疏性能够组合这些好的特点。

对于手写字体而言，更慢的池化操作（窗口较小的池化层，网络更深）可以保留更多的空间信息，使网络具有更好的可推广性。对通常的输入而言，慢的池化层相对需要更高的计算代价，但稀疏的输入由于在网络的前几层保留了稀疏性，就只有相对较低的能量代价。

DeepCNet($l$, $k$) 的网络结构为：$l+1$ 层卷积层，中间是 $l$ 层 2×2 的池化层。第 $l$ 层卷积层滤波器的数量是 $nk$，第一层滤波器尺寸为 3×3，后面各层滤波器的尺寸为

2×2。在 DeepCNet 的基础上加入深度网络结构(network-in-network,NiN)层,NiN 层卷积核尺寸为 1×1,在每个池化层和最后一个卷积层的后面加入 NiN 层,生成 DeepCNiN($l$, $k$)网络。在该网络中,采用了两种措施来使反向传播函数更加高效。首先,只对卷积层进行失活操作,对 NiN 层不进行操作。其次,使用了如下所示的带泄漏修正线性单元(leaky ReLU)来修正线性单元:

$$f(x) = \begin{cases} x, & x \geq 0 \\ x/3, & x < 0 \end{cases}$$

假设输入全零时,隐含层变量的状态为基态(ground state)(由于偏置的存在,基态的值非零)。当输入稀疏数组时,只需要计算和基态不同的隐含层变量的值。为了前向传播网络,对每层计算两种矩阵:① 特征矩阵(feature matrix)是一个行向量列表,其中一个参数代表基态,另一个参数代表该层中每个激活位置,矩阵的宽度是每个空间位置特征的数量;② 指针矩阵(pointer matrix)是一个和卷积层大小相同的矩阵,在其中存储每个空间位置在特征矩阵中对应的行。

2)ReLU 运行时剪枝

统计发现,CNN 中 ReLU 层的大量输出都是零值,说明卷积层中大量的输出为负值。同时,不同中间层零值的空间分布不同。基于这个特点,SnaPEA 算法能够提前判断中间计算结果是否会产生零值,以决定是否提前终止,进而减少算法的计算量。SnaPEA 有两种模式:① 准确模式,不会降低分类的准确率;② 预测模式,通过预测提前终止计算,以节省更多的计算量,代价是分类准确度有一定降低。

在准确模式下,将卷积核中的权重按照符号排序,正的权重在前,负的权重在后。在计算过程中定期检查求和的符号位,一旦符号位为负就终止运算,在这种情况下不会降低分类准确率。

在预测模式下,如果卷积运算在特定次数的 MAC 运算后低于相应的阈值,最终的结果就很可能是负的,于是提前终止运算。但是这种操作会降低最终分类的准确度,为了减小这种损失,需要确定两个参数:阈值和相应的运算次数。参数可以通过一个多变量约束的优化问题来确定,进一步通过贪心算法来解决这个问题。该算法包括以下三步。首先,独立测量准确率对每个卷积核引入不精确值(提前停止)的灵敏度,根据这个灵敏度确定每个卷积核的参数。然后,联合每层各个核的参数,为每层确定一组参数。最后,迭代调整各层参数,使得在减少最大计算量的同时实现可以接受的准确率。由于确定参数的算法只执行一次,所以并不会在 CNN 执行期间增加额外的运行开销。

预测模式执行特定次数计算后根据阈值判断是否终止计算,因此需要确定计算哪一部分权重。一种方法是将权重按照绝对值降序排序,选择幅值较大的进行计算。但由于忽略了数据随机性和数据之间的依赖,这种方法会导致正确率急剧下降。SnaPEA 将权重按升序排序,并将其分为几组,从每组中选取幅值最大的权重参与计算。在这种情况下,划分的组数就是运算的次数。

3) 特殊器件

让片下高密度的内存更加靠近计算单元,或者直接将计算单元集成到内存中,可以降低数据传输能量的开销。在嵌入式系统中,还会将计算模块集成到传感器中。一些相关的研究中使用了模拟信号处理,但有增加电路敏感性和设备非理想性的缺点,导致必须降低精度以完成计算。另一个问题是,DNN 通常在数字域进行训练,对于模拟信号处理,DAC 和 ADC 就还需要额外的能量消耗。

采用先进的内存技术可以减少动态随机存储器(DRAM)等高密度内存的访问能量开销。例如,嵌入式动态随机存储器(eDRAM)可以提升片上内存密度,进而减小片下电容开关的能量开销。相比 SRAM,eDRAM 的密度增加了 2.85 倍,能量效率增加了 321 倍,同时还提供了更高的带宽和更低的时延。DaDianNao 使用了这种技术来减少对片下内存的访问。不足之处是 eDRAM 的密度比片下 DRAM 的密度低一些。

除了把 DRAM 集成到芯片中,还可以使用 TSV 技术(也称 3D 内存技术)将 DRAM 堆叠在芯片上。这种技术已经以混合立方存储器(HMC)和高带宽内存(HBM)的形式商业化了。相比 2D DRAM,3D 内存的电容更小,因此能够将带宽提升一个数量级,同时只需 1/5 的能量。

将处理单元集成到内存中是另一种思路。例如,乘法累加运算可以集成在一个 SRAM 数组的位元(bit cell)中。在这项研究中,使用了 5 位 DAC 将字线(WL)转换成代表特征向量的模拟电压,使用位元存储权重($\pm 1$)、位元电流($I_{BC}$)计算特征向量和权重的积,位元电流之间相加来对位线($V_{BL}$)放电。比起分离实现读取和运算,这种方法只需 1/12 的能量。

乘法累加运算可以直接集成在先进的非易失存储器(忆阻器)中。特别地,可以使用电阻器的电导作为权重,电压作为输入来进行乘法运算,电流是乘法的输出。加法操作可以通过将不同忆阻器的电流相加进行。这种方法的优点是,由于计算被集成在内存中,所以不用进行数据的传输,进一步节省了能量消耗。可用作非易失存储器的器件有:相变存储器(phase change memory,PCM),阻变存储器(resistive RAM,ReRAM),导电桥存储器(conductive bridge RAM,CBRAM)和自旋转移矩磁变存储器(spin transfer torque magnetic RAM,STT-MRAM)等。该技术的缺点有:降低了计算精度,需要忍受额外的 ADC/DAC 开销,数组大小受连接电阻的导线数目限制,对忆阻器的编程需要消耗很大的能量等。ISAAC 将 DaDianNao 中的 eDRAM 替换为忆阻器,为了解决精度不足问题,其中使用了 8 个两位的忆阻器来实现 16 位的点乘运算。

在图像处理领域,将数据从传感器传输到内存中占据了系统能量消耗的很大一部分。因此有一些研究试图让处理器尽可能地接近传感器。特别地,大部分研究针对的是如何将计算移动到模拟域以避免 ADC 的使用,进而节省能量。然而,电路的非理想性导致了模拟计算中只能使用更低的精度。有研究将矩阵乘法集成在 ADC 中,其中乘法的高位使用开关电容进行计算。此外,还有研究实现了模拟的累加运算,其中假设 3 位权重和 6 位激活值的精度是足够的,从而使传感器中 ADC 转换次数减少到 1/21。更有研究将整个卷积层的运算在模拟域中实现。

除了可以将计算集成在 ADC 之前,将计算嵌入到传感器中也是可行的。有研究使用了 Angle Sensitive Pixels 传感器来计算输入的梯度,数据传输消耗仅为原来的 1/10。此外,由于 DNN 第一层的输出通常是类似梯度的特征图,这使得有可能跳过第一层的计算,进一步减少能量消耗。

## 7.4.5 深度学习处理器的编程方法

为了将深度学习算法表达为能在深度学习硬件上执行的指令序列,需要深度学习编程语言的支持。现有的深度学习编程语言大多采用框架模式,将深度学习基本元素嵌入已有的主流编程语言(如 Python、Java、C++、Lua 等)中,具有良好的适用性和较低的编程难度。

从编码模式的角度看,其编程模型可分为两大类:命令式编程模型和声明式编程模型。命令式编程模型直接叙述计算执行部件执行指令的序列,具有速度快、代码可读性强、易于调试的特点,但模型的表达能力不足,缺乏跨平台能力。声明式编程模型能够依托编程框架描述模型结构和处理流程,并将具体算法交给框架和库函数处理,抽象层次高,模型表达能力强,但对下层解释和编译优化的压力较大,易产生冗余、计算低效。

**1. 常见的深度学习编程框架**

深度学习编程框架一般分为多个层次,最上层的是编程接口,提供给用户来定义神经网络的拓扑结构,每一个算子的输入和输出数据都是多维矩阵。编程接口的设计除了会影响编程上的灵活性,同时也影响着底层的优化方式。比如,用数据流图来表示一个网络,可以在图的层面对网络进行优化,但是用层来描述的接口则无法进行计算图的优化。从编程接口的角度,我们可以将框架分成两类:基于层的深度学习编程框架和基于图的深度学习编程框架。

1)基于层的深度学习编程框架

采用基于层的深度学习编程框架构建网络时,以层为单位,每一层表示一个粗粒度的算子,比如卷积层、池化层、全连接层等。每一层有一些需要配置的参数,框架提供一个接口,用户通过写接口的配置文件指定层的计算顺序,即构建了网络。配置文件被框架翻译成对应层的函数调用,通过反复调用这些层的函数接口执行网络。基于层的深度学习编程框架倾向于只提供粗粒度的算子用来构建网络,这样做的好处是,在每一层的内部实现上,库的开发者们可以进行充分的性能优化,因此可以提供更好的运行效率。但是相应地,其劣势也很明显,就是缺乏灵活性,当需要增加新的算子时,用户需要从头实现一个新的层而无法重用已经写好的其他算子,同时,通过配置文件的方式编程,对用户并不友好,尤其是在层数量增加,或者链接非常复杂的情况下很容易出错。此外,配置文件的表达力也受到限制,比如循环和控制流的跳转就难以用配置文件来表示。

最典型的基于层的深度学习编程框架是由加利福尼亚大学伯克利分校的 Jia 等人提出的 Caffe 卷积神经网络编程框架。其前段的配置采用 protobuf 来配置网络拓扑结构和生成相应的参数定义,用户通过写 prototxt 文件,对每一层参数以及训练参数进行配置,之后在运行中,框架程序会解析这个文件以获得有关网络结构的信息,然后进行神经网络的训练或者推理。在深度学习领域,Caffe 是深受开发者喜爱的框架。

Caffe 的主要优势体现在如下几个方面。

① Caffe 的组件模块化较好,使用起来较为方便。

② Caffe 的网络结构是由 protobuf 来配置的,用户不必使用代码就能构建网络。

③ 由于 Caffe 出现时间较早,大量的经典深度学习算法都是在 Caffe 上训练的,这就导致很多算法在 Caffe 上不必进行任何迁移就能使用。

Caffe 被广泛地应用于前沿的工业界和学术界,许多深度学习的论文都是使用 Caffe 来实现其模型的。虽然 Caffe 主要是面向学术圈和研究者的,但它的程序运行非常稳定,可拓展性强,代码量适中,能较为方便地被读懂和修改,所以也适用于对稳定性要求严格的应用,可被视为第一个主流深度学习编程框架。但是 Caffe 也有自己的缺点,由于出现时间较早,Caffe 并未能完全考虑一些新的深度学习算法的兼容性。例如循环神经网络,需要在应用程序中控制循环的次数。另外,Caffe 将数据和操作绑定,在某些算法中难以完成权重的共享。

2) 基于图的深度学习编程框架

基于数据流图(dataflow diagram)的深度学习编程框架利用节点和边构造出来的有向图来描述计算过程,即数据流。其中,每一个节点表示一个运算操作,或者表示一块数据的输入起点或者输出终点。边则表示节点之间的输入输出关系。数据被表示为多维数组(张量)的形式,数据在节点之间沿着边的方向传播。通过一个节点时,数据就会作为该节点运算操作的输入被计算,计算的结果则顺着该节点的输出边流向后面的节点。一旦输入端的所有数据准备好,节点将被分配到各种计算设备,完成异步并行地执行运算。以下是 4 种最流行的基于数据流图的机器学习库。

(1) TensorFlow。TensorFlow 是一款基于数据流图计算的机器学习编程框架,具有编程灵活、支持多种计算平台、在异构系统上部署方便等特点,同时还支持多种语言接口,比如 Python、C++等。TensorFlow 可以很好地支持跨平台运行,程序员只需要修改很少量的代码即可完成平台移植。此外,TensorFlow 还可以支持自动异构分布式计算,它的模型能够运行在不同的分布式系统上,系统可以包括多个 GPU、CPU、NPU、手机节点等。TensorFlow 是目前在 GitHub 上最受欢迎的深度学习项目。TensorFlow 相对 Caffe 有三个明显的优势:TensorFlow 支持自动求导,这意味着使用者在定义了算子的前向运行过程之后不用关心反向的实现;TensorFlow 的通用性大大强于仅仅为深度学习设计的 Caffe;TensorFlow 有大量的第三方的库,这些库包括可视化工具、模型转换工具等,大大拓展了 TensorFlow 的功能和兼容性。

(2) MXNet。MXNet 也是一款基于计算图模型的机器学习编程库,它也能够支持跨平台配置。MXNet 是 DMLC(Distributed Machine Learning Community)开发的一款深度学习库,目前已经被亚马逊定位为官方推荐的深度学习编程框架。MXNet 是一个开源的、轻量级、可移植的、灵活的深度学习库,它支持混合使用符号编程模式和指令式编程模式,通过优化来实现最高的效率和灵活性。MXNet 相对于TensorFlow 有如下几个特点。首先,MXNet 框架大部分都是由开源社区的模块组成的,如图模型 NNVM、基础数据 dmlc 等,这意味着 MXNet 是一个去中心化的框架。其次,MXNet 对于各种语言的支持非常好,使用者可以选择自己熟悉的语言进行开发。最后,MXNet 能很好地支持分布式,可以方便地将任务分发到多个集群上运行。MXNet 提供更多的编程接口,除了 Python 之外,还提供了对 R、Julia、C++、Scala、Matlab 和 JavaScript 编程接口。

(3) Torch。Torch 是另一款基于计算图模型的机器学习编程框架,主要用于科学计算,包括机器学习、深度学习等。Torch 早期采用 Lua 作为编程接口,Lua 的底层代码都是用 C++实现的,而 Lua 和 C++之间的集成调用接口友好,开销很低,因此可以更好地支持内嵌 CUDA-C 优化代码。随着 Python 语言的日益流行,现在 Torch 也和 TensorFlow、MXNet 一样将接口转向了 Python,发布了新的项目 Pytorch。

(4) Theano。Theano 是一个基于 Python 语言的机器学习库,是最早采用计算图构造机器学习计算表达式的编程库,对很多其他编程框架均有启发作用。Theano 要求用户先定义计算图结构、链接方式、数学表达式,其中表达式的输入输出可以是标量、向量或者多维数组,这些都是机器学习算法中的常用数据类型。Theano 可以处理大量的运算数据,在 CPU 上,其效果可以和 C 代码相媲美。此外,Theano 也可以利用更高效的计算设备,比如用 GPU 进行计算,以获得超过 CPU 几个数量级的运行速度。Theano 的另一个特点是利用计算机代数系统(computer algebra system,CAS),将其与优化编译器相结合,就可以为许多数学运算生成定制的 C 代码,进行更加充分的优化。

**2. 面向通用处理器的深度学习编程环境**

面向通用处理器 CPU 和 GPU 的深度学习编程框架的运行环境多基于 UNIX/Linux 和 Windows 等重型桌面操作系统构建。2016 年以来,以 MXNet 为代表的编程框架已经开始向移动计算端的安卓和 iOS 等操作系统演进,并提供了更强的跨平台和跨语言能力。但在资源更受限、能耗更敏感的嵌入式操作系统和实时操作系统上尚未出现成熟的深度学习编程技术,这也限制了深度学习技术在更广泛设备上的应用。为了解决这一问题,研究人员首先探索了针对特定种类深度学习算法进行资源优化的方法,如针对音频处理深度学习算法的优化方法 DeepEar 和针对运动感知深度学习算法的优化方法 Orbit。在通用方法方面,Bell 实验室和剑桥大学的 N. Lane 等学者设计了资源受限设备上的软件深度学习加速器 DeepX 及基于软件加速的深度学习算法稀疏化方法 SparseSep。

除算法优化外,针对移动计算端安卓和 iOS 等操作系统中深度学习模型的部署,出现了 TensorFlow Lite 和 Android NN 深度学习基础框架,并提供模型转换工具将已有 TensorFlow 模型转换为 TensorFlow Lite 和 Android NN 模型;基于 iOS 的机器学习框架 Core ML; 以及专门用于移动端的神经网络前向计算框架 NCNN 等。

**3. 寒武纪系列深度学习处理器编程环境**

随着深度学习的迅速发展,深度学习算法、框架和硬件的种类越来越多,并且目前没有收敛的迹象。已有的大部分研究均针对 CPU、GPU 等较通用的处理器,而由于计算模式、指令集等方面的差异,其编程方法无法直接移植到深度学习专用处理器上。上述情况导致了深度学习算法的使用者需要了解框架的使用方法、不同硬件的细节才能高效使用深度学习处理器,这为深度学习的推广带来了很大的困扰。此外,随着深度学习应用范围越来越广,其算法日新月异。深度学习处理器设计时除了需考虑通用性以外,还需要为深度学习处理器实现高效的编程方法,使各种深度学习算法可以准确、高效地表达成深度学习处理器指令。

为了提高深度学习处理器在运行深度学习算法时的效率,减少算法使用者的负担,寒武纪公司于 2017 年发布了面向深度学习处理器的 Cambricon Neuware 软件平台,提供了一套高效、通用、灵活、可扩展的编程接口,用于在深度学习处理器上加速各种机器学习/深度学习算法。下面主要介绍其相关研究内容。

1)寒武纪系列深度学习软件平台

如图 7.56 所示,Cambricon Neuware 软件平台包括了通用软件栈和领域专用 SDK。上层的深度学习应用可以直接采用主流传统的编程框架(如 TensorFlow、Caffe、Caffe2、MXNet 等)的编程接口进行软件编程;也可以脱离上层软件栈,直接生成基于 Cambricon Neuware Runtime Library(CNRT)的离线模型。

在面向深度学习软件平台的研究中,Cambricon Neuware 平台主要面向编程方法和程序优化进行了一系列的创新研究,后面将进行详细介绍。

2)面向深度学习专用处理器的数据流编程方法

目前,主流的深度学习编程框架(例如 TensorFlow、MXNet)均采用了基于图(graph)的模型表达和计算方法,以实现模型表达的灵活性、充分利用应用的并行性加速模型训练/推理。通过分析主流深度学习框架中模型表达和计算方法的共性,

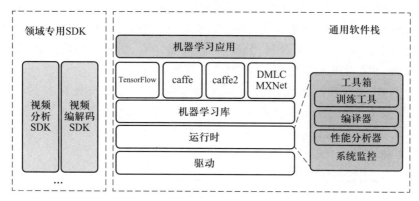

图 7.56   Cambricon Neuware 软件平台

发现其原理与数据流编程类似:程序用有向图(directed graph)表示,计算步骤用节点表示,程序执行时数据在节点之间流动,当所有输入就绪时节点可被执行。

下面将介绍基于 TensorFlow 深度学习编程框架,针对深度学习专用处理器,如何实现深度学习数据流编程模型。为提高模型兼容性,使已有的模型可以无缝迁移到该深度学习处理器上,可兼容 TensorFlow 原生编程 C++/Python 接口。

(1)整体架构。面向深度学习处理器的数据流编程实现的整体架构如图 7.57所示。

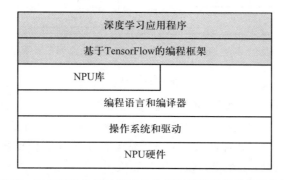

图 7.57   面向深度学习处理器的数据流编程实现的软硬件架构

① 应用。软件架构顶层为基于深度学习的数据流编程框架编写应用程序,深度学习应用程序可以简单理解为:用编程框架提供的线性代数算子组合来实现模型算法。

② 深度学习数据流编程框架。编程框架主要包括节点和边等基本元素、图构造、任务调度、内存管理等部分,其中节点对应的算子实现是一个重要部分。

③ 编程语言、编译器、深度学习库。编程框架中的算子逻辑通过编程语言(例如C/C++等高级语言及其扩展、汇编语言/机器语言等低级语言)和编译器,被翻译为

处理器指令组合。常见的重要算子大多被封装在深度学习库中,以便重复使用。

④ 操作系统、驱动、深度学习处理器。深度学习程序通过操作系统和驱动实现任务在特定处理器上的调度执行:分配、释放设备内存,实现设备之间数据传输,维护任务队列,根据优先级调度任务,实现多设备间的同步、协作。

(2) 数据流编程框架实现。为实现面向深度学习专用处理器的数据流编程方法,扩展了 TensorFlow 深度学习框架。为保持模型和应用程序兼容性,保持 TensorFlow C++/Python 接口不变。为支持深度学习处理器,对 TensorFlow 做了如下扩展,如图 7.58 所示。

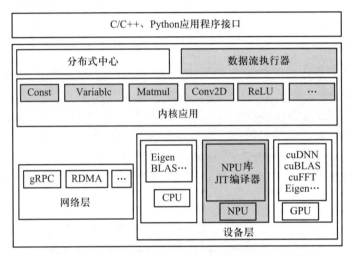

图 7.58　基于 TensorFlow 的深度学习数据流编程框架结构

① 增加了支持深度专用学习处理器的数据流执行器(dataflow executor),其核心部分为节点调度算法。实现时,多设备间节点调度使用宽度优先调度算法,最大化并行度;单设备内使用深度优先调度算法,以方便编译器进行性能优化。

② 为新的深度学习处理器添加了若干常见深度学习基本算子,使常见的深度学习模型可以利用上述算子在新的硬件平台上执行。

③ 增加了新的设备抽象,实现设备内存管理,设备内核启动,设备与其他设备之间协同调度、数据交换。其中,设备内存管理采用静态内存管理,因为深度学习处理器目前只允许单任务独占使用,因此不需要考虑内存浪费,静态内存管理可以最大化降低内存分配开销,减少内存碎片。

深度学习处理器支持的算子主要包括五类基本算子:数据算子、控制流算子、多维同类型数组变换算子、神经网络算子、数学运算算子。其中前三类为较通用的算子,后面两类与深度学习模型的算法密切相关,算法不同使用的算子也不同。这五类算子覆盖了目前深度学习模型所需的绝大多数算子,常见的卷积神经网络、循环神经网络的主要算法均可用上述算子表达。

（3）模型表达示例。下面以 AlexNet 为例介绍使用上述深度学习数据流编程框架对寒武纪系列深度学习处理器编程的方法。主要包括如下三个步骤。

① 图片预处理。神经网络模型训练时,一般需要先将训练图片修改成相同大小,并减去图片数据集的 R、G、B 均值。因此,训练出来的神经网络模型一般只能对固定尺寸的图片进行分类,并且输入图片也需要减去相同的均值。为使用特定神经网络对图片分类,需要根据该网络的输入要求,对图片进行预处理:修改成与训练图片相同大小,减去 R、G、B 均值。

② 构造网络结构。使用 TensorFlow API 构造网络,其本质是向 TensorFlow 图中添加节点,节点之间的联系通过输入、输出关系确定。为简化示例代码,为图像分类网络实现了一个公共 Python 类 Network,在该类中调用 TensorFlow Python API 实现主要的图像分类所需操作。例如,在 Network 中调用 tf.nn.relu 实现 ReLU 的代码如下所示。

```
1. class Network( object):
2. def relu( self, input, name):
3. with tf.device('NPU:0'):
4. return tf.nn.relu( input, name = name)
```

实现所有基本操作以后,利用 Network 类中基本操作,定义 AlexNet 网络结构,代码如下所示。

```
1. class AlexNet( Network):
2. def setup( self):
3. ( self.feed('data')
4. .conv( 11, 11, 96, 4, 4, name = 'conv1')
5. .lrn( 5, 0.0001, 0.75, name = 'norm1')
6. .max_pool( 3, 3, 2, 2, padding = 'VALID', name = 'pool1')
7. .conv( 5, 5, 256, 1, 1, group = 2, name = 'conv2')
8. .lrn( 5, 0.0001, 0.75, name = 'norm2')
9. .max_pool( 3, 3, 2, 2, padding = 'VALID', name = 'pool2')
10. .conv( 3, 3, 384, 1, 1, name = 'conv3')
11. .conv( 3, 3, 384, 1, 1, group = 2, name = 'conv4')
12. .conv( 3, 3, 256, 1, 1, group = 2, name = 'conv5')
13. .max_pool( 3, 3, 2, 2, padding = 'VALID', name = 'pool5')
14. .fc( 4096, name = 'fc6')
15. .fc( 4096, name = 'fc7')
16. .fc( 1000, relu = False, name = 'fc8')
17. .softmax( name = 'prob'))
```

构造网络时,需初始化模型权重,模型权重可以从已有模型文件中加载(模型已训练好),也可以用随机数初始化(重新训练模型)。

③ 使用模型推理得到分类结果。通过上述步骤,一个神经网络及其输入准备就绪,下面启动网络,得到分类结果及其概率。综合上述步骤,构造 AlexNet 识别一张图片的主要代码如下所示。

```
1. def classify(img_path, ipu):
2.  # image preprocessing
3.  # construct net and load weights from file
4.  input_node = tf.placeholder(tf.float32, shape=(None, 227, 227, 3))
5.  net = alexnet.AlexNet({'data': input_node})
6.  net.load(model_file)
7.  # run and obtain results
8.  prob = sess.run(net.get_output(), feed_dict={input_node: input_image})[0]
9.  preds = (np.argsort(prob)[::-1])[0:5]
10. for p in preds:
11. print p, class_names[p], prob[p]
```

从上述示例可以看出,对于普通程序员,基于深度学习处理器的编程与传统基于 CPU/GPU 的深度学习编程方法完全一致。这种良好的兼容性保证了已有的深度学习模型可以无缝迁移到新的硬件平台,避免了新型深度学习处理器和流行的深度学习算法/应用之间的鸿沟。

3) 平台兼容的高效深度学习中间表示

随着深度学习的迅速发展,深度学习算法、框架和硬件的种类越来越多,深度学习算法的使用者需要了解框架的使用方法、硬件细节等才能实现高效使用。这对深度学习的推广带来了很大的困扰。为了提高深度学习处理器在运行深度学习算法时的效率,减少算法使用者的负担,利用平台兼容的高效离线模型来解决兼容性、效率和易用性问题。下面将重点介绍关于 Cambricon Neuware 软件平台中离线模型的研究,各深度学习框架都可以利用离线模型生成原语从框架表示的深度学习算法生成相应的离线模型,可以利用离线模型运行原语高效、简洁地运行离线模型以执行对应的深度学习算法。

(1)离线模型的中间交换格式。ONNX 的全称为 open neural network exchange,即开放的神经网络交换格式,它的目的是让不同的神经网络开发框架做到互通互用。ONNX 提供了一个深度学习算法的开源统一格式,定义了一个可扩展的计算图模型、内置运算符和标准数据类型,最初专注于推理所需的功能。ONNX 在对原计算图做完转换之后,可以指定计算图更底层的表示格式,它和原框架的表示不尽一致,但是在操作过程中更加高效。Cambricon Neuware 软件平台支持 ONNX 编译格式,它对不同框架、算法和硬件有着较强的兼容性,保证能在各种应用场景下使用。

在 ONNX 中,每个计算数据流图都是由多个计算节点组成的。节点有零个或者多个输入,一个或者多个输出,以及零个或者多个键值对。

一个有效的 ONNX 计算图必须满足以下要求:

① 计算图不能成环;

② 计算图必须为 SSA(static single assignment)形式,这意味着所有节点的输出都是唯一确定的;

③ 节点列表必须以拓扑序来排序。这意味着如果 A 节点的输出是 B 节点的输入,那么 A 节点的拓扑排序必须在 B 节之前。

在 ONNX 中,每个计算节点由一个名字、要调用的运算符标识符、一组输入输出以及一组属性-键值对组成。计算图中的边是在后续节点的输入和前置节点的输出引用同一个名字的数据时建立起来的。图中边的名字是唯一的,节点的顺序是以拓扑顺序排序的,也就是说,如果节点 K 在图中的节点 N 之后,则 N 的任何数据输入都不会引用 K 的输出。

通过这样的图结构,ONNX 可以从不同的框架转换为统一的图结构。在这个统一的图结构下,ONNX 可以根据图结构生成更加底层的表示形式,在完成表示形式转换后,计算图的属性都被确定了,即每个节点和数据的参数都无法被更改。

(2)面向 Cambricon Neuware 平台离线模型操作原语的使用示例。下面将基于适用于标量运算处理器(以下简称处理器 A)和向量处理器(以下简称处理器 B),以 Faster R-CNN 算法在 Android NN 框架上生成离线模型并且运行的过程来解释离线模型在框架中使用的方法以及离线模型实现过程中的一些细节。为了省去硬件细节的分析,在这里我们假设处理器 A 和处理器 B 为理想化的硬件,处理器 A 适用于标量操作,如逻辑判断、分支跳转等,CPU 就是一种典型的处理器 A。而处理器 B 适用于向量运算,如矩阵操作,寒武纪系列深度学习处理器就是一种典型的处理器 B,并且假设这两种硬件都已经重载了离线模型的后端。首先介绍一下 Android NN 框架和 Faster R-CNN 算法。

Android NN 框架是 Android 系统自带的原生框架,是一种极简深度学习框架,它的模型可以从 TensorFlow Lite 模型转化而来。Android NN 使用模型(model)这种结构体来描述深度学习算法。模型是一个包含算法所有操作和数据的结构,通过操作中输入输出的标识符来建立操作和数据之间的关系。其中网络的所有参数、权重都以数据的形式输入,操作本身只是一个运算的过程,不绑定任何数据。操作在网络中的排序必须按照运算图的拓扑排序,也就是说,按照操作的排序顺序执行不会引起依赖冲突问题。在运行过程中,每个操作根据输入数据的标识符来索引输入数据并且开始计算,将计算结果写入输出标识符对应的数据中。Android NN 的计算图中也会显式地指出网络的输入输出,和离线的做法是高度一致的。由于 Android NN 计算图的表示和离线计算图的表示非常接近,因此可以很方便地采用Android NN框架来解释离线模型的运行流程。

Faster R-CNN 在前面已经做过了一些介绍,它是目标检测领域的一种经典算法。Faster R-CNN 首先使用特征提取方法提取图像不同尺度的特征,该特征被共享用于后续的选取(Proposal)层和全连接层。Faster R-CNN 的特征提取部分可以采用常用分类网络的特征提取模块,例如使用 AlexNet、ZF、VGG 等网络作为特征提取模块都可以取得较好的效果。在这个例子中,采用 ZF 网络的特征提取,输出的特征维度为 256 维。在提取完输入的特征之后,使用卷积获取检测目标的位置和得分,然后通过选取层来寻找感兴趣区域(ROI)。具体做法是使用 3×3 的卷积核与特征提取的输出进行卷积,然后将输出分别接上两个 1×1 的卷积层生成目标所在位置以及目标的分类、置信度。将得分通过 Softmax 归一化之后,和目标的位置一起输入选取层。选取层生成 3 种长宽比和 3 种尺度一共 9 种锚点,将卷积得到的目标位置和锚点位置叠加,获取目标的精确位置。接着,选取层将得分较低的目标框去除,将超出原图像的位置缩减至原图像边缘,最后使用非极大值抑制方法(non-maximum suppression,NMS)处理,得出高分的目标位置。ROIPooling 层将目标从输出特征中池化输出,通过两个全连接层和激活综合目标特征,最后输出给两个全连接层,得出在原图像中的目标位置距离选取输出的偏移、分类和得分,再通过类似选取的过程获取最终的目标检测位置。Faster R-CNN 的网络结构如图 7.59 所示。

基于处理器 A 和处理器 B 在 Android NN 框架上生成 Faster R-CNN 的离线模型,首先需要将环境初始化。需要先获取 Android NN 的模型和两种硬件平台的结构体,然后调用初始化方法初始化环境,如下伪代码所示。

1. Model model
2. vector<platform_t> pfs
3. GetAndroidNNModel( &model )
4. GetPlatform( &pfs )
5. InitGenerate( )
6. RegistPlatform( pfs )

在 GetAndroidNNModel 中,使用 Android NN 内置的方法获取 Faster R-CNN 在 Android NN 的模型,GetPlatform 方法获取了两种硬件,通过离线模型原语初始化生成环境并且注册这两种硬件。其中注册硬件的过程可以获取当前的硬件平台,也可以填入运行时的硬件平台。

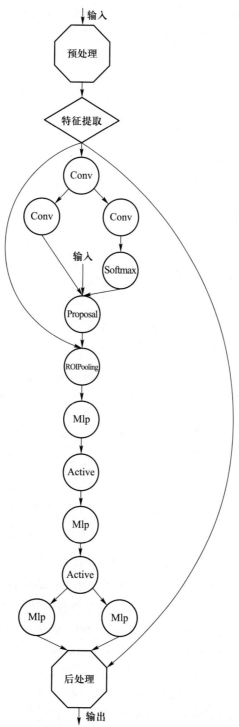

图 7.59 Faster R-CNN 网络结构

接下来需要遍历网络,声明用到的所有离线数据和操作,传入原网络对应操作的参数并初始化,将数据和操作连接以生成离线计算图。伪代码如下。

1. unordermap<operand, Tensor * > TensorMap
2. for opd in model.inputs：
3. Tensor *  ts = CreateTensor( )
4. TensorParam param
5. GetParamFromOperand( operand, &param )
6. SetTensorParam( ts, param )
   7：TensorMap［operand］ = ts
7. end
8. for operation in model.operations：
9. Op *  op = CreateOp( )
10. OpParam param
11. GetOpParam( operation,&param )
12. SetOpParam( op,param )
13. for operand in operation.outputs：
14. Tensor *  ts = CreateTensor( )
15. if TensorMap.count( ts )
16. break
17. end
18. TensorParam param
19. GetParamFromOperand( operand, &param )
20. SetTensorParam( ts, param )
21. TensorMap［operand］ = ts
22. End
23. Link( op, getTensor( op.inputs ), getTensor( op.outputs ) )
24. end
25. End
26. SetIO( getTensor( model.inputs ), getTensor( model.outputs ))

从 Android NN 计算图生成离线计算图,目标是在遍历 Android NN 图结构的同时建立离线图的连接关系,而在离线原语中,建立离线图的连接需要已经完成初始化的操作以及操作的输入输出数据,问题就在于如何尽可能少地遍历网络来搭建离线图。以上算法的实现方法如下。首先建立一个 Android NN 的数据类 operand 和离线的数据类 Tensor 一一对应的表,从这张表可以从 Android NN 的数据类 operand 索引到与之相对应的离线数据类 Tensor,对于网络的输入则初始化对应的离线数据类并且记录在表中。接下来顺序遍历 Android NN 模型的操作,将操作和操作的输出根据 Android NN 提供的参数初始化对应的离线操作和数据,再将操作的输入输出关联起来。由于 Android NN 模型里的排序是拓扑序的,所以可以保证在顺序遍历操作时,操作所有的输入只能是来自网络的输入或者已经遍历过的操作的输出,也就是说,在遍历 Android NN 操作时,操作的输入数据都是已经存在且初始化完成的离线数据。遍历完网络后,将模型的输入输出设置为离线计算图的输入输出,就完成了离线计算图的生成。

离线计算图生成之后,就可以指定生成的偏好,编译并生成离线模型了。一个典型编译过程伪代码如下所示。

1. preference_t pf = HIGH_SPEED && PRE_GENERATE
2. SetPrefence( pf)
3. Compile( )
4. SaveModel( "offline" )
5. ExitGenerate( )

编译的时候,离线模型操作原语库根据输入算子的计算特性将算子分配在处理器 A 或处理器 B 两种处理器上,算子分配的结果如表 7.1 所示。

表 7.1　Faster R-CNN 算子平台分配

| 算子 | 处理器 A | 处理器 B |
| --- | --- | --- |
| Convolution | | √ |
| Mlp | | √ |
| Pooling | | √ |
| Active | | √ |
| Softmax | | √ |
| Proposal | | √ |
| ROIPooling | | √ |
| Preprocess | √ | |
| Postprocess | √ | |

根据算子的平台分配,编译时将原来连续的、在同一平台的算子合并成新的离线算子,编译后的离线计算图如图 7.60 所示。

图 7.60 展示了 Faster R-CNN 计算图中一个离线操作以及预处理和后处理部分。预处理运行在处理器 A 上,其中包括参数的传入、图像的读取等。中间的 Conv、Mlp、Active、Softmax、Proposal、ROIPooling 属于离线操作,运行在处理器 B 上。最后的后处理包括画图、保存文件等操作,运行在处理器 A 上。生成完离线计算图之后,原来的操作在离线计算图内就不可见了,离线计算图中只有离线操作存在。离线操作内部生成了操作的平台、指令、数据存放方式,运行的时候只需要运行这个离线算子即可完成 Faster R-CNN 的计算。

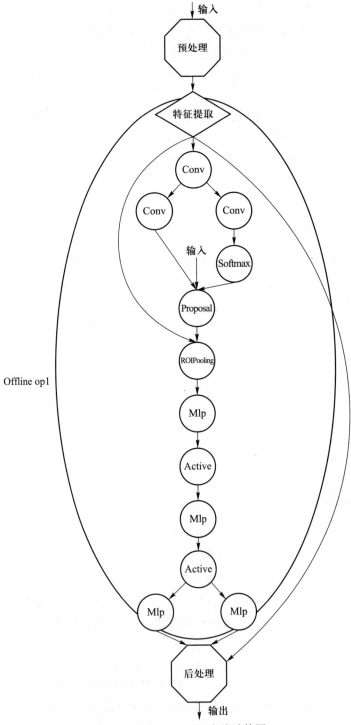

图 7.60 Faster R-CNN 离线计算图

生成完离线模型之后,就可以使用离线模型原语来调用离线模型进行计算了。一次典型的离线计算的伪代码如下所示。

```
1. Net * net = CreateNet("offline")
2. vector<Tensor * >in_ ts = GetNetInputs(net)
3. PreProcess(input_addr)
4. MemcpyToTensor(in_ts, input_addr)
5. Invoke(net)
6. vector<Tensor * > out_ts = GetNetOutputs(net)
7. MemcpyFromTensor(out_ts, output_addr)
8. PostProcess(output_addr)
9. DestroyNet(net)
```

运行过程首先通过模型获取离线运行类 net,然后从 net 中获取所有输入 Tensor,预处理之后调用 MemcpyToTensor 将输入数据复制到 Tensor 上,完成执行前的数据准备。接着调用 Invoke 开始运算。最后再用类似的方法将输出数据复制到 Tensor 中,完成离线模型的运行流程。

(3) 面向深度学习处理器的程序优化方法。随着越来越多的深度学习模型被部署到实际应用中,模型推理性能(速度、存储开销)越来越重要。为提高模型推理速度、降低内存开销,面向深度学习的处理器应支持稀疏运算(主要包括稀疏卷积和矩阵乘运算)、8 位定点运算。值得注意的是,稀疏运算、低位宽运算与原始 32 位运算相比,极有可能造成模型推理精度的降低。为了尽量减少这种精度损失,需要根据特定的计算模式对原始 32 位浮点模型做微调,即在原始模型基础上做重训练。

因此,计算模式优化主要包括两个方面:模型重训练,支持稀疏/低位宽计算。后者一般在卷积、矩阵乘等算法层面提供支持或处理器硬件层面提供直接支持。我们假设稀疏及低位宽算子已经在算法或硬件层给予支持,下面重点讨论对深度学习模型进行稀疏化、低位宽重训练方法。

① 稀疏模型。稀疏运算的基本思路是:对神经网络模型做裁剪,删除一些神经元之间的突触连接,使用神经网络模型做模型推理时,神经元的激活次数显著减少(一个神经元只能激活与之有关联的神经元)。具体实现时,神经元之间的连接用权重向量表示,当一个神经元对之间的突触被删除时,权重向量对应元素被置为 0。权重向量中值为 0 的元素数量越多,模型推理过程进行的计算操作(主要是乘法、加法)就越少。

实施深度学习模型稀疏化重训练时,在模型训练过程中模拟稀疏化的正向推理过程,根据稀疏化的推理过程结果反向更新模型权重。由于深度学习模型的神经元突触连接冗余度一般比较大,因此在删除部分突触以后,对剩下突触做一定程度的微调,就基本可以弥补删除突触带来的精度损失。

下面以深度学习模型中的卷积运算为例介绍稀疏化训练的基本实现方法。卷积有输入向量和滤波权重向量两个输入;为在模型训练过程中模拟稀疏化推理,添加一个掩码向量,该向量的元素个数与滤波器相等,且每个元素的值为 0 或 1;每次做卷积运算前,掩码向量与滤波向量的对应位置元素相乘,乘法结果作为新的滤波器输入卷积操作。例如,为实现 50% 的权重稀疏化,可以将掩码向量中 50% 的元素设置为 0。

需要注意的是,为达到较好的训练效果,加速训练的收敛速度,稀疏化不能在很短训练周期内完成,稀疏度需要在较长周期内逐渐提高。稀疏训练算法如下所示,主要包括三个步骤:密度训练,稀疏度递增训练,固定稀疏度训练。第一步密度训练与现有深度学习模型训练方法完全相同。密度模型训练完成以后进行稀疏化训练:稀疏化训练过程中不断根据目标稀疏度更新当前稀疏度和掩码,直到稀疏度达到目标稀疏度为止。达到目标稀疏度以后,为提高模型精度,还需要保持掩码不变,继续对剩余模型权重进行微调,直到损失函数(loss)满足要求。

1. While loss > loss_threshold, do

2. Perform dense model training

3. sparsity <- 0

4. masks[ ] <- 0

5. global_step <-0

6. While sparsity < target_sparsity, do

7. // Masks may be updated every n steps,

8. // or updated more frequently in the beginning, and less frequently in

9. the end

10. If should_increase_sparsity(global_step), do

11. Increase sparsity

12. // Usually smaller filter values are masked out

13. Update masks

14. Do sparse training using masks

15. While loss > loss_threshold, do

16. Perform sparse training using masks

模型重训练可以在一定程度上弥补稀疏化带来的精度损失,我们评估了典型的深度学习图像分类模型,如表 7.2 所示。当稀疏度为 50%(即一半权重为 0)时,除 MobileNet 外,精度降低在 3% 以内。但当稀疏度太高时,模型精度会明显下降,精度下降幅度与具体模型相关:当原始模型本身权重较小时,稀疏化的精度损失较大;反之,稀疏化的精度损失则较小。例如,MobileNet 的权重较小,神经元之间的连接较稀疏,稀疏度为 50% 时,Top-1 精度降低 7.86%。另外,当稀疏度达到一定阈值时,稀疏化对性能提升的贡献逐渐减缓。因此,综合上述两方面因素,对具体的深度学习模型进行稀疏化处理之前,需首先评估该模型用于推理时性能随稀疏度变化的趋势,避免不必要的精度损失。

表 7.2 紧和松分类模型精度对比

| 模型 | Dense | | Sparse | | Delta | |
|---|---|---|---|---|---|---|
| | Top-1 | Top-5 | Top-1 | Top-5 | Top-1/% | Top-5/% |
| AlexNet | 0.553 | 0.778 | 0557 | 0.787 | 0.72 | 1.16 |
| Inception-v1 | 0.71 | 0.897 | 0.69 | 0.894 | -2.82 | -0.33 |
| Inception-v3 | 0.756 | 0.926 | 0.761 | 0.926 | 0.66 | 0 |
| ResNet18 | 0.558 | 0.797 | 0.606 | 0.822 | 8.660 | 3.14 |
| ResNet34 | 0.659 | 0.887 | 0.659 | 0.872 | 0 | -1.69 |
| ResNet50 | 0.709 | 0.882 | 0.7 | 0.8711 | -1.27 | -1.25 |
| ResNet101 | 0.703 | 0.888 | 0.727 | 0.899 | 3.41 | 1.24 |
| ResNet152 | 0.729 | 0.897 | 0.744 | 0.903 | 2.06 | 0.67 |
| MobileNet | 0.725 | 0.89 | 0.668 | 0.868 | -7.86 | -2.47 |
| VGG16 | 0.686 | 0.884 | 0.68 | 0.868 | -0.87 | -1.81 |
| VGG19 | 0.688 | 0.88 | 0.688 | 0.881 | 0 | 0.11 |

为评估模型稀疏化和深度学习处理器稀疏计算对性能的贡献,我们对比使用 50% 稀疏度模型和正常密度模型进行图像分类的任务的执行时间。如图 7.61 所示,稀疏化可以得到明显的性能提升:平均性能提升为 14%,AlexNet 性能提升约 47%。但是,MobileNet 稀疏化以后性能几乎没有变化,其原因是:该模型中神经元之间的连接已经比较稀疏,模型中单算子计算量较小,继续稀疏化对算子性能提升几乎没有帮助。

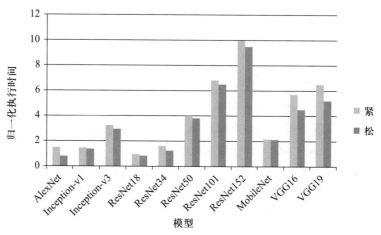

图 7.61 紧和松图像分类模型性能对比(松模型稀疏度为 50%)

② 低位宽模型。低位宽模型可以从两个方面提高模型推理速度：在相同内存带宽条件下，低位宽计算在相同时间可以访问更多的数据；处理器硬件支持低位宽运算指令，在一定的功耗/面积条件下，低位宽计算速度更快。与稀疏化一样，假定低位宽算子已经在处理器硬件层面提供支持。在这个前提下，讨论如何得到低位宽模型，以便使用支持低位宽运算的处理器进行模型推理。

根据处理器中数据的表示，比较实用的低位宽模型包括 FP16 半精度模型和 8 位定点模型。其中，对于目前流行的深度学习模型，FP16 精度较 FP32 几乎没有精度损失。因此，FP32 模型可以直接转换为 FP16 半精度模型。注意，模型权重从 FP32 转换为 FP16 时需注意上下溢出，当 FP32 数值操作用 FP16 表示时，可用 FP16 的最大/最小值代替。

低位宽深度学习模型重训练时，在模型训练时模拟正向推理过程低位宽运算带来的精度损失，根据低位宽的推理结果反向更新模型权重。通过这种方式对模型权重进行微调，基本可以弥补低位宽运算带来的精度损失。下面以 8 位定点为例介绍低位宽模型的重训练方法。

8 位定点表示可以分成两类：用 INT8 表示 FLOAT32，用 UINT8 表示 FLOAT32。二者原理基本一致：都是将一个 FLOAT32 的向量用一个 8 位的向量代替，每个 8 位数据表示原始向量中一段连续的浮点数。下面以 UINT8 为例介绍 8 位定点表示和模型训练，INT8 与之类似。对于给定输入向量，8 位定点表示的范围被限定到 [min, max] 区间内，min 为输入向量的最小元素，max 为最大元素。例如，对于数值在 [−10.0, 30.0] 区间内的浮点数，UINT8 8 位定点表示如表 7.3 所示。

表 7.3　8 位定点数值表示

| Quantized(UNIT8) | Float |
| --- | --- |
| 0 | −10.0 |
| 255 | 30.0 |
| 128 | 10.0 |

下面以深度学习模型中的卷积运算为例介绍 8 位定点训练的基本实现方法。卷积有输入向量和滤波权重向量两个输入。为在模型训练过程中模拟 8 位定点推理，添加两个 fake_quant 操作：该操作接收输入和滤波权重，首先将输入和滤波权重从 FLOAT32 转换为 8 位定点向量，然后再把 8 位定点向量转换回 FLOAT32。其中，第一步转换过程会造成精度损失。这两个步骤结合起来，相当于在不支持 8 位定点运算的处理器上用浮点运算模拟了 8 位定点运算。

8 位定点运算通过降低计算位宽来提升计算性能。例如,如图 7.62 所示,对于深度学习图像分类模型,8 位定点运算与 FP32 运算相比,模型推理平均性能提升28%;模型计算量越大,性能提升越多,例如 ResNet152 和 VGG19 的性能提升分别为37% 和 39%。

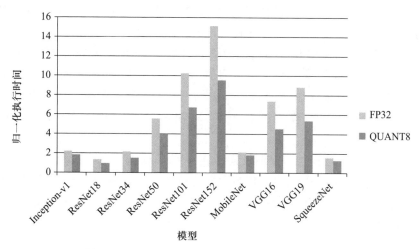

图 7.62　FP32 和 QUANT8 图像分类模型性能对比

但是,8 位定点运算可能导致模型精度降低:8 位定点运算采用 8 位整型运算模拟 32 位浮点运算。模型重训练可以在一定程度上弥补 8 位定点运算带来的精度损失,我们评估了典型的图像分类深度学习模型,除 MobileNet 外,精度降低在2% 以内。MobileNet 由于网络结构精练,神经元连接较稀疏,单算子计算量较小,因此对误差的容忍程度较小,所以采用 8 位定点预算后精度降低稍大(Top-1 准确率降低 4.69%)。

## 7.4.6　构造异构并行的智能系统

### 1. 面向机器学习的并行程序设计

在通用处理器架构上,并行程序设计无所不在。譬如使用多核 CPU 处理器计算分块矩阵乘法,又比如在 Linux 操作系统下使用 make-j 开启多个线程编译源代码。并行程序设计需要满足两个先决条件:一是待完成的任务可分解成多个可以独立处理的部分,二是具备任务处理能力的硬件资源数大于 1。

在并行程序设计中,需要研究以下问题:如何针对任务本身的特性,进行合理的任务划分;如何根据处理器资源进行任务调度;如何进行任务之间的通信、同步;如何满足硬件平台的设计约束(存储层次,计算架构)。

在并行程序设计中,主要需要考虑以下两个重要的指标。

（1）吞吐量：在给定时间内，处理的任务越多，吞吐量越高。

（2）延时：对于给定任务，从该任务开始处理到该任务处理结束的时间间隔越短，延时越低。

在传统的并行计算领域中，通常讨论的并行包括比特级并行、指令级并行、数据并行和任务并行等。面向新兴的机器学习领域，目前的专用处理器多采用多核处理器架构，拥有数据并行和模型并行两种并行编程方式。

如图 7.63 所示，模型并行强调模型可分，即每个处理单元执行不同的运算，处理同一个模型的不同部分。举个实际例子，可以用模型并行技术将 VGG16 分类网络划分到多个核上，并行地处理同一张输入图片，这样单张图片的分类延时可以获得显著降低。理论上，模型并行度越高，使用的核心数越多，硬件执行时间越短。

如图 7.64 所示，数据并行强调数据可分，即每个处理单元执行相同的运算，处理不同的数据。举个实际例子，可以用数据并行技术，将同一份 AlexNet 模型复制到多个运算核心上去执行，分别处理多张不同的图片，从而充分发挥多核处理器的算力，获得极高的吞吐量。

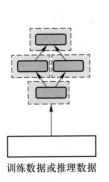

训练数据或推理数据

图 7.63　模型并行的原理图

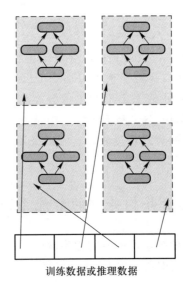

训练数据或推理数据

图 7.64　数据并行的原理图

## 2. 面向 Cambricon Neuware 平台的并行程序设计

1）面向 Cambricon Neuware 的并行编程模型

在 Cambricon Neuware 并行编程模型中，模型并行和数据并行的最大区别在于：模型并行度是在编译时静态确定，一旦操作编译完成之后就不可更改，称为模型的固有属性；而数据并行是在运行时动态指定的，同样的模型可以指定不同的数据并行度。此外,受限于硬件的运算核心数和 DDR 访存带宽,数据并行编程更倾向于获得极致的吞吐量;而模型并行编程更倾向于获得极致的低延时。

数据并行核模型并行两种编程方式可以叠加使用,用于满足特定延时限制下还需要追求高吞吐量的应用场景。在这种情况下,实际用到的运算核心数是数据并行度乘以模型并行度,其乘积不能超过多核处理器的物理核心数。

2)基于 Cambricon Neuware 的并行程序设计

Cambricon Neuware 提供了面向寒武纪系列深度学习处理器的机器学习编程库(Cambricon Neuware machine learning library, CNML),其中包括超过 100 种的原子操作接口,可支持通过调用原子操作接口来控制硬件设备完成各种基本运算,可支持FP16/FIX8/稀疏等多种运算模式,可支持数据流在线编程或中间表示离线编程两种模式,可支持数据并行及模型并行两种并行编程模型,通过操作融合、模型并行等技术,可生成高度优化的机器指令。

Cambricon Neuware 通用编程模型的主要组成如下:前端包括声明操作数(Tensor)、声明操作(Operation)和编译操作;后端包括分配设备输入输出地址、复制 HOST端输入数据到设备、启动设备并执行编译好的操作以及复制设备端输出到 HOST端等。

使用 Cambricon Neuware 的并行软件架构的简要组成如图 7.65 所示。

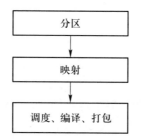

分区

映射

调度、编译、打包

图 7.65 Cambricon Neuware 的并行软件简要架构

(1)分区(Partition)。首先,在任务划分阶段,针对网络拓扑结构、输入输出和模型参数几个维度进行划分,通过搜索树、剪枝、贪心算法等寻求划分策略。

(2)映射(Mapping)。生成中间表示 IR,并对于不同的算子做特定的实现优化。

(3)调度、编译、打包(Scheduling&Compiling&Packing)。主要针对中间表示进行调度优化,进行操作融合、静态任务调度、静态数据布局优化和静态内存分配。

3)面向 Cambricon Neuware 平台的逐层融合运行实例

在编程中,对一个完整的网络,存在两种运行模式,即逐层模式和融合模式。逐层模式是一种非端到端的运行模式,在整个运行过程中,可能存在 HOST 与深度学习处理器之间多次存储交互,因此可能存在效率损失。融合模式则是一种端到端的运行模式,在整个运行过程中,HOST 与深度学习处理器之间的存储交互已经被尽可能减少,运行效率更高。我们建议在计算单独算子时,使用逐层模式,而在计算较大的网络时,使用融合模式搭建整个网络。

下面是将 Cambricon Neuware 平台逐层融合实现 MLP 的伪代码示例。

```
/// 准备 MLP 参数
/// 分配输入输出权重等 CPU 空间,注意需要分配模型并行度倍的输入输出数据空间
/// 准备 CPU 上的输入 Tensor 描述符
/// 准备 CPU 上的权重 Tensor 描述符
/// 准备 CPU 上的偏置 Tensor 描述符
/// 准备 CPU 上的输出 Tensor 描述符
/// 准备深度学习处理器上的输入 Tensor 描述符
/// 准备深度学习处理器上的权重 Tensor 描述符
/// 准备深度学习处理器上的偏置 Tensor 描述符
/// 准备深度学习处理器上的输出 Tensor 描述符
/// 绑定模型数据
/// 设置 MLP 的操作描述符
/// 生成 MLP 操作的 MLU 指令
/// 分配深度学习处理器上的输入输出空间
/// 将输入数据从 CPU 复制到深度学习处理器上
/// 定义并创建面向 CNRT 的 stream
/// 计算 MLP
/// 同步 stream,销毁 stream
/// 将输出数据复制回 CPU
/// 释放资源
```

4) 使用寒武纪深度学习处理器构建异构并行系统

下面以目前深度学习最成功也是最广泛的落地应用——视频结构化为例,简要介绍异构并行系统的原理。

典型的视频结构化场景流程包括视频解封装(流解析)、视频预处理、推理及后处理等常见过程。如图 7.66 所示,视频结构化是一个典型地应用了 CPU+寒武纪系列深度学习处理器异构计算架构的并行计算系统,其中解封装、预处理、跟踪和择优等过程通常由 CPU 来负责,计算量最大的神经网络推理过程则由深度学习处理器来负责。通常,深度学习处理器可以同时并行分析数十个1080P 的视频,可高吞吐量、低延迟地实现视频结构化应用,从而极大提高了整个智能系统的性能。

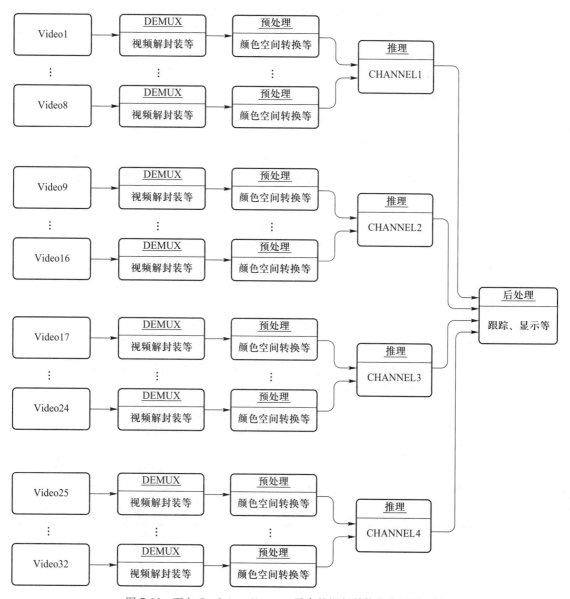

图 7.66　面向 Cambricon Neuware 平台的视频结构化应用原理图

## 7.5　小结

现在常见的硬件计算平台包括 CPU、GPU、ASIC 和 FPGA。CPU 是最通用的，有成熟的指令集,例如 X86、ARM、MIPS、Power 等,用户只要基于指令集开发软件就能使用 CPU 完成各种任务。但是,CPU 的通用性决定了计算性能是最差的,在现代计算机中,很多计算都需要高度的并行和流水线架构。但是,CPU 尽管流水线很长,计算核心数最多只有几十个,并行度不够。比如看一个高清视频,那么多像素要并行渲染,CPU 就拖后腿了。

GPU 克服了 CPU 并行度不够的缺点,把几百上千个并行计算核心堆到一个芯片里,用户用 GPU 编程语言,比如 CUDA、OpenCL 等开发程序用时可借助 GPU 来加速应用。但是,GPU 也有严重的缺点,就是最小单元是计算核心,还是太大了。在计算机体系结构中,有一个很重要的概念就是粒度,粒度越细,就意味着用户可以发挥的空间越大。

ASIC 克服了 GPU 粒度太粗的缺点,能让用户从晶体管级开始自定义逻辑,最后交给芯片代工厂生产出专用芯片。不管是性能还是功耗,都比 GPU 好很多,毕竟从最底层开始设计,没有浪费的电路,而且追求最高的性能。但是 ASIC 也有很大的缺点:投资大,开发周期长,芯片逻辑不能修改。现在做一种大规模芯片,至少需要几千万到几亿的投资,时间周期一两年左右,尤其是专用芯片,没有通用 IP,很多要自己开发,时间周期更久。芯片做好后,如果有大问题或者功能升级(有些小问题可以通过预留的逻辑修改金属层连线解决),还不能直接修改,而要重新修改板图,交付工厂流片。

所以,最后就回到了 FPGA:兼顾 ASIC 计算粒度细和 GPU 可编程的优点。FPGA 的计算粒度很细,可以到与非门级别,但是逻辑还能修改,是可编程的。

三种芯片做异构计算的对比如表 7.4 所示。

表 7.4 GPU、FPGA、ASIC 芯片做异构计算对比

| 芯片 | 优点 | 缺点 |
| --- | --- | --- |
| GPU | 通用架构,使用简单,工具成熟 | 功耗高,架构不灵活 |
| FPGA | 方便定制算法 | 开发周期长 |
| ASIC 芯片 | 对于专门领域性能强,功耗低 | 不通用,缺乏开发工具,使用不便 |

# 习　题

7.1　请查找资料,简述 NVIDIA GPU 从 Tesla 架构到 Fermi、Pascal、Kepler、Turing 架构的演进和主要变化。

7.2　请简述桌面 GPU 的 warp 调度策略。

7.3　请简述在 GPU 编程中使用共享内存需要注意什么问题,如何避免这些问题。

7.4　GPU 编程的通用优化策略有哪些?

7.5　OpenCL API 核心包含哪些模块?

7.6　CUDA 和 OpenCL 的存储模型有什么区别?

7.7　CUDA API 设计包含的级别从底层到上层分别有哪些?

7.8　FPGA 如何实现可编程?

7.9　有哪些方法可以提高 FPGA 计算性能?

7.10　简述异构计算的软硬件分割方法。

7.11　选择一个有大量计算的程序,对程序进行分段,分析不同片段的使用频率,并进行软硬件分割。

7.12　查找资料,学习使用 OpenCL 语言对 FPGA 进行编程。

7.13　在 GitHub 上搜索并统计常用的深度学习框架 TensorFlow、Caffe、MXNet 及 Torch 的分支数目和优缺点。

7.14　为什么需要为人工神经网络研制专用的加速器?

7.15　面向机器学习的并行程序设计和面向传统并行计算的程序设计有何异同?

7.16　面向通用数据流的编程方法和面向平台兼容的中间表示编程方法的区别在哪里? 各有什么优缺点?

7.17　除了本章提到的常用人工神经网络,阅读相关文献调研 1~2 种新兴的热门网络结构。

7.18　GPU、FPGA 与 ASIC 相比各有哪些优缺点?

# 参 考 文 献

[1] MCCULLOCH W S, PITTS W. A logical calculus of ideas immanent in nervous activity. Bulletin of Mathematical Biophysics, 1943, 5(4): 115-133.

[2] HEBB D O. The Organization of Behavior: A Neuropsychological Theory. London: Psychology Press, 2005.

[3] ROSENBLATT F. The perceptron: a probabilistic model for information storage and organization in the brain. Psychological Review, 1958, 65(6): 386.

[4] WERBOS P. Beyond regression: new tools for prediction and analysis in the behavioral sciences. Dissertation for the Doctoral Degree. Cambridge, MA: Harvard University, 1974.

[5] HINTON G E, OSINDERO S, TEH Y. A fast learning algorithm for deep belief nets. Neural Computation, 2006, 18(7): 1527-1554

[6] ESMAEILZADEH H, BLEM E, St. AMANT R, et al. Dark silicon and the end of multicore scaling//Proceedings of the 38th Annual International Symposium on Computer Architecture, IEEE, 2011:365-376.

[7] FARABET C, POULET C, HAN J Y, et al. CNP: An FPGA-based processor for convolutional networks//International Conference on Field Programmable Logic and Applications, 2009:32-37.

[8] GOKHALE V, JIN J, DUNDAR A, et al. A 240 G-ops/s mobile coprocessor for deep neural networks// Proceedings of the IEEE Conference on Computer Vision and Pattern Recognition Workshops, 2014:682-687.

[9] MAASHRI A A, DEBOLE M, COTTER M, et al. Accelerating neuromorphic vision algorithms for recognition//Proceedings of the 49th Annual Design Automation Conference, ACM, 2012:579-584.

[10] DAWWD S A. The multi 2D systolic design and implementation of convolutional neural networks//2013 IEEE 20th International Conference on Electronics, Circuits, and Systems (ICECS), 2013:221-224.

[11] CARDELLS-TORMO F, MOLINET P L. Area-efficient 2-D shift-variant convolvers for fpga-based digital image processing// IEEE Workshop on Signal Processing Systems Design and Implementation, 2005:209-213.

[12] ORDO ÑEZ-CARDENAS E, ROMERO-TRONCOSO R D J. Mlp neural network and on-line backpropagation learning implementation in a low-cost fpga// Proceedings of the 18th ACM Great Lakes symposium on VLSI, ACM, 2008:333-338.

[13] PEEMEN M, SETIO A A A, MESMAN B, et al. Memory-centric accelerator design for convolutional neural networks// IEEE 31st International Conference on Computer Design (ICCD), 2013:13-19.

[14] ZHANG C, LI P, SUN G Y, et al. Optimizing fpga-based accelerator design for deep convolutional neural networks//Proceedings of the 2015 ACM/SIGDA International Symposium on Field-Programmable Gate Arrays, 2015:161-170.

[15] SUDA N, CHANDRA V, DASIKA G, et al. Throughput-optimized opencl-based fpga accelerator for large-scale convolutional neural networks// Proceedings of the 2016 ACM/SIGDA International Symposium on Field-Programmable Gate Arrays, 2016: 16-25.

[16] QIU J T, WANG J, YAO S, et al. Going deeper with embedded fpga platform for convolutional neural network//The Proceedings of the 2016 ACM/SIGDA International Symposium on FieldProgrammable Gate Arrays, 2016:26-35.

[17] RICE K L, TAHA T M, VUTSINAS C N. Scaling analysis of a neocortex inspired cognitive model on the Cray xd1. The Journal of Supercomputing, 2009, 47(1): 21-43.

[18] KIM S K, MCAFEE L C, MCMAHON P L, et al. A highly scalable restricted boltzmann machine fpga implementation//The International Conference on Field Programmable Logic and Applications, 2009:367-372.

[19] LEE S Y, AGGARWAL J K. Parallel 2-d convolution on a mesh connected array

processor.IEEE Transactions on Pattern Analysis and Machine Intelligence, 1987, (4):590-594.

[20] KIM J Y, KIM M, LEE S, et al.A 201.4 gops 496 mw real-time multiobject recognition processor with bio-inspired neural perception engine.IEEE Journal of Solid-State Circuits, 2010, 45(1):32-45.

[21] SIM J, PARK J S, KIM M, et al.14.6 a 1.42 TOPS/W deep convolu-tional neural network recognition processor for intelligent ioe systems// 2016 IEEE International Solid-State Circuits Conference (ISSCC), 264-265.

[22] HASHMI A, BERRY H, TEMAM O, et al.Automatic abstraction and fault tolerance in cortical microachitectures. ACM SIGARCH Computer Architecture News, 2011,39:1-10.

[23] TEMAM O.A defect-tolerant accelerator for emerging highperformance applications. ACM SIGARCH Computer Architecture News, 2012,40(3):356-367.

[24] CHEN T, DU Z, SUN N, et al.DianNao: a small-footprint high-throughput accelerator for ubiquitous machine-learning. ACM Sigplan Notices, 2014, 49(4): 269-284.

[25] CHEN Y J, LUO T, LIU S L, et al.Dadiannao: A machine-learning supercomputer. In Microarchitecture (MICRO)//The 47th Annual IEEE/ACM International Symposium, 2014: 609-622.

[26] LIU D F, CHEN T S, LIU S L, et al.Pudiannao: A polyvalent machine learning accelerator//The Twentieth International Conference on Architectural Support for Programming Languages and Operating Systems, ACM, 2015:369-381.

[27] DU Z D, LINGAMNENI A, CHEN Y J,et al.Leveraging the error resilience of machine-learning applications for designing highly energy efficient accelerators// Design Automation Conference (ASP-DAC), 2014 19th Asia and South Pacific, IEEE, 2014:201-206.

[28] LIU S, DU Z, TAO J, et al.Cambricon: An Instruction Set Architecture for Neural Networks.ACM Sigarch Computer Architecture News, 2016, 44(3):393-405.

[29] KYUYEON H, SUNG W.Fixed-point feedforward deep neural network design using weights +1, 0, and -1.Signal Processing Systems IEEE, 2014:1-6.

[30] HAUCK S, DEHON A.Reconfigurable Computing: The Theory and Practice of FPGA-Based Computation, Morgan Kaufmann Publishers, 2008.

[31] YAN J, ZHAO Z X, XU N Y, et al.Efficient query processing for web search engine with FPGA//The 20th International Symposium on Field-Programmable Custom Computing Machines, 2012 IEEE,97-100.

［32］CONG J, SARKAR V, REINMAN G, et al.Customizable Domain-Specific Compu-
ting.IEEE Design and Test of Computers, 2011,28(2): 5-15.

［33］方民权,张卫民, 方建滨, 等.GPU 编程与优化——大众高性能计算.北京:清华
大学出版社, 2016.

［34］刘文志, 陈轶, 吴长江.OpenCL 异构并行计算——原理.机制与优化实践.北京:
机械工业出版社, 2016.

# 第八章　并行计算机新型应用——大数据一体机

本章介绍并行计算机的新型应用之一——大数据一体机。首先介绍什么是大数据一体机，为什么需要大数据一体机以及大数据一体机的研究现状，同时介绍当前国内外主要的大数据一体机产品体系结构。接下来介绍大数据一体机的硬件，包括大数据一体机的 CPU、存储、通信、数据库等硬件。然后重点介绍大数据一体机的 CPU 体系结构、存储体系结构和网络体系结构。最后介绍大数据一体机的软件优化技术。本章从硬件到存储、网络、软件对大数据一体机做全方位的介绍，以期读者对大数据一体机有一个全面的了解。

# 8.1 引言

学习大数据一体机,首先要知道什么是大数据一体机,为什么需要大数据一体机以及当前主流的大数据一体机,本节先从这些简单内容讲起。

## 8.1.1 大数据一体机概述

随着信息技术在人类各项生产生活中的应用不断拓展,可供分析的数据呈现爆炸式增长态势。如何高效、迅速地从海量数据中挖掘潜在价值并转化为决策依据已经成为各行业信息化面临的重大挑战。这些挑战主要包含海量数据难以管理、系统性能难以保证以及难以支持复杂的分析等。具体的解决思路是使硬件加速、扩充数据缓存,使用高速内连网络,增强系统的线性拓展能力,使用分级存储、压缩存储、列存储技术,优化查询规则,实现动态负载监控和管理等。同时随着信息系统的深入应用以及企业对信息系统的依赖程度增加,对软硬件平台的并发处理能力、海量数据处理能力、系统响应速度、软硬件平台稳定性、软硬件平台可扩展性等方面的能力有了更高的要求,且呈上升趋势。由于前期 IT 技术与理念的局限性,信息化发展过程中形成了许多复杂的"竖井式"应用,为信息化管理带来极大挑战。通过简化 IT 基础架构,提高硬件资源利用率,减少投资采购成本、降低设备能耗和运维成本等措施提升信息化水平已成为共识。具体问题和解决思路如图 8.1 所示。

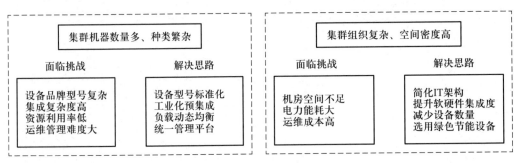

图 8.1 简化基础设施需求思路

基于上述问题和解决思路,研发高性能大数据一体机迫在眉睫。大数据一体机是面向大数据存储、处理、展现全环节的软硬件一体化方案型产品。当前,数据处理领域正处于平台架构的更替期,大数据一体机的面市,解决了原有架构的扩展瓶颈和新技术条件下的客户应用门槛,进一步推进了大数据技术在我国各行业的应用。

大数据一体机通过把传统架构中的主机、存储、网络、管理软件、数据仓库(或数据库、中间件、虚拟化软件）集成打包,形成一体化解决方案,降低总拥有成本(TCO),提升整体性能,体系结构如图 8.2 所示。大数据一体机不是简单地将软硬件进行堆砌,而是在软硬件架构上对硬件性能、软件性能进行平衡优化,以克服传统解决方案在数据管理、I/O 读写等方面的瓶颈,有针对性地增强系统整体处理能力。

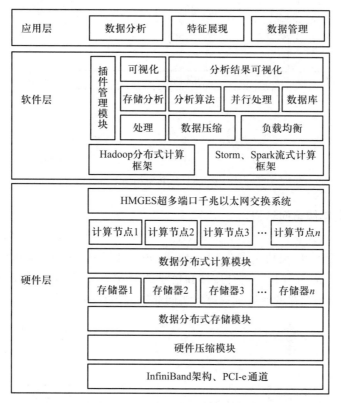

图 8.2　大数据一体机体系结构

## 8.1.2　大数据一体机体系结构

目前常见的大数据一体机体系结构总体可归纳为三种类型:对称多处理器(symmetric multiprocessor,SMP)结构,非均匀存储访问(non-uniform memory access,NUMA)结构,大规模并行处理(massively parallel processing,MPP)结构。

### 1. 对称多处理器结构

SMP 被广泛用于 X86 平台大数据一体机,该系统架构大数据一体机具有以下明显的特点:各 CPU 对称工作,CPU 之间没有主次、从属关系之分;各 CPU 共享系统所有资源(CPU、内存、I/O 等);各 CPU 对总线的访问是同级的,访问内存中的任何地址所需时间是相同的。所有 CPU 并行执行系统的任务队列,具有良好的并发能力,但随着 CPU 数量的增加,内存访问冲突将迅速增加,可拓展能力受到极大限制。SMP 是最为常见的一种系统架构,如图 8.3 所示。

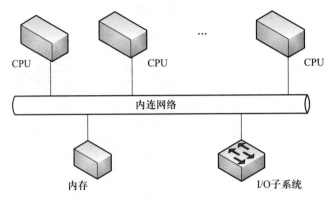

图 8.3　SMP 架构图

### 2. 非均匀存储访问结构

采用 NUMA 架构的大数据一体机如图 8.4 所示,它具有以下众多特点:使用多个 CPU 模块,每个 CPU 模块由多个 CPU 组成,并且具有独立的本地存储、I/O 等;它的节点之间可以通过互连模块进行连接和信息的交互。每个 CPU 可以访问整个系统的内存,访问本地内存的速度远远高于访问非本地内存的速度。

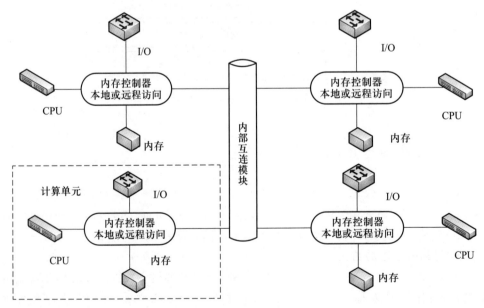

图 8.4　NUMA 架构图

### 3. 大规模并行处理结构

MPP 更多地应用于大型机和数据库一体机中,该系统架构如图 8.5 所示,MPP 具有以下特点:由多台 SMP 服务器通过互连网络进行连接;每个服务器只能访问自己的本地资源(CPU、I/O、内存、存储等)以实现最大化的并行性;各 SMP 节点不会相互影响,协同工作,完成相同的任务;高并行度高,拥有斜率为 1 的线性扩展,是一种完全无共享结构,在海量数据的磁盘读写方面表现出很大的优势。

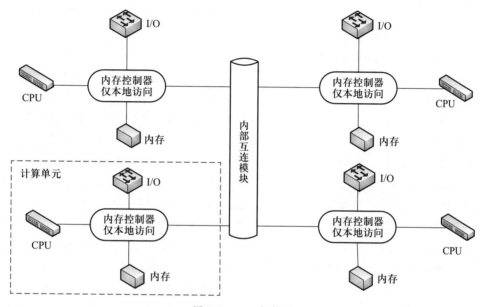

图 8.5　MPP 架构图

## 8.1.3　国内外现有的大数据一体机

目前国内外主流 IT 厂商已推出了针对不同应用的大数据系统产品,如表 8.1 所示。

表 8.1　国内外现有的大数据一体机

| 类型 | 产品 |
| --- | --- |
| 数据仓库一体机 | Oracle Exadata、Teradata、IBM PureData System(for nzsql)、EMC Greenplum |
| 数据库一体机 | Oracle Exadata、IBM PureData System(for DB2)、华为 FusionCube(for Oracle) |

续表

| 类型 | 产品 |
|------|------|
| 中间件一体机 | Oracle Exalogic、IBM Pure Application System |
| 内存数据库一体机 | SAP HANA、Oracle Exalytics |
| 其他 | IBM Pure Flex System、HP VirtualSystem、思科 FlexPod、浪潮云海大数据一体机、曙光 XData 一体机、基于龙芯的大数据一体机等 |

接下来具体分析具有代表性的一体机产品。

### 1. Oracle Exadata 大数据一体机

Oracle Exadata 大数据一体机是由数据库软件、硬件服务器和存储设备组成的软件和硬件集成式系统,也是面向数据仓库、联机交易处理和数据库云应用的架构。在技术方面,Exadata X3 延续采用 Exadata 领先技术,包括可扩展的服务器和存储、InfiniBand 网络、智能存储、PCI 闪存、智能内存高速缓存和混合列式压缩等,为所有 Oracle 数据库工作负载提供了极致的可用性。

Exadata 的典型优势是能够与 Oracle Database、Oracle Exadata 数据库云平台,以及针对商业智能应用的新 Oracle Exalytics 商业智能云服务器一起协同工作。Exadata 提供综合的安全性,BDA 使用 Kerberos 提供加密的登录认证,以确保登录用户的身份。通过 Apache Sentry 授权类似 Hive 和 Impala 这样的工具使用 SQL 数据库,并不断对 Sentry 进行更新。对网络传输、静态数据以及 HDFS 进行加密,并在系统中整合 Oracle 防火墙简化运维。Manager 提供了一个入口点来管理整个系统(包括软件和硬件),并提供了在组织中跨产品的连续性。同时为了给 Hadoop 提供更深入的管理能力,Enterprise Manager 使用了上下文感知来与 Cloudera Manager 集成。Oracle 为 BDA 提供了相关的支持,提供了一站式的硬件及软件(包括所有的 Cloudera 软件)以及任何额外安装 Oracle 软件的服务。使用该架构,Oracle 大数据管理系统将 Oracle 市场领先的关系数据库的性能,Oracle SQL 引擎的强大功能以及 Hadoop 和 NoSQL 的经济、高效且灵活的存储结合在了一起。为管理大数据提供了一个集成架构,从而提供 Oracle 数据库、Exadata、Hadoop 的所有优势,避免了独立访问数据信息库的缺陷。Exadata 体系结构如图 8.6 所示。

Exadata 的数据仓库运行在 Oracle 数据库和 Oracle Exadata 数据库云平台之上,支持存储许多核心事务,如财务记录、客户数据、销售点数据等。尽管 RDBMS 目前仍然是宽泛架构的组成部分,但对其性能、可伸缩性、并发性和负载管理方面仍需提高,Oracle Database 12c 推出了 Oracle Database In-Memory(提供列表、SIMD 处理和高级压缩方法)作为数据仓库方面的、长期不断创新的最新成果。Exadata 数据库托管在 Oracle 大数据一体机上,作为包含机器生成的日志文件、社交媒体数据、视频和图像等大量数据的新数据源信息库,以及更细粒度事务数据或未存储在数据仓库中的

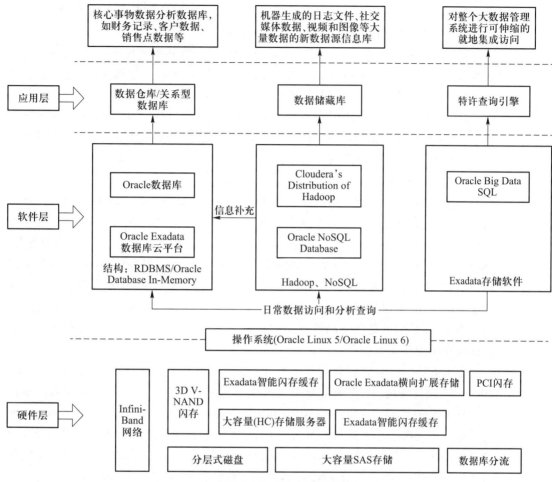

图 8.6 Exadata 体系结构

旧事务数据的信息库,它是对数据仓库的补充。Oracle 的大数据管理系统包含了互补的技术和平台,其中包括开源技术、Cloudera's Distribution of Hadoop 和 Oracle No-SQL Database 以提供数据管理功能。特许查询引擎 Oracle Big Data SQL 支持对整个大数据管理系统进行可伸缩的就地集成访问。SQL 是公认的日常数据访问和分析查询语言,因此 SQL 是大数据管理系统的主要语言。利用 Big Data SQL,用户们可以在单个 SQL 语句中组合来自 Oracle 数据库、Hadoop 和 NoSQL 源的数据。利用 Exadata 存储软件的架构和 Oracle 数据库的 SQL 引擎,Big Data SQL 能够提供对大数据管理系统中所有数据的高性能访问。

### 2. IBM PureData 大数据一体机

当 Oracle 逐渐从广泛的数据中心转向为特定工作负载专门设计的服务器时,作为 Oracle 老对手的 IBM 推出了 PureData 大数据一体机,PureData 大数据一体机作为

PureSystem 家族的第三位成员,被 IBM 定位为大数据时代的分析处理引擎,主要用于应对大数据中的结构化数据与系统现存数据。

在 PureSystem 产品家族中,PureFlex System 是一款基础架构系统,它由模块化的计算节点构成,并将服务器、网络、管理模块集中在一个 10U 的机箱内,具有集成转化和智能化管理软件,可以对系统进行实时更新,并进行监控。

从硬件角度来看,PureData 大数据一体机可以提供多达 384 个处理器核心与6.2 TB内存。而且 PureData 可以加入 19.2 TB 固态存储和一个附加的 128 TB 硬盘存储。在处理方面,PureData 可以在单一系统中整合多种业务数据库,优化了大量处理任务。

### 3. 华为 FusionCube 一体机

华为在 2013 年云计算大会上推出 FusionCube 一体机,针对 IT 系统进行整合与简化,帮助企业聚焦主营业务。在华为 FusionCube 一体机创新的硬件平台上,将刀片服务器、分布式存储及网络交换机融合为一体,并整合智能网卡、SSD 存储卡及 InfiniBand 交换模块,集成分布式存储引擎、虚拟化平台及云管理软件,资源则可按需调配、线性扩展。另外,华为 FusionCube 一体机采用预集成系统,并在内部处理掉这些复杂的问题,让用户完全避开它,是一个融合了计算、存储、网络、虚拟化和管理平台的系统,在给用户提供基础设施虚拟化便利的同时,仍然保持了传统数据中心的高性能和维护效率。

华为 FusionCube 在创新的硬件平台中集成了可以混插的计算/存储刀片和 GE/10GE/FC 交换模块。计算和存储刀片可以灵活配置以应对不同的工作负载。单机在仅仅 12U 的空间内提供 64 个 CPU 和 12.3 TB 内存的计算能力,使华为 FusionCube 尤其适合需要高计算密度和虚拟化的工作场景,整合的存储和 SSD 缓存对提升应用和数据库性能有很大帮助。FusionCube 弹性计算云平台预集成的 FusionSphere 软件可将计算、存储与网络资源虚拟化,提供比如弹性计算、负载均衡、虚拟私有云等 IaaS 业务。FusionCube 所有的物理和虚拟资源都可以通过 FusionSphere 统一管理平台进行管理,包括交换机、虚拟机、存储卷等,并且该平台还包括了从应用资源管理到应用发布与部署、自动化配置、安全管理等一系列功能。不管是单机还是整个数据中心,都可以纳入 FusionSphere 云平台的管理范围。并且系统管理软件支持硬件的自动发现与配置,因此整个云平台需要扩容时只要简单地增加新的 FusionCube,连线、上电即可。其内置的分布式存储引擎 FusionStorage 将所有 FusionCube 的本地存储虚拟化为集群式存储资源池,其多节点、分布式的架构优势使系统不再受制于传统存储 RAID 控制器引发的性能与带宽瓶颈,并带来更出色的可靠性与可扩展性。数据被切片分布于所有的内置硬盘或 SSD 存储卡中,既提高了存储利用率,又带来了性能的大幅提升。同时精简配置、克隆链接等高级存储特性并不会影响性能,并且容量可以按需线性扩展,省去了时时重新规划、设计存储架构的麻烦。可横向扩展的存储引擎是华为 FusionCube 的一大亮点,基于 P2P 和 SSD 缓存技术使它不再需要传统的 RAID 控制器就可以提供更高的可用性和可扩展性。在条带化后,数据被保存在所有数百到数千个磁盘上,系统中不会有过热或过冷的磁盘,这种做法既增加了磁盘的利用率,又大幅提升了 I/O 性能,相比采用同样数量磁盘的传统存储系统,华为 FusionCube 的 IOPS 可以提高 3~5 倍。

**4. 浪潮云海大数据一体机**

浪潮云海大数据一体机是一套软硬件一体化的数据处理解决方案,浪潮云海大数据一体机采用新型技术体系架构。

云海大数据一体机涵盖数据存储、数据处理、数据展现等全环节的一体化数据平台产品,具有可按需扩展、统一交付、集中管理等特点。在技术方面,云海大数据一体机集成了计算单元、存储单元、通信单元、管理单元等核心模块,能够覆盖数据的存储、处理、展现等所有技术环节。并且,云海大数据一体机提供一套软硬件一体化的整体方案,同时提供全环节服务保障,解决用户在应用过程中面临的软硬件部署、二次开发等实际问题,帮助用户实现应用。另外,云海大数据一体机采用硬件加速技术,内嵌 FPGA 模块固化特定算法,并集成多级缓存,让数据排序性能提高了 50% 以上;重要的是,在系统任务调度策略方面,浪潮开发了动态调整任务执行模块,有效地减少任务数量,使执行时间平均缩短 16%。云海大数据一体机体系结构如图 8.7 所示。

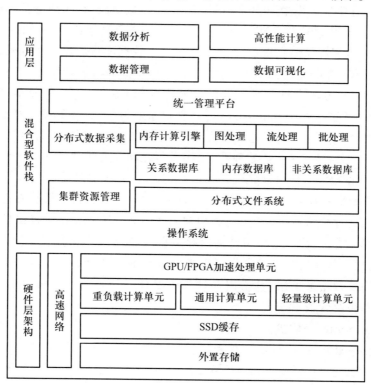

图 8.7　云海大数据一体机体系结构

对于大数据处理的重载计算单元,针对访问请求密集、数据量大且耦合度高、具有特定算法的计算密集类应用,云海大数据一体机在通用处理器同构多核架构基础上设计了基于异构协同计算架构的重载计算单元。对于大数据处理的存储单元,为了充分发挥新型存储介质的作用,构建了基于非易失存储(non-volatile memory, NVM)和传统动态随机存储(DRAM)的高可用性、大容量、低功耗异构混合内存,在整个存储层次里面增加 SSD 作为高速缓存,并针对每个存储单元的多块磁盘实现负载均衡、冗余编码多副本和分布共享缓存,提高了 I/O 吞吐量。对于大数据互连交换芯片和全局交换网络,在互连核心交换芯片中,实现了对系统级消息通信、数据交换以及 I/O 操作的统一支持,降低内部延迟;设计全局高速交换网络,融合数据通信与存储网络,提高了系统通信性能和扩展能力。并且构建了高速通信网络,基于 PCI-e 通道构建互连网络,使得节点可以通过扩展卡连接到 PCI-e 网络上,解决了基于 TCP/IP 协议的慢启动、拥塞问题。为了减少数据传输量,采用分布式并行处理架构,网络传输开销随集群规模增加而增大。云海大数据一体机在软件栈中全面支持 GZIP、LZO、Snappy 等压缩方式,并通过对数据分区、分桶以及 Map-only Combine、Map Join 等方法尽量减少数据传输。内部的网络通信主要来自主节点和从节点间的状态同步,为了减少大量的状态数据传输量,可采用状态缓存算法减少不必要的网络开销。针对在线交易、视频处理、图像渲染、图像编解码、在线加解密、高性能计算等重载应用,采用 CPU 与 GPU、MIC 混合的异构协同计算架构,使用 FPGA 将算法固化在硬件中,并在存储层次里加大 SSD 缓存实现数据读写加速。针对模式计算、商业智能和数据挖掘等通用类型处理应用,基于通用处理器设计计算、I/O、存储能力均衡的机架式和刀片式服务器来满足常规处理类应用的需求,如分布式文件系统 HDFS 和分布式数据处理 MapReduce 等。针对企业搜索、流式处理等海量并发的轻量级应用,虽然并发访问量可达每秒数十万次,但每个请求所需的计算资源较小,因此,基于多核、多线程、低功耗处理器,采用最小化和并发线程优化方法设计轻量级计算模块,再配以大容量内存满足 NoSQL 数据库、流处理引擎需求。

云海大数据一体机采用了一种混合型大数据软件架构,该架构在融合各种分布式存储和处理技术的基础上,通过构建对大规模、多层次异构存储的一致性数据组织和透明管理机制,进一步借助内存数据库和内存计算引擎优化大数据处理性能,并通过一体化的管理平台保障系统的可扩展性和可靠性。其中混合型软件栈包括分布式数据采集层、基于内存计算的混合型分布式存储层和处理层、一体化的资源和系统管理层。

**5. 曙光 XData 一体机**

同样作为服务器国产厂商,曙光通过自主研发的通用海量数据处理平台推出 XData 一体机,它可广泛应用在通信数据统计、互联网日志、用户行为分析、数据监控以及金融交易数据的离线统计等多个领域。

　　在数据处理方面,XData 采用无共享存储方式,可以将数据存储单元和处理单元分离。并且通过高效的服务中间件,将底层的数据存储节点聚合成单一的数据处理系统映像,从而实现较高的数据读写计算并发度。值得一提的是,XData 大数据一体机可以根据不同行业的特性,为用户提供优化的查询策略。XData 可以对复杂的策略任务自行进行分解,在多数据模块上并行执行,全面提高了复杂查询条件下的效率。另外,在管理人员运维成本和硬件成本两方面,XData 也颇具优势。由于采用了类 JDBC 访问接口,用户无须额外学习即可使用,而按照数据量和访问频率进行分级存储,则可全面减少用户对高速硬件的投资。曙光 XData 体系结构如图 8.8 所示。

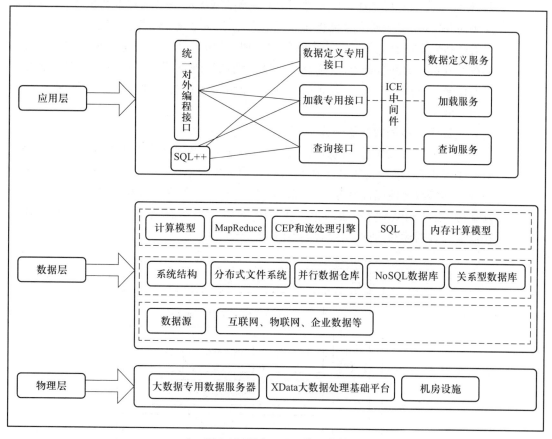

图 8.8　曙光 XData 体系结构

　　XData 数据写入过程中,采用并行写入的方式,按照一定的数据划分策略,将数据写入后端数据节点。将查询语句分解成在多个数据模块并行执行的查询任务流,所有的查询处理都在数据节点上并行地执行,充分利用无共享结构的计算并行度。提供任务断点执行功能,发生意外情况时,系统启动后继续执行未完成的任务。

XData 支持分级存储,以降低系统的总拥有成本,即按照数据量和数据的访问频率,分为在线、离线和备份三个存储级别,并支持数据在各级之间根据策略进行迁移。XData 采用一体化执行框架提供类 JDBC 访问接口:XJDBC,有 JDBC 使用经验的用户无须额外学习即可很方便地使用 XJBDC 访问接口;提供 XJDBC/MapReduce 混合执行框架,有跨平台的兼容性;XData 还提供较 XJDBC 访问接口更高性能的专用编程接口;其基于 Web 的图形化管理工具,简化了系统管理员对于大数据系统的管理和维护工作,使得管理一套含几百个节点的 XData 和管理一套含 10 个节点的 XData 的工作量接近。XData 具有高可扩展性,对数据进行细粒度划分,无须进行复杂规划,任意规模的扩展都能够实现数据分布均衡。XData 提供细粒度数据锁,提高了数据访问并发度,减少单个查询操作的无效 I/O,提高了整体处理效率。XData 支持大表关联和大表嵌套类等复杂查询语句的处理。XData 系统通过将复杂查询解析成多个数据节点上的并行任务流,提高了复杂查询的处理性能。支持用户自定义的并行查询任务流,可以支持任意复杂的结构化/非结构化数据处理语义,满足了更广泛的应用需求。

**6. 基于龙芯的大数据一体机**

基于龙芯的大数据一体机通过高速网络连接成集群形式,并将各节点的存储组织成并行集群存储,它的硬件体系结构如图 8.9 所示。为了实现在线交易、视频处理、图像渲染、高性能计算等应用,采用 CPU 与 GPU 处理及 MIC 混合的异构协同计算架构,通过 FPGA 将算法固化在硬件中,并在原有的存储结构基础上添加 SSD 缓存以提升数据读写速度,从而达到 GPU 加速的目的。

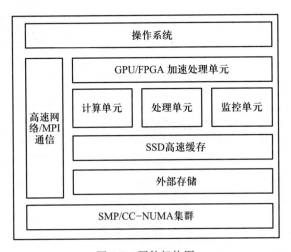

图 8.9  硬件架构图

它的硬件系统包括处理单元结构、计算节点结构、网络互连结构、监控单元结构、单一机箱结构。在该计算平台上需要进行的系统软件研发包括:系统软件的移植及优化;多核与多处理器主板的 BIOS;支持 CC-NUMA 集群的 Linux 操作系统;支持龙芯 3B 扩展指令的 GCC 编译器、MPI 通信库、BLAS 数学库等;支持龙芯 3B 的编程模型;集群监控管理软件。

### 1) SMP/CC-NUMA 结构

该系统顶层结构是由若干独立计算节点构成的集群,如图 8.10 所示,对于每一个计算节点及其内部单元,组织成 SMP/CC-NUMA 架构以提供作业的并行操作。

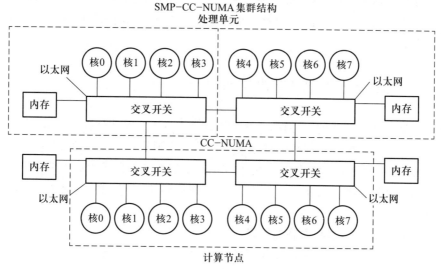

图 8.10　计算机节点与计算单元所采用的架构

### 2) 通用处理器与向量协处理器结合的编程模型设计

为了实现快速的数据处理,将采用通用处理器与向量协处理器结合的编程模型(见图 8.11),这一技术将实现比 GPU 编程模型简单、比通用处理器效率高的目标。

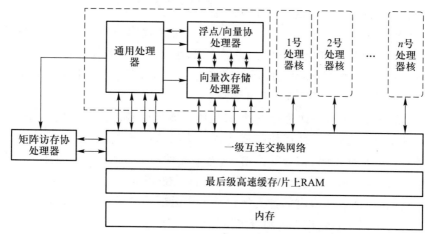

图 8.11　通用处理器与向量协处理器结合的编程模型

在这种特别的编程模型中把高速缓存当作 RAM 使用,对软件不透明,提高效率,借鉴了 GPU 思想,但是却具有可管理、可编址的巨大优势。

## 8.2 硬件

大数据一体机,其硬件部分主要包括 CPU、存储和数据库,本节分别从这三个方面进行介绍。国内外现有的大数据一体机根据应用场景和需求的不同在硬件的设计上也会有所区别。

### 8.2.1 大数据一体机 CPU 体系结构

大数据一体机的目的是存储、处理和展现大数据,实现软硬件一体化,其中数据处理尤为关键。大数据一体机需处理的数据动辄达到拍字节(PB)级,数据的结构也极为复杂,这对大数据一体机所采用的 CPU 的处理性能提出了很高的要求。下面首先介绍高性能处理器发展所面临的挑战,接着阐明解决限制 CPU 处理能力所采用的主流方案。

**1. 高性能处理器发展面临的挑战**

虽然目前处理器仍然保持着高速的发展,但是,各种可能的挑战已经逐渐显露出来。这些挑战可以形象地描述为如下三面墙。

(1)频率墙。工艺尺寸缩小一直是处理器性能提升的重要手段。随着工艺特征尺寸的缩小,器件的延时也等比例减小,但互连线的延迟却无法同步减小。工艺进入超深亚微米后,线延时超过门延时占据了主导地位,成为提高芯片频率的主要障碍。即使采用铜金属和低介电常数介质,在 35 nm 工艺下,一根 1 mm 线的互连 RC 响应时间为 250 ps,而一个最小尺寸 MOS 管的开关延迟仅为 2.5 ps;互连延迟是 MOS 管开关延迟的 100 倍。当工艺进一步缩小,这个差距将会急剧恶化。随着深度流水线设计接近每一级流水门数 8~16 的最低下限,超流水技术的代价越来越高,分支失败的开销也越来越大,流水深度的增加即将终止。研究表明,高性能 CPU 流水深度到 22 级左右性能不升反降,以后上升缓慢。

(2)功耗墙。随着晶体管变小,集成晶体管数量增多,集成空间缩小,时钟频率加快,漏流也会随之增大,从而使处理器芯片功耗迅速增加。功耗增大会导致芯片过热,器件的稳定性下降,信号噪声增大,芯片无法正常工作,严重的甚至烧毁。在多核处理器产生以前,低功耗技术主要有降低动态消耗和降低静态消耗技术两方面。动态消耗包括处理器内部各元件正常工作时所消耗的电能,例如电容充放电、频率切换、逻辑门状态转换等。随着多核处理器的产生,由于多核处理器在结构和实现上有了新的特点,研究人员又发现了降低功耗的新方法,例如异构结构设计、动态线程分派与转移技术等。异构结构设计是利用异构结构对片上资源做最优化配置,处理器的执行效率提升,使处理器不仅具有高性能也降低了功耗。动态线程分派与转移技术是利用多核心处理能力,将某个核心上的过多负载转移到负载小的核心上,从而使处理器在不降低处理性能的情况下,降低处理器功耗。

(3)存储墙。当前主流的商用处理器主频已达 3 GHz 以上,存储总线主频仅 400 MHz;处理器速度每年增长 60%,存储器存取延迟每年仅改善 7%。由通信带宽和延迟构成的存储墙成为提高系统性能的最大障碍。为了解决这一问题,传统的方法是建立复杂的存储层次,但是这些复杂的存储层次会带来长的互连线,难以随着工艺进步而提高频率。

受这三面墙的制约,传统处理器的指令级并行性逐渐达到了上限。一方面,程序中固有的指令级并行性有限。有研究表明,用无限多的资源、单个控制流能够达到每拍执行的指令个数为 7,用大量资源(如 8~16 个执行部件)能够开发出的进程间通信(interprocess communication,IPC)大约为 4。另一方面,如果要开发更多的指令级并行(instruction level parallelism,ILP),就需要更大的指令发射窗口、更精确的分支预测器、更复杂的调度算法和容量更大及端口数更多的寄存器文件。例如,Pentium Ⅲ 允许有 40 条指令处于执行状态,Athlon 有 72 条,Alpha 21264 有 80 条,Pentium 4 则有 126 条。而这些全局的控制结构会带来更多的长互连线,会阻碍时钟频率的提高。

**2. 主流高性能处理器结构**

1)多核处理器

多核处理器将多个完全功能的核心集成在同一个芯片内,整个芯片作为一个统一的结构对外提供服务,输出性能。多核处理器首先通过集成多个单线程处理核心或者集成多个同时多线程处理核心,使整个处理器可同时执行的线程数或任务数是单处理器的数倍,这极大地提升了处理器的并行性能。其次,多个核集成在片内,极大地缩短了核间的互连线,核间通信延迟变低,提高了通信效率,数据传输带宽也得到提高。再者,多核结构有效共享资源,片上资源的利用率得到了提高,功耗也随着器件的减少得到了降低。最后,多核结构简单,易于优化设计,扩展性强。这些优势最终推动了多核的发展并逐渐取代单处理器成为主流。

多核结构具有良好的性能潜力和实现优势,如下所示。

(1)多核结构将芯片划分成多个处理器核来设计,每个核都比较简单,有利于优化设计。

(2)多核结构有效地利用了芯片内的资源,能够有效开发程序的并行性,带来性能的成倍提升。

(3)处理器核之间的互连缩短,提高了数据传输带宽,有效地共享资源,功耗也会有所降低。

第一个商用的多核通用处理器是 IBM 于 2001 年发布的 Power4 处理器。每个 Power4 芯片中集成了两个 64 位、1 GHz 的 PowerPC 核,可以并行执行 200 条指令。HP 公司也于 2003 年推出类似的多核处理器 PA-RISC 8800,它在一块芯片上集成了两个主频为 1 GHz 的 PA-RISC 8700。Intel 和 AMD 也分别于 2004 年的 8 和 11 月推出了各自的商用双核处理器 Montecito 和 Opteron。

多核结构需要考虑的问题如下。

(1) 核心的选择。在通用处理器中,Intel、AMD、HP、Sun 选择使用少量的高性能核心,如双核的 Montecito 和 Opteron;而斯坦福大学、麻省理工学院选择使用大量性能适中的核,如 Hydra 集成了 4 个 MIPS 核,RAW 集成了 16 个 RISC 核。嵌入式多核处理器通常有三种组织方式:① DSP(digital signal processor,数字信号处理器)核 + MCU(micro controller unit,微控制单元)核,充分利用 DSP 的处理速度和 MCU 的控制功能;② 多 DSP 核,可以处理更大规模的信号处理算法,特别是多维与多通道算法;③ 多 RISC 核,在显著减少面积和功耗的同时,取得更高的总体性能,在网络类应用中非常普遍。

(2) 互连与存储系统。随着芯片面积的增大,长线互连延迟和信号完整性已经成为制约芯片主频的关键因素。当片上核较少时,可用简单的总线结构或者交叉开关互连;当核较多时可用二维网孔网络、3D 环绕等进行互连,设计者必须在网络开销以及多核耦合程度之间进行权衡,同时还要注意互连拓扑的可扩展性。多核结构还必须解决一系列存储系统效率的问题,例如,应该设计多大的片内存储器,数据的共享和通信在存储层次的哪一级来完成,缓存一致性在哪一级实现更合理,是通过片内共享存储器还是高速总线进行多核之间的通信,以及存储结构如何支持多线程的应用等。

(3) 多线程编译技术及操作系统。多核处理器能否发挥最高的性能在很大程度上取决于编译优化和嵌入式操作系统的有力支持。多核能够为多线程程序提供较高的性能,但是对于单线程应用的性能提升反而不高。采用硬件动态提取线程是一种方法,但编译器更要担负起自动并行化的工作,即将串行程序自动地转换为等价的多线程并行代码,使用户不必关心迭代空间划分、数据共享、线程调度和同步等细节。更重要的是多线程优化编译技术,包括线程并发机制的实现、线程调度、线程级前瞻执行等技术。

多核之间的任务调度是充分利用多处理器性能的关键。为满足实时处理的要求,均衡各处理器负载,需要研究的任务调度机制有分布式实时任务调度算法、动态任务迁移技术等。现有的操作系统还无法有效地支持多核处理器。

2) 流处理器

流处理模型包括若干数据序列流和计算核心。流体系结构以"生产者-消费者"

模型为基础,将数据存取和数据计算分离,实现数据预取和延迟隐藏。

流体系结构具有以下特征:拥有大量本地寄存器,并提供许多简单、廉价、快速的计算单元;相对简单的指令流出逻辑,有效回避长线延迟;分解数据的执行和读写,配合延迟隐藏以节省通信开销;高效的互连;保证对算术逻辑部件(ALU)簇的数据带宽;计算资源可大规模并行化;巨大的后备存储。流体系结构能够较好地解决现有高性能处理器体系结构面临的难题。

流处理包括两个方面的意义:① 流编程模型即流程序,指的是计算核心处理记录流的计算方式;② 执行模型即流处理器,指的是优化利用流程序的局部性和并行性的处理器。在流处理过程中,人为地将一个应用分解成一系列的计算核心,产生数据流图,形成明确的生产者–消费者模型。计算核心根据功能来划分,每个计算核心有明确的输入流和输出流,数据以序列流的形式通过计算核心并被处理。对流处理过程,可以开发多种并行性,其中计算核心可开发指令级并行(ILP)和数据级并行性(DLP),序列流可开发生产者–消费者局部性。适合于写成流程序的应用主要为多媒体应用,包括 Signal、Image、Video、Packet 和 Graphics 处理等;另外有文献报道科学计算程序,如地震、天气预报,也能写成流程序以获得加速。从理论上说,若应用具有长的计算时间和大量的并行性,就可以写成流程序。与传统程序相比较,流程序具有以下几个主要特征。

(1)计算密集性。与传统的桌面应用相比,流式应用对每次从内存取出的数据都要进行大量的算术运算,这就是计算密集性。

(2)并行性。大多数流式应用中的运算可以并行,且以数据级并行为主,同时存在指令级和任务级并行。例如视频压缩中,两个块之间的数据不存在相关,可以并行。

(3)生产者–消费者的局部性。生产者–消费者的局部性体现在计算流水线或计算核心的不同阶段中,即生产出的数据(一个核心写的数据)被另一个核心所消费(被读取),且不会再被生产者使用。这一种形式的局部性在流式应用中非常普遍,但不容易被传统的存储层次所捕获,因为它并不符合传统的时间和空间局部性的概念。

为了适应流程序的特点,流处理器在体系结构上相应地给予支持,以充分开发流程序的局部性和并行性。首先,流处理器中有大量 ALU 阵列,以充分开发 DLP。其次,采取三级存储层次,以捕获各种形式的局部性。这三级的存储层次为局部寄存器文件(LRF)、流寄存器文件(SRF)和存储器。

(1)局部寄存器文件(LRF)用于捕获计算核心内部的数据局部性。在一个计算核心内,对流中某一个记录的所有操作都在一个 ALU 簇内完成,只在操作数读入和最终结果写回时访问 SRF。也就是说,当流中的某个记录流入 ALU 簇后,将对其执行微控制器中 VLIW 对应的所有操作,其间所有操作数和中间结果都通过簇内的互连开关传递并缓存在 LRF 中,无须访问 SRF。由于 LRF 的带宽远高于 SRF,开发核内数据并行大大减少了对 SRF 的访问次数,加快了访问速度,缓解了 SRF 带宽压力。

(2) 流寄存器文件(SRF)用于捕获计算核心间数据的局部性。在多核应用中,由流载入指令将流载入 SRF,充当生产者的核将流处理结果发送回 SRF,作为消费者的流在流控制器的调度下从 SRF 中取走中间结果流,而不用访问片外存储器。对一个流元素的所有操作执行完后才将结果写回片外存储器。除非流的大小超过 SRF 的容量才需分割流,将溢出部分写回片外存储器,极大地减小了对片外存储器带宽的要求,加快了访问速度,还可以通过流缓冲器以执行和访存时间重叠的方式隐藏访问延迟。

(3) 存储器用于捕获全局数据局部性。SDRAM 可以设计得很大,用于缓冲 I/O 设备或是总线传来的数据。例如在多媒体应用中,片外 SDRAM 可以用来缓冲多帧图像以支持对数据的反馈和重用,如 MPEG-2 中的 I 帧可以缓存在片外 SDRAM 中。流模型对于存储延迟的隐藏也是有好处的。传统的工作负载需操作的数据零散、没有规律,数据存取和运算紧密耦合,访存开销很大;流应用的操作数据为流式数据,流记录同构、有序且依序流动,因此可以将上一个流记录的运算和下一个流记录的存取分离,便于延迟隐藏,极大地减少了访存开销。

流处理器能够捕获程序中潜在的局部性和并行性,它采用三级存储,开发了三种并行性:数据并行、指令并行和任务并行。现有的研究表明,流处理器在很多应用方面表现出很高的优越性。

3) PIM

处理器和存储之间的性能差距日趋严重,将处理器和存储器集成到单一芯片的 PIM(processor-in-memory)技术为解决存储性能瓶颈问题提供了新的途径。

在过去很长的一段时间里,对存储器如 DRAM 的工艺优化和对计算逻辑的工艺优化有着巨大的差异。存储器设计追求的主要目标是面积小、集成度高;而计算逻辑追求的主要目标是速度快、功耗小。这一差异从根本上影响了计算机的体系结构:CPU 和存储器分别设计为不同的芯片,然后在板级电路上连接在一起。

随着工艺的发展,CPU 速度每年提高 60%;相对来说,存储器的速度增长较慢,每年仅有 7% 的增长,难以满足 CPU 对数据和指令的需求。典型情况是,存储器的外部互连少于 24 个,对于密度最高的 DRAM 工艺,这些互连线提供的每一个存储器的带宽小于 50 MBps,相比绝大多数现代处理器所需要的 1~2 GBps 的带宽有很大差距。存储层次是目前解决这一问题的常用方法,即在 CPU 芯片和存储器芯片中插入多级、容量依次增大的缓存。这些缓存占据大量的芯片面积,有着复杂的控制逻辑,却仅仅是主存的一个备份,不进行任何计算。其在新的应用中多媒体处理时间短、数据的时间局部性和空间局部性都很小,缓存失效的概率大,实际效果并不好。

1995 年,工艺取得了突破,可以在存储器芯片中集成计算逻辑。人们开始重新思考是不是可以将 CPU 和存储器集成到一块芯片内,从而充分挖掘存储器带宽的潜力。在存储器的内部,实际的带宽要高得多,一个 DRAM 宏通常每行有 2 048 位,在一次读操作中,整行都被锁存在横排缓存中,等待读出放大器读取,保守估计行访问时间为 20 ns,单个 DRAM 宏的带宽也超过 50 Gbps。由此可见,99% 的存储器带宽由于封装和外部互连而被浪费掉了。使用 PIM 技术,就可以完全利用存储器的内部带宽。有研究表明,采用 PIM 可以获得相对传统系统 10~100 倍的带宽和 4 倍存储延时的改善。

PIM 的另一个优点是可以从更细粒度的角度构造超大规模并行计算系统。在 PIM 中可以将计算单元和 DRAM 设计在一起,并使用大量这样的模块来构建 MPP 系统。这样的系统在片内而不是传统的网络共享存储或机群方式,可以大量减少芯片的数量。由于将 DRAM 和计算逻辑集成在同一块芯片内,PIM 可以提供高效率的机制来协调计算和通信。HTMT 项目中提出的 Parcels(parallel control elements)概念得到了广泛应用。它是一种 Memory Borne 消息机制,包括从简单的存储器读写到原子算术存储器操作,甚至还有存储器中对象的远程方法调用。在 PIM 这种细粒度的 MPP 下,对性能影响的关键在于最小化上下文切换和通信的开销、重叠通信和有用的计算。一些研究使用硬件方法来降低通信开销,如 MDP 和 J-machine;另一种有效的方法是通过软件高效地完成消息的路由和解包。许多体系结构和执行模型支持计算与通信的重叠,包括数据流、多线程、异构和最近提出的 PIM Lite 等。

4)可重构计算

传统的计算方式有两种,一种是采用对通用微处理器进行软件编程的方式,一种是采用专用集成电路(ASIC)的方式。软件方式通用性好,但运算速度不高;ASIC 方式处理速度快,但只能针对特定的算法,通用性不好。可重构计算(reconfigurable computing)是以上两种计算方式的一种折中方式,这种计算方式通过对结构可变的硬件进行软件配置,以适应不同算法的处理,故它既具有软件的灵活性,又具备 ASIC 硬件的高速性,是解决资源受限类算法和加解密算法的一种理想选择。

可重构计算的思想最早由加利福尼亚大学洛杉矶分校的 Estrin 教授在其论文中提出。当时的计算机还是电子管计算机,电子存储器也刚刚出现,计算机处理速度很慢,存储容量也很小,因此许多算法是当时通用计算机所不能解决的。为了解决这些受限计算问题,Estrin 教授第一次提出了可重构计算的思想,即设计一种可变的计算机体系结构,通过特定的指令集配置,该计算机结构可变为针对特定算法的专用计算机结构。

可重构计算没有严格的定义,目前学术界普遍接受的一个定义是:使用集成了可编程硬件的系统进行计算,该可编程硬件的功能可由一系列定时变化的物理可控点来定义。从这个定义可以看出,今天,可重构计算已经不是靠改变计算机体系结构来实现特定算法了,而是通过对特定可重构件(reconfigurable unit,RU)即定义中所说的可编程硬件的编程来实现的。可重构件的可重构性体现在其内部执行单元的结构可变和单元间互连结构可变两个方面。

通常可重构处理器的组织方式是在通用处理器中加入可重构逻辑。可重构逻辑与通用处理器的结合方式有四种,如图 8.12 所示。按结合的紧密程度依次为:① 可重构逻辑作为 CPU 的一个功能部件;② 可重构逻辑作为 CPU 的协处理器;③ 可重构逻辑作为 CPU 的外部附属处理单元;④ 可重构逻辑独立于 CPU,通过 I/O 接口与 CPU 协同计算。

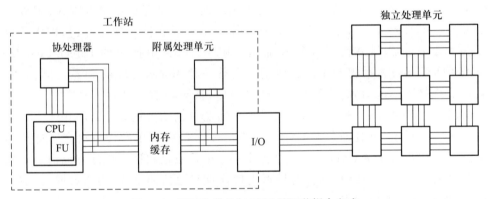

图 8.12　可重构部件与 MCU 的四种耦合方式

并非所有的算法都适合可重构计算。一般来说有以下三种特点之一的算法适合映射到可重构逻辑上:① 极高速 I/O,② 对大批量(或无限)数据做循环计算,③ 对每一个输入数据都需要做大量的计算。对于具有以下特点的算法则不适合映射到可重构逻辑上:① 复杂控制,如变长循环;② 大量不规则的访存。

可重构计算能够带来性能的巨大提升。有文献报道,在 Xillinx Vertex XCV1000 上实现的 Serpent B lock Cipher 加密操作的吞吐量相对于 200 MHz 的 Pentium Pro 处理器有 18 倍的提高。另外,可重构计算实现的大数因子分解,相对于 200 MHz 的 UltraSPARC 工作站速度有 28 倍的提高。通用属性注册协议(generic attribute registration protocol,GARP)结构对 DES 算法以及 FPGA 对椭圆曲线密码应用都有着类似的加速性能。其他一些有着明显速度提升的可重构应用包括自动目标识别、字符串模式匹配、Golomb Ruler Derivation、动态图传递闭包、布尔可满足性、数据压缩、旅行商人问题的遗传算法等。

### 8.2.2 大数据一体机存储硬件

目前大数据一体机的存储硬件多采用 IBM 提出的主流新型存储设计观点——存储级内存(storage class memory,SCM)技术。SCM 同时具有内存级存取和持久存储的特点,其主要特征为:非易失(寿命 10 年左右)、DRAM 高速访问、价格低廉、固态无机械运动等。SCM 的性能特点使其可以存在于存储系统的不同层次上:既可以作为主存,也可以作为内存与二级存储之间的缓存,或可以作为二级存储器。SCM 技术的候选材料有很多,如闪存(flash memory)、磁性 RAM(magnetic RAM)、电阻式RAM(resistive RAM)和相变存储器(phase change radom access memory,PCRAM,或简记为 PCM)等。其中闪存和 PCM 发展最为迅速,目前已经达到了实用化的水平,也是大数据存储中引入的新型存储技术。

**1. 闪存**

闪存是一种可以被电子化擦除和重写的非易失存储设备,闪存将二进制数据存储在双层 MOS 管组成的记忆单元阵列中,MOS 管中包含"浮动栅"和"控制栅",数据位是 1 或者 0 取决于浮动栅上是否有电子,写入 0 时,向栅极和漏极施加高电压,增加在源极和漏极之间传导的电子能量,这样一来,电子就会突破氧化膜绝缘体,进入浮动栅,即成功写入 0。读取数据时,向栅极施加一定的电压,电流大为 1,电流小则为 0。

固态硬盘(SSD)是目前闪存的最主要形式,主要由闪存芯片、闪存转换层、地址映射表寄存器、控制器等部件构成,其中闪存芯片用于存储数据,闪存转换层向操作系统提供逻辑页的访问接口,实现了逻辑页和物理页的映射,隐藏了闪存芯片上的写前擦除、异地更新,实现擦除块之间的磨损平衡等功能。并且使闪存设备可以处理 USB、SAS、SATA 命令,实质上是将闪存抽象为与磁盘一样的块设备。

目前闪存发展迅速,已在便携式存储设备上广泛应用,随着半导体技术的进步,其容量也在不断增加,价格不断降低,闪存也越来越多地应用到大型存储中,例如,百度从 2009 年开始就在其搜索服务器上全部使用了固态硬盘。与磁盘介质相比,闪存具有一些特殊的物理性质。

(1)无机械延迟。闪存作为一种纯电子设备,没有机械寻道操作,随机读的延迟很低。

(2)读写不对称。通常闪存上的随机读速度较快,但随机写速度较慢。这是因为写入数据时,需要通过加压的方式对存储单元进行电子填充。

(3)异地更新。传统磁盘采用的是原位更新(in-place update)机制,即可以直接用新的二进制位覆盖磁盘上旧的二进制位。但是,对闪存的写操作不是简单地改变某个二进制位,而是需要将整个擦除块的所有二进制位全部重置为 1,即需要先执行块擦除操作。块擦除操作会使系统性能显著降低。

（4）寿命限制。闪存芯片的块擦除次数是有限的,超过一定擦除次数的闪存单元将不再可用。

（5）低能耗。与磁盘相比,闪存的能耗更低,每吉字节（GB）读数据操作的能耗只有磁盘的 2%,写操作能耗不足磁盘的 30%。闪存的出现为建设绿色数据中心以及低能耗数据管理系统提供了有力支持。

**2. 相变存储器（PCM）**

相变存储器（PCM）是一种非易失类型的存储器,由硫系玻璃材质构成。由于这种材质的特质,通过施加脉冲,它可以在无定形和结晶这两种状态之间进行切换。PCM 将速度快、耐用、非挥发性和高密度性等多种优势集于一身,其读写数据和恢复数据的速度是当前应用最广泛的、利用非挥发性存储技术制造的闪存的 100 倍。

自 20 世纪 60 年代开始人们就已经在研究相变存储器,但直到 2000 年 Intel 和 Ovonyx 发布合作和许可协议才标志着大容量 PCM 研发时代的到来。2009 年 12 月工业界推出了 1 Gb 的 PCM 产品,2012 年推出了 8 GB 的 PCM 存储芯片。中国科学院上海微系统与信息技术研究所近年来也研制了 8 MB 的 PCM 芯片。

与磁盘以及闪存相比,PCM 具有以下特性。

（1）非易失性。与闪存一样,PCM 是非易失的存储介质。

（2）读取速度高。和 DRAM 一样,相变存储技术以随机访问性能高而见长,它可直接从存储器中取出并执行代码。PCM 的读取延迟比闪存缩短 1~2 个数量级,而读取带宽可与 DRAM 媲美。

（3）写入速度高。与 DRAM 一样,PCM 具有位可变性（bit alterability）,将信息存储在位可变性存储器中,只需在 1 和 0 之间进行转换,不需要独立的擦除步骤。

（4）字节可寻址。类似于 DRAM,PCM 也具有字节可寻址的特性。

（5）写寿命长。PCM 的写寿命已经达到了 $10^8$ 次,远远超过了闪存的 $10^5$ 次。随着技术进步,PCM 的写寿命正在接近于磁盘的写寿命（$10^{15}$ 次）,在一定程度上解决了闪存取代磁盘过程中因耐写能力严重不足带来的缺陷,可以保证存储器更高的可靠性。

（6）低能耗。PCM 基于微型存储单元的相变来存储数据,没有机械转动装置并具有低电压的特性（0.2~0.4 V）,同时由于相变存储器的非易失性,保存代码或数据也不需要刷新电流,使其成为理想的下一代绿色存储器。

### 8.2.3 大数据一体机数据库结构

当前大数据一体机主流数据库结构分为两种:Shared-Disk 和 Shared-Nothing。

**1. Shared-Disk**

Shared-Disk 又被称为 Shared-Everything 或 Shared-Memory。它的架构如图 8.13 所示,Shared-Disk 的实现是由多个多处理器(相同型号)共同完成的,多个 CPU 共享公用物理内存和一个单独序列物理内存,在一定的通信机制下,CPU 之间通过共享公用的物理内存实现通信,并将计算任务的性能负载均衡到每个计算核心,以提高计算性能。其主要特点是:① 支持高并发、高可用性;② 访问本地内存的速度比访问异地快,瓶颈可能出现在内连交互网络中。所以 Shared-Disk 比较适用于一些并发较高、数据量比较小、CPU 应用密集的联机事务处理(online transaction processing,OLTP)系统。

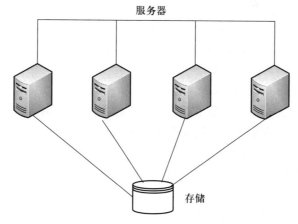

图 8.13　Shared-Disk 示意图

**2. Shared-Nothing**

Shared-Nothing 架构是一种分布式计算架构,如图 8.14 所示。在 Shared-Nothing 架构中,每个节点都是独立存在的,不共享物理资源,同时,每个节点中的内存和硬盘也都独立存在,不共享。所以在整个系统中不存在单点竞争的情况。通常,Shared-Nothing 架构系统通过把数据存储在不同节点上的不同数据库中,来对数据进行分割处理。其主要特点是:① 并发低、扩展性强;② 比 Shared-Disk 具有更强的数据处理能力。所以 Shared-Nothing 比较适用于并发较低、数据量较大、I/O 密集型应用的联机分析处理(online analytical processing,OLAP)系统。考虑 Shared-Nothing 架构的这些特点,数据库一体机普遍采用 Shared-Nothing 系统架构。

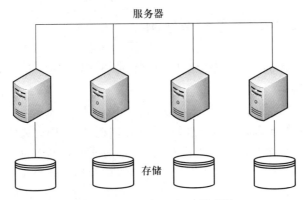

图 8.14　Shared-Nothing 示意图

# 8.3 存储体系结构

目前大数据一体机所面临的问题不仅仅是硬件处理速度的问题,同时还存在海量数据存储问题。随着信息技术在人类各项生产生活中的应用不断拓展,可供分析的数据呈现爆炸式增长。如何高效、迅速地存储和利用这些海量数据已经成为各行业信息化面临的重大挑战。海量数据的存储是数据利用的前提,所以大数据一体机的性能在很大程度上取决于一体机的存储体系结构。

## 8.3.1 大数据一体机存储架构

### 1. 基于新型存储的大数据存储架构

闪存、PCM 等新型存储介质的引入使大数据存储架构有了多种选择。但是,由于新型存储介质在价格、寿命等方面与传统的磁盘相比不具优势,因此目前主流的观点是在大数据存储系统中同时使用新型存储介质以及传统存储介质,由此产生了多种基于新型存储的大数据存储架构,例如基于 PCM 的主存架构、基于闪存的主存扩展架构、基于多存储介质的分层存储架构等。

### 2. 基于 PCM 的主存架构

由于 PCM 存储密度高、容量大、耗电低,而且访问速度接近内存,因此工业界和学术界都关注将 PCM 作为主存系统的研究。要使 PCM 替代 DRAM,首先必须考虑克服 PCM 写次数限制,即延长 PCM 的寿命问题。为了解决 PCM 寿命的问题,目前的研究重点主要集中在减少对 PCM 的写操作以及负载均衡等方面。

研究者曾提出了一种利用 DRAM 来减少对 PCM 写操作的方法。它将 PCM 作为主存,同时使用一块较小的 DRAM 作为 PCM 的缓存,并借助 DRAM 缓存来延迟对 PCM 的写操作,从而达到减少 PCM 写次数的目的。研究的实验结果表明,这种混合存储结构在使用 13% 左右的额外 DRAM 存储代价的基础上,可以有效地延长 PCM 的寿命。

负载均衡思想是通过增加一层地址映射,将 PCM 的写均匀地分配给所有的存储单元,以尽可能达到 PCM 的最大使用寿命。研究者提出了一种代数映射方法 Start-Gap。它利用少量的寄存器来保存地址映射关系和记录地址映射关系的改变,通过定期将每一个存储单元迁移到与其相邻的位置来实现负载均衡。还有学者提出了随机化 Start-Gap 算法,改进了原始算法中具有集中写特征的存储单元在迁移时可能带来的不均衡写问题。在针对大数据存储的集群架构中,负载均衡主要通过适合 PCM 的数据划分算法来实现。另外还有学者提出了一种针对服务器集群的 PCM 与 DRAM 混合主存架构,并基于该架构设计了一种新的数据划分算法。该算法实现了集群的全局负载均衡以及 DRAM 和 PCM 之间的数据合理分配,使混合存储系统表现出比纯 DRAM 系统和纯 PCM 系统更好的性能。

将 PCM 作为主存系统的思想对大数据管理的性能和能耗等问题的解决都有着重要的意义。虽然大数据应用中涉及的原始数据量非常大,但真正有价值的数据量以及应用每次需要存取的数据量仍是有限的,因此可以利用 PCM 的高性能、低能耗特性,将应用需要实时存取的高价值数据存储在 PCM 中,同时利用磁盘等传统存储介质维护大规模的原始数据。因此,将 PCM 引入目前的存储架构以构建混合存储系统,将有望解决大数据管理中的性能与能耗问题。

**3. 基于闪存的主存扩展架构**

与 PCM 相比,目前闪存的应用更为广泛。高速大容量固态硬盘(SSD)设备的不断出现,使得 SSD 在存储架构中的地位也得以提升。在大数据管理方面,目前 SSD 的存储容量还无法满足大数据的拍字节(PB)级别存储需求,因此近年来的主要工作集中在利用高端 SSD 进行主存扩展的研究上。

普林斯顿大学的研究人员提出了一种利用 SSD 进行内存扩展的主存管理系统——SSDAlloc。SSDAlloc 在存储体系中将 SSD 提升到一个更高的层次,它把 SSD 当作一个更大、更慢的 RAM 而不是将它当作磁盘的缓存。通过使用 SSDAlloc,应用程序可以几乎透明地将它们的主存扩展到几百吉字节(GB)而不需要重新设计软件,远远超出了服务器上 RAM 容量的限制。此外,SSDAlloc 能够提升 90% 的 SSD 原始性能,同时将 SSD 的寿命提高 32 倍。

同时也有研究者以 NoSQL 数据库系统 Redis 为基础平台,用 SSD 代替磁盘作为虚拟内存中的交换设备,在扩大虚拟内存的同时缩短 NoSQL 数据库的读延迟,并针对 SSD 随机写性能差的特点,设计了针对 SSD 的写缓冲区优化算法和垃圾回收机制,从而提高了数据库系统的整体性能。

　　为解决将 SSD 作为虚拟交换设备时,页面交换的代价依然较大的问题,出现了一种基于 DRAM 与 SSD 的混合主存架构,它将 SSD 作为主存、DRAM 作为 SSD 的高速缓冲,以对象为单位来管理资源。为了减少写放大,将 SSD 组织成日志结构的顺序块,并将这种混合主存结构融入分布式高速缓存中,大幅提升了其性能。

　　基于闪存的混合主存系统与基于 PCM 的主存系统在设计动机上类似——都是以性能为主要的目标。对于大数据管理而言,引入闪存(或者 PCM)来部分地替代传统内存,可以有效地扩展内存容量,减少对底层大数据的频繁访问,从而提高大数据系统的数据访问性能。此外,在能耗方面,由于闪存和 PCM 的能耗都低于磁盘,因此也有助于降低大数据管理的能耗。

### 4. 基于多存储介质的分层存储架构

　　基于不同存储介质的分层存储架构目前主要集中在 DRAM、闪存、磁盘的混合存储研究上。一种观点是将闪存作为内存与磁盘之间的缓存。例如,FlashCache 是 InnoDB 的块缓存应用,它将闪存划分为逻辑集合,按照基于组相联映射的思想将磁盘上的块数据映射到闪存中。当 I/O 请求到达时,FlashCache 会先在闪存中查找该数据是否已被缓存,如果有,则直接进行读写操作,否则访问磁盘。将闪存作为 DRAM 与磁盘之间的缓存进行数据预取或者预写,还可以充分发挥闪存读性能好的优点,减少对磁盘的写操作,同时降低系统能耗。另一种观点是将闪存与磁盘一样作为二级存储介质,手动或者自动地将不同类别的数据分配到闪存或磁盘上。由于不同的存储分配策略以及存储介质组合方式对此类系统的性能有着决定性影响,因此目前研究主要集中在存储分配、存储介质用量组合等方面。

　　(1) 在存储分配方面,已有研究倾向于根据 I/O 特性和数据的冷热程度来进行存储分配,将读倾向负载的数据或者热点数据存放在 SSD 上,而写倾向负载或冷数据等则存放在磁盘上。IBM 在其企业级存储设备 DS8700 上增加了 EasyTier 自动封存功能,对较大的逻辑卷进行划分,并对划分后的子卷进行热度检测,如果是热点卷,就将其迁移到 SSD 上,同时把 SSD 上的非热点卷迁回到磁盘中。后来提出的 HRO 方法将随机性强、热度高的数据分配到 SSD 上,将顺序性强、热度低的数据分配到磁盘上,并设计了数据随机性检测算法。结合数据页的访问次数以及访问热度实现对页面的准确分类和分配,将读倾向负载的热页面存储到 SSD 上,将写倾向负载的页面或者冷页面存储到磁盘上。为了延长闪存的寿命,使用数据 I/O 特性进行存储分配,以减少对闪存的写操作,以页为单位检测数据的 I/O 特性,将写操作较多的数据放置在磁盘中,而读操作较多的数据放置在 SSD 中。因此建议:随机数据和读操作较多的数据倾向于放置在 SSD 中,顺序数据和写操作较多的数据倾向于分配到磁盘上。

　　分层存储的存储分配思想也被运用于针对大数据存储的集群中。例如,淘宝网采用了基于 SSD、SAS 和 SATA 的分层存储系统,并采用了两种不同的存储分配方法:一种是根据文件大小来定义迁移到哪种存储介质上,另一种迁移策略按访问的热度来进行分配。曾有学者讨论了在 Lustre 集群文件系统上的对象存储服务器(object-based storage server,OSS)。该服务器是由 SSD 和磁盘阵列构成的混合存储系统,其中 SSD 主要用来存储较小的、访问频率高的对象,磁盘阵列用于存储较大的、访问频率低的对象。也有针对面向对象存储的 Lustre 集群文件系统,在对象存储结构上增加一层基于 PCM 新型存储设备的高速存储层,自动分析 I/O 访问特征,预测其后续操作,主动把可能需要的对象预取到 PCM 高速存储层,并且设计了预取和对象迁移算法。

此外,面向分层存储的存储分配方法还应用在大数据文件系统的元数据管理上。在面向大数据管理的分布式文件系统中,利用分层系统存储分配的思想进行元数据管理,可以提升元数据存取性能。其基本思路是在元数据服务器上使用 SSD 作为存储设备以加速文件系统。例如,在 Lustre 分布式文件系统架构中,其元数据服务器(metadata server,MDS)使用闪存作为存储介质,从而提高了元数据的读写速度。后来又实现了一种基于 SSD + HDD 的异构集群元数据存储系统 HybridMDSL,在 DRAM 中构建元数据缓存,元数据根据访问热度分别放置在 SSD 或 HDD 上,并采用基于访问热度的元数据迁移机制来提高 SSD 的空间利用率。为了提高分布式数据库 Hbase 的吞吐量又设计了一种分层存储策略,磁盘用于存储数据,SSD 用于存储 ZooKeeper 数据、Root、META 目录、日志以及压缩或者其他操作的临时数据。这种分层存储策略结构适用于任何分布式的键值对数据库。后来又设计实现了一个可定制文件放置与迁移策略的文件系统 HybridFS,将元数据类文件写入 SSD,并根据负载特点将数据文件有选择性地写入磁盘或者 SSD。

(2)在存储介质用量组合方面,已有工作的基本思想是,在复杂的工作负载下对有限的闪存存储资源进行有效分配,在减少成本的同时满足系统的性能要求。在大数据环境中,存储介质用量组合研究需要考虑复杂的数据负载、系统可靠性、能耗等多个方面的因素。

根据存储集群需求(包括容量、随机读写速率、顺序读写速率、可靠性、可用性)和设备模型(包括价格、能耗、容量、擦除寿命、平均失败时间、顺序读写速率、随机读写速率等)来计算最佳存储介质组合用量,也就是在满足性能需求的情况下成本最小,其中成本包括购买成本和能耗成本。

Janus 是一款基于 Colossus 文件系统的闪存分配推荐系统。根据实验数据可知,大数据存储中 I/O 访问主要集中于新建文件,因此将新建文件存储在闪存层,然后使用 FIFO 或者 LRU 算法将文件迁移到磁盘进行存储,并设计了缓存性能评估方程、经济性评估方程来评估不同的负载需求,进而进行闪存用量推荐。实验结果表明,经过 Janus 的优化,闪存层存储了 1% 的数据,服务了 28% 的读操作,显著提高了系统的读性能。

目前闪存、PCM 等新型存储介质与 DRAM、磁盘等传统存储介质处于共存的局面,并仍会持续较长的时间。尤其对于大数据存储环境,其数据的使用频率、规模等都不允许将所有数据都统一存储于集中式的存储设备上,因此基于分层存储的多介质混合存储技术将越来越受到研究者们的重视。但是,由于多种存储介质的分层存储存在着多种组合方式,什么样的混合存储策略适合大数据应用、在多介质混合存储系统中如何有效地实现数据分配与迁移等仍有待进一步探索。

## 8.3.2 大数据一体机存储技术

### 1. 分布式存储技术

与目前常见的集中式存储技术不同,分布式存储技术并不是将数据存储在某个或多个特定的节点上,而是通过网络使用企业中每台机器上的磁盘空间,并将这些分散的存储资源构成一个虚拟的存储设备,数据分散地存储在企业的各个角落,这些数据在存储时按照结构化程度来分,可以大致分为结构化数据、非结构化数据和半结构化数据。

结构化数据是一种用户定义的数据类型,它包含一系列属性,每一个属性都有一个数据类型,存储在关系数据库里,可以用二维表结构来表达和实现数据。大多数系统都有大量的结构化数据,这些数据通常存储在 Oracle 或 MySQL 等关系型数据库中,当系统规模大到单一节点的数据库无法支撑时,一般会采用两种方法进行扩展:垂直扩展与水平扩展。垂直扩展比较好理解,简单来说就是按照功能切分数据库,将不同功能的数据存储在不同的数据库中,这样一个大数据库就被切分成多个小数据库,从而实现了数据库的扩展。一个架构设计良好的应用系统,其总体功能一般由多个松耦合的功能模块组成,而每一个功能模块所需要的数据对应到数据库中就是一张或多张表。各个功能模块之间交互越少、越统一,系统的耦合度越低,这样的系统就越容易实现垂直扩展。与垂直扩展不同,水平扩展就是将数据的水平切分理解为按照数据行来切分,就是将表中的某些行切分到一个数据库中,而另外的某些行切分到其他的数据库中。为了能够比较容易地判断各行数据切分到哪个数据库中,切分总是需要按照某种特定的规则来进行,如按照某个数字字段的范围、某个时间类型字段的范围或者某个字段的散列值进行切分。垂直扩展与水平扩展各有优缺点,一般一个大型系统会将水平扩展与垂直扩展结合使用。

相对于结构化数据而言,非结构化数据不方便用数据库二维逻辑表来表现,所有格式的办公文档、文本、图片、XML、HTML、报表、图像和音频/视频信息等都属于非结构化数据。就现有技术来说,分布式文件系统是实现非结构化数据存储的主要技术。说到分布式文件系统就不得不提及 GFS 文件系统,其系统架构图如图 8.15 所示。

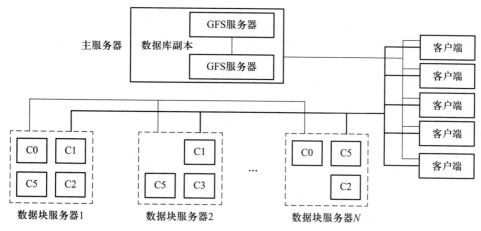

图 8.15 GFS 的系统架构图

GFS 将整个系统分为三类角色：客户端（client）、主服务器（master server）、数据服务器（chunk server）。

客户端是 GFS 提供给应用程序的访问接口，它是一组专用接口，不遵守 POSIX 规范，以库文件的形式提供。应用程序直接调用这些库函数，并与该库链接在一起。

主服务器是 GFS 的管理节点，主要存储与数据文件相关的元数据。元数据包括：名字空间（namespace），也就是整个文件系统的目录结构；一个能将 64 位标签映射到数据块的位置及其组成文件的表格；数据块副本位置信息和哪个进程正在读写特定的数据块等。主服务器节点会周期性地接收从每个数据块节点来的更新（"heartbeat"），从而使元数据保持最新状态。

数据服务器负责具体的存储工作，用来存储数据块。GFS 将文件按照固定大小进行分块，默认是 64 MB，每一块称为一个数据块，每一个数据块以 Block 为单位进行划分，大小为 64 KB，每个数据块有一个唯一的 64 b 标签。GFS 采用副本的方式实现容错，每一个数据块有多个存储副本（默认为三个）。数据服务器可以有多个，它的数目直接决定了 GFS 的规模。

半结构化数据就是介于结构化数据（如关系型数据库、面向对象数据库中的数据）和非结构的数据（如声音、图像文件等）之间的数据，半结构化数据模型具有一定的结构性，但较之传统的关系和面向对象的模型更为灵活。半结构数据模型完全不基于传统数据库模式的严格概念，这些模型中的数据都是自描述的。

由于半结构化数据没有严格的模式和结构定义，所以不适合用传统的关系型数据库进行存储，适合存储这类数据的数据库称为非关系型数据库（NoSQL）。非关系型数据库被称作下一代数据库，是具有非关系型、分布式、轻量级、支持水平扩展且一般不保证遵循 ACID 原则的数据存储系统。所谓"非关系型数据库"指的是使用松耦合类型、可扩展的数据模式对数据进行逻辑建模(映射、列、文档、图表等),而不是使用固定的关系模式元组来构建数据模型。遵循 CAP 定理(能保证在一致性、可用性和分区容忍性三者中实现任意两个)的跨多节点数据分布模型来设计数据库,支持水平伸缩,这意味着对于多数据中心和动态供应(在生产集群中透明地加入/删除节点)提供必要支持,即具有弹性(elasticity)。拥有在磁盘或内存中或者在这两者中都有的、对数据持久化的能力,有时候还可以使用可热插拔的定制存储。支持对多种非接口进行数据访问。

**2. 分级存储技术**

分级存储是将数据采取不同的存储方式分别存储在不同性能的存储设备上,减少非重要数据在一级本地磁盘所占用的空间,还可提升整个系统的存储性能。

分级存储是根据数据的重要性、访问频率、保留时间、容量、性能等指标,将数据采取不同的存储方式分别存储在不同性能的存储设备上,通过分级存储管理实现数据客体在存储设备之间的自动迁移。数据分级存储的工作原理是基于数据访问的局部性,通过将不经常访问的数据自动移到存储层次中较低的层次,为更频繁访问的数据释放较高成本的存储空间,可以获得更好的性价比。

在分级数据存储结构中,存储设备一般有磁带库、磁盘或磁盘阵列等,而磁盘又可以根据其性能分为 FC 磁盘、SCSI 磁盘、SATA 磁盘等多种,而闪存存储介质(非易失随机存取存储器,non-volatile random access memory ,NVRAM))也因为较高的性能可以作为分级数据存储结构中较高的一级。一般而言,磁盘或磁盘阵列等成本高、速度快的设备,用来存储经常访问的重要信息,而磁带库等成本较低的存储资源用来存放访问频率较低的信息。

在存储方式上,传统的数据存储方式一般分为在线(on-line)存储和离线(off-line)存储两级存储方式。而在分级存储系统中,存储方式有在线存储、近线(near-line)存储和离线存储三级存储方式。

在线存储是指将数据存放在高速的磁盘系统(如闪存、FC 磁盘或 SCSI 磁盘阵列)等存储设备上,适合存储那些需要经常和快速访问的程序和文件,其存取速度快,性能好,存储价格相对昂贵。在线存储是工作级的存储,其最大特征是存储设备和所存储的数据时刻保持在线状态,可以随时读取和修改,以满足前端应用服务器或数据库对数据访问的速度要求。

近线存储是指将数据存放在低速的磁盘系统上,一般是一些存取速度和价格介于高速磁盘与磁带之间的低端磁盘设备。近线存储外延相对比较广泛,主要定位于客户在线存储和离线存储之间的应用,就是指将那些并不是经常用到(例如一些长期保存的不常用的归档文件)或者说访问量并不大的数据存放在性能较低的存储设备上。但对这些设备的要求是寻址迅速、传输率高。因此,近线存储对性能要求相对来说并不高,但又要求相对较好的访问性能。同时多数情况下由于不常用的数据要占总数据量的较大比重,这也就要求近线存储设备容量相对较大。近线存储设备主要有 SATA 磁盘阵列、DVD-RAM 光盘塔和光盘库等设备。

离线存储则指将数据备份到磁带或磁带库上。大多数情况下主要用于对在线存储或近线存储的数据进行备份,以防范可能发生的数据灾难,因此又称备份级存储。离线存储通常采用磁带作为存储介质,其访问速度低、价格低廉,可实现海量存储。

另外,分级存储设备可以根据具体应用而变化,这种存储级别的划分是相对的,可以分为多种级别,如采取 FC 磁盘-SCSI 磁盘-SATA 磁盘这种三级存储结构,也可以采取 SSD-FC 磁盘-SCSI 磁盘-SATA 磁盘-磁带这种五级存储结构,具体采用哪些存储级别需要根据具体应用而定。

**3. 列存储技术**

自 SIGMOD 1985 会议论文"A Decomposition Storage Model"提出了 DSM 概念以来,经历 30 多年的发展,在以 Stonebraker、Abadi、Boncz 等为首的一批数据库专家的大力倡导下,列存储相关技术及其应用得到了快速发展,这种技术的特点是对复杂数据的查询效率高,读取磁盘少,存储空间占用少。因此,列存储是大数据和 OLAP 应用存储的理想结构。列存储是相对行存储而言的,列存储最核心的技术是基于垂直分区的存储设计和访问模式。列存储系统将数据库完全划分为多个独立的列的集合进行存储,图 8.16 展示了行存储和列存储在物理存储设计上的本质区别。图 8.16 给出了 3 种数据库的存储方式,其中图 8.16(a)和图 8.16(b)是两种列存储的方式,每一列单独保存 Sales 表中各属性数据对象,图 8.16(c)是行存储形式。

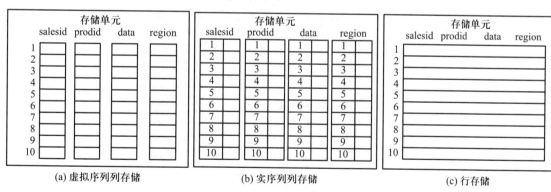

图 8.16　列存储和行存储数据库的物理结构

列存储数据库只需查询、读取涉及关系中的某些数据列,避免无关列的提取,不像行存储那样需要从磁盘读取整行信息并去除不需要的属性信息,从而减少 I/O 和内存带宽的占用,提高了查询效率。而且,同一列数据属性相同,可以使用特定的压缩算法,因此压缩效率高。C-Store 和 MonetDB 是其中有影响力的代表性成果,它们在存储结构、查询优化、压缩等方面实现了很多技术创新,使列存储相比行存储而言更适合大规模的访问和查询。

**4. 列压缩存储技术**

Abadi DJ 在 SIGMOD 2006 会议上提出列存储的主要压缩方法有行程编码算法、词典编码算法、位向量编码算法。

1) 行程编码(run length encoding,RLE)算法

行程编码算法用一个三元组记录数据值。这个三元组记录包括数据出现的起始位置和持续长度(即行程),目的在于压缩原始数据的长度,适用于相同数据连续存储的情况,三元组描述为(X,Y,Z),X 表示数据的值,Y 表示数据起始位置,Z 表示长度。举例而言,假如在一个列中初始的 50 个元素中包含值' W ',则这 50 个元素可以表示为三元组(' W ',1,50)。

该技术适用于重复数据较多的数据列,具有较好的压缩效果,缺点是对列值的重复性及排序要求较高。

2) 词典编码(dictionary encoding)算法

词典编码算法将原始值转换成替代值存储在系统中,所以会产生"原始值-替代值"对照词典,替代值的长度大大小于原始值的长度,从而达到压缩存储空间的目的。如图 8.17 所示,可以用简单的两位数字代替原始字符串,从而缩短所需存储空间。

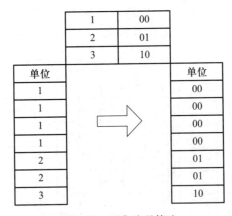

图 8.17　词典编码算法

该算法对于数据类型要求较低,不要求数据排序,缺点是要创建词典表,维护成本高,如果数据重复性不高则词典表会过于庞大。

3) 位向量编码(bit-vector encoding)算法

位向量编码是为每一个不同的取值生成一个位向量,根据位向量(串)中不同的位置取值 0 或 1 来对应并确定不同的原始值。位向量编码算法是轻量级的编码算法,可以直接在压缩数据上进行操作,可以降低 CPU 成本。例如,可将如下列存储数

据:3,1,1,3,2,2,3,1,3,2表示为3个字符串:值为1的字符串为0110000100,值为2的字符串为0000110001,值为3的字符串为1001001010。

该算法对数据类型要求不高,在有些情况下查询效率甚至高于词典编码,缺点是位置数据会因为取值空间太大或者重复性低导致空间占用较大。

列存储主要应用于海量数据查询及分析领域,有效压缩是其十分重要的优势。

**5. 混合列压缩存储技术**

我们知道,Oracle数据库引擎默认是以块(block)为存储单位,以行(row)为存储与组织方式,当然理想情况是在一个数据块内存储更多的数据行,而实际上这样的方式对于一些列数较多的表不可避免地会带来存储空间的浪费。相反,以列(column)的方式组织、存储数据在空间上会带来很好的收益,但是对于依赖于行的查询(也是最常用的查询方式),性能会差很多,而对于数据分析中常见的汇总之类的查询,因为只需要扫描较少的数据块,会取得很好的性能。在实际应用中,人们往往想熊掌与鱼兼得,为了实现空间和性能上的折中,Oracle引入了新的方式:用行与列混合的方式来存储数据——混合列压缩技术(HCC)。

混合列压缩(HCC)最早是Oracle Exadata数据库一体机的独特功能,简单来说,HCC技术是Oracle在2009年7月左右推出Exadata时提出的新压缩模式,也是唯一一个最接近PAX的压缩模式。这项技术就是将表分割成一个个的压缩单元(compression unit,CU),一个压缩单元一般是Oracle里面的一个区块。每个区块由16个数据块组成(可以配置大小),然后在每个压缩单元的第一个数据块的头部放入压缩数值,将所有列中出现频率最高的数值放入数据块头部,数据块示意图如图8.18所示。另外,在压缩单元内使用列方式组织数据并压缩数据,这种压缩方式可以兼顾表的随机访问和表扫描,同时还可以得到非常高的压缩比,是一个非常实用的功能。

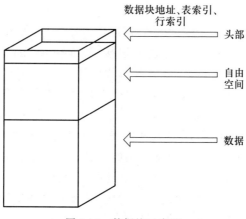

图8.18 数据块示意图

由于 HCC 最早只支持在 Exadata 数据库一体机上使用,所以也称为 EHCC,在后来的发展过程中,Oracle 的新版本中慢慢增加了 HCC 对其他存储硬件的支持,不过都是其自身的产品,如 Pillar Axiom 和 Oracle ZFS 存储一体机(ZFSSA)。

压缩单元的结构也可应用于存储混合列压缩的行的集合。当新的数据载入后,列值追加到旧的行集合的后面,进行排序与分组等操作后再压缩。这一系列动作完成后,组成一个压缩单元。直接一点说,也就是对列存储做分段处理,而压缩单元用来维系不同分段之间的关系。有个特别之处是,要使用批量装载(bulk loading)的方式,对于已经存储的数据依然可以应用 DML 操作。而 Exadata 引擎对待已经存入的数据的策略是按需进行解压缩。压缩单元示意图如图 8.19 所示。

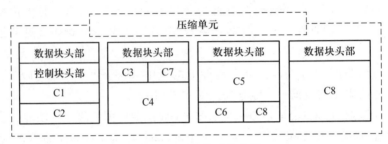

图 8.19　压缩单元示意图

# 8.4　网络体系结构

## 8.4.1　基于 MPI 并行编程模型的高效通信架构

为了实现多核并行计算节点间的高效通信,可采用并行编程模型开发技术。目前两大主流的并行编程模型是消息传递接口(message passing interface,MPI)和OpenMP(open message passing)。在并发进程的通信方面,MPI 采用消息传递方式,OpenMP 采用共享存储方式。虽然 OpenMP 具有更高的易编程性,但在进程通信的效率方面比 MPI 低 20%,如图 8.20 所示。此外,MPI 具有良好的可移植性和可扩展性,并具有完备的异步通信能力,因此 MPI 编程模型适用于海量 DNA 数据的分析。

在 MPI 的并行计算过程中,数据通信的开销远远大于数据计算的开销,因此提高数据通信的效率对提高并行计算的效率具有决定性作用。然而近年来对 MPI 通信技术的优化主要停留在进程间的通信优化上,普遍存在处理开销大、访问存储需求高等不足,限制了通信性能的进一步提高。为解决这些问题,学者们提出了一种基于线程优化 MPI 通信加速器 MPIActor 的通信系统。

简单图(3个连通域)　　　　　复杂图(1 089个连通域)

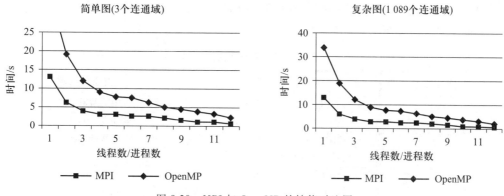

图 8.20　MPI 与 OpenMP 的性能对比图

MPIActor 通过点对点聚合技术在传统进程 MPI 支撑环境的基础上建立线程 MPI 支撑环境。相比传统 MPI 支撑软件的开发方法,采用 MPIActor 技术构建的 MPI 支撑软件开发工作量小且应用灵活,能横向支持符合 MPI-2 标准的传统进程 MPI 支撑软件。MPIActor 采用点对点聚合技术提升通信效率,其基本过程如图 8.21 所示。MPIActor 程序发出的通信请求先经由"通信请求分离"过程判断通信属于何种类型,再根据通信的类型将请求传递给相应的聚合过程处理。其中,通信请求的分离与通信请求的转发是 MPIActor 的核心步骤,具体实现如下。

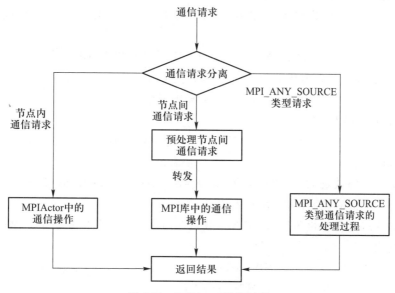

图 8.21　MPIActor 通信过程

**1. 通信请求分离**

根据 MPIActor 的运行机制,MPI 通信请求需根据其通信位置特征由不同的运行时库处理,因此 MPIActor 在重载 MPI 接口时需要辨别通信的类型。MPI 通信请求分为两类,如表 8.2 所示。

表 8.2 MPI 通信请求分类

| 接口类型 | 第一类通信请求 | 第二类通信请求 |
|---|---|---|
| 阻塞通信接口 | MPI_Send,MPI_Based,<br>MPI_Rsend,MPI_Ssend,<br>MPI_Recv,MPI_Cancel,<br>MPI_Probe | MPI_Wait,<br>MPI_Wantany,<br>MPI_Waitsome,<br>MPI_Waitall |
| 非阻塞通信接口 | MPI_Isend,MPI_Ibased,<br>MPI_Irsend,MPI_Issend,<br>MPI_Irecv,MPI_Icancel,<br>MPI_Iprobe | MPI_Tes,<br>MPI_Testany,<br>MPI_Testsome,<br>MPI_Testall |

在表 8.2 中,第一类通信请求根据接口参数进行通信请求分离。MPIActor 通过虚拟通道通信体系结构建立了 MPI 逻辑进程间的通信关系,在此基础上第一类通信请求通过输入参数获取虚拟通道,并根据通道的类型判断通信请求的通信位置特征。第二类通信请求根据通信请求对象中的 CPC 进行通信请求分离,其中这些通信请求对象由第一类通信请求的非阻塞通信过程返回。

**2. 通信请求的转发**

**定义 8.1(通信请求对象)** 称笛卡儿积 $CRO = S \times D \times T$ 的元素为一个通信请求对象,其中,

$$S = \{ i \mid i \in \mathbf{N}, 0 \leqslant i < p \} \cup \{ \text{MPI\_ANY\_SOURCR} \} \tag{8.1}$$

表示通信源 MPI 进程,其中 $p$ 为 MPI 逻辑进程个数。

$$D = \{ i \mid i \in \mathbf{N}, 0 \leqslant i < p \} \tag{8.2}$$

表示通信目的 MPI 进程。

$$T = \{ t \mid t \in \mathbf{N} \} \cup \{ \text{MPI\_ANY\_TAG} \} \tag{8.3}$$

表示通信标记。

**定义 8.2(接收请求)** 称笛卡儿积 $RR = S \times T$ 的元素为接收请求,表示从源 MPI 进程接收某标记的数据,其中 $S$ 和 $T$ 的定义同上。

**定义 8.3(非阻塞接收)** 非阻塞接收以非阻塞方式处理接收请求并返回一个通信请求对象:

$$\text{MPI\_Irecv}: \{ p \} \times RR \to CRO \tag{8.4}$$

$$\text{MPI\_Irecv}(p, <s, t>) \tag{8.5}$$

其中 $p$ 为当前 MPI 进程的进程号,$s \in S, t \in T$,$S$ 和 $T$ 定义同前。

对非阻塞接收 $\text{MPI\_Irecv}(p, <s, t>)$,在 $s$ 不等于 MPI_ANY_SOURCE 的情况下,如果 $\text{npos}(p)$ 不等于 $\text{npos}(s)$,则 $<s, t>$ 需要被转换为 $<s, t>$ 并通过底层 MPI 库中的

MPI_Irecv($p,<s,t>$)操作完成通信,其中,

$$p=\mathrm{npos}(p),s=\mathrm{npos}(s) \tag{8.6}$$

当 $t$ 不等于 MPI_ANY_TAG 时:

$$t'=L(s)\ll\mathrm{offset_s}+L(p\ll\mathrm{offset_d}+t) \tag{8.7}$$

其中 $\mathrm{offset_s}$ 和 $\mathrm{offset_d}$ 分别表示发送位置偏移和接收位置偏移,假设 $\mathrm{offset_s}>\mathrm{offset_d}$,$L(x)$ 表示 MPI 进程 $x$ 的本地进程号。可知 MPIActor 程序通过底层 MPI 接口中的通信标记参数来识别节点通信时的源进程和目的进程。另外 $C_{ps}$ 为 $p$ 到 $s$ 的通信虚拟通道,则有:

$$C_{ps}\mathrm{rtb}=L(s)\ll\mathrm{offset_s}+L(p)\ll\mathrm{offset_d} \tag{8.8}$$

其中 $C_{ps}\mathrm{rtb}$ 为 $C_{ps}$ 中的接收标记基数,在实现节点间接收请求转发时可利用此基数转换通信标记。相应地,$C_{ps}\mathrm{stb}$ 为 $C_{ps}$ 中的发送标记基数,用于发送请求转发过程。另外,为了匹配节点通信消息,还设有三个标记掩码项:$\mathrm{mask_{taa}}=\mathrm{offset_d}-1$,表示标记掩码;$\mathrm{mask_{src}}=\mathrm{offset_s}-1$,表示通信源码进程序号掩码;$\mathrm{mask_{dest}}=(\mathrm{offset_s}-1)\times(\mathrm{offset_d}-1)$,表示通信目的进程序号掩码。

## 8.4.2 PCI-e 通道

PCI-Express(peripheral component interconnect-express,简记为 PCI-e)是一种高速串行计算机扩展总线标准,旨在替代旧的 PCI、PCI-X 和 AGP 总线标准,如图 8.22 所示。PCI-e 属于高速串行点对点双通道高带宽传输,为所连接的设备分配独立的

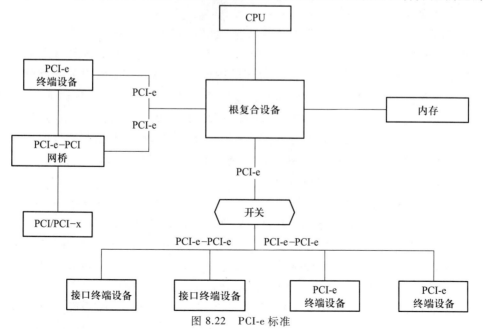

图 8.22 PCI-e 标准

通道带宽,不共享总线的带宽,主要支持错误报告、主动电源管理、热插拔、端到端可靠传输以及服务质量(QoS)等功能。

PCI-e 是对 PCI 的发展,PCI-e 相对于以前的标准有许多改进,包括更高的最大系统总线吞吐量,更小的 I/O 引脚数量和更小的物理尺寸,更好的总线设备性能缩放,更详细的错误检测和报告机制(高级错误报告)以及本机热插拔功能。PCI-e 标准的更新版本为 I/O 虚拟化提供了硬件支持。

## 8.5　软件优化技术

### 8.5.1　大数据计算优化

MapReduce 基于分布式计算框架 MapReduce 设计开发,用于大规模数据集(大于 1 TB)的并行计算,MapReduce 是面向大数据并行处理的计算模型、框架和平台,它既是一个基于集群的高性能并行计算平台,也是一个并行计算与运行软件框架,同时也是一种并行程序设计模型与方法。MapReduce 易于编程,具有良好的拓展性(通过增加节点),同时通过计算迁移或数据迁移等策略可保证 MapReduce 的高容错性。

**1. MapReduce 及其性能优化**

1) MapReduce 技术概论

MapReduce 的主要思想来自函数式编程语言和矢量编程语言:Map(映射),Reduce(归约)。首先通过软件确定一个 Map 函数,然后通过 Map 函数指定并发的 Reduce 函数,将一组键值对映射到一组新的键值对,以确保所有映射的键值对都共享同一个键组。MapReduce 可以有效地处理混乱的大数据集。其过程如下:Map 函数会对杂乱无章的大数据集中的每个数据进行解析处理,提取每个数据的特征,得到键(key)和值(value),然后数据会经过混洗(shuffle)阶段(对数据归纳整理),最后到达归约(reduce)阶段的数据都是已经整理好的数据。在归约好的数据的基础上,可以对其做进一步分析得到期望的结果。

MapReduce 编程模型的原理如下。① 通过输入键值对 key-value 集合来产生一个输出的键值对 key-value 集合。② 在自定义 Map 函数中输入键值对 key-value,输出一个中间键值对 key-value 的集合。③ 经过混洗阶段,数据会被分成具有相同 key 值和 value 值的集合。④ key 值和 value 值的集合送达 Reduce 函数。⑤ Reduce 函数会对这些 value 值进行整合形成一个较小的 value 值的集合,最后输出 0 或 1 个 value 值。通常情况下使用迭代器把中间 value 值提供给 Reduce 函数,这样就可以对大量的

value 值的集合进行处理。

2）MapReduce 性能优化

MapReduce 计算模型的优化涉及了方方面面的内容,但是主要集中在两个方面:一是计算性能方面的优化,二是 I/O 操作方面的优化。这其中,又包含六个方面的内容。

（1）任务调度。任务调度是 Hadoop 中非常重要的一环,这个优化又涉及两个方面的内容。计算方面,Hadoop 总会优先将任务分配给空闲的机器,使所有的任务能公平地分享系统资源。I/O 方面,Hadoop 会尽量将 Map 任务分配给 InputSplit 所在的机器,以减少网络 I/O 的消耗。

（2）数据预处理与 InputSplit 的大小。MapReduce 任务擅长处理少量的大数据,而在处理大量的小数据时,MapReduce 的性能就会逊色很多。因此在提交 MapReduce 任务前可以先对数据进行一次预处理,将数据合并以提高 MapReduce 任务的执行效率,这个办法往往很有效。如果这还不行,可以参考 Map 任务的运行时间,当一个 Map 任务只需要运行几秒就可以结束时,就需要考虑是否应该给它分配更多的数据。通常而言,一个 Map 任务的运行时间在一分钟左右比较合适,可以通过设置 Map 的输入数据大小来调节 Map 的运行时间。在 FileInputFormat 中（除了 CombineFileInputFormat）,Hadoop 会在处理每个数据块后将其作为一个 InputSplit,因此合理地设置数据块大小是很重要的调节方式。除此之外,也可以通过合理地设置 Map 任务的数量来调节 Map 任务的数据输入。

（3）Map 和 Reduce 任务的数量。合理地设置 Map 任务与 Reduce 任务的数量对提高 MapReduce 任务的效率是非常重要的。默认的设置往往不能很好地体现出 MapReduce任务的需求,不过,设置它们的数量也要有一定的实践经验。

首先要定义 Map/Reduce 任务槽的概念。Map/Reduce 任务槽就是这个集群能够同时运行的 Map/Reduce 任务的最大数量。比如,在一个具有 1 200 台机器的集群中,设置每台机器最多可以同时运行 10 个 Map 任务、5 个 Reduce 任务。那么这个集群的 Map 任务槽就是 12 000,Reduce 任务槽是 6 000。合理定义任务槽有助于对任务调度进行设置。

设置 MapReduce 任务的 Map 数量主要参考的是 Map 的运行时间,设置 Reduce 任务的数量只需要参考任务槽的设置即可。一般来说,Reduce 任务的数量应该是 Reduce 任务槽的 0.95 倍或是 1.75 倍,这是基于不同的考虑来决定的。当 Reduce 任务的数量是任务槽的 0.95 倍时,如果一个 Reduce 任务失败,Hadoop 可以很快地找到一台空闲的机器重新执行这个任务。当 Reduce 任务的数量是任务槽的 1.75 倍时,执行速度快的机器可以获得更多的 Reduce 任务,因此可以使负载更加均衡,以提高任务的处理速度。

（4）Combine 函数。Combine 函数用于合并本地数据。在有些情况下，Map 函数产生的中间数据会有很多是重复的，比如在一个简单的 WordCount 程序中，因为词频是接近于 Zipf 分布的，每个 Map 任务可能会产生成千上万个记录，若将这些记录一一传送给 Reduce 任务是很耗时的。所以，MapReduce 框架运行用户写的 Combine 函数用于本地合并，这会大大减少网络 I/O 操作的消耗。此时就可以利用 Combine 函数先计算出在某个 Block 中某个单词的个数。合理地设计 Combine 函数会有效地减少网络传输的数据量，提高 MapReduce 的效率。

（5）压缩。编写 MapReduce 程序时，可以选择对 Map 的输出和最终的输出结果进行压缩（同时可以选择压缩方式）。在一些情况下，Map 的中间输出可能会很大，对其进行压缩可以有效地减少网络上的数据传输量。对最终结果的压缩虽然会缩短数据写 HDFS 的时间，但是也会对读取产生一定的影响，因此要根据实际情况来选择。

（6）自定义 Comparator。在 Hadoop 中，可以自定义数据类型以实现更复杂的目的，比如，当读者想实现 $k$ 均值聚类算法（一个基础的聚类算法）时可以定义 $k$ 个整数的集合。自定义 Hadoop 数据类型时，推荐自定义 Comparator 来实现数据的二进制比较，这样可以省去数据序列化和反序列化的时间，提高程序的运行效率

**2. Storm 及其性能优化**

1）Storm 技术概论

Storm 擅长处理分布式实时流数据，可应用于实习分析、持续性计算、分布式 RPC、ETL、机器学习等实际场景，Storm 的处理速度很快，它的每个节点每秒可以处理数百万条消息，并且 Storm 支持集群水平扩展，具有可靠的容错机制，可以保证每条消息都被处理到。此外，Storm 部署和运维方便，支持使用多种语言进行应用开发。Storm 架构是主从架构，由一个控制节点和多个工作节点构成。其控制节点运行 Nimbus 守护进程，该进程的主要作用是对集群中的节点进行响应并进行任务划分和分配以及对任务进行监控。每一个工作节点运行 Supervisor 后台进程，该进程用于接收控制节点分发的任务并根据要求运行工作进程。每个工作节点可以运行多个 Worker，每个 Worker 是运行具体处理组件逻辑的进程。一个 Worker 进程又可以产生一个或多个 Executor 线程，一个 Executor 可能运行一个组件中的一个或多个 Task。Task 代表任务，每个组件处理会被当作很多个 Task 在整个集群中运行。Nimbus 和 Supervisor 都是无状态、快速失败的，它们之间通过 ZooKeeper 分布式协调服务进行协调通信。Storm 集群的架构如图 8.23 所示。

2）Storm 性能优化

对 Storm 性能实施优化，从整体来说，可依次划分为以下几个步骤：硬件配置的

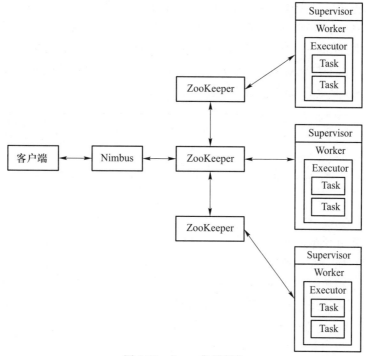

图 8.23 Storm 集群架构

优化,代码层面的优化,拓扑并行度的优化,Storm 集群配置参数和拓扑运行参数的优化。

Storm 集群中有很多节点,按照类型分为 Nimbus 节点和 Supervisor 节点,在 conf/storm.yaml 中配置了一个 Supervisor,有多个槽(supervisor.slots.ports),每个槽就是一个 JVM,即一个 Worker(一个节点,运行一个 Worker)。在每个 Worker 里面可以运行多个线程 Executor。在 Executor 里运行一个拓扑的一个 Component(Spout、Bolt),即 Task。Task 是 Storm 中进行计算的最小的运行单位,表示是 Spout 或者 Bolt 的运行实例。程序执行的最大粒度的运行单位是进程,Task 也是需要由进程来运行它的,在 Supervisor 中,运行 Task 的进程称为 Worker,Supervisor 节点上可以运行非常多的 Worker 进程,一般在一个进程中是可以启动多个线程的,所以可以在 Worker 中运行多个线程,这些线程称为 Executor,在 Executor 中运行 Task。提高 Storm 的并行度,可考虑增加 Work 进程、增加 Executor 线程或增加 Task 实例。

**3. Spark 及其性能优化**

1)Spark 技术概论

Spark 是一个快速、通用的实施大规模数据处理的执行引擎。它最初是由加利福尼亚大学伯克利分校 AMPLab 开发,与传统的 Hadoop MapReduce 相比,Spark 支持内存中运算,而不是像 MapReduce 那样在运行结束之后将中间数据存储到磁盘中,对微批量数据集的处理能达到秒级的延迟。自开源以来,Spark 社区极其活跃,它能够快速迭代开发,并逐渐形成自己的生态系统,该系统以 Spark 引擎为基础,兼容 Hadoop 生态系统的部分组件,支持用 SQL 查询 Spark 的工具 Spark SQL、流式计算的 Spark Streaming、专门针对图数据处理的 GraphX 和专门针对机器学习的 MLib 的上层基础应用。Spark 生态系统相关组件如图 8.24 所示。

| Spark SQL | MLib | GraphX | Spark Streaming |
|---|---|---|---|
| Spark Core | | | |
| Standalone | Spark On Yarn | | Spark On Mesos |

图 8.24    Spark 生态系统组件

Spark 主要有三种运行模式,分别为 Standalone 模式、Spark On Yarn 模式和 Spark On Mesos。其中 Standalone 模式自带集群管理程序,可以独立部署在一个集群中而不需要依赖其他的资源管理调度系统,而 Spark On Yarn 和 Spark On Mesos 需要依赖于独立的外部资源调度管理系统。Spark On Yarn 是指由 YARN 框架来实现 Spark 应用的资源分配和管理。Spark On Mesos 是指将 Spark 集群部署在 Mesos 资源管理器框架之上,由 Mesos 来分配管理资源。无论是哪一种运行模式,每一个 Spark 程序都以一个独立的应用在集群上运行,它有自己的驱动节点(主节点 Master)和工作节点(Worker)。集群管理器控制每一个应用之间资源的共享。Spark 的各种运行模式虽然在启动方式、运行位置、调度策略上略有不同,但是最终的目的基本相同。下面以 Spark 的 Standalone 运行模式为例,研究其运行架构,其架构如图 8.25 所示。

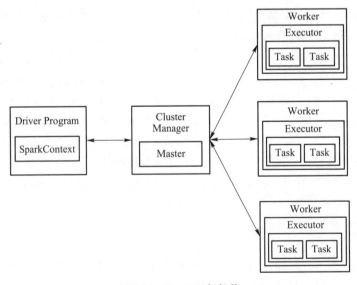

图 8.25    Spark 运行架构

Spark 应用通过驱动程序 Driver Program 调用用户的主函数 main 并创建 Spark-Context。首先,SparkContext 向资源管理器进行注册,然后申请任务运行所需的资源,如内存大小、核数。资源管理器接受客户端请求,将满足应用要求的资源分配给应用,然后应用从资源所在 Worker 获得计算资源并启动 StandaloneExecutorBackend。SparkContext 解析 Applicaiton 代码,构建 DAG 图,并提交给 DAG Scheduler 分解成 Stage,然后以 Stage(或者称为 TaskSet)提交给 Task Scheduler,Task Scheduler 负责将 Task 分配到相应的 Worker,最后提交给 StandaloneExecutorBackend 执行。Standalone-ExecutorBackend 会建立 Executor 线程池,开始执行 Task,并向 SparkContext 报告,直至 Task 完成。所有 Task 完成后,SparkContext 向 Master 注销,释放资源。在 Spark 中有两类 Task:shuffleMapTask 和 ReduceTask,第一类 Task 输出的是 Shuffle 所需数据,第二类 Task 输出的是 Result。Task 在 Executor 上运行,运行完毕后释放所有的资源。

2)Spark 性能优化

优化的目标是保证大数据量下任务运行成功、降低资源消耗、提高计算性能,这三个目标优先级依次递减,首要解决的是程序能够支持大数据量,资源性能尽量进行优化。

由于大多数 Spark 计算任务是在内存中进行计算,任何集群中的资源限制都可能成为 Spark 程序的瓶颈,比如 CPU、网络、带宽、内存。通常情况下,如果内存能容纳所处理的数据,主要的瓶颈则仅是网络带宽。但有些时候也需要做一些调优,比如利用 RDD(resilient distributed dataset,弹性分布式数据集)序列化存储来降低内存消耗。

(1)数据序列化(data serialization)。在分布式应用中序列化起着非常重要的作用。序列化的性能较慢或序列化的结果较大都会拖慢整体计算的性能。通常来说,序列化应是优化 Spark 程序时首要考虑的因素。Spark 做了许多努力来平衡序列化的易用性(即方便地将任意 Java 类型对象序列化)和性能。

(2)内存调优(memory tuning)。内存调优通常要考虑三个方面:Java 对象占用的内存大小、访问这些对象的开销以及 GC 开销。

(3)数据结构类型优化。这里的数据指的是用于传输的数据。降低内存消耗最首要的方法便是避免 Java 对象机制带来的额外开销,比如引用类型的对象或 Wrapper 类对象。有几种优化方法:优先选择原始类型、数组,而不是集合类;避免嵌套或 Wrapper 结构。

(4)序列化的 RDD 存储。若对象在经过了如上优化后依然较大,一个更简单的方法是用序列化方式去存储这些对象。这可以通过在 Cache/Persist 中设置 StorageLevel 来实现,比如 MEMORY_ONLY_SER。Spark 会将对象用一个序列化后的 Large Byte Array 去存储。当然由于需要即时的反序列化,这会带来访问上的性能开销,因此这方面是需要用户自行平衡的。Spark 极力推荐使用 Kryo 序列化来提高序列化/反序列化性能以及压缩存储的字节数。

（5）垃圾回收调优（GC 调优）。JVM 垃圾回收在一些临时对象创建频繁的程序里是一个大问题。JVM GC 大致思路就是 JVM 寻找不再被引用的对象,通过如分代或标记等机制清除、释放内存。需要注意的是,Java GC 的开销是和 Java 对象数量成正比的,所以建议尽可能使用简单的数据结构或原始类型来降低这部分开销。另一个更好的方法是,将对象序列化成 byte[ ]形式保存,实际上每个 RDD 分区的主要存储就是一个大型 Byte 数组。

Java Heap 被划分为 Young 和 Old。Young 负责一些生命周期短的对象,Old 负责一些生命周期较长以及超过 Young 分配大小的对象。Young 被划分为 Eden、Survivor1、Survivor2。检查 GC 统计数据中是否发生了过多的 GC,如果 Full GC 在一个 Task 中发生过多次,用户需考虑适当添加 Executor 内存。如果 Minor GC 较多,Major GC/Full GC 较少,应尝试为 Eden 多分配些内存。也可以根据 Task 的内存大致使用情况来估计 Eden 区的大小 E,因此 Young 区大小一般为 4/3 ∗ E。如果 GC 统计数据中 Old 接近满了,则适当降低 spark.memory.fraction,毕竟减少点缓存比 GC 影响执行性能更能让人接受。或者,考虑减少 Young 大小;或者,调大 JVM 的 NewRatio 参数,大部分 JVM 中该值默认为 2,表示 Old 占了 2/3 的堆内存,这个比例应当足够大,且应比 spark.memory.fraction 大。

（6）并行度。如果并行度设置得不够高,集群资源可能不能被较充分利用。Spark 默认会根据 textFile 文件数或 Parallelize 去设置 Map Task 的个数,Reduce Task 的个数默认使用最大的父 RDD 的分区数。用户可通过设置大多数并行方法的第二个参数来指定并行度或修改默认配置 spark.default.parallelism。我们认为每个 CPU 核上并行运行 2~3 个 Task 是推荐配置。

（7）Reduce Task 的内存使用。由于 RDD 无法适配空余内存,程序会报 OOM 错误。通常的优化方法是增大并行度以使每个分区的输入变小或提供自己的 Partitioner 使数据分布更加均匀。Spark 最小可支持的 Task 运行时长为 200 ms（依靠 Executor 的 JVM 重用以及 Spark 自身启动 Task 的低开销）,因此用户可以放心地增大并行度/分区数甚至可以是内核数的几倍。

（8）广播大变量。使用 SparkContext 的 Broadcast 函数可以显著减少每个序列化 Task 的大小,以及启动一个 Job 的开销。如果 Task 需要使用 Driver 程序中的一些大变量,则考虑把它变为一个广播变量。Spark 会把每个 Task 的序列化大小打印到 Master 的 Log 中,用户可以观察日志来判断自己的 Tasks 是否过大。通常来说,一个 Task 序列化大小超过 20 KB 则被认为应当做优化了。

### 4. Spark Streaming

Spark Streaming 是基于 Spark 的核心扩展而来的一个计算框架,主要应用于对大规模流数据进行实时处理。它将流数据切分成一批批的数据,然后底层 Spark 引擎将这些批数据封装成 RDD 序列,处理这些批数据,最终得到处理后的批数据的结果。一个 Spark 应用提交后,任务在集群上执行如下组件。

Node:它是 Spark 集群的物理节点,多个物理节点组成了 Spark 的分布式集群环境,其中主节点上运行控制程序 Master 进程,其他从节点上运行 Worker 进程。

Executor:它是 Node 节点上为 Spark 应用程序启动的一个工作进程,在进程中负责任务的运行。每个应用在一个工作节点上只有一个 Executor。在 Executor 内部通过多线程的方式并发处理应用的任务。

Task:在 Executor 上工作的基本单元。一般情况下,单个的 Task 只会处理一个分片上的数据。

Partition:每一个 RDD 由多个分片组成,RDD 上的函数操作作用于每一个分片数据。RDD 的分片个数决定了该 RDD 计算的并行度。

图 8.26 描述了一个 Spark 应用程序在一个工作节点上的 Executor 和 Task 的关系。

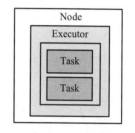

图 8.26 Spark 应用在一个 Node 节点上 Executor 和 Task 之间的关系

Spark Streaming 的主要思想是将整个流式计算过程划分为一系列短的批处理作业,它的整个处理流式是这样的:首先通过批处理引擎 Spark,将输入的流数据按照批次大小(batch size)分成一系列的批处理短作业(DStream),然后将每一个短作业数据都转化成 RDD 序列,此时,原本需要对 Spark Streaming 中 DStream 流数据进行的 Transformation 处理就可以转换为对 Spark 中的 RDD 序列的 Transformation 操作,最后,再将 RDD 经过 Transformation 操作之后产生的结果作为中间结果保存在内存中,中间结果可以进行叠加,也可以存储到外部设备中去。Spark Streaming 的整个架构如图 8.27 所示。

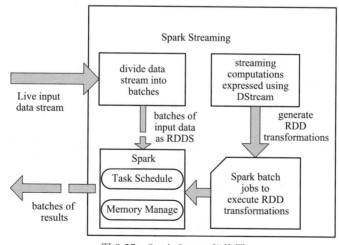

图 8.27 Spark Stream 架构图

### 8.5.2 大数据存储优化

**1. HDFS 技术**

HDFS(Hadoop distributed file system)是基于 GFS 设计开发、运行在通用硬件上的分布式文件系统,可对部署在多台独立物理机器上的文件进行管理。HDFS 是一个高容错性的文件系统,提供大吞吐量的数据访问,支持太字节到拍字节级别的数据存储,适合应用在大规模数据集上,是大数据一体机必不可少的组成部分。

1) HDFS 概述

HDFS 的构架如图 8.28 所示,在 HDFS 中有几个主要的概念。

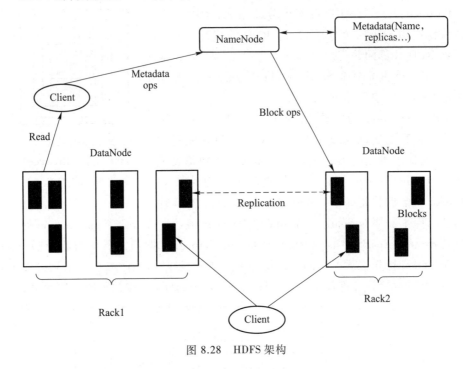

图 8.28　HDFS 架构

文件名:在文件系统中,文件名用于定位存储位置。

元数据(metadata):保存文件属性的数据,如文件名、文件长度、文件所属用户组、文件存储位置等。

数据块(block):存储文件的最小单元。对存储介质划分了固定的区域,使用时按区域分配。

文件系统:文件系统代表一种存储和组织计算机数据的方法,它简化了对数据的访问和查找。

分布式文件系统:分布式文件系统是分布式系统的一个子集,它解决了数据存储的问题。换句话说,它是横跨在多台计算机上的存储系统。存储在分布式文件系统上的数据自动分布在不同的节点上。

HDFS 使用典型的主从(master-slave)结构,"一次写入、多次读取"这种高效的文件访问策略是 HDFS 的核心。文件经过创建、写入和关闭的过程之后就不再需要改变,写入 HDFS 中的文件在物理上是分块存储的,非常适合大数据一体机高吞吐量的数据存取。被创建和写入的文件,将长期存储于 HDFS 中,用来做数据分析、计算。

HDFS 架构包含三个部分(见图 8.28):NameNode,DataNode,Client。HDFS 内部的所有通信都基于标准的 TCP/IP 协议实现的。

NameNode 的作用是管理文件目录结构,接受用户的操作请求,是管理数据的节点。文件系统中的每个文件都有关联的元数据,元数据包括文件名、I 节点(inode)数、数据块位置等,这些数据存储在 NameNode 中。NameNode 节点维护两组数据,一个是文件目录和数据块的关系,另一个是数据块和节点的关系。前一组数据是静态的,存储在磁盘中,通过 fsimage 和 edits 文件来维护;后一组数据是动态的,并且不会在磁盘上存放很久,每当集群启动时,会自动创建这些信息,所以一般都放在内存中。同时,NameNode 还负责控制对外部客户端的访问。没有 NameNode,HDFS 就不能工作。

DataNode 是 HDFS 的工作节点,它们由客户端或 NameNode 调度,根据需要存储和检索数据块,响应命令创建、复制或删除数据块,并为系统客户端提供数据块读写服务。另外,它们定期发送存储的文件块列表的"心跳"信息到 NameNode。NameNode 获取每个 DataNode 的心跳信息来验证块映射和文件系统元数据。在读写HDFS 文件系统时,NameNode 告诉客户端每个数据驻留在哪个 DataNode 中,然后客户端直接与 DataNode 进行通信。DataNode 还将与其他 DataNode 进行通信以复制这些块实现冗余。

Client 支持业务访问 HDFS,从 NameNode 和 DataNode 获取数据返回给业务的多个实例,和业务一起运行。

2)HDFS 架构优化

(1)元数据持久化。元数据可分为内存元数据和元数据文件两种。元数据的持久化过程如图 8.29 所示。对于修改文件系统元数据的所有操作,NameNode 都将使用 EditLog 事务日志来记录。例如,在 HDFS 中创建文件时,NameNode 会在 EditLog中插入一条记录;同样,修改文件的复本系数也会使 NameNode 向 EditLog 中插入一条记录。NameNode 会将 EditLog 存储在本地操作系统的文件系统中。而整个文件系统的名字空间,包括文件属性、数据块到文件的映射等,都存储在 FsImage 文件中,该文件也放在 NameNode 所在的本地文件系统中,FsImage+Edits 才能准确表示内存中的元数据信息。

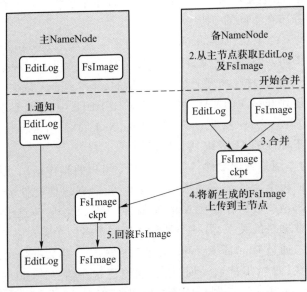

图 8.29 元数据持久化流程

NameNode 将整个文件系统的名字空间和文件数据块映像(block map)保留在内存中。当 NameNode 启动时,它会从硬盘读取 EditLog 和 FsImage,然后将 Edits 文件合并到 FsImage 中,最后将此映像加载到内存中。此时系统处于安全模式,等待 DataNode 报告各自的数据块信息。之后,NameNode 将对内存中的 FsImage 执行 EditLog 记录的所有事务操作,并将新版本的 FsImage 从内存保存到本地磁盘中,然后删除旧版本的 EditLog,这个过程称为检查点(checkpoint)。在当前的实现中,检查点仅在 NameNode 启动时发生,对定期检查点的支持将在不久的将来实现。

DataNode 将 HDFS 数据以文件形式存储在本地文件系统中。它将每个 HDFS 数据块存储在本地文件系统的单独文件中,但不知道 HDFS 文件的信息。而检查点的目的是通过将 HDFS 文件系统元数据的快照保存到 FsImage 中来保持 HDFS 文件系统的一致性。DataNode 不会在同一目录中创建所有文件。实际上,它使用探索性方法来确定每个目录的最佳文件数量,并在正确的时间创建子目录。在同一目录中创建所有本地文件不是最好的选择,因为本地文件系统可能无法有效地支持单个目录中的大量文件。当 DataNode 启动时,将扫描本地文件系统,生成与这些本地文件对应的所有 HDFS 数据块的列表,并将其作为报告发送给 NameNode,这是一个块状态报告。

(2) 高可用性。HDFS 的高可用性(HA)架构在基本架构上增加了以下组件,如图 8.30 所示。

其中主要包括 NameNode(主/备)、ZooKeeper、ZKFC 和 JN 模块。在一个 HDFS

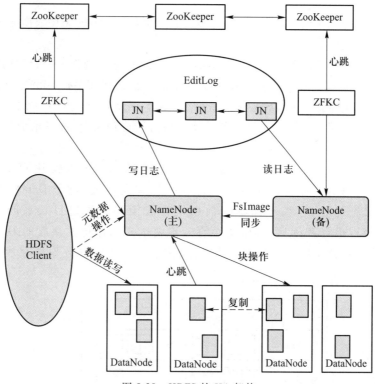

图 8.30   HDFS 的 HA 架构

集群中,NameNode 存在单节点故障(SPOF):因为集群中只有一个 NameNode,所以在使用过程中,如果该 NameNode 出现故障或数据丢失,那么整个集群将瘫痪。为了解决这个问题,在同一个集群上运行两个 NameNode 以实现主动/被动配置热备份,这样集群允许在一个 NameNode 出现故障时转移到另外一个 NameNode 来保证集群的正常运行。当集群运行时,只有处于 Active 状态的 NameNode 是正常工作的,Standby 状态的 NameNode 处于待命的状态,并时刻同步 Active 状态 NameNode 的数据。一旦 Active 状态的 NameNode 不能工作,通过手动或者自动切换,Standby 状态的 NameNode 就可以转变为 Active 状态,就可以继续工作了,这就是高可用性。ZooKeeper 分布式协调主要用来存储 HA 下的状态文件及主/备信息。作为一个精简的仲裁代理,ZKFC(ZooKeeper failover controller)利用 ZooKeeper 的分布式锁功能,实现主/备仲裁,再通过命令通道,控制 NameNode 的主/备状态。ZKFC 与 NameNode 部署在一起,两者个数相同。JN(journal node)用于共享存储 NameNode 生成的 EditLog。主 NameNode 对外提供服务,对元数据的修改采用写日志的方式写入共享存储,同时修改内存中的元数据。备 NameNode 周期性地读取共享存储中的日志,并生成新的元数据文件,持久化保存到硬盘中,同时回传给主 NameNode。

（3）数据存储策略。HDFS NameNode 自动选择 DataNode 保存数据的副本，但在实际业务中，存在以下场景。

① 分级存储。DataNode 上存在不同的存储设备，需要选择一个合适的存储设备实现分级存储数据。HDFS 的异构分级存储框架提供了 RAM-DISK（内存虚拟硬盘）、DISK（机械硬盘）、ARCHIVE（高密度、低成本存储介质）、SSD（固态硬盘）四种存储类型的存储设备。通过对这四种存储设备进行合理组合，即可形成适用于不同场景的存储策略。

② 标签存储。用户通过数据特征灵活配置 HDFS 数据块存放策略，如图 8.31 所示，即为一个 HDFS 目录设置一个标签表达式，每个 DataNode 可以对应一个或多个标签；当基于标签的数据块存放策略为指定目录下的文件选择 DataNode 节点进行存放时，根据文件的标签表达式选择将要存放的 DataNode 节点范围，然后在这个 DataNode 节点范围内，按下一个指定的数据块存放策略进行存放。

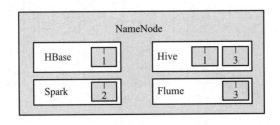

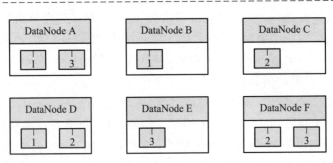

图 8.31 标签存储

③ 节点组存储。关键数据根据实际业务需要保存在具有高可用性的节点中，节点组存储方式如图 8.32 所示，此时 DataNode 组成了异构集群。通过修改 DataNode 的存储策略，系统可以将数据强制保存在指定的节点组中。

如图 8.32 所示，副本-1 将从强制机架组（机架组 2）中选出，如果在强制机架组中没有可用节点，则写入失败。副本-2 将从本地客户端机器或机架组中的随机节点

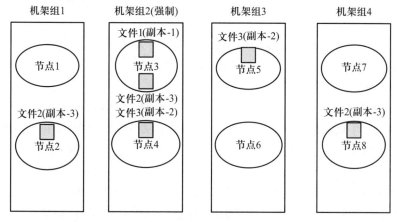

图 8.32 节点组存储

中(当客户端机器机架组不为强制机架组时)选出。副本-3将从其他机架组中选出。各副本存放在不同的机架组中,如果所需副本的数量大于可用的机架组数量,则会将多出的副本存放在随机机架组中。

④ 健壮机制。HDFS主要目的是保证存储数据完整性,对于各组件的失效情况做了可靠性处理。主要方式如下。

a. 重建失效数据盘的副本数据。DataNode与NameNode之间通过心跳周期汇报数据状态,NameNode管理数据块是否上报完整,如果DataNode因硬盘损坏未上报数据块,NameNode将发起副本重建动作以恢复丢失的副本。

b. 数据有效性保证。DataNode存储在硬盘上的数据块,都有一个校验文件与之对应,在读取数据时,DataNode会校验其有效性,若校验失败,则HDFS客户端将从其他数据节点读取数据,并通知NameNode,发起副本恢复。

c. 安全模式防止故障扩散。HDFS提供独有的安全模式机制,当节点硬盘出现故障时,进入安全模式,HDFS只支持访问元数据,此时HDFS上的数据是只读的,其他的操作如创建、删除文件等操作都会失败。待硬盘问题解决、数据恢复后,再退出安全模式。

3) 其他存储技术

(1) Hive。Hive相当于建立在Hadoop基础上的一个数据仓库软件,用于管理和查询存储在分布式集群中的大规模数据集,它可处理的分布式数据已达到拍字节(PB)级。除此之外,它还能够将结构化的数据文件映射成数据库表,并提供完整、简单的SQL查询功能,提供灵活、方便的抽取、转换、装载方法(extract transformation load method),包括多种文件格式的元数据服务,可直接访问HDFS文件以及HBase,支持MapReduce、Tez、Spark等多种计算引擎。

(2) ZooKeeper。ZooKeeper提供开源分布式应用程序协调服务,是Chubby一个开源实现,也是 Hadoop 和 HBase 的重要组件。它提供的功能有配置维护、域名服务、分布式同步、组服务等。

ZooKeeper 的核心目的就是封装复杂、易出错的关键服务,提供分布式独享锁、选举、队列的接口,将功能完整、性能高效的服务接口提供给用户,用户即可通过调用接口使用系统功能。

(3) HBase。HBase(Hadoop database)是一个分布式存储系统,具有高可用性、高性能、面向列、可伸缩等优点。它是建立在 Hadoop 文件系统之上、面向列的分布式数据库,利用 HBase 技术即可用一些廉价的 PC 服务器搭建大规模的结构化存储集群,降低了搭建成本。

同时 HBase 是一个数据模型,类似于大表设计,可以提供快速随机访问海量结构化数据。它利用了 Hadoop 文件系统(HDFS)提供的容错能力,提供对数据的随机实时读写访问,是 Hadoop 文件系统的一部分。人们可以直接或通过 HBase 存储 HDFS 数据,使用 HBase 在 HDFS 随机访问数据。

(4) Redis。Redis 是一个高性能的面向键值对类型数据的分布式 NoSQL 数据库系统。Redis 是开源免费的,且遵守 BSD 协议,因此近些年来备受人们青睐。Redis 可用作数据库、高速缓存或消息队列代理。它支持字符串、哈希表、列表、集合、有序集合等多种数据结构,同时具备数据备份、数据持久化等优点,通过 Redis Sentinel 提供高可用性,通过 Redis Cluster 提供自动分区。

相对于其他数据库来说,Redis 能够支持更为丰富的数据结构,并且 Redis 能够为这些复杂的数据结构提供简单的操作,就如同一般的 get/set 命令一样高效。Redis 支持数据的持久化,可以将内存中的数据保存到磁盘中。但是要注意在 Redis 中,并不是所有的数据都存在内存中的,一般 Redis 只存储键值,多余的数据会持久化地保存在磁盘中,所以读写的数据量不能大于其物理内存。除了这些优点之外,因为 Redis 不需要进行随机访问,所以它会以追加的方式产生磁盘格式数据。

## 8.6  小结

本章介绍了并行计算机在大数据处理领域的应用——大数据一体机。首先介绍了大数据一体机的产生背景,论述了大数据一体机产生的必要性与紧迫性,并介绍了当前主流大数据一体机产品。然后从软硬件层面介绍了实现大数据一体机的关键技术,同时介绍了基于国产芯片的一体机产品。随着数据量的增多,系统的负载越来越大,数据的入库和查询性能也随之下降,在这种情况下,大数据一体机在不显著增加硬件成本的情况下,能发挥大数据分析的最大性能。国外著名企业如

Oracle、IBM 等在研究大数据一体机方面有其独特的优势,在数据库、网络和硬件等方面都有不同的建树。随着我国科学技术的发展,国内很多厂商奋起直追,华为、曙光、浪潮等国内企业在一体机的研制方面也逐渐趋于国际领先水平。在未来数年,随着人工智能时代的到来,需要更强大的数据存储与计算能力,大数据和云计算依然是研究的重点。研制、优化大数据一体机是一项长期的工程,在金融、教育、医疗等和人们生活息息相关的领域中实现大数据一体机的产业化还有很长一段路要走。

# 习　　题

8.1　某 RISC 处理机各类指令使用频率和理想 CPI(指令和数据访问缓存命中率为 100% 时的 CPI)如表 8.3 所示,而实际测得的指令访问缓存缺失率为 5%,数据访问的缓存缺失率为 10%,缓存的缺失损失为 40 个时钟周期。

(1) 该机器在无缓存缺失(理想情况)时的 CPI 是多少?

(2) 该机器在无缓存缺失(理想情况)时的速度比有 Cache 缺失时快几倍?

**表 8.3　各类指令使用频率和理想 CPI**

| 指令类型 | ALU 操作 | Loads | Stores | Branches |
|---|---|---|---|---|
| 使用频率 | 40% | 20% | 15% | 25% |
| 理想 CPI | 1 | 3 | 3 | 3 |

8.2　现有表达式 $Y=a×X$,其中,$X$ 和 $Y$ 是两个有 64 个元素的 32 位整数向量,$a$ 为 32 位整数。假设在存储器中,$X$ 和 $Y$ 的起始地址分别为 1 000 和 5 000,$a$ 的起始地址为 6 000。

(1) 请写出实现该表达式的 MIPS 代码。

(2) 假设指令的平均执行时钟周期数为 5,计算机的主频为 500 MHz,请计算上述 MIPS 代码(非流水化实现)的执行时间。

(3) 将上述 MIPS 代码在 MIPS 流水线上(有正常的定向路径、分支指令在译码段被解析出来)执行,请以最快执行方式调度该 MIPS 指令序列。注意:可以改变操作数,但不能改变操作码和指令条数。画出调度前和调度后的 MIPS 代码序列执行的流水线时空图,计算调度前和调度后的 MIPS 代码序列执行所需的时钟周期数,以及调度前后的 MIPS 流水线执行的加速比。

(4) 根据(3)的结果说明流水线相关对 CPU 性能的影响。

8.3　请分析 I/O 对于性能的影响。

8.4　设有一个具有 20 位地址和 64 位字长的存储器,问:

(1) 该存储器能存储多少个字节的信息?

(2) 如果存储器由 256×8 位 SRAM 芯片组成,需要多少片?

(3) 需要多少位地址用于芯片选择?为什么?

8.5 已知 x = 2010×0.11010011, y = 2100×(−0.10101101), 请按浮点运算方法完成 x+y 运算, 要求给出具体过程。假设阶码 3 位, 尾数 8 位, 阶码和尾数均采用双符号位补码表示, 舍入处理采用 0 舍 1 入法。

8.6 指令流水线有取指(IF)、译码(ID)、执行(EX)、访存(MEM)、写回寄存器堆(WB)5 个过程段, 共有 15 条指令连续输入此流水线。

(1) 画出流水处理的时空图, 假设时钟周期为 100 ns。

(2) 求流水线的实际吞吐量(单位时间里执行完毕的指令数)。

8.7 主存容量为 256 MB, 虚存容量为 2 GB, 则虚拟地址和物理地址各为多少位? 如页面大小为 4 KB, 则页表长度是多少?

8.8 给出如下 3 种体系结构名称, 请分别画出其典型结构。

(1) SMP

(2) NUMA

(3) MPP

8.9 MIPS 指令实现的简单数据通路中, 操作分成了哪 5 个时钟周期? 对 MIPS 的寄存器-寄存器 ALU 指令和 store 指令请各写出一条具体指令, 并列出它们在各个时钟周期的具体操作。

8.10 设某计算机系统中有 3 个部件可以改进, 这 3 个部件的部件加速比为: 部件 1 加速比 = 30, 部件 2 加速比 = 20, 部件 3 加速比 = 10。

(1) 如果部件 1 和部件 2 的可改进比例均为 30%, 那么当部件 3 的可改进比例为多少时, 系统加速比才可以达到 10?

(2) 如果 3 个部件的可改进比例分别为 30%、30% 和 20%, 3 个部件同时改进, 那么系统中不可加速部分的执行时间在总执行时间中占的比例是多少?

8.11 Spark Master 使用 ZooKeeper 实现高可用性, 有哪些元数据保存在 ZooKeeper 中?

8.12 Spark.storage.memoryFraction 参数的含义是什么? 实际应用中如何调优?

8.13 一个 Hadoop 环境整合了 HBase 和 Hive, 是否有必要给 HDFS 和 Hbase 分别配置压缩策略? 请给出对压缩策略的建议。HDFS 在存储的时候不会对数据进行压缩, 如果想进行压缩, 我们可以在向 HDFS 上传数据的时候进行压缩。

8.14 简述 Hbase 性能优化的思路。

(1) 在设计数据库表的时候, 尽量考虑 Rowkey 和 ColumnFamily 的特性。

(2) 进行 Hbase 集群的调优。

# 参 考 文 献

[1] 徐宗本.数据分析与处理的共性基础与核心技术//第四届中国计算机学会 (CCF)大数据学术会议, 2016, 兰州.

[2] SONG Y, ZHOU G, ZHU Y.Present status and challenges of big data processing in smart grid.Power System Technology, 2013, 37(4):927−935.

[3] Melnik S, Gubarev A, Long J J, et al.DremelCommunications of the ACM, 2011,54

(6),114.

[4] Fu H, Li C, Fu Y.A Parallel CNC System Architecture Based on Symmetric Multi-processor//The Sixth International Conference on Instrumentation & Measurement, Computer, Communication and Control (IMCCC), Harbin, 2016, 634-637.

[5] SUN Q.Data Dissemination and Parallel Processing Techniques Research Based on Massively Parallel Processing//The International Conference on Wireless Communication and Network Engineering(WCNE2016),2016:7.

[6] SODANI A, GRAMUNT R, CORBAL J, et al.Knights Landing: Second-Generation Intel Xeon Phi Product.IEEE Micro, 2016, 36(2):34-46.

[7] Hu W W, Zhang Y F, Fu J.中国处理器和数字信号处理芯片设计介绍.Science China Information Sciences, 2016, 59(1):1-8.

[8] LAM C H.Storage Class Memory// Solid-State and Integrated Circuit Technology (ICSICT), 2010 10th IEEE International Conference on.IEEE, 2010:1080-1083.

[9] WUTTIG M, YAMADA N.Phase-change materials for rewriteable data storage. Nature Materials, 2007, 6(11):824-32.

[10] 文继荣,陈红,王珊.Shared-nothing 并行数据库系统查询优化技术.计算机学报,2000,(01):28-38.

[11] BENSALEM B.Novel Multicarrier Memory Channel Architecture Using Microwave Interconnects: Alleviating the Memory Wall[D].Arizona State University, 2018.

[12] POUYAN F, AZARPEYVAND A, SAFARI S, et al.Reliability aware throughput management of chip multi-processor architecture via thread migration.The Journal of Supercomputing, 2016, 72(4): 1363-1380.

[13] BASANTA-VAL P, FERNÁNDEZ-GARCÍA N, WELLINGS A J, et al.Improving the predictability of distributed stream processors.Future Generation Computer Systems, 2015, 52: 22-36.

[14] AHN J, YOO S, MUTLU O, et al.PIM-enabled instructions: a low-overhead, locality-aware processing-in-memory architecture//Computer Architecture (ISCA), 2015 ACM/IEEE 42nd Annual International Symposium on.IEEE, 2015: 336-348.

[15] TESSIER R, POCEK K, DEHON A.Reconfigurable computing architectures.Proceedings of the IEEE, 2015, 103(3): 332-354.

[16] QURESHI M K,KARIDIS J,FRANCESCHINI M, et al.Enhancing lifetime and security of pcm-based main memory with startgap wear leveling//The Proceeding of the 42nd Annual IEEE ACM International Symposium on Microarchitecture, 2009:14-23.

[17] RAMOS L, BIANCHINI R. Exploiting phase-change memory in cooperative

caches//The Proceeding of IEEE 24th International Symposium on Computer Architecture and High Performance Computing,2012 :227-234.

[18] BADAM A, PAI V S. SSDAlloc:Hybrid SSD/RAM memory management made easy//The Proceeding of the 8th USENIX Conference on Networked Systems Design and Implementation,2011:16-30.

[19] LIU G M, ZOU D,ZHANG C.Research on Lustreoriented storage acceleration with solid state disk .Journal of Computer Research and Development,2009, 46(z2): 371-375.

[20] GHEMAWAT S, GOBIOFF H, LEUNG S T.The Google file system.ACM, 2003.

[21] ALVIOLI M, BAUM R L.Parallelization of the TRIGRS model for rainfall-induced landslides using the message passing interface.Environmental Modelling & Software, 2016, 81:122-135.

[22] MACARTHUR P, LIU Q, RUSSELL R D, et al.An Integrated Tutorial on InfiniBand, Verbs, and MPI.IEEE Communications Surveys & Tutorials, 2017,19(4): 2894-2926.

[23] BITTNER R, RUF E, FORIN A. Direct GPU/FPGA communication via PCI express.Cluster Computing, 2014, 17(2): 339-348.

[24] MCKENNA A, HANNA M, BANKS E, et al.The Genome Analysis Toolkit: a MapReduce framework for analyzing next-generation DNA sequencing data.Genome research, 2010.

[25] ZAHARIA M, KONWINSKI A, JOSEPH A D, et al.Improving MapReduce performance in heterogeneous environments//Osdi, 2008, 8(4): 7.

[26] KARUNARATNE P, KARUNASEKERA S, HARWOOD A.Distributed stream clustering using micro-clusters on Apache Storm.Journal of Parallel and Distributed Computing, 2017, 108: 74-84.

[27] ZAHARIA M, XIN R S, WENDELL P, et al.Apache spark: a unified engine for big data processing.Communications of the ACM, 2016, 59(11): 56-65.

[28] BOSAGH Z R, MENG X, ULANOV A, et al.Matrix computations and optimization in apache spark//The Proceedings of the 22nd ACM SIGKDD International Conference on Knowledge Discovery and Data Mining, 2016:31-38.

[29] BORTHAKUR D. HDFS architecture guide. Hadoop Apache Project, 2008, 53:1-13.

[30] THUSOO A, SARMA J S, JAIN N, et al.Hive: a warehousing solution over a mapreduce framework.Proceedings of the VLDB Endowment, 2009, 2(2): 1626-1629.

[31] HUNT P, KONAR M, JUNQUEIRA F P, et al.ZooKeeper: Wait-free Coordination

for Internet‐scale Systems. In Proceedings USENIX annual technical conference. 2010, 8(9).

[32] GEORGE L.HBase：the definitive guide：random access to your planet‐size data. [S.l.]：O'Reilly Media, 2011.